甘肃省"十四五"普通高等教育省级规划教材建设项目

兰州大学教材资助项目

现代仪器分析

兰州大学分析化学课程组　主编

化学工业出版社

·北京·

内容简介

本书共八章内容，包括绪论、样品前处理、光谱分析基础、原子光谱分析、分子光谱分析、核磁共振谱分析、质谱分析、电化学分析、色谱分析。既注重仪器分析的基本理论、基础知识、基本方法和科学体系，又融入该分析方法最新进展，注重创新性的培养。为便于学生学习，本书还配备了大量的重难点讲解和拓展内容。

本书可作为高等院校化学、应用化学、材料类等专业本科生仪器分析教材，也可供相关专业的从业人员作为参考之用。

图书在版编目（CIP）数据

现代仪器分析／兰州大学分析化学课程组主编.

北京：化学工业出版社，2024. 12. -- ISBN 978-7-122-47039-3

Ⅰ. O657

中国国家版本馆 CIP 数据核字第 20246C5D68 号

责任编辑：李　琰
责任校对：边　涛　　　　　装帧设计：关　飞

出版发行：化学工业出版社
　　　　　（北京市东城区青年湖南街 13 号　邮政编码 100011）
印　　　装：大厂回族自治县聚鑫印刷有限责任公司
787mm×1092mm　1/16　印张 22¼　字数 565 千字
2024 年 12 月北京第 1 版第 1 次印刷

购书咨询：010-64518888　　　　　售后服务：010-64518899
网　　　址：http://www.cip.com.cn
凡购买本书，如有缺损质量问题，本社销售中心负责调换。

定　　价：49.80元　　　　　　　版权所有　违者必究

前言 ▶▶▶

　　本书的内容由作者多年来教学教案优化、转化而来，旨在为化学及相关本科专业学生提供一本知识体系规范、完整、难易合理、教学内容与教学学时相当、便于携带与阅读的基础课教材。使用本书需要"无机化学""有机化学""化学分析"等前置课程知识的铺垫。由于化学类专业教学基本内容和课程体系在教学计划的实施中难免相互穿插，本书的一些教学内容可能与"有机化学""结构化学""化学分析"等课程存在交叉，在本教材进行了尽量简化。

　　本书共8章，其中样品前处理、质谱分析、电化学分析部分由张海霞编写（其中电阻抗部分由赵永青教授编写）；光谱分析基础和原子光谱分析部分由贺群副教授编写；分子光谱分析部分由周雷副教授编写；核磁共振谱分析部分由肖建喜教授编写；色谱分析部分由刘晓燕副教授编写。教材由张海霞教授统稿。

　　本书的编写得到兰州大学"教材建设基金"的立项资助，教材中"中国科学家在该领域中的工作介绍"部分得到了国内高校和科研院所杰出学者的大力支持，本书的编写中参考了大量公开发表的学术论文和学位论文等，在此一并表示感谢。

　　课程的优化与教学质量的提升，永远在路上，由于编者水平有限，书中难免存在疏漏和不足，诚请读者多提宝贵意见。

编者

于兰州大学

2024.12

目录 ▶▶▶

绪 论

一、分析化学的概念

分析化学是发展和应用各种方法、仪器和策略以获得有关物质在空间和时间层面的组成和性质的一门学科，包括定性分析、定量分析、结构分析和动态分析研究，属于化学测量学的范畴。根据分析方法依赖的工具，可分为化学分析和仪器分析，其中化学分析以物质的化学反应为基础，而仪器分析则需要专门的仪器设备。

二、仪器分析对社会的重要性

除形状、大小、硬度等物理性质外，获得物质的化学组成和性质信息必须依靠分析化学。分析化学无处不在，其应用范围几乎涉及国民经济、国防建设、资源开发、环境保护、科学研究和人类的衣、食、住、行等各个方面；在化学及其他许多学科的发展中起着重要的作用，是材料科学、生物科学研究中主要的研究手段，起着决定性作用；在世界性的环境问题和节能减排以及碳达峰碳中和任务中，分析化学在厘清环境中的化学组成以及组分间相互关系方面起着关键作用；在工农业领域中，从资源的勘探、原材料的选择、工艺流程的控制到成品的检验，以及工业"三废"的监测，都离不开分析化学；农业上对土壤的普查，农作物的合理施肥，化学肥料的检验以及农产品的质量检验同样离不开分析化学；现代仪器分析已经在药物、临床医学中占据了重要位置。

三、仪器分析的分类

（1）按被分析对象分类：包括水分析、土壤分析、岩石分析等环境样品分析；食品分析、衣物面料等分析；钢铁等工业品分析；临床中的血尿分析、药物分析和生物分析等。

（2）按分析任务分类：包括全分析和具体组成分析。全分析指分析一个样品中的所有组分，各组分质量之和就等于原始的样品质量，比如月球岩石的全分析。全分析对全面认知某个物质是非常必要的，常称为"剖析"。分析某些特定的组分、元素或分子属于组成分析的范畴，如果只要获得组成元素的信息，称为元素分析，放射性分析是元素分析的重要分支；如果需要知道某些元素的特定组成形式，如砷在样品中具有不同的价态和状态，测定每个状态的具体含量，称为形态分析。全分析任务的难度远大于具体组成的分析，存在漏检和误检的风险。

（3）按分析形式分类：包括常规分析、无损分析、在线分析、快速分析、裁判分析和原位分析等。常规分析指一般化验室或日常生产中的分析；在线分析是指在生产过程中进行的实时分析；快速分析要求在较短的时间内获得分析结果，主要用于生产过程和野外露天条件下的应急分析；裁判分析（或称仲裁分析）指不同单位对分析结果有争议时，要求用权威的分析机构所指定的方法进行的分析；原位分析是在物质不脱离所存在环境下的分析。珍贵样品以无损分析为主，比如文物分析。

（4）按被测组分含量分类：常量分析（>0.1 g），半微量分析（0.01～0.1 g），微量分析（0.1～10 mg）和痕量分析（<0.1 mg）。

（5）按分析原理分类：包括光学分析、电化学分析、色谱分析、质谱分析、核磁共振和成像分析等。化学分析主要用于常量分析，而仪器分析更有利于微量分析。为了完成一个分析任务，需要综合利用多类分析方法。

四、仪器分析的一般步骤

1. 明确分析任务

即化学测量所要回答的确切问题，需要实验数据的使用者（用户）与掌握分析技术的分析化学家一起确定。有时用户由于缺乏化学知识而不能提出准确的目的，所以需要分析化学工作者与用户征询、讨论并协商确定分析任务。此外，为了得到合理的结果，必须防止因取样操作或贮存条件不当造成样品发生变化，这也需要用户的配合，一旦样品发生改变，即使分析化学家在分析过程中各个操作步骤都规范、准确，分析结果也毫无价值。所确定的分析任务不但包括分析过程，还必须包括实验条件的重现性、数据的可比性及真实性的水平。

2. 建立分析要求明细表

确定了分析任务后，需要建立一个清晰的分析要求明细表，要包括用于解释数据有效性的因素，比如不确定度或数据判据标准。这些质量要求都必须转换成具体技术要求，需要记录包括使用的试剂、仪器设备、操作人员、环境条件等在内的细节，确保可追溯并分析可能带来的系统误差。在准备实验阶段，必须仔细审查：实验人员（有经验、有专门知识）、实验室环境（温湿度、洁净和特殊要求）、仪器设备（规格、效率、校准）及试剂（合乎要求、可溯源），都应该满足分析要求，尽量避免错误和大误差的出现。

3. 确定最佳取样和实验方案

准确、正确地取样和详细、完备的实验方案才能保证达到实验的最后目标（即目的），从而获得有意义和有效的结论。如果实验样本不能代表原始材料，无论分析技术多好、分析进行得多仔细，都不能把分析结果与原始材料相关联。原始样品材料的均匀性影响着最终的结果，需要同时进行空白实验。最佳取样方案必须与用户一起制订，并确保该方法符合国家或行业要求，应包括准备工作（样品容器的清洗；为防止贮存和运送到实验室期间样品发生变化而加入的试剂的准备；足够数量的容器、试剂等的准备）和时间计划。如果有国家标准、行业标准或国际标准，则必须严格执行，如果没有，则需要科学、合理地设计实验方案并进行论证。

4. 取样

实际取样必须严格按取样方案所规定的步骤进行，应考虑送到实验室的样品的代表性，也要考虑待测物的性质，包括挥发性、对光的敏感性、热稳定性、生物可降解性和化学活性等，避免在运输、保存过程中发生变化。应记录所有用于取样、样品细分、样品处理、制备和萃取的仪器和工具及相应空白和控制值。固体样品一般需要粉碎、研磨、过筛以获取均匀的样本。如果没有待测样品的制样标准，应该选用近似样品的标准，自行建立的方法必须经过检验，确保其合理性。

5. 分离和（或）富集

操作者和操作环境因素都影响预分离和（或）富集样品的准确性。要选择高质量的标准方法把待测物从基体中定量分离和（或）富集。所有空白、参比或标准物质（待测物或与待测物类似的内标物）也都要用与原始试样完全一样的分离过程，在相同的时间间隔（平行或稍后）内加以处置，用于质量控制。分离过程中要充分认识到样品的性质变化以及带来的误差，选择分离富集方法的原则是简单、价廉、快速、不影响后续的测定和不污染环境。

6. 测定

对于一个确定的分析目标，首先要选择合适的分析仪器，建立合适的分析方法并考证方法的准确性和适用范围，为此，必须进行准确度、精密度、回收率等的验证。在化学分析课程中，已经学习了有效数字、精密度和准确度、异常值的甄别等内容，这些方法也适用于仪器分析。然而，由于仪器分析的分析对象、待测物含量有别于化学分析，在长期的仪器分析中就有了约定俗成的一些原则，当然也存在一些特定设备和方法的特殊要求，所以在评价和报道结果时，要具体问题具体对待。直接从仪器上读取数据并加以报道是不可取的，因为计算机具有强大的计算能力，但并不具有分析具体结果的能力。

在报道一个实验数据时，首先应该确认获得的数据类型、数据是否来自经过确认良好状态的方法和设备；与其他方法相比，使用的方法是否具有竞争力、方法是否能被多数操作人员掌握等。来自可靠分析方法和设备的数据才具有可信度。

7. 有效数字

在仪器分析中，样品要经过前处理才能进入仪器进行检测。通常获得一个样品后，需要称量、定容、移取等操作，要根据分析误差的要求选择合理的器具并记录正确的有效数字。这些规则与化学分析要求保持一致，比如称量，要根据使用天平的称量量程，记录小数点后几位有效数字，并保证正确的质量单位。目前实验室使用最多的是万分之一的天平，小数点后记录4位。也用十万分之一的天平，则小数点后记录5位。一般使用容量瓶定容，小数点后保持一位。移取溶液，无论使用移液枪还是移液管，均需要预先校正，即必须保证使用的移液枪或者移液管是准确的。校正这些器具，均采用称量方式，记录称量质量、使用溶剂（一般是水）的密度、称量时的温度等参数，计算器具刻度值是否准确，如果差异很大，要丢弃这个器具。如果误差比较小，则记录该差异，对数据进行必要的校正。

制备样品后，进行仪器分析。仪器构造、制造工艺、数据采集、信号转化等一系列因素影响数据的准确度，一般仪器分析方法存在 $1\% \sim 10\%$ 的误差。所以在最终数据的书写上，保持小数点后 $1 \sim 2$ 位是合理的，误差小的仪器，数据保留小数点后 2 位，误差大的仪器，数据保留小数点后 1 位。所有偏差数据，保留小数点后 1 位即可。

8. 方法的确认

产生数据的方法需要确认，确认是指考察方法是否满足分析任务，确认的前提是操作正确且使用的设备经过了校准。因为分析测试的目的是获得样品的准确参数，比如食物的品质、药品的质量、环境是否被污染，这些分析结果影响着人类的健康和行政部门的决策，错误的结果甚至带来长期的社会危害性。

一个分析工作者应该牢记自己的使命，不能制造错误的数据以谋取不正当的利益。在使用新方法、扩展了方法的使用范围、某些仪器参数不达标或者更换了部件、仪器不受控后重新回到实验室、数据明显差异等情况下，更要进行方法的确认。方法的确认包括如下内容。

（1）确认方法的选择性

选择性（selectivity 或 specificity）是指方法精准确定复杂样品中分析物的能力，是否存在其他物质被当作分析物，或者分析物没被识别的情况发生。如果其他物质被误当作分析物，则测量数据偏大，为正偏离，呈"假阳性"。反之，出现负偏离。如果干扰物存在却不能和分析物区分开，或者分析工作者不知道干扰物的存在，就会造成分析物信号偏大。为此，需经常制备人工样品并人为加入可能的干扰物，观察评价方法对这些干扰物的抵抗能力。比如，建立了一个离子色谱检测磷酸根的方法，可以在样品中加入常见的阴离子如硝酸根、氯离子、硫酸根、焦磷酸根等，观察这些离子是否可以在色谱图上与磷酸根的色谱峰重叠。如果使用质谱检测器，根据质荷比很容易判断干扰物，这也是质谱成为定性最佳手段的原因。再如，使用红外光谱鉴定一个分析物，由于红外光谱测定的是官能团，确定一个物质存在与否时，不能只看峰的波数，更要看不同峰位的峰高的比值，需仔细加以甄别，为此通常要借助质谱和核磁共振谱图进行确认。

确认方法选择性时，还必须考虑物质的存在状态，比如是否所有分析物都是游离的，还是存在部分缔合、部分氧化或还原，甚至全部和其他物质结合的情况。

（2）确认方法的检测限

检测限（limit of detection）是指利用建立的方法可以识别的分析物的最小浓度（最小量）。检测限从最小的测量值（X_L）计算获得。

$$X_L = X_{b1} + kS_{b1}$$

式中，X_{b1} 是空白测量值的平均值，S_{b1} 是空白测量值的标准偏差，k 是根据方法所选择的因数，一般为 2 或 3。比如浓度 100 mg/L，使用该方法测量 10 次，10 次都可以获得可靠的信息；浓度 75 mg/L，测量 10 次，只有 5 次可以获得可靠的信息；浓度 50 mg/L，测量 10 次，1 次可以获得可靠的信息，则检测限为 100 mg/L。

定量限（limit of quantitation）是指在工作曲线上分析物的最小浓度值（量值）。检测限是定性的最小浓度（量），定量限是定量的最小浓度（量），一般认为定量限应大于检测限的 3 倍。尽管有这个经验值，但不一定适用于所有仪器方法，尤其光谱分析中，空白值的波动很小，经常可以得到的检测限数值很小，但是方法并不灵敏，将 3 倍检测限认为是定量限并不正确，当样品浓度真的与 3 倍检测限相等时，并不能准确定量，所以从工作曲线上直接获得定量限是比较可靠的。

工作曲线是浓度（量）与检测信号之间的关系图，在定量分析中，更倾向于使用线性关系，因为误差最小。操作时要合理选择测量浓度。线性范围（linearity range）是指建立或使用的方法可以准确定量的浓度（量）范围。①如果样品中待分析物的含量比较高，不强调方法真实的定量限，则在待分析物含量数值的附近选择浓度范围，至少选择 6 个浓度（量）用于绘制工作曲线，曲线的线性范围只要满足要求即可，一般 1~2 个数量级。并不是线性范围越宽越好，过宽的线性范围会带来更大的误差；当然绝不是线性范围越窄越好，有些建立的方法的线性范围能适用的浓度不足 1 个数量级，很难应用到实际样品。②如果建立了一个新方法，要得到该方法的灵敏度，必须获得真实的定量限，则需逐级稀释样品，确定真正可以用于定量的最小浓度（量），并绘制包含定量限的工作曲线。

定量限的测定是一个严肃的过程，一定要根据数值准确度的要求严加判断，一般来说，如果检测方法允许 15% 的偏差，则定量限允许有 20% 的偏差。

（3）确认方法的准确性

准确性（accuracy）是指测量值与公认值接近的程度。一个方法的准确性包括了两层含义，一个是与"真值"的接近程度，用"偏离度"表示；一个是平行测量数值之间的精密程度，用"不确定度"表示。因为"真值"很难获取，目前更认可"不确定度"的概念。现实中的真值是指一个方法对已知值测量获得的"平均值"，通常利用标准数值或标准方法获取，而标准数值一般来自于标准物质。标准物质是指具有特定分析结果的样品，可以溯源，标准数值的获取可以一步步倒推到最初的制备样品，每一步的误差都是已知的，可以在溯源中确定数值的准确性。标准物质的制备非常细致繁琐，在日常测试中，可以从国家认可的计量机构购买"有证"标准物质。标准物质是有限的，有时不能满足需求，可以利用在"有证"标准物质中准确加入某个物质，混合得到需要的标准物质。有时候发现某些样品经得起时间的考验，保存若干年都保持某一个成分含量的稳定，也可以将这些样品作为标准物质使用，比如说某些矿物样品。

精密度（precision）是指测量值之间的接近程度。精密度用重复性和重现性两个指标描述，重复性表示一个分析工作者短期内在同设备上利用相同方法获得的测量数据之间的接近程度；重现性表示在短时间内若干个实验室在不同设备上利用系统方法获得的测量数据之间的接近程度。有时一个分析工作者利用同一个方法在一段时间内进行测量数据的收集，评价数据之间接近的程度，称为"中间精密度"。因为偏差与浓度有关，评价精密度需要测量几组不同浓度的样品。

测量不确定度（measurement uncertainty）可以更全面地评价方法，要考虑以下因素：①方法长期使用的精密度；②包括测量值的统计学计算的不确定值以及标准物质（方法）的不确定值；③工作曲线的不确定值；④影响操作的参数，比如温度、操作周期等。具体内容请参见 CNAS-CL01-G003：2021 和 GB/T 27418—2017。

（4）确认方法的灵敏度和稳健性

灵敏度（sensitivity）表示为工作曲线的梯度，如果工作曲线呈线性，则灵敏度是直线的斜率。灵敏度是评价方法的主要参数。显然斜率越大，方法越灵敏。

稳健性（robustness）是评价环境或操作微小变化对测量数据影响的参数。人为改变某些参数，观察其对实验结果的影响程度，从而确认方法的稳健性。人们总是希望方法能在一定变化条件下保持稳定。

（5）确认方法的回收率

待分析物可能存在各种形态，而分析方法仅能检测出一种或几种，无法覆盖所有形态，所以有必要确认所有形态均被检出。但是有时很难判断存在什么形态，最简单的办法是在测试样品中人为添加一定量的待分析物，然后经过所有处理过程后进行分析，计算测量值与添加量二者之间的差异。但是缺点是添加的分析物不是"固有"的，与样品基质结合不牢靠，即使这样测量的回收率（recovery）很高，也不一定代表着样品中所含的分析物都被检测出来。回收率（%）＝（c_1－c_2）/c_3×100%，其中 c_1 为添加待分析物后样品中分析物的总浓度测量值，c_2 为未添加前的样品中待分析物的浓度测量值，c_3 为添加物质的浓度值。

9. 分析结果报告

在方法可靠、操作无误获得数据后，要正确报告结果。报告尽量做到简洁、有序，保证足够的信息量。一般报告中需要包括最终定性（量）结果与偏差、使用的设备型号、采用的方法，必要时还要有方法确认的信息。如果方法过于笼统，则要给出操作条件供用户参考。

形成报告后，仍需要保留原始实验记录，包括称量、操作条件和步骤等信息，确保溯源性。一旦发现报告有误，要及时找到错误原因。在原始记录中，严禁涂抹，修改前后的数据应该清晰可见。

五、当前仪器分析发展主要特点

仪器分析的发展与制造业的发展密不可分，随着制造业的发展，仪器变得更加便携和牢固；随着电子行业和软件业的发展，仪器分析仪器操作更加智能和准确。目前仪器分析的发展包括：①从单个细胞、原子、分子水平获取物质存在信息，要求仪器具有更微小的样品分析通道；②发展快速分析，对于不稳定和瞬态物种，如自由基、激发态原子等以及高速反应产物的测定，要求仪器更加快速采集数据；③发展结构分析和形态分析，要求仪器具有更佳分辨率；④实时、原位的成像分析，仪器分析范畴进一步变宽；⑤发展联用技术，解决复杂分析对象和提高分析速度，单一设备多功能化与单一功能设备联用都是发展方向，这取决于样品分析的需求；⑥化学计量学使仪器分析由单纯提供数据发展成为能设计或选择最佳的测试条件，并可通过对大量数据的分析与处理提供更多的有用信息。随着深度学习、机器视觉等人工智能技术的发展，其与仪器分析方法的交叉创新与应用已成为新趋势。利用信息技术连接各个分析仪器的局域网、光谱信息的傅里叶变换处理及通过分析数据的比较搜索鉴定某一种"未知物"等正在普及。基于大数据分析获得分析结论的时代已经到来。

习题

1. 分析化学的意义与定位是什么？
2. 方法确认包含哪些步骤？
3. 下表是一篇论文中的结果表示，请问线性范围表示得是否正确，为什么？

化合物	线性范围($\mu g/kg$)	回归方程	相关系数
苏丹红 I	5～150	$y = 0.008\ 41x + 2.17 \times 10^{-8}$	0.997 5
苏丹红 II	5～150	$y = 0.017\ 8x + 0.029\ 1$	0.996 6
苏丹红 III	5～150	$y = 0.008\ 08x + 0.006\ 38$	0.993 7
苏丹红 IV	5～150	$y = 0.021\ 2x - 0.011\ 8$	0.998 5
奶油黄	5～150	$y = 2.94 \times 10^4 x - 5.89 \times 10^4$	0.996 0
苏丹橙 G	5～150	$y = 7.75 \times 10^3 x + 0.004\ 16$	0.999 5
苏丹红 G	5～150	$y = 299x + 0.000\ 521$	0.997 8
苏丹黑 B	5～150	$y = 969x + 0.002\ 15$	0.997 2
苏丹红 7B	5～150	$y = 900x + 0.005\ 93$	0.994 2

4. 如何确认某一个方法的定量限？它与线性范围存在什么关系？
5. 在国内的《分析化学》杂志上阅读一篇论文，并写下使用的分析方法、设备、操作条件和方法确认内容。

第一章

样品前处理

各种各样的分析样品，往往具有组成复杂、形态各异或待测组分含量低等问题。在分析测定之前，分析样品需要进行适当的样品前处理（sample pretreatment），以得到适于测定的组分形态和浓度，并消除共存组分的干扰。

样品是分析工作的对象，采集的样品必须具有充分的代表性，在操作和处理过程中还要防止变化和污染。样品包括原始样品、平均样品和实验样品三类。原始样品，即科学获得的最初样品；平均样品，将原始样品平均地分出一部分，供实验室分析用的样品。为使样品具有代表性，平均样品也应有一定的数量保证。实验样品，从平均样品中分出一小部分，供分析测试用的样品，简称试样。从原始样品到实验样品应遵循科学的方法，确保实验样品具有代表性。

第一节　样品常规前处理方法

根据分析任务和具体样品形态，确定合理的样品前处理方法是分析化学最根本的任务。有的样品前处理方法仅适合元素分析，比如消解；有些样品前处理方法可以确保分析物的形态，适合"分子"形式的分析，却不利于"元素"分析。使用前一定要具体问题具体分析。

一、消解

当测定样品中的无机元素时，可以进行消解处理。消解处理的目的是破坏样品结构，将各种价态的待测元素氧化成单一高价态或转变成易于分离的无机化合物形式。消解后的水溶液应清澈、透明、无沉淀。消解方法分为湿式消解法和干式分解法（干灰化法）。

（一）湿式消解法

1. 硝酸消解法

硝酸（HNO_3）是最常用于消解的强酸，具有氧化性。对于较清洁的水溶液样品，可用 HNO_3 消解。方法要点是：取混匀的水溶液样品 50～200 mL 于烧杯中，加入 5～10 mL 浓 HNO_3，在电热板上加热煮沸，浓缩样液至小体积，试液应清澈透明，呈浅色或无色，否则应补加 HNO_3 继续消解。蒸至近干，取下烧杯，稍冷后加 2% HNO_3（或 HCl）若干毫升，温热溶解可溶盐。若有沉淀，应过滤，滤液冷至室温后于容量瓶中定容。如果元素需要富集，可以定容到小体积容器，但必须确保试样量足够分析。需要指出的是，为了减少操作误差、减少环境污染以及减少对人体伤害，目前常用微波密闭辅助消解代替电热板。

2. 双酸消解法

硝酸-高氯酸消解法　HNO_3 和 $HClO_4$ 都是强氧化性酸，联合使用可消解难氧化的有机物样品。方法要点与 HNO_3 消解法类似，不同的是在 HNO_3 消解后，稍冷，加 $2\sim5$ mL $HClO_4$，继续加热至开始冒白烟，如试液呈深色，再补加 HNO_3，继续加热至冒浓厚白烟将尽（不可蒸至干涸）。取下烧杯冷却，用 2% HNO_3 溶解，如有沉淀，应过滤，滤液冷至室温定容备用。因为 $HClO_4$ 能与含羟基化合物反应生成不稳定的高氯酸酯，有发生爆炸的危险，故先加入硝酸，氧化水样中的含羟基化合物，稍冷后再加 $HClO_4$ 处理。用该法消解生物样品是破坏有机物比较有效的方法，但要严格按照操作程序，防止发生爆炸。

硝酸-硫酸消解法　HNO_3 沸点低，而 H_2SO_4 沸点高，二者结合使用，可提高消解温度和消解效果。常用的 HNO_3 与 H_2SO_4 的比例为 5：2。操作同硝酸消解法。为提高消解效果，也可加入少量过氧化氢。该方法不适用于处理易生成难溶硫酸盐组分（如铅、钡、锶）的水溶液样品。

硫酸-磷酸消解法　两种酸的沸点都比较高，其中，H_2SO_4 氧化性较强，H_3PO_4 能与 Fe^{3+} 等金属离子络合，故二者结合消解，有利于消除 Fe^{3+} 等离子的干扰。该法能分解各种有机物，但对吡啶及其衍生物（如烟碱）、毒杀芬等分解不完全。样品中的卤素在消解过程中可完全损失，汞、砷和硒等也有一定程度的损失。

3. 多组合消解方法

硫酸-高锰酸钾消解法　该方法常用于消解含汞的水溶液样品。$KMnO_4$ 是强氧化剂，在中性、碱性、酸性条件下都可以氧化有机物，产物多为草酸根，但在酸性介质中还可继续氧化。消解要点是：取适量水溶液样品，加适量 H_2SO_4 和 5% $KMnO_4$，混匀后加热煮沸，冷却，滴加盐酸羟胺溶液清除过量的 $KMnO_4$。

硝酸-过氧化氢消解法　用于消解含氮、磷、钾、硼、砷和氟等元素的生物样品。

三元消解法　为提高消解效果，在某些情况下需要采用含有三种以上酸或氧化剂的消解体系。例如，处理测总铬的水样时，用 H_2SO_4-H_3PO_4-$KMnO_4$ 消解。测定生物样品中汞时，用 1：1 H_2SO_4 和 HNO_3 混合液加 $KMnO_4$，于 60℃ 保温分解鱼、肉样品；用 5% $KMnO_4$ 的 HNO_3 溶液于 85℃ 回流消解食品和尿液；用硫酸加过量 $KMnO_4$ 分解尿样等，都可获得满意的效果。

测定动物组织、饲料中的汞，使用加五氧化二钒的 H_2SO_4 和 HNO_3 混合液催化氧化，温度可达 190℃，能破坏甲基汞，使汞全部转化为无机汞。

生物样品中氮的测定，采用凯氏消解法，即在样品中加浓 H_2SO_4 消解，使有机氮转化为铵盐。为提高消解温度，加速消解过程，可在消解液中加入硫酸铜、硒粉、硫酸钾、或硫酸汞等催化剂。以—NH_2 及═NH 形态存在的有机氮化合物，用 H_2SO_4、HNO_3 加催化剂消解的效果较好，但杂环、N—N 及硝态氮和亚硝态氮不能定量转化为铵盐，可加入还原剂如葡萄糖、苯甲酸、水杨酸和硫代硫酸钠等，使消解过程中发生一系列复杂氧化还原反应，将硝态氮还原为氨。

用过硫酸盐（强氧化剂）和银盐（催化剂）分解尿液样品中的有机物可获得较好的效果。

加压和微波在消解中的应用日益增多，大大缩短了消解的时间。

4. 碱分解法

当用酸体系消解水样造成易挥发组分损失时，可改用碱分解法，即在水样中加入氢氧化钠/氨水和过氧化氢溶液，加热煮沸至近干，用水或稀碱溶液温热溶解。对于含大量有机物的生物样品，特别是脂肪和纤维素含量高的样品，如肉、脂肪、面粉、稻米和秸秆等，加热消解时易产生大量泡沫，容易造成被测组分的损失。若先加硝酸，在常温下放置 24 h 后再消解，可大大减少泡沫的产生。在某些情况下，可以加入防起泡剂，常用的防起泡剂是硅油、矿物油和一些长链醇类物质。

（二）干灰化法

干灰化法又称高温分解法。其处理过程是：取适量样品于白瓷或石英蒸发皿中，置于水浴上蒸干，移入马弗炉内，于 450～550℃ 灼烧到残渣呈灰白色，使有机物完全分解除去。取出蒸发皿，冷却，用适量 2% HNO_3（或 HCl）溶解样品灰分，过滤，滤液定容后供测定。

干灰化法分解生物样品不使用或使用少量化学试剂，可处理较大质量的样品，有利于提高测定微量元素的准确度。灰化温度一般为 450～550℃，不宜处理测定易挥发组分（如砷、汞、镉、硒和锡等）的样品，此外，灰化所用时间较长，不利于快速制样。

根据样品种类和待测组分性质的不同，选用不同材料的坩埚和灰化温度。常用的坩埚材质有石英、铂、银、镍、铁、瓷和聚四氟乙烯等，选择原则是坩埚不与样品发生反应并在处理温度下稳定。部分生物和食品样品的灰化温度列于表 1-1。

表 1-1　部分生物和食品样品的灰化温度

样品	质量/g	灰化温度/℃	样品	质量/g	灰化温度/℃
谷物	3～5	600	蜂蜜	5～10	600
面粉	3～5	550	核桃	5～10	525
淀粉	3～5	800	牛奶	5	<500
果汁	25	525	干酪	1	550
茶叶	5～10	525	骨胶	5	525
可可制品	2～5	600	肉	3～7	550

生物样品的灰化通常不加其他试剂，但为促进分解和抑制易挥发元素的损失，可加适量辅助灰化剂。如硝酸和硝酸盐，可加速样品的氧化，疏松灰分，利于空气流通；硫酸和硫酸盐，可减少氯化物的挥发损失；碱金属或碱土金属的氧化物、氢氧化物、碳酸盐或醋酸盐，可防止氟、氯、砷等的挥发损失；镁盐，可防止某些待测组分与坩埚材料发生化学反应，抑制磷酸盐形成玻璃状熔融物包裹未灰化的样品颗粒等。但是，碳酸盐作辅助灰化剂时，会造成汞和铊全部损失，硒、砷和碘有相当程度的损失，氟化物、氯化物和溴化物有少量损失。

样品灰化完全后，经稀酸溶解供分析测定，样品应全部溶解，否则不溶物需要再次进行灰化处理。也可以用氢氟酸处理残渣，蒸干后用稀酸溶解供测定。

低温灰化技术如高频电场激发氧灰化技术和氧瓶燃烧法，有利于生物样品中砷、汞、硒和氟等易挥发元素的分析。高频电场激发氧灰化技术是用高频电场激发氧气产生激发态氧原子处理样品，一般在 150℃ 以下就可使样品完全灰化。氧瓶燃烧法也是一种简易低温灰化方法，该方法将样品包在无灰滤纸中，滤纸包钩挂在绕结于磨口瓶塞的铂丝上，瓶内放入适当吸收液（如测氟用 0.1 mol/L 氢氧化钠溶液；测汞用硫酸-高锰酸钾溶液等），并预先充入氧气。将滤纸点燃后，迅速插入瓶内，盖严瓶塞，使样品燃烧灰化。待燃烧尽，摇动瓶内溶液，使燃烧产物溶解于吸收液供测定。

二、提取与富集

农药、石油烃和酚等有机污染物的测定，或者某一个元素特定形态的分析，需要用溶剂将待测定组分从样品中提取出来，提取效率的高低直接影响测定结果的准确度。该方法不可避免地会将其他相关组分提取出来，例如用石油醚提取有机氯农药时，也将脂肪、蜡质和色素等一起提取出来，因此在测定之前必须采取分离或掩蔽措施。如果待测组分浓度低于分析方法的最低检测浓度，还要进行富集。富集和分离往往不可分割、同时进行。常用的方法有过滤、挥发、蒸馏和萃取等，要结合具体情况选择使用。

（一）溶剂提取方法

溶剂提取方法主要用于从固体样品中提取分析物。将样品机械破碎/液氮冷冻后置于容器中，加入适当的溶剂，利用振荡、搅拌、超声或微波等方式浸取一定时间，根据样品具体情况可以分次浸取。合并浸取液供测定使用。

难提取的物质采用索氏提取装置（图 1-1）。将制备好的样品放入滤纸筒中或用滤纸包紧，置于提取筒内；在蒸馏烧瓶中加入适当的溶剂，连接好回流装置，加热，则溶剂蒸气经侧管进入冷凝器，凝集的溶剂滴入提取筒，对样品进行浸泡提取。当提取筒内溶剂液面超过虹吸管的顶部时，就自动流回蒸馏烧瓶内，如此重复进行。因为样品总是与纯溶剂接触，所以提取效率高，且溶剂用量小，提取液中被提取物的浓度大，有利于下一步分析测定。该方法费时，常作为研究其他提取方法的对照方法。

选择提取剂时应考虑样品中待测物的性质和存在形式，因为分析物含量都很低，故要求用高纯度的溶剂。例如，测定农药残留量，一般要求所用溶剂中杂质含量在 10^{-9} g 以下。提取剂还应根据"相似相溶"原理选择，如：对于极性小的有机物用极性小的己烷、石油醚等提取；而对于极性较强的化合物要选用中强极性溶剂，如二氯甲烷、三氯甲烷、丙酮等提取。还要考虑提取剂的沸点，沸点太低，容易挥发；沸点太高，不易浓缩富集，而且在浓缩时会使易挥发或热稳定性差的污染物损失。溶剂的毒性、价格以及对后续使用的检测器是否有干扰等也是应考虑的因素。此外使用的容器质量也必须保证，确保分析物不黏附或渗入容器而造成损失，更要避免二者发生化学反应。

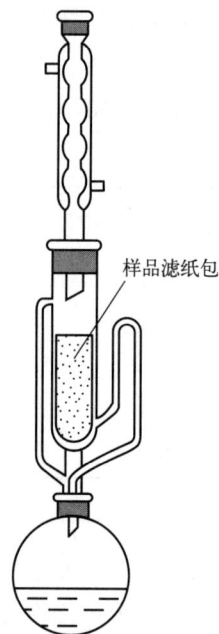

样品滤纸包

图 1-1　索式提取装置

（二）挥发分离法和蒸发浓缩法

挥发分离法是利用某些组分挥发度大，或者将待测组分转变（衍生）成易挥发物质，然后利用加热或惰性气体带出而达到分离的目的。例如，用冷原子荧光法测定水样中的汞时，汞离子通过氯化亚锡还原为原子态汞，再通入惰性气体将其带出并送入仪器测定；用分光光度法测定水中的硫化物时，先使其在磷酸介质中生成硫化氢，再用惰性气体载入乙酸锌-乙酸钠溶液吸收，从而达到与母液分离的目的。测定废水中的砷时，将其转变成砷化氢气体（AsH_3），用吸收液吸收后利用分光光度法测定。将吸附剂置于容器顶部接收挥发组分以便于后续分析也是选择之一。

蒸发浓缩是指加热样品，使水分（溶剂）缓慢蒸发，以缩小样品体积、浓缩待测组分。该方法无须化学处理，简单易行，存在缓慢、易吸附损失等缺点。利用水样中各组分间沸点的差异而使彼此分离，也可以使用蒸馏的方法。测定水样中的挥发酚、氰化物、氟化物时，均需先在酸性介质中进行预蒸馏分离，此时，蒸馏有消解、富集和分离三种作用。

（三）共沉淀法

共沉淀是指溶液中一种难溶化合物在形成沉淀过程中，将共存的某些痕量组分一起携带沉淀出来的现象。例如，在形成 $CuSO_4$ 沉淀的过程中，可使水样中浓度低至 $0.02~\mu g/L$ 的 Hg^{2+} 共沉淀出来。共沉淀原理包括表面吸附、形成混晶、异电荷胶态物质作用及包藏等。

1. 利用吸附作用的共沉淀分离

$Fe(OH)_3$、$Al(OH)_3$、$Mn(OH)_2$ 及硫化物等非晶形胶体沉淀是常用的吸附载体，具有表面积大、吸附力强和富集效率高的优点。例如，分离含铜溶液中的微量铝，仅加氨水不能使铝元素以 $Al(OH)_3$ 沉淀析出，若加入适量 Fe^{3+} 和氨水，则利用生成的 $Fe(OH)_3$ 沉淀作载体，吸附 $Al(OH)_3$ 转入沉淀；用分光光度法测定水样中的 $Cr(VI)$ 时，若水样有色、浑浊、Fe^{2+} 含量低于 $200~mg/L$，可于 $pH=8\sim9$ 条件下用 $Zn(OH)_2$ 作共沉淀剂吸附分离干扰物质。

2. 利用生成混晶的共沉淀分离

当待分离微量组分与沉淀剂生成沉淀时，如某一组分与沉淀剂的产物具有相似的晶格，就可能生成混晶而共同析出。例如，$PbSO_4$ 和 $SrSO_4$ 的晶形相同，如分离水样中的痕量 Pb^{2+}，可加入适量 Sr^{2+} 和过量可溶性硫酸盐，则生成 $PbSO_4$-$SrSO_4$ 的混晶，将 Pb^{2+} 共沉淀出来。

3. 用共沉淀剂进行共沉淀分离

有机共沉淀剂的选择性较无机沉淀剂高，得到的沉淀也较纯净，通过灼烧可除去有机共沉淀剂，留下待测元素。例如，在含痕量 Zn^{2+} 的弱酸性溶液中，加入硫氰酸铵和甲基紫，由于甲基紫在溶液中电离成带正电荷的大的阳离子 B^+，它们之间发生如下共沉淀反应：

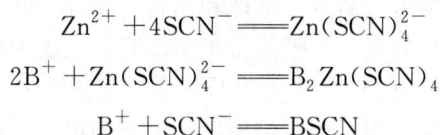

$$Zn^{2+} + 4SCN^- =\!=\!= Zn(SCN)_4^{2-}$$

$$2B^+ + Zn(SCN)_4^{2-} =\!=\!= B_2Zn(SCN)_4$$

$$B^+ + SCN^- =\!=\!= BSCN$$

$B_2Zn(SCN)_4$ 与 BSCN 发生共沉淀，因而将痕量 Zn^{2+} 富集于沉淀之中。又如，痕量 Ni^{2+} 与丁二酮肟生成螯合物，分散在溶液中，若加入丁二酮肟二烷酯（难溶于水）的乙醇溶液，则析出固相的丁二酮肟二烷酯，将丁二酮肟-镍螯合物共沉淀出来。丁二酮肟二烷酯只起载体作用，称为惰性共沉淀剂。

（四）色谱法

色谱法包括柱色谱法、薄层色谱法、纸色谱法等。其中，柱色谱法用得较多，目前已经演变成固相萃取等多种样品处理形式。色谱方法的原理包括吸附、分配、离子交换、亲和等，这里以离子交换色谱法为例。

离子交换是利用离子交换剂与溶液中的离子发生交换反应进行色谱分离的方法。离子交换剂可分为无机离子交换剂和有机离子交换剂，目前广泛应用的是有机离子交换剂，即离子交换树脂。离子交换树脂是三维网状高分子聚合物，在网状结构的骨架上含有可电离的或可被交换的阳离子或阴离子活性基团。强酸性阳离子交换树脂含有活性基团—SO_3H、—SO_3Na等，用于富集阳离子。强碱性阴离子交换树脂含有—$N(CH_3)_3^+X^-$基团，其中 X^- 为 OH^-、Cl^-、NO_3^- 等，能在酸性、碱性和中性溶液中与阴离子交换。用离子交换树脂进行分离的操作程序如下。

（1）交换柱的制备

以阳离子分离为例，首先将阳离子交换树脂在稀盐酸中浸泡，除去杂质、充分溶胀树脂使之完全转变成 H 型；然后用蒸馏水将树脂洗至中性，装入充满蒸馏水的交换柱中，注意要防止气泡进入树脂层。如用 NaCl 溶液处理强酸性树脂，可使之转变成 Na 型；用 NaOH 溶液处理强碱性树脂，可使之转变成 OH 型等。

（2）交换

将试液以适宜的速度倾入色谱交换柱，则待分离的离子从上到下发生交换过程。交换完毕，用蒸馏水洗涤，洗下残留的溶液及交换过程中形成的酸、碱或盐类等。

（3）洗脱

将洗脱溶液以适宜速度倾入洗净的交换柱，洗下保留在树脂上的离子，达到分离的目的。对阳离子交换树脂，常用盐酸溶液作为洗脱液；对阴离子交换树脂，常用氢氧化钠溶液作为洗脱液。例如，测定天然水中 K^+、Na^+、Ca^{2+}、Mg^{2+}、SO_4^{2-}、Cl^- 等组分，可取数升水样，让其流过阳离子交换柱，再流过阴离子交换柱，则各组分交换在树脂上。用几十至一百毫升稀盐酸溶液洗脱阳离子，用稀氨液洗脱阴离子，这些组分的浓度能增加数十至百倍。又如，废水中的 Cr^{3+} 以阳离子形式存在，$Cr(Ⅵ)$ 以阴离子形式存在，用阳离子交换树脂分离 Cr^{3+}，而 $Cr(Ⅵ)$ 不能进行交换，留在流出液中，因而可测定不同形态的铬。欲分离 Ni^{2+}、Mn^{2+}、Co^{2+}、Cu^{2+}、Fe^{3+}、Zn^{2+}，可加入盐酸将它们转变为配阴离子，让其通过强碱性阴离子交换树脂，则被交换在树脂上，再用不同浓度的盐酸溶液洗脱。

（五）吸附法

吸附剂分为无机吸附剂和有机吸附剂。常用的无机吸附剂有硅酸镁、氧化铝、活性炭和硅藻土等，有机吸附剂有纤维素、高分子微球和网状树脂等。其中，活性炭、氧化铝、分子筛和大网状树脂等是常用的吸附剂。被吸附富集于吸附剂表面的组分，可用有机溶剂或加热等方式解吸以供测定。例如，用 DA 201 大网状树脂富集海水中 ppb 级有机氯农药，可用无水乙醇解吸后再用石油醚萃取，用气相色谱测定。吸附剂可以装柱使用，也可以分散于样品溶液进行吸附后再分离。

（六）衍生化和相转换法

衍生化是常见的样品预处理方法，可以降低/提高分析物的极性/沸点，或令分析物带上紫外/荧光官能团，或改变其形态等。特定衍生化试剂与分析物定量发生化学反应，通过测定反应产物含量而确定分析物含量，比如将 4-氯-7-硝基-2,1,3-苯并噁二唑衍生氨基酸混合物进行色谱分离，采用荧光检测器定量分析单个氨基酸的含量，可提高灵敏度。利用重氮甲烷、硅烷等衍生化试剂衍生极性分析物，降低极性和沸点后，用气相色谱进行分离分析。

相转换法是通过某特定操作/反应，使分析物从一个相转移到另一相，达到净化/富集目的。磺化法是利用提取液中的脂肪、蜡质等干扰物质能与浓硫酸发生磺化反应，生成极性很强的磺酸基化合物，达到与提取液中农药等分析物分离的目的。皂化法是利用油脂等能与强碱发生皂化反应，生成脂肪酸盐而将其分离的方法。用石油醚提取被污染的粮食中的石油烃，同时也可将油脂提取出来，如在提取液中加入氢氧化钾-乙醇溶液，油脂与其反应生成脂肪酸钾盐进入水相，而石油烃仍留在石油醚中。

（七）低温冷冻法

低温冷冻法基于不同物质在同一溶剂中的溶解度随温度变化率差异的原理进行彼此分离。例如，将用丙酮提取生物样品中农药的提取液置于−70℃的冰-丙酮冷阱中，脂肪和蜡质的溶解度大大降低而沉淀析出，农药仍留在丙酮中。经过滤除去沉淀，获得经净化的提取液。这种方法的最大优点是有机物在净化过程中不发生变化，并且有良好的分离效果。该方法操作简单，不需要复杂条件，常用的溶剂还包括乙腈和甲醇。

（八）萃取法

萃取具有富集与分离的双重作用。目前萃取已经从传统的简单溶剂萃取发展到加压溶剂萃取、超声萃取、微波萃取、固相萃取、超临界萃取以及各种微萃取技术，如液相微萃取和固相微萃取等。

1. 原理

溶剂萃取法是基于物质在不同的溶剂（相）中分配系数不同，达到富集与分离的目的，在萃余相（样品萃取后残余相）与萃取相（含萃取剂的相）中的分配系数（K）用式（1-1）表示：

$$K = \frac{\text{萃取相中被萃物的浓度}}{\text{萃余相中被萃物的浓度}} \tag{1-1}$$

当溶液中某组分的 K 值大时，则容易进入萃取相，而 K 值很小的组分仍留在原溶液中，即萃余相。萃取相溶剂必须与样品存在的原溶液不混溶，如水相与有机相，也可以是密度不同的双水相或双有机相等。待分离组分在两相中的存在形式并不总是相同，常包含各类形态，故用分配比（D）表示：

$$D = \frac{\sum [\text{A}]_{\text{萃取相}}}{\sum [\text{A}]_{\text{萃余相}}} \tag{1-2}$$

分子项是待分离组分 A 在萃取相中各种存在形式的总浓度；分母项是待分离组分 A 在萃余相中各种存在形式的总浓度。

分配比和分配系数不同，它不是一个常数，而随被萃取物的浓度、溶液的酸度、萃取剂的浓度及萃取温度等条件而变化。只有在简单的萃取体系中，被萃取物质在两相中存在形式相同时，K 才等于 D。分配比反映的是萃取体系达到平衡时的实际分配情况。

被萃取物质在两相中的分配还可以用萃取率（E）表示，其表达式为：

$$E(\%) = \frac{\text{萃取相中被萃物的量}}{\text{萃余相和萃取相中被萃物的总量}} \times 100\% \tag{1-3}$$

分配比（D）和萃取率（E）的关系如下：

$$E = \frac{D}{D + \dfrac{V_{\text{萃余相}}}{V_{\text{萃取相}}}} \times 100\% \tag{1-4}$$

若萃取相和萃余相的体积相同，D 为无穷大时，$E=100\%$，一次即可萃取完全；$D=100$ 时，$E\approx99\%$，一次萃取不完全，需要萃取几次；$D=10$ 时，$E\approx90\%$，需连续萃取才趋于完全；$D=1$ 时，$E=50\%$，要萃取完全相当困难。通过计算可知，在萃取剂体积固定的情况下，多次萃取的效率高于一次萃取的效率。

2. 应用

这里常规液-液萃取是指萃取相与样品的体积均大于 1 mL 的萃取。例如用 4-氨基安替比林光度法测定水样中的挥发酚，当酚含量低于 0.05 mg/L 时，水样经蒸馏分离后需再用三氯甲烷进行萃取浓缩。在无机物的萃取中，经常加入配位剂，该试剂与有机相、水相共同构成萃取体系。根据生成可萃取物类型的不同，可分为螯合物萃取体系、离子缔合物萃取体系、三元配合物萃取体系和协同萃取体系等。例如用分光光度法测定水中的 Cd^{2+}、Zn^{2+}、Pb^{2+}、Ni^{2+}、Bi^{3+} 等，双硫腙（螯合剂）能使上述离子生成难溶于水的螯合物，用三氯甲烷（或四氯化碳）从水相中萃取后测定，三者构成双硫腙-三氯甲烷-水萃取体系。无机物的萃取也可以归类到相转换法。

除了常规液-液萃取，目前最常用的其他萃取方法见本章第二节。应该指出的是，一次萃取结束后，还可以进行反萃取操作以达到分离目的，比如第一次萃取，多个物质萃取到一个相，为了分离，可以根据分析物性质，再萃取到另一相，如果另一相的极性与原样品溶液极性类似，则称为反萃取。

第二节　新型萃取技术

一、微波萃取

常规分液漏斗萃取法、超声萃取法或索氏提取法，耗费时间过长，试剂用量大，对环境有一定程度的污染，不能满足需要确定样品有效成分组成和结构的分析研究，准确性和精密性也已经无法满足现代快速测定的要求。

微波萃取利用微波技术辅助萃取。根据物质与微波作用的特点，可把物质大致分为吸收微波、反射微波和透过微波三种。吸收微波的物质可以把微波能量转化为热能，如水、乙醇、酸、碱和盐类，这些物质吸收微波后，自身温度升高，并使共存的其他物质一起受热；透过微波的物质吸收微波能很弱，通常是一些非极性物质，如烷烃、聚乙烯等，微波透过这些物质时，其能量几乎没有损失；反射微波的物质一般是金属类物质。微波萃取具有高效性，原因如下。

（1）微波与被分离物质的直接作用。由于微波具有穿透能力，因而可以直接与样品中有关物质分子或分子中的某个基团作用，被微波作用的分子或基团，很快与整个样品基体或周围环境分离开，从而使分离速度加快并提高萃取率。这种特殊作用，称为微波激活作用。

（2）微波萃取使用极性溶剂比用非极性溶剂更有利，因为极性溶剂吸收微波能，提高溶剂的活性，使溶剂和样品间的相互作用更有效。

（3）应用密闭容器，微波萃取可在比溶剂沸点高得多的温度下进行，显著地提高微波萃取的速率。由于在高的温度和压力下化学反应速率比在低温和常压下高得多，因此，密闭容器带来的高温非常明显地提高了微波萃取的萃取率并减少了制样所需的时间。

二、固相萃取

固相萃取（solid phase extraction，SPE）试样预处理技术由液-固萃取和液相色谱技术结合发展而来。一次性 SPE 商品柱是从 1978 年出现的。目前 SPE 作为制备液体试样优先考虑的方法取代了传统的液-液萃取法（liquid-liquid extraction，LLE），与 LLE 相比较，SPE 最大优点是：①不需要使用超纯溶剂，有机溶剂低消耗，减少污染；②能处理小体积试样；③无相分离操作，容易收集分析物级分；④固定相灵活多样，易于实现自动化。借助 SPE 所要达到的目的包括除去干扰的物质、富集痕量组分、变换试样溶剂、原位衍生、试样脱盐、便于试样的储存和运送。

SPE 是一个色谱分离过程，在分离机理、固定相和溶剂的选择等方面与高效液相色谱（high performance liquid chromatography，HPLC）相似。SPE 柱的填料粒径（$>40~\mu m$）大于 HPLC 填料（$\leqslant 5~\mu m$）。由于短柱床和大粒径，SPE 柱效比 HPLC 柱低得多。一个等长度的 HPLC 高效柱能够产生 10000 以上的塔板，而一个 SPE 柱只能获得 10～50 塔板，因此用 SPE 只能分开保留性质有很大差别的化合物。在此情况下，以数字开关方式（on-off）进行典型的 SPE 分离。通过洗脱剂的阶式梯度，分析物不是为固定相牢固地吸附就是完全不被保留。由于 SPE 填料相对廉价，且样品量大，一般是一次性使用。

（一）SPE 的装置

SPE 的主要形式有 SPE 柱和盘式萃取器。SPE 柱容积为 1～20 mL，柱体通常是医用级丙烯管（图 1-2），在两片聚乙烯筛板之间填装 0.1～5 g 填料。使用最多的填料是 C_{18}，该种填料疏水性强，在水相中对大多数有机物显示保留。其他具有不同选择性和保留性质的填料包括：C_8、氰基、氨基、苯基、双醇基填料；活性炭、硅胶、氧化铝、硅酸镁、聚合物、离子交换剂、排阻色谱填料、亲和色谱填料、分子印迹材料等。亲和色谱填料以及分子印迹材料属于强专属性 SPE 固定相，具有活性基团或经活性化合物涂渍的 SPE 固定相可用于分析物原位衍生，在固相萃取同时完成衍生化。随着纳米材料的不断丰富，填料类型越来越多，各类复合材料不断涌现，金属框架材料、共价框架材料、氢键框架材料、多孔聚合物都在原有传统吸附材料上复合并大量使用。分析物和吸附材料之间的作用力包括范德华力、静电吸引力、π-π 作用力和氢键作用力等。

盘式萃取器是含有填料的 PTFE 圆片或载有填料的玻璃纤维片，后者较坚固，无须支撑。填料约占 SPE 盘总量的 60%～90%，盘的厚度约 1～2 mm，形状类似过滤膜。由于填料颗粒紧密地嵌在盘片内，在萃取时无沟流形成。SPE 柱和盘式萃取器的主要区别在于床厚度与直径的比值（L/d）。对于等重的填料，盘式萃取器的截面积比萃取柱大 10 倍以上，因而允许液体试样以较高的流量通过，非常适合从大体积水中富集痕量的污染物。1 L 纯净的地表水通过直径为 50 mm 的 SPE 盘仅需 15～20 min。

（二）在线和离线 SPE

SPE 可以以离线或在线的方式进行。在离线操作的情况下，SPE 与后续分析分别独立进行，SPE 仅为后续分析提供合适的试样。与 SPE 柱配合的 SPE 装置非常简单，可凭借重力让溶剂通过萃取柱，但流量较小。使用注射器加压或吸滤瓶抽气可以提升溶剂的流速。多支管抽气装置能够同时处理数个萃取柱（图 1-2）。为了使试样溶液与填料有足够的接触，溶剂流速不能过高，对于 SPE 柱流量应保持在每分钟数毫升，SPE 盘截面积大，允许溶剂以较大的流速通过。离线 SPE 操作可以由自动化仪器来完成。自动 SPE 仪由柱架、注塞泵、储液槽、管线和试样处理器组成，已经完全实现国产和市场化。

在线 SPE 又称在线净化和富集技术，主要与 HPLC 联用。通过阀切换将 SPE 与 HPLC 统一在一个系统中。图 1-3 中列举了一个在线 SPE 柱的线路图。SPE 在预柱中完成。进样器在装样位置时，试样通过预柱，清洗除去杂质，然后切换至进样位置，分析物进入 HPLC 分析柱进行分离。

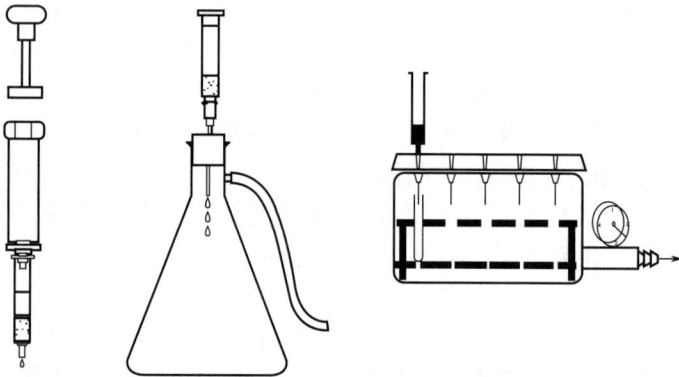

图 1-2　离线固相萃取装置

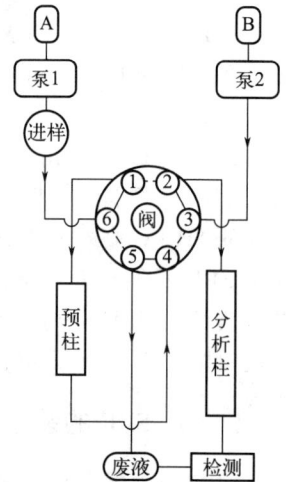

图 1-3　在线固相萃取线路

（三）　SPE 方法的建立

典型 SPE 操作步骤包括填料活化、加样、洗涤干扰物和洗脱分析物四个步骤。在加样和洗涤干扰物的步骤中，部分分析物有可能穿透 SPE 柱造成损失；在洗脱分析物步骤，分析物可能不能完全洗脱，仍部分残留在柱上。最理想的情况是分析物 100% 洗脱，所以一个合格的 SPE 过程是需要优化条件的。

（1）柱活化

以反相 C_{18} SPE 柱活化为例。先使数毫升的甲醇（可以是其他有机溶剂，对残余在 SPE 柱上的污染物有一定的溶解度）通过萃取柱，再用水或缓冲液（保证与存在于柱上的有机溶剂互溶）顶替滞留在柱中的甲醇。柱活化有两个目的：一是除去填料中可能存在的杂质；二是使填料溶剂化，提高固相萃取的重现性。填料未经预处理或者未被溶剂润湿，能引起分析物过早穿透，影响回收率。

（2）加样

试样溶剂被加至 SPE 柱并通过预处理后，在该步骤中分析物被保留在填料上。为了防止分析物的流失，试样溶剂强度不宜过高。当以反相色谱机理萃取时，以水或缓冲剂作为溶剂，其中有机溶剂量不超过 10%（体积比）。为克服加样过程中的分析物流失，可采取用弱溶剂稀释试样、减少试样体积、增加 SPE 柱中的填料量和选择对分析物有较强保留的填料等手段。

（3）除去干扰杂质

用中等强度的溶剂，将干扰组分洗涤下来的同时保证分析物仍留在填料上。对反相萃取柱，清洗溶剂是含适当浓度有机溶剂的水或缓冲液。通过调节清洗溶剂的强度和体积，最大程度洗涤除去杂质。为了优化最佳清洗溶剂的使用条件，加试样于 SPE 柱上，用 5～10 倍 SPE 柱床体积的溶剂清洗，依次收集和分析流出液，考察清洗溶剂对分析物的洗涤能力，决定清洗溶剂合适的强度和体积。

（4）分析物的洗脱和收集

这一步骤的目的是将分析物完全洗脱并收集在最小体积的溶剂中，同时使比分析物更强保留的杂质尽可能留在 SPE 填料上。洗脱溶剂的强度是至关重要的。较强的溶剂能够使分析物洗脱，但可能使得强保留杂质同时被洗脱下来。当用较弱的溶剂洗脱，溶剂体积大，但含较少的杂质。为了提高分析物的浓度或为以后分析调整溶剂性质，可以把收集到的分析物溶液用氮气吹干，再溶于小体积适当的溶剂中。为了优化洗脱剂强度和体积，加试样于 SPE 柱上，改变洗脱剂的强度和洗脱液的体积，测定分析物回收率，最终确定洗脱条件。

SPE 分离的另一种情况是上样时杂质被保留，而分析物不保留于柱。试样被净化但不能富集，也不能分离保留性质比分析物更弱的杂质。可以在此步骤之后，增加第二段 SPE 操作，即"串联 SPE"，以达到净化和富集的目的。

在 SPE 操作中，要确保每个步骤之间溶剂的混溶性，有时需要采用加热等形式除去上一步的溶剂后才能进行后续操作。

（四）固相萃取其他形式

随着科学技术的发展，很多新的操作形式不断出现，固相萃取的应用和形式都在不断演化。如果固体样品与填料混合研磨装柱，然后进行清洗和洗脱，这种方法称为分散介质固相萃取；如果采用亲水性较好的填料，针对性处理蛋白质样品中的小分子物质，称为限进介质填料固相萃取；如果在填料中增加磁性，可以不加萃取柱，直接搅拌完成萃取，磁场分离，称为磁性分离固相萃取；如果使用分子印迹材料为固相萃取填料，称为分子印迹固相萃取。图 1-4 是一个典型的磁性萃取过程。

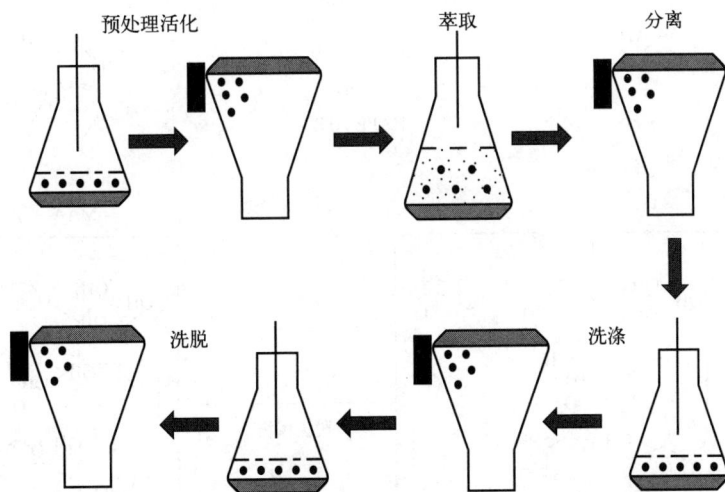

图 1-4　磁性固相萃取过程示意图

举例 纪永升等人合成了磁性环糊精材料，用于双酚 A 的磁性固相萃取，吸附剂的结构如图 1-5 所示。

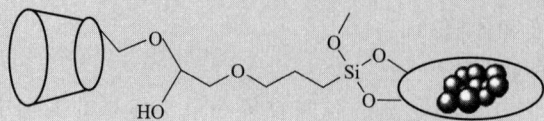

图 1-5　用于磁性萃取的含环糊精官能团吸附剂

图 1-5 中小球是 Fe_3O_4 磁性小球。萃取过程如下：首先将 100 mg 磁性吸附剂加入到 250 mL 样品溶液（pH 4.5）中，超声 2 min，搅拌 8 min。将磁铁置于容器外壁吸附磁性吸附剂，倾倒弃去样品溶液，用 3 mL 含 1‰ 乙酸的甲醇超声辅助洗脱分析物，收集洗脱液 40℃蒸干。用流动相溶解残余物，过滤进样进行色谱分析。

分子印迹技术从仿生角度采用人工模拟方法制备对模板分子具有特异性识别作用的聚合物。在分子印迹材料的制备过程中形成在体积和形状上与模板分子相似的"孔穴"（相似于"脚"和"脚印"的对应关系），并且在孔内保持能与模板分子相互作用的官能团。将模板分子与功能单体在适当的溶剂中通过合适的作用方式得到单体-模板分子复合物，使用交联剂将功能单体交联起来，最后用物理或化学方法除去模板分子，即可得到模板分子"印迹"空间结构的聚合物（图 1-6），在聚合物中形成了与模板分子在空间和结合位点上相匹配的且具有多重作用位点的空穴。利用合成的分子印迹材料可以特异性俘获复杂样品中的模板分子。小分子的分子印迹材料有多种制备方法，但大分子的分子印迹制备方法较为复杂和受限，原因是在材料制备过程中要兼顾大分子的空间结构，防止其变性从而影响后续的特异性吸附。

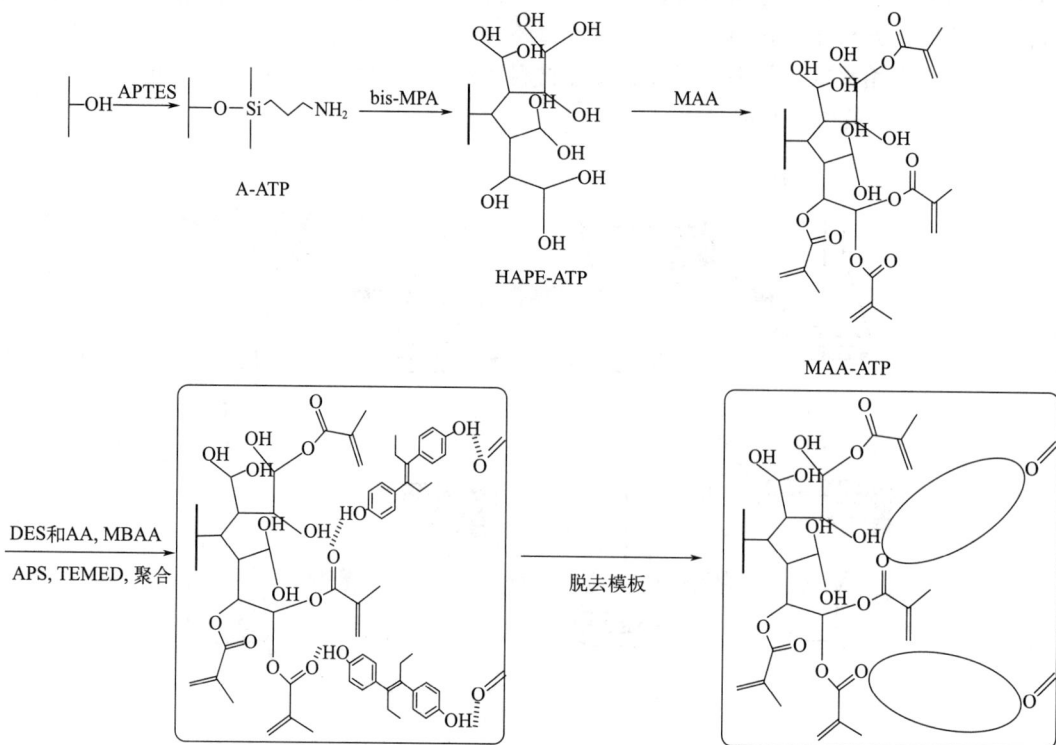

图 1-6　一个典型的分子印迹合成过程

说明：首先将凹凸棒基质材料进行硅烷氨基化（APTES：丙氨基硅烷），使用 2,2-二羟甲基丙酸（bis-MPA）进一步超支羟基化，将功能单体甲基丙烯酸（MAA）键合到羟基化的基质上，让表面带上双键，丙烯酰胺（AA）为功能单体、N,N'-亚甲基双丙烯酰胺（MBAA）为交联剂、四甲基乙二胺（TEMED）为催化剂、过硫酸铵（APS）为引发剂、己烯雌酚（DES）为模板分子进行聚合，最后洗脱模板己烯雌酚获得其分子印迹材料。

三、固相微萃取

固相微萃取（solid phase micro-extraction，SPME）装置自 1994 年实现商品化以来，取得了较快的发展，可以与气相色谱（gas chromatography，GC）、高效液相色谱（HPLC）和毛细管电泳（capillary electrophoresis，CE）等多种分离分析技术联用。

SPME 也分为在线装置和离线装置（图 1-7），在线装置图与图 1-3 类似，只是把 SPE 柱换成 SPME 柱，仍然采用阀切换完成样品处理与后续分析的衔接。离线 SPME 装置是在一支熔融的细石英纤维（1 cm × 100 μm）上涂敷一层高聚物，如聚甲基硅氧烷或聚丙烯酸酯作为萃取相。石英纤维与形如注射器装置的柱塞相连，收缩在不锈钢针头之中。压柱塞从针头中顶出纤维并与试样接触，分析物分配到涂敷层内。富集在纤维上的分析物通过溶剂洗脱，也可以连接仪器进样接口进行在线解吸。如在气相色谱仪进样口通过热解吸到色谱柱中，或借助 SPME-HPLC 的接口传送至分析柱。SPME 的特点是集取样、萃取、富集、进样于一身，简化了试样预处理过程，几乎不消耗溶剂。SPME 的萃取速度取决于分析物分配平衡所需的时间，一般在 60 min 内可达到萃取平衡。可以将石英纤维改成不锈钢丝、钛丝等不易折断的基体自制微萃取装置；也可以使用毛细管，将填料（涂层）加入到毛细管壁上进行微萃取。

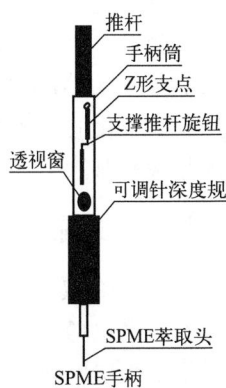

图 1-7 离线固相微萃取装置

（推杆、手柄筒、Z形支点、支撑推杆旋钮、透视窗、可调针深度规、SPME萃取头、SPME手柄）

（一）固相微萃取的理论

SPME 的理论发展分为两个阶段，早期的平衡理论和后来发展起来的非平衡理论。平衡理论认为在萃取过程中固-液或固-气相间建立了吸附平衡，吸附在固相涂层上的量为：

$$n = \frac{K_{es} V_e c_0 V_s}{V_s + K_{es} V_e} \tag{1-5}$$

式中，n 为分析物吸附在萃取涂层上的量，K_{es} 为分析物在固相（或气相）和液相之间的平衡常数，V_e 为固相涂层的体积，V_s 为试样体积，c_0 为分析物在试样溶液中最初的浓度。n 与平衡常数、固相涂层的体积、试样体积及分析物在试样溶液中最初的浓度有关。

在 SPME 中选用的固相涂层对萃取的有机组分有较强的亲和力，大的 K_{es} 可以保证有效的富集。通常 K_{es} 值不足以使分析物都被萃取到固相涂层中，因此 SPME 是一种平衡取样的方法，在操作时要确保操作一致性。

若试样体积不变，当 c_0 较低，即平衡处于吸附等温线的线性范围内，式（1-5）才成立。若试样溶液浓度足够低（<50 μg/L），为了使 n 与 c_0 保持线性关系，试样体积应小于 5 mL，否则线性响应关系就不再保持。

非平衡理论则认为在一定时间内，由于慢传质过程，未完全达到平衡。在 SPME 采样时，并不一定要求分析物完全被萃取到平衡建立，只要求在严格条件下获得可靠且稳定的响应值与浓度之间的线性关系。在吸附一定时间后，分析物在固相涂层中的量同样满足式（1-5）。

（二）涂层材料

萃取的选择性主要取决于涂层的性能。按照"相似相溶"原则，选择合适的 SPME 涂层。最常用作固相涂层的物质是聚甲基硅氧烷（PDMS）和聚丙烯酸酯（PA），前者多应用于非极性化合物，如挥发性化合物、多环芳烃和芳香烃，而后者多应用于极性化合物，如三嗪和苯酚类化合物。固相层可以非键合、键合或部分交联的形式涂敷在石英纤维上。将一些聚合物（如聚二乙烯基苯和碳分子筛）加到涂层中，可以增大涂层的表面积，提高 SPME 效率，如聚二甲基硅氧烷-二乙烯基苯（PDMS-DVB）用于芳烃和挥发性化合物，聚乙二醇-二乙烯基苯（CW-DVB）用于极性化合物如醇类化合物，而聚乙二醇修饰树脂（CW-TPR）则用于离子化的表面活性剂。如同 SPE 中的填料一样，随着 SPME 技术的发展，出现了众多固相微萃取涂层材料，如各类纳米材料。

（三）方法的建立

在 SPME 操作中并不一定要达到完全的萃取或平衡，要保持实验条件的一致性。影响萃取的因素包括萃取时间、温度、纤维浸入深度、样品的 pH 和离子强度等。

增加涂层厚度可萃取更多的分析物。但受传质的影响，解吸速度慢，容易造成试样残留。为了保持响应值与分析物初始浓度之间的线性关系，试样浓度不能过高，试样体积不能过大，要使萃取处于吸附等温线的线性范围内。

增加溶液的离子强度可以使分析物的溶解度降低，提高萃取效率。NaCl 是常用的离子强度调节剂。但是需要指出的是，盐在固相微萃取中的作用有时不同于常规的液-液萃取，需要优化实验条件确定。搅拌可缩短萃取时间，不一致的搅拌速度导致萃取重复性差，要控制搅拌速度。

搅拌棒萃取技术是利用搅拌子外层键合或涂敷涂层，在搅拌同时进行固相微萃取，是固相微萃取的一种形式。

举例 刘晓燕等利用氧化碳纳米管作为 SPME 涂层，建立了一种用 SPME-HPLC 同时测定环境水样中七种酚类污染物的检测方法。首先将碳纳米管加入浓 HCl（36.5%）溶液，超声纯化处理 24 h 后，再于 50℃下使用 H_2SO_4（98%）/HNO_3（70%）（3:1，V/V）超声 22 h，制备富含—COOH 的碳纳米管材料。用煤气灯烧掉石英毛细管表面的聚酰亚胺，并将其末端封口，用环氧树脂胶将制备的碳纳米管材料粘在石英毛细管外壁上，在 70 ℃下预热 30 min，200 ℃下通 N_2 老化 5 h，最终碳纳米管材料涂层的厚度大约为 50 μm。使用该自制碳纳米管涂层进行 SPME 实验。

准确移取 4.0 mL 用饱和 NaCl（36%）配制的样品溶液加入 4.5 mL 带隔垫的样品瓶中，将上述制备的 SPME 纤维插入到样品溶液中，在 20 ℃、搅拌速度 1100 r/min 下萃取 30 min。萃取结束后，萃取纤维用 70 μL 的脱附溶液乙腈/水（70:30，体积比）室温下静态脱附 3 min，将 50 μL 的脱附溶液用高效液相色谱进行测定。

四、液相微萃取

与液-液萃取相比，液相微萃取技术（liquid phase microextraction，LPME）可以提供与之相媲美的灵敏度，获得更佳的富集效果。该技术集萃取和富集于一体，所需要的有机溶剂仅仅是几至几十微升，是一项环境友好的样品前处理技术，特别适合于环境样品中痕量、超痕量污染物和生物样品中低浓度药物的测定。

从外在形式划分，LPME可分为单滴溶剂微萃取（single drop solvent microextraction，SDSM）、中空纤维液相微萃取（hollow fiber-liquid phase microextraction，HF-LPME）、分散液-液微萃取（dispersible liquid-liquid microextraction，DLLME）和液膜微萃取（liquid membrane microextraction，LMME）等模式。图1-8是SDSM操作示意图。由于SDSM仅仅依靠进样器的针头支撑液滴，液滴体积小且不稳定，两相间接触面有限，难以实现自动化。后来发展了如图1-9所示的动态连续LPME，实现了自动化且增大了萃取试剂与试样的接触面积，其原理是在注射器推拉过程中实验样品与萃取剂的充分混合与分离。SDSM发展出多个变形，但均符合小体积萃取溶剂的原则。

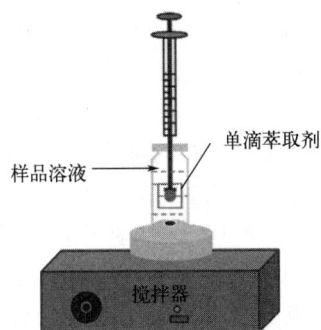

图1-8 单滴溶剂微萃取示意图

图1-10是中空纤维液相微萃取的示意图，在纤维管中可用较大量的萃取剂形成较大的萃取界面，以提高传质速率和萃取效率。在操作模式上，既可以两相微萃取也可以实现三相微萃取。两相微萃取是指萃取液存在于管内腔，而三相微萃取是指除管内腔内有溶剂，在管壁的孔道内也有另外一种溶剂协助萃取。

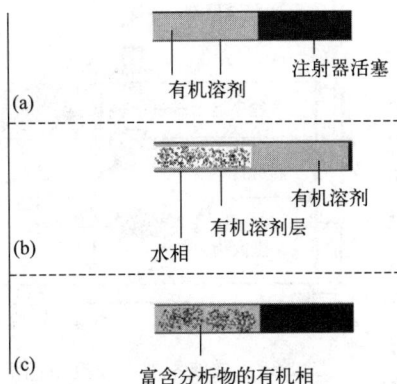

图1-9 动态连续液相微萃取示意图

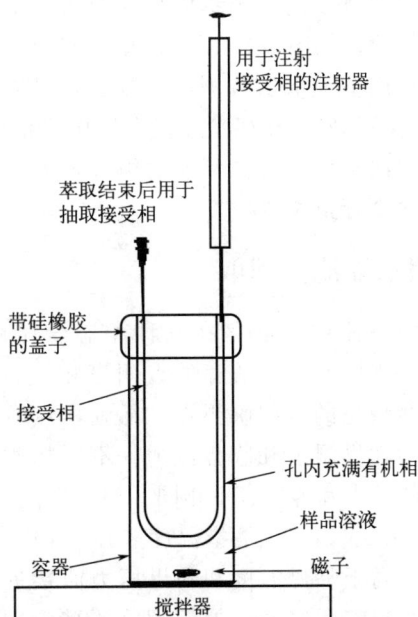

图1-10 中空纤维液相微萃取示意图

与SPME相比，LPME不需要解吸步骤，不需要合成涂层材料，有大量有机溶剂类型如离子液体、低温共熔剂、表面活性剂可以使用，具有灵活多样的特点。

举例 杨彩玲等利用 HF-LPME 方法萃取了血液中的粉防己碱。准确移取 1 mL 沉淀蛋白后的血液样品溶液放入小瓶中，加适量 NaOH 并用超纯水稀释到 4.5 mL，最终 pH 为 8.5。萃取开始前，用丙酮洗涤中空纤维管并在空气中干燥后使用。处理好的中空纤维管放在正辛醇中浸泡，使有机溶液完全占据管壁的微孔，再用超纯水仔细清洗纤维管的外壁和内腔以除去多余的有机溶液。之后，分别将一根液相色谱进样针头和一根微量进样器（如图 1-10）安装于中空纤维管两侧，将接受相溶液（5 mmol/L HCl）注射入中空纤维管内腔，放入样品溶液中进行微萃取。萃取在室温下进行，固定搅拌速度，60 min 内完成萃取。

应该指出的是 LPME 同样可以实现顶空萃取。常用的液相微萃取方法还包括利用表面活性剂浊点分层现象进行萃取，称为浊点萃取，原理是一些表面活性剂在不同温度下在水中的溶解度发生明显变化，由于溶解度降低而与水分层，从而将有机物富集在表面活性剂层，达到分离富集的目的。

将液相萃取与固相萃取相结合，产生了 QuEChERS 方法。该方法是一种适用于食品中农药残留分析的简单直接的样品制备技术，因具有快速（quick）、简单（easy）、廉价（cheap）、有效（effective）、可靠（rugged）和安全（safe）的特点而得名，该法回收率高，消耗溶剂少，是一种符合"绿色化学"理念的样品前处理方法。QuEChERS 方法流程是将样品均质后，先用萃取剂（通常是乙腈或乙腈-酸混合物）萃取分析物，然后采用盐析方法（通常为硫酸镁和氯化钠），促进液-液两相分离；最后向萃取剂中加入净化吸附剂（通常是 N-丙基乙二胺），除去提取液中的基质，再进行下一步的分析。目前国标 GB23200.121—2021 使用了该方法，可以下载阅读。

各种萃取技术均可以根据需要联用，比如将微波萃取与顶空单滴溶剂萃取相结合来萃取中药材中的特定组分，如图 1-11 所示，中药材首先被离子液在微波作用下提取出待测组分及其他共存组分，待测组分容易挥发，在挥发过程中被单滴萃取剂萃取，经连续多次萃取，未被萃取的组分上升至冷凝管部分，再次冷凝到样品瓶。

五、超临界流体萃取

任何一种物质都存在三种相态：气相、液相、固相。三相呈平衡态共存的点叫三相点。液、气两相成平衡状态的点叫临界点。在临界点时的温度和压力称为临界温度和临界压力。不同物质的临界点所要求的压力和温度各不相同。超临界流体（supercritical fluid，SCF）是指温度和压力均高于临界点的流体。高于临界温度和临界压力而接近临界点的状态称为超临界状态。处于超临界状态时，气、液两相性质非常相近，所以称为 SCF。

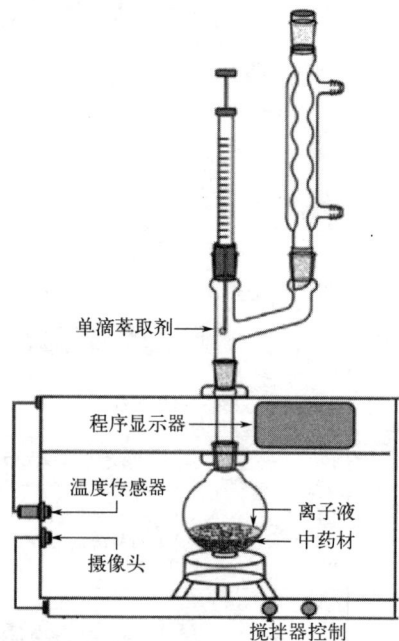

图 1-11 微波萃取与顶空单滴溶剂萃取结合示意图

表 1-2　气体、液体和 SCF 物理特征比较

物质状态	密度/(g/cm³)	黏度/(mPa·s)	扩散系数/(cm²/s)
气态	$(0.6\sim2)\times10^{-3}$	$(1\sim3)\times10^{-4}$	$0.1\sim0.4$
液态	$0.6\sim1.6$	$(0.2\sim3)\times10^{-2}$	$(0.2\sim2)\times10^{-5}$
SCF	$0.2\sim0.9$	$(1\sim9)\times10^{-4}$	$(2\sim7)\times10^{-4}$

从表 1-2 中可见，SCF 不同于一般的气体和液体，具有许多特性：其扩散系数比气体小，但比液体高一个数量级；黏度接近气体；密度类似液体；压力的细微变化可导致其密度的显著变动；压力或温度的改变均可导致相变。

常见溶剂的临界特性见表 1-3。使用最多的 SCF 是 CO_2，具有无毒、不燃烧、对大部分物质不反应、价廉等优点，其密度对温度和压力变化十分敏感，且与溶解能力在一定压力范围内成比例，所以可通过控制温度和压力改变物质的溶解度。

表 1-3　常见溶剂的临界特性

流体名称	分子式	临界压力/bar	临界温度/℃	临界密度/(g/cm³)
二氧化碳	CO_2	72.9	31.2	0.433
水	H_2O	217.6	374.2	0.332
氨	NH_3	112.5	132.4	0.235
乙烷	C_2H_6	48.1	32.2	0.203
乙烯	C_2H_4	49.7	9.2	0.218
氧化二氮	N_2O	71.7	36.5	0.450
丙烷	C_3H_8	41.9	96.6	0.217
戊烷	C_5H_{12}	37.5	196.6	0.232
丁烷	C_4H_{10}	37.5	135.0	0.228

注：1 bar＝10^5Pa。

（一）超临界 CO_2 的溶解能力

超临界状态下，CO_2 对不同溶质的溶解能力差别很大，与溶质的极性、沸点和分子量密切相关：①亲脂性、低沸点成分可在低压（10^4 kPa）萃取，如挥发油、烃和酯等；②化合物的极性基团愈多，就愈难萃取；③化合物分子量愈高，愈难萃取。

（二）改性剂

CO_2 是非极性溶剂，对于非极性、弱极性的目标组分的溶解度较大。对于中等极性和极性的物质来说，一般要加入极性溶剂改善其在 CO_2 中的溶解度，故被称为改性剂。加入改性剂后，能降低操作温度和压力，缩短萃取时间。适宜的改性剂，其分子结构上应该既有亲脂基团，又有亲 CO_2 基团。被萃物与改性剂之间产生溶剂化缔合作用，增强了分子间作用力。改性剂还起到了与待萃物争夺基体活性点的作用，使被萃物与基体的键合力减弱，从而更易被萃取出来。常用的改性剂有甲醇、丙酮、乙醇、乙酸乙酯等，其中甲醇使用最为广泛。需要指出的是，改性剂的作用是有限的，它在改善超临界流体的溶解性的同时，也会削弱萃取系统的捕获作用，导致共萃物的增加。改性剂的用量要小，其物质的量分数一般不要超过 5%。

（三）应用

超临界流体萃取（SCFE）在天然产物的提取方面有着独特的优势，特别适用于提取对热敏感性强、容易氧化分解破坏的成分。SCFE 可以与其他分析仪器联用，成为一种高效的分析手段。

随着科学技术的不断进步，样品前处理越来越受到重视，很多的科技工作者致力于开发新的样品处理方法，其目的是利用最简单、最廉价、最环保、最有效的方法处理得到适于后续分析的样品。

样品前
处理.ppt

阅读拓展-中国科学
家在该领域的工作
介绍.word

习题

1. 查阅文献，学习各类样品处理方法并进行比较。
2. 通过查阅文献，学习一种蛋白质分析印迹制备的方法。
3. 测定血液中的重金属，应该采取何种样品处理方法？
4. 测定土壤中的有机污染物，应该如何处理样品？写出步骤并说明哪些步骤需要优化。
5. 指出下表中可以用于元素分析或分子分析之前的样品前处理方法，符合项打√，不符合打×。

	消解	灰化	溶剂提取	挥发	蒸发	共沉淀	色谱	衍生	低温冷冻	萃取	QuEChERS
元素分析											
分子分析											

第二章

光谱分析基础

光谱是电磁辐射按照波长或频率顺序的有序排列，或者说是一种复合光按波长顺序展开而呈现的光学现象。光谱分析法是研究辐射与物质相互作用的科学。除了传统的电磁辐射与物质相互作用外，现代光谱分析法已经拓展到声波和粒子束等其他形式的能量和物质的相互作用。光谱分析法的三个基本过程：能源提供能量，能量与物质相互作用，产生信号。光谱分析法的基本特点：均包含三个基本过程；可进行选择性测量，不涉及混合物分离（不同于色谱分析），涉及大量光学元器件。

第一节 光谱分析法理论

一、电磁辐射

（一）电磁辐射的波粒二象性

经典物理学认为，光是交变的电场与磁场（所以又称电磁波），可以两个相互垂直的振动矢量来表征，一个是电场矢量 E，另一个是磁场矢量 H。所有电磁辐射在真空中传播速度（c）相同，有极大值 $c = 2.997925 \times 10^{10}$ cm/s，与频率无关。在其他介质中，由于 E、H 两个能量场与介质相互作用，c 小于极大值。但其频率 ν 不变（由光源决定），根据式（2-1），波长 λ 必然有所减小。

$$\lambda = \frac{c}{\nu} \tag{2-1}$$

如对于同一束电磁波，其在空气中测量到的 $\lambda_{空气} = 500$ nm，但在通过玻璃介质时 $\lambda_{玻璃} = 330$ nm。有时需要用波数 σ 描述电磁波性质，它和波长 λ 的关系如下：

$$\sigma = \frac{1}{\lambda} = \frac{\nu}{c} \tag{2-2}$$

量子力学认为，电磁波是光量子（或者说光子），一个光子的能量 E 为：

$$E = h\nu = h\frac{c}{\lambda} \tag{2-3}$$

式（2-3）就是著名的爱因斯坦公式。其中，h 为普朗克常数，频率 ν 表示电磁波的波动性，而能量 E 表示电磁波的粒子性。

常用的波长单位及其换算关系为：$1\ \mu m = 10^{-6}m = 10^{-4}cm$；$1\ nm = 10^{-9}m = 10^{-7}cm$；$1\ \text{Å} = 10^{-10}m = 10^{-8}cm$；$1\ nm = 10\ \text{Å}$。

（二）电磁波谱

将电磁辐射按照波长或频率（也就是能量）排列，可以得到如表 2-1 所示的电磁波谱表。根据能量的高低，又可分为高能辐射区、中能辐射区和低能辐射区三个区域。

（1）高能辐射区

高能辐射区包括 γ 射线区和 X 射线区。高能辐射的穿透能力较强，粒子性比较突出。

（2）中能辐射区

中能辐射区包括紫外区、可见光区和红外光区。大部分光谱方法都是基于对该区域辐射的研究和应用，所以该区又称为光学光谱区。

（3）低能辐射区

低能辐射区包括微波区和无线电波区，通常称为波谱区。

表 2-1　电磁波谱表

波谱区域	波长范围	波数范围	跃迁	分析方法
γ 射线	0.005～1.4 Å	$2\times10^{10}\sim7.1\times10^{7}$	核能级	穆斯堡尔谱
X 射线	0.01～10 nm	$1\times10^{9}\sim1\times10^{6}$	内层电子能级	X 射线吸收、发射、荧光、散射
真空紫外光	10～200 nm	$1\times10^{6}\sim5.0\times10^{4}$	内层电子能级	真空紫外吸收光谱
近紫外光	200～360 nm	$5.0\times10^{4}\sim2.8\times10^{4}$	价电子	紫外可见吸收光谱、原子吸收光谱，原子发射光谱、原子荧光光谱和拉曼光谱
可见光	360～760 nm	$2.8\times10^{4}\sim1.3\times10^{4}$	价电子	
近红外光	760～2500 nm	$1.3\times10^{4}\sim4\times10^{3}$	分子振动	红外吸收光谱、拉曼光谱
中红外光	2.5～50 μm	$4\times10^{3}\sim2\times10^{2}$	分子振动转动	
远红外光	50～1000 μm	$2\times10^{2}\sim10$	分子转动	
微波	1～300 mm	10～0.03	分子转动	微波吸收
无线电波	＞300 mm	＜0.03	电子和核自旋	核磁共振波谱

注：波长范围的划分并不十分严格，不同文献中会有出入

二、电磁辐射与物质的相互作用

电磁辐射与物质的相互作用包括吸收、发射、散射、折射、反射、旋光、干涉和衍射等。吸收、发射涉及物质内部能级的跃迁，如图 2-1 所示。

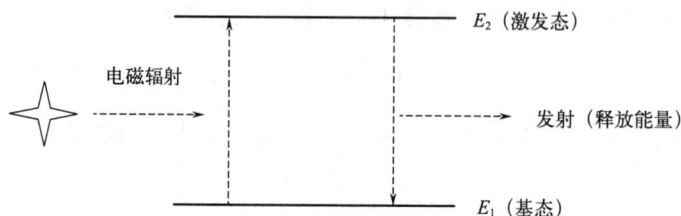

图 2-1　电磁波与物质的能级

（一）吸收

电磁辐射与物质的基本粒子（原子、离子或分子）作用后，基本粒子可以选择性地吸收电磁波能量，从而使原子、离子或分子从较低的能级被激发到高能级。物质的能级组成是量子化的，吸收也是量子化的，被吸收辐射的能量需与基态或低能态和激发态之间的能量差一致。不同物质的能级差具有特征性，可以通过研究吸收辐射频率得到物质试样的组成，因此，可以通过实验得到吸光度随波长或频率变化的函数图，即吸收光谱图。

1. 原子吸收

当电磁辐射作用于气态自由原子时，电磁辐射将被原子所吸收。处于紫外或可见光区的电磁辐射只能使外层电子或价电子跃迁，而能量大几个数量级的 X 射线能使内层电子跃迁，固体中的原子可以实现 γ 光子的无反冲共振吸收。由于原子的电子能级数有限，产生的原子吸收特征频率也有限。

2. 分子吸收

分子中除外层电子能级外，每个电子能级还存在振动能级，每个振动能级还有转动能级，分子所具有的能级数目比原子所具有的能级数目要多得多，因此，分子的吸收光谱比原子吸收光谱要复杂得多。与分子能带相关的能量 $E_{分子}$ 由电子能量 $E_{电子}$、振动能量 $E_{振动}$ 和转动能量 $E_{转动}$ 三部分组成。

$$E_{分子}=E_{电子}+E_{振动}+E_{转动} \tag{2-4}$$

分子的任意两能级之间的能量差位于紫外、可见光和红外光区，所对应的吸收也位于这些区域。

3. 磁场诱导吸收

当某些元素的原子核或电子受到强磁场的作用时，它们具有磁性质的简并能级将发生分裂，会产生具有微小能量差的附加能级，可以吸收长波辐射，如无线电波或微波。对于原子核，一般吸收波长 $1000 \sim 60$ cm 的射频无线电波；对于电子，则吸收波长 3 cm 左右的微波。

（二）发射

被激发到较高能级的原子、离子或分子处于不稳定状态，会在较短的时间内释放能量而返回基态，若以光的形式释放能量，即产生光的发射。激发源可以是光、电、热、化学能、电子或其他基本粒子。通常，光、电、热和化学能激发所发射的电磁辐射位于紫外、可见光和红外区，而 X 射线、电子或其他基本粒子激发所发射的电磁辐射位于 X 射线区。除 X 射线的连续发射外，一般发射的电磁辐射能量等于两个能态之间的能量差，对特定物质具有特定的波长。

1. 原子发射

当气态自由原子处于激发态时，将发射电磁波而回到基态或低能态，外层电子跃迁所发射的电磁波处于紫外、可见光区域，最内层轨道电子跃迁产生 X 射线谱。不同于紫外和可见光区的发射，元素的 X 射线光谱与它所处的环境无关。例如，无论被激发的样品是金属钼、固体硫化钼、气态六氟化钼还是金属阴离子络合物的水溶液，钼的发射光谱都是相同的。各种元素都有自己特征的发射光谱。若以电磁辐射作为激发源，得到的原子发射又称为原子荧光，基于内层轨道电子跃迁产生的发射又称为 X 射线荧光。单原子气体或金属蒸气所发射的光谱均为线状光谱，因此，线状光谱一般代表原子光谱。

2. 分子发射

分子发射与分子外层电子能级、振动能级和转动能级相关，因此分子发射光谱较原子发射光谱更复杂。由于电、热等极端形式能量会破坏分子结构，一般采用光激发或化学能激发。分子发射的电磁辐射基本上处于紫外、可见光和红外光区。分子发射光谱包括荧光光谱、磷光光谱和化学发光光谱。荧光和磷光都是光致发光，荧光产生于单重激发态的最低振动能级向基态的辐射跃迁，而磷光是三重激发态的最低振动能级向基态的辐射跃迁。化学发光是化学反应释放的化学能激发体系中某种物质而产生的光辐射。

3. X 射线的连续发射

X 射线管中高速运动的电子与靶碰撞时，受原子核库仑场的作用而偏转并急剧减速，电子的一部分动能转化为辐射能释放 X 射线，这种辐射称为韧致辐射或碰撞辐射。韧致辐射中电子是自由的，初态能量 E_0 和末态能量 E 不是量子化的，而是连续的，辐射谱线也是连续的。

（三）散射

当入射光的光子与试样粒子碰撞时，会改变其传播方向，这种现象称为光的散射。光散射产生的实质是光波的电磁场与介质中由颗粒、分子或密度涨落导致的折射率不均匀区域的相互作用。

散射光又分为弹性散射和非弹性散射，弹性散射的散射光波长和入射光波长相同，而非弹性散射的散射光和入射光波长不同。

1. 弹性散射

丁铎尔（Tyndall）散射、瑞利（Rayleigh）散射和米氏（Mie）散射都属于弹性散射。

Tyndall 散射是被照射粒子直径与入射光波长相当时所发生的散射，常用来区分胶体和溶液，在分析化学中应用极少。

当波长为 λ 的辐射，与尺寸比其小得多的粒子作用时，称为 Rayleigh 散射。散射光强度 $I_{散射}$ 与 $\lambda_{照射}$ 的关系为（$\lambda_{散射} = \lambda_{照射}$）：

$$I_{散射} \propto \frac{1}{\lambda_{照射}^4} \tag{2-5}$$

对粒径比波长大的颗粒，散射光强度与微粒大小和形状的关系较复杂，散射过程和波长的依赖关系不再明显，不再遵循瑞利散射定律。人们把那些均匀、各向同性的颗粒所散射的电磁波称为 Mie 散射。Mie 散射涵盖了所有尺寸粒子范围，但是一般习惯上把大颗粒的散射称为 Mie 散射，小颗粒的散射还是 Rayleigh 散射。Mie 散射对任何尺寸、均匀球形粒子散射的研究具有极大的实用价值，可以研究雾、云、日冕、胶体和金属悬浮液的散射等。

2. 非弹性散射

布里渊散射、拉曼（Raman）散射和康普顿散射都属于非弹性散射。

1928，印度科学家 C. V. Raman 研究散射现象时发现，0.1% 的散射光频率相对于入射光而言有了变化，这种散射就叫 Raman 散射，粒子间发生了非弹性碰撞，碰撞有能量交换。

Raman 散射是在与 Rayleigh 散射相似的条件下，辐射与分子作用时有 $\lambda_{照射} \neq \lambda_{散射}$，频率差值为：

$$\Delta\nu = \nu_{散射} - \nu_{照射} \tag{2-6}$$

$\Delta\nu$ 称 Raman 位移。Raman 位移与分子振动频率有关。

布里渊散射是由物质中存在以声速传播的压力起伏而引起的光散射现象，研究能量较小的元激发，如声子、磁子、激子和等离激元等。散射光波长和入射光波长差别很小。

高能区辐射（γ射线和 X 射线）的非弹性散射为康普顿散射。

三、光谱分析法

光分析法是基于电磁辐射与物质的相互作用，电磁辐射或物质的某些特性发生的变化来对物质的性质、含量或结构进行分析的方法。其中，涉及物质不同能级跃迁的方法称为光谱分析法，可分为吸收光谱法、发射光谱法和散射光谱法三种基本类型。

（一）吸收光谱法

吸收光谱法为利用物质的吸收光谱进行定性、定量或结构分析的方法。根据物质对不同波长辐射的吸收又可分为穆斯堡尔谱法、原子吸收光谱法、紫外-可见吸收光谱法、红外吸收光谱法、核磁共振波谱法。

1. 穆斯堡尔谱法

当无反冲γ射线经过某一吸收物质时，如果入射γ光子的能量与吸收物质中的某原子核的能级间跃迁能量相等，这种能量的γ光子就会被吸收体共振吸收。穆斯堡尔谱法是利用原子核无反冲的γ射线共振吸收现象，获得共振原子核周围物理和化学环境的微观结构信息的方法。

2. 原子吸收光谱法

处于气态原子中的某特定原子会选择性吸收用同种元素所制造的光源（锐线光源）发出的特征谱线，这种吸收具有高度的选择性，不会造成样品中其他共存非同类元素的吸收，根据光源被样品吸收后的"光强"减弱程度，可对该特定元素进行定量分析。

原子吸收光谱分析实验的温度为 3000 K 左右，此时大部分原子处于基态。这些处于基态的原子对由同种元素所制造的光源发出的特征谱线的吸收，一般只涉及"光源"中灯丝元素溅射后、由基态向第一激发态跃迁后，从第一激发态返回基态时的能级跃迁和特征谱线的发射。这种从第一激发态返回基态而发出的特征谱线叫共振线，因此原子吸收光谱实际上是对光源共振线的吸收。"光源"中灯丝元素的发光涉及电致激发和热致激发原理，而原子蒸气对特征谱线的吸收涉及光致激发的原理。

3. 紫外-可见吸收光谱法

分子吸收紫外-可见光使分子外层电子发生跃迁，从而形成吸收光谱对物质进行定性定量分析，其波长范围通常为 200~760 nm，测定的对象通常是具有共轭双键的有机化合物以及一些水合金属离子和阴离子。

4. 红外吸收光谱法

当用红外光照射物质时，物质结构中的质点会吸收一部分能量，引起质点振动能级跃迁的同时伴随着转动能级跃迁，从而产生红外吸收光谱。具有确定化学组成和结构特征的相同物质具有相同的红外吸收光谱的谱带位置、谱带数目、谱带宽度和谱带强度等特征吸收，据此可以对物质进行分析。

5. 核磁共振波谱法

某些自旋原子核受强磁场作用后会吸收一定频率的电磁辐射，自旋方向改变，发生原子核能级跃迁，产生核磁共振信号。核磁共振频率和原子核的物理及化学特性相关，能够提供分子的结构、动力学、反应速率和化学环境相关的信息。

（二）发射光谱法

发射光谱法为利用物质激发后的发射光谱进行定性、定量或结构分析的方法，主要有原子发射光谱法、原子荧光光谱法、X射线荧光光谱法、分子荧光光谱法、分子磷光光谱法和化学发光法。

1. 原子发射光谱法

原子发射光谱是原子外层电子受热能、辐射能激发或与其他粒子碰撞获得能量跃迁到较高的激发态，再由高能态回到较低的能态或基态时，以辐射形式释放出其激发能而产生的光谱。原子发射光谱分析需要外来能量蒸发试样使其原子化、激发气态试样原子，这两个过程往往是连续进行的，所需要的温度一般为 $4000\sim10000$ K 范围，视仪器的工作原理不同而略有不同。对原子的激发可以用多种方法，主要包括热激发、电激发和光激发。如以火焰、电弧、等离子炬等方式激发，其原理主要是热激发，本质是热运动粒子相互碰撞，使气态原子或离子的外层电子激发到较高的能级上；如在阴阳两电极上施加电压产生高温，导致特征谱线的发射，此种方式称为电激发；如以电磁辐射、激光方式照射样品使其激发，其原理主要是利用电磁波的能量使原子激发，因而也称光激发。被激发原子的寿命很短，一般在约 10^{-8} 秒内返回基态并发射与特定原子相对应的特征光谱，该特征光谱的强度与相应原子的浓度有关，因此将该特征光谱进行照相记录或光电转换记录，根据特征光谱的波长和强度便可进行样品物质中某些元素的光谱定性和定量分析。

2. 原子荧光光谱法

与原子吸收光谱的实验条件类似，样品的原子蒸气通过对特征谱线的吸收而被光激发，吸收了一次光子而被激发跃迁到较高能态的原子倾向于在很短的时间内返回基态，在一般情况下这一过程主要是通过激发态粒子与其他粒子的碰撞从而把激发能转变为热能来实现的（即无辐射跃迁），但是在某些情况下也可通过发射谱线的方式返回基态，这时发射出与光源波长相同或不相同的谱线称为原子荧光。原子荧光是原子吸收的逆过程。根据发射线波长是否和吸收线波长相一致，荧光分为共振荧光和非共振荧光。

3. 化学发光法

在化学反应过程中，某些化合物接受能量而被激发，从激发态返回基态时，发射出一定波长的光。在化学发光分析中，化学反应的生成物具有荧光发射的分子结构，反应体系必须快速释放足够大的能量且反应体系中激发态分子以辐射跃迁的方式释放能量返回基态。

（三）散射光谱法

1. 动态光散射法

动态光散射法为通过测量样品散射光强随时间变化来分析颗粒大小、状态等信息的一种方法。

2. 静态光散射法

静态光散射法是指利用散射颗粒在不同方位或角度的光散射强度研究和分析物质信息的方法。依据 Mie 理论中光散射强度与散射角度的关系，测定颗粒的大小、质量和成分。

3. 共振光散射光谱法

对于存在吸收介质的体系，若入射光波长接近待测物质的吸收带，该物质的散射会大大增强，而且会出现新的散射特征，这就是共振瑞利散射增强。1993 年，美国科学家帕斯特纳克提出可用普通的荧光光度计检测光散射信号的共振光散射技术，是研究判断分子聚集的方法。后来科学家通过使用 DNA 诱导卟啉聚集产生增强的共振光散射信号，实现了对 DNA 的高灵敏感测，检测限可达到 14 ng/mL。此后，这种信号检测方法被应用到分析化学的各个领域，实现了金属离子、核酸、有机小分子、蛋白质的高灵敏检测。共振光散射技术被公认为是方法简单、快速、灵敏、可靠的光谱分析技术，可应用于分析化学各个领域。

4. Raman 光谱法

Raman 光谱是光与分子间相互作用发生非弹性碰撞的一种散射光谱，属于散射光谱。散射光存在比激发波长长和短的成分，分别为斯托克斯线和反斯托克斯线。散射光和入射光之间的频率差为 Raman 位移，与分子振动和转动能级有关。Raman 光谱法是利用 Raman 位移研究物质结构的方法。

四、电磁辐射的量子理论

量子理论最早由德国物理学家马克斯·普朗克在 1900 年提出，用来解释受热物体发出的辐射的性质。这一理论后来被拓展来解释其他类型的发射和吸收过程。物质吸收或释放能量是不连续的，只能按一个"基本量"一份一份地进行，具有量子化的特征。这个"基本量"的最小单位，常被称为光子。吸收和发射均涉及能级和能量。

图 2-1 所涉及的能量为：

$$\Delta E = E_2 - E_1 = h\nu = \frac{hc}{\lambda} \tag{2-7}$$

式中，ΔE 为光子能量；h 为普朗克常数（6.626×10^{-34} J·s）。这说明 ΔE 与 ν 成正比，与 λ 成反比，与强度无关。

在化学研究中，一摩尔物质与光作用的能量的单位常用 J/mol 表示，所以：

$$E = h\nu N_A = hcN_A\sigma = 6.626 \times 10^{-34} \times 3 \times 10^{10} \times 6.022 \times 10^{23} \times \sigma = 11.97\sigma (\text{J/mol}) \tag{2-8}$$

根据公式，可以计算 1 mol 波长为 200 nm 光子的能量 E：

$$\Delta E = E_2 - E_1 = h\nu N_A = \frac{hcN_A}{\lambda} \tag{2-9}$$

$$E = \frac{6.626 \times 10^{-34} \times 3 \times 10^{10} \times 6.022 \times 10^{23}}{200 \times 10^{-7}} = 5.99 \times 10^5 (\text{J}) \tag{2-10}$$

有时用电子伏特表示能量（1 eV $= 1.6 \times 10^{-19}$ J），如对于波长为 200 nm 的波：

$$E = h\nu = \frac{hc}{\lambda} = \frac{6.626 \times 10^{-34} \times 3 \times 10^{10}}{200 \times 10^{-7}} = 9.94 \times 10^{-19} (\text{J}) \tag{2-11}$$

$$E = \frac{9.94 \times 10^{-19}}{1.6 \times 10^{-19}} = 6.2 (\text{eV}) \tag{2-12}$$

常用电子光谱包括原子、分子中的价电子跃迁，其能量范围在 1～20 eV。如要将相应的能量换算成波长单位 nm 时，对于 1 eV 的能量有：

$$\lambda = \frac{hc}{E} = \frac{6.626 \times 10^{-34} \times 3 \times 10^{10}}{1.6 \times 10^{-19}} \times 10^7 = 1242(\text{nm}) \tag{2-13}$$

对于 20 eV 的能量有：

$$\lambda = \frac{hc}{E} = \frac{6.626 \times 10^{-34} \times 3 \times 10^{10}}{20 \times 1.6 \times 10^{-19}} \times 10^7 = 62(\text{nm}) \tag{2-14}$$

如果物质吸收从紫外线、可见光到红外线的任何波长的光，那么作为这种吸收的结果，万事万物将呈现漆黑一片（当然这时眼睛的功能也许会发生变化）。世界的五颜六色、色彩缤纷说明物质对光的吸收是有选择性的。

第二节　光谱分析仪器

光谱分析法一般基于光与物质的吸收、发射和散射现象，又分为吸收、发射、散射、荧光、磷光和化学发光六种测量方式。典型的光谱分析仪器都包含光源、波长选择系统、样品室、检测系统、信号处理和读出系统五部分。基于前面六种光谱测量差异以及仪器在组成结构上的不同，将光谱分析仪器分为三类，即图 2-2（a）吸收光谱法；图 2-2（b）非光激发发射光谱法；图 2-2（c）光激发发射光谱和散射光谱法。吸收光谱法、光激发发射光谱法和散射光谱法的仪器需要外部光源。而非光激发发射光谱法的样品通过电、热、化学能等激发，样品本身发光。在常温状态下，样品中的原子处于分子状态，要使原子在能级之间跃迁而发射光谱，或要使原子吸收电磁波的能量产生吸收光谱，首先必须使样品原子化产生原子蒸气，继而才能在更高的温度下激发原子。对于原子光谱仪，需要配置原子化系统，同时，还需使用进样系统将样品引入原子化区域。

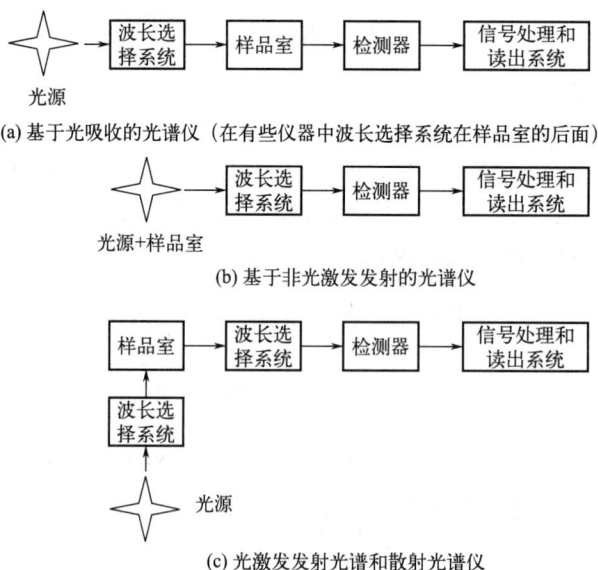

(a) 基于光吸收的光谱仪（在有些仪器中波长选择系统在样品室的后面）

(b) 基于非光激发发射的光谱仪

(c) 光激发发射光谱和散射光谱仪

图 2-2　各类光谱仪的结构示意图

一、光源

光谱分析中使用的光源要求稳定且具有足够大的强度。通常，光源的辐射功率随所加电源电压呈指数变化。一般采用稳压电源来保证光源的稳定性，也可以采用双光束设计来解决光源稳定性问题。图 2-3 列出了光谱仪中广泛使用的光源。根据光源性质的不同，分为连续光源和线性光源。

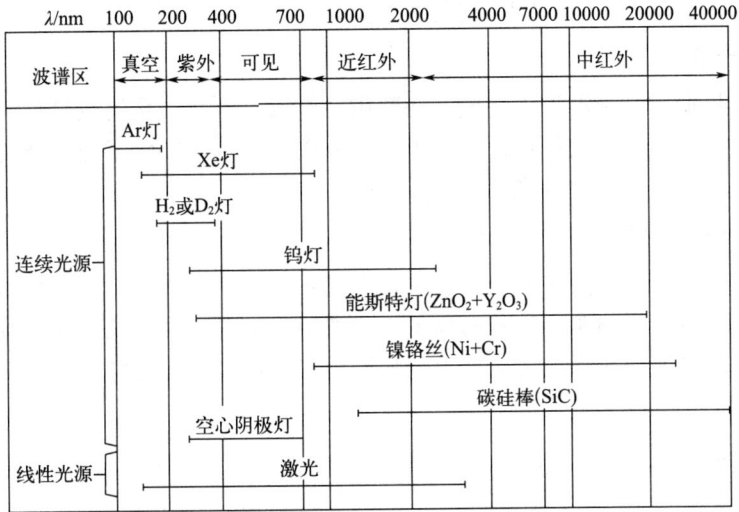

图 2-3　光谱仪中使用的光源

（一）连续光源

连续光源是在较大范围提供连续波长的光源，常用于紫外-可见吸收光谱、分子荧光光谱、分子磷光光谱和红外吸收光谱中。氢灯和氘灯是最常用的紫外区连续光源。当需要特别强的光源时，使用高压并充有氩气、氙气或汞的弧光灯。用于可见光区域的主要是钨灯，而常见的红外光源是加热到 $1500\sim2000$ K 的惰性固体，如能斯特灯、碳硅棒等，其最大输出波长能达到 $1.5\sim1.9\ \mu m$。

（二）线性光源

线性光源是发射几条不连续谱线的光源，主要有金属蒸气灯、空心阴极灯、无极放电灯和激光等。常见的金属蒸气灯有汞蒸气灯和钠蒸气灯，是能够提供紫外和可见光区域的锐线光源。空心阴极灯和无极放电灯是原子吸收法和荧光法中最重要的线性光源。激光可以获得从紫外到远红外的宽光谱范围内的辐射，完全覆盖了光谱学的波长范围。与其他光源相比，激光具有单色性好、方向性强、相干性好、强度高、波长可调谐、光脉冲超短等优点，是光谱仪器中非常有用的光源。

二、波长选择系统

理想情况下，光谱仪器所检测的信号应该是单一波长或频率的辐射。但实际上难以获得真正意义上的单色光，而是带有一定的波长宽度。通常，波长选择系统利用滤光片或单色器获得光谱测试所需的狭窄波段的光。

（一）滤光片

光谱分析仪器中常用的滤光片有吸收滤光片、干涉滤光片和声光可调滤光片。

1. 吸收滤光片

吸收滤光片利用其吸收光谱滤去不需要的部分波长，以获得一定波长范围的辐射。它由有色玻璃或加在两片玻璃间的分散在明胶薄层中的吸光染料组成，只适用于可见光的波带选择，而且其所选光波带的带宽较宽，透射效率低。

2. 干涉滤光片

干涉滤光片根据光学干涉原理制成，通常由介电层（常为氟化钙或氟化镁）夹在两块内侧镀有半透明金属膜的玻璃或石英片间而组成，介电层的厚度决定了透射光的波长。干涉滤光片可用于紫外、可见光及红外光区。

3. 声光可调滤光片

声光可调滤光片利用在各向异性晶体中，声光相互作用可以影响入射光的波长、频率及方向的特点。通过改变射频驱动信号的频率来调整输出衍射光的波长，其具有体积小、质量小、可编程、响应快速以及环境适应能力较强等特点，特别是在近红外区比干涉滤光片更具有优越性。

（二）单色器

单色器将复合光按照波长顺序排列，它由入射狭缝、出射狭缝、准直透镜以及色散原件组成，主要有棱镜单色器和光栅单色器，其光路示意图如图 2-4 所示。

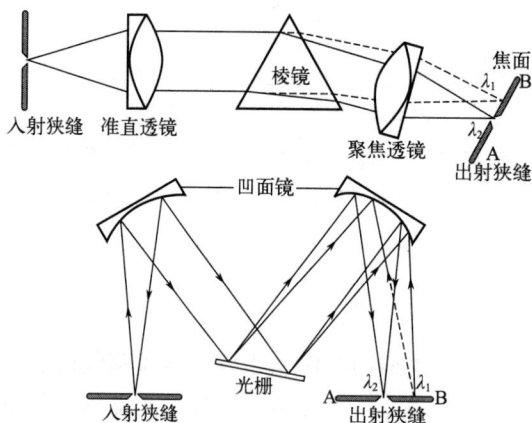

图 2-4　单色器的光路示意图

1. 棱镜

棱镜可以将复合光分成单色光的原理是光的折射现象，对同一材料而言，不同波长的光有不同的折射率，λ 越大，测到的折射率越小，此即棱镜的分光原理（图 2-5）。

由于棱镜色散率随波长变化不均匀，短波部分分得较开，长波部分谱线间距小，记录的光谱表现为非均排性质。棱镜分光系统的光学特性可用色散率、分辨率和集光本领等指标来表征。

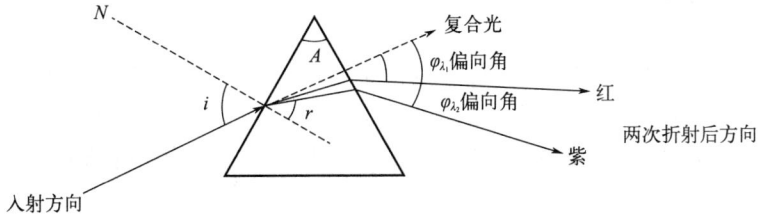

图 2-5　棱镜的分光原理

2. 光栅

光栅波长选择系统以衍射光栅作为色散元件。因为光栅可以用于由几纳米到几百微米很宽的光谱区域，而对于棱镜，则很难找到在 120 nm 以下和 60 μm 以上适用的材料，因而光栅是一种非常方便、有用的色散元件。光栅有透射光栅和反射光栅。光谱仪器主要采用反射光栅，按照制造工艺分为机刻光栅和全息光栅。全息光栅是将两束相干光束所产生的干涉条纹用全息照相法记录下来而制成的光栅，避免了机刻光栅和复制机刻光栅的衍射光谱中出现"鬼线"和"伴线"，杂散光也比优质的机刻光栅少得多。

（1）光栅的分光原理

光栅的分光原理是电磁波的衍射和干涉现象。当光线照在光栅表面时，每条刻槽都相当于一个子光源，向各个方向发射光线，此现象叫作衍射。如果在衍射光线光路上放置一个透镜，则同方向的衍射光线就会在透镜另一侧的焦面上互相叠加，发生干涉。当衍射光线的光程差为某一波长的整数倍时，此波长的单色光则互相加强，形成亮纹，此即该波长单色光的谱线。若光程差为半波长的奇数倍，则发生相消干涉，互相抵消，形成暗纹，这一规律可用光栅方程描述，参见图 2-6（平行光在法线同侧）。

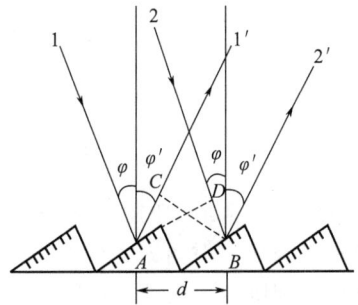

图 2-6　平面反射
光栅的分光原理示意图

光束 1、2 在 A、D 点上是同相的，它们到达 A、B 点的光程差为 $DB = d\sin\varphi$，当光束 1，2 分别从 A、D 点以 φ' 角衍射出去后，光程差又增加或减少了 $AC = d\sin\varphi'$。总的光程差为：

$$DB \pm AC = d(\sin\varphi \pm \sin\varphi') \tag{2-15}$$

若这两条光线的总光程差为波长的整数倍时，则在衍射角 φ' 的方向发生相互增强的干涉，于是有：

$$K\lambda = d(\sin\varphi \pm \sin\varphi') \tag{2-16}$$

① 当光栅常数 d 及入射角 φ 为给定值时，对于某一谱级 K，不同波长的光会被衍射到不同的 φ' 方向，这就是光栅的分光作用。

② 当 d 及 φ 为给定值，对于 0 级光谱（$K = 0$），光栅没有分光作用。

③ 当 φ' 与 φ 不在光栅法线的同侧并且 $\varphi' > \varphi$ 时，据光栅方程可知，K 应为负值，这表示衍射而产生的光谱与入射光束不在零级像的同侧。

④ 对于同一谱级，波长愈短的谱线离零级像愈近。

⑤ 当光栅常数 d、入射角和衍射角给定时，即在某一固定方向观察光谱时，光栅方程的右边将是一个常数，则 $K\lambda = $ 常数，例如 400 nm 的 Ⅰ 级谱线、200 nm 的 Ⅱ 级谱线和 133.3 nm 的 Ⅲ 级谱线……都在同一位置出现极大值，使不同波长的谱线出现重叠，干扰人

们的分析，为了消除谱线重叠的干扰，必须采取一些措施。

（2）闪耀光栅

一般的平面反射光栅是在光栅背面真空镀铝，两刻痕之间的光滑面起反射和衍射作用，两刻痕之间的小反射面起衍射作用。根据光反射定律，小反射面法线与光栅法线重合，入射角＝反射角≈0°，衍射极大值和零级光谱重叠。因此，其他级的有用光谱强度很弱，谱线强度降低。如图 2-7 所示。

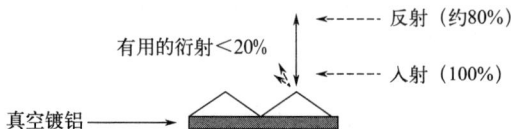

图 2-7　平面反射光栅的光反射损失示意图

如果将光栅刻痕刻成一定的形状，使每一刻痕的小反射面与光栅平面成一定角度，使单缝衍射的中央主极大从原来与不分光的零级主极大重合的方向，移至由刻痕形状决定的反射光方向，结果使反射光方向的光谱变强，这种现象称为闪耀。平面闪耀光栅的原理示意图如图 2-8 所示。

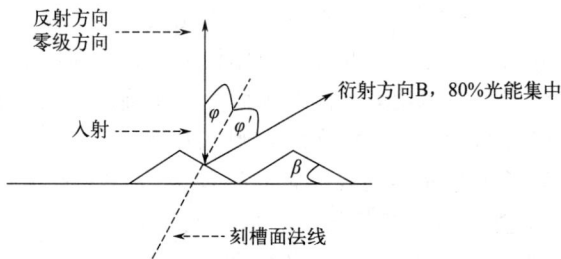

图 2-8　平面闪耀光栅的原理示意图

辐射能量最大的波长称为闪耀波长；光栅刻痕小反射面与光栅平面的夹角 β 称为闪耀角。当满足入射角 φ＝衍射角 φ'＝闪耀角 β 时，质量优良的闪耀光栅可以将约 80％ 的光能量集中到所需要的波长范围内。

在闪耀光栅条件下，即入射角 φ＝衍射角 φ'＝闪耀角 β 时，光栅公式式（2-16）变成：

$$K\lambda_\beta = 2d\sin\beta \tag{2-17}$$

一般每台光谱仪都配有几块闪耀波长 λ_β 不同的光栅，以便在相应波长下记录的光谱灵敏度达到最佳。

（3）典型的光栅

① 平面反射光栅

平面反射光栅是在一块平整的光学玻璃上真空镀铝后，刻制成许许多多等宽度、等间距、相互平行、等同的刻痕而制成。每个刻痕都相当于一个单缝，从准直透镜来的平行光通过这些缝时，发生单缝衍射和多缝干涉。

② 凹面反射光栅

通过在凹面反射镜上沿其弦刻出等间距、等宽度的平行刻痕线而制成。通常凹面光栅安置在一个直径在 $0.5\sim1.0$ m 的罗兰圆上，入射狭缝和出射狭缝安置在罗兰圆的另一侧。凹面光栅不仅起色散分光作用，同时其凹面又具有将光线聚焦于出射狭缝的聚焦作用，因而不需要聚焦物镜。

③ 中阶梯光栅

中阶梯光栅也属于平面反射光栅，如图 2-9 所示，光栅常数为微米级，刻槽深度大（为数微米），闪耀角大，对紫外-可见光谱区工作级次达 40～120 级，因此谱级重叠十分严重。为了将不同级次的重叠谱线分开，通常采用较低色散的棱镜或其他色散原件作为辅助色散原件，安装在中阶梯光栅的前或后来形成交叉色散，使谱线色散方向和谱级散开方向正交，在焦面上形成一个二维色散图像。由于中阶梯光栅具有高分辨、高色散、高光强、波长范围宽和结构紧凑等优点，可以提高信噪比、减少光谱干扰、改善检出限、实现多谱线同时测定，在现代光谱仪器中得到广泛应用。

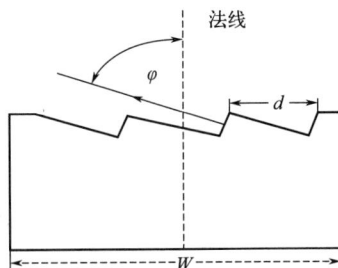

图 2-9　中阶梯光栅的原理示意图

（4）光栅的光学特性

光栅摄谱仪比棱镜摄谱仪有更高的分辨率。光栅分光系统的光学特性用角色散率、线色散率和分辨率等指标来表征。

角色散率 $d\varphi'/d\lambda$ 和线色散率 $dl/d\lambda$ 可由光栅公式式（2-16）微分求得：

$$\frac{d\varphi'}{d\lambda} = \frac{K}{d\cos\varphi'} \tag{2-18}$$

式（2-18）中，φ' 为光栅的衍射角，λ 为波长，K 是光栅光谱的衍射级序，等号右边分母中的 d 不同于等号左边微分形式的 d，它是光栅常数。在光栅法线附近，$\cos\varphi' \approx 1$，上式简化为：

$$\frac{d\varphi'}{d\lambda} \approx \frac{K}{d(\text{光栅常数})} \tag{2-19}$$

这说明在同一级光谱中，角色散率基本上不随波长而改变，是均匀色散。这就是光栅光谱常称为均排光谱的原因。同时说明色散率随光谱级次增大而增大。光栅光谱的线色散率 $dl/d\lambda$ 与焦距 f 有关：

$$\frac{dl}{d\lambda} = \frac{d\varphi'}{d\lambda} \cdot f = \frac{Kf}{d\cos\varphi'} = \frac{Kf}{d} \tag{2-20}$$

式中，f 是光栅单色仪的焦距。

光栅光谱仪器的理论分辨率 R 为：

$$R = \frac{\lambda}{\Delta\lambda} = KN \tag{2-21}$$

式中，K 是光栅光谱的衍射级序，N 是一块光栅刻痕的总数。对于一块宽度为 50 mm，刻痕数为 1200 条/mm 的光栅，在一级光谱中，可算得 $R = 6 \times 10^4$。若用棱镜，计算所需棱镜的底边长 $b = 500$ mm，这是很大的一块棱镜。由此可见，光栅单色器的分辨率比棱镜单色器要大得多。

三、样品室

样品室也是光与物质作用的场所。一般使用在测试光谱区域无吸收的材料负载样品或作为样品池，将待测试样引入测试光路。如图 2-10 所示，普通光学硅玻璃是常用的样品池材料，能用于 350～2000 nm 波段的测试，但因其吸收紫外线而不能用于紫外线波段，350 nm 以下紫外线波段的测试通常用石英或熔融石英。

原子光谱中光谱现象发生时待测物处于原子状态，需采用特殊的装置将样品原子化，如图 2-11 所示，样品室即原子化系统，同时，还需使用进样系统将样品引入原子化区域。在原子发射光谱分析中，试样直接在光源中原子化，光源也是原子化系统。

λ/nm	100	200	400	700 1000	2000	4000	7000	10000 20000 40000
波谱区	真空	紫外	可见	近红外			中红外	
材料			LiF					
		石英或熔融石英						
			凸面玻璃					
			硅玻璃					
				NaCl				
			KBr					
			TlBr和TlI					
				ZnSe				

图 2-10　光谱分析仪器的样品室、窗口、透镜、棱镜材料

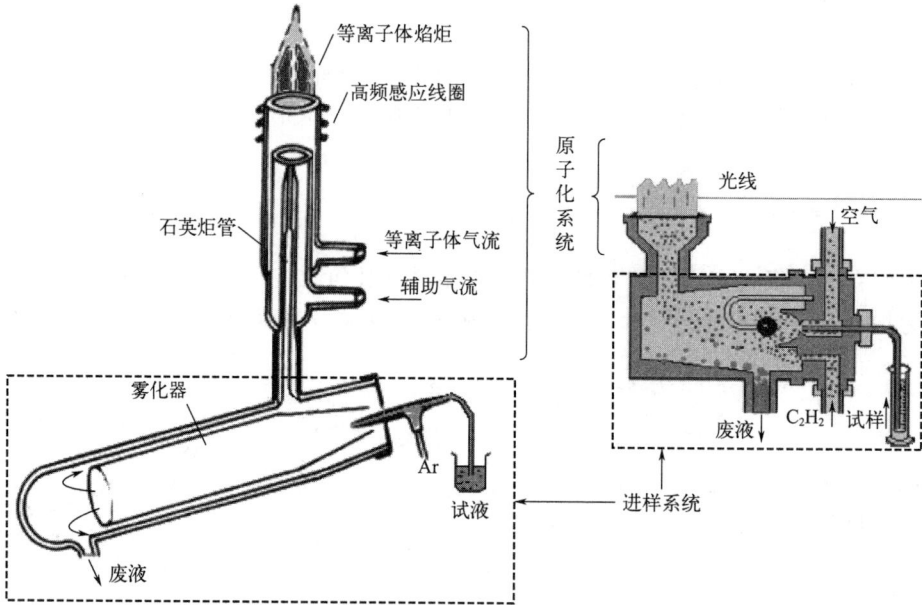

图 2-11　原子光谱分析中的样品引入及原子化示意图

四、检测系统

早期光谱仪器的检测系统是人眼、照相干板或胶片，现在指将光信号转变为电信号的装置，主要有光电检测器和热检测器。光电检测器利用光电效应将光信号转变成为电信号，常用的有光电管、光电倍增管、光电二极管、光电摄像管等。

五、信号处理和读出系统

信号处理器通常是一种可放大检测器的输出信号的电子器件。此外，它也可以把信号从直流变成交流（或相反），改变信号的相位，滤掉不需要的成分。同时，信号处理器也可用

来执行某些信号的数学运算，如微分、积分或转换成对数等。

在现代分析仪器中，常用的读出器件有数字仪表、液晶显示屏和计算机等。

思维导图.ppt

习题

1. 简述光分析法的基本过程和特点。

2. 列出以吸收、发射和散射为原理的光学分析法并分类。

3. 计算波长为 5.47 Å 的 X 射线光子的频率（单位为赫兹）、能量（单位为焦耳）和能量（单位为电子伏特）。

4. 请描述棱镜和光栅分光原理的不同。

5. 若光栅宽度为 50 mm，刻痕数为 1000 条/mm，此光栅的理论分辨率应为多少（一级光谱）？能否将铑（Rh）3434.89 Å 和镭（Ru）3436.74 Å 分开，为什么？

第三章

原子光谱分析

原子光谱是原子中电子在不同能级之间跃迁产生的光谱，通常包括原子发射光谱（atomic emission spectroscopy，AES）、原子吸收光谱（atomic absorption spectroscopy，AAS）和原子荧光光谱（atomic fluorescence spectroscopy，AFS），主要用于无机元素，特别是过渡金属的定性和定量分析，用途极其广泛。由于实现原子光谱分析的先决条件是样品中的元素必须为气态的原子或离子，所以样品一般要经历数千摄氏度高温的原子化过程，此时样品的原分子结构已被破坏，故不能直接进行与样品组成相关的结构分析。

第一节　原子光谱分析基础

一、原子光谱原理

（一）量子数与光谱项

1. 量子数

原子是由原子核与绕核运动的电子所组成，原子核外层电子的激发和跃迁是产生原子光谱的本质所在，与原子光谱相对应的电子激发和跃迁运动状态可用量子数来描述，即主量子数 n、角量子数 l、磁量子数 m 和自旋量子数 s。对于简单原子和类氢原子，原子核外只有一个电子，只要这个电子的运动状态确定，原子运动的能量状态也就确定了。但对于多电子的原子，情况较复杂。根据量子力学原理，原子的内层量子轨道一般都被成对电子填满且自旋平行，相互抵消，对原子的能量状态贡献很少或无贡献，而决定原子能量状态的主要是价电子，为描述多个价电子的原子运动的能量状态，需引入新的四个量子数。

主量子数 n：n 决定了电子的主能量 E，用来说明核外电子的壳层。$n=1$ 的壳层，离原子核最近，称为第一壳层；$n=2$、3、4、…的壳层，分别称为第二、三、四壳层……。用符号 K、L、M、N、…代表相应的各个不同壳层。

原子轨道角量子数 L：角量子数 l 的矢量和。若有两个价电子，其取值为 l_1+l_2，l_1+l_2-1，l_1+l_2-2，…$|l_1-l_2|$。如 $l_1=0$，$l_2=2$ 时，$L=2$；$l_1=1$，$l_2=1$ 时，$L=2$，1，0；$l_1=3$，$l_2=2$ 时，$L=5$、4、3、2、1 等，所以 $L=0$、1、2、3、4、…分别以 S、P、D、F、…表示。若有三个价电子，应先将两个价电子耦合后再与第三个价电子耦合，依此类推。

原子自旋运动量子数 S：自旋量子数 s 的矢量和。价电子为偶数时，$S=0$、1、2、…价电子为奇数时，$S=1/2$、3/2、5/2、…，如 $s_1=1/2$，$s_2=1/2$ 时，$S=0$、1，其取值为 $S=N/2$，$N/2-1$，$N/2-2$，…其中 N 为价电子数。

内量子数 J：J 为 L 和 S 的矢量和，其取值为 $L+S$，$L+S-1$，…$|L-S|$。

2. 光谱项

在光谱学中，通常用光谱项符号表示原子所处的各种能级状态。光谱项符号可用下式来表示：

$$n^M L_J \text{ 或 } n^{2S+1} L_J$$

式中，M 为谱线多重性符号，该符号说明 L 与 S 间的相互电磁作用，可产生（2S+1）个分裂的能级，导致光谱出现多重线，M 的取值是大于 1 的正整数。J 表示光谱支项。表 3-1 表示钠原子基态和激发态的光谱项。

表 3-1 钠原子光谱项（基态电子结构为 $1s^2 2s^2 2p^6 3s^1$，$Z=11$）

价电子组态	量子数				光谱项
	n	L	S	J	
基态 $(3s)^1$	3	0	1/2	1/2	$3^2S_{1/2}$
激发态 $(3p)^1$	3	1	1/2	3/2、1/2	$3^2P_{3/2}$、$3^2P_{1/2}$
激发态 $(3d)^1$	3	2	1/2	5/2、3/2	$3^2D_{5/2}$、$3^2D_{3/2}$
激发态 $(4f)^1$	4	3	1/2	7/2、5/2	$4^2F_{7/2}$、$4^2F_{5/2}$

（二）能级图与光谱选律

1. 能级图

电子在某一状态所具有的能量称为能级，原子的能量状态除用光谱项表示外，还可用能级图来表示。把原子中所有可能存在状态的光谱项即能级及能级跃迁用图解的形式表示出来，称为能级图。图 3-1 为钠原子的能级图。

图 3-1 中的水平线表示实际存在的能级，能级的高低用一系列的水平线表示。斜线表示能级跃迁。由于相邻两能级的能量差与主量子数的平方 n^2 成反比，随 n 增大，能级排布越来越密。当 n 值达到某一很大的数值时，最外层电子将脱离原子核的束缚，原子转为电离状态，这时体系的能量对应于电离能。因为电离了的电子可以具有任意的动能，因此，当 n 趋向无穷大时，能级图中出现了一个连续的区域。

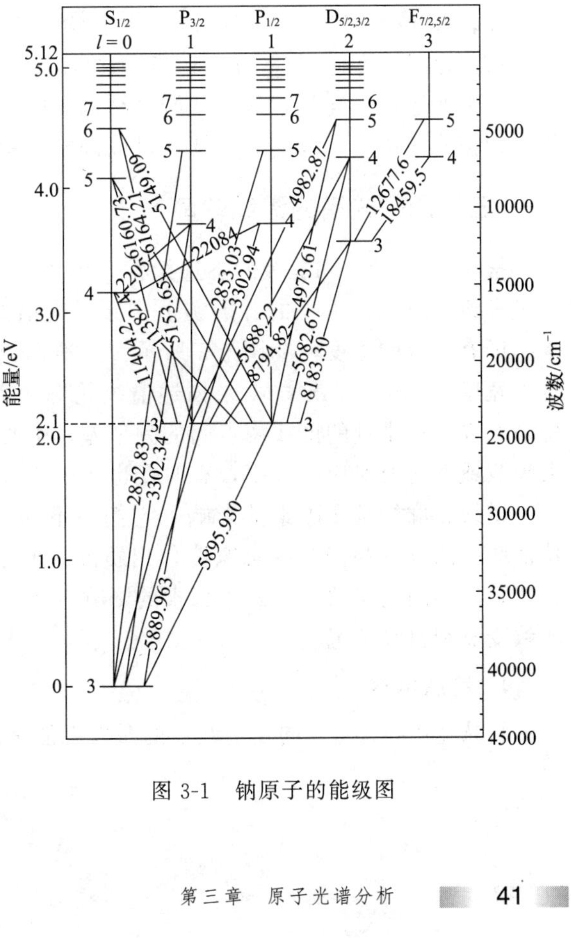

图 3-1 钠原子的能级图

能级图中的纵坐标表示能级的能量，左边用电子伏特单位，右边用波数单位。各能级之间的垂直距离表示跃迁时以电磁辐射形式释放的能量的大小。在某一特定时刻，一个原子只发射一条谱线，因许多原子处于不同的激发态，导致发射出各种不同波长的谱线。

为了使线不过于密集，横坐标按不同亚层（不同的 L）从左向右展开。规定未受激发的能级能量为 0。横坐标表示实际存在的光谱项。钠原子的能级图靠近纵坐标的第一排为基态 3s，上为 4s，再向上依次为 5s、6s、7s 等，越来越密，说明 Na 的这个最外层电子可以由 3s 到 4s 再到 5s、6s、7s、…，能量超过 5.12 eV 后电离。在这一条竖线上，无论从哪个 n 值下的 s 到另一个 n 值下的 s，光谱项总可以写成 $n^2S_{1/2}$。所以在能级图的最高处，就将光谱项的一般符号写成：$^2S_{1/2}$。

2. 光谱选律

原子在所有能级之间的跃迁不是都可以发生的，实际可以发生的跃迁遵从光谱选择定则。

① $\Delta n=0$ 或任意正整数。$\Delta n=0$ 意味着在同一 n 值下的不同亚层之间发生跃迁。这一条定则说明在发生能级跃迁时主量子数的改变不受限制。

② $\Delta L=\pm1$。即跃迁只允许在 S 与 P 之间、P 与 S 或 D 之间、D 与 P 或 F 之间产生等等。

③ $\Delta S=0$。不同多重态之间的跃迁是禁阻的，可允许的跃迁发生在单重项与单重项、双重项与双重项，三重项与三重项之间。

④ $\Delta J=0$、±1。但当 $J=0$ 时，$\Delta J=0$ 的跃迁是禁阻的。

在原子内部，由于电子的轨道运动与自旋运动的相互作用，同一光谱项中各光谱支项的能级有所不同。每一个光谱支项又包含（$2J+1$）个可能的量子态。在没有外加磁场时，J 相同的各种量子态的能量是简并的；当有外加磁场时，由于原子磁矩与外加磁场的相互作用，简并能级分裂为（$2J+1$）个子能级，一条光谱线在外加磁场作用下分裂为（$2J+1$）条谱线，这种现象称为塞曼效应。$g=2J+1$，称为统计权重，它决定了多重线中各谱线的强度比。

综上所述，不同元素的原子能级结构不同，由能级之间的跃迁所产生谱线具有不同的波长。根据光谱中各谱线的波长特征可以确定元素的种类，这是原子光谱定性分析的依据。

（三）原子光谱的谱线轮廓

根据式（2-7）和能级的不连续性，电子在原子能级之间的跃迁产生电磁辐射，谱线的能量理论上应该是单一的。事实上，原子光谱线并不是单一频率，而是具有一定的频率范围，即有一定的宽度，如图 3-2 所示。一般以谱线强度 I_ν、谱线半宽度 $\Delta\nu$ 和中心频率 ν_0 来描述谱线轮廓。谱线的半宽度是指最大强度一半处的谱线两点间的频率差，中心频率 ν_0 是指最大吸收或发射所对应的频率，有时候也用中心波长来表示。

谱线轮廓受很多因素的影响，它们在不同程度上对谱线的特征频率的频移和谱线的总宽度作出贡献。原子本身的影响有自然宽度和同位素效应；外界因素的影响有热变宽、压力变宽、场致变宽和自吸变宽。

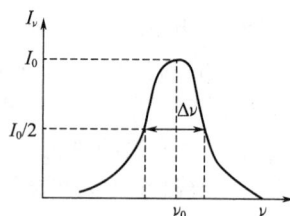

图 3-2　谱线轮廓示意图

1. 自然宽度

自然宽度（$\Delta\nu_N$）同发生跃迁的激发态能级的平均寿命 τ 相关，其表达式为：

$$\Delta\nu_N=\frac{1}{2\pi\tau} \tag{3-1}$$

平均寿命 τ 越短，$\Delta\nu_N$ 越宽。虽然基态电子的寿命很长，但激发态的寿命通常很短，通常为 10^{-7} 到 10^{-8} 秒。一般自然宽度约 10^{-5} nm 数量级，故可忽略。

2. 同位素效应

同种元素含有不同的同位素，各种同位素能产生波长十分接近但又有一定差别的谱线，结果使一种元素的谱线产生一定的宽度。

3. 热变宽

热变宽即 Doppler 变宽（$\Delta\nu_D$），是由自由原子的高速而无规则的热运动引起的变宽。如图 3-3 所示，处在 B 处的原子在向着和背着观测者 A 运动时，传感到接受器的波长或频率发生了变化，温度越高，则变化越大。

当处于热力学平衡时，Doppler 半宽度可表示为：

$$\Delta\nu_D = 7.162 \times 10^{-7}\nu_0 \sqrt{\frac{T}{M}} \tag{3-2}$$

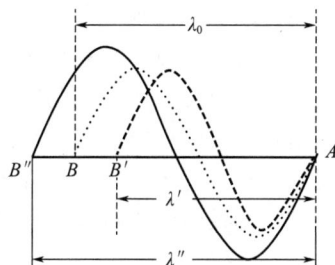

图 3-3　热变宽示意图

式中，T 为热力学温度；M 为待测元素的原子量；ν_0 为中心频率。

在 2000～3000K 的原子化器中，对于绝大多数元素，$\Delta\nu_D$ 约为 10^{-3} nm 数量级。

4. 压力变宽

压力变宽也叫碰撞变宽，是由待测元素原子和介质中原子或分子相互碰撞而引起的变宽，分为 Lorentz 变宽和 Holtsmark 变宽。

（1）Lorentz 变宽

Lorentz 变宽（$\Delta\nu_L$）是外来气体分子和原子与待测元素原子相互间的碰撞所引起的变宽，与气体压力有关，压力越大，碰撞次数越多，发光原子的寿命越短，波长变化越大。$\Delta\nu_L$ 可表示为：

$$\Delta V_L = 2N_A\sigma^2 P \sqrt{\frac{2}{\pi RT}\left(\frac{1}{A}+\frac{1}{M}\right)} \tag{3-3}$$

式中，N_A 为阿伏伽德罗常数，σ^2 为碰撞的有效截面积，P 为压力，M 为待测元素的原子量，A 为其他粒子的原子量（或分子量）。

$\Delta\nu_L$ 约为 10^{-3} nm 数量级，和 $\Delta\nu_D$ 具有相同数量级。

（2）Holtsmark 变宽

Holtsmark 变宽（$\Delta\nu_R$），也叫共振变宽，是由待测元素原子自身相互间的碰撞所引起的变宽，只有在待测元素浓度很高时才出现，一般原子化器中，待测元素原子密度很低，$\Delta\nu_R$ 约为 10^{-5} nm 数量级。

5. 场致变宽

场致变宽分为 Stark 变宽和塞曼变宽，影响较小。

（1）Stark 变宽

由粒子、电子或具有永久偶极矩分子所引起的原子系统的微扰会导致 Stark 变宽，其程度随电场强度增大而增大。这一变宽一般在火焰中可以忽略，但在具有高度电离的火花（如高压火花）和等离子体中显著。

（2）塞曼变宽

塞曼变宽为光谱线在外加磁场的作用下发生偏振化分裂的现象，谱线由原来的一条变成三条或更多条分裂线。例如对于 Mg 的吸收线，在磁场作用下分裂成为 π 成分和 σ^+ 及 σ^- 成分，如图 3-4 所示。

6. 自吸变宽

处于中心较高温度的光子在向周围较低温度区高速运动时，被处于基态或低能级的同类原子所吸收而引起谱线中心强度减弱，这种现象称为谱线的自吸收，所产生的谱线变宽为自吸变宽。它是原子浓度和温度的函数。当原子浓度不大、温度分布较均匀时，其影响不大。随着原子浓度的增加，自吸严重，甚至会造成谱线中心线的消失，这种现象叫自蚀。图 3-5 为初始光强为 I_0 的谱线射出原子蒸气区域后、其谱线强度下降为 I 的自吸原理及谱线强度和形状变化的示意图：

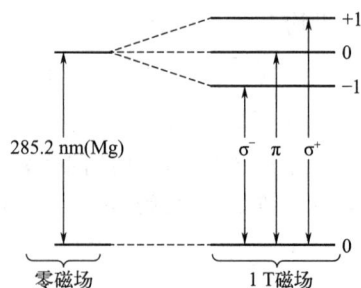

图 3-4 Mg 吸收线的塞曼效应示意图

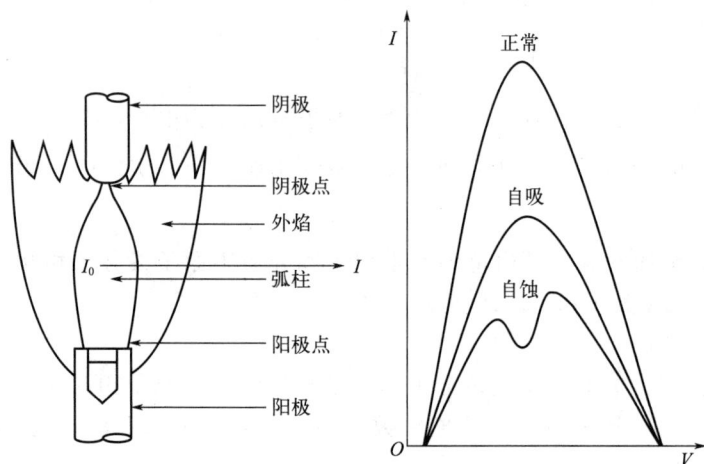

图 3-5 自吸和谱线强度、形状变化的原理

谱线变宽一般主要由 Doppler 变宽和 Lorentz 变宽所引起，在谱线中心，Doppler 变宽是主要因素，而在谱线两翼，Lorentz 变宽是主要因素。

二、原子光谱的进样技术

进样是将具有代表性的试样重现、高效地引入原子化系统。进样技术在原子光谱分析中是一个既薄弱又非常重要的环节，对其的研究非常活跃。进样技术在很大程度上影响原子光谱分析方法的精密度、准确性和检出限。理想的进样技术效率高、耗样量少，适合用于复杂试样和各种物理状态试样的分析。进样方式主要有溶液雾化进样、电热蒸发进样、化学蒸气发生进样和激光烧蚀进样。

（一）溶液雾化进样

1. 气动雾化

原子光谱分析中，溶液是最常见的样品形式。待测样品溶液经蠕动泵进入雾化器，并进一步转化成气溶胶，细颗粒由工作气体载入原子化器进行原子化，大颗粒则以废液的形式被排出。图 3-6 为几种典型的气动雾化器。

在同心型雾化器［图 3-6（a）］中，当高速载气流从雾化器喷口的外管环形截面喷出

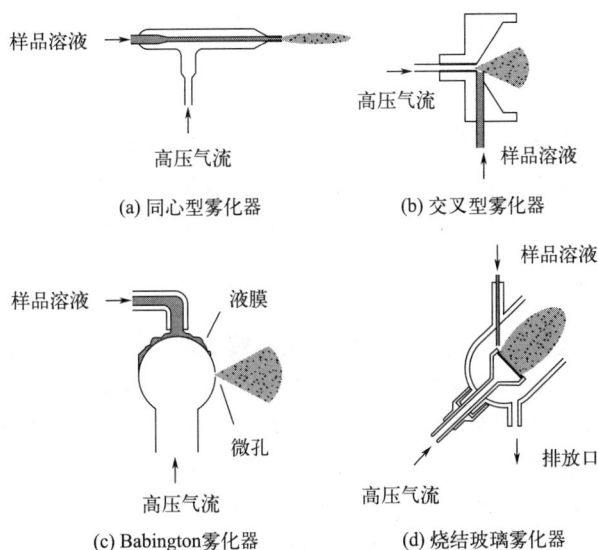

图 3-6　几种典型的气动雾化器

时，在毛细管尖端形成负压，溶液在负压作用下被毛细管吸入并冲出喷口时，便被高压气流逐渐击碎，加上碎粒之间的互相撞击而成为很细的雾滴。可以认为从毛细管冲出的液滴同时受到两个力：一个是由液滴表面张力形成的内聚力 $P_{内}$，内聚力使液滴缩成球形；另一个是高速载气流作用于液滴上的动压力 $P_{外}$。

$$P_{内} = 4\sigma/D \tag{3-4}$$

$$P_{外} = \frac{1}{2}\rho_{气}(v_{气} - v_{液})^2 \tag{3-5}$$

其中，σ 是表面张力；D 是雾滴粒径；$\rho_{气}$ 是载气的密度；$v_{气}$ 是气体的流速；$v_{液}$ 是液体的流速。

当液滴初形成时，因其体积大，速度小，所以作用于其上的 $P_{外}$ 远远大于 $P_{内}$，致使液滴破碎而形成越来越小的雾粒。直至 $P_{内}$ 与 $P_{外}$ 达到平衡，便形成了与载气速度一致的气溶胶微粒流，此时，雾滴的最大直径为：

$$D = \frac{8\sigma}{\rho_{气}(v_{气} - v_{液})^2} \tag{3-6}$$

可见，增大载气流速、减小雾珠速度、减小液滴表面张力对雾珠的细微化是有利的。同心型雾化器具有装置简单、操作方便、便宜和精密度好等优点，是应用最广泛的一种雾化器。但是其耗样量大、雾化效率低，一般雾化效率仅 $2\%\sim3\%$。雾化器内径小，容易发生雾化器的堵塞，不能适用于高盐或者高黏度的试样分析。

交叉型雾化器［图 3-6（b）］又称直角雾化器，由互呈直角的进气管和进液毛细管以及用于固定毛细管的基座组成。毛细管堵塞时可以更换，耐盐能力稍高。

Babington 雾化器［图 3-6（c）］没有溶液流经毛细管，由于喷口处不断有溶液流过，不会形成盐的沉积，所以可承担高盐溶液的雾化作用。这种雾化器还可用于分析有一定固体颗粒含量的悬浮液。

烧结玻璃雾化器［图 3-6（d）］可视为有很多小孔的 Babington 雾化器，样品溶液被泵送到载气流过的烧结玻璃圆盘表面，载气通过圆盘时将试液雾化。烧结玻璃雾化器的雾化效率高，产生的气溶胶比前三种要细得多，但记忆效应大。

2. 超声波雾化

超声波雾化器利用超声波振动的空化作用将试液雾化成气溶胶。与气动雾化器相比，超声波雾化器的气溶胶产生速度不再依赖于载气的流速，气溶胶产生的速度和载气流速可以分别独立调节到最佳值。超声波雾化器的雾化效率高、雾滴细，能得到高密度均匀气溶胶，但超声波雾化器记忆效应大、对黏性溶液和含有固体颗粒的溶液的雾化效率低且设备复杂。

（二）电热蒸发进样

电热蒸发是将微量液体（或固体）试样沉积在蒸发器中，通过电阻加热产生的干气溶胶经载气的作用引入原子化器中。从蒸发装置中蒸发的试样在本质上是气态，传输效率高，一般在 80% 以上，试样的去溶和蒸发是在电热蒸发过程中完成的，无须消耗部分能量用于试样的去溶和蒸发，从而提高了激发和电离的能力，可以通过电热蒸发的程序化来消除和降低潜在干扰组分，光谱干扰和非光谱干扰均可大大降低。

蒸发器材料有石墨和金属，常用做蒸发器的金属有钨、铂、钽或铑。金属电热蒸发器的不足主要是它在高温下能与氧反应，致使其变脆以及因金属材料在高温下的蒸发而产生光谱干扰，因此，石墨是比金属更好的蒸发器材料，但石墨的多孔性将导致试样溶液通过石墨的表层渗透至内层，引起信号的不重现和产生记忆效应，而采用热解石墨和金属碳化物涂层的方法可减少石墨的多孔性。

（三）化学蒸气发生进样

化学蒸气发生进样是利用化学反应使待测物形成挥发性物质的进样技术。与溶液雾化进样相比，化学蒸气发生进样的特点有：能将待测元素充分预富集，进样效率接近 100%；气相产物易解离的特性也使原子化效率更高，能显著提高分析的检出限和灵敏度；待测元素能够与可能引起干扰的样品基体分离，消除或减少干扰。

1. 氢化物发生法

传统氢化物发生主要利用一些元素容易在还原剂作用下生成低熔点、低沸点的共价分子型氢化物或冷原子蒸气（如汞冷蒸气），从而有效地用气体提取方式从样品基体中分离出来。由于其热稳定性差，容易通过加热的方式转为自由原子蒸气。

金属-酸还原体系最早用于氢化物发生，但该反应可产生的氢化物元素较少，速度慢，难以实现自动化，未得到普遍应用。

1972 年，Braman 等引入硼氢化物代替金属实现快速还原，易实现自动化，且适用范围广。该反应体系已成功应用于容易形成氢化物的 As、Sb、Bi、Se、Ge、Pb、Sn、Te、Zn 和 Cd 等 10 种元素和原子蒸气汞。

以 As 的氢化法反应过程为例，反应式可表示如下：

$$AsCl_3 + 4NaBH_4 + HCl + 8H_2O \Longrightarrow AsH_3 + 4NaCl + 4HBO_2 + 13H_2 \qquad (3-7)$$

目前，利用硼氢化盐-酸还原体系，还得到了 Au、Ag、Pd、Pt、Ru、Ir 和 Os 等贵金属和 Ni、Co、Cr、Fe、Cu、Mn、Ti、Zr、Mo、Sc 和 V 等过渡金属的挥发性物质，但这些过渡金属和贵金属的气态产物的本质尚待确定。

2. 光化学蒸气发生法

光化学蒸气法是近年来出现的一种新型、高效且普适性强的化学蒸气发生方法。该方法以低分子量有机化合物为光化学反应介质，在紫外线的照射下，将分析物转化为挥发性或半挥发性物质。

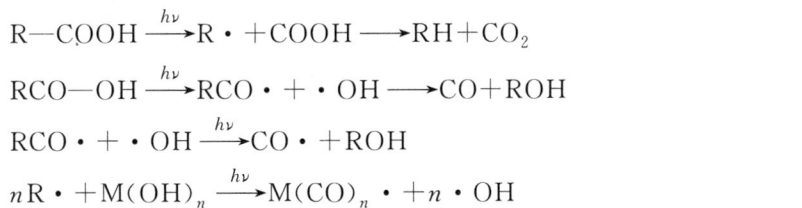

$$R-COOH \xrightarrow{h\nu} R\cdot + COOH \longrightarrow RH + CO_2$$
$$RCO-OH \xrightarrow{h\nu} RCO\cdot + \cdot OH \longrightarrow CO + ROH$$
$$RCO\cdot + \cdot OH \xrightarrow{h\nu} CO\cdot + ROH$$
$$nR\cdot + M(OH)_n \xrightarrow{h\nu} M(CO)_n\cdot + n\cdot OH$$

式中，$R = C_nH_{2n+1}$，$n = 0、1、2、\cdots$ \hfill (3-8)

不同于传统的氢化物发生方法，光化学蒸气法的产物可以是元素蒸气、氢化物、甲基化合物、乙基化合物和羰基化合物。光化学蒸气法稳定性好、环境友好、不产生大量的氢气，适用元素范围广。

3. 易挥发性单质发生法

将待测物转化为易挥发单质，用载气将它导入原子化器。

大多数金属具有较低的蒸气压，只有采用特殊的手段才能使之转化为容易挥发的状态，元素汞是在常温下唯一有高蒸气压的金属，可利用加热或还原的方法将汞单质释放。加热气化法是先将试样中的汞转变为双硫腙螯合物加以富集，然后将其加热分解产生汞蒸气。还原气化法，也叫冷蒸气发生法，是测定汞最普遍的方法，可以用氢化物发生装置。还原剂有硼氢化盐、盐酸羟胺、氯化亚锡。氯化亚锡不能把键合在有机化合物中的汞还原成汞，有机汞先转变为无机汞后再用氯化亚锡还原。

采用氧化的方法，将溶液中的 I^- 转化为 I_2，然后进行原子光谱的测试。

4. 其他化学蒸气发生法

其他化学蒸气发生法有烷基化合物发生、卤化物发生、羰基化合物发生、螯合物发生和氧化物发生。

（四）激光烧蚀进样

激光气化固体进样是将激光聚焦在样品表面，利用激光的高强度能量使样品气化，由载气运送至原子化系统，进行原子化和激发，然后进行原子光谱的测定。如图 3-7 所示，激光气化固体进样可用于任何形状的固体样品或者粉末样品，无论它是导电的还是不导电的，均可进行烧蚀气化，因而可对样品的微区进行分析。但是，分析样品组成需用基体组成及物理结构匹配的标准物质做分析标准，带来了较大的麻烦和局限。

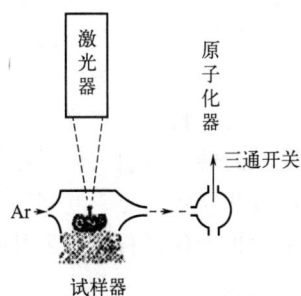

图 3-7　激光烧蚀进样示意图

第二节　原子发射光谱法

原子发射光谱法是根据在高温环境下，试样经蒸发解离为气态原子、气态待测元素原子被激发、激发态原子发射特征谱线等过程进行分析的方法。待测元素原子的能级结构不同，因此发射谱线的波长不同，据此可对样品进行定性分析。待测元素原子的浓度不同，发射谱线强度不同，可据此实现定量测定。其工作原理可用图 3-8 示意：

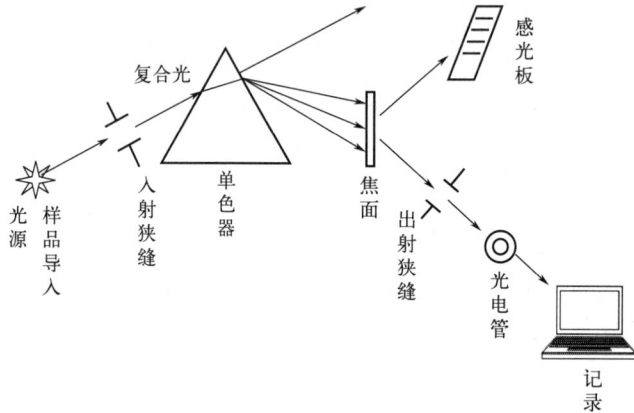

图 3-8　原子发射光谱法工作原理示意图

样品在光源中被蒸发、激发后，含有多元素信息的光谱（复合光）经入射狭缝取得"像"后，经单色器色散成为单色光，再经光谱仪的光学系统聚焦到焦面。此时如用感光底片纪录谱线，就是摄谱法光谱分析；如果在焦面处安排一出射狭缝，将谱线进行光电转换后送入计算机处理，就是光电直读法光谱分析，是目前市场上主要使用的方法。

原子发射光谱最早出现于 19 世纪 50 年代。20 世纪 20 年代，经典电光源不稳定性问题得以解决，同时内标法的原理被提出，使用摄谱法光谱进行定性、定量分析代表了当时无机元素分析的最高水平。20 世纪 60 年代，电感耦合等离子体光源的引入大大推动了发射光谱分析的发展，使多元素同时分析能力大大提高，并出现了光电直读的快速分析方法。由于原子发射光谱分析法的诸多优点，如多元素的同时定性定量、高灵敏度、高选择性、快速分析、用样量小等，原子发射光谱已成为无机元素分析最常用的手段之一。但是，由于原子发射光谱是在极高温度下处理样品，因此原子发射光谱只能用来确定物质的元素组成与含量，不能直接给出样品结构的有关信息。如果要得到某一个物质的定量信息，一般需先分离再检测，比如使用色谱与发射光谱联用。此外，常见的非金属元素，如氧、氮、卤素等的谱线在远紫外区，目前一般光谱仪尚无法检测。随着技术发展，在发射光谱前端可以引入分离设备，在后端可以引入质谱设备，将分离与分析相结合，把定性与定量的误差降到最低。这种不同方法互相补充、互相结合的技术体现了科学技术的融合与发展，是生产生活需要的必然结果，也体现了科技服务社会的理念。

一、理论基础

（一）谱线

在激发能源作用下，原子的外层电子获得能量，由基态被激发到激发态，即：

$$E_{1(基态)} + \Delta E_{能量,热或光} = E_{2(激发态)} \tag{3-9}$$

激发态不稳定，会在 $10^{-8} \sim 10^{-5}$ s 后返回基态，并以光子 $h\nu$ 的形式释放出所吸收的能量：

$$\Delta E = E_2 - E_1 = h\nu \tag{3-10}$$

由于原子能级跃迁是量子化的并且以释放电磁波的形式释放能量，所以每一个 ΔE 就产

生一个频率为 ν 的电磁波，其中 ν 反映的是单个光子的辐射能量，而强度是光子群体辐射总能量的反映，前者是定性依据，后者是定量依据。

1. 原子线

原子线是原子外层电子跃迁所发射的谱线，用罗马字母Ⅰ加注在某一条谱线波长后标识。在经典电光源中，往往指电弧线（电弧光源能量较低，可以得到丰富的原子线），如 Na 的 589.59 nm（Ⅰ）就指原子线。

2. 离子线

离子的外层电子跃迁产生的谱线称为离子线，用罗马字母Ⅱ加注在某一条谱线波长后表示一级离子线，相应地用罗马字母Ⅲ表示二级离子线。在经典电光源中，往往指火花线（火花光源激发能量较高，可以得到丰富的离子线）。如 Mg（Ⅱ）表示 Mg 的一级离子线。

3. 共振线

气态原子所处的最低能量状态称为基态。使气态原子由基态激发到某种激发态所需的能量称为激发能，或称激发电位，通常以电子伏特 eV 为单位。由于原子能级的多层级特点，原子可以被激发到不同的高能级，激发到不同高能级所需的能量是不同的，因此，原子光谱中每一条谱线的产生都各有一个激发电位。由激发态直接跃迁到基态而发射的谱线称为共振线，对应的能量叫共振电位；由最低激发态跃迁到基态发射的谱线称为第一共振线，对应的能量叫第一共振电位。第一共振线一般是最强的谱线。大部分谱线的激发电位都可在元素谱线表中查到。

4. 灵敏线

通常一个元素有很多条特征谱线，其中强度较大的谱线称为灵敏线。灵敏线的本质是一个元素多条谱线中激发电位较低的谱线，这些谱线最容易被激发出来。

5. 最后线

最后线是当试样中该成分逐渐减小时，光谱数目亦相应减少，最后该成分逐渐减小至零时，所观察到的最持久的谱线。经常最灵敏的线是第一共振线也是最后线。

6. 自吸线和自蚀线

发生自吸和自蚀的谱线分别叫自吸线和自蚀线。自吸线用小写 r 加注在某一条谱线波长后表示，自蚀线用大写 R 加注在某一条谱线波长后表示，光谱分析应避免使用自吸线和自蚀线。

（二）谱线强度

原子外层电子在两个能级之间跃迁，其发射谱线强度 I 为：

$$I = A_{j0}h\nu N_j \tag{3-11}$$

式中，N_j 代表激发态原子数；A_{j0} 代表跃迁概率。

在等离子体热平衡条件下，根据 Boltzmann 分布，可得激发态的原子数与基态的原子数的关系式为：

$$\frac{N_j}{N_0} = \frac{g_j}{g_0}e^{-\left(\frac{E_j}{\kappa T}\right)} \tag{3-12}$$

式中，N_0 代表基态原子数；g_j 和 g_0 分别是激发态和基态的统计权重；T 是激发温度；κ 是 Boltzmann 常数；E_j 为激发电位，是与该谱线相关的基态与激发态之间的能级差。

由式（3-12）可以算出，在一般光源温度下（4000 K），大多数元素某一激发态原子数与基态原子数的比值在 10^{-4} 数量级，可见光源等离子体中激发态原子数很小，基态原子数与气态原子的总数几乎相等。结合上两式，得：

$$I = N_0 \frac{g_j}{g_0} e^{-\left(\frac{E_j}{\kappa T}\right)} A_{j0} h\nu \tag{3-13}$$

可见，I 与 E_j（激发电位）为负指数关系，E_j 大，则 I 小，E_j 实际上是与该谱线相关的基态与激发态之间的能级差，E_j 较大，则发射出的谱线的波长较短，能量大；I 与 A_{j0}（跃迁概率）成正比；g_j 和 g_0 分别是激发态和基态的统计权重，是指相同能级的不同状态数；T 是激发温度；κ 是 Boltzmann 常数。

对一定的分析物质，试样在光源中发生的过程相当复杂，但当光源温度恒定时，式（3-13）中除与浓度 c 呈正比关系的 N_0 外，其余各项均可视为常数，用 A 表示该常数，则谱线强度公式可简化成：

$$I = Ac \tag{3-14}$$

如果考虑到光源等离子体中心部位原子发射的光子通过温度较低的外层时，被外层基态原子吸收的自吸效应，式（3-14）可以写为：

$$I = Ac^b \tag{3-15}$$

式（3-15）称为 Lomakin-Schiebe（罗马金-赛伯）公式。式中，b 是自吸系数，随浓度增加而减小，当浓度很小而无自吸时，$b=1$。式（3-15）是原子发射光谱定量分析的基本关系式。

二、原子发射光谱仪

原子发射光谱仪的整体结构见图 2-2（a）一致，一般由光源、原子化器（样品室）、单色器（波长选择系统）、检测器等几部分组成。

（一）光源

原子发射光谱光源的作用是稳定地提供足够大的能量，使试样蒸发、解离、电离和激发而产生发射光谱。样品在光源中原子化，光源系统是原子发射光谱的核心组成部件。光源的放电特性在很大程度上决定着光谱分析的检出限和准确度。对光源的要求是：灵敏度高，稳定性好，光谱背景小，结构简单，操作安全。早期的光源包括火焰、直流电弧、交流电弧、高压火花和低压火花，目前使用的光源主要为等离子体。光源中的主要过程如图 3-9 所示。

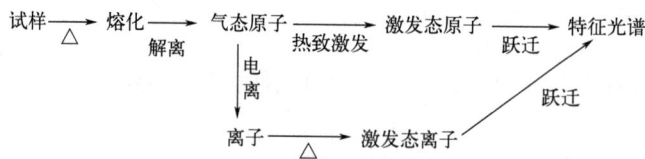

图 3-9　发射光谱光源中的主要过程

等离子体是一种由自由电子、离子、中性原子与分子所组成、从宏观上呈现电中性的气体。光谱分析中常见的等离子体光源包括电感耦合等离子体（inductively coupled plasma，ICP）、直流等离子体（direct current plasma，DCP）、微波等离子体（microwave plasma，MWP）、辉光光源（glow discharge，GD）、激光光源。

1. ICP

ICP 指利用高频电磁感应加热的原理使原子和分子电离而形成的具有相同数目电子和离子的混合平衡状态。ICP 的形成原理如图 3-10（a）所示。

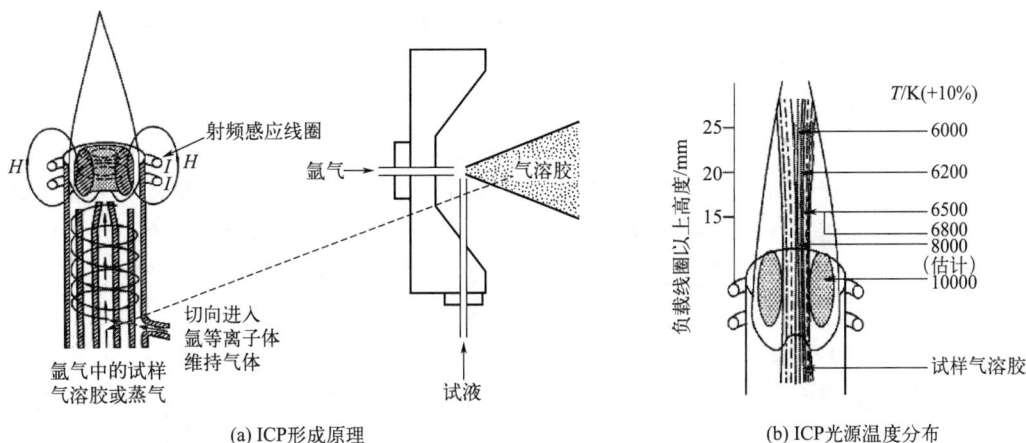

(a) ICP形成原理　　　　　　　　　(b) ICP光源温度分布

图 3-10　ICP 光源示意图

（1）ICP 装置

ICP 装置由高频发生器与感应线圈、石英炬管与供气系统、试样引入系统几部分组成，如图 3-10（a）所示。

高频发生器的频率一般为 $27\sim50$ MHz，最大输出功率为 $2\sim4$ kW。感应线圈一般是以铜管绕成的 $2\sim5$ 匝水冷线圈。石英炬管由外管直径为 $2\sim2.5$ cm 的 3 层同心石英管组成，外管切向通入氩冷却气避免等离子体烧毁石英管，中管通入氩辅助气体，等离子体稳定时也可以关闭，内管通入载气。

（2）ICP 的形成过程

将一支通入 Ar 的石英管放在与高频发生器相接的感应线圈内，高频电流通过线圈时，周围就产生交变磁场，其磁力线 H 在矩管内是轴向的，在线圈外呈闭合椭圆状。即使接通了 Ar，由于气体在常温下不导电，因而没有感应电流产生，不会产生等离子体。用电火花引燃触发少量气体电离，产生的带电粒子在高频交变电磁场的作用下高速运动，碰撞气体原子，使之迅速大量电离，电离了的气体在垂直于磁场 H 方向的截面上形成一个闭合环形路径的涡流，在感应线圈内形成相当于变压器的次级线圈并同相当于初级线圈的感应线圈耦合，这股高频感应电流产生的高温又将气体加热、电离，形成了可自持放电的等离子体。此时当载气携带试样气溶胶通过等离子体时，被加热至 $6000\sim10000$ K，且在 1.1 kW 或者 1.2 kW 功率下，使样品经历蒸发、激发过程而产生发射光谱。

（3）ICP 的形成条件

① 根据流体力学，当切向引入的氩气流旋风似地由下向上流动时，在等离子体的中心部分形成一个低压区，于是产生了一个向轴的流体压力并在轴上形成了一个向下的速度——反向速度。这就迫使等离子体收缩，电流密度增大、温度升高，同时避免矩管内壁温度过高。

② 根据电动力学，ICP 中的轴向高频磁场由线圈中的高频电流和等离子体的感应电流组成，在该磁场中，等离子体中运动的质点受到洛伦兹力的作用，该力的方向是从等离子体表面指向轴心并与质点运动速度垂直，这就使运动的电荷沿闭合回路流动形成"磁箍缩"即

磁压力作用,该磁压所引起的轴向速度的大小与线圈耦合所得功率呈线性关系。

③ 根据电磁感应加热原理,高速运动的气体在等离子体中运动时,电磁能转变成热能而使气体受热膨胀产生"热箍缩"即热压力作用,这也使得等离子体的高频电流即功率更加集中,同时此热压力还影响等离子体扩向两头的轴向速度。

因而,上述原因及高频电流的趋肤效应,经火种引发,便可在一定规格的矩管内产生具有很高能量而稳定的高频环状等离子炬。

(4)ICP 的光学特性

ICP 光源温度分布如图 3-10(b)所示,明显地分为 3 个区域,即分焰心区、内焰区和尾焰区。最下端靠近感应线圈的区域为焰心区,它呈白色、不透明,是高频电流形成的涡流区,等离子体主要通过这一区域与高频感应线圈耦合而获得能量,该区温度高达 10000 K,电子密度很高,但由于此区域产生很强的连续背景辐射,此区域光谱应该避免进入检测器。因为试样气溶胶通过这一区域时被预热、挥发溶剂和蒸发溶质,因此,这一区域又称为预热区。内焰区位于 ICP 焰矩中部,一般在感应圈以上 10~20 mm,略带淡蓝色,呈半透明状态,该区温度为 6000~8000 K,是分析物原子化、激发、电离与辐射的主要区域,是光谱分析常用区域。因此,此区域又被称为标准分析区。尾焰区在 ICP 焰矩最上方,无色透明,温度较低,在 6000 K 以下,只能激发低能级的谱线,应用较少。

(5)ICP 发射光谱分析的特点

① 工作温度比其他经典电光源高,温度范围在 6000~10000 K,且又是在惰性气氛条件下,有利于难熔化合物的分解和元素的激发,因此对大多数元素都有很高的分析灵敏度。

② 等离子体因趋肤效应而形成环状,高频电流密度在导体截面呈不均匀分布,电流不是集中在导体内部,而是集中在导体表层,此时等离子体外层电流密度最大,中心轴线上最小,表层温度最高,中心轴线处温度最低,这有利于从中央通道进样而不影响等离子体的稳定性,同时由于从温度高的外围向外发射光谱,不会出现像电弧光源一样,从弧焰中心射出的光谱通过外围低温区原子蒸气造成的自吸现象,这就大大扩展了测定的线性范围(通常可达 4~5 个数量级)。

③ ICP 中电子密度很高,所以碱金属的电离在 ICP 中不会造成很大的干扰,电离干扰一般可以不予考虑。

④ ICP 通过感应圈以耦合方式从高频发生器获得能量,不用电极,避免了电极污染与电极烧损所导致的测光区的变动。

⑤ ICP 的载气流速较低(通常为 0.5~2 L/min),有利于试样在中央通道中充分激发,耗样量较少。

⑥ ICP 一般以 Ar 为工作气体,Ar 为单原子惰性气体,不与试样组分形成难解离的稳定化合物,也不会像分子那样因解离而消耗能量,有良好的激发性能,本身的光谱简单,由此产生的光谱背景干扰较少。

这些特性使得 ICP-AES 具有灵敏度高、检测限低($10^{-9} \sim 10^{-11}$ g/L)、精密度好(相对标准偏差一般为 0.5%~2%)、工作曲线线性范围宽等特点。ICP 发射光谱分析以溶液方式进样,试样中基体和共存元素的干扰小,甚至可以用一条工作曲线测定不同基体的试样中的同一元素。自吸很小,可直接用罗马金-赛伯公式定量,这对光电直读式光谱仪来说非常方便。

⑦ ICP 的不足是对气体和一些非金属等测定的灵敏度还不令人满意,设备昂贵且维护费用较高。

2. DCP

DCP 也叫等离子体喷焰，实际上是一种被气体压缩了的大电流直流电弧。在 DCP 中，部分电离气体从一小孔高速流出，与直流电弧相似，等离子体在两个以上的电极间由直流放电形成。三电极 DCP 光源由两个互呈 75°角的石墨阳极和一个钨阴极组成，它们之间的放电形成一个倒 Y 形结构的火焰状等离子体（图 3-11）。采用 Ar 作为工作气体，以一定的速度通过每一电极的陶瓷外套，充分冷却电极以防止外套的熔融，并形成和维持 DCP 放电。试样气溶胶从激发区的下方引入，在等离子体中被干燥、蒸发、解离和激发。在三电极 DCP 中，电子密度与 ICP 类似，具有良好的稳定性、低功率和承受有机物和水溶液的能力，也可用于分析含相对高固体含量溶液。虽然 DCP 的激发温度达 6000 K，但样品的挥发并不完全，最佳线背比区域小。

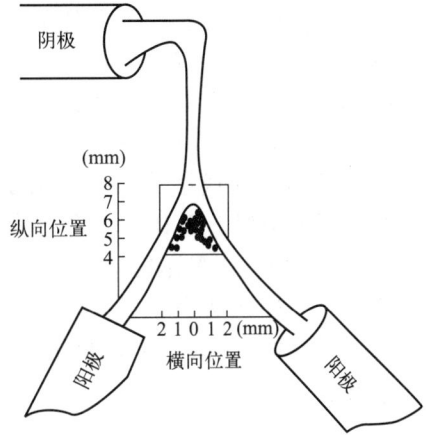

图 3-11　三电极直流等离子体

3. MWP

MWP 通过微波频率为 2450MHz 的电磁场与工作气体的作用而产生高温等离子体，依据微波能量传递到等离子体方式的不同，分为电容耦合微波等离子体和微波感生等离子体两种（图 3-12）。

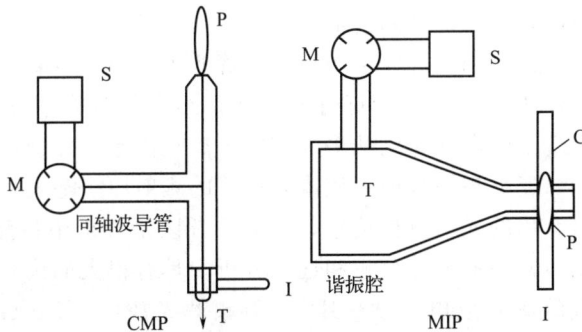

图 3-12　电容耦合和微波感生等离子体结构示意图
S—发生器；M—磁控管；T—耦合单元；I—试样和等离子体支持气体入口；P—等离子体；C—石英管

（1）电容耦合微波等离子体

电容耦合微波等离子体（CMP）又称类火焰等离子体，炬管中心有金属电极，从磁控管产生的微波通过同轴电缆连接至一金属空心管，当引入工作气体，并进行调谐时，在金属棒（管）尖端产生等离子体。人们可以把金属管看作一个电容器，故这种方式产生的等离子体称为电容耦合等离子体，也称为单电极放电。

微波等离子体炬（MPT）（图 3-13）也是 CMP，由三同心金属管组成，等离子体维持气由中间管进入，样品气溶胶由载气通过中心管引入。等离子体就在靠近炬管顶端的中间管和内管之间形成，并延伸至管外。微波能通过围绕着中间管的圆筒状天线耦合到等离子气，当达到最佳耦合时，用短促的 Tesla 放电的办法就可将等离子体点燃。这种结构的独特之处就在于有等离子体中央通道，明显改善了等离子体对溶液气溶胶和分子类物质的承受能力，使液体气溶胶试样直接引入成为可能。MPT-AES 是一种全新的、具有完全自主知识产权的精密原子发射光谱分析仪。

（2）微波感生等离子体

如果产生的微波通过一个外部金属腔耦合至流经其内部的石英管中的气体，由于能量耦合的结果，一个明亮的等离子体在石英管内形成，用这种方式形成的等离子体称为微波诱导等离子体（MIP），也称为无电极放电等离子体或微波诱导等离子体，在一定条件下它可以形成类似于 ICP 光源的环形等离子体。

MWP 工作气体多样化，氩、氮、氦、空气均可作为工作气体。操作功率一般比 ICP 低，工作气体用量少，运行成本低，但基体效应比 ICP 严重。

4. GD

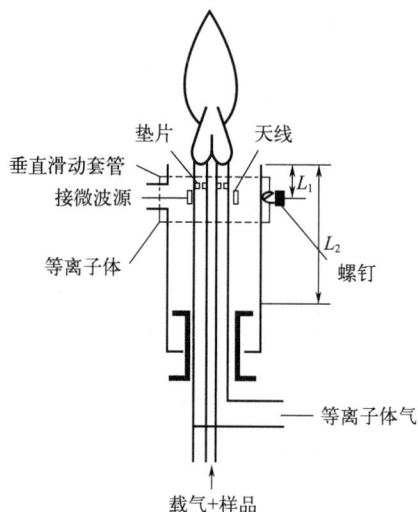

图 3-13　微波等离子体炬结构示意图

辉光光源（GD）是在一个两端装有电极的玻璃管内，封入低压的放电气体，在电流为 $10^{-4} \sim 10^{-2}$ A，电压为 $500 \sim 1500$ V 时所产生的一种特殊放电。体系里的气体被击穿，解离成正离子及电子，形成等离子体。在电场的作用下，正离子加速向阴极移动，与阴极碰撞，释放出二次电子并进入等离子体。等离子体中的粒子发生碰撞，产生新的正离子及电子，这个过程反复进行。等离子体中的电离碰撞和在阴极上的二次电子发射使得辉光放电成为一种可自持续的等离子体。气体内部的电子发生非弹性碰撞而引起的自激导电，其特性为①光沿着灯管的分布是不均匀的，从阴极到阳极依次分成了阿斯顿暗区、阴极光膜、阴极暗区、负辉区、法拉第暗区、正辉柱、阳极辉区、阳极暗区等八个区域，各有不同的强度和光谱成分及电学特性；②电压降落不是均匀沿着灯管发生而是绝大部分降落在阴极暗区，形成所谓"阴极位降"。负辉区呈现空间电荷密度几乎为零的等离子体态，此处电场最弱。在阴极区域内被加速后的高能电子、亚稳态惰性原子核进入该区的溅射原子等发生频繁碰撞，引起大量的激发与电离，产生最有用的光谱分析信息，因而负辉区是分析中最感兴趣的区域。GD 具有较高的稳定性，在固体样品的成分分析和逐层分析中具有很大的优越性。

辉光放电可分为直流辉光放电（DC-GD）、射频辉光放电（RF-GD）和脉冲辉光放电（p-GD）。常用于发射光谱分析的 Grimm 辉光放电光源，就属于直流辉光放电，如图 3-14 所示，固体样品做阴极，且该试样必须是导电体，放电限制在用作阴极的试样上，试样仅仅通过阴极溅射蒸发，蒸发干扰可忽略。由于试样在负辉区域的蒸发和激发是分开的，元素间的影响较低；材料的蒸发和激发过程同时发生，因而可以进行快速、多元素的同时测定。阴极溅射是逐层剥离的，因而可以用于深度轮廓分辨分析，尤其适用于金属片或棒状导电试样，也适用于可压成圆盘状的试样分析。RF-GD 的其中一个电极可以是非导体，能直接分析导体和非导体固体试样。

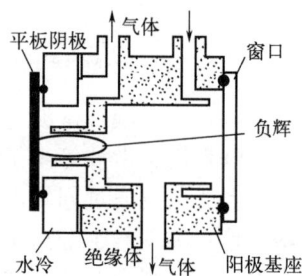

图 3-14　Grimm 辉光放电光源

5. 激光光源

激光是一种亮度高、方向性好、单色性好和相干性强的新型光源。当一束高功率激光脉冲被聚焦于被测样品表面时，会在极短的时间内在样品表面产生很高的能量密度，物质分子吸收能量并将热量传入样品内部，使得光斑处的温度骤然升高，物质发生熔融、蒸发、原子化并激发，产生激光等离子体。如图 3-15 所示，通过对等离子体中的原子和离子谱线进行分析而得到样品中的元素种类和含量信息的方法称为激光诱导击穿光谱法（laser induced breakdown spectroscopy 或 laser induced plasma spectroscopy，LIBS 或 LIPS）。

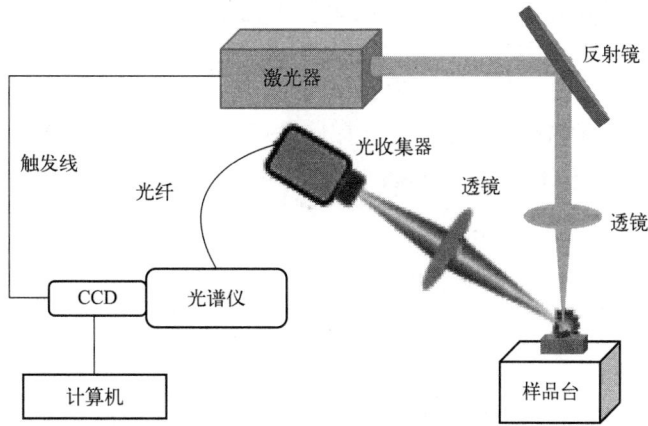

图 3-15 典型的 LIBS 装置示意图

（二）波长选择系统和检测系统

图 3-16 为原子发射光谱的光学系统示意图。在平面光栅摄谱仪 ［图 3-16（a）］ 中，试样在光源激发后，发射的光经过狭缝 1 经平面反射镜 2 折向球面反射镜下方的准直镜 3，经 3 反射以平行光束射到光栅 4 上，由光栅分光后的光束，经球面反射镜上方的成像物镜 5，最后按波长排列聚焦于感光板 6 上。旋转光栅转台 8 可改变光栅的入射角，可改变所需的波段范围和光谱级次，7 为二次衍射反射镜，衍射（由光栅 4）到它的表面上的光线被射回到光栅，被光栅再分光一次，然后再到成像物镜 5，最后聚焦成像在一次衍射光谱下面 5 mm处。这样经过两次衍射的光谱，其色散率和分辨率是一次衍射的两倍。目前商品化原子发射光谱仪中常用中阶梯光栅。

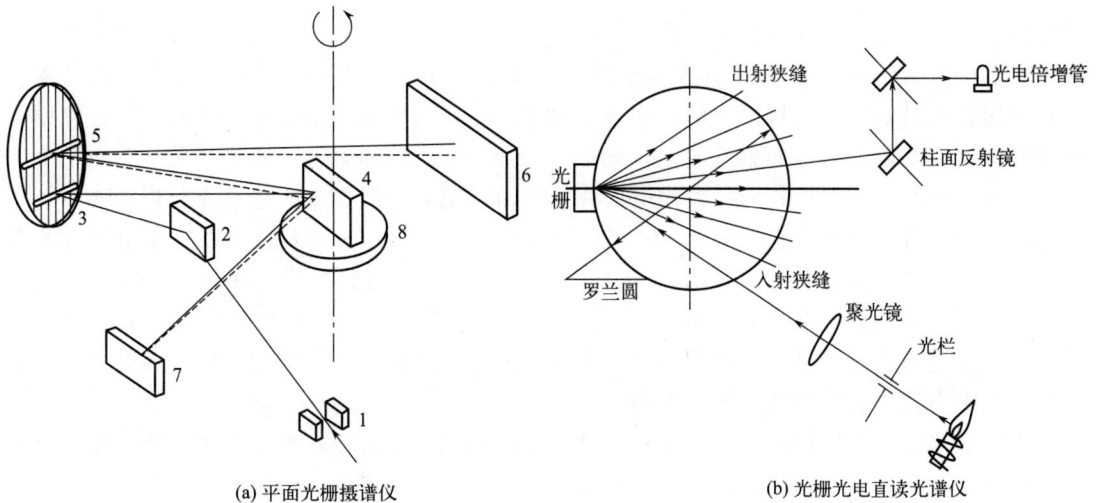

(a) 平面光栅摄谱仪　　　　(b) 光栅光电直读光谱仪

图 3-16 原子发射光谱光学系统示意图

图 3-16（b）为光栅光电直读光谱仪原理示意图。在曲率半径为 R 的凹面光栅上存在一个直径为 Φ 的罗兰圆，当光栅与该圆相切时，由狭缝入射的、不同波长的光均成像在这个圆上，光栅既起色散作用，又起聚焦作用。经凹面光栅分光后的、某特定元素的谱线经出射狭缝后、经光电倍增管转换为电流强度，再将由光电转换所得的在分析时间内的电流作积分处理，在积分器上所得到的积分电压与样品中特定元素的含量成正比，根据罗马金-赛伯公式，最终由计算机换算出待测元素含量。免去了摄谱法的摄谱、显影、定影等繁琐操作程序。目前大多数光电直读光谱仪可实现多元素的多通道测定。

原子发射光谱的检测有照相法和光电直读法两种。前者用感光板，后者以光电倍增管或电荷耦合器件作为接收与记录光谱的主要器件。照相法的原理见本章末二维码内资料。

三、定性和定量分析

（一）定性分析

可进行光谱分析的每一种元素都有其特征光谱，根据它们的特征谱线就可以确定试样中是否存在某一种元素。

一般情况下，元素谱线的强度、数量是随试样中该元素的含量的减少而降低的，在元素含量降低时，其中一部分灵敏度较低、强度较弱的谱线将渐次消失，灵敏线则将在最后消失，因此这些最后消失的谱线又被称为"最后线"。例如质量分数为 10% 的 Cd^{2+} 溶液的光谱中，可以出现 14 条 Cd 谱线。当 Cd 的质量分数为 0.1% 时，出现 10 条。在质量分数为 0.01% 时出现 7 条，而质量分数为 0.001% 时仅出现一条光谱线（226.5 nm），因此这条谱线就是 Cd 的最后线。灵敏线往往是最后线，第一共振线因激发电位最低，往往是最灵敏线。定性分析只需查一到几条灵敏线供分析使用，因此这些灵敏线或最后线又可称为分析线（确证一个元素一般需要查找两条以上的灵敏线）。各元素到底有哪些灵敏线，可由光谱波长表查到。

只要在试样光谱中找到了某元素的灵敏线，就可以确证试样中存在该元素。反之，若在试样中未检出某元素的灵敏线，就说明试样中不存在被检元素，或者该元素的含量在检测灵敏度以下。但这与所用仪器种类、光源、感光板、摄谱条件、待分析物质的含量等因素密切相关。定性分析结果中必须注明这些条件。例如在分析元素 Na 时，用目视分光仪（看谱仪）或用黄色灵敏的感光板摄谱时，以最灵敏的 Na 589.0 nm 为主要分析线；但若使用石英中型摄谱仪及蓝色灵敏的感光板时，则以选择次灵敏线 Na 330.2 nm 为宜。再如用直流或交流电弧时，原子谱线较强；而用电火花光源时，则离子线较强。因此在分析 Mn 时，若用电弧光源，可采用原子线 Mn I 403.0、403.1、403.3 nm 为主要分析线；用电火花光源时，则应采用离子线 Mn II 257.6、259.5、260.5 nm 等作为分析线。在含量高时，由于光谱线中谱线存在的自吸效应而影响其灵敏度。由于直流电弧蒸气云半径较大，故自吸最严重，而火花光源中自吸最小。特别是当元素含量高时，谱线自吸效应常使谱线强度减弱，甚至使谱线中央消失成为双线，导致误判。

在摄谱法中，还可以使用标准试样光谱比较法和铁谱比较法，目前很少使用，见本章末二维码内容。目前光电转化仪器软件中均标注了元素的特征谱线，可选择使用。

（二）定量分析

1. 标准曲线法

当试样中元素含量不特别高时，罗马金-赛伯公式中的自吸收系数接近于1，此时谱线强度和浓度呈直线关系。光谱分析的标准曲线法常被称为"三标准试样法"，意思是说在选定的分析条件下，应用的标准试样不得少于三个，但目前实际工作中标准试样一般要求有6个数据点，得到通过坐标原点良好线性的标准曲线，利用待测样品的谱线强度由标准曲线上求出试样含量，会使分析结果更加准确。三标准试样法的由来是摄谱法，一个摄谱板上无法摄制那么多个样品信息。此外，每一标准试样及分析试样都应摄谱多次（一般为2~3次），然后取其平均值。

2. 内标法

（1）内标法概述

内标法也叫内标校正的标准曲线法，是测量分析线和参比线相对强度的方法，可以校正仪器的灵敏度漂移并消除基体效应的影响，提高定量分析的准确度。

在样品测试过程中，在待分析元素中选一条谱线为分析线，再在基体元素或定量加入的其他元素（内标元素）谱线中选一条谱线，作为内标线，再分别测定分析线的强度（I）和内标线的强度（I_0），计算它们的比值（R）。由于内标元素的浓度是相对固定的，所以该比值只随样品中被测元素浓度的变化而变化，且不受实验条件的影响。由式（3-15）得到，分析线和内标线的强度分别为：

$$I = Ac^b \tag{3-16}$$

$$I_0 = A_0 c_0^{b_0} \tag{3-17}$$

则对分析线与内标线的强度之比取对数可表示为：

$$\lg R = \lg \frac{I}{I_0} = \lg \frac{Ac^b}{A_0 c_0^{b_0}} = \lg \frac{A}{A_0 c_0^{b_0}} + b \lg c \tag{3-18}$$

实验条件一定的情况下，$B = \dfrac{A}{A_0 c_0^{b_0}}$ 为常数，得

$$\lg R = b \lg c + \lg B \tag{3-19}$$

式（3-19）为内标法定量关系式。

在标准系列溶液、样品溶液和空白溶液中均添加相同浓度的内标元素，用加了内标的一系列标准溶液测定谱线的相对强度，绘制 $\lg R$-$\lg c$ 内标校正标准曲线。测定时，测定样品溶液和空白溶液的谱线相对强度，在内标校正标准曲线上找到相应的待测元素的浓度，扣除空白，得到样品溶液中待测元素的实际浓度。

（2）内标元素的选择

内标法能否较好地消除实验条件波动引起的测量误差，关键在于内标元素和内标线的选取。在纯物质或合金分析时，常以某基体元素作内标元素，如在钢铁分析中，内标元素是铁。通常情况下都是加入一定量的其他元素作为内标。其加入原则如下。

① 与被测元素化合物在光源作用下应具有相似的蒸发速度。

② 含量必须适量和固定，而且不能含有被分析元素，基体中没有内标元素。

③ 和分析元素应具有相同或相近的原子量，在等离子区具有相同的扩散性质。

④ 内标元素和分析元素应具有相同或相近的电离电位和激发能。

⑤ 内标线和分析线的波长和强度尽量接近，自吸效应要小，分析线附近的背景要小，且不受其他谱线的干扰。

⑥ 内标线和分析线都是原子线或离子线。

3. 标准加入法

在标准样品与未知样品基体组成差别很大时，采用标准加入法进行定量分析可以减小基体效应的影响，得到比内标校正标准曲线法更准确的分析结果。如图 3-17 所示，该方法假定在被测元素浓度较低时，自吸收系数 b 为 1，谱线强度比 R 与浓度 c 成正比，光谱分析实验条件完全一致。具体做法是在同样体积的数个容量瓶中加入同样量样品，再在第二个以后的容量瓶中加入不同量的标准溶液（c_1、c_2、c_3、…），稀释到标线，对第一个容量瓶、只有样品的溶液，测得其谱线强度比为 R_x，对第二个以后的容量瓶，分别测得其谱线强度比为 R_1、R_2、R_3、…，最后以 R_1、R_2、R_3、… 对 c_1、c_2、c_3、…作图，将校正曲线延长交于横坐标，交点至坐标原点的距离所相应的含量 c_x 即未知试样中被测元素的含量。

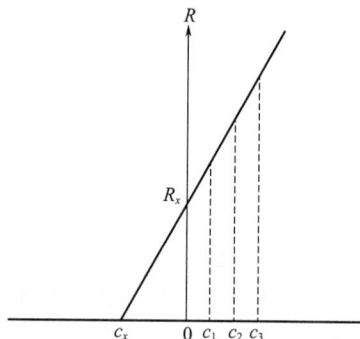

图 3-17　标准加入法定量原理

标准加入法可用来检查基体效应大小、估计系统误差、提高测定准确度等。

（三）检出限和定量限

检出限是指产生一个能够确证在试样中存在某元素的分析信号所需要的该元素的最小含量。即待测元素所产生信号强度等于其噪声强度标准偏差的三倍时（误差正态分布条件下其置信度为 99.7%）所相应的质量浓度或质量分数。如果 c 为测定时使用的溶液浓度（$\mu g/mL$），s 为空白溶液吸光度的标准偏差（至少测 10 次），$\overline{R}$ 为平均谱线强度比。则：

$$D_L = \frac{c \times 3\,s}{\overline{R}} \qquad (3-20)$$

式中，D_L 为检出限，$\mu g/mL$。

定量限又称测定限，是定量分析方法、试剂可能测定的某组分含量的下限。定量限同样受测定噪声的限制，但不同于检出限的是定量限还受空白绝对水平的限制。只有当分析信号比噪声和空白背景大到一定程度时才能可靠地分辨和检测出来。一般情况下，定量限高于检出限。

四、发射光谱的干扰

1. 光谱干扰

发射光谱中最重要的光谱干扰包括某些分子的带状光谱、由于某些原因产生的连续光谱以及光学系统的杂散光背景等。带状光谱主要来自未解离的分子；连续光谱是由在经典光源中炽热的电极头，或蒸发过程中被带到弧焰中的固体质点等炽热的固体发射的；仪器光学系统能产生杂散光到达检测器，产生背景干扰。背景干扰的存在使校正曲线发生弯曲或平移，因而影响光谱分析的准确度，故必须进行背景校正，校正背景的基本原则是：从谱线的表观强度 I_{I+b}（含有背景的分析线强度）减去背景强度 I_b。

2. 非光谱干扰

非光谱干扰主要来源于试样组成对谱线强度的影响，这种试样组成对谱线强度的影响亦被称为基体效应。

在光源的作用下，试样中的易挥发组分先蒸发出来，难挥发组分后蒸发出来，试样中不同组分的蒸发有先后次序，此种现象称为分馏。如果试样基体中含有大量低沸点的物质，则光源温度受其控制而使得蒸发温度较低，相反，如果基体中含有大量高沸点物质，蒸发温度就较高。分析物在不同基体中的蒸发行为不同，影响发射谱线的强度。物质的蒸发速度可用实验方法测定，蒸发速度随蒸发时间的变化曲线称为蒸发曲线。不同的元素有不同的蒸发曲线。

3. 基体效应的抑制

发射光谱分析过程中，由于标准样品（试剂）与试样的基体组成差别较大，因此必然存在基体效应，使分析结果产生误差。所以应尽量采用与试样基体一致的标准样品，以减少测定误差，但是很难做到这一点。在实际工作中常在试样和标准样品中加入一些添加剂以减小基体效应，提高分析的准确度，这种添加剂有时也被用来提高分析的灵敏度。添加剂主要有光谱缓冲剂和光谱载体。

光谱缓冲剂的作用是使各样品的组成趋于一致，控制蒸发条件和激发条件，减小基体组成的变化对谱线强度的影响；而光谱载体的作用是利用分馏效应，促使一些元素提前蒸发，抑制另一些元素的蒸发速度，从而有效地增强分析元素的谱线，抑制基体物质的谱线出现。光谱添加剂是一些具有适当电离电位、适当熔点和沸点、谱线简单的物质，例如 Ga_2O_3，具有较低的熔点、沸点，且 Ga 的电离电位较低，可以控制等离子区的电子浓度和蒸发、激发温度的恒定，有利于易挥发、易激发元素的分析。同时可抑制复杂谱线的出现，减小光谱干扰。

光谱缓冲剂和光谱载体二者没有明显的界限，一种添加剂往往同时起缓冲剂和载体的作用。ICP 光源的基体效应较小，为了减小可能存在的干扰，使标准溶液与试样溶液保持大致相同的基体组成是必要的。

五、原子发射光谱新技术

1. 介质阻挡放电等离子体原子发射光谱（DBD-AES）

介质阻挡放电（DBD）是目前的研究热门，是一种在放电空间至少有一层绝缘介质插入的气体放电，因其放电无明显声音又称无声放电或静默放电。图 3-18 是 DBD 典型的放电结构示意图。DBD 是一种典型的低温等离子体，工作气体通常是 Ar、N_2、He 或空气，可在大气压下工作，温度一般不超过 100℃。与 ICP 相比，DBD 功耗小，尺寸小、激发能力强、易于维护，适合发展现场、高效、低成本分析检测技术，且 DBD 产生的连续背景发射大幅降低，进一步改善了信噪比。

有学者利用电热蒸发进样，如图 3-19 所示，将样品加到钨丝上，通过钨丝分步升温先去溶剂再蒸发/原子化，实现基体与待测元素的分离，由氩气带入 DBD 激发获取特征发射光谱，成功测定了水样中的 Cd 和 Zn，检出限分别为 $0.8\ \mu g/mL$ 和 $24\ \mu g/mL$。

DBD 不仅可以作为激发源，还可以应用于低温原子化器、蒸气发生进样技术，在新型原子光谱仪器的开发和应用方面具有巨大潜力。DBD 蒸气发生已用于 ICP-AES 和 DBD-AES 的进样中。

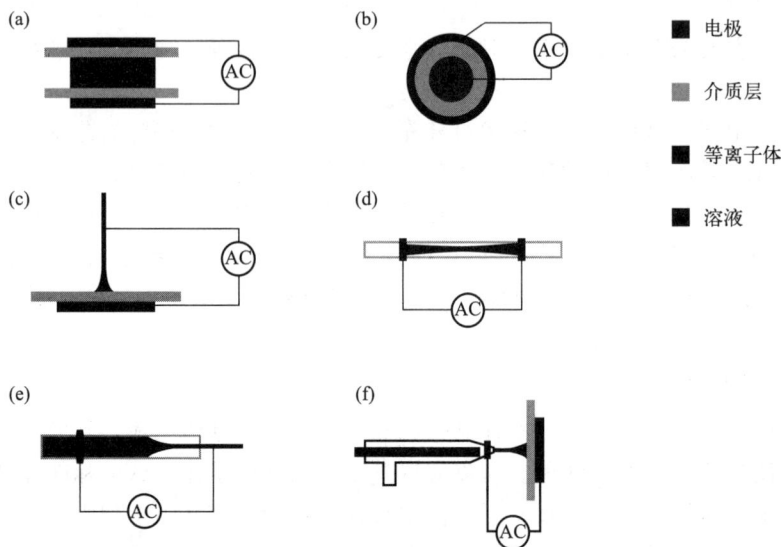

图 3-18　DBD 典型的放电结构示意图

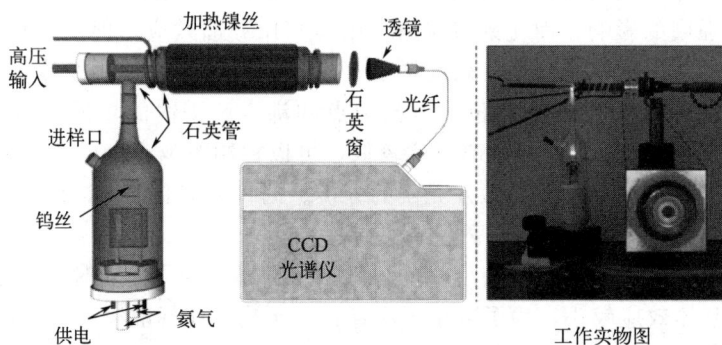

图 3-19　DBD-AES 装置示意图及实物图

2. 常压辉光放电微等离子体原子发射光谱

常压辉光放电微等离子体是一种通过在电极和对电极间施加高电压，在大气压环境中产生的尺寸为毫米量级的等离子体，是一种由中性原子和分子、自由基、激发态原子、离子和电子组成的物质的独特状态。常压辉光放电微等离子体原子发射光谱能够在大气压环境下对多种元素进行有效的原子化及激发，无须借助特殊气体或只需要较低的气体消耗量，对实现元素的在线原位检测具有重要的研究意义。根据产生等离子体的电极和对电极的状态，可将常压辉光放电微等离子体分为液体电极-金属电极辉光放电（solution electrode glow discharge，SEGD）微等离子体和金属电极-金属电极辉光放电（metal electrode glow discharge，MEGD）微等离子体。

（1）SEGD-AES

在 SEGD-AES 中，无需特殊的样品引入系统，溶液中的分析物直接通过放电反应以一定方式进入气相等离子体中进行原子化和激发过程，最终能够获得提供具有较低的背景水平以及相对简单的原子发射光谱。对于简单的液体分析物，可直接将分析物溶于特定酸电解液中，通过进样系统的蠕动泵传输至 SEGD 辐射源系统中。对复杂的样品，可在进样系统中引入各种前端样品分离富集技术。SEGD 又分为液体阴极辉光放电（solution cathode glow discharge，SCGD）和液体阳极辉光放电（solution anode glow discharge，SAGD）。如图 3-20 所示，单液滴电解液可直接作为液体阳极辉光放电的液体阳极，无需进样系统，实现了微量样品中目标元素的高灵敏度检测。

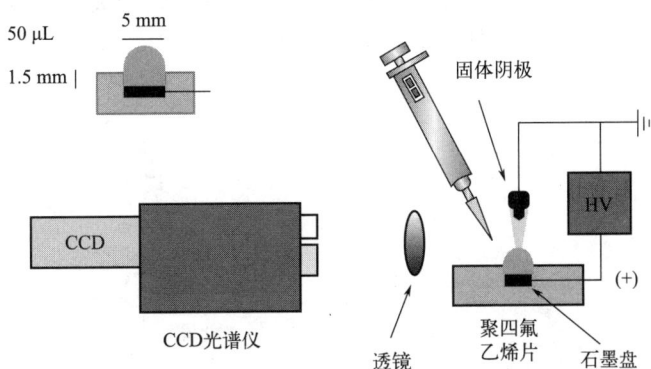

图 3-20　单液滴液体阳极辉光放电发射光谱结构示意图

（2）MEGD-AES

在 MEGD-AES 中，只能直接分析气态或气溶胶形式的样品，因此，需要选择合适的进样技术把待测样品转化成这两种形态并送入辐射源。进样方式是否合适，传输的有效性和效率直接影响 MEGD-AES 的分析性能和应用范围。可根据样品的物理化学性能特点，采用本章第一节中介绍的进样技术。如图 3-21 所示，有学者通过蒸气发生进样装置，将样品中的 Se 离子和 As 离子还原，生成的氢化物经气液分离和干燥后，以 He 为载气将其引入 MEGD-AES 进行分析，对 Se 和 As 的检出限分别为 0.13 ng/mL 和 0.087 ng/mL。MEGD-AES 可在大气压下操作，结构简单、体积小、能耗小、元素选择性高，在发展小型化分析仪器应用于微量元素分析方面具有很好的前景。

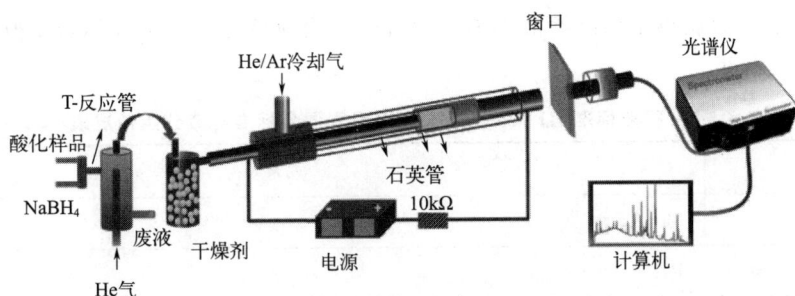

图 3-21　金属电极-金属电极辉光放电发射光谱结构示意图

3. 色谱和原子发射光谱联用

（1）气相色谱和原子发射光谱联用（GC-AES）

GC-AES 可以充分利用气相色谱良好的分离能力和原子发射光谱的元素检测能力。ICP、DCP 和 MWP 都可与气相色谱联用。其中，MWP 可以 Ar、He 和 N_2 为工作气体，使用功率较低，对水汽的承受能力也相对较弱，适合与水分含量较低的气相色谱联用，甚至发展成为了气相色谱的专用检测器之一——原子发射光谱检测器（AED）。在微波等离子体装置结构中，MPT 对样品承受能力强，稳定性好，但 MPT 在和气相色谱联用时死体积略大于 MIP，且维持 MIP 放电所要求的气体流速接近于 GC 体系的气体流速，商用的 AED 检测器多使用 MIP 结构。

（2）液相色谱和原子发射光谱联用

与液相色谱联用的主要是 ICP，常用联用接口是该技术的最关键因素，主要有雾化接口和蒸气发生接口。雾化接口是最常用的接口，是将经液相色谱分离后的被测样液体先转化为气溶胶，再传输至 ICP 中，完成原子化和检测过程。图 3-22 是液相色谱和原子发射光谱联用仪器结构图。

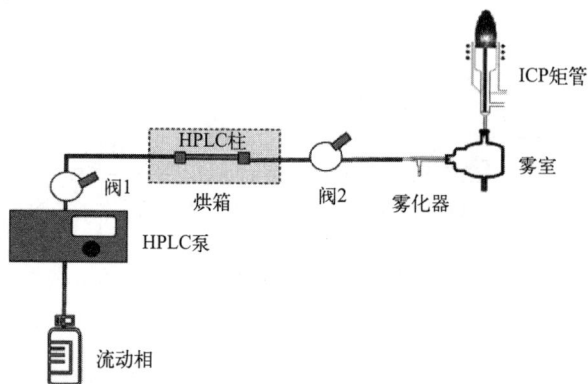

图 3-22　HPLC-ICP-AES 装置示意图

六、原子发射光谱应用实例

原子发射光谱是目前最常用的痕量元素分析手段，已广泛应用于石油、化工、环境、地质、冶金、食品、医药等领域，现执行的国家标准、行业标准和地方标准就有 500 余项。

行业标准 HJ 776—2015 规定了水质中 32 种元素的 ICP-AES 分析方法，强调了样品与标准物质溶液的统一性，建议最终样品中 HNO_3 的含量为 1%。此外归纳了彼此可能存在干扰的可能性，建议金属离子标准溶液不能简单混合，而应该分为几个混标防止彼此干扰，建议如表 3-2 进行分组。

表 3-2　行业标准 HJ 776—2015 中多元素混合标准溶液分组情况表

分组	元素
1	Mo、Ag
2	P
3	V、Ti
4	Al、B、Ba、Be、Ca、Cd、Co、Cr、Cu、Fe、Li、K、Mg、Mn、Na、Ni、Pb、Sr、Zn、Zr
5	As、Bi、Sb、Se、Sn
6	S
7	Si

表 3-3 列出了 HJ 776—2015 中部分测定元素及干扰，其他测定元素及干扰详细参见标准。

表 3-3　行业标准 HJ 776—2015 中测定元素及干扰

测定元素	测定波长/nm	干扰元素	测定元素	测定波长/nm	干扰元素
Ag	328.068	Ti、Mn、Ce 等少量稀土元素	Mn	257.610	Fe、Mg、Al、Ce
	338.289	Sb、Cr		293.306	Al、Fe
Al	308.215	Na、Mn、V、Mo、Ce	Mo	202.030	Al、Fe、Ti
	309.271	Na、Mg、V		203.844	Ce
	396.152	Ca、Fe、Mo		204.598	Ta
As	189.042	Cr、Rh		281.615	Al
	193.696	Al、P	Ni	231.604	Fe、Co、Tl
	193.759	Al、Co、Fe、Ni、V、Sc	B	208.959	Mo、Co
	197.262	Pb、Co		249.678	Fe、Co
Na	588.995	Co		249.773	Fe、Co、Al
	589.592	Pb、Mo			

建议如表 3-4 所示设置仪器测量条件。

表 3-4　行业标准 HJ 776—2015 中推荐参考条件

观察方式	水平、垂直或水平垂直交替使用
发射功率	1150W
载气流量	0.7L/min
辅助气流量	1.0L/min
冷却气流量	12.0L/min

第三节　原子吸收光谱法

原子吸收光谱法是 20 世纪 50 年代中期出现并发展起来的一种新型原子光谱分析方法，其原理是基于样品蒸气中被测元素的基态原子蒸气对照射光源（元素灯）中原子（和被测元素相同）光谱（强度为 I_0）的吸收（吸收后的透过光强为 I）来测定试样中待测元素的含量。

早在 1802 年，伍朗斯顿（W. H. Wollaston）在研究太阳连续光谱时，就发现了太阳连续光谱中存在一些暗线。1817 年，夫劳霍弗（J. Fraunhofer）在研究太阳连续光谱时，再次发现了这些暗线。1859 年，克希霍夫（G. Kirchhoff）在研究碱金属和碱土金属的火焰光谱时，发现钠蒸气发出的光通过温度较低的钠蒸气时，会引起钠光谱的吸收，并且根据钠发射线与太阳暗线在光谱中位置相同这一事实，推断太阳连续光谱中的暗线，正是太阳外围大气圈中的钠原子对太阳光谱中的钠辐射吸收的结果。1955 年澳大利亚科学家瓦尔什（A. Walsh）发表了他的著名论文"原子吸收光谱在化学分析中的应用"，奠定了原子吸收光谱法的基础，20 世纪 50 年代出现了基于瓦尔什原理的原子吸收光谱仪器，原子吸收光谱进入实用阶段。近年来，新型原子吸收光谱仪利用塞曼效应扣除背景技术、石墨炉技术和计算机数据处理技术，可以在很高的背景下对复杂样品中的痕量元素进行高度自动化测定。

原子吸收光谱法的优点是：①检出限低，灵敏度高，火焰原子吸收法的检出限可达到 $\mu g/mL$ 级，石墨炉原子吸收法的检出限可达到 ng/mL 级；②测量精度好，火焰原子吸收法测定中等含量和高含量元素的相对标准偏差可小于 1%，石墨炉原子吸收法的测量精度一般约为 $3\%\sim5\%$；③干扰少，由于某一种元素的原子蒸气只吸收同种元素灯所发射的谱线，其他共存元素不吸收，所以大部分复杂样品无须预先分离就可以直接进行原子吸收光谱法分析；④仪器比较简单，价格较低便于普及，且操作简单。

原子吸收光谱法已广泛地应用于矿物、金属、食品、环境、生物、医药和材料等样品中金属元素的分析。原子吸收光谱法的不足之处是：一个灯只能测定一种元素，多元素同时测定尚有困难，且不能用于一些非金属元素分析。

一、理论基础

（一）原子吸收光谱的谱线轮廓

当光源辐射通过原子蒸气，原子会选择性地从辐射中吸收能量。而当辐射频率与原子中的电子由基态跃迁到较高能态所需的能量相匹配时，基态原子会跃迁到激发态，原子吸收了能量，出射光强度减弱的程度和受照射的原子数量有关。

假如使用一个超级单色器能将复合光源中的单色光分离出来，让复合光经过某一元素的原子蒸气，以透过光强度 I_ν（此处不再以 I 表示透过光强而用 I_ν，因为此种情况下透过光强是频率 ν 的函数）对频率作图，或以吸收系数 K_ν（单位光程内光强的衰减率，是频率的函数，K_0 是中心吸收系数）对频率作图，可以得到如图 3-23 所示谱线轮廓。

原子吸收光谱的谱线轮廓以原子吸收谱线的中心波长（ν_0）和半宽度来表征。半宽度是指在极大吸收系数一半处，吸收光谱线轮廓上两点之间的频率差或波长差。图 3-23 说明原子蒸气对光的吸收不是单频的，而是有一定频率分布的。显然，原子蒸气对中心频率 ν_0 的光具有最强的吸收。中心波长（ν_0）由原子能级决定，谱线的半宽度受到很多因素的影响。

（二）积分吸收

原子吸收光谱产生于基态原子对特征谱线的吸收。在一定条件下，基态原子数 N_0 正比于吸收曲线下面所包括的整个面积（图 3-24）。

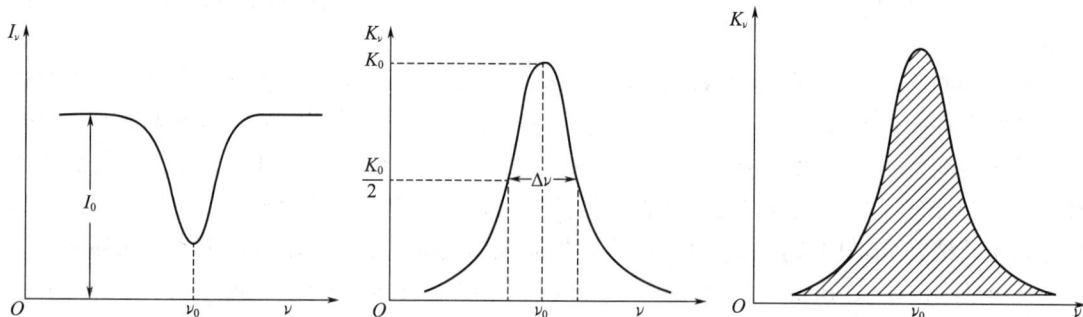

图 3-23　原子蒸气对光的吸收特性　　图 3-24　积分吸收示意图

根据经典色散理论，其定量关系式为：

$$\int K_\nu d_\nu = \frac{\pi e^2}{mc} N_0 f \qquad (3\text{-}21)$$

式中，K_ν 为吸收系数；e 为电子电荷；m 为电子质量；c 为光速；N_0 为单位体积原子蒸气中吸收辐射的基态原子数，亦即基态原子密度；f 为振子强度（经典物理学理论认为，激发态原子的发射，类似于一个振动的电偶极子辐射能量，能量大小与该振动的强度有关，故引入振子强度），代表每个原子中能够吸收或发射特定频率光的平均电子数，对一定入射光强、一定元素，f 可视为一常数。

在原子吸收条件下，基态原子数基本等于原子总数，只要测得积分吸收值，即可算出待测元素的原子密度。但积分吸收测量并不容易。假定复合光源发射线的波长范围是 0.2 nm（常用的原子吸收光谱仪在狭缝调至最小时，其光谱通带约为 0.2 nm），原子吸收半宽度是 0.001 nm。则 0.001/0.2 = 0.5%，这说明原子蒸气吸收的比例只有 0.5%，太弱，无法测量，如图 3-25 所示。

若采用连续光源，要达到能分辨半宽度为 10^{-3} nm，波长为 500 nm 的谱线，按照 $R = \lambda_{平均}/\Delta\lambda$ 计算，需要有分辨率高达 50 万的单色器，这在目前的

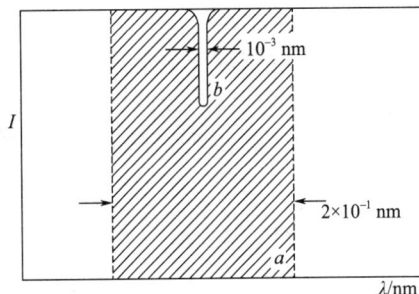

图 3-25　原子蒸气吸收电磁波宽度在复合光源中的比例关系

技术条件下还十分困难。所以虽然积分吸收的原子吸收理论基础在很早以前就被提出，但由于实现积分吸收的技术问题没有解决，导致在很长时间内原子吸收没有被实际应用。1955年 Walsh 提出了用峰值吸收系数来代替积分吸收的测定，从而具有了实用上的意义。

（三）峰值吸收

瓦尔什（A. Walsh）原理和技术的关键是使用了一种锐线（单色光）光源，也就是将空心阴极灯作为光源，而不用复合光源，使原子吸收得以实用化。原子吸收光谱的诞生历史为人们提供了一种基于"近似"的科研思路，当遇到复杂问题时，可以简化问题得到近似的答案，在这个过程中牢记"误差"的概念。

在使用空心阴极灯作为光源后，原子吸收实际上变成了以测量峰值吸收（只测量一个中心吸收频率的光强度）代替测量积分（对所有吸收频率下的光强度积分）吸收。理论上已经证明，在通常的原子吸收分析条件下，若吸收线的轮廓主要取决于多普勒变宽，则峰值吸收系数 K_0 与基态原子数 N_0 之间存在如下关系：

$$K_0 = \frac{2\sqrt{\pi\ln2}}{\Delta\nu_D} \frac{e^2}{mc} N_0 f \qquad (3\text{-}22)$$

在一定条件下，吸收系数 K_0 和基态原子数 N_0 成正比，只要能测出 K_0 就可以得到 N_0，要实现 K_0 的测定条件是光源发射线的半宽度应明显地小于吸收线的半宽度，通过原子蒸气的发射线的中心频率恰好与吸收线的中心频率 ν_0 相重合。如图 3-26 所示。

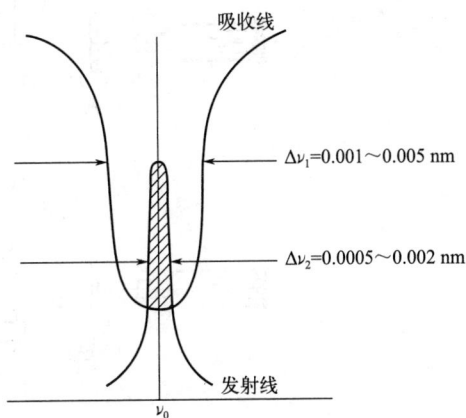

图 3-26　原子吸收线与发射线最佳测量关系示意图

（四）原子吸收测量的基本关系式

原子蒸气对光的吸收规律符合朗伯-比尔定律，即：

$$I_\nu = I_0 \mathrm{e}^{-K_\nu L} \tag{3-23}$$

$$A = \lg\left(\frac{I_0}{I_\nu}\right) = 0.4343 K_\nu L \tag{3-24}$$

式中，I_ν 为透过光强度；I_0 为入射光强度；K_ν 为吸收系数；L 为原子蒸气吸收光程长；A 为吸光度。

当在原子吸收线中心频率（ν_0）附近一定频率范围测量时，即当使用锐线光源时，$\Delta\nu$ 很小，可以近似地认为吸收系数在 $\Delta\nu$ 内不随频率 ν 而改变，$K_\nu \rightarrow K_0$，以中心频率处的峰值吸收系数 K_0 来表征原子蒸气对辐射的吸收特性，则吸光度 A 为：

$$A = 0.4343 K_0 L \tag{3-25}$$

将式（3-24）代入，得到：

$$A = 0.4343 \frac{2\sqrt{\pi \ln 2}}{\Delta\nu_\mathrm{D}} \frac{e^2}{mc} N_0 f L \tag{3-26}$$

结合式（3-12），可以算出，在一般原子吸收光源温度下（2000～4000 K），大多数元素激发态原子的密度与基态原子密度的比值在 10^{-4} 数量级，可见光源等离子体中激发态原子密度很小，激发态原子数 N_j 几乎可以忽略不计。基态的原子数 N_0 与气态原子的总数几乎相等。当在给定的实验条件下，被测元素的含量（c）与蒸气相中原子浓度 N 之间保持一稳定的比例关系、即 $N_0 \propto c$。所以，合并常数项以后，式（3-26）变成：

$$A = KcL \tag{3-27}$$

这就是原子吸收光谱分析定量计算的基本关系式。

二、原子吸收光谱仪

原子吸收光谱仪的整体结构和图 2-2（a）一致，一般由光源、原子化器、进样系统、单色器（波长选择系统）、检测系统等几部分组成。其分单光束型和双光束型，图 3-27 为火焰原子吸收光谱仪原理示意图。

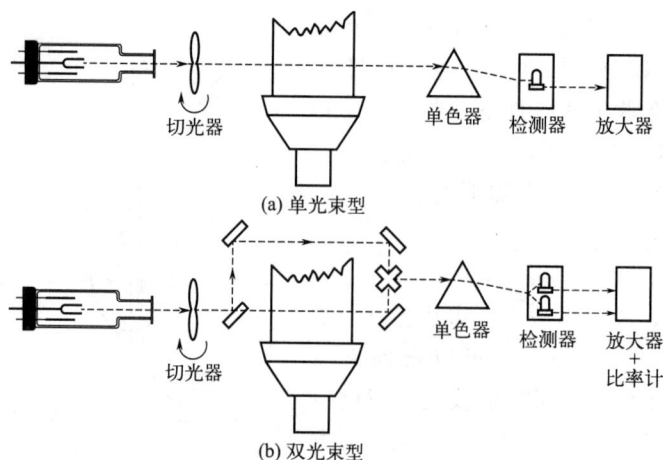

图 3-27　火焰原子吸收光谱仪原理示意图

单光束型原子吸收光谱仪结构简单，但由于供电线路、实验条件等在实验过程中变化，会造成较大的测量误差，而且往往需要较长的开机预热时间。双光束型也会遇到上述实验条件在实验过程中的变化问题，但由于光源谱线瞬间交替地分别通过火焰（测量光束）和外光路（参比光束），所测量这两束光强的比值却相对稳定，因而可以有效减少测量误差，开机预热时间大大缩短。

（一）光源

原子吸收光谱仪光源的作用是发射被测元素的特征共振辐射，提供原子由基态跃迁到相应激发态的能量。一个好的光源应该是发射的共振辐射的单色性好、半宽度要明显小于吸收线的半宽度、辐射强度大、背景低（低于特征共振辐射强度的1%）、稳定性好（30 min之内漂移不超过1%）、噪声小于0.1%、操作方便，使用寿命长等。目前用于商品原子吸收光谱仪的光源有空心阴极灯、无极放电灯和高聚焦短弧氙灯。

1. 空心阴极灯

空心阴极灯是一种能产生原子锐线发射光谱的低压辉光放电灯，空心阴极灯的结构如图3-28所示。

阴极呈空心圆筒状，由被测元素材料制成，阳极主要由钛、锆、钽等材料制作。阴极和阳极封闭在带有光学窗口的硬质玻璃管内，管内抽真空后充入几百帕的惰性气体氖或氩，惰性气体的作用是载带电流。目前已有70多种元素可制成商品化的空心阴极灯。

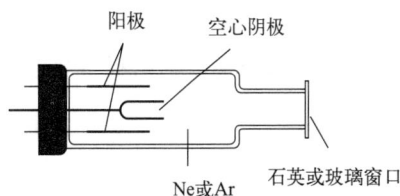

图 3-28　空心阴极灯的结构示意图

空心阴极灯放电集中于阴极空腔内，当在两极之间施加几百伏电压时，便产生辉光放电，也就是在电场作用下，电子在由阴极奔向阳极的途中，碰撞惰性气体原子并使之电离，放出二次电子，使电子与正离子数目增加，正离子则奔向阴极，当正离子撞击在阴极表面时，就可以将阴极材料的原子从晶格中溅射出来，加上阴极受热后阴极表面元素的热蒸发，阴极材料的原子蒸气浓度就达到一个较高水平，这些原子蒸气在阴极空腔内与电子、原子、离子等发生碰撞而受到激发，发射出相应元素的特征谱线。

空心阴极灯常采用脉冲供电方式，便于使有用的原子吸收信号与原子化器的直流发射信号区分开，这种供电方式称为光源调制。在实际工作中，应选择合适的工作电流。使用灯电流过小，放电不稳定，灯电流过大，溅射作用增加，原子蒸气密度增大引起自吸，谱线变宽，导致测定灵敏度降低，灯寿命缩短。

由于原子吸收分析中每测一种元素需换一个灯，很不方便，现已制成多元素空心阴极灯，但其发射强度低于单元素灯，而且如果金属组合不当，易产生光谱干扰，因此，使用尚不普遍。对于砷、锑等元素的分析，为提高灵敏度，亦常用无极放电灯作为光源。

2. 无极放电灯

如图3-29所示，无极放电灯由石英玻璃圆管制成，管内装入数毫克待测元素或其挥发性盐类，如金属、金属氯化物或碘化物等，抽成真空并充入一定压力的惰性气体氩或氖。将该管放在微波装置的谐振腔内，在微波电场的作用下，管中填充气体被加热以形成高温等离子

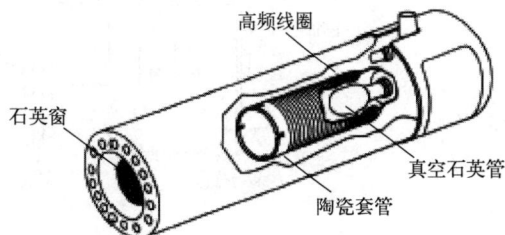

图 3-29　无极放电灯的结构示意图

区，同时含有待测元素的填料原子也被激发进入等离子区。在微波等离子区中，填料进一步原子化，并在高温等离子区中被激发而发射出含有待测元素的特征原子谱线的光辐射。无极放电灯强度比空心阴极灯大、自吸小、谱线更纯，但是稳定性差，价格高，只有约 15 种元素可制得该灯。

3. 高聚焦短弧氙灯

在连续光源高分辨原子吸收光谱仪中采用高聚焦短弧氙灯，该灯是一个气体放电光源，灯内充有高压氙气，在高频高电压激发下形成高聚焦弧光放电，辐射出从紫外线到近红外的强连续光谱，能量比一般氙灯大 10~100 倍，可满足全波长（189~900 nm）所有元素的原子吸收测定需求，并可以选择任何一条谱线进行分析。

（二）原子化器

原子化器的功能是提供能量，使试样干燥、蒸发和原子化。原子化器是原子吸收光谱仪的核心部件。实现原子化的方法，最常用的有三种：①火焰原子化法，是原子光谱分析中最早使用的原子化方法，它是利用燃气和助燃气的燃烧化学反应产生的高温使样品原子化；②非火焰原子化法，如石墨炉电热原子化法；③低温（室温）原子化法。

1. 火焰原子化器

（1）结构

根据燃气和助燃气的混合与进样方式，可分为全消耗型和预混合型原子化器。全消耗型是样品溶液直接喷入火焰；预混合型是先将溶液雾化，雾滴与燃气、助燃气混合均匀后进入燃烧器。目前常用的是预混合型原子化器，其结构如图 3-30 所示。这种原子化器由雾化器、雾化室和燃烧器组成。

① 雾化器　其作用是使样品溶液雾化。雾化器性能对测定精密度、灵敏度和化学干扰等都有较大的影响。高质量的雾化器应满足：雾化效率高，雾滴细，雾滴均匀，喷雾稳定，有好的适应性。目前广泛采用的是气动雾化器（见本章第一节，原子光谱的进样技术中气动雾化部分）。

② 雾化室　样品溶液雾化后进入雾化室。雾化室的作用是细化雾滴，使雾滴和燃气、助燃气充分混合，缓冲和稳定雾滴输送，并让气溶胶在室内部分蒸发脱溶。

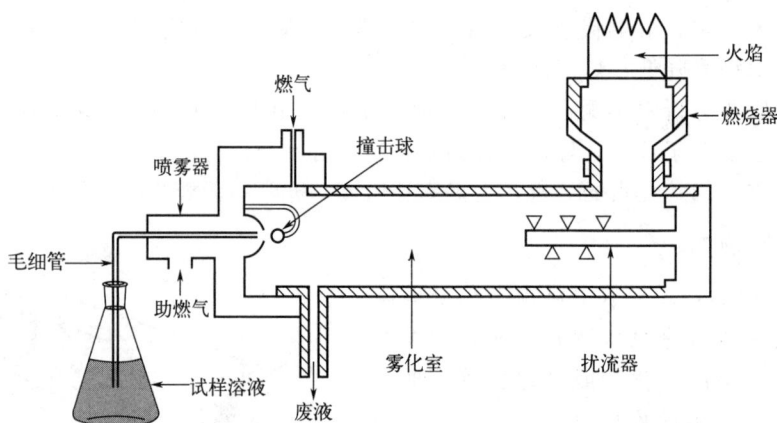

图 3-30　火焰原子化器示意图

③ 燃烧器 燃烧器通常用大块不锈钢制作，燃烧口做成细缝形状。火焰燃烧速度快的使用较窄的缝，燃烧速度慢的则用较宽的缝。常用的是单缝燃烧器。不同类型的火焰，燃烧器的缝长度不同，如空气-乙炔火焰缝长度约为 10 cm，氧化亚氮-乙炔火焰缝长度约为 5 cm。

（2）火焰

原子吸收分析的火焰应有足够高的温度，能有效地蒸发和分解试样，并使被测元素原子化。此外，火焰应该稳定，背景发射和噪声低，燃烧安全。

保持空心阴极灯照射位置不变，由于不同燃烧器高度下的样品状态不同，光源通过燃烧器的不同高度时原子化效率不同，所以燃烧器的高度应通过实验加以调节确定。HCl 介质中的钙样品在不同燃烧器高度下的状态示意如图 3-31 所示。

（3）特点

火焰原子化的优点是结构简单、火焰稳定、重现性好、精密度高、应用范围广。缺点是原子化效率低且只能液体进样。

2. 非火焰原子化器

非火焰原子化器中，常用的是管式石墨炉原子化器，其结构如图 3-32 所示。

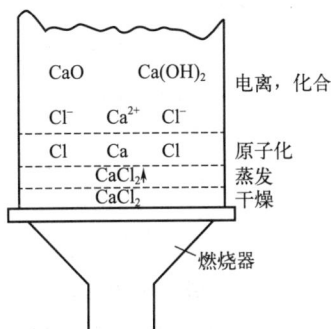

图 3-31 不同燃烧器高度的样品状态示意图   图 3-32 管式石墨炉原子化器示意图

管式石墨炉原子化器由加热电源、保护气控制系统和石墨管状炉组成。加热电源供给原子化器能量，电流通过石墨管产生高热高温，温度可达到 3000 ℃以上。保护气控制系统中，保护气氩气流通石墨管内外，使得石墨管在空烧、分析时不被烧蚀。其中内气路中氩气从管两端流向管中心，由管中心孔流出，以有效地除去在干燥和灰化过程中产生的基体蒸气，同时保护已原子化了的原子不再被氧化。在原子化阶段，停止通气，以延长原子在吸收区内的平均停留时间，避免对原子蒸气的稀释。石墨炉原子化器的操作分为干燥、灰化、原子化和净化 4 步，由微机控制实行程序升温。其原理如图 3-33 所示。

石墨炉原子化法的优点：①试样原子化是在惰性气体保护下于强还原性介质内进行的，有利于氧化物分解和自由原子的生成；②用样量小，

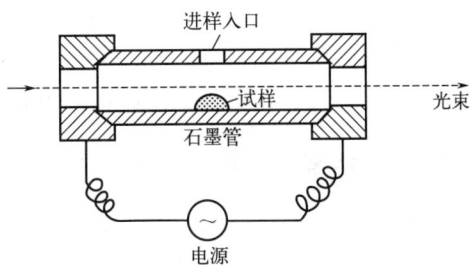

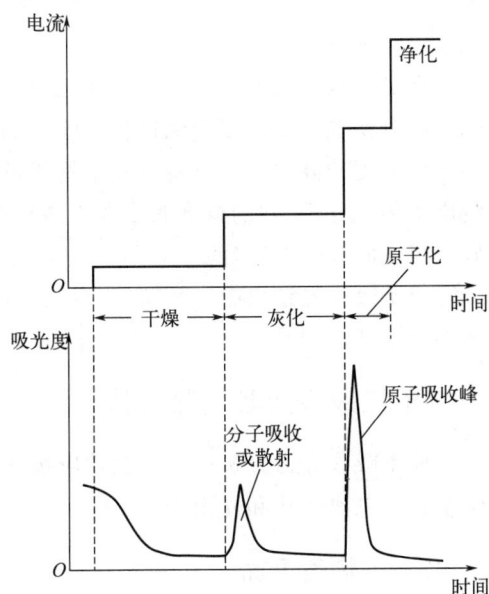

图 3-33 石墨炉原子化器程序升温过程示意图

样品利用率高，原子在吸收区内平均停留时间较长，绝对灵敏度高；③液体和固体试样均可直接进样。缺点是试样组成不均匀对测定的影响较大，有强的背景吸收，测定精密度不如火焰原子化法。

3. 石英管原子化器

石英管原子化装置的示意图如图 3-34 所示，其原理是利用某些元素本身或元素的氢化物在低温下的易挥发性，将其导入气体流动吸收池内进行原子化。

本章第一节进样技术中介绍了氢化物发生法，氢化物沸点低、易挥发分离分解，其原子化温度较低，在 700～900℃。可以将氢化物直接导入火焰或石墨炉内原子化，或先捕集在石墨管内壁再原子化，最常用的方法是导入加热石英管内用火焰加热或电热原子化，其原子化温度低，灵敏度高，基体干扰和化学干扰小，目前主要应用于 As、Sb、Se、Sn、Bi、Ge、Pb、Te 等元素的测定。

对于各类样品中汞元素的测量，先将试样进行必要预处理（见本章第一节，进样技术部分），使汞完全蒸发出来，然后用气流将产生的汞蒸气带入具有石英窗的气体测量管中进行吸光度测量。汞可在常温下测量，不需要打开石英炉，因此也叫冷蒸气原子化法。

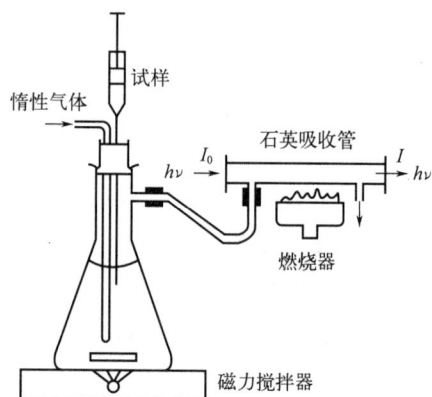

图 3-34　石英管原子化装置示意图

（三）波长选择系统和检测系统

波长选择系统由入射狭缝和出射狭缝、反射镜和色散元件组成，其作用是将所需要的共振吸收线分离出来。现在商品仪器都是使用光栅作为色散元件。相比原子发射光谱仪，原子吸收光谱仪对分光器的分辨率要求不高，曾以能分辨开镍三线 Ni 230.003 nm、Ni 231.603 nm、Ni 231.096 nm 为标准，后采用 Mn 279.5 nm 和 Mn 279.8 nm 代替 Ni 三线来检定分辨率。

有的元素灯可发射一条以上的谱线，单原子蒸气只吸收其中一条锐线，故使灵敏度下降，改变狭缝宽度可以消除这种影响。如 Ni 231.096 nm 附近就有多条干扰线发射。利用减小狭缝宽度的办法，可以将一些干扰线排除在光学系统以外，达到消除干扰的目的。图 3-35 给出了用于分析 Ni 的校准曲线在不同狭缝宽度下的示意图，证明较小的狭缝进光的单色性好，校准曲线的线性好。

原子吸收光谱仪中广泛使用的检测器是光电倍增管，其原理是将谱线强度转换为电流强度加以处理、记录。

三、干扰效应及其消除方法

原子吸收光谱分析中，干扰效应按其性质和产生的原因，可以分为 4 类：物理干扰、化学干扰、电离干扰和光谱干扰。

（一）物理干扰

物理干扰是指试样在转移、蒸发和原子化过程中，由于试样物理特性（如黏度、表面张

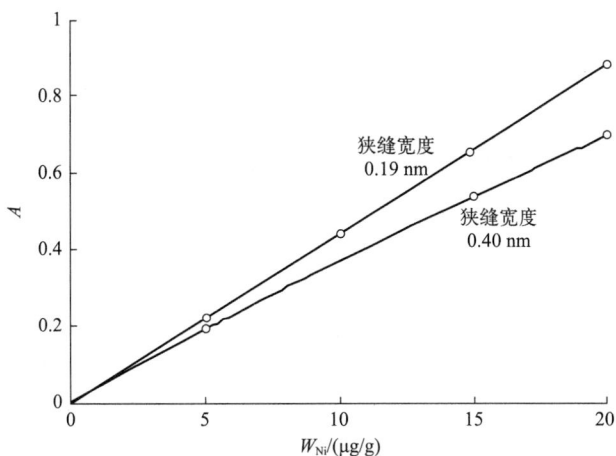

图 3-35　利用减小狭缝宽度（减小光谱通带）消除光谱干扰示意图

力、密度等）的变化而引起的原子吸收强度下降的效应，主要表现在影响雾化效率。物理干扰是非选择性干扰，对试样各元素的影响基本是相似的。配制与被测试样相似组成的标准样品，是消除物理干扰最常用的方法。在不知道试样组成或无法匹配试样时，可采用标准加入法来减小和消除物理干扰。

（二）化学干扰

化学干扰是由于液相或气相中被测元素的原子与干扰物质组分之间形成热力学更稳定的化合物，从而影响被测元素化合物的解离及其原子化。例如磷酸根由于和钙形成非常稳定的化合物，使钙不能有效原子化而造成干扰。消除化学干扰除可以采用化学分离、使用高温火焰等手段外，还可以采用加入释放剂、保护剂、缓冲剂等办法。

释放剂的作用是与干扰元素生成更稳定化合物，使待测元素释放出来。例如测 Ca 时，如试样溶液中有 H_3PO_4 存在，在高温条件下时会有如下反应：

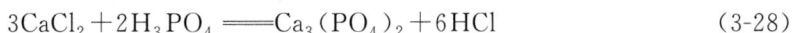

$$3CaCl_2 + 2H_3PO_4 \Longequal Ca_3(PO_4)_2 + 6HCl \tag{3-28}$$

$Ca_3(PO_4)_2$ 极难原子化，消除其干扰的办法是加入释放剂 $LaCl_3$，由下述反应将 Ca 释放出来，达到消除干扰的目的。

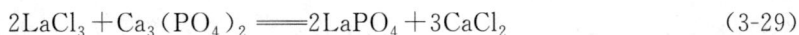

$$2LaCl_3 + Ca_3(PO_4)_2 \Longequal 2LaPO_4 + 3CaCl_2 \tag{3-29}$$

保护剂的作用是与待测元素形成稳定的配合物，防止干扰物质与其作用。例如测 Ca、Mg 时 Al 干扰，干扰反应为：

$$CaCl_2 + Al_2O_3 + 4H_2O \Longequal CaAl_2O_4 + 8HCl \tag{3-30}$$

$CaAl_2O_4$ 具有尖晶石结构，非常难原子化。但加入保护剂 EDTA、NH_4Cl 后能与 Al 形成更稳定化合物，从而保护 Ca 不被 Al 所干扰。再如 Mg 在高温条件下会有如下反应：

$$MgCl_2 + H_2O \Longequal MgO + 2HCl \tag{3-31}$$

MgO 的熔点为 3070 K，很难原子化。加入保护剂 EDTA 后，形成的 Mg-EDTA 配合物可在较低温度下实现原子化。

缓冲剂的作用是改变基体效应。例如加入大量易电离的一种缓冲剂可以抑制待测元素的电离；再例如，用 $N_2O\text{-}C_2H_2$ 火焰测 Ti 时，少量 Al 干扰使测量结果的精度不高，此时加入 2×10^{-4} 以上的 Al，使铝对钛的干扰趋于稳定。

（三）电离干扰

金属在原子吸收测量温度下会发生电离，造成基态原子的浓度减少，引起原子吸收信号降低，此种干扰称为电离干扰。图 3-36 为 Ba 的电离干扰示意图：

曲线 1 发生弯曲，其原因就是测 Ba 时，在高温条件下会有如下反应：

$$Ba \xrightarrow{\text{高温}} Ba^{2+} + 2e^- \qquad (3-32)$$

此时加入 0.2％的 KCl（K 的电离电位 4.3 eV），更容易电离的 K 提供大量电子环境，就可以抑制 Ba 的电离干扰（Ba 的电离电位 5.21 eV），其原理非常类似于同离子效应。可见加入更易电离的碱金属元素，可以有效地消除电离干扰。

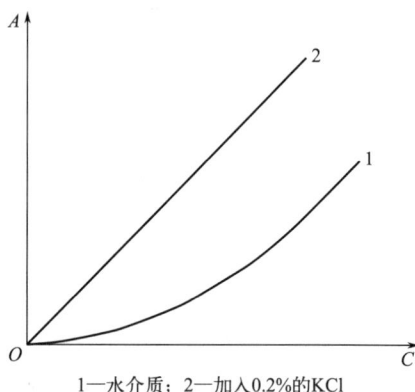

（四）光谱干扰

光谱干扰包括以下情况。①与光源和光学系统有关。例如灯的质量差，阴极材料不纯，杂质发射

1—水介质；2—加入0.2%的KCl

图 3-36　Ba 的电离干扰及其消除示意图

谱线，此时如果样品中也有该杂质，会造成假吸收；再如光谱通带内存在非吸收线等。②与火焰中分子吸收、光散射有关。分子吸收干扰是指在原子化过程中生成的气体分子、分子碎片、氧化物及盐类阴离子对辐射吸收而引起的干扰。光散射是指在原子化过程中样品脱掉溶剂后的固体微粒对光产生散射，由于被散射的光偏离光路而不为检测器所检测，导致吸光度值偏高。

分子吸收干扰造成光谱背景，在石墨炉原子吸收法中，背景吸收的影响比火焰原子吸收法严重，若不扣除背景，有时根本无法进行测定。

（五）背景校正方法

1. 用邻近非共振线校正背景

当选用两个锐线光源，一个为待分析元素的空心阴极灯，其波长为 $\lambda_{\text{分析}}$；另一个为参比光源，其波长为 $\lambda_{\text{参比}}$。当二者之间满足式（3-33）用分析线 $\lambda_{\text{分析}}$ 测量原子吸收与背景吸收的总吸光度 $A_{\text{总}}$，用参比线 $\lambda_{\text{参比}}$ 测量背景吸收的吸光度 A_b。

$$\lambda_{\text{参}} = \lambda_{\text{分析}} \pm 10 \text{ nm} \qquad (3-33)$$

因参比线不产生原子吸收，两次测量值相减即可得到校正背景之后的待测原子净吸收的吸光度 $A_{\text{原}}$：

$$A_{\text{原}} = A_{\text{总}} - A_b = KcL \qquad (3-34)$$

背景吸收随波长而改变，因此，非共振线校正背景法的准确度较差。这种方法只适用于分析线附近背景分布比较均匀的情况。

2. 连续光源校正背景

此法主要是氘灯扣除背景法。其做法是先用锐线光源测定分析线的原子吸收和背景吸收的总吸光度 $A_{\text{总}}$，再用氘灯在同一波长测定背景吸收（这时原子吸收可以忽略不计）$A_{\text{背}}$，然后计算两次测定吸光度之差，得到校正后的吸光度 $A_{\text{分}}$，即可使大部分背景吸收得到校正。

由于氘灯是连续光源（其光谱特征见图 3-37），连续光源测定的是整个光谱通带内的平均背景，与分析线处的真实背景有差异。而空心阴极灯是锐线光源。这两种光源放电性质不同、能量分布不同、光斑大小不同，调整光路平衡比较困难，所以此法影响校正背景的有效性，常常导致背景校正过度或不足。另外由于氘灯的能量较弱，用它校正背景时不能用过窄的光谱通带，共存干扰元素的吸收线有可能落入通带范围内，吸收氘灯辐射而造成干扰。

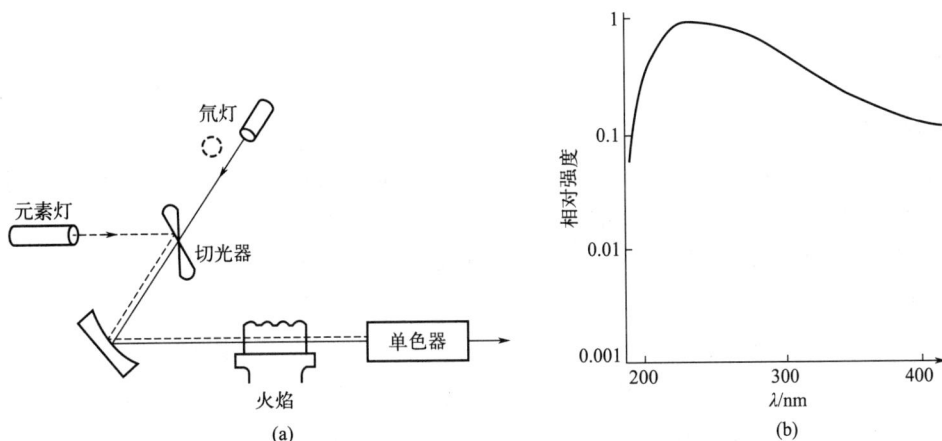

图 3-37　氘灯背景校正原理及氘灯的光谱特征

3. 塞曼效应校正背景

相比之下，塞曼效应背景校正法更加有效，它具有较强的校正能力，且校正背景的波长范围宽（190～900 nm）。

塞曼效应背景校正的仪器原理如图 3-38 所示：

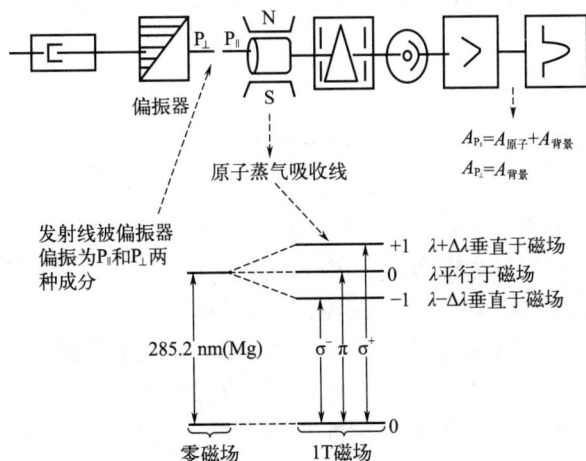

图 3-38　塞曼效应背景校正的仪器原理

空心阴极灯发出的发射线经旋转式偏振器分解为 $P_\parallel$ 和 $P_\perp$ 两条传播方向一致、波长一样但偏振方向相互垂直的偏振光，$P_\parallel$ 的偏振方向与磁场平行，$P_\perp$ 则与磁场垂直。

在于原子化器（火焰或石墨炉）上施加一恒定磁场（用 S/ N 表示），磁场垂直于光束方向。在磁场作用下，π 成分的偏振方向与磁场平行，波长不变；σ^+ 和 σ^- 成分的偏振方向与磁场垂直，波长分别向长波与短波方向移动。当 $P_\parallel$ 和 $P_\perp$ 随偏振器的旋转交替通过原子蒸气时，在某一时刻通过原子化器的 $P_{\parallel}$ 被 π 吸收线及背景吸收，测得原子吸收和背景吸收的总吸光度；另一时刻 $P_{\perp}$ 通过原子化器时，此时只测得背景吸收，因此利用相减原理即可进行背景校正。塞曼效应背景校正可在全波段进行，可校正吸光度高达 1.5～2.0 的背景，而氘灯只能校正吸光度小于 1 的背景，背景校正的准确度较高。

四、原子吸收光谱分析的实验技术

（一）测定条件的选择

1. 分析线

通常选用共振吸收线为分析线，测定高含量元素时，可以选用灵敏度较低的非共振吸收线为分析线。As、Se 等共振吸收线位于 200 nm 以下的远紫外区，火焰组分对其有明显吸收，故用火焰原子吸收法测定这些元素时，不宜选用共振吸收线为分析线。

2. 狭缝宽度

狭缝宽度影响光谱通带宽度与检测器接受的能量。原子吸收光谱分析中，光谱重叠干扰的概率小，可以允许使用较宽的狭缝。调节不同的狭缝宽度，测定吸光度随狭缝宽度而变化，若有其他的谱线或非吸收光进入光谱通带内，吸光度将立即减小。不引起吸光度减小的最大狭缝宽度，即应选取的合适的狭缝宽度。

狭缝宽度决定光谱的单色性（纯度）。因为原子蒸气只对同种元素的锐线（单色性好）产生吸收，所以狭缝宽度太宽造成谱线不纯，太窄又影响测定灵敏度。所以实验中应仔细选择。方法是配制系列标准溶液，在不同狭缝宽度 S（S_1、S_2、S_3、…）条件下测定吸光度 A 值，然后将每一个狭缝宽度 S 下的吸光度 A 对标准溶液浓度 c 作图，得到实验图 3-39，从中选择斜率适中者的对应狭缝宽度作为工作条件。

3. 空心阴极灯的工作电流

空心阴极灯一般需要预热 10～30 min 才能达到稳定输出。灯电流过小，放电不稳定、光谱输出不稳定，且光谱输出强度小；灯电流过大，发射谱线变宽，灵敏度下降，校正曲线弯曲，灯寿命缩短。选用灯电流的一般原则是：在保证有足够强且稳定的光强输出条件下，

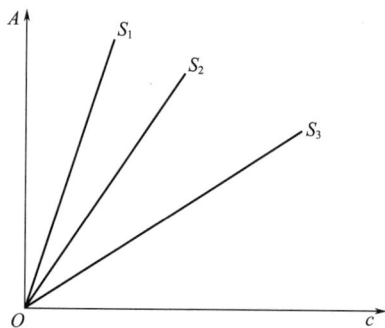

图 3-39　狭缝宽度测定示意图

尽量使用较低的工作电流。通常以空心阴极灯上标明的最大电流的 1/2～2/3 作为工作电流。在具体的分析方法建立实验中，最适宜的工作电流由实验确定。

空心阴极灯的工作电流影响测量稳定性和灵敏度，实验中应仔细选择。方法类似于图 3-39 所示的狭缝宽度测定。做法是将实验参数狭缝宽度 S 改为空心阴极灯的工作电流 I（I_1、I_2、I_3、…），测定吸光度 A 值，然后将每一个工作电流 I 下的吸光度 A 对标准溶液浓度 c 作图。从中选择斜率适中者对应工作电流作为工作电流工作条件。

4. 原子化条件的选择

在火焰原子化法中，火焰类型和特性是影响原子化效率的主要因素。对低、中温元素，使用空气-乙炔火焰；对高温元素，采用氧化亚氮-乙炔高温火焰；对分析线位于短波区

（200 nm 以下）的元素，使用空气-氢火焰是合适的。

原子吸收测定中的常用火焰如下。①化学计量（中性）火焰。按燃烧反应方程比例供气的火焰称为化学计量火焰。如化学计量的空气-乙炔火焰燃烧反应和计量关系为：

$$C_2H_2 + (5/2)O_2 \Longrightarrow 2CO_2 + H_2O \quad \text{体积 } V_{C_2H_2} : V_{O_2} = 1 : 3$$

化学计量火焰温度高、干扰小、背景低、稳定。但测定 Al、Ta、Ti、Zr 易形成难解离氧化物的元素时灵敏度低。②富燃焰。燃气量与助燃气量之比大于化学计量比的火焰称为富燃焰。特点是燃烧不完全，含有大量 CH、C、CN 等分子碎片（还原性很强，以 C^* 表示），以下面的原理使金属氧化物解离：

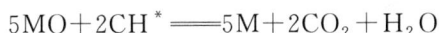

$$2MO + C^* \Longrightarrow 2M + CO_2$$

$$5MO + 2CH^* \Longrightarrow 5M + 2CO_2 + H_2O$$

这种火焰温度低、分子吸收造成的背景大、还原性强，适用于易形成氧化物的元素测定。③贫燃焰。燃气量与助燃气量之比小于化学计量比。燃烧完全，分子吸收造成的背景小，氧化性强。适用于不易氧化的 Ag、Cu、Ni、Co、Pd、碱土金属等元素的分析。乙炔-空气火焰用得最多，但在 190～250 nm 有吸收。如图 3-40 所示，火焰对光也有一定吸收，不同火焰对光的吸收范围不同，如用 196.0 nm 的锐线测定硒，就不能用乙炔-空气火焰，而应使用氢-氩火焰。

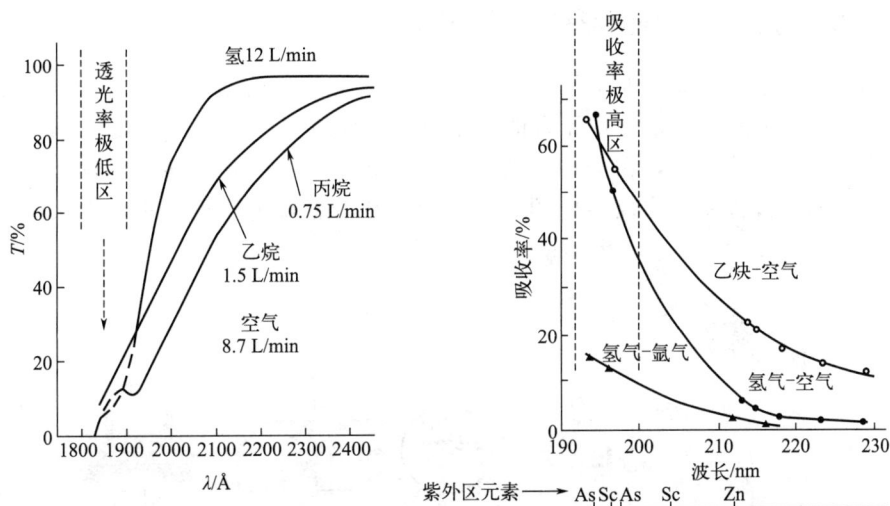

图 3-40　火焰吸收特性示意图

对石墨炉原子化法，干燥、灰化、原子化及净化的温度、时间选择显得尤为重要。干燥应在稍低于溶剂沸点的温度下进行，以防止试液飞溅；灰化的目的是除去基体和其他组分，特别是使有机物燃烧殆尽，在保证被测元素没有损失的前提下应尽可能使用较高的灰化温度；原子化温度的选择原则是，选用达到最大吸收信号的最低温度作为原子化温度，原子化时间的选择应以保证完全原子化为准，在原子化阶段停止通保护气，以延长自由原子在石墨炉内的平均停留时间；净化的目的是消除残留物产生的记忆效应，净化温度应高于原子化温度。

5. 燃烧器高度的选择

在火焰区内，自由原子的空间分布不均匀，且随火焰条件而改变，因此，应调节燃烧器的高度，以使来自空心阴极灯的光束从自由原子浓度最大的火焰区域通过，以期获得高的灵敏度。所以燃烧器高度在实验中应仔细选择。做法是将狭缝宽度 S 改为燃烧器高度 H

（H_1、H_2、H_3、…），测定吸光度 A 值，然后将每一个燃烧器高度 H 下的吸光度 A 对标准溶液浓度 c 作图。从中选择斜率适中者的对应燃烧器高度作为燃烧器高度的工作条件。

6. 进样量选择

进样量过小，吸收信号太弱，不便于测量；进样量过大，在火焰原子化法中，对火焰产生冷却效应，在石墨炉原子化法中，会增加除残的困难。在实际工作中，应测定吸光度随进样量的变化，达到最满意吸光度的进样量即应选择的进样量。

火焰原子化法中溶液提升量（mL/min）影响雾化效率和原子化效率，实验中应仔细选择。做法是将狭缝宽度 S 改为提升量 V（V_1、V_2、V_3、…）条件下测定吸光度 A 值，然后将每一个提升量 V 下的吸光度 A 对标准溶液浓度 c 作图，从中选择斜率适中者的对应提升量作为提升量工作条件。

（二）定量分析

在原子吸收光谱中，利用标准曲线法和标准加入法进行定量分析，具体参考本章第二节原子发射光谱分析，与之略有不同的是在吸收光谱中以吸光度为纵坐标作图。

五、原子吸收光谱新技术

（一） DBD 为原子化器的原子吸收光谱法

DBD 作为一种低温等离子体，可产生化学性质活泼的自由基、高能电子或离子，可有效地促进不同分子分解，可以实现元素的原子化。与传统热原子化器相比，DBD 原子化器具有体积小、能耗少的优点，在分析仪器的微型化和便携化中具有显著的优势。如图 3-41 所示，研究者们直接将商品化仪器中的石英管原子化器替换为石英平板型 DBD 原子化器，实现了 As、Hg、Bi、Sb、Se 等元素的高灵敏检测。

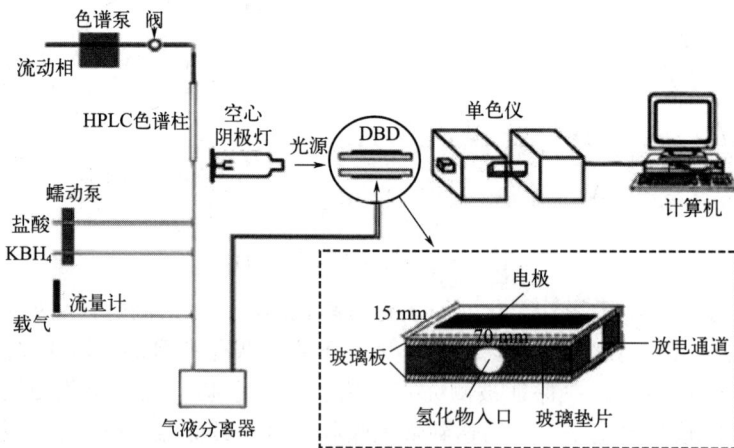

图 3-41　DBD-AAS 装置示意图

（二）色谱和原子吸收光谱联用

1. 气相色谱和原子吸收光谱联用

1966 年，柯尔柏（Kolb）等将气相色谱分离柱直接连接到原子吸收光谱仪的燃烧器上，实现了汽油中不同烷基铅化物的分析。常规的气相色谱仪可以不经任何改动即可与各种原子吸收光谱的原子化器相连。与传统的气相色谱检测器相比，该技术有利于高灵敏、高选择性地检测金属，已广泛应用于大气、水体、生物、工业、农业、医学、食品、地质等领域中金属总量及其化学形态分析。

2. 液相色谱和原子吸收光谱联用

液相色谱流出液的流量与原子吸收雾化器的试样提升速率比较接近，因此色谱柱与火焰原子化器的连接比较容易。对于石墨炉原子化器，因为分析程序在进样后需经干燥、灰化、原子化和净化等多个步骤，不能直接与液相色谱仪相连，主要通过多孔取样阀连接或自动进样器连接。

六、原子吸收光谱应用实例

原子吸收光谱法已广泛应用于石油、化工、环境、地质、冶金、食品、医药等领域，现执行的国家标准、行业标准和地方标准就有 700 余项。

国家标准 GB/T 223.65—2012《钢铁及合金中钴含量的测定　火焰原子吸收光谱法》，要求样品用盐酸（10 mL）和硝酸（4 mL）分解，加高氯酸（10 mL）蒸发至冒白烟。钴空心阴极灯波长设置为 240.7 nm，采用具有最大钴响应的空气-乙炔贫燃火焰（优化二者流量比例）。

国家标准 GB/T 13884—2018《饲料中钴的测定　原子吸收光谱法》中，样品置于瓷坩埚中，在调温电炉上小火炭化，600℃高温炉中灰化 2 h，若仍有少量炭粒，滴入硝酸使残渣润湿，继续在高温炉中灰化至无炭粒，冷却后加少量水润湿，再加入 5 mL 盐酸，加水至 15 mL，煮沸 2～3 min 后冷却。

行业标准 HJ 748—2015《水质铊的测定　石墨炉原子吸收分光光度法》中，分别介绍了沉淀富集法和直接法。直接法是在样品中加酸，在微波炉或电热板上消解，蒸发至约 5 mL，冷却，过滤，加入硝酸钯/硝酸镁混合溶液，可加硝酸铵溶液消除氯离子干扰。参考的仪器测试条件如表 3-5 所示。

表 3-5　HJ 748—2015 中参考的仪器测试条件

测量元素	Tl
光源	铊空心阴极灯或特制短弧氙灯
灯电流/mA	7
波长/nm	276.8
通带宽度/nm	0.7
干燥温度/时间	80～120℃/30 s
灰化温度/时间	900℃/30 s
原子化温度/时间	1650℃/5 s
清除温度	2600℃/5 s
基体改进剂	$Pd(NO_3)_2/Mg(NO_3)_2+NH_4NO_3$
进样体积/μL	20.0
背景扣除	氘灯扣背景和塞曼扣背景

国家标准 GB/T 6730.80—2019《铁矿石　汞含量的测定　冷原子吸收光谱法》中规定。按照国家标准 GB/T 10322.1 和 GB/T 6730.1 规定的方法依次取样制样和预干燥试样

后，准确称取预干燥后试样置于聚四氟乙烯消解罐中，加入盐酸（10 mL）和硝酸（5 mL）消解，如样品中硅含量较高，可加入氢氟酸（2mL）进行消解。参考利用定体积进样冷原子吸收光谱仪工作条件（表3-6）。

表 3-6　GB/T 6730.80—2019 中定体积进样冷原子吸收光谱仪工作条件

元素	Hg
灯电流/mA	2.5
波长/nm	253.7
狭缝/nm	1.2
载气类型	氩气
载气流量/(mL/min)	100
样品溶液进样量/mL	5
还原剂进样量/mL	7
光室清理吹气时间/s	40
读数时间/s	50
读数方式	峰面积
检测方法	标准曲线法

第四节　原子荧光光谱法

原子荧光基于光致发光的原理，即用电磁波照射于原子蒸气时，原子蒸气中的基态原子会吸收电磁波能量，随后将吸收的能量再以光的形式发射出来。原子荧光的产生既有原子吸收过程，又有原子发射过程，当激发光源停止照射之后，发射过程立即停止。原子荧光强度与激发光源强度相关。

1859 年，基尔霍夫（G. Kirchhoof）研究太阳光谱时就开始了原子荧光理论的研究。1902 年伍德（Wood）等开始研究原子荧光现象，并首次观察到了钠的原子荧光。1964 年，温福特纳（Winefordner）等提出火焰原子荧光光谱法可作为一种新的化学分析方法，并推导出了原子荧光光谱分析的基本方程式，进行了锌、镉、汞的原子荧光分析，从此原子荧光进入快速发展时期。我国从 20 世纪 70 年代中期开始原子荧光研究，原子荧光技术及其商品化仪器在我国得到飞速发展和普及推广。我国科学家成功研制出一系列高灵敏商品化原子荧光仪，原子荧光的研制和应用水平一直处于国际领先地位。

一、理论基础

（一）原子荧光光谱的类型

依据原子蒸气对照射电磁波的吸收波长特性和二次发射光的发射波长特性，可将原子荧光分为 3 类，即共振原子荧光、非共振原子荧光和敏化原子荧光。图 3-42 给出了共振原子荧光和非共振原子荧光的简单类型，其中 0、1、2、3 分别表示 E_0、E_1、E_2、E_3，E_0 为原子的基态能级，E_1、E_2、E_3 为原子的激发态或亚稳态能级，向上箭头表示电磁波激发过程，向下箭头表示原子再发射光的释放能量过程。

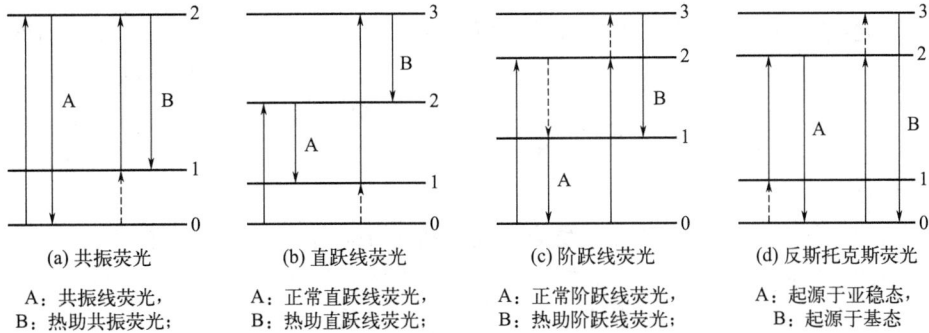

(a) 共振荧光　　　　(b) 直跃线荧光　　　(c) 阶跃线荧光　　　(d) 反斯托克斯荧光

A：共振线荧光，　　A：正常直跃线荧光，　A：正常阶跃线荧光，　A：起源于亚稳态，
B：热助共振荧光；　B：热助直跃线荧光；　B：热助阶跃线荧光；　B：起源于基态

图 3-42　常见原子荧光类型

1. 共振原子荧光

原子吸收辐射受激后再发射相同波长的辐射，产生共振荧光线，共振荧光是共振吸收的逆过程。由于原子的激发态和基态之间的共振跃迁的概率，一般比其他能级间的跃迁概率大得多，在原子荧光光谱分析中，共振原子荧光最强，在实际分析中应用最广。如锌、镍、铅原子分别吸收和再发射 213.86 nm、232.00 nm、283.31 nm 共振线就是共振荧光的典型例子。

"热助共振荧光"或激发态共振荧光是基态原子经热激发（虚线箭头）后到达亚稳态，再吸收辐射进一步激发，然后再发射相同波长的共振荧光。虚线表示非辐射过程，实线表示辐射过程。铟和镓处在亚稳能级的原子吸收并发射 451.13 nm 和 427.21 nm 就是非共振跃迁的共振荧光的例子。锡和铅也有类似的情况。当然起源于基态的共振荧光的强度一般比起源于亚稳态的共振荧光强，这是由处在这些状态的荧光产额数目来决定的。

2. 非共振原子荧光

自由原子吸收某一给定辐射波长后，所产生的荧光线波长与给定的辐射波长不一致时，即为非共振荧光。它包括直跃线荧光、阶跃线荧光和反斯托克斯荧光。

（1）直跃线荧光

直跃线荧光是指激发谱线和荧光谱线的高能级相同的荧光。处于基态的自由原子受激发光源共振辐射波长照射而被激发到较高的激发态，然后直接跃迁到高于基态的亚稳态能级所发出的非共振荧光叫做正常直跃线荧光。处于基态的铅原子吸收 283.1 nm 线后再发射 405.78 nm 和 722.90 nm 线是正常直跃线荧光的典型例子。

同样，热激发至亚稳能级的原子吸收了激发光源辐射的非共振线而激发的直跃线荧光，也叫热助直跃线荧光。

（2）阶跃线荧光

阶跃线荧光是指激发谱线和荧光谱线的高能级不同的荧光。处于基态的自由原子受光源辐射线的照射，激发到第一激发态以上的能级上，由碰撞引起无辐射跃迁到较低激发态，进而发出非共振荧光辐射而跃迁到基态，即正常阶跃线荧光，如钠原子吸收 330.3 nm 谱线被激发后发射 589.00 nm 的荧光谱线。

热助阶跃线是指被辐射光照射而激发的原子可以进一步热激发到较高的能级，然后通过发射非共振荧光而去活化。只有在两个或两个以上的能级，能量相差很小，足以由热能而产生由低能级向高能级跃迁时，才能发生热助阶跃线荧光。直跃线荧光和阶跃线荧光的荧光线波长都比激发线波长长。

（3）反斯托克斯荧光

它是荧光线的波长比激发线的波长短时所产生的一种非共振荧光，光子能量的不足也由"热助"来补充。热激发到比基态稍高能级上的原子在光源辐射光照射下被激发到较高能级，然后发出荧光辐射跃迁至基态，或者处于基态的原子被光辐射激发到一定的能级，然后通过吸收火焰中的热能再上升到一较高的能级，最后以荧光辐射跃迁至基态，这两种情况都产生热助反斯托克斯荧光。

所有的非共振荧光，特别是直跃线荧光在分析上是有用的，在某些有利的情况下，铅、镓和铟原子的直跃线荧光的强度比共振荧光还强，在实际的分析应用中，非共振荧光具有显著的优越性，即在荧光光谱中可去掉激发线，因而可以消除散射，当共振荧光波长处火焰有强烈背景发射时，有可能在火焰背景较低处进行荧光测量，通过测量那些低能级不是基态的非共振荧光线，可克服自吸问题。

3. 敏化原子荧光

一种被光致激发的原子，自己没有发射荧光，而是通过碰撞将其接受的光致激发能转移给另一个种类的原子使其激发，后者再以辐射方式释放能量而发射荧光，此种荧光称为敏化原子荧光。其过程可以表述为：

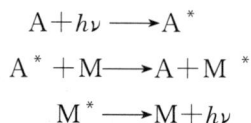

$$A+h\nu \longrightarrow A^*$$
$$A^* +M \longrightarrow A+M^*$$
$$M^* \longrightarrow M+h\nu$$

其中，A 为给予体；M 为接受体。

如铊和高浓度的汞蒸气混合，用汞 253.65 nm 线激发，能观测到铊 377.57 nm 和铊 535.05 nm 敏化荧光。产生敏化荧光的要求是：所需给予体浓度比火焰吸收池中接受体的浓度还要高。火焰原子化器中的原子浓度很低，碰撞概率较小，因此一般难以观察到敏化原子荧光，但在某些非火焰吸收池中能观测到这类荧光。

（二）原子荧光分析的基本关系式

用激发光源照射含有一定浓度分析物的原子蒸气，基态原子跃迁到激发态，然后去活化回到较低能态或基态的过程中发射荧光，测定原子蒸气的强度求得样品中待测元素含量。根据吸收定律：

$$I_a=I_0A(1-e^{-\varepsilon LN_0}) \tag{3-35}$$

其中，I_a 是被原子蒸气吸收的光强，I_0 是光源辐射的初始强度，A 为受光面积，ε 为摩尔吸光系数，L 为光程，N_0 为基态原子数。设 I 为光源辐射通过原子蒸气后的强度，显然，I_a、I_0、I 三者之间有如下关系：

$$I_a=I_0-I \tag{3-36}$$

对于频率一定的共振原子荧光，已知荧光辐射功率 I_F 正比于原子蒸气所吸收的激发光源的辐射功率：

$$I_F=\varphi(I_0-I) \tag{3-37}$$

式中，φ 为荧光量子效率：

吸收光强正比于照射初始强度 I_0 和受光面积 A。则有：

$$I_0 - I = I_0 \times A(1 - e^{-\varepsilon L N_0}) \tag{3-38}$$

显然：

$$I_F = I_0 \times A \times \varphi(1 - e^{-\varepsilon L N_0}) \tag{3-39}$$

将指数项按 e 的幂级数展开后，得：

$$I_F = \varphi A I_0 (1 - e^{-\varepsilon L N_0}) = \varphi A I_0 \left(\varepsilon L N_0 - \frac{(\varepsilon L N_0)^2}{2!} + \frac{(\varepsilon L N_0)^3}{3!} + \cdots\right) \tag{3-40}$$

在原子荧光分析中，原子蒸气中基态原子浓度很低，展开后第二、三项小到可以忽略；另外分析可知，原子蒸气中基态原子数 N_0 与试样中待测元素浓度 c 有正比关系，当分析条件稳定不变时，得到：

$$I_F = \varphi A_0 I_0 \varepsilon L N_0 = Kc \tag{3-41}$$

由上述分析可知，原子荧光分析的灵敏度随激发光强度增加而增加，即原子荧光分析的理论基础。

但是必须注意，当激发光源强度达到一定值之后，共振荧光的低能级与高能级之间的跃迁原子数达到动态平衡，会出现饱和效应，原子荧光强度不再随激发光源强度增大而增大。同时，随着原子浓度的增加，荧光再吸收作用加强，导致荧光强度减弱，校正曲线弯曲，破坏原子荧光强度与被测元素含量之间的线性关系。

（三）荧光猝灭与量子效率

1. 荧光猝灭

当激发态原子以非辐射方式释放能量，比如将激发能转变为热能、化学能等，导致原子荧光强度减弱，这种现象称为原子荧光的猝灭。原子荧光猝灭的程度和原子化器内的气氛相关，根据各气体的猝灭特性：$Ar < H_2 < H_2O < N_2 < CO < O_2 < CO_2$，尽量选择非碳火焰（如氢-氩火焰）来避免 CO_2、CO 的产生，或用惰性气体保护分析火焰减少空气中 N_2、O_2 的进入，或用惰性气体来稀释火焰，减小猝灭现象。

2. 量子效率

为了衡量荧光猝灭程度，提出荧光量子效率的概念，定义为：

$$\varphi = \varphi_F / \varphi_A \tag{3-43}$$

式中，φ_F 为单位时间内发射的荧光光子数，φ_A 为单位时间内吸收激发光的光子数，φ 一般小于 1。

二、原子荧光光谱仪

原子荧光分析仪和原子吸收分析仪有很多相似之处，但为了避免光源的光直接照射进入检测器，检测器偏离激发光源方向配置。根据测量元素的多少，可分为单通道和多通道。单通道是每次分析一个元素；而多通道每次可分析多个元素。

原子荧光光谱仪的基本结构都包含激发光源、原子化器（样品室）、波长选择系统、检测器和信号处理读出系统五部分，如图 3-43 所示。目前商品化原子荧光光谱仪都配备了蒸气发生系统，该类型原子荧光光谱仪在 1982 年由中国首先研制成功，并迅速实现商品化。

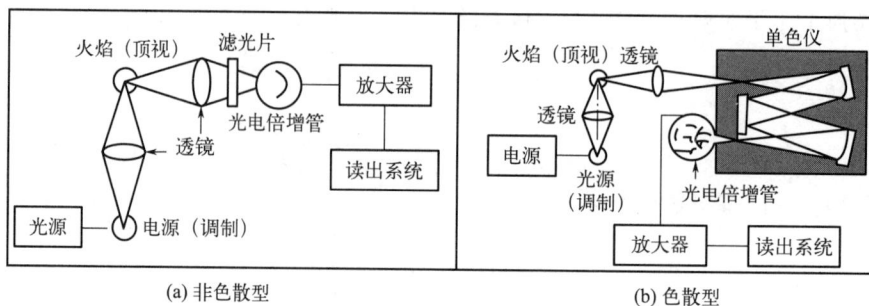

图 3-43　原子荧光光谱仪示意图

（一）蒸气发生系统

蒸气发生方法在本章第一节进行了介绍，蒸气发生的实现方法主要间断法（手动）、连续流动法、流动注射法、断续流动（间歇泵法）法、顺序注射法。

1. 间断法

如图 3-44（a）所示，间断法类似于带支管的分液漏斗，结构简单，但是容量有限，适用于有限体积试样的分析。该方法主要在蒸气发生技术初期使用，现在有些冷原子吸收测汞仪器还使用这种方法。

2. 连续流动法

如图 3-44（b）所示，连续流动法中样品与还原剂之间严格按照一定的比例混合，溶液连续流动进行反应。该方法信号平稳，试样体积不受限制，但是样品和试剂量消耗较大，常规测量中较少采用，多用于联用测量中。

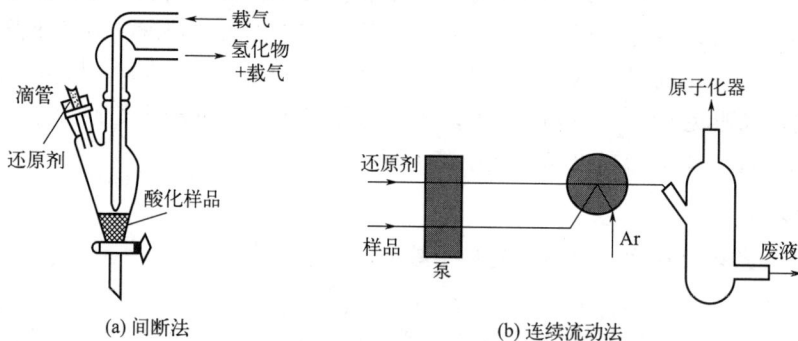

图 3-44　间断法和连续流动法示意图

3. 流动注射法

如图 3-45 所示，流动注射法与连续流动法类似，但增加了一个采样阀，样品通过采样阀进行"采样"和"注射"切换。样品是间隔输送到反应器中，所得到的信号为峰状信号。

4. 断续流动法

断续流动法一般由蠕动泵、反应盘管和气液分离器三部分组成（图 3-46）；首先用蠕动泵分别泵入样品和还原剂，但两者还未混合，稍经停顿并将进样管换入载流中，再运行蠕动泵，载流将管中的样品推入反应盘管和还原剂混合，反应产生的氢化物、氢气和少量水蒸气经气液分离器分离后，在载气的作用下引入原子化器，反应过后的废液从下端的出口排出。目前国内许多中档仪器都采用这种方法。

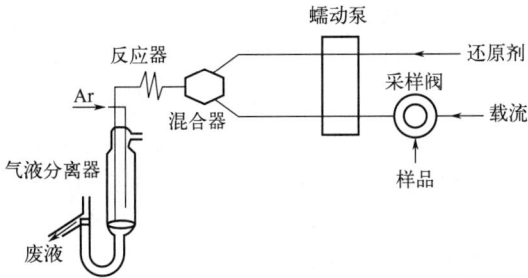

图 3-45　流动注射法

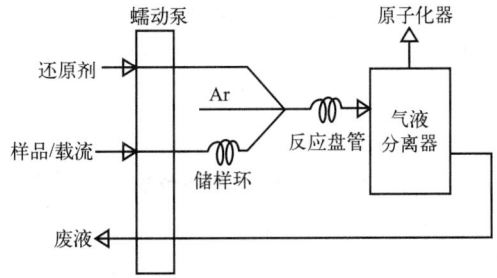

图 3-46　断续流动氢化物发生体系

5. 顺序注射法

顺序注射法采用注射泵代替蠕动泵，能够克服蠕动泵的脉动以及泵管长期使用老化而引起的信号漂移等问题，是新一代的流动注射。

（二）激发光源

在原子荧光光谱法中，线光谱的纯度和宽度不像原子吸收那样重要，因为只有能产生荧光的那些波长才是重要的，而荧光过程起着一个"自单色"装置的作用；所以线光源和连续光源都能成功地用作激发光源。只是对于谱线数目多的元素，最好用锐线光源。在一定条件下，荧光强度和激发光源的强度成正比，原子荧光光谱仪必须使用强光源，以便获得足够强的荧光辐射。

目前商品化仪器基本上都使用特殊空心阴极灯，它与一般原子吸收所用的空心阴极灯不同：一是原子荧光使用的专用空心阴极灯中阴极到光窗的距离更短；二是为提高工作光强，提高测量灵敏度，采用大电流低占空比脉冲供电的方式来点亮空心阴极灯，原子荧光所用空心阴极灯需要适应短脉冲大电流的冲击而不会发生自吸现象。在原子荧光中汞采用单阳极灯，其他元素均为高强度空心阴极灯（双阴极灯），而原子吸收中多采用单阴极灯。

高强度空心阴极灯的基本结构就是在普通的空心阴极灯中增加了一对辅助电极，这种灯的基本特点是使用两个独立的放电。一个是空心阴极放电（一次放电），即在空心阴极内壁有空心阴极和阳极的辉光放电产生原子蒸气的溅射，并在负辉区激发部分原子蒸气；另一个就是辅助电极间的低压电流电弧放电（二次放电），部分未被激发的原子蒸气与辅助电极放电所形成的等离子体的离子相互碰撞而被激发。产生的共振谱线较普通的空心阴极灯辐射强度提高几倍至十几倍。其提高了测试灵敏度，改善了分析信噪比和检出限，扩大了校正曲线的线性范围。但是该灯的供电电源复杂，需要同时控制主电极、辅助电极的电流。

（三）原子化器

原子荧光的原子化器要求和原子吸收相似，主要不同之处在于其可防止所谓"猝灭现象"的发生。现在原子荧光主要测试较易原子化的氢化物或汞蒸气，所以大多使用温度较低的原子化器。石英管原子化器是一种适合于低温火焰的简单原子化器。如图 3-47 所

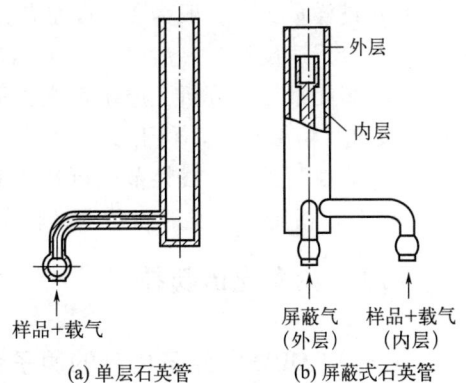

图 3-47　石英管原子化器

示，原子化器使用氢化反应中产生的氢气在氩气中燃烧，得到原子化所需能量，其形成的氩-氢火焰温度都在 650~700 ℃ 之间，所以不需要外加可燃气体，因此结构简单，操作安全方便、原子化效率较高。单层石英管所点燃的氩-氢火焰，与周边环境中的空气接触，会造成火焰中部分被分析元素氧化，从而降低原子化效率。屏蔽式石英管为双层结构，内层作用与单层石英管相同，外层为屏蔽层，屏蔽气（氩气）切向进入并呈螺旋形上升，在管口上端的氩-氢火焰外围形成了氩气屏蔽层，防止周围空气进入管中心样品原子化区，防止氢化物被氧化，防止荧光猝灭，提高了原子化效率和分析灵敏度。汞的测试在常温下进行，不需要打开石英炉，即冷汞。打开石英炉也可以测试汞，但灵敏度相对较低。

（四）波长选择系统和检测器

因荧光谱线结构简单、谱线少，所以对单色器的色散率要求不高，也就是说可以用光栅分光也可以不用。根据单色器的不同又分为色散型和非色散型两种。色散型仪器用光栅进行分光。目前的商品化原子荧光仪，绝大多数是非色散型。不需要光栅分光，只需要一些聚焦透镜、光学滤光片。采用简单的光学滤光片分离分析线和邻近线，降低背景。对于仅检测日盲区内元素的仪器甚至不需光学滤光片，荧光以与入射光线成一定角度射向日盲光电倍增管聚光镜，以 1∶1 关系在光电倍增管的光阴极面上会聚成像。

原子荧光仪器所用的光电倍增管常为光谱波长小于 310 nm 的日盲光电倍增管，其信号强、光干扰小。在多元素原子荧光分析仪中，也用光导摄像管、析像管等做检测器。

三、原子荧光光谱分析的特点

原子荧光光谱法是原子光谱法中测定痕量和超痕量元素的有效方法之一。其特点如下。

① 仪器结构简单　非色散型仪器设计无光栅或棱镜分光，极大简化了原子荧光仪的构造，成本低，便于推广应用。但是，无色散系统要求仪器的避光性能要好。

② 灵敏度高和检出限低　原子荧光的发射强度和激发光源强度成正比，且从偏离入射光方向测试，几乎在无背景干扰下测试，非色散系统光能损失少，可获得高的分析灵敏度和低的检出限。

③ 干扰小　蒸气发生技术使待测元素与大多数基体分离可消除或降低基体干扰，原子荧光谱线简单，基本无光谱重叠干扰。

④ 精密度好　测量精密度可达到 1% 以下。

⑤ 进样量少　一般为 1 mL 左右。

⑥ 分析速度快　一般每 10~15 s 完成一个样品测试。

⑦ 多元素同时分析　原子荧光强度在火焰的每个方向的辐射强度相同，可从火焰的任何角度进行信号检测，利于多道仪器的设计。

⑧ 线性范围宽　线性范围可达 3 个数量级。

但是，相比原子发射和原子吸收光谱法，其所能测量的元素数量较少。

四、原子荧光光谱新技术

（一） DBD 为原子化器的原子荧光光谱法

和 AAS 类似，DBD 也可作为原子荧光的原子化器。但是平板型 DBD 作为原子化器在非色散型 AFS 中会产生较高的背景噪声。在 AAS 低温 DBD 原子化器基础上，有学者发展了双同心型石英管结构 DBD，如图 3-48 所示，为屏蔽外部空气对等离子体的影响并保护还原的自由原子，其外管通入 Ar，内管通入 Ar 载气为放电反应室。图 3-48（a）为 DBD 横向截面图，中心铜线嵌于石英棒内，中间为石英管，外部为铝箔。铜线和铝箔充当电极，石英充当介电屏障。交流电压施加在中心铜线上，而出于安全考虑，外电极（铝箔）保持在接地电位。放电间隙即为石英棒与内石英管之间的气体间距。该 DBD-AFS 系统成功实现了样品中 As、Se、Pb、Bi、Sb、Te 的高灵敏测定。

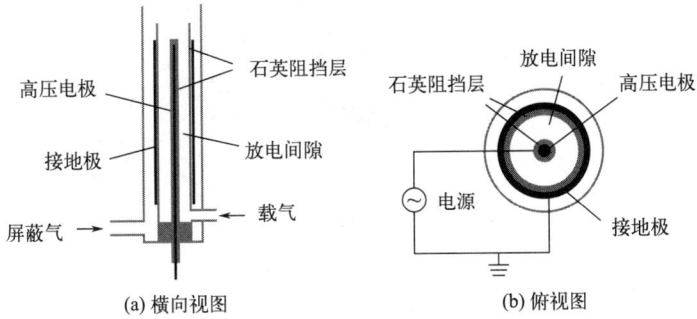

图 3-48　双同心型石英管 DBD 结构示意图

国内学者发现，DBD 原子化器还可对不同元素进行捕集释放，能大幅度提高元素检测信号。随后，研究者们对石英管进行优化设计，并改进气路，研发了性能更好的新型原位 DBD 原子阱——三同心型石英管型 DBD，如图 3-49 所示，内管中的金属电极作为高压电极，中间管的外管壁上连接接地电极，内管和中间管之间的石英层充当介质阻挡层。在中间管和外管之间通入屏蔽气，使等离子体与空气隔离，并避免荧光猝灭和空气氧化。在对 As 的测定中，绝对信号灵敏度明显提高。DBD 原子阱可视为一种简单的、高效的、低耗的气相富集技术，能有效消除基体干扰，对简单样品，其应用可实现在无须样品前处理的情况下就被快速灵敏检测。

DBD 原子化器在仪器微型化的发展中具有巨大的应用潜力。

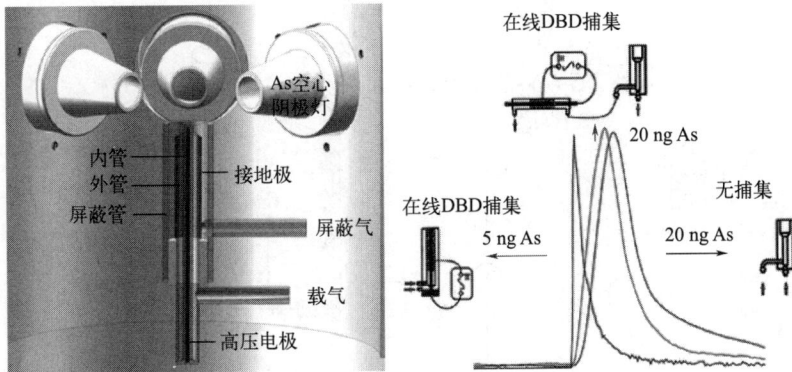

图 3-49　三同心型石英管型 DBD 结构示意图和对 As 的测定结果

（二）DBD 蒸气发生用于原子荧光进样

等离子体与液体接触过程可诱导等离子体化学反应生成大量活性物质，这些活性物质能引发一系列等离子体的化学氧化还原反应。该系列反应蒸气发生效率高，化学动力学速度快，且避免了使用化学还原/氧化试剂。其中，DBD 蒸气发生法的器件结构简单、易于制造，是一种高效、绿色的进样技术。如图 3-50 所示，研究者设计非流动液体薄膜 DBD 反应器，成功实现了多种元素的蒸气发生，并用于原子荧光的测定。

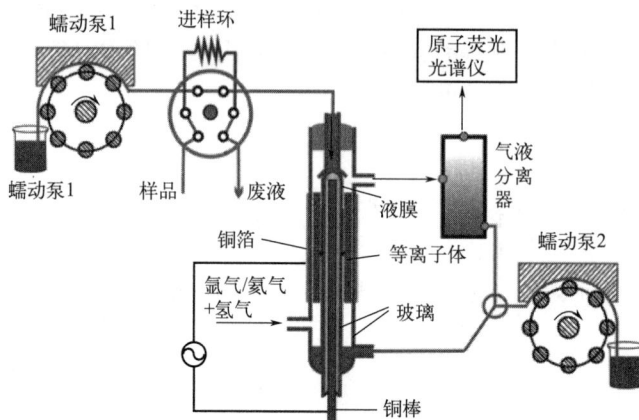

图 3-50　流动进样非流动液体薄膜 DBD 蒸气发生装置示意图

（三）色谱与原子荧光联用

1. 液相色谱与原子荧光联用（LC-AFS）

LC-AFS 是一种利用液相色谱将痕量元素的不同形态或价态进行分离后再利用原子荧光分别检测的分析技术。液相色谱流出液不能直接进样用于原子荧光分析，实际应用中通常将分析物转化为气相，用蒸气发生进样技术进样后再进行测试。介质阻挡放电等离子体器件结构简单、易于制造，在等离子体蒸气发生方法开发研究领域取得了较好的研究成果，并成功用于 AFS 分析中的蒸气发生。图 3-51 为 HPLC-DBD-AFS 联用装置示意图。

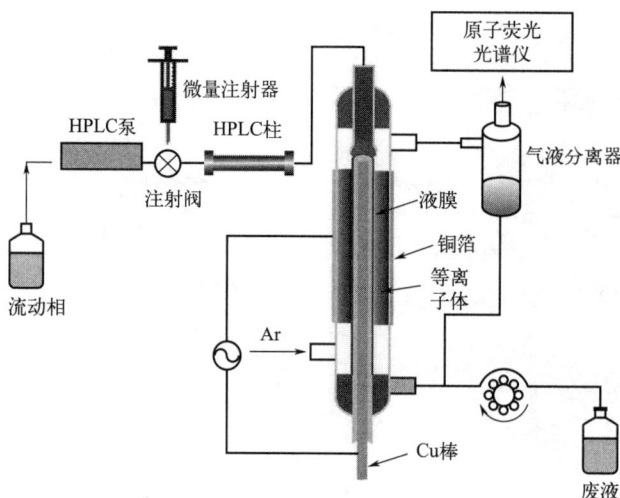

图 3-51　HPLC-DBD-AFS 联用装置示意图

2. 气相色谱与原子荧光联用

早期，通常将 GC 流出物引入原子化器中，虽然使用方便，但缺乏相应的后处理功能。后来，科学家将加热保温的 GC 分离毛细管直接插入 AFS 燃烧器中，采用微型 Ar-H$_2$ 扩散火焰作为原子化器，使 AFS 与 GC 联用具备了一定的实用性。目前，GC-AFS 在有机汞测量上表现出了较大的优势，并出现了专用接口。如图 3-52 所示，有机汞样品经 GC 分离后，送入高温裂解单元分解为原子态的 Hg，之后补入氩气，匹配 GC 和 AFS 之间的流量差，最后被载气带入 AFS 检测。GC-AFS 和 GC-ICP-MS 测定有机汞时具有相当的灵敏度和检出限，但 GC-AFS 运行成本低，操作简单，更具有实用价值。

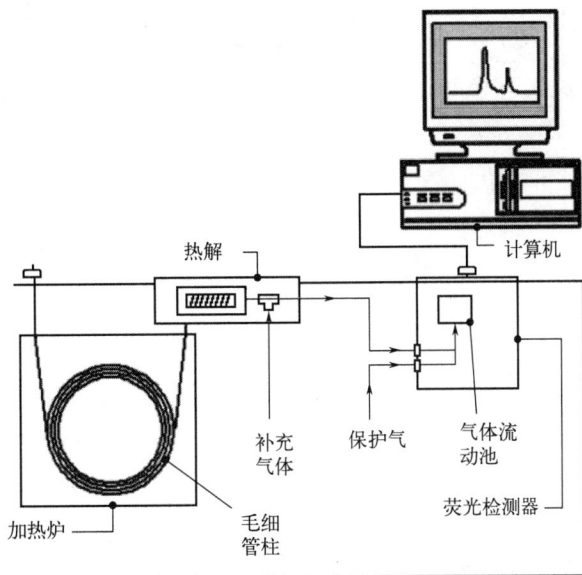

图 3-52　GC-AFS 联用测有机汞装置示意图

五、原子荧光光谱应用实例

原子荧光光谱法已经广泛应用于地质、冶金、材料科学、环境监测、食品卫生、医药检验、化工和农业等多个领域，且已建立了百余项国家标准、行业标准和地方标准。原子荧光光谱法作为为数不多的具有中国自主知识产权的分析技术在国内已基本得到普及，成为众多实验室的常规分析技术之一。

国家标准 GB/T 22105—2008 规定了土壤中总汞、总砷、总铅的原子荧光分析方法。以总砷测定为例。土壤样品经风干、研磨过筛（0.149 mm）后，取 0.2～1.0 g 于具塞比色管，加少量水润湿样品，加 10 mL（1+1）王水在沸水浴中消解 2 h 后冷却用水定容。吸取一定量消解试液，加 3 mL HCl、5 mL 5%硫脲溶液（将 5 价砷还原为 3 价砷）、5 mL 5%抗坏血酸溶液（确保还原彻底），定容待测。仪器使用的工作溶液包括还原剂（1% KBH_4 + 0.2% KOH 溶液）和载液（1 份浓盐酸＋9 份纯净水）。还原剂在载液中与 3 价砷反应为 AsH_3 后，由氩气导入石英原子化器进行原子化分解为原子态 As，在双阴极 As 空心阴极灯的发射光激发下产生原子荧光，产生的荧光强度与试样中被测元素含量成正比，与标准系列比较，求得样品中 As 的含量。

仪器参数参考表 3-7。

表 3-7　As 分析仪器参数

负高压/V	300	加热温度/℃	200
A 道灯电流/mA	0	载气流量/(mL/min)	400
B 道灯电流/mA	60	屏蔽气流量/(mL/min)	1000

观测高度/mm	8	测量方法	标准曲线
读数方式	峰面积	读数时间/s	10
延迟时间/s	1	测量重复次数	2

思维导图.ppt 原子光谱补充材料.word 阅读拓展-中国科学家在该领域的工作介绍.word

习题

1. 请指出下述哪种跃迁不能产生，为什么？

（1）3^1S_0—4^1P_0；（2）3^1S_0—3^1D_1；（3）$3^3P_{1/2}$—$3^3D_{3/2}$；（4）4^3P_1—4^3P_3。

2. 解释下列名词的物理意义：原子发射光谱、原子吸收光谱、原子荧光光谱。

3. 为什么进行定量分析和定性分析时常常需要用不同的狭缝宽度？

4. ICP 光源为什么要用电火花引燃，由此描述其工作原理及理论依据。

5. 在钠原子的 3s 基态和 3p 激发态对应的谱线波长为 589.0 nm，3s 和 3p 能级的统计权重分别是 2 和 6，该两能级对应的能量差为 3.37×10^{-19} J。已知玻尔兹曼常数为 1.38×10^{-23} J/K。

（1）试求典型的火焰温度（2500 K）时激发态和基态的原子数之比；

（2）由计算结果比较温度的变化对原子发射光谱法和原子吸收光谱法影响。

6. 试解释以下概念：自然宽度、多普勒变宽（热变宽）、压力变宽（碰撞变宽）、自吸变宽。

7. 原子吸收光谱分析的理论基础、计算公式各是什么？

8. 怎样使空心阴极灯处于最佳工作状态？如果不处于最佳状态时，对分析工作有什么影响？

9. 原子吸收光谱分析中的化学计量（中性）火焰、富燃焰、贫燃焰各有什么含义？

10. 原子吸收光谱分析中的火焰原子化器、非火焰原子化器、低温原子化器各有什么含义？

11. 在测定工厂排放的废水中的三价铬时，先用水将试样稀释 40 倍，再加入钾盐至 $800\mu g/mL$，试解释此操作的理由，并写出配制溶液时的注意事项。

12. 原子吸收分析中，若采用火焰原子化方法，是否火焰温度愈高，测定灵敏度就愈高？为什么？为什么石墨炉原子化法的灵敏度高？

13. 解释原子吸收光谱分析中的物理干扰、化学干扰、电离干扰、光谱干扰。如何消除化学干扰？

14. 采用 Co 340.5 nm 作分析线时受 Pd 340.5 nm 和弱氰带的干扰，请写出消除此干扰的方法。

15. 在设计一原子吸收分析方法程序时，有哪些重要操作参数需用选做条件实验的办法来选择？

16. 原子吸收光谱分析法和原子荧光光谱分析法的测量光路有何不同？解释其原因。

17. 查阅资料说明微量元素钾、钙、锌、铁、磷、硒、铅、铬、钴等对人体的作用，并结合所学知识设计定量测定某粮食（种类自选）中所含微量钾、钙、锌、铁、磷、硒、铅、铬、钴的方案。

第四章

分子光谱分析

分子光谱来源于电磁辐射与物质的相互作用，其作用形式有物质对电磁辐射的吸收、发射以及散射等。当使用 $200\sim1000$ nm 波长的电磁波作用于分子，特别是含有共轭结构的有机分子时，分子轨道中的价电子发生跃迁，产生分子的紫外-可见吸收光谱（本书简称为紫外分子吸收光谱）。当使用 $400\sim4000$ cm^{-1} 波数频率范围内的电磁波作用于分子，特别是有机分子时，分子的某些官能团会发生振动、转动能级跃迁，产生分子的红外吸收光谱。物质分子吸收外来能量后跃迁至激发态，以辐射跃迁的形式返回基态或低能态并伴随发光现象，称为分子发光，物质分子吸收外来能量时，还会发生散射现象，这些现象均可用来构建相应的发射或散射光谱进行物质的定性、分量分析，如分子荧光、化学发光、拉曼光谱等。

紫外分子吸收光谱主要用于具有不饱和基团、共轭体系的有机分子和无机配合物的定性、定量分析。相比之下，红外分子吸收光谱对结构有细微差异的有机分子敏感，结构相似的不同分子，其红外分子吸收光谱通常具有显著的差异，因而是有机分子结构鉴定、定性分析的重要工具之一。分子荧光、化学发光由于在灵敏度上具有显著优势，多用于定量分析及成像分析等，而拉曼光谱在定性、定量及成像分析中均有重要应用。

由于分子光谱的复杂性，紫外与红外分子吸收光谱分析用于结构鉴定时常常需要和其他分析信息，如质谱和核磁共振联用，才能得出更加可靠的结论。

第一节 分子光谱概述

一、分子光谱的形成

分子光谱是由分子中电子能级、振动能级和转动能级的变化产生的，表现形式为带状光谱。分析方法有紫外-可见吸收光谱法、红外吸收光谱法、分子荧光和磷光、化学发光和拉曼光谱法等。

1. 分子轨道中价电子跃迁

由 H_A 和 H_B 构成氢分子时，两个共价电子填充在成键 σ 轨道，假如作用于该氢分子的电磁辐射符合能级激发的量子化条件，成键 σ 轨道的电子就会被激发到反键 σ^* 轨道，如图 4-1 所示。

因而，把分子轨道中的价电子跃迁所产生的光谱称为分子的电子光谱。分子的电子光谱

图 4-1　氢分子轨道中的价电子跃迁示意图

所涉及的能量用 ΔE_e 来表示，其能量值范围在 $1 \sim 20$ eV（$1250 \sim 60$ nm），相当于紫外-可见光的能量。

2. 分子的振动能级跃迁

分子的同一电子能级上，排布有许多振动能级。振动能级发生跃迁时涉及分子中化学键的伸缩和键角变化，如图 4-2 所示为某一分子由 A、B 两原子构成的化学键伸缩，由 A、B、C 三原子构成的分子键角变化情况：

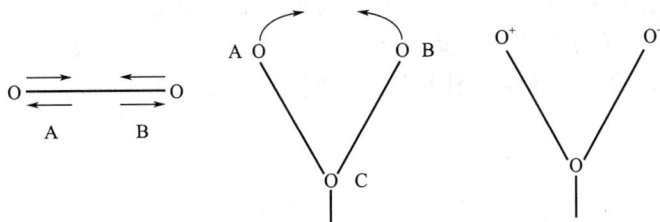

图 4-2　分子振动示意图

振动能级间的能量差 ΔE_v 一般为电子能级的二十分之一左右，在 $0.05 \sim 1$ eV（$25000 \sim 1250$ nm），相当于中红外光区的能量。

3. 分子的转动能级跃

分子同一振动能级上，排布有许多转动能级。转动能级发生跃迁时涉及分子在三维空间的转动。一个由 A、B 两原子构成的双原子分子在三维空间的转动如图 4-3 所示：

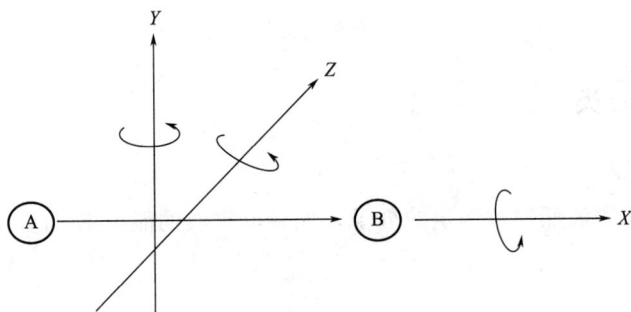

图 4-3　分子转动示意图

转动能级间的能量差 ΔE_r 一般为 $0.005 \sim 0.05$ eV（$250 \sim 25$ μm），是振动能级差的十分之一乃至百分之一，相当于远红外至微波区的能量。

可见，分子光谱比原子光谱复杂得多，这是因为在分子中除了有价电子跃迁运动外，还有组成分子的各原子间的振动以及分子作为整体的转动。分子中这三种不同的运动状态都对应有一定的能级，都是量子化的。由于分子的整体性质，产生电子跃迁时，必然引起振动跃迁，产生振动跃迁时，必然引起转动跃迁，从而形成带光谱，目前无法获得纯粹的电子光谱和振动光谱。分子的总能量为：

$$\Delta E_{\text{总}} = \Delta E_{\text{e}} + \Delta E_{\nu} + \Delta E_{\text{r}} \tag{4-1}$$

分子的电子能级、振动能级、转动能级相互关系如图 4-4 所示：

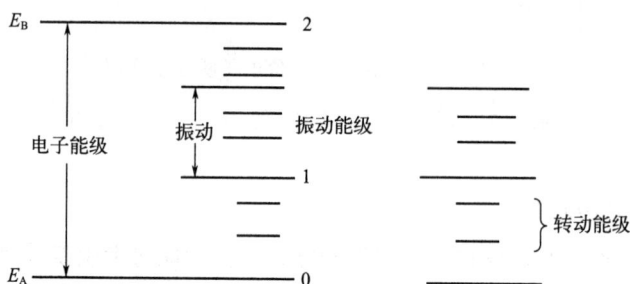

图 4-4　分子的电子、振动、转动能级示意图

图 4-5 为四氮杂苯的紫外吸收光谱，在任何情况下都表现为带状，明显不同于原子光谱的"线状"！可以发现该分子的蒸气呈现出明显的精细结构，在非极性溶剂环己烷中精细结构弱化、谱带加宽，而在强极性溶剂水中，精细结构完全消失，呈现一个很宽的谱带。

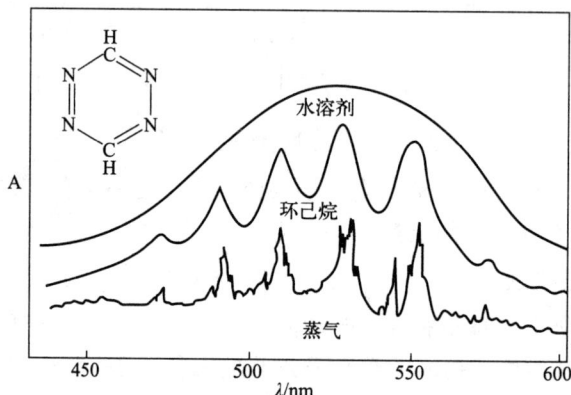

图 4-5　四氮杂苯的紫外吸收光谱图

二、分子光谱的分类

1. 分子吸收光谱

用一定波长的电磁波照射被测定的分子，如果电磁波的能量 E 与分子的特征吸收频率 ν 满足下式：

$$E = h\nu \tag{4-2}$$

此时，分子吸收辐射能而造成入射电磁波强度的下降，根据入射电磁波光强下降的强度与入射电磁波的频率关系曲线，得到分子吸收光谱。其产生的必要条件是所提供的辐射能量恰好满足该物质两能级间跃迁所需的能量，利用物质的吸收光谱进行定性、定量及分子结构鉴定的方法称为吸收光谱法。视照射电磁波的波长区段不同，有多种分子吸收光谱分析法。本书重点介绍紫外和红外分子吸收光谱法。

2. 分子发射光谱

分子发射光谱是指构成物质的分子受到辐射能或化学能的激发跃迁到激发态后，由激发态返回到基态时以辐射的方式释放能量而产生的带状光谱，如分子荧光光谱和分子磷光光谱等。

物质分子受电磁辐射（一次辐射）激发后，能以发射电磁波的形式（二次辐射）释放所吸收的能量返回基态，这种二次辐射称为荧光或磷光，测量由分子发射出的荧光或磷光强度和波长所建立的方法分别称为分子荧光光谱法和分子磷光光谱法。同为发射光谱，分子发射光谱法与原子发射光谱法的不同之处是以辐射能（一次辐射）作为激发源，然后再以辐射跃迁（二次辐射）的形式返回基态。

另外一种分子发光的现象是化学发光。化学发光是以化学能为能量，使物质从基态跃迁到激发态，再通过发射光的形式回到基态的现象，利用该现象建立了化学发光分析法。

利用分子发射光谱建立的分析方法灵敏度很高，根据发光现象还可以进行成像分析，包括荧光成像、磷光成像和化学发光成像等，由此也发展了各类荧光、磷光和化学发光的分子探针，极大扩展了分析化学的应用范围。

3. 分子散射光谱

光的散射是指光通过不均匀介质时一部分光偏离原方向传播的现象。偏离原方向的光称为散射光。散射光频率不发生改变，称为弹性散射，包括丁铎尔散射、米氏散射、瑞利散射；频率发生改变的有拉曼散射、布里渊散射和康普顿散射等。

瑞利散射是指光线在遇到粒径小于其波长的微小颗粒（分子）时发生的散射现象，散射光波长等于入射光波长。在其他条件保持恒定时，散射光强与单位体积内引起散射的颗粒数成正比，这就是定量的依据。瑞利散射位于或接近于分子吸收带时，电子吸收电磁波频率与散射频率相同，电子因共振而强烈吸收光的能量并产生再次散射，这种吸收-再散射过程称为共振瑞利散射或共振增强瑞利散射。与普通瑞利散射相比，灵敏度更高，更适宜于稀溶液、低浓度样品的分析。目前该方法已经成为分析化学中重要的分析手段。

印度物理学家拉曼在研究单色光在液体中的散射时发现了一种强度很弱、与入射光频率不同的散射光谱，将之命名为拉曼散射。拉曼散射是光子与分子间发生了非弹性碰撞，与瑞利散射相比，拉曼散射强度很低，长时期限制了其应用。拉曼散射频率与激发光频率不同，频率之差称为拉曼位移（Raman shift），是拉曼光谱定性的依据，而拉曼散射峰的强度与物质浓度成正比，是定量的依据。目前发展了激光共振拉曼光谱技术、表面增强拉曼光谱技术、针尖增强拉曼光谱技术、激光显微拉曼光谱技术以及其他联用技术，这些新技术重新让拉曼散射成了强有力的定性定量工具，并成为无损分析技术的重要代表。

第二节　紫外分子吸收光谱

紫外分子吸收光谱是在电磁波作用下，化合物吸收电磁波能量而引起电子能级跃迁，或一些金属离子配合物的电荷迁移跃迁和配位场跃迁产生的吸收光谱，又称分子的电子光谱。紫外分子吸收光谱法对具有共轭结构的有机分子和金属离子配合物的定性、定量分析有重要用途。

一、有机化合物的紫外分子吸收光谱

有机化合物的紫外分子吸收光谱是由分子轨道中价电子的跃迁产生的。根据分子轨道理

论，在有机化合物分子中有几种不同性质的价电子，包括①形成单键的 σ 电子；②形成双键、叁键和芳环的 π 键电子；③杂原子氧、氮、硫、卤素等未成键的孤对电子 n 电子（或称 p 电子）。当电磁波作用于有机分子，且电磁波能量（可用频率 ν 表示）与相应分子的轨道能量 ΔE 相匹配，即满足 $\Delta E = h\nu$（h 为普朗克常数）时，分子便会量子化地吸收电磁波能量，导致分子轨道中价电子跃迁到较高的能级（激发态），此时电子所占的轨道称为反键轨道（用相应的 σ^*、π^* 表示）。以甲醛分子为例，其电子存在形式如图 4-6 所示：

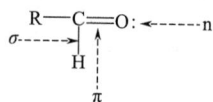

图 4-6　甲醛分子的电子存在形式

一个分子存在上述所有电子形式时，如果满足上述分子吸收条件，所涉及的轨道能级以及能级跃迁如图 4-7 所示：

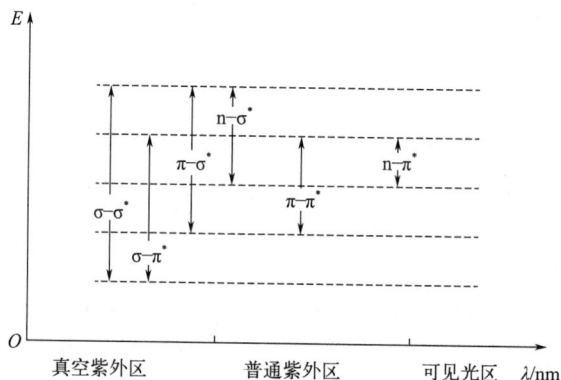

图 4-7　分子轨道能级以及能级跃迁示意图

可见分子中电子能级跃迁共有 6 种形式，包括 $\sigma \rightarrow \sigma^*$、$\sigma \rightarrow \pi^*$、$\pi \rightarrow \sigma^*$、$\pi \rightarrow \pi^*$、$n \rightarrow \pi^*$、$n \rightarrow \sigma^*$，但 $\sigma \rightarrow \pi^*$、$\pi \rightarrow \sigma^*$ 跃迁是禁阻的。只有那些吸收强度足够大的能级跃迁（一般是成键轨道与反键轨道的能级差较小）所导致的吸收才可能在光谱图的普通紫外区（200～400 nm）中观察到，那些吸收小的能级跃迁（往往是成键轨道与反键轨道的能级差较大）所导致的吸收因在真空紫外区（小于 200 nm）而难以观察。用摩尔吸光系数 ε 描述吸收强度，根据 ε 的大小，紫外分子吸收光谱重点考察 3 种跃迁：$\pi \rightarrow \pi^*$（lgε 2～5）、$n \rightarrow \pi^*$（lgε 1.5～2）、$n \rightarrow \sigma^*$（lgε 1～1.5）。

可以用不同的吸收强度参数为纵坐标、以扫描波长 λ 为横坐标绘制 UV 图。常见的方式有 $A_{吸光度} \sim \lambda$、$\varepsilon_{吸收系数} \sim \lambda$、$\lg\varepsilon \sim \lambda$、$T_{透光率} \sim \lambda$ 等。图 4-8 是以 $A_{吸光度} \sim \lambda$ 关系表示的紫外吸收光谱示意图：

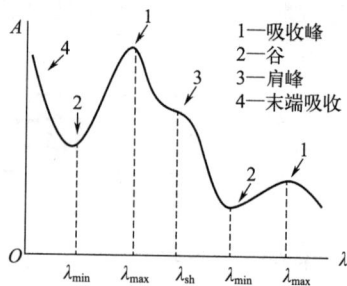

图 4-8　常见的紫外吸收光谱示意图

为了用紫外分子吸收光谱更具体地表征有机分子的结构与性质，常用到下列基本术语。

① 生色团和助色团　生色团是指含有 $n \rightarrow \pi^*$，$\pi \rightarrow \pi^*$，$n \rightarrow \sigma^*$ 电子跃迁形式的基团，如 C=C、C≡C、C=O、N=O 等。含有非键电子的基团，如—OH、—OR、—SR、—NH$_2$、—X 等，这些基团本身不吸收波长大于 200 nm 的光，但与生色团相连时，能使生色团波长发生移动（主要为红移，有时是蓝移），一般导致吸收强度加大，称为助色团。

② 红移和蓝移　由于溶剂和取代基影响，生色团波长向长波方向移动，称为红移。反

之，由于溶剂和取代基影响，生色团波长向短波方向移动，称为蓝移。

③ 增色与减色　由于溶剂和取代基影响，生色团吸收峰强度增加或减小。

图 4-9 为吸收光谱中的红移、蓝移和增色、减色效应。

④ R 带、K 带、B 带和 E 带　R 带特指 n→π* 跃迁产生的吸收，为单一生色团中双键与杂原子上的 n 电子形成 n-π 共轭产生的吸收带。如环己酮羰基的吸收峰 [$\lambda_{异辛烷\ max}=290\ nm$，$\varepsilon=15.8\ L/(mol \cdot cm)$]。

K 带特指 π→π* 跃迁产生的吸收带，特别是共轭多烯化合物的 π→π* 跃迁，是 UV 中最强吸收带，$\varepsilon > 10^4$ L/(mol·cm)，随着共轭双键的增加，K 带有明显的红移。如丁二烯共轭双键的 π→π* 跃迁吸收（$\lambda_{甲醇\ max}=217\ nm$，$\varepsilon=21000\ L/(mol \cdot cm)$）。

B 带是芳香族化合物和杂环芳香族化合物的特征吸收带，为苯环骨架振动吸收与苯环内的 π→π* 跃迁重叠产生。吸收峰中心在 256 nm 处，$\varepsilon=220\ L/(mol \cdot cm)$，当苯环被取代时，B 带精细结构消失。

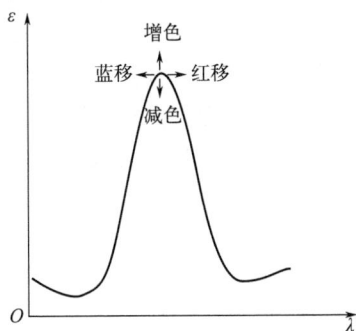

图 4-9　红移、蓝移和增色、减色效应示意图

E 带也是芳香族的特征吸收带，由苯环内大 π 键的 π→π* 跃迁产生。苯的 E_1 吸收带 $\lambda_{蒸气\ max}=180\ nm$，$\varepsilon_{180}=60000\ L/(mol \cdot cm)$；苯的 E_2 吸收带 $\lambda_{蒸气\ max}=204\ nm$，$\varepsilon_{204}=8000\ L/(mol \cdot cm)$。

二、主要化合物的紫外分子吸收光谱特征

1. 饱和烃类化合物

此类化合物的能级跃迁形式为 σ→σ*，一般在远紫外区（<200 nm）才有吸收带。由于小于 200 nm 的紫外线易被空气中的氧所吸收，因此需要在无氧或真空环境中进行测定，目前应用不多。由于这类化合物在 200～1000 nm 范围内无明显吸收，是紫外吸收光谱分析中常用的溶剂（如各类饱和烷烃）。此类化合物中的氢被氧、氮、卤素、硫等杂原子取代时，杂原子中的 n 电子易被激发，会产生 σ→σ* 跃迁的红移峰和 n→σ* 的跃迁吸收。例如甲烷的 σ→σ* 跃迁在约 120 nm（远紫外区），碘甲烷的 σ→σ* 跃迁在 150～210 nm，n→σ* 跃迁在 259 nm。

2. 不饱和脂肪烃类化合物

此类化合物的主要能级跃迁形式为 π→π*，吸收强度大，是紫外吸收的主要研究对象。因其含有孤立双键或共轭双键的不同结构，最大吸收位置有所不同。

① 单烯　发色团为 C=C，电子存在形式有 σ 和 π 电子，其能级和能级跃迁如图 4-10 所示：

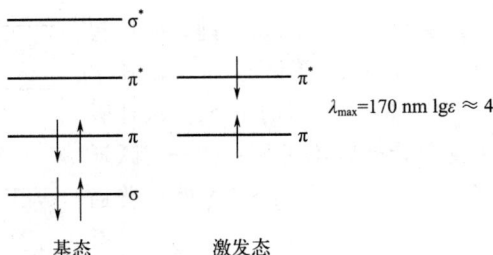

图 4-10　单烯类化合物的能级和能级跃迁示意图

如 2-丁烯，$CH_3—CH=CH—CH_3$，$\pi \to \pi^*$ 跃迁的 $\lambda_{max}=178$ nm；环己烯 ⬡ $\pi \to \pi^*$ 跃迁的 $\lambda_{max}=176$ nm。单烯类化合物的 $\pi \to \pi^*$ 跃迁吸收虽然强度大，但处于真空紫外区。

② 共轭多烯类 具有共轭双键的化合物，相间的 π 键与 π 键相互作用，产生共轭效应，生成大 π 键。由于大 π 键各能级间的距离较近电子容易激发，所以共轭的 $\pi \to \pi^*$ 跃迁吸收峰的波长增加。前述孤立双键的 $\lambda_{max} \approx 170$ nm，而丁二烯（$CH_2=CH—CH=CH_2$）由于两个双键共轭，此时吸收峰发生红移，$\lambda_{max} \approx 217$ nm，同时吸收强度也显著增加，属 K 吸收带。K 吸收带的波长及强度与共轭体系的数目、位置、取代基的种类等有关。例如共轭双键愈多，红移愈显著（图 4-11）。

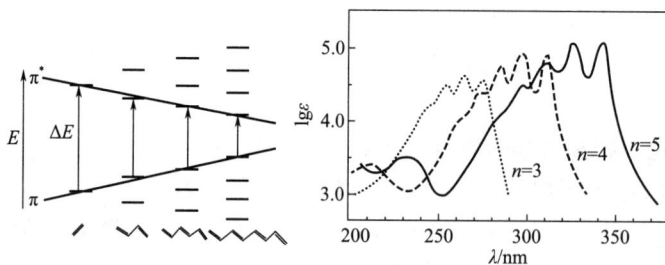

图 4-11 共轭多烯类吸收带随共轭链延长发生红移示意图

其红移原理可用分子轨道理论来解释：

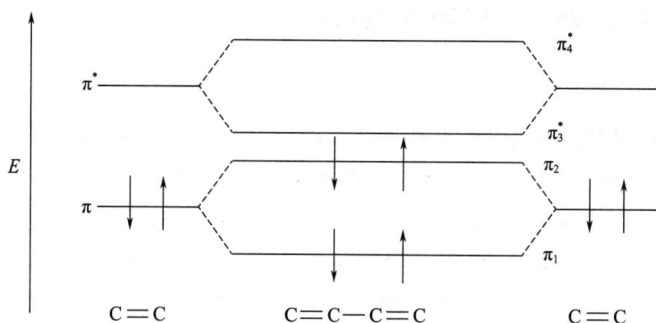

图 4-12 丁二烯分子轨道示意图

由图 4-12 可知，丁二烯的成键轨道 π_2 与反键轨道 π_3^* 的能量差值要比乙烯的 $\pi \to \pi^*$ 小得多，故实现 $\pi_2 \to \pi_3^*$ 跃迁吸收的能量要比 $\pi \to \pi^*$ 跃迁吸收的能量少。

3. 羰基化合物

① 饱和醛、酮 羰基和 $C=C$ 相似，碳原子采取 sp^2 杂化，三个 σ 键在一个平面上，两个 p 电子形成 π 键。应该包含有 $\sigma \to \sigma^*$、$\pi \to \pi^*$、$n \to \sigma^*$、$n \to \pi^*$ 等跃迁形式，其中 $n \to \pi^*$ 跃迁所需能量较低（图 4-13）。羰基的 $n \to \sigma^*$ 跃迁吸收约为 $180 \sim 190$ nm，处于真空紫外区不可见；$n \to \pi^*$ 跃迁吸收在 $280 \sim 300$ nm 有一个弱吸收，$lg\varepsilon \approx 1 \sim 2$，处于普通紫外区可见。

② 羧酸、酯、酰胺 此类化合物的发色基同样为 $C=O$，由于氧原子上的 n 电子与羰基双键的 π 电子产生 n-π 共轭，

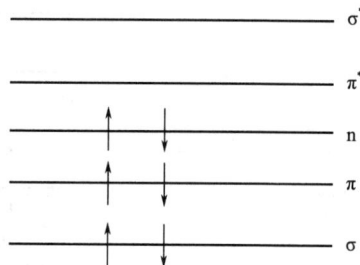

图 4-13 羰基的能级示意图

导致 π 和 π^* 能级均有所提高，但程度不同。这种共轭不改变 n 电子轨道能级，使 n→π^* 差值 ΔE 加大，从而使 n→π^* 跃迁能量变大，发生蓝移。n→π^* 跃迁吸收蓝移到约 205 nm，同样为一弱吸收，$\lg\varepsilon\approx1\sim2$，处于普通紫外区可见。此蓝移原理可用图 4-14 示意：

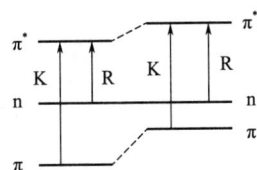

③ α、β-不饱和醛酮 主要存在 π→π^*，n→π^* 跃迁，如巴豆醛，羰基双键和烯键形成共轭，由于共轭使 π→π^* 跃迁和 n→π^* 跃迁均发生红移。巴豆醛的能级如图 4-15 所示：

图 4-14 酮和酯羰基 n→π^*
跃迁差异示意图

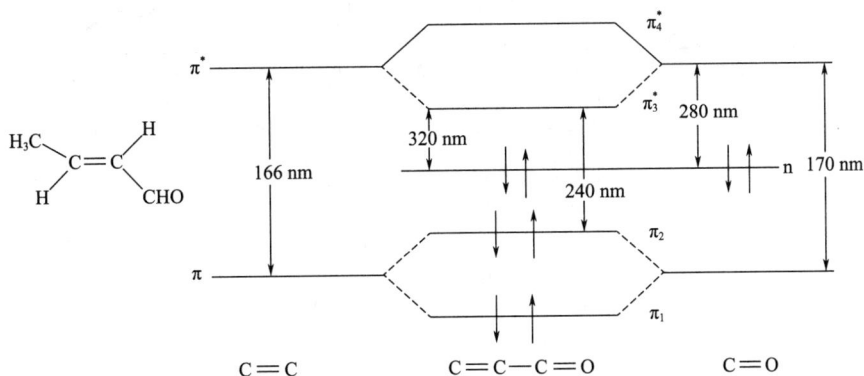

图 4-15 巴豆醛分子轨道和能级跃迁示意图

4. 芳香族化合物

芳香族化合物为环状共轭体系。苯 E_1 和 E_2 带分别位于约 180 nm（$\varepsilon=47000$ L/(mol·cm)）和 204 nm（$\varepsilon=7900$ L/(mol·cm)）处，均为强吸收带。E_1 和 E_2 带是由苯环结构中三个似乙烯的环状共轭体系跃迁所产生的，是芳香族化合物的特征吸收。如果苯环上有助色团如—OH、—Cl 等取代基，由于 n-π 共轭，可使 E_2 带红移到约 210 nm；若有生色团取代而且与苯环发生 π-π 共轭，则 E_2 吸收带与 K 吸收带合并且发生更大的红移。苯的 B 带位于 230～270 nm 区间，中心值为 256 nm。这是由 π→π^* 跃迁和苯环的振动重叠耦合所致。B 吸收带的精细结构常用来观察芳香族化合物的取代。苯环上有取代基时，B 吸收带精细结构消失趋于简单化，但吸收强度增加，同时发生红移。其次苯环与生色团连接时，除 B 和 K 吸收带外，有时还有 R 吸收带，其中 R 吸收带的波长最长。图 4-16 是苯和乙酰苯的紫外谱图。

二取代苯的两个取代基在对位时，B 带的最大吸收波长更大、强度也加大；而间位和邻位取代时，B 带的最大吸收波长变化较小、强度也减小。如果对位二取代苯的一个取代基是推电子基团，另一个是拉电子基团，红移就非常大。多取代苯视取代基性质而变化，无一致的规律。

三、溶剂的影响

紫外分子吸收光谱常用饱和烷烃（如己烷、庚烷、环己烷）和在 200～400 nm 透明的溶剂如水、乙醇等作溶剂。当选用不同的溶剂时，最大吸收波长会有较大的改变，如共轭羰基系统（α，β-不饱和醛酮）的 π→π^* 和 n→π^* 跃迁的溶剂效应：

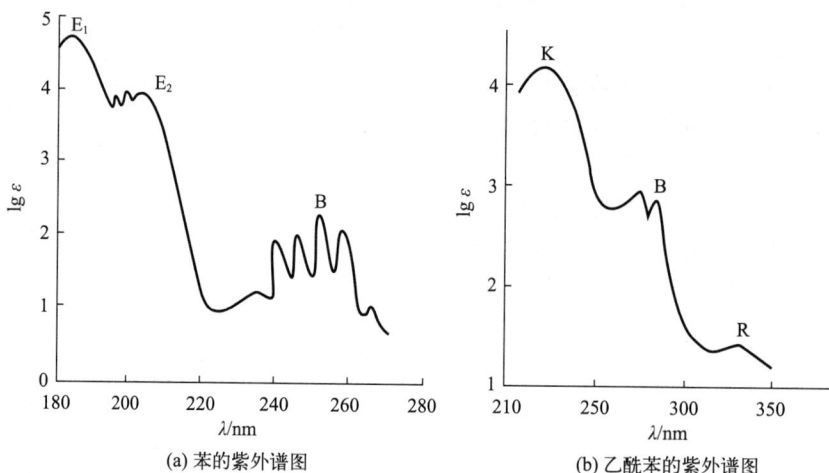

(a) 苯的紫外谱图　　　　　(b) 乙酰苯的紫外谱图

图 4-16　苯和乙酰苯的紫外谱图

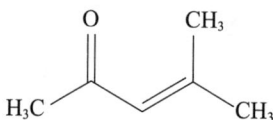

表 4-1　α，β-不饱和醛酮的溶剂极性效应

溶剂	正己烷	$CHCl_3$	CH_3OH	H_2O
$\pi \rightarrow \pi^* \lambda_{max}/nm$	230	238	237	243
$n \rightarrow \pi^* \lambda_{max}/nm$	329	315	309	305

从表 4-1 中数据可见，随着溶剂极性的增加，$\pi \rightarrow \pi^*$ 和 $n \rightarrow \pi^*$ 跃迁吸收波长移动的方向是相反的。对 C=C 的 $\pi \rightarrow \pi^*$ 跃迁而言，基态时电子在 π 平均分布，对称性较好，轨道极性小；激发态时电子在 π^* 反键轨道分布，对称性变差，轨道极性变大。根据"相似相溶"原理，使用极性小的溶剂或非极性溶剂时，基态更加稳定，激发态更加不稳定，使跃迁不易发生；而使用极性大的溶剂时，基态不稳定，而激发态更加稳定，导致 π^* 能级下降，电子便于激发态跃迁，从而随着溶剂极性的增加，$\pi \rightarrow \pi^*$ 吸收波长发生红移。

对 C=O 的 $n \rightarrow \pi^*$ 跃迁而言，基态时 n 电子在氧一端，C=O 的极性较大；发生 $n \rightarrow \pi^*$ 跃迁吸收以后，氧一端的 n 电子被平均化到整个 C=O，使其极性明显变小。根据"相似相溶"原理，使用极性小的溶剂或非极性溶剂时，基态更加不稳定，激发态更加稳定，使跃迁容易发生；而使用极性大的溶剂时，使基态稳定，而激发态更加不稳定，使跃迁不易发生。从而随着溶剂极性的增加，$n \rightarrow \pi^*$ 吸收波长发生蓝移。

图 4-17 是溶剂效应对能级变化的影响示意图：

由图 4-17 可见，溶剂效应总的效果是使能级能量下降。但对 $\pi \rightarrow \pi^*$ 跃迁而言，基态相对不稳定下降少，激发态相对稳定下降多，总效应是使 $\pi \rightarrow \pi^*$ 能级差更小，因而发生红移；对 $n \rightarrow \pi^*$ 跃迁而言，基态相对稳定下降多，激发态相对不稳定下降少，总效应使 $n \rightarrow \pi^*$ 能级差变大，因

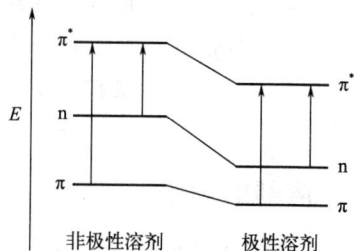

图 4-17　溶剂效应对能级变化的影响示意图

而发生蓝移。

四、无机化合物的紫外分子吸收光谱

紫外分子吸收光谱对一些无机化合物，特别是配合物的结构与性质研究有非常重要的用途。根据其电子跃迁形式，无机化合物的紫外分子吸收光谱主要涉及电荷迁移跃迁和配位场跃迁。

1. 电荷迁移跃迁

在与能级跃迁能量匹配的紫外光作用下，无机化合物分子内发生电荷迁移跃迁。其形式如下：

$$M^{n+}\text{-}L^{b-} \xrightarrow{h\nu} M^{(n-1)+}\text{-}L^{(b-1)-}$$

式中，M^{n+} 为中心离子（n 为中心离子电荷数），为电子受体；L^{b-} 为配体（b 为配体电荷数），为电子供体。可见，电荷迁移跃迁本质是一个分子内光氧化还原过程（分子内电子转移过程）。电荷迁移跃迁涉及许多络合物体系，如：

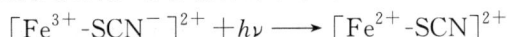

$$[Fe^{3+}\text{-}SCN^{-}]^{2+} + h\nu \longrightarrow [Fe^{2+}\text{-}SCN]^{2+}$$

一般 $\varepsilon > 10^4$ L/(mol·cm)，较灵敏，有分析应用价值。

此类电荷迁移跃迁也涉及一些有机分子，如：

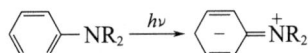

$$\text{〈}\bigcirc\text{〉}\text{-}NR_2 \xrightarrow{h\nu} \text{〈}\bigcirc\text{〉}\text{=}\overset{+}{N}R_2$$

2. 配位场跃迁

配位场跃迁有 d→d（涉及周期表第 4、第 5 周期，主要为 3d、4d 轨道）和 f→f（涉及周期表 La 系、Ac 系元素，主要为 4f、5f 轨道）两种跃迁形式。在配体存在下，过渡元素五个能量相等的 d 轨道及镧系和锕系元素 7 个能量相等的 f 轨道分别裂分成几组能量不等的 d 轨道及 f 轨道，当它们的离子吸收光能后，低能态的 d 电子或 f 电子可分别跃迁至高能态的 d 轨道或 f 轨道上。如涉及 d 轨道的配位场 d→d 跃迁，在通常情况下，过渡元素的轨道能量相等，但当配体按一定几何方向配位于金属离子时，可导致 d 轨道分裂，如图 4-18 所示：

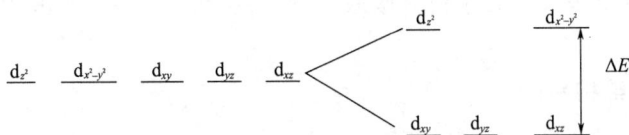

图 4-18　配位场轨道分裂示意图

由于这两类跃迁必须在配体的存在下，配位场作用下才有可能产生，因此称之为配位场跃迁。如图 4-19，配合物 $Co(H_2O)_6^{2+}$ 的 d→d 跃迁和 $PrCl_2$（氯化镨）的 f→f 跃迁，可知二者在灵敏性、受外界干扰方面各有特点。

五、紫外分子吸收光谱的应用

1. 判断共轭情况

如 1,2-二苯乙烯的顺反异构体确定：

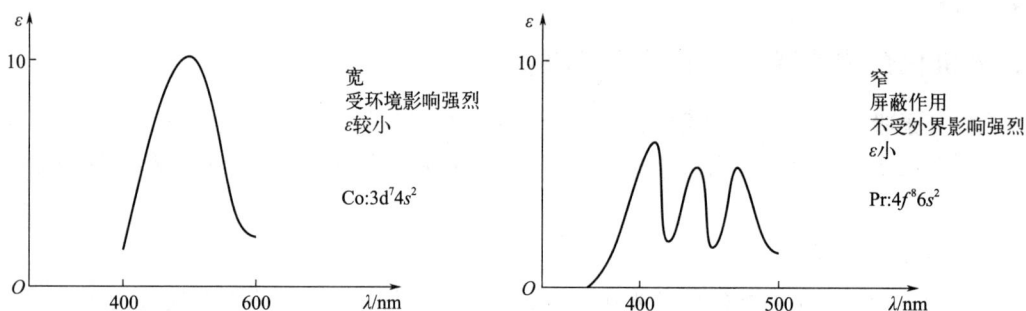

图 4-19　配合物 $Co(H_2O)_6^{2+}$ 的 d→d 跃迁和 $PrCl_2$（氯化镨）的 f→f 跃迁光谱示意图

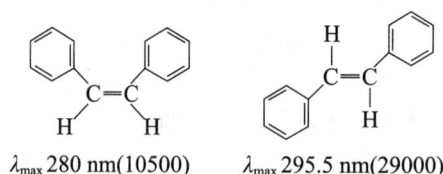

λ_{max} 280 nm(10500)　　　λ_{max} 295.5 nm(29000)

反式：环与侧链双键共平面好，空间位阻小，易共轭，$\lambda_{max} = 295.5$ nm，$\varepsilon_{max} = 29000$ L/(mol·cm)。顺式：共平面性差，不易共轭，$\lambda_{max} = 280$ nm，$\varepsilon_{max} = 10500$ L/(mol·cm)。

又如乙酰乙酸乙酯的互变异构：

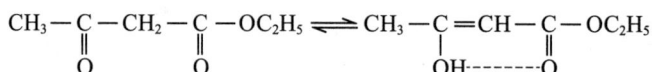

对于酮式，两个羰基无共轭，只有 n→π* 跃迁弱吸收，$\lambda_{max} = 280$ nm，$\varepsilon_{max} = 1900$ L/(mol·cm)。对于烯醇式，两个双键产生共轭，产生强的 π→π* 跃迁吸收，$\lambda_{max} = 235$ nm，$\varepsilon_{max} = 12100$ L/(mol·cm)。

2. 纯度检查

如果某一化合物在某一段紫外光区没有吸收峰，而其中的杂质有较强吸收，就可检出该化合物中的痕量杂质。例如要检定甲醇或乙醇中的杂质苯，可利用苯在 256 nm 处的 B 吸收带，而甲醇或乙醇在此波长处几乎没有吸收。图 4-20 是纯甲醇、甲醇中混有苯时的紫外吸收光谱。

3. 定性分析和结构判断

对有机化合物的紫外吸收光谱鉴定，一般是在相同的测定条件下，比较未知物与已知标准物的紫外光谱图，若两者的谱图相同，则认为待测试样与已知化合物具有相同的生色团。如果没有标准物，也可借助于标准谱图或有关电子光谱数据表进行比较。但由于紫外分子吸收光谱只是主要发挥"共轭基团鉴定工具"的作用，当两种不同的化合物有相同的共轭体系时，可能会有相同的紫外分子吸收光谱，此时需要格外注意吸光系数的差异。常用的标准图谱及紫外分子吸收数据可参阅其他参考书。

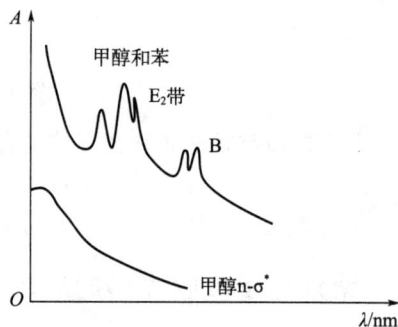

图 4-20　纯甲醇和甲醇中混有苯时的紫外吸收光谱

例如，某一化合物在 200~1000 nm 范围内无吸收峰，它可能是脂肪族碳氢化合物、胺、腈、羧酸、氯代烃和氟代烃，不含双键或环状共轭体系，没有羰基或溴离子、碘离子等基团；如果在 210~250 nm 有强吸收带，可能含有 2 个以上双键的共轭单元；在 260~350 nm 有强吸收带，表示有更多个共轭单元或芳香基团。

4. 定量测定

紫外分子吸收光谱法的定量分析原理及步骤与可见光区吸光光度法相同。其应用很广泛，特别是中西医药物分析和无机络合物分析。

① 单组分测定　首先根据最大吸收波长原则选择待测化合物的吸收峰，测定化合物在该波长处峰高与浓度的关系，最后根据吸光度公式 $A = \varepsilon b c$ 和校正曲线计算该化合物的含量，上式中，b 是光程，c 是浓度。

② 多组分测定　吸光度具有加和性是实现多组分分析的基础。对于二元混合物，如果化合物最大吸收峰无重叠，按单组分处理；如果最大吸收峰有重叠，要用联立方程来解决。多组分体系可参照双组分体系建立分析方法，也可以借助于计算化学的手段进行重叠峰的解析并获得正确的定量结果。

例如，对于含有 A、B 两个组分的混合物进行分析，其分析步骤可分为以下几步。

第一步：测 A、B 组分各自的 λ_{max}，得 $\lambda_{max,A}$ 和 $\lambda_{max,B}$；

第二步：测 A、B 组分在两个最大吸收波长下的 ε 值：$\varepsilon_{A,\lambda_{max,A}}$，$\varepsilon_{B,\lambda_{max,A}}$，$\varepsilon_{A,\lambda_{max,B}}$，$\varepsilon_{B,\lambda_{max,B}}$；

第三步：A＋B 混合物的分析：

$$A_{\lambda_{max,A}} = \varepsilon_{A,\lambda_{max,A}}[A] + \varepsilon_{B,\lambda_{max,A}}[B] \tag{4-3}$$

$$A_{\lambda_{max,B}} = \varepsilon_{A,\lambda_{max,B}}[A] + \varepsilon_{B,\lambda_{max,B}}[B] \tag{4-4}$$

求解上述方程组，计算可得 [A] 和 [B]。

③ 紫外衍生　对于没有紫外光谱信号的分子，可以采用衍生的方式进行检测。紫外衍生是指将紫外吸收弱或无紫外吸收的有机化合物与带有紫外吸收基团的衍生试剂反应，使其生成可以用紫外检测的化合物。比如氨基酸的检测，可以使用苯磺酰氯为紫外衍生试剂，通过酰氯与氨基的化学反应，得到衍生物，进而定量氨基酸。衍生试剂既要有紫外吸收，也要有反应基团发生衍生反应。衍生反应要定量进行，且保证反应时间较短，衍生物稳定。

④ 纳米颗粒的粒径分析　研究表明纳米颗粒大小与其紫外分子吸收光谱的最大吸收波长有一定的相关性，依据紫外光谱的最大吸收波长可以推算颗粒大小，最成熟的案例是金纳米颗粒的尺寸计算。

六、紫外-可见光分光光度计

紫外-可见光分光光度计的可测波长范围为 200~1000 nm，也有波长范围为 200~400 nm 的紫外分光光度计。紫外及可见光分光光度计的构造原理与可见光分光光度计（如 721 型分光光度计）相似。由于玻璃吸收紫外光，因此要用石英比色皿，单色器要用石英棱镜或光栅。

① 光源　可见光区（360~1000 nm）使用钨丝灯；紫外光区（200~360 nm）则用氢灯或氘灯。

② 吸收池　在紫外光区域，样品吸收池要用石英制品。可见光区，可用石英和玻璃比色皿。

③ 检测器　检测器使用两只光电管，一为氧化铯光电管，用于 625~1000 nm 波长范

围；另一是锑铯光电管，用于 $200 \sim 625$ nm 波长范围。光电倍增管亦为常用的检测器，其灵敏度比一般的光电管高 2 个数量级。图 4-21 是各类紫外-可见光分光光度计框架图：

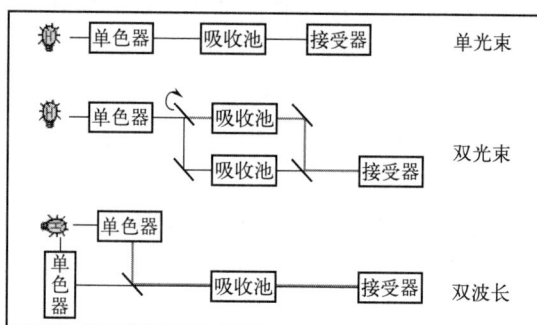

图 4-21　紫外-可见光分光光度计框架图

紫外-可见光分光光度计分单光束型、双光束型和双波长型。单光束型仪器使用前一般需要预热以使仪器稳定，难以消除或补偿由光源和电子测量系统不稳定等所引致的误差。双光束型仪器可以自动描绘出待测物质的紫外-可见光波长范围内的吸收光谱，迅速得到待测物质的定性数据，并且能够消除、补偿由光源及电子测量系统不稳定等所引致的误差，提高测量精确度。双光束型仪器的工作原理如图 4-22 所示。

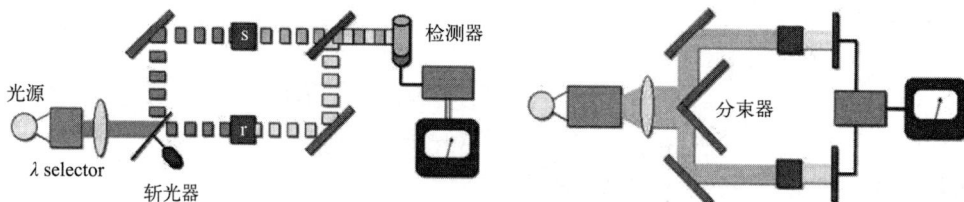

图 4-22　双光束型仪器的工作原理示意图

其工作原理可描述为：由光源（氘灯或钨丝灯，根据波长而变换使用）发出的光经入口狭缝及反射镜反射至石英棱镜或光栅，色散后经过出口狭缝而得到所需波长的单色光束。一种情况是使用斩光器，当调制板以一定转速旋转时，时而使光束通过，时而挡住光束，调制成一定频率的交变光束。然后由反射镜反射至由马达转动的调制板及扇形镜上。之后扇形镜在旋转时，将此交变光束交替地投射到参比溶液（空白溶液）及试样溶液上，后面的光电倍增管接受通过参比溶液及为试样溶液所减弱的交变光通量，并使其转变为交流信号。此信号经适当放大并用解调器分离及整流。然后以电位器自动平衡此两直流信号的比率，并为记录器所记录而绘制出吸收曲线。另一种情况是将光线平分为二（右），最后比较光线强度而扣除不稳定因素带来的误差。

双波长型紫外-可见光分光光度计是指将不同波长的两束单色光（λ_1、λ_2）快速交替通过同一吸收池而后到达检测器，产生交流信号。无需参比池。$\Delta\lambda = 1 \sim 2$ nm。两波长同时扫描即可获得导数光谱。双波长型紫外-可见光分光光度计能用于纳米体系（胶体）的测定，当 $\Delta\lambda$ 于大约 60 nm 之内时，可以用一个波长测定结果作为背景，消除散射信号，另一个波长下测定的为总信号，二者差值为真实的吸光信号。

随着技术发展，紫外-可见光分光光度计已经拓展波长范围，成为紫外-可见光-近红外分光光度计。设备的吸光度范围从 $0 \sim 1$ 拓宽为 $0 \sim 3$，甚至更大。牢记朗伯-比尔定律的前提条件"适用于稀溶液",就不会对吸光度范围产生迷茫。不仅如此,紫外-可见光分光光度计还发展了使用反射光信号作为定量依据的固体紫外光度计。仪器的发展极大拓宽了紫外吸收现象的使用,比如比色皿的尺寸、形状等都更灵活,可以用于检测流动液体,为后续色谱的检测器打下基础。

七、紫外分子吸收光谱应用举例

2011 年,Marjorie B. Medina 建立了多酚物质总量测定新方法,他使用了试剂固蓝 BB 盐为紫外衍生试剂。以没食子酸(gallic acid)为多酚化合物的代表化合物,优化了各类影响条件,建立了一种新的定量方法,与传统的 Folin-Ciocalteu 方法进行了比较。

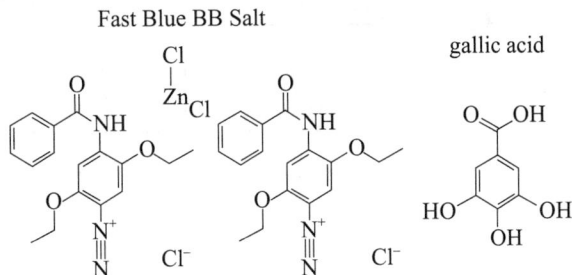

Fast Blue BB Salt   gallic acid

在碱性条件(5% NaOH)下,上述二者结合的产物为:

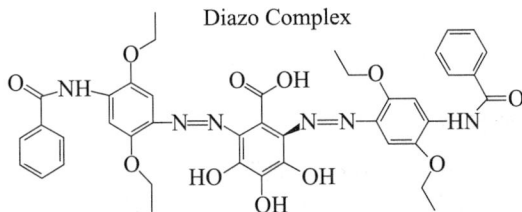

Diazo Complex

二者在室温下反应 60 min,检测波长为 420 nm,读取吸光度,利用外标法定量。

紫外吸收光谱
应用.ppt

紫外吸收光谱
应用讲解.mp4

第三节 红外分子吸收光谱

受到红外线照射后,分子中某一特定化学键吸收红外线中某一特定波长的能量,造成该化学键的振动或转动,因而红外分子吸收光谱(infrared absorption spectroscopy,IR)又被称为分子振动-转动光谱。根据分子和红外线的相互作用关系,红外光谱可用于测定分子的键长、键角,以此推断出分子的立体构型,并进一步推论化学键的强弱以及极性,计算相关热力学参数等。大量实验证明,结构有细微差别的不同分子,其红外吸收光谱有明显的不同。因此，IR 已成为现代有机化学、结构化学、分析化学科研和教学中最常用和不可缺少的工具。

按红外线波长，红外光谱常被分成三个区域，各个区域所得到的信息各有所不同。这三个区域所包含的波长（波数）范围以及能级跃迁类型如图 4-23 所示，其中，中红外区是研究、应用得最多的区域。

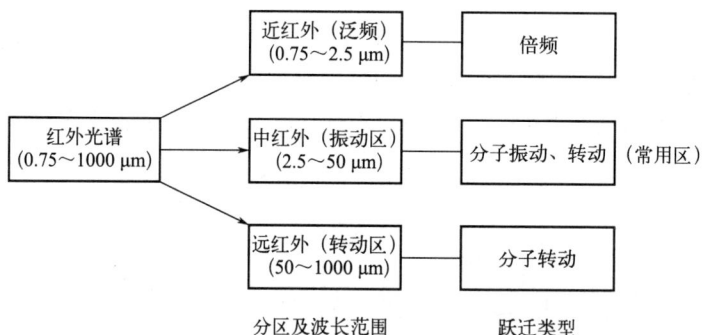

图 4-23　红外光谱区分类

红外光谱中一般用符号 λ 表示波长，用 σ 表示波数。则波数与波长的关系是：

$$\sigma(\mathrm{cm}^{-1}) = \frac{1}{\lambda(\mathrm{cm})} \tag{4-5}$$

一、基本原理

1. 分子的振动、转动模型

IR 研究的主要内容是 $4000 \sim 400\ \mathrm{cm}^{-1}$ 的振动光谱，IR 借用了物理学上简谐振动的模型（无阻尼的周期性线性振动叫简谐振动）处理化学键的伸缩振动形式，即将化学键相连接的两个原子看作两个小球，分子间的化学键看作一个质量可忽略不计的弹簧，两原子沿弹簧轴线上伸缩（图 4-24）。理论上用经典力学的办法，用谐振子的模型来处理化学键的伸缩振动。

在三维空间里，分子也可以绕相应的坐标轴旋转，如双原子分子的转动模型可以如图 4-25 所示。

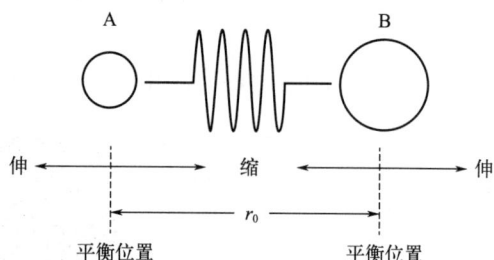

图 4-24　双原分子伸缩振动模型

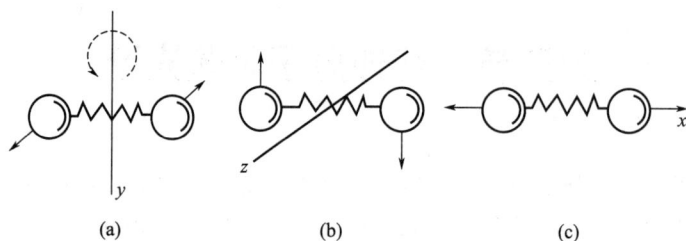

图 4-25　双原子分子转动模型

2. 分子振动方程式

根据上述分子振动模型，如以 m_1、m_2 分别代表原子 A 和原子 B 的质量，弹簧长度可类比为化学键长度。此化学键振动频率（以波数表示）可用经典力学中的虎克（Hooke）定律导出：

$$\sigma = \frac{1}{2\pi c}\sqrt{\frac{k}{u}} \tag{4-6}$$

式中，c 为光速，2.998×10^{10} cm/s；k 为弹簧力常数，即连接原子化学键的力常数，$N \cdot cm^{-1}$ 或 dyn/cm；u 是两个原子的折合质量，g。

$$u = \frac{m_1 \cdot m_2}{m_1 + m_2} \tag{4-7}$$

当以 g 表示原子质量时，上式 σ 的计算公式因单位换算而显得较为不方便。因此，常用折合原子量 μ 表示：

$$\mu = \frac{M_1 M_2}{M_1 + M_2} \tag{4-8}$$

式中，M_1、M_2 分别代表原子 A 和原子 B 的原子量，如 C 的 $M = 12$；O 的 $M = 16$。

k 被称为化学键力常数，单位用 N/cm 表示。式（4-6）因此变成：

$$\sigma = \frac{1}{2\pi c}\sqrt{\frac{k}{\mu}} \tag{4-9}$$

进一步简化后，实用公式为：

$$\sigma = 1307\sqrt{\frac{k}{\mu}} \tag{4-10}$$

常用化学键的键型和键力常数见表 4-2。可以得出，k 越大，σ 增大；μ 越小，σ 增大。所以碳-碳叁键出峰的波数大于碳-碳双键。

表 4-2　常用化学键的键力常数

键型	k	键型	k	键型	k
H—F	9.7	≡C—H	5.9	C—C	4.5
H—Cl	4.8	=C—H	5.1	C—O	5.4
H—Br	4.1	—C—H	4.8	C—F	5.9
H—I	3.2	—C≡N	18	C—Cl	3.6
O—H	7.7	—C≡C	15.6	C—Br	3.1
N—H	6.4	>C=O	12.06	C—I	2.7
S—H	4.3	C=C	9.6		

如 C=O，$\mu = \frac{12 \times 16}{12 + 16} = 6.86$，计算所得到：

$$\sigma = 1307 \times \sqrt{\frac{12.1}{6.86}} = 1736 \text{ cm}^{-1}$$

再如 C—H，$\mu = \frac{12 \times 1}{12 + 1} = 0.92$，计算所得到：

$$\sigma = 1307 \times \sqrt{\frac{4.8}{0.92}} = 2985 \text{ cm}^{-1}$$

上述计算值与实验值很接近。但实际分子的振动模型远比上述双原子分子复杂得多，例如甲基和亚甲基，振动模型可表示如图 4-26 所示：

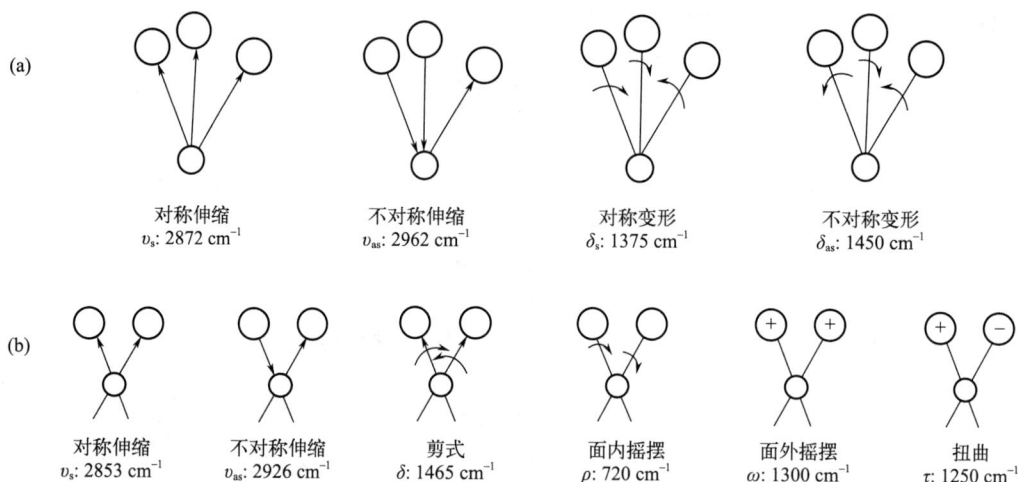

(a)

对称伸缩	不对称伸缩	对称变形	不对称变形
ν_s: 2872 cm^{-1}	ν_{as}: 2962 cm^{-1}	δ_s: 1375 cm^{-1}	δ_{as}: 1450 cm^{-1}

(b)

对称伸缩	不对称伸缩	剪式	面内摇摆	面外摇摆	扭曲
ν_s: 2853 cm^{-1}	ν_{as}: 2926 cm^{-1}	δ: 1465 cm^{-1}	ρ: 720 cm^{-1}	ω: 1300 cm^{-1}	τ: 1250 cm^{-1}

图 4-26　甲基和亚甲基的振动模型

图 4-27 归纳了各种振动类型：

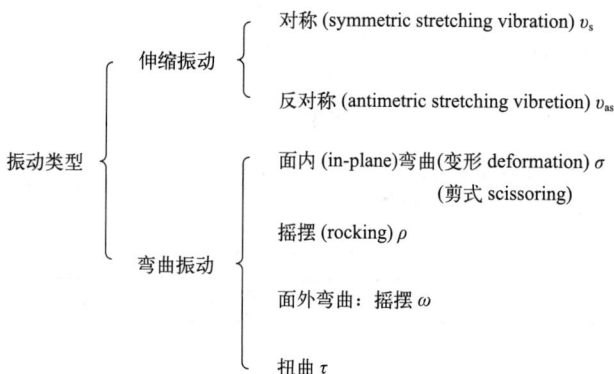

振动类型
- 伸缩振动
  - 对称 (symmetric stretching vibration) ν_s
  - 反对称 (antimetric stretching vibretion) ν_{as}
- 弯曲振动
  - 面内 (in-plane)弯曲(变形 deformation) σ (剪式 scissoring)
  - 摇摆 (rocking) ρ
  - 面外弯曲：摇摆 ω
  - 扭曲 τ

图 4-27　分子振动形式

振动方程式（4-6）确定了某一化学键振动吸收的出峰位置，是红外分子吸收光谱的首要原理。但由于实际分子结构的复杂性、简谐振动与化学键振动的差异性，同一化学键在不同分子中由振动方程计算的出峰位置是有变化的。

3. 分子振动偶极距变化

分子总的说来为电中性，但由于构成分子的各原子电负性不同，因而分子有极性，其极性大小用偶极矩 μ 来表示。偶极矩 μ（单位为 C·m）是分子中负电荷量的大小（q）与正负电荷中心距离（r）的乘积（图 4-28）。

$$\mu = rq \qquad (4-11)$$

可见分子内连接两原子的化学键在振动过程中 r 值不断地发生变化，因此分子的 μ 也随之发生相应变化。对称分子由于其正负电荷中心重叠，$r=0$，故分

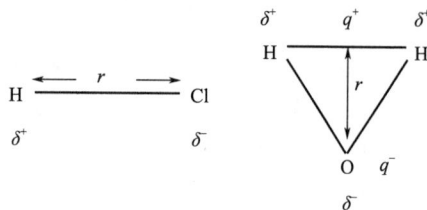

图 4-28　HCl 和水分子的偶极距示意图

子中原子的振动并不引起 μ 的变化；当红外光作用于正负电荷中心不重叠的分子，且满足能量转移的量子化条件（偶极子固有振动频率与电磁波频率相匹配）时，红外辐射的能量会转移到分子中去，造成偶极矩的变化（图 4-29）。

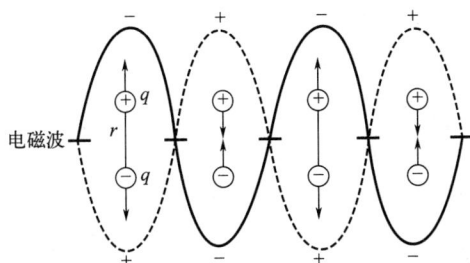

图 4-29　电磁波对偶极分子的作用示意图

由此推论，并非所有的振动都会产生红外吸收，如 N_2、H_2、O_2 等就不会产生红外吸收光谱。由一些元素的电负性 F：4.0、Cl：3.0、O：3.5、N：3.0、C：2.5 可知，C—Cl、C—F、C═O 等基团会产生相对强的红外吸收。

由于 μ 的变化与吸光系数正相关，所以，红外吸收强度的变化常用摩尔吸光系数来表示：

$$\varepsilon = \frac{A}{bc} \tag{4-12}$$

式中，ε 为摩尔吸光系数；A 为吸光度；c 为待测物的摩尔浓度；b 为吸收池长度，cm。相比于分子的紫外-可见吸收光谱，分子的红外吸收光谱分析所测到的 ε 都很小。当 $\varepsilon > 100$ L/(mol·cm) 时表示该峰为很强的峰，用 vs 表示；当 ε 在 $20 \sim 100$ L/(mol·cm) 区间时，表示强峰，用 s 表示；当 ε 在 $10 \sim 20$ L/(mol·cm) 区间时，表示中强峰，用 m 表示；当 ε 在 $1 \sim 10$ L/(mol·cm) 区间时，表示弱峰，用 w 表示；当 $\varepsilon < 1$ L/(mol·cm) 时，表示很弱的峰，用 vw 表示。

4. 分子的振动自由度

一个分子中含有多个原子时，到底会产生多少红外分子吸收峰？振动自由度就被用来解释某一个分子的红外吸收峰数。

振动自由度就是分子的独立振动数。如果某一分子由 n 个原子组成，每个原子在空间都可在直角坐标系中的 x、y、z 三个方向上自由运动，那么 n 个原子有 $3n$ 个运动自由度，也就应该有 $3n$ 个红外吸收峰。但具体有下列两种情况：

对于非线形分子，n 个运动自由度包括整个分子的质心沿 x、y、z 方向的三个平移运动和整个分子绕 x、y、z 轴的三个转动运动（图 4-30）。这六种运动都不是分子的振动，故振动形式有 $3n-6$ 种。

对于线形分子，若贯穿所有原子的轴是在 x 方向，则整个分子只能绕 y、z 转动（图 4-31），因此直线形分子的振动形式有 $3n-5$ 种。

所以，水分子的振动自由度为 $3 \times 3 - 6 = 3$，故应该有三种振动形式（图 4-32）。

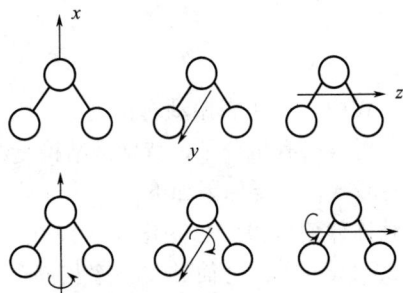

图 4-30　非线型分子的振动自由度分析示意图

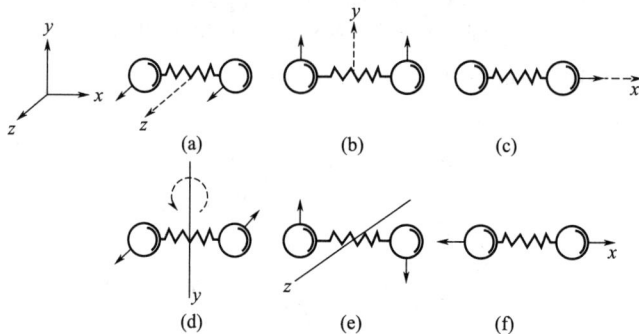

图 4-31　线形分子的振动自由度分析示意图

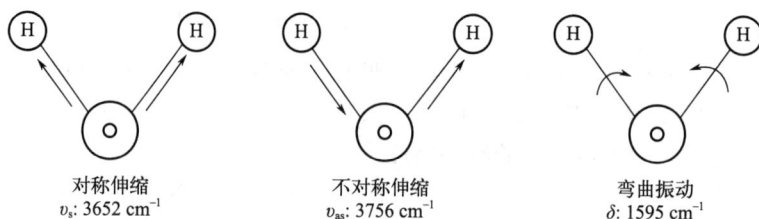

对称伸缩
v_s: 3652 cm^{-1}

不对称伸缩
v_{as}: 3756 cm^{-1}

弯曲振动
δ: 1595 cm^{-1}

图 4-32　水分子的振动自由度分析示意图

二氧化碳分子是线型分子，其基本振动数为 $3 \times 3 - 5 = 4$，故有四种基本振动形式（图 4-33）：

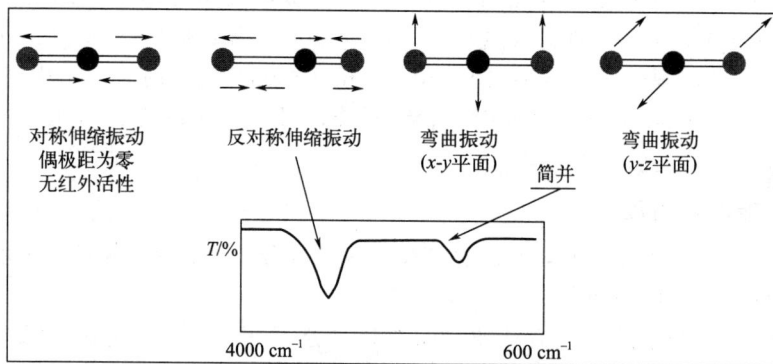

对称伸缩振动
偶极距为零
无红外活性

反对称伸缩振动

弯曲振动
(x-y平面)

弯曲振动
(y-z平面)

简并

$T/\%$

4000 cm^{-1}　　　　600 cm^{-1}

图 4-33　二氧化碳分子的振动自由度与红外光谱示意图

由此可见，振动自由度理论可以用来解释分子的红外吸收峰数。简单的公式为：

$$f_{\text{非线形分子}} = 3n - 6 \tag{4-13}$$

$$f_{\text{线形分子}} = 3n - 5 \tag{4-14}$$

式中，f 代表振动自由度。

对很多有机分子，特别是结构复杂的有机分子，实际观察到的峰数要远远少于用自由度预测的峰数。主要原因如下。①非红外活性振动，如二氧化碳分子，计算所得 $f_{\text{振}} = 3 \times 3 - 5 = 4$，但对称伸缩偶极距总变化 $\mu = 0$，正负电荷中心重合，无峰，只有反对称伸缩有吸收峰，位于 2349 cm^{-1}。②简并，频率相同的振动只出一个峰，如二氧化碳分子的 667 cm^{-1} 吸收峰。③弱峰被强峰覆盖或太弱，观察不到。

5. 基频、倍频和泛频

由量子化学的方法可得到：

$$E_振 = (V + \frac{1}{2})h\nu \tag{4-15}$$

式中，$E_振$ 为振动能量；V 为振动量子数；h 为普朗克常数；ν 为电磁波频率。图 4-34 为红外光与分子作用时分子中能级跃迁的原理。由 $V=0$ 到 $V=1$ 产生的吸收峰叫基频峰；由 $V=0$ 到 $V=2$ 产生的吸收峰叫二倍频峰；由 $V=0$ 到 $V=3$ 产生的吸收峰叫三倍频峰。由于能级差不是等间距，因而二倍频峰的波数与基频峰波数之差不是基频峰波数的整数倍。例如 HCl 分子，基频峰位于 2835.9 cm^{-1}；二倍频峰位于

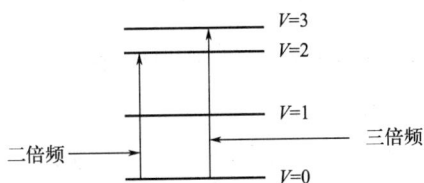

图 4-34　红外线作用下分子
能级的跃迁示意图

5668.0 cm^{-1}，理论预测的峰位应该是 5671.8 cm^{-1}；三倍频峰位于 8347.0 cm^{-1}，理论预测的峰位应该是 8507.7 cm^{-1}。按照量子力学规定，红外分子吸收光谱的选律为：$\Delta V = \pm 1$。但实际上能级跃迁有时会偏离上述条件，不遵从光谱选律，因而使红外分子吸收光谱出现了基频、倍频等，原因主要是化学键的非谐振子性质。基于同样的原因，一种频率的光有时由两种不同的基频振动吸收而只出一个峰。如果在 $V_1 + V_2$ 处出峰，叫合频；如果在 $V_1 - V_2$ 处出峰，叫差频。合频与差频统称为组频；而倍频与组频又统称为泛频。所有这些因素造成红外谱图中"峰"解析的难度，其解析率通常只有 30% 左右。

6. 重要的特征峰

基团的特征吸收大多集中在 4000～1300 cm^{-1} 区域内，因而这一段频率范围称为基团频率区（特征频率区，图 4-35）。经多年的积累，标准红外图集能提供很多有机分子红外谱图。

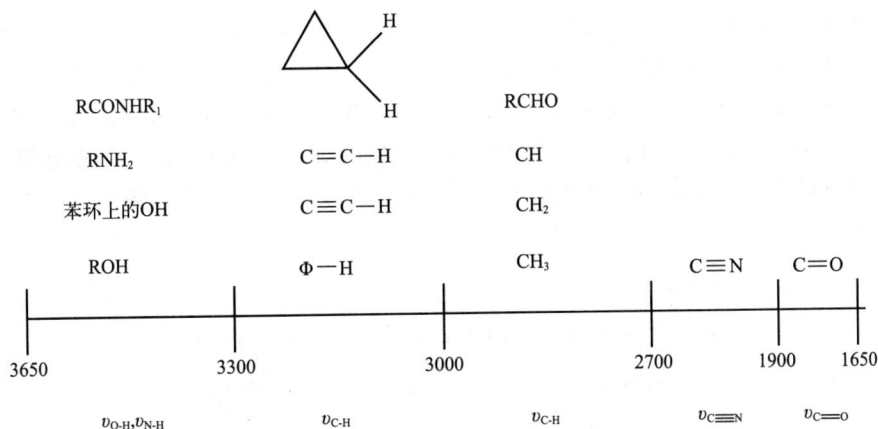

图 4-35　主要基团频率

7. 有机化合物的红外光谱"指纹"区

在 1300～400 cm^{-1} 的频率范围，除几个不饱和碳-氢键，如苯环上—C—H 和烯烃的═C—H 的面外弯曲振动峰，很难找到其他可归属吸收峰。但是只要在化学结构上存在细小的差异（如同系物、同分异构体和空间构象等），在这个区间的光谱图就一定不一样，就如同人的指

纹一样，所以此区域被称为指纹区。

指纹区反映的是各种单键，如 C—C 伸缩振动相互之间以及它们和 C—H 变形振动之间互相发生偶合的信息，体现整个分子的特征。特别值得一提的是，$900 \sim 650 \ cm^{-1}$ 区域的某些吸收峰可用来确定化合物的顺反构型或苯环的取代类型。结合在 $2000 \sim 1600 \ cm^{-1}$ 范围内出现的泛频吸收，为决定苯的取代类型提供了很好的依据。

二、影响基团频率的因素

分子中某一化学键的振动要受分子中其他部分，特别是相邻基团的影响，有时还会受到溶剂、测定条件等外部因素的影响。因此在谱图解析中不仅要知道红外特征谱带出现的频率和强度，而且还应了解影响它们的因素。对基团频率的位移规律，研究得比较成熟的是羰基的伸缩振动。现就其作简要的介绍。影响因素分外部因素和内部因素。

1. 内部因素

（1）电子效应（I 效应，也叫诱导效应）

羰基碳原子上取代基的电负性改变了电子云分布，从而改变该基团的键力常数，使吸收频率发生位移。如

$\nu_{C=O}$ RCOR′   RCHO   RCOCl   RCOF   FCOF

     $1715 \ cm^{-1}$ $1730 \ cm^{-1}$ $1800 \ cm^{-1}$ $1920 \ cm^{-1}$ $1928 \ cm^{-1}$

在烷基酮的 C=O 上，由于 O 的电负性（3.5）比 C（2.5）大，因此电子云密度是不对称的，O 附近大些，C 附近小些，伸缩振动频率在 $1715 \ cm^{-1}$ 左右，以此作为基准。

当 C=O 上的烷基被卤素取代时形成酰卤，Cl 的吸电子作用使电子云由氧原子转向双键的中间，增加了 C=O 中间的电子云密度，从而增加了此键的力常数，所以酰氯中 C=O 的振动频率升高到 $1800 \ cm^{-1}$。随着卤素原子取代数目的增加或卤素原子电负性的增大（例如 F 的电负性等于 4.0），这种静电的诱导效应也增大，使 C=O 的振动频率向更高频移动。

（2）中介效应（M 效应，也叫共轭效应）

按电子效应解释，因 N 的电负性（3.0）大于碳的电负性（2.5），则化合物 $RCONH_2$ 中 C=O 的吸收应大于酮羰基的频率。实际上所测到的数据却相反。事实上，在酰胺分子中，除 I 效应外，还存在 M 效应。即 N 上的孤对电子与 C=O 的 π 电子共轭，使电子云在三个原子、两个化学键之间平均化，羰基键力常数降低，造成酰胺分子中羰基的振动频率较低。一般说来，I 效应和 M 效应存在竞争，吸收峰的移动方向取决于竞争的结果（图 4-36）。

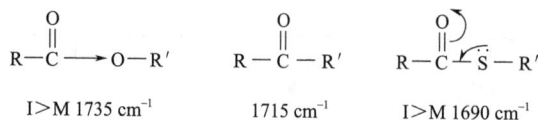

I>M 1735 cm^{-1} 1715 cm^{-1} I>M 1690 cm^{-1}

图 4-36   I 效应和 M 效应的竞争

再如酮的 C=O 与苯环共轭而使 C=O 的力常数减小，频率降低，二苯甲酮的 $\nu_{C=O} = 1670 \ cm^{-1}$。

（3）氢键效应

羰基和羟基之间容易形成氢键，使羰基的频率降低。在低浓度条件下，游离羧基的 $\nu_{C=O} = 1760 \ cm^{-1}$，在高浓度条件下或固态时，羧酸主要形成二聚体形式，分子间形成氢

键，氢键使羰基电子云密度平均化，C＝O 的双键性减小，$\nu_{C=O}$ 约为 1700 cm^{-1}。注意易形成氢键分子的结构差异情况，分子间氢键与浓度、溶剂的极性有关，而分子内氢键与浓度无关。

（4）振动偶合与费米共振

当相同的两个基团靠得很近或连在同一个原子上时，由于其基本振动频率相同，一个键的振动通过公用原子使另一个键的长度发生改变，形成振动偶合（相互影响），而使原来应该只出现一个峰的振动分裂成两个，一个高于正常频率，一个低于正常频率。如酸酐的两个羰基，偶合出现两个峰，使 IR 谱中峰数增加（图 4-37）。

二元酸的两个羰基之间有 1～2 个碳原子时，会出现两个 C＝O 峰；对于 HOOC—（CH$_2$）$_n$—COOH 的二元酸结构，当 $n>3$ 时只有一个羰基峰。

当一个基团的振动倍频与另一基团的振动基频接近时，由于相互作用而产生很强的吸收峰或发生裂分，叫费米共振。如苯甲酰氯的羰基出现两个峰分别位于 1773 cm^{-1}、1736 cm^{-1}。原因是羰基的基频 1774 cm^{-1} 和 RCOCl 间的 C—C 间变形振动的倍频（880～860 cm^{-1}）产生相互影响，从而使 C＝O 的振动吸收峰裂分。

$\nu_{as,C=O} = 1820$ cm^{-1} $\nu_{s,C=O} = 1760$ cm^{-1}

图 4-37　酸酐的振动偶合

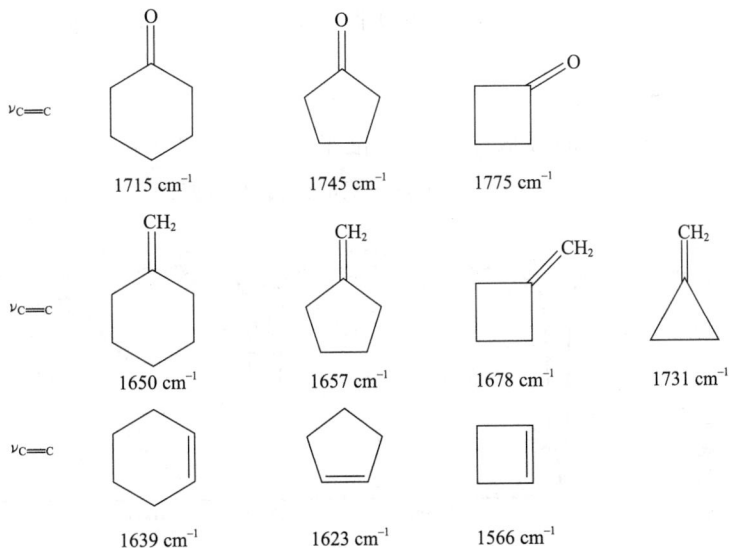

（5）环的张力（键角效应）

环外双键随着环张力的增加，振动频率升高、强度增加；环内双键随着环张力的增加，振动频率降低，强度减少（图 4-38）。

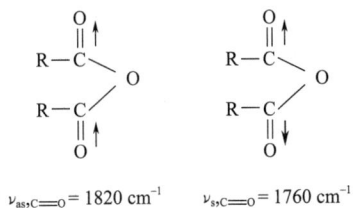

图 4-38　环张力对环外双键红外吸收的影响

2. 外部因素

试样状态、溶剂极性等外部因素都会引起频率位移。一般样品处于气态时易得到精细结构，如气态的含羰基化合物中 C＝O 伸缩振动频率最高，非极性溶剂的稀溶液次之，而液态或固态的振动频率最低。在极性溶剂中，极性基团随极性增加而移向低频，且强度增加；而在非极性溶剂中，极性基团相对正常，因此红外光谱分析一般选用非极性溶剂。由于这些外部条件的影响，同一化合物在不同条件下的光谱有较大的差异，因此在查阅标准图谱时，要注意试样状态及制样方法等。

三、有机分子的重要基团频率

有机分子红外光谱的特征性主要取决于化学键振动的特征。对不同分子而言，如它们含有同一类型的化学键，其振动频率总是非常相近，但因结构差异表现得有些不同。例如饱和烷烃化合物中均含有—CH_3、—CH_2—，而很多不是饱和烷烃的化合物中也含有—CH_3、—CH_2—，凡是—CH_3、—CH_2—均可在2800~3000 cm^{-1} 出现吸收峰，因此可以认为这个频率范围是—CH_3、—CH_2—的特征频率。这个与一定的结构单元相联系的振动频率称为基团频率。记住一些重点的基团频率是指认未知化合物的首要方法。

同一类型的基团在不同的物质中所处的环境各不相同，这种差别常常能反映出结构上的特点。为了区分不同化合物，还要特别注意相关峰。例如 C═O 伸缩振动的频率范围大约在1850~1600 cm^{-1}，所涉及的化合物包括酸、醛、酮、酯、酰胺等，如果在1680 cm^{-1} 处发现 C═O 的吸收峰，有可能是酰胺。为了证明是否为酰胺，可在3500~3100 cm^{-1} 处找寻 N—H、在1360~1020 cm^{-1} 处找寻 C—N 的振动吸收峰以进一步确证。

常见的基团频率分布在4000~400 cm^{-1} 范围，这个范围常被称为中红外，也是一般红外分光光度计的工作范围，现就重要的基团频率、化合物相关峰加以描述。

1. 脂肪烃

① 烷烃　主要基团为—CH_3 和—CH_2—。—CH_3 有三个重要的吸收带，分别位于：ν_{as}，2960 cm^{-1}（s）；ν_s，2870 cm^{-1}（s）；δ，1375 cm^{-1}（m）。其中1375 cm^{-1} 的吸收峰在同碳二甲基和同碳三甲基同时存在时情况变得复杂。如当出现异丙基时，δ 1375 cm^{-1} 分裂成为1385 cm^{-1}、1375 cm^{-1}（m）双峰，强度相似。当出现叔丁基时，δ 1375 cm^{-1} 分裂成为1395 cm^{-1}、1370 cm^{-1}（m）双峰，强度差别大。

—CH_2—也有三个重要的吸收带，分别位于：ν_{as}，2925 cm^{-1}（s）；ν_s，2850 cm^{-1}（s）；δ，1480~1440 cm^{-1}（m）。如 2-甲基辛烷的红外光谱如图 4-39 所示：

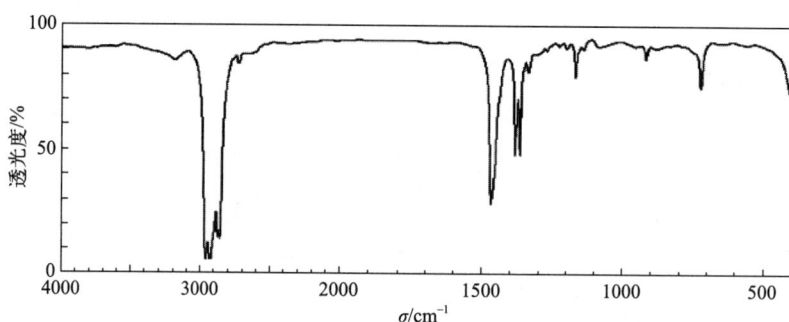

图 4-39　2-甲基辛烷的红外光谱图

② 烯烃　主要基团为═C—H、C═C，有 3 个重要的吸收带，分别位于：$\nu_{═C-H}$，3100~3000 cm^{-1}（m）；$\delta_{═C-H}$，1000~650 cm^{-1}（m）；$\nu_{C═C}$，1660~1600 cm^{-1}（w）。如果是乙烯型 —$CH═CH_2$ 基本结构，在990 cm^{-1}、910 cm^{-1} 有两个强峰。对应于═CHR 中的═C—H：970 cm^{-1}（m）。如 3-甲基-1-戊烯的红外光谱如图 4-40 所示：

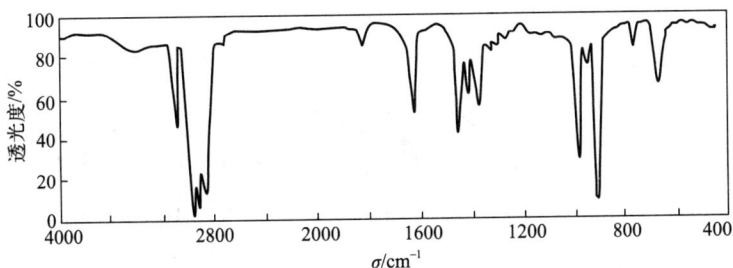

图 4-40 3-甲基-1-戊烯的红外光谱图

因为此类化合物存在顺反异构：

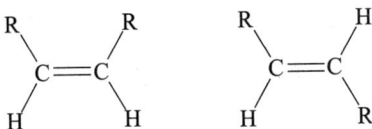

使分子的对称性有所不同，前者 $\delta_{=C-H}$ 位于 $770 \sim 665$ cm^{-1}（s），而后者 $\delta_{=C-H}$ 位于 $970 \sim 960$ cm^{-1}（s）；位于 $1660 \sim 1600$ cm^{-1} 的 $\nu_{C=C}$ 吸收虽然较弱，但双键碳原子上取代而造成分子对称性变化时，对称性越差，其 $\nu_{C=C}$ 吸收越强。

③ 炔烃　主要基团为 $\equiv C-H$、$C\equiv C$，有 2 个重要的吸收带，分别位于：$\nu_{C\equiv C}$，2150 cm^{-1}（强度不定，中间炔基高，末端炔基低），炔基由于取代完全对称，$\nu_{C\equiv C}$ 会消失；$\nu_{\equiv C-H}$，3300 cm^{-1}（s），其弯曲振动在 650 cm^{-1} 左右（图 4-41）。

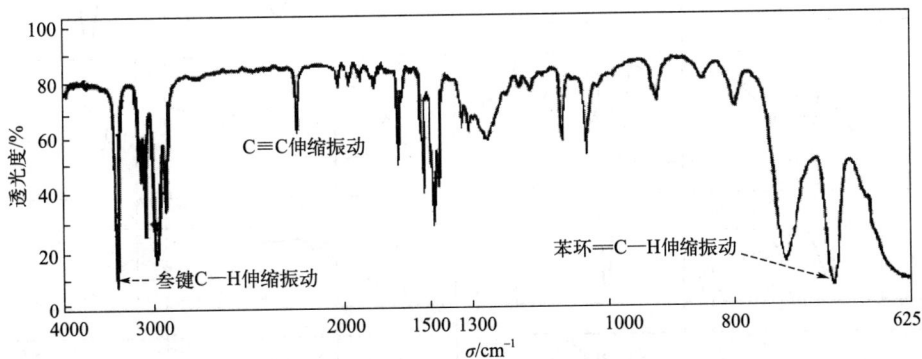

图 4-41　5-苯基-1-戊炔的红外光谱图

2. 芳烃

芳环主要基团为芳环骨架（Ar）、Ar—H。其主要振动方式如图 4-42 所示。

有数个重要的吸收带，分别位于：ν_{Ar} 骨架，1600 ± 5 cm^{-1}（m）、1500 ± 25 cm^{-1}（m）两个吸收带必然出现，当有取代时，1600 cm^{-1} 变成为 1600 cm^{-1}（m → s）、1580（m）双峰。ν_{Ar-H}，$3100 \sim 3030$ cm^{-1}（m），另有 Ar-H 的面外弯曲振动吸收峰：$900 \sim 650$ cm^{-1}（s）中强峰；泛频峰：$1660 \sim 2000$ cm^{-1}。苯乙烯的红外光谱如图 4-43 所示。

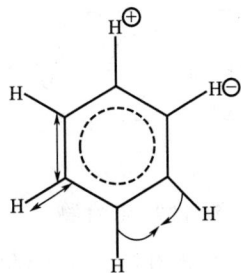

图 4-42　芳环骨架振动示意图

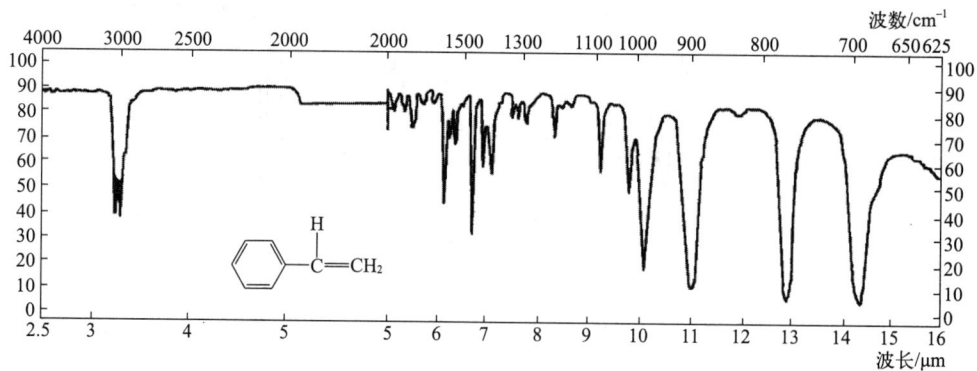

图 4-43 苯乙烯的红外光谱图

另外，位于 $1600\sim2000\ \text{cm}^{-1}$ 的泛频吸收峰和 $600\sim900\ \text{cm}^{-1}$ 的指纹区对芳环的取代分析很有帮助（图 4-44）。

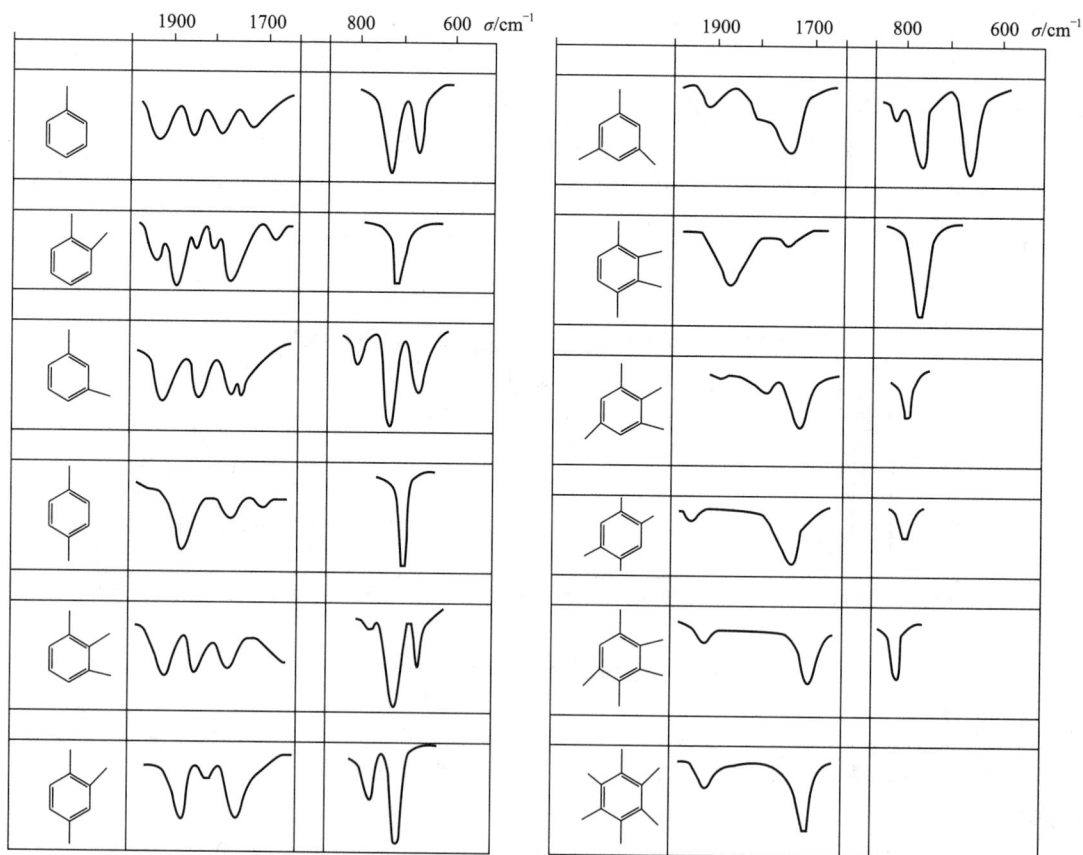

图 4-44　不同取代苯的泛频、指纹区红外吸收特征

3. 含氧化合物

① 醇和酚　主要基团为 O—H。O—H 极性强，μ（折合原子量）小，故 O—H 振动于高频出峰，且强度大。不缔合时的自由羟基，$\nu_{\text{O—H}}$ 位于 $3650\sim3600\ \text{cm}^{-1}$。但此类化合物通常由于氢键作用而发生缔合（图 4-45）：

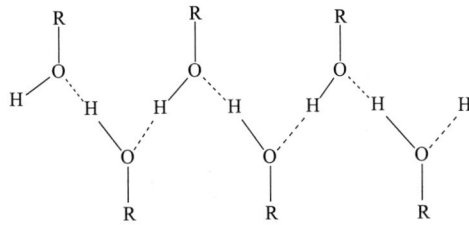

图 4-45 羟基化合物的缔合

缔合使 O—H 键长变长，键力常数 k 变小，随着浓度的增加，游离羟基的 $\nu_{O—H}$ 吸收移向低频并有时出现双峰，缔合越严重，吸收频率越向低移。$\nu_{O—H,缔合}$ 可到 3300 cm^{-1}。比如在非极性溶剂（CCl$_4$）中，0.001 mol/L 的醇羟基的 $\nu_{O—H}$ 位于 3640 cm^{-1}，但 1 mol/L 的醇羟基的 $\nu_{O—H}$ 已低移到 3300 cm^{-1}。图 4-46 是苯酚的红外吸收光谱：

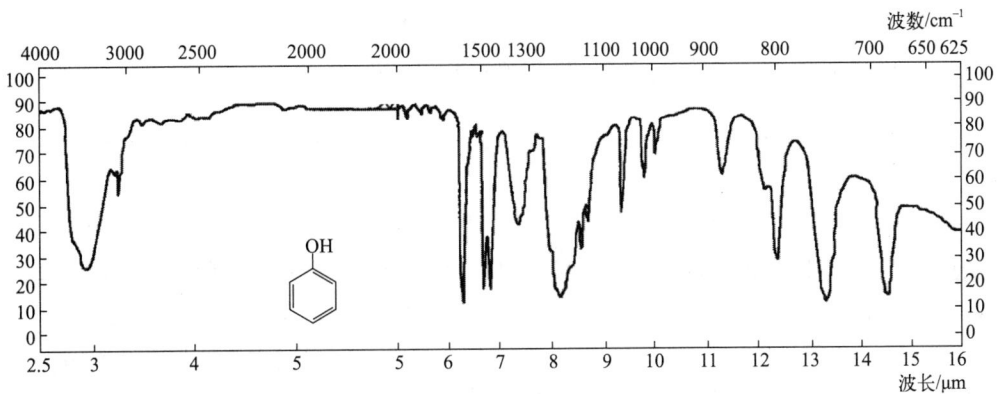

图 4-46 苯酚的红外吸收光谱图

② 酸 主要基团为 O—H、C＝O。有机酸中的羟基形成氢键的能力更强，常常形成二缔合体（图 4-47）。

缔合使 $\nu_{O—H}$ 显著移向低频，$\nu_{O—H}$ 在 3300～2500 cm^{-1} 出峰，当有饱和 $\nu_{C—H}$ 振动吸收时，$\nu_{O—H}$ 与 $\nu_{C—H}$ 振动吸收造成重叠，出现一大包峰，气体样品与极稀样品，才能于 3000 cm^{-1} 以上看到 O—H 峰。图 4-48 是乙酸的红外吸收光谱。

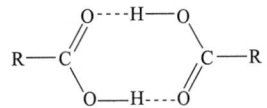

图 4-47 羧酸的缔合

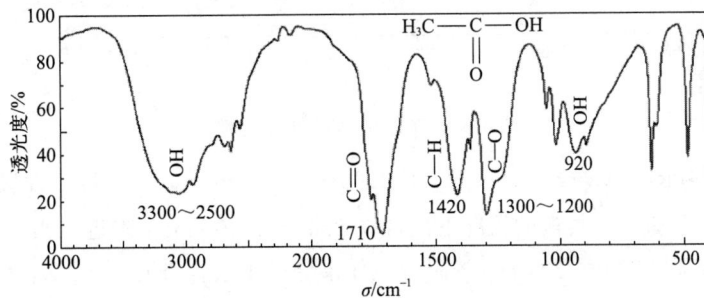

图 4-48 乙酸的红外光谱图

$\nu_{C＝O}$ 是最强的吸收峰，位于 1740～1650 cm^{-1}（s）；$\delta_{O—H}$ 位于 955～915 cm^{-1}，此峰较弱且较钝，但对确认羧酸很有帮助。

4. 含氮化合物

① 胺类　主要基团为 N—H、C—N。ν_{N-H} 位于 $3500\sim3300$ cm^{-1} 区间，C—N 的红外吸收特征性不强。伯胺的红外吸收振动见图 4-49：

在 $3500\sim3300$ cm^{-1} 出现双峰，分别对应于反对称和对称伸缩振动吸收。而双取代胺（仲胺）则出现单峰。δ_{N-H} 位于 $1650\sim1550$ cm^{-1}；δ_{N-H} 位于 $900\sim650$ cm^{-1}。ν_{C-N} 位于 $1360\sim1020$ cm^{-1} 较弱。图 4-50 是戊胺的红外吸收光谱：

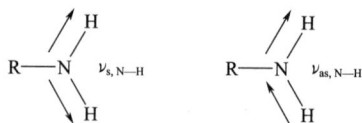

图 4-49　伯胺的红外吸收振动

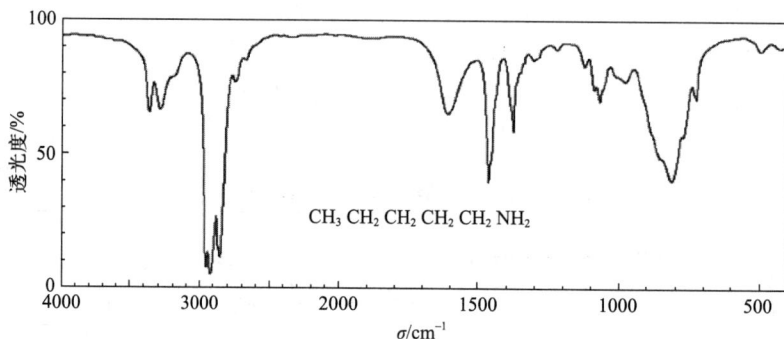

图 4-50　戊胺的红外吸收光谱图

胺成盐，N^+—H 振动大幅低移：—N^+—H_3（伯铵离子）$3200\sim2100$ cm^{-1}；$=N^+$—H_2（仲铵离子）$3000\sim2500$ cm^{-1}；$\equiv N^+$—H（叔铵离子）$2750\sim2200$ cm^{-1}。

② 酰胺　主要基团为 C=O、C—N、N—H。其中 $\nu_{C=O}$ 位于 $1680\sim1630$ cm^{-1} (s)；ν_{C-N} 位于 $1360\sim1020$ cm^{-1} (m)；ν_{N-H} 位于 $3500\sim3100$ cm^{-1} (m)，$\delta_{N-H,(面内)}$ $1640\sim1550$ cm^{-1} (s)，$\delta_{N-H,(面外)}$ $850\sim650$ cm^{-1} (s)。图 4-51 是苯甲酰胺的红外吸收光谱：

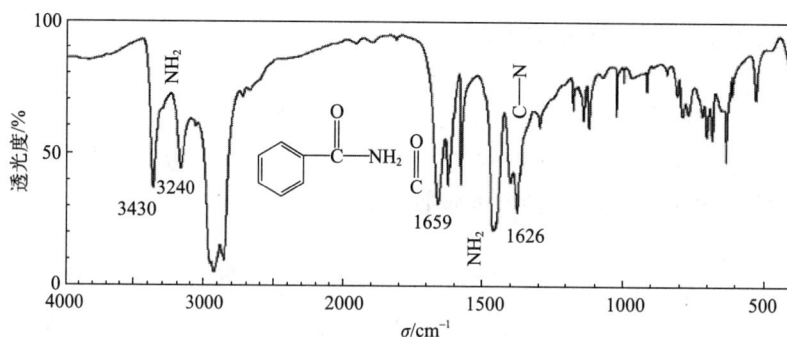

图 4-51　苯甲酰胺的红外光谱图

③ 腈　主要基团为 C≡N。$\nu_{C\equiv N}$ 位于 $2260\sim2240$ cm^{-1} (s)，特征性极强。

C≡N 的伸缩振动在非共轭的情况下出现在 $2260\sim2240$ cm^{-1} 附近，当与不饱和键或芳环共轭时，该峰位移到 $2230\sim2220$ cm^{-1} 附近，如果分子中仅含有 C、H、N，C≡N 吸收比较强而尖锐。如果分子中含有氧原子，且氧原子离 C≡N 越近，其吸收越弱，甚至观察不到。

5. 羰基化合物

羰基化合物主要基团为 C=O。$\nu_{C=O}$ 位于 $1900\sim1600$ cm^{-1} (vs)，常成为红外谱图中

最强的吸收，含 C=O 的化合物有酮类、醛类、酸类、酯类以及酸酐等。因分子结构不同，频率变化较大。

饱和脂肪酮的 $\nu_{C=O}$ 位于 1715 cm^{-1}（vs，羰基振动基准），芳酮和烯酮较低；酮和醛的 C=O 伸缩振动吸收位置相似，醛的羰基吸收位置要较酮高 10 cm^{-1} 左右，但不易根据这一差异来区分这两类化合物，然而在 C—H 伸缩振动吸收区，很容易区别它们；在 C—H 伸缩振动的低频侧，醛有两个中等强度的特征吸收峰，分别位于 2820 cm^{-1} 和 2720 cm^{-1} 附近（费米共振导致），后者较尖锐，和其他 C—H 伸缩振动吸收不相混淆，极易识别，因此根据 C=O 伸缩振动吸收以及 2720 cm^{-1} 峰就可判断有无醛基存在；醛类的羰基如果是饱和的，吸收出现在 1740 cm^{-1} 左右，如果是不饱和醛，则羰基吸收向低波数移动。

酯类中 C=O 的吸收出现在 1750 cm^{-1} 左右，不饱和酸酯及芳酸酯较低；酯类中羰基吸收的位置不受氢键的影响，在各种不同极性的溶剂中测定的谱带位置无明显移动。当羰基和不饱和键共轭时吸收向低波数移动，而吸收强度几乎不受影响。

酸酐 C=O 的吸收有两个峰，出现在较高波数处（1820 cm^{-1} 左右），双峰的出现是由两个羰基振动偶合所致。

羧酸由氢键作用，通常都以二分子缔合体的形式存在，其 C=O 吸收峰出现在 1700 cm^{-1} 附近。羧酸在四氯化碳稀溶液中，单体和二缔合体同时存在，单体的吸收峰通常出现在 1760 cm^{-1} 处。

酰氯的 $\nu_{C=O}$ 位于 1800 cm^{-1} 处。

四、红外光谱定性与定量分析

利用红外光谱的特征吸收峰可进行官能团定性，进而对分子进行定性，利用相关峰的分析，结合其他实验资料（如分子量、物理常数、紫外光谱、核磁共振波谱、质谱等）可进行结构分析，这是红外光谱分析的主要用途。

根据某一化合物的某一官能团特征吸收峰峰面积（峰形好时可利用峰高）与样品中含有该官能团的分子的浓度关系，可像分光光度法一样，对某一分子进行定量分析，此时称为红外分光光度法。

1. 样品的提纯

对大部分用于红外光谱定性的样品而言，纯度要在 98％以上，且不含水，因为化学键普遍有红外活性，对不纯物进行红外光谱分析毫无意义。含水则会溶损仪器的常用池体。

2. 掌握试样的其他相关信息

尽量掌握样品的元素分析结果、分子量、熔沸点、溶解度、其他波谱信息等。这对图谱的解析有很大的帮助。

3. 制样

（1）气体样品

使用专用的气体吸收池。使用前先将气体吸收池排空，再充入样品气体，密闭后上机测试。

（2）液体样品

如果其沸点较高，可用液膜法滴于两盐（氯化钠）片之间进行测定，一般取液体样品 1～10 mg 滴于两盐晶薄片之间，当薄片在固定架上夹紧时，样品形成一均匀薄膜；如果其沸点较低，可用封闭池进行测定；有些液体样品需配制成溶液在液体吸收池中测试，此时需要注意溶剂的吸收干扰。

（3）固体样品

用溶液（1%～5%）法得到的图谱分辨较好，此法是将固体样品用溶剂溶解，于液体池中测试。糊状法是将固体样品和某种介质（如石蜡油、全氟丁二烯）在研钵中研磨均匀后，夹在两片盐晶之间，使成均匀的薄层后测试，要注意介质的干扰吸收带，如石蜡有 C—H 吸收，只能用于饱和 C—H 以外其他官能团的分析。压片法是将 1～2 mg 固体样品与 100～200 mg 金属卤化物（大多采用 KBr）粉末在研钵中一起研磨均匀，置于压模具内，压成透明的薄片，置于样品架上测试。薄膜法适用于一些聚合物的测试，此法是使样品成膜，也可间接成膜，即将样品溶解在易挥发的溶剂中，待溶剂挥发后成膜测定。

4. 样品池选择

红外光谱测试所需的样品池窗片一定要红外透明，一般是由 NaCl、KBr 等盐晶制成，不能用玻璃或石英；含水分较多的样品或样品的水溶液，需用耐腐蚀的 CaF_2、AgCl 窗片；有些负载于某种基体界面的样品薄膜，需要专用的反射、掠角测试装置。

5. 红外分光光度计的波数校正

对于精密型红外分光光度计的波数校正，多采用测试已知气体的峰位置，再与文献值比较。如 HCl 气体的振—转吸收峰校正 3100～2700 cm^{-1} 范围，用 NH_3 气体校正 1200～800 cm^{-1} 范围。采用聚苯乙烯薄膜进行校正可获得满意的结果，此膜便于储存，广泛使用。

6. 不饱和度的计算

根据试样分子式，可以计算不饱和度，估计分子结构式中是否有双键、叁键及芳香环等。不饱和度用来表示有机分子中碳原子的饱和程度，其来源为有机化合物的饱和条件为 C_nH_{2n+2}。规定每缺两个一价元素时，不饱和度为一个单位，所以一个双键为一个不饱和单位，一个脂环（如环己烷）为一个不饱和单位，叁键为两个不饱和单位，在计算时，如有一个不饱和单位存在，必须从分子中减去两个氢原子数。不饱和度 Ω 的计算公式为：

$$\Omega = 1 + n_4 + \frac{n_3 - n_1}{2} \tag{4-16}$$

式中，n_4 为四价原子数，如 C 原子；n_3 为三价原子数，如 N 原子；n_1 为一价原子数，如 H、X 原子；二价原子不参加计算。

一般规律：①一个苯环，$\Omega = 4$（可理解为 1 个环和 3 个双键）；②一个脂环或一个双键，$\Omega = 1$；③一个叁键，$\Omega = 2$。

举例 某化合物分子式为 $C_4H_8O_2$，红外吸收光谱见图 4-52，试推测其结构：

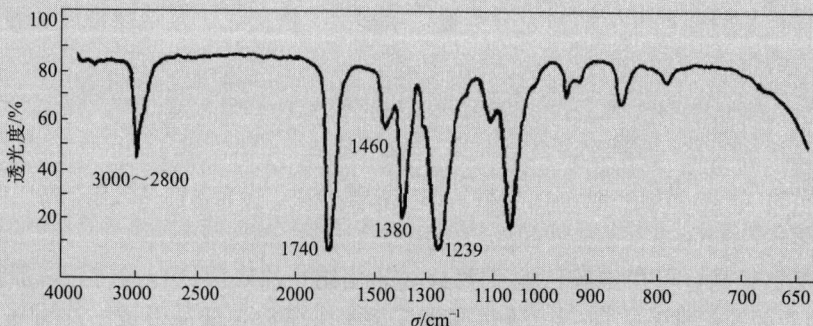

图 4-52 某未知化合物红外光谱图

解：首先计算不饱和度，$\Omega = 1 + 4 + (0-8)/2 = 1$，可能有一个双键。然后进行特征峰归属：3000～2800 cm^{-1}的峰，是饱和 C—H 间的特征吸收；1740 cm^{-1}的强峰，证明有 C=O，是不饱和度所在官能团；1460 cm^{-1}的峰，证明有亚甲基的剪式振动吸收；1380 cm^{-1}是甲基的对称面外弯曲振动吸收；1239 cm^{-1}的峰，是 C—O 的振动吸收。由此推断，可能的结构式有：

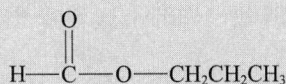

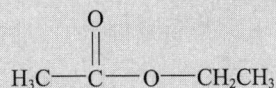

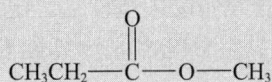

$$H-C-O-CH_2CH_2CH_3 \quad (C=O)$$

$$H_3C-C-O-CH_2CH_3 \quad (C=O)$$

$$CH_3CH_2-C-O-CH_3 \quad (C=O)$$

只使用红外吸收光谱还不能确定最终的分子结构式，还需要其他波谱数据的支持才能确定。

7. 和标准谱图进行比较

利用纯物质的谱图作对照时，要注意制样方法一致，仪器尽可能一致。最好调整样品浓度和池体厚度使大部分吸收峰在 20%～60% 之间，还要特别注意对照指纹区的谱带和吸收曲线的走向。标准谱图的取得，一是可用纯物质在相同的制样方法和实验条件下自己测定，二是查阅标准谱图集，常用的标准谱图集是萨特勒（Sadtler）红外谱图集，包含许多不同仪器型号得到的红外光谱，有各种索引，使用比较方便。一些近代仪器配备有谱库及其检索系统。

8. 红外光谱定量分析

红外光谱法通常用来识别官能团，由于谱带较多，选择余地大，也可方便地对单一组分或多组分进行定量分析。红外吸收光谱定量不受试样状态的限制，能定量测定气体、液体和固体试样。但其灵敏度较低，尚不适于微量组分测定。红外吸收光谱法定量分析的依据也是朗伯-比尔定律，通过对特征吸收谱带强度的测量来求出组分含量。与紫外-可见吸收光谱法相比，红外吸收光谱法在定量方面较弱。这是因为：红外谱图复杂，相邻峰重叠多，难以找到合适的检测峰；红外谱图峰形窄，光源强度低，检测器灵敏度低，测定时必须使用较宽的狭缝，从而导致对朗伯-比尔定律的偏离；红外测定时吸收池厚度不易确定，利用参比难以消除吸收池、溶剂的影响等。红外吸收光谱法定量最成功的应用是油分含量的测定，并发展出相应的仪器——红外分光测油仪。其主要原理是：油和油脂中的烃类结构可吸收特定波长的红外光（波长范围通常为 3～14 μm），其吸收的红外光能量与溶剂中油和油脂的浓度成正比。

利用红外吸收光谱进行定量通常应注意以下几点。

① 吸收带的选择　由于红外吸收光谱谱图复杂，谱带较多，且相邻峰重叠多，因此，用于定量的吸收带选择十分重要，在一定程度上决定了方法的灵敏度与选择性。红外吸收光谱定量分析中吸收带的选择通常要求如下：a. 所选择的吸收带必须是被测物质的特征吸收带，如分析酸、酯、醛、酮时，必须选择与羰基振动有关的特征吸收带；b. 所选择吸收带的吸收强度应与被测物质的浓度有线性关系；c. 所选择的吸收带应有较大的吸收系数且周围尽可能没有其他吸收带存在，以免干扰。

② 吸光度的测定　吸光度的测定经常使用基线法。如图 4-53 所示，通过谱带两边透射比最大点作光谱吸收的切线，作为该谱线的基线，分析波数处的垂线和基线的交点与最高吸收峰顶点的距离为峰高，该值即透射比。再由公式 $A=\lg(1/T)$ 计算吸光度，而 A 与吸收谱带强度的关系为 $A=\lg(P_0/P)$。此外，也有不考虑背景吸收，直接从谱图中分析波数处读取谱图纵坐标的透射比，再由公式 $A=\lg(1/T)$ 计算吸光度，称为一点法。实际上这种背景可以忽略的情况较少，因此多用基线法。

③ 用标准曲线法、求解联立方程法等方法进行定量分析

测得吸光度后，可用标准曲线法进行定量。同紫外-可见光吸收光谱法一样，对于二元组分，可用吸收强度比法求解联立方程得到两组分的质量分数或摩尔分数。该法理论上可定量测定三元或三元以上组分的混合物，但组分越多，计算越麻烦，实际意义不大。

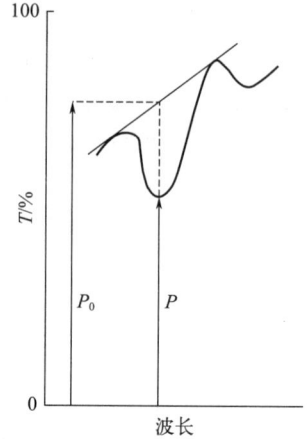

图 4-53　基线法示意图

五、红外光谱分析仪

红外光谱分析仪分为色散型和傅里叶红外光谱仪，目前很少有色散型的仪器。

在传统色散型光学仪器中，由棱镜或光栅将多色光分为 n 个单元，设每种单色需要分辨和测定的时间为 Δt，则总测定时间为：

$$t_{总}=n\times\Delta t \tag{4-17}$$

分析速度很慢。相比之下，傅里叶变换仪需时间 Δt；如测量 n 次叠加，信噪比比色散型高 $\sqrt{n-1}$！傅里叶变换仪器的优点是无狭缝、棱镜或光栅，光通量大、杂散光小。傅里叶变换光谱仪的核心部分是迈克尔逊干涉仪，其原理如图 4-54 所示：

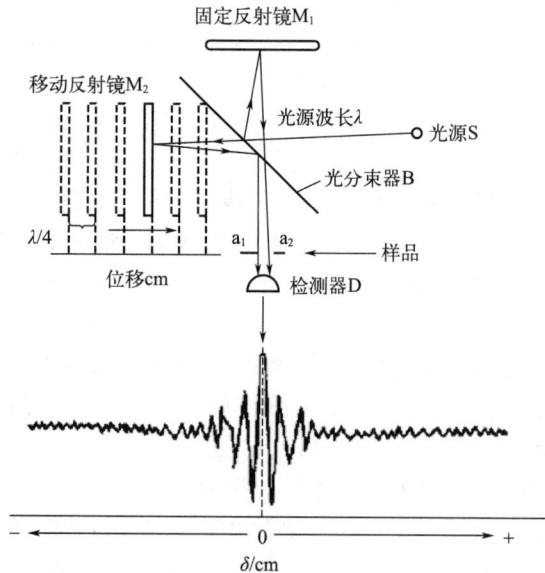

图 4-54　迈克尔逊干涉仪原理

红外光谱仪所用光源包括光源室和直流稳压稳流电源两部分。采用反射成像光路，硅碳棒具有极佳的发光效率，且发光区域小，易于收集；无须水冷，应用更为方便，使用寿命长

达 2000 小时，输出光稳定。

干涉仪是由固定不动的反射镜 M_1（定镜）、可移动的反射镜 M_2（动镜）以及光分束器 B 组成，M_1 和 M_2 是互相垂直的平面反射镜，B 以 45° 角置于 M_1 和 M_2 之间，B 能将来自光源的光束分成相等的两部分，一半光束经 B 后被反射，另一半光束则透射通过 B。

a_1、a_2 经干涉后通过样品，然后到达检测器 D 处，得到了图 4-54 下半部分所示的样品干涉图，该干涉图包括了所有光谱信息。在动镜行程的每一点所取的干涉光强，是光源中各种频率光在该点干涉图的叠加数据，是长度单位，在不同处取样时间不同。当动镜连续移动，在检测器上记录的信号将呈余弦变化，每移动四分之一波长的距离，信号则从明到暗周期性地改变一次，干涉信号强度 I 是波长差 δ 和 t 的函数，同时也是波数 σ 的函数：

$$I(\delta) = B(\sigma)\cos 2\pi\sigma\delta \tag{4-18}$$

式中，$I(\delta)$ 指光强是光程差的函数，σ 为波数；$B(\sigma)$ 指光源光谱强度。

当光程差 δ 被固定在某一个数值时，某一种频率的光对应于一个干涉信号强度 I；反过来，当频率被选定在某一个数值时，某一个光程差也对应于一个干涉信号强度 I。

傅里叶变换是一种数学和计算机处理技术。该技术能将"时间域"信号表示方法变换为"频率域"的表示方法。干涉仪并没有将复合光按频率分开，而是将各种频率的光信号经干涉后调制为干涉图的函数，再由计算机依照傅里叶变换的原理进行处理（逆变换），将通过样品前的干涉图函数和通过样品后的干涉图函数比较，得到红外光谱。所有傅里叶变换光谱分析仪器都有共同点：首先是在一个很短的时间内激发所有的红外活性基团，使它们都产生红外吸收信号；其次是计算机把所有检测对象同时产生的信号（称为时域信号，因其变量为时间）转换为按频率分布的信号，即人们所熟悉的频谱。

色散型的红外光谱仪在任一瞬间最多只有一种基团产生吸收，而在傅里叶变换红外光谱仪中，几微秒的时间就要使所有基团发生吸收，这就要求光源有足够的强度，而且光源还必须包含多种频率，总信号是多种信号的叠加。

傅里叶变换红外光谱仪中应用的检测器有热释电检测器和碲镉汞检测器。热释电检测器用硫酸三甘肽（简称 TGS）的单晶薄片作为检测元件。TGS 的极化效应与温度有关，温度升高，极化强度降低。将 TGS 薄片正面真空镀铬（半透明），背面镀金形成两电极。当红外线照射时引起温度升高，使其极化度改变，表面电荷减少，相当于因热而释放了部分电荷（热释电），经放大转变成电压或电流的方式进行测量。碲镉汞检测器（简称 MCT）的检测元件由半导体碲化镉和碲化汞混合制成，改变混合物组成可得不同测量波段、灵敏度各异的各种 MCT 检测器。其灵敏度高于 TGS，响应速度快，适于快速扫描测量。

与色散型红外光谱仪相比，傅里叶变换红外光谱（FTIR）仪器由于没有狭缝的限制，光通量只与干涉仪平面镜大小有关，因此在同样分辨率下，光通量要大得多，从而使检测器接收到的信号和信噪比增大，因此有很高的灵敏度，有利于弱光谱的测定；扫描速度极快，能在很短时间内（<1 s）获得全频域光谱响应；由于采用激光干涉条纹准确测定光程差，使 FTIR 测定的波数更为准确。

思维导图.word

六、红外分子吸收光谱进展

1. 近红外光谱法

常规红外分子吸收光谱主要应用中红外区域的电磁辐射（1.5～25 μm），该区域光谱中包含广泛而独特的精细结构，多被用于定性分析，但由于吸光度弱，红外吸收光谱在定量分析方面的应用有限。波长刚好超出可见光端，位于 $0.75\sim2.5~\mu m$（$750\sim2500$ nm）的区域被称为近红外区。这一区域的吸收带强度较弱且无明显特征，但可用于无损定量分析，特别是固体样品的分析。

近红外吸收是由振动倍频和泛频谱带产生的，这是低概率禁阻跃迁，强度较弱。这些吸收都和中红外基本振动有关，分子从基态振动能级跃迁到较高的振动能级，其中振动量子数 $\nu\geqslant2$ 导致倍频吸收。因此第一倍频区是由 $\nu=0$ 到 $\nu=2$ 跃迁形成的，同时第二、第三倍频区分别由于 $\nu=0$ 至 $\nu=3$ 和 $\nu=0$ 至 $\nu=4$ 跃迁形成。当两种不同的分子振动被激发，泛频吸收带就产生了。近红外吸收主要是由 C—H、O—H 和 N—H 伸缩和弯曲振动产生的。近红外区域通常分为短波近红外（$750\sim1100$ nm）和长波近红外（$1100\sim2500$ nm）。在短波近红外区，吸光度一般比较弱。因此，长度为 $1\sim10$ cm 的光程是常用的，而短于 $1\sim10$ cm 的吸收池可能需要长波近红外。一般情况下，近红外吸收为中红外的 $1/1000\sim1/10$，所以样品制作通常操作简单方便，如粉末、淤浆或不用稀释的液体。虽然近红外光谱没有特色且吸收较弱，但采用较强的辐射源、高辐射通量和灵敏的检测器可使得近红外区信噪比较高。使用适当的校准，可以实现优良的定量结果。

近红外仪器辐射源通常在 $2500\sim3000$ K 操作，相比于中红外区域 1700 K，有接近 10 倍以上的强度辐射和信噪比提高，这是因为，典型来源的红外辐射在中红外区域的后边，随着温度升高，最大强度进一步进入近红外区域。石英卤钨灯在 $750\sim1750$ nm 提供强烈的辐射。短波近红外（$750\sim1100$ nm）多使用硅检测器，长波近红外（$1100\sim2500$ nm）则多使用 PbS、锗和砷化铟镓（InGaAs）检测器。InGaAs 检测器比中红外检测器灵敏 100 倍以上，在近红外分析中应用广泛。强烈辐射源和灵敏检测器的联合使用降低了噪声水平，达到微吸光度单位的数量级，是中红外区域的 $1/1000$。玻璃和石英对近红外辐射是透明的，所以相比于中红外区域，近红外的光学元件更容易设计和使用。近红外辐射可以通过光纤传送很长的距离，因此，光纤探头可用于无损样品检测，常用于过程或现场（便携式）检测商业仪器。

近红外光谱技术，凭借其穿透未稀释样品的能力以及对较长光路的有效利用，成为实现非均匀样品无损、快速检测的理想选择。同时，通过采用长光路设计，确保了所得分析结果更具代表性。然而，多年来该技术的低分辨率限制了其应用，直到与化学计量学相结合，即用软件来识别和解决复杂样品基质谱图分析。化学计量学方法利用多元数学程序用于多组分测量，一次测量全部而不是同时测量一个参数或一个组分，完善的软件可进行自动校准和测定。本质上，计量标准包括样品基质中不同浓度的分析物质的标准物质。这些标准物质被用作制作光谱，然后使用软件提取分析物的光谱并制备校准曲线。通常，整个光谱被同时测量，数百或数千波长下的吸光度数据用于确定光谱。对于定量分析，基准物质的组成必须是已知的，或由一个公认的方法测定的。所以该技术的速度和灵活性前提是需要投入更多的时间和精力来制备标准和校准平衡仪器，技术仅限于测量，标准一旦建立，即可对成千上万的样品进行常规分析。目前，近红外光谱广泛用于农产品如谷物中大部分营养物质的分析，石化行业中辛烷值、蒸气压力、芳香族化合物和类似物的含量检测，以及药品真伪的现场快速鉴定等。

2. 衰减全反射红外光谱法

常规的红外吸收光谱采用透射式分析，使用压片或涂膜进行测量，要求样品的红外线通透性好。然而，很多物质如纤维、橡胶等都是不透明的，某些特殊样品难溶、难熔、难粉碎，都导致其难以用透射式红外光谱来测量，另外有时人们对分析物表面感兴趣，在这些情况下，反射式红外光谱就成为有力的分析工具。反射光谱包括内反射光谱、镜面反射光谱和漫反射光谱，其中以内反射光谱技术应用为多。内反射光谱也叫衰减全反射（attenuated total reflectance，ATR）光谱，出现于 20 世纪 60 年代初，但由于受当时色散型红外光谱仪性能的限制，ATR 技术应用研究领域比较局限。80 年代初将 ATR 技术开始应用到 FTIR 光谱仪上，产生了 ATR-FTIR 光谱仪。ATR 的应用极大地简化了一些特殊样品的测试，使微区成分的分析变得方便而快捷，检测灵敏度可达 10^{-9} g 数量级，测量显微区直径达数微米。

ATR 附件基于光内反射原理而设计。从光源发出的红外线经过折射率大的晶体再投射到折射率小的试样表面上，当入射角大于临界角时，入射光线就会产生全反射。事实上红外线并不是全部被反射回来，而是穿透到试样表面内一定深度后再返回表面。穿透的深度，从一个波长到多个波长，取决于波长、两种材料的折射率，以及光束相对于界面的角度。在该过程中，试样在入射光频率区域内有选择吸收，反射光强度发生减弱，产生与透射吸收相类似的谱图，从而获得样品表层化学成分的结构信息。ATR 作为红外光谱法的重要实验方法之一，克服了传统透射法分析的不足，简化了样品的制作和处理过程，极大地扩展了 FTIR 的应用范围。它已成为分析物质表面结构的一种有力工具和手段，在多个领域得到了广泛应用。

3. 红外光声光谱法

用光照射某种媒质时，由于媒质对光的吸收会使其内部的温度改变从而引起媒质内某些区域结构和体积变化；当采用脉冲光源或调制光源时，媒质温度的升降会引起媒质的体积涨缩，进而产生压力变化，向外辐射机械波（声波），这种物理现象称为光声效应（photoacoustic effect）。如果用一个敏感的麦克风检测媒质产生的声波，即可反映被测物质与光的相互作用，这就是光声光谱（photoacoustic spectroscopy，PAS）。PAS 通常以类似于吸收光谱的形式绘制，其跃迁的频率与吸收光谱相同，但相对强度取决于波长和调制频率。随着超灵敏麦克风和可调谐红外激光器的出现，PAS 成为新时代的光谱分析中的一个重要工具，被应用于越来越多的领域。

光声效应中产生的机械波正比于物质吸收的光能，而不同成分的物质在不同光波波长处出现吸收峰值，因此当使用连续光源以不同波长的光束相继照射样品时，样品内不同成分的物质将在与各自的吸收峰相对应的光波波长处产生机械波强度极大值，由此得到随光波波长改变的曲线称为波长谱。PAS 实际上代表物质的光吸收谱，因此利用光声效应可以检测物质的组分。由此研制的一种新型光谱分析的工具——光声光谱仪，已广泛用于气体及各种凝聚态物质的微量甚至痕量分析。由于 PAS 的检测灵敏度高，特别是对样品材料没有限制，不论透明或不透明液体、固体或半固体（如粉末、污迹、乳胶或生物样品）等都可以进行分析，从而成为传统光谱技术的补充和强有力的竞争者。

近年来，利用聚焦的激光束在固体样品表面扫描，对不同位置处产生的机械波的强度和相位进行测量，从而来确定样品的光学、热学、弹性或几何结构，由此发展出一种成像技术，可对各种金属、陶瓷、塑料或生物样品等的表面或亚表面的微细结构进行成像显示，特别是对集成电路等固体器件的亚表面结构进行成像研究，成为各种固体材料或器件非破坏性检测的有效工具。

4. 红外成像

自然界中，一切绝对零度（-273.15℃）以上的物体都可以辐射红外线，因此利用红外探测仪测定目标本体和背景之间辐射的红外线差异，就可以得到红外图像。红外成像分为主动式和被动式两种。主动式红外成像是利用红外光源（近红外波段，其峰值波长一般为 $0.93~\mu m$）照射目标，接收反射的红外辐射形成图像。目前主动式红外成像技术在市场上主要用于夜视防盗监控。被动式红外成像不需要红外光源发射红外线，依靠目标自身的红外辐射形成"红外图像"，又称红外热成像。红外热成像使人眼不能直接看到目标的表面温度分布，变成人眼可以看到的代表目标表面温度分布的红外热图像。红外热成像仪是一种用来探测目标物体的红外辐射，并通过广电转换、电信号处理等手段，将目标物体的温度分布图像转换成视频图像的仪器。红外成像技术早期主要应用于军事，后来随着民用事业的发展，在工业、农业、消防、森林管理等方面都崭露头角。尤其是在材料无损检测和生物医学领域，逐渐成为研究的一种好方法和新技术。

第四节　荧光、化学发光与拉曼光谱

分子吸收外来能量时，分子的外层价电子可能从较低的电子能级跃迁到较高的电子能级，这时分子处于激发态。激发态分子不稳定，它可以经由多种衰变途径跃迁回基态。这些衰变的途径包括辐射跃迁和非辐射跃迁，辐射跃迁过程伴随的发光现象称为分子发光。

可以按照激发模式或激发态的类型对分子发光加以分类。按照激发模式分类时，如果分子通过吸收光能而被激发，所产生的发光称为光致发光，分子的荧光和磷光就属于光致发光；如果分子是由化学反应的能量或由生物体内的化学反应释放的能量所激发，产生的发光分别称为化学发光或生物发光。按照激发态类型来分类，可以分为荧光和磷光。以分子发光作为检测手段的分析方法称为分子发光分析法，本节重点介绍荧光分析法和化学发光分析法。

当分子吸收光的能量时，还会发生散射现象。一部分散射光的频率与入射光相同，称为瑞利（Rayleigh）散射；还有一小部分散射光的频率发生变化，称为拉曼（Raman）散射。拉曼散射与红外吸收一样，源于分子的振动和转动能级的跃迁，因此可以获得分子结构相关信息。近年来，拉曼光谱发展迅速，应用范围遍及化学、物理、生物和医学等各个领域，对于定性分析、定量分析和结构测定都有很大价值。

一、荧光分析法

1. 基本原理

（1）荧光的产生

分子中同一轨道里的两个电子通常是自旋配对的，即两个电子的自旋方向相反。如果分子中的全部电子均自旋配对，则该分子处于单重态，用 S 表示。大多数分子的基态为单重态，当单重态分子吸收能量后，分子外层价电子从低能级跃迁到高能级，这时分子处于激发态。如果跃迁的电子不发生自旋方向的变化，这时分子处于激发单重态；如果跃迁的电子发生了自旋方向的改变，这时分子具有两个自旋不配对的电子，则处于激发三重态，用 T 表示。

处于激发态的电子能量高，不稳定，会经由多种衰变途径释放能量返回到基态，其能量衰变途径包括辐射跃迁和非辐射跃迁。图 4-55 所示为激发态分子的能量衰变过程（忽略转动能级）。图中，S_0、S_1 和 S_2 分别表示分子的基态、第一和第二电子激发单重态，T_1 则表示第一电子激发三重态。非辐射跃迁包括内转化、系间窜越和振动弛豫过程，辐射跃迁包括分子荧光和磷光。

激发态分子的非辐射跃迁是指通过热能的形式将能量传递给介质而发生衰变的过程，这是一种非光谱过程。非辐射跃迁包括振动弛豫、内转化和系间窜越。振动弛豫是指处于激发态的电子通过非辐射跃迁衰变到同一电子能级的最低振动能级的过程（S 或 T 不变）；内转化是指处于激发态的电子通过非辐射跃迁衰变到相同多重态的较低电子能级的过程（如 $S_1 \rightarrow S_0$）；系间窜越则是指电子在不同多重态的两个电子能级之间的非辐射跃迁过程（如 $S_1 \rightarrow T_1$，$T_1 \rightarrow S_0$）。

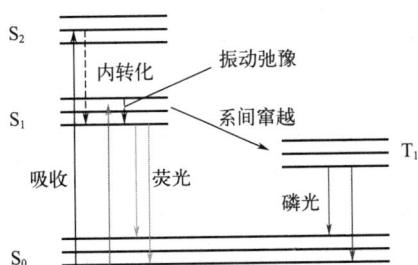

图 4-55　激发态分子的能量衰变过程

激发态分子的辐射跃迁过程是指通过电磁辐射的形式释放能量而发生衰变的过程。由于实际的衰变过程所涉及的跃迁是相邻两个电子能级之间的跃迁（如 $S_1 \rightarrow S_0$，$T_1 \rightarrow S_0$），而相邻两个电子能级能量差所对应的电磁辐射波长通常在紫外-可见光区，因此，它是一种分子发光过程。

当分子吸收能量，外层电子被激发到 S_2 及以上的某个电子激发单重态的不同振动能级上，该激发单重态的寿命很短（$10^{-11} \sim 10^{-13}$ s），很快发生振动弛豫而衰变到该电子态的最低振动能级，然后又经由内转化及振动弛豫而衰变到 S_1 态的最低振动能级，或者通过系间窜越衰变到 T_1 态，进而经由振动弛豫衰变到 T_1 态的最低振动能级。由于系间窜越是自旋禁阻的，其速率常数相对较小，为 $10^2 \sim 10^6$ s^{-1}，因此出现的概率较小。随后，处于 S_1 态或 T_1 态最低振动能级的激发态电子既可以通过 $S_1 \rightarrow S_0$ 或 $T_1 \rightarrow S_0$ 的辐射跃迁过程发射荧光或磷光而回到基态，也可以通过 $S_1 \rightarrow S_0$ 的内转化或 $T_1 \rightarrow S_0$ 的系间窜越释放热能而回到基态。前者对应的分子为发光分子，后者对应分子为非发光分子。对发光分子来讲，$S_1 \rightarrow S_0$ 或 $T_1 \rightarrow S_0$ 辐射跃迁过程的速率常数分别为 10^9 s^{-1} 和 10^6 s^{-1}，而其对应的内转化和系间窜越过程的速率常数相对较小，分别为 $10^6 \sim 10^{12}$ s^{-1} 和 $10^2 \sim 10^5$ s^{-1}，这就使 $S_1 \rightarrow S_0$ 和 $T_1 \rightarrow S_0$ 辐射跃迁发光成为可能。

综上，分子发光过程可以描述为：当分子吸收能量处于高能但不稳定的激发态时，分子外层电子首先通过振动弛豫、内转化和系间窜越等非辐射跃迁过程释放热能，从而跃迁回到第一激发单重态 S_1 的最低振动能级或第一激发三重态 T_1 的最低振动能级，然后通过辐射跃迁过程发光并回到基态 S_0。激发后的发光过程如为 $S_1 \rightarrow S_0$，则为荧光，发光过程的速率常数大，激发态的寿命短；如为 $T_1 \rightarrow S_0$，则为磷光，发光过程的速率常数小，激发态的寿命相对较长。

（2）荧光光谱

① 激发光谱和发射光谱　荧光属于光致发光，采用光电检测器，可以检测到发光分子的两个过程，其一为分子的激发过程，其二为分子的发光过程，这两个过程均与波长有关。分子的激发过程对应于分子对光的吸收，由于分子对光的选择性吸收，不同波长的入射光具有不同的激发效率。如果固定荧光的发射波长而不断改变激发光的波长，并记录相应的荧光强度，所得到的发光强度对激发波长的谱图称为荧光的激发光谱。分子的发光过程为价电子

从电子激发单重态的最低振动能级跃迁回到基态的过程，而基态亦具有不同的振动能级和转动能级，因而所发射的光也与波长有关。如果固定激发光的波长和强度而不断改变荧光的测定波长，记录相应的荧光强度，所得到的发光强度对发射波长的谱图则为荧光的发射光谱。需要强调的是，不管是激发光谱还是发射光谱，所记录的信号均为荧光信号，尤其是激发光谱，虽然分子被激发是吸光过程，但它还包含非辐射跃迁及辐射跃迁过程，这与紫外-可见光吸收光谱过程具有本质区别。

典型荧光分子的激发光谱和发射光谱如图 4-56 所示。激发光谱的结构和发射光谱结构之间存在（但不一定）紧密联系。对于许多相对较大的分子，激发态的振动间隔，尤其是 S_1，与基态 S_0 的振动间隔非常类似，这就导致荧光激发光谱与发射光谱通常呈镜像关系。根据镜像对称规则，如不是激发光谱镜像对称的荧光峰出现，表示有散射光或杂质荧光存在。事实上，荧光激发与发射中也存在少数偏离镜像对称关系的现象，究其原因，或是由于激发态时核的几何构型与基态时不同，或是由于在激发态时发生了质子转移反应或形成激发态二聚体（或激发态复合物）。

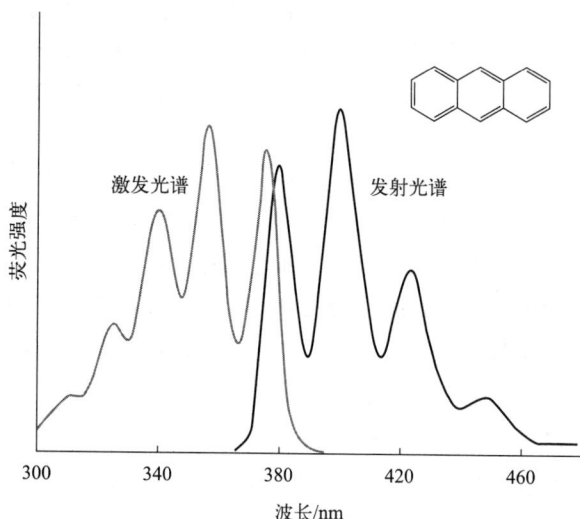

图 4-56 荧光分子的激发光谱和发射光谱

需要注意的是，荧光光谱具有三维特性。常规的荧光光谱是二维光谱，它是三维荧光光谱的一种简化处理，也是最常用的光谱表现形式。

② 斯托克斯位移 通常情况下，荧光光谱的发射波长总是大于激发波长，这一现象称为斯托克斯（Stokes）位移。如前所述，激发态分子在发光之前，还经历了振动弛豫和/或内转化的过程而损失部分激发能，这是产生斯托克斯位移的主要原因。斯托克斯位移大有利于减小发光强度测量时由激发光的瑞利散射所引起的干扰。

③ 荧光寿命和量子产率 常规荧光分析中，激发光持续作用于荧光分子，因而可以产生持续的荧光发射。如果激发光作用于荧光分子使其激发后立即中断，则发光强度将发生衰减。荧光衰减过程用荧光寿命来表征。

荧光寿命 τ_F 是荧光分子处于 S_1 激发态的平均寿命，定义为荧光强度衰减为初始强度的 $1/e$ 所经历的时间，可用下式表示：

$$\tau_F = 1/(k_F + \sum K) \tag{4-19}$$

式中，k_F 表示荧光发射过程的速率常数；$\sum K$ 代表分子内各种非辐射衰变过程的速率常数之和。典型荧光分子的荧光寿命通常在 $10^{-10} \sim 10^{-8}$ s。

荧光强度的衰变，遵循以下方程：

$$\ln I_0 - \ln I_t = t/\tau \tag{4-20}$$

式中，I_0 与 I_t 分别表示 $t=0$ 和 $t=t$ 时的荧光强度。通过实验测出不同时刻所对应的 I_t 值，作出 $\ln I_t$-t 关系曲线，所得直线斜率的倒数即荧光寿命值。

荧光量子产率 φ_F 定义为发射荧光的激发态分子数与吸光后处于激发态的分子总数之比。由于激发态分子的衰变过程包含辐射跃迁和非辐射跃迁，故 φ_F 可表示为：

$$\varphi_F = k_F/(k_F + \sum K) \tag{4-21}$$

可见，φ_F 的大小取决于荧光发射的辐射跃迁过程与非辐射跃迁过程的竞争程度，φ_F 的数值越大，分子的荧光越强。

荧光量子产率的大小主要取决于荧光体的结构与性质，同时也与其所处的环境有关。测量 φ_F 的方法主要有两种：一种是参比法，测得的是相对荧光量子产率；另一种是直接法，测得的是绝对荧光量子产率。

④ 荧光分析法的定量关系　根据分子发光过程，分子溶液的荧光发射强度 I_F 与溶液吸收的光强度 I_a 及荧光量子产率 φ_F 有如下关系：

$$I_F = \varphi_F I_a \tag{4-22}$$

由于溶液分子吸收的光强度等于入射光强度 I_0 与透射光强度 I_t 的差值，因此有：

$$I_F = \varphi_F(I_0 - I_t) = \varphi_F I_0(1 - I_t/I_0) = \varphi_F I_0(1 - 10^{-\varepsilon bc}) \tag{4-23}$$

如果荧光分子吸光度较小（$\varepsilon bc \leqslant 0.05$），上式按幂级数展开后，平方项和高阶项可以忽略，扩展项就缩减为 $2.303\varepsilon bc$，则上式可简化为：

$$I_F = 2.303 I_0 \varphi_F \varepsilon bc \tag{4-24}$$

上式即为荧光分析法的定量关系式，其中 b 为液池的厚度，c 为溶液的浓度。荧光法测定时，荧光分子在选定激发波长下，I_0、φ_F、ε 和 b 均为定值，则荧光强度 I_F 与荧光分子浓度 c 成正比。从推导过程可以看出，该式成立的重要前提是荧光分子的吸光度 $\leqslant 0.05$，当 $\varepsilon bc \geqslant 0.05$ 时，荧光强度和溶液的浓度不成线性关系，此时应考虑幂级数中的平方项甚至三次方项。

（3）影响荧光的因素

① 分子结构对荧光的影响　分子结构是影响荧光的内在因素。

荧光为电子光谱，波长范围通常位于紫外-可见光区，所涉及的分子结构通常为 π 电子或 n 电子的跃迁，即常见的 π→π* 跃迁和 n→π* 跃迁。前者跃迁概率（ε 约为 $10^3 \sim 10^4$ L·mol^{-1}·cm^{-1}）明显高于后者（ε 约为 10^2 L·mol^{-1}·cm^{-1}），而后者的共轭 π 键体系需含有孤对电子。共轭 π 键体系的 π→π* 或 n→π* 跃迁过程，仅仅是分子荧光的激发过程，而是否发射荧光或发光强弱，还取决于其荧光量子产率。

不管是激发过程中的 π→π* 跃迁或 n→π* 跃迁，还是发射过程中的量子产率，均由分子结构所决定，因此，分子结构是影响荧光光谱的内在因素。一般来讲，具有强荧光性的物质，其分子结构往往具有以下特征：具有大的共轭 π 键体系，具有刚性平面构型，共轭体系含有给电子取代基，最低的电子激发单重态为（π,π*）型。

具有共轭 π 键体系的分子，含有易被激发的非定域 π 电子，共轭体系越大，π 电子越容易被激发，往往具有更强的荧光。此外，随着共轭体系的增大，（π,π*）能级差变小，发射峰向长波方向移动。例如，萘、蒽等分子要比苯发射更强的荧光，且最大发射波长随着苯环数的增多逐渐红移。

具有刚性平面构型的分子，其振动和转动的自由度减小，从而增大了发光效率。例如，具有刚性平面构型的荧光黄和曙红会发强荧光，而类似的化合物酚酞，则由于非刚性平面构型而不发荧光（图 4-57）。同一分子在构型发生变化时，其荧光光谱和荧光强度也将随之变化。有些有机芳香化合物在与非过渡金属离子形成络合物之后，因增大了分子的刚性而使荧光增强。

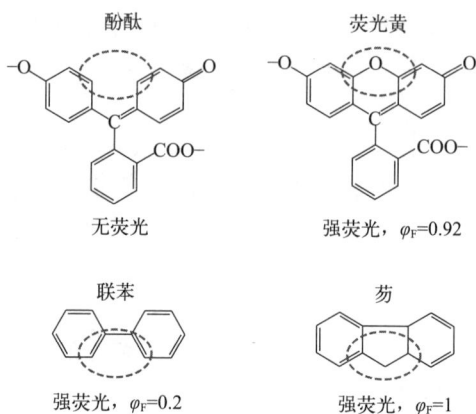

图 4-57　分子结构对荧光的影响

对于给电子取代基，如—NH_2、—$NHCH_3$、—$N(CH_3)_2$、—OH 和—OCH_3 等，通常使荧光增强，如苯胺和苯酚的荧光显著强于苯。含这类取代基的芳香性荧光体，其取代基上 n 电子的电子云几乎与芳环上的 π 轨道平行，从而共享了共轭 π 电子结构，扩大了共轭体系。吸电子取代基如醛基、羰基、羧基、硝基等，它们虽然也含有 n 电子，但 n 电子的电子云并不与芳环上的 π 电子云共平面，其 $n \rightarrow \pi^*$ 跃迁为禁阻跃迁，且 $S_1 \rightarrow T_1$ 系间窜越的概率增大，故会使荧光减弱。例如，苯发荧光，而硝基苯则不发荧光。此外，Cl、Br、I 等重原子取代基，通常导致荧光减弱，这被认为是因为重原子的取代促进了荧光体中电子自旋-轨道的偶合作用，增大了 $S_1 \rightarrow T_1$ 系间窜越的概率。

比较 $\pi \rightarrow \pi^*$ 与 $n \rightarrow \pi^*$ 跃迁，前者是自旋许可的跃迁，摩尔吸光系数大，约为 10^4 L/(mol·cm)，但激发态的寿命短，且 $S_1 \rightarrow T_1$ 系间窜越的概率小；后者属于自旋禁阻的跃迁，摩尔吸光系数小，约为 10^2 L/(mol·cm)，且 $S_1 \rightarrow T_1$ 系间窜越的概率大，激发态的寿命较长。因此，$\pi \rightarrow \pi^*$ 跃迁将产生比 $n \rightarrow \pi^*$ 跃迁更强的荧光。通常，不含 N、O、S 等杂原子的芳香化合物，它们的最低激发单重态 S_1 通常是 (π, π^*) 激发态，而含 N、O、S 等杂原子的芳香化合物，它们的最低激发单重态 S_1 通常是 (n, π^*) 激发态。

② 化学环境对荧光的影响　分子所处的化学环境是影响其荧光的外在因素，包括溶剂、酸碱性、温度和黏度等。

首先考虑溶剂极性的影响。在溶液中，荧光分子的偶极与溶剂分子的偶极之间存在着静电相互作用，溶剂分子围绕在荧光体分子的周围形成了溶剂笼。荧光体的基态与激发态具有不同的电子分布，从而具有不同的偶极矩。当荧光分子被激发后，偶极矩发生改变，从而微扰周围的溶剂分子，导致溶剂分子的电子重排，以及溶剂分子的偶极围绕激发态荧光分子的重新定向，组成新的溶剂笼。这个过程称为溶剂弛豫，是吸收和发射之间存在能量差的主要原因之一。许多共轭芳香族化合物，激发时发生了 $\pi \rightarrow \pi^*$ 跃迁，其激发态比基态具有更大的极性，随着溶剂极性的增大，激发态比基态能量下降得更多，发射跃迁的能量变小，结果荧光光谱向长波方向移动。

除了溶剂极性的影响之外，如果荧光分子与溶剂分子之间形成氢键，便会导致荧光光谱发生更大的位移。荧光分子与溶剂分子之间发生氢键作用有两种情况，一种是基态分子与溶剂分子之间形成氢键，另一种是激发态分子与溶剂分子之间形成氢键。前一种情况下，荧光物质的吸收光谱和荧光光谱都将受到影响，后一种情况下，只有荧光光谱受到影响。一般来说，由于在 $n \rightarrow \pi^*$ 跃迁和某些分子内电荷转移过程中涉及非键的孤对电子，溶剂的氢键形成能力对这一跃迁类型的光谱有较大的影响，随着溶剂形成氢键能力的增大，荧光光谱向短波方向移动。

某些芳香族羰基化合物和氮杂环化合物在非极性的、疏质子溶剂中，其最低激发单重态是（n，π^*）态，因而荧光很弱或不发荧光。但在高极性的氢键溶剂中，其最低激发单重态可能变为（π，π^*）态，从而使荧光量子产率迅速增大。例如异喹啉在环己烷中不发荧光，在水溶液中却能发荧光。

其次，考虑介质酸碱性的影响。如果荧光分子是一种弱酸或弱碱，它们的分子及其相应的离子可以视为具有不同的荧光特性，介质的酸碱性发生变化将使酸碱平衡移动，从而对荧光光谱的形状和强度产生显著影响。具有酸性基团或碱性基团的芳香族化合物，其酸性基团的解离作用或碱性基团的质子化作用，可能改变与发光过程相竞争的非辐射跃迁过程的性质和速率，从而影响其发光特性。例如水杨醛在中性溶液中不发荧光，然而在碱性溶液中酚基解离，或在浓的无机酸溶液中发生羰基的质子化，使水杨醛呈现强荧光性。此外，生成配合物荧光测定金属离子时，改变溶液的 pH 将显著影响金属离子与有机配体所生成的发光配合物的稳定性和组成，从而影响它们的发光性质。

介质的温度通常也对荧光强度有着显著影响。温度上升，激发态分子的振动弛豫和内转化作用加剧，同时会增大发光分子与溶剂分子碰撞失活的机会，这将导致溶液的荧光强度下降。另一方面，介质黏度也会影响荧光强度，介质黏度的提高，将减小激发态分子振动和转动的速率，同时分子运动速率的减小降低了与其他溶质分子的碰撞概率，因而有利于荧光强度的增高。

此外，有序介质，如表面活性剂或环糊精等，对分子的发光特性有着显著的影响。在表面活性剂形成的胶束溶液中，发光分子被分散进入胶束的内核或栏栅部位，或者被束缚在胶束-水界面，既降低了荧光体活动的自由度，又起到屏蔽作用，从而减小了非辐射衰变过程的速率，提高了发光强度。胶束溶液光学上透明、稳定，对发光物质具有增溶、增敏和增稳的作用，是提高荧光分析法灵敏度和选择性的有效途径之一。环糊精是一类环状低聚糖，常见的是 α-环糊精、β-环糊精和 γ-环糊精，分别由 6、7 和 8 个葡萄糖单元组成，其中，β-环糊精及其衍生物的应用最为广泛。环糊精类化合物的结构特点是存在亲水外缘和疏水空腔，疏水空腔能与许多有机化合物形成主客体包络物。一些与环糊精疏水空腔亲和力强的荧光体，在分子大小合适时，能够进入环糊精腔体，这种包络作用可显著降低荧光分子运动自由度，并对荧光分子产生屏蔽作用，致使发光强度显著增强。

③ 浓度效应对荧光的影响　浓度效应是特定情况下对荧光的影响因素。随着溶液浓度增大，将可能出现荧光光谱畸变或者发光强度随浓度增大而减小的现象，这种现象称为浓度效应。浓度效应通常包括下面三种情况。

其一，内滤效应是指当荧光分子浓度较大或与其他吸光物质共存时，由荧光分子或共存吸光物质对于激发光或发射光的吸收而导致荧光减弱的现象，其成因有两种情况。首先，当溶液浓度过高时，由于荧光分子的吸光能力大幅增强，作用于沿入射光轴方向中、后部的荧光分子的有效激发光强度显著衰减，而仪器在进行发射光检测时，其采光具有一定的空间范围，因而总体上使所检测的发光强度显著下降；其次，浓度过高时，试样溶液中的共存物质对入射光的吸收作用增大，使作用于荧光分子的有效激发光强度显著降低。

其二，高浓度时，荧光分子之间可能发生聚集作用，形成基态分子间的聚合物，或者激发态分子与其基态分子的二聚物，或者激发态分子与其他溶质分子的复合物，从而导致荧光分子的有效浓度下降，并导致荧光强度下降。

其三，如果荧光分子的发射光谱与其吸收光谱部分重叠，则在高浓度下部分发射光会被发光分子再吸收，导致发光强度下降和光谱变形。溶液的浓度越大，再吸收现象越严重。

（4）荧光的猝灭

荧光分析中经常遇到的难题是许多物质的荧光猝灭，荧光猝灭是指荧光分子与溶剂或共存溶质分子之间所发生的导致发光强度下降的物理或化学作用过程。与荧光分子相互作用而引起发光强度下降的物质，称为猝灭剂。猝灭过程可能发生于猝灭剂与荧光物质的激发态分子之间的相互作用，称为动态猝灭；也可能发生于猝灭剂与荧光物质的基态分子之间的相互作用，称为静态猝灭。

静态猝灭与动态猝灭过程的区分，可以通过考察猝灭现象与荧光寿命、温度和黏度的关系，以及吸收光谱的变化情况来判断。具体地讲，静态猝灭过程中，猝灭剂作用于基态荧光分子，不改变荧光物质的荧光寿命；而在动态猝灭过程中，猝灭剂作用于激发态荧光分子，使荧光物质的荧光寿命缩短。同样的道理，在静态猝灭过程中，荧光分子的吸收光谱信号显著降低；而动态猝灭过程中，荧光分子的吸收光谱通常不发生变化。动态猝灭与碰撞前的扩散过程有关，在温度升高时，溶液黏度下降且分子运动加速，导致分子的扩散系数增大，从而增大碰撞猝灭常数，表现为温度升高加剧动态猝灭进程；而对于静态猝灭过程，温度升高一般引起反应产物稳定性下降，稳定常数变小，从而减弱静态猝灭的程度。

特殊情况下，荧光体与猝灭剂会同时发生动态猝灭和静态猝灭现象。

2. 荧光分析仪器

荧光分析包括激发和发射两个过程，测定仪器有荧光分光光度计和荧光光度计，一般由光源系统、波长选择系统、试样引入系统、检测系统和信号处理及读出系统所组成，其仪器结构如图 4-58 所示。为了规避激发光的干扰，光源（激发光）与检测器（发射光）通常呈直角分布。荧光分光光度计需要在激发光路和发射光路上各设置一个波长选择系统，分别记录激发光谱和发射光谱。

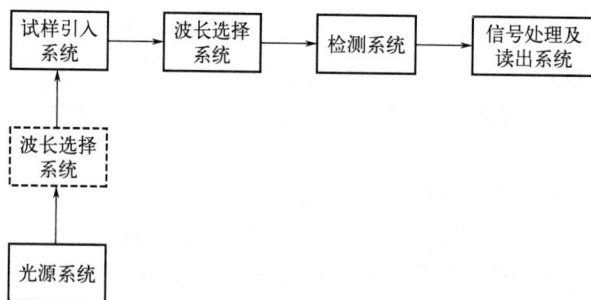

图 4-58　荧光分光光度计结构示意图

（1）光源系统

荧光分光光度计中，光源提供分子激发所需的激发光，故也称为激发光源。激发光源通常要求在紫外-可见光区发射连续光谱，且强度足够大。在荧光分析早期曾采用过汞灯等线光源，但仅用于定量测定和光谱波长矫正，不能获得激发光谱。激光亦为线光源，具有强度大、单色性好的特性，可极大地提高荧光分子的发光强度，常被用作激光荧光光谱仪或荧光寿命分析系统的光源。结合超灵敏信号检测等技术，激光荧光光谱法甚至可测定至单分子水平。目前，常规荧光分光光度计应用最为广泛的光源为高压氙灯。

高压氙灯是一种气体放电灯，外套有石英，内充氙气，它在紫外-可见光波长范围内提供连续的光输出，尤其在 $400\sim800$ nm 范围发光最强。氙灯在室温下内部压力为 0.5 MPa，工作时压力为 2 MPa，启动时需要 20～40 kV 的高压脉冲，故配有相应的电学系统。氙灯使用寿命大约为 2000 小时，目前，长寿命的氙灯使用寿命约为 4000 小时。新近推出的脉冲氙灯，其寿命可达几千至数万小时，发光的脉冲特性使作用于试样的有效光能量显著降低，特别适用于光不稳定试样的测定。另外，结合相应的信号处理技术，可在试样暴露于日光的情况下测定荧光强度。

小型发光二极管（LED）光源亦可用作荧光光谱仪的光源。虽然一个 LED 光源只能提供一小段光谱区的光输出，但多个小型 LED 光源可以集成为连续光源。LED 光源相对廉价，操作时只需要很小的能量，产生很小的热量，多用于一些小型、简便的荧光分析仪器中。

（2）波长选择系统

波长选择系统通常由光栅和狭缝组成。荧光分光光度计在激发光路和发射光路上各有一个波长选择系统。通过连续选择不同波长的激发光作用于试样上，并记录固定波长的荧光发射强度，即可得到激发光谱；而通过选择固定波长的激发光作用于试样上，并记录不同波长的荧光发射强度，即可得到发射光谱。通常，增大波长选择系统中狭缝的宽度，可增加荧光信号强度，但不改变光谱形状。值得注意的是，当记录某种物质的发射光谱时，往往可能在双倍激发波长的位置观察到一个发射峰，这是由激发单色器的二阶透射造成的。

简单的荧光光度计，亦可采用两个滤光片，第一滤光片用来选择所需的激发光，第二滤光片用来滤去各种杂散光和杂质所发射的荧光。用滤光片作单色器时，以干涉滤光片的性能最好，它具有半宽度窄、透射比高、经得起强光源的长期照射等优点。

（3）试样引入系统

荧光分光光度计的试样引入系统通常为长、宽各为 1 cm 且四面透光的石英比色皿，亦有相应的微量比色皿。当与流动注射分析技术联用时，则配置石英微流通池。荧光比色皿采用石英材质是因为要求在紫外、可见波段不吸光。

（4）检测系统

目前常规的荧光分光光度计多采用光电倍增管（PMT）作为检测器。一定条件下，PMT 通过光电转换及放大所产生的电流量与入射光强度成正比。本质上，PMT 是单波长检测器，不能同时检测两个及两个以上波长的光强度。进行光谱扫描时，需要利用单色器将单一波长的光顺序定位到检测器上分别检测。PMT 工作时，其高压电源要求很稳定，以保证对入射光的强度有良好的线性响应。

电荷耦合器件（CCD）是荧光信号检测系统的另一选择。CCD 作为光电元件的特点是暗电流小、灵敏度高，同时具有较高信噪比和很高的量子效率，且接近理想器件的理论极限值。CCD 检测器可以由上万个像素构成线阵式或面阵式，是超小型和大规模集成的元件，每个像素相当于一个单波长检测器，能同时记录成千上万条谱线，可以即时全谱检测，提供二维或三维光谱信息。同时，CCD 检测器的像素越高，分辨率越好。因此，CCD 检测器较为昂贵，主要用于荧光显微成像分析。

3. 荧光分析方法

（1）直接分析法

具有荧光性质的分子，可直接测定其荧光强度并据此进行定量。直接分析法需要标准荧光物质，采用工作曲线法即可进行分析。由于荧光强度与激发光强度成正比，即直接与仪器条件相关，因此，不同仪器条件下所得到的工作曲线无可比性。

荧光过程包含吸光和发光两个过程，然而，吸光分子并非就是荧光分子。在所有的吸光分子中，大约有5%的分子可以发射显著荧光，并据此构建其直接荧光分析方法。对于非荧光的吸光分子，可用间接分析法。

（2）间接分析法

有些分析物本身不发荧光，或荧光太弱而无法进行直接测定，便只能采用间接测定的办法。间接荧光分析法主要有以下四种途径。

① 荧光衍生法　荧光衍生是通过化学反应将非荧光或弱荧光分子定量转化为强荧光分子，并通过测定所生成的强荧光分子，以间接测定分析物的方法。采用化学反应、电化学反应和光化学反应等，均可以使非荧光或弱荧光分子转化为强荧光分子，并构建相应的分析方法，分别称为化学衍生法、电化学衍生法和光化学衍生法。其中，化学衍生法应用较多。

化学衍生法的应用主要针对无机金属离子和有机化合物。对许多无机金属离子而言，引入金属配体试剂与其生成稳定的荧光配合物，通过测定荧光配合物的荧光间接测定相应的金属离子。该方法的独特意义在于可示踪或成像测定活性试样（如细胞）内的金属离子，例如钙试剂可示踪生命体系中的钙离子。对许多有机化合物而言，可以通过降解反应、氧化还原反应、偶联反应、缩合反应、酶催化反应等，使其转化为荧光物质进行分析，极大地拓宽了荧光分析法的应用范围。

② 荧光猝灭法　有些分析物本身不发荧光，却能通过化学反应等方式使某种荧光试剂的荧光发生猝灭，且荧光猝灭的程度与分析物的浓度定量相关。据此，通过测量该荧光试剂荧光强度的下降程度，便可间接测定该分析物。实际应用中，大多数过渡金属离子与具有荧光性质的芳香族配位体配位后，往往使其荧光猝灭，从而可间接测定这些金属离子。

在构建荧光猝灭法时，要特别注意选择合适的荧光试剂浓度。通常荧光试剂的浓度不宜太高，降低荧光试剂的浓度往往有利于提高分析的灵敏度，却会导致线性范围变窄。因而，荧光试剂的合适浓度是控制的关键因素之一，需要通过实验优化选择。

③ 敏化荧光法　有些非荧光分子具有很强的吸光能力，其吸收光能后，可以充分有效地将能量转移给其他分子，该过程即为敏化。因此，可以通过选择合适的荧光试剂作为能量受体分子并发光，构建相应的敏化荧光分析法，间接测定该非荧光分子。由于荧光强度正比于荧光分子的吸光能力，因此，选择具有强吸光能力的非荧光分子和高能量转移效率的受体荧光分子，是构建该方法需要考虑的两个主要因素。

④ 荧光探针法　选用强荧光分子作为探针，选择性地将其标记到目标分析物上并保持荧光特性，通过测定所标记探针的荧光对目标分析物进行传感、识别、示踪等，即为荧光探针分析法。荧光免疫分析、细胞染色成像分析和DNA序列分析等均是典型的荧光探针分析法。

（3）多组分混合物的荧光分析

荧光定量分析时，通常选用最大激发波长激发，并记录其在最大发射波长的荧光强度作为定量数据。因此，激发波长和发射波长是两个选择性参数，只要激发光谱或发射光谱在所选激发或发射波长处不干扰，就可以进行分别测定。例如，当混合物中各个组分的荧光峰相距颇远、彼此干扰很小时，可分别在不同的发射波长测定各个组分的荧光强度。倘若混合物中各组分的荧光峰相近，彼此严重重叠，但它们的激发光谱却有显著的差别，这时可选择不同的激发波长进行测定。

目前，荧光分析在方法学和仪器方面都有了很大的发展。除常规荧光光谱技术外，现代荧光分析技术中，同步荧光光谱、导数荧光光谱、时间分辨荧光光谱、相分辨荧光光谱等技术均具有多组分混合物的荧光分析能力。但是，与其他带状光谱一样，荧光光谱的宽带特性，使其基于光谱的选择性分析受到了明显的限制。

4. 荧光分析法的特点与应用

荧光分析法是一种高灵敏或超高灵敏的定量分析技术。以氙灯为光源、PMT 为检测器的常规荧光分析法，分析灵敏度可达到 10^{-9} mol/L。由于荧光强度正比于激发光强度，采用强光源如激光光源并结合超高灵敏检测器，荧光分析法的灵敏度甚至可达单分子水平。此外，荧光分析法的选择性也比吸收检测要高，物质对光的吸收具有普遍性，但吸光后并非都有发光现象。即便有发光现象，在吸收波长和发射波长方面也不尽相同，这样就有可能通过调节激发波长和发射波长来达到选择性分析的目的。

在应用方面，通过直接或间接荧光分析方法，无机离子、有机化合物和生物活性物质等均可进行灵敏的荧光分析。目前，可以采用有机试剂进行荧光分析的元素已近 70 种，其中，常用荧光法测定的有铍、铝、硼、镓、硒、镁、锌、镉以及某些稀土元素等。相较于其他分析方法，荧光分析法在生物活性物质中的金属离子无损检测和表征方面，具有不可替代的优势。在有机化合物方面，常用荧光法分析的有致癌物多环芳烃、维生素、氨基酸、胺类和甾族化合物、核酸、蛋白质、酶和辅酶等生命物质，以及各种药物、毒物和农药等。

荧光分析法也是一种有效的分析表征技术。由于荧光过程对化学环境和微环境敏感，荧光分析法已广泛用作一种表征技术，表征所研究体系的物理、化学性质及其变化情况。典型的荧光表征为结合荧光探针标记的荧光成像技术，它是目前最有效的光学成像技术，通过检测探针的荧光特性和时空变化情况等，可表征分析对象的性质、构象、分布等，广泛应用于化学、生物学、生物医学、临床监测、基因测定、药物示踪等领域。

荧光光谱
应用.ppt

荧光光谱应用
讲解.mp4

二、化学发光分析法

与光致发光过程不同，化学发光是由化学反应产生的能量激发分子的外层电子，处于激发态的电子再通过辐射跃迁回到基态的发光现象。因此，化学发光现象涉及一个重要的化学反应过程。基于这类发光现象的分析方法，称为化学发光分析法，广义的化学发光也包括生物发光和电致化学发光。

1. 基本原理与定量关系

从发光机理上讲，化学发光过程必须满足以下条件。第一，必须存在一个单一反应能够释放出足够的化学能。通常只有那些反应速率相当快的放热反应（其 $-\Delta H$ 介于 $170 \sim 300$ kJ/mol 之间），才能在可见光范围内观察到化学发光现象。许多氧化-还原反应所提供的能量与此相当，因此，多数化学发光反应属于氧化还原反应。第二，该反应释放的化学能必须能被一种物质分子（通常是该反应的产物之一）所吸收，并使其外层电子跃迁至激发态。第三，该激发态分子以辐射跃迁的方式返回基态的概率必须足够大，即可以显著发光，或者能够通过能量转移的方式将激发能有效地转移给另一个分子受体并显著发光。

通常，化学发光反应一般以下式表示：

$$M + N \longrightarrow F^* \longrightarrow F + h\nu$$

其中 F^* 为发光中间体。

在上述化学发光过程中 F 是发光体，也是反应产物，可通过测定其发光强度直接测定，但在分析上并无实际意义。然而，通过化学反应 $M + N \longrightarrow F$，可将反应产物 F 与反应物 M 和 N 关联，因此，可以通过测定 F 的化学发光来测定反应物 M 或 N。

设发光体 F 的浓度为 c_F，定义发生化学发光的 F 分子数与参与该化学发光反应的分子数的比值为化学发光量子产率 φ_{CL}，对一级及准一级化学发光反应，其化学发光的光强度 I_{CL} 取决于化学反应的速率和化学发光量子产率 φ_{CL}，即：

$$I_{CL}(t) \propto \varphi_{CL} \frac{dc_F}{dt} \tag{4-25}$$

控制化学反应及发光条件恒定不变，并引入常数 K，则上式变为：

$$I_{CL}(t) = K\varphi_{CL} \frac{dc_F}{dt} \tag{4-26}$$

对于给定的化学发光体分子，φ_{CL} 为定值。设发光过程的终止时间为 t，并对化学发光的全过程积分，则化学发光过程的总发光强度 S 如下式：

$$S_t = \int_0^t I_{CL} dt = K \int_0^t \varphi_{CL} dc_F = K\varphi_{CL} c_F \tag{4-27}$$

由上式可知，S_t 与产物 F 的浓度成正比。

对于化学发光反应 $M + N \longrightarrow F$，假设 M 为被测物质，N 为测定试剂，通常被测物质的浓度要比测定试剂小得多，即 $c_M \ll c_N$，则可以认为反应结束后 N 的浓度几乎不变，而测定对象 M 则完全反应，此时 $c_M = c_F$，则：

$$S_t = K\varphi_{CL} c_F = K\varphi_{CL} c_M \tag{4-28}$$

据此，可进行反应物 M 的定量分析。

化学发光反应的持续时间随反应类型的不同而不同，短则小于 1 s，长则十几分钟。在实际应用中，对于持续时间短的发光反应，其发光总强度在一定浓度范围内与其峰值发光强度成正比，即其峰值发光强度与浓度成正比，因此，通常采用其发光峰值信号来进行浓度定量；而对于持续时间长的化学发光过程，则采用积分强度来进行浓度定量。

由于化学发光过程基于特定的发光反应 $M + N \longrightarrow F^* \longrightarrow F + h\nu$，其定量测定只涉及参与反应的 M 或 N，且具有分析检测意义的化学发光反应少之又少，因此，从方法学的角度必须拓展其应用对象范围。理论上，化学发光反应中化学发光强度与化学反应速率相关联，因而一切影响反应速率的因素都可以作为分析方法建立的依据。

目前，化学发光分析法的应用主要有三种类型。第一类为参与化学发光反应的反应物的直接测定；第二类为对化学发光反应有灵敏作用的催化剂、增敏剂或抑制剂等的间接测定；第三类通过引入偶合反应，可测定偶合反应中的反应物及其催化剂和增敏剂等。其中最常见的为第二类，此外，化学发光进一步的应用是将其作为标记因子引入分析体系，用于分析表征特定的对象，可进一步扩大化学发光分析的应用范围。

2. 化学发光分析的特点与仪器

与光致发光分析不同，化学发光分析不需要激发光源，因此具有如下显著特点。

（1）灵敏度高、线性范围宽、分析速度快

光致发光过程必须由光激发，激发光作用于试样引入系统必然产生空白信号，此类空白信号是所有分析测定方法中除仪器噪声外的检测下限决定因素。化学发光无须激发光源，其过程相当于在一个"黑箱"里进行，理论上不存在空白信号。因此，化学发光分析具有极低的检测下限。举例来讲，如采用同样的 PMT 检测器，常规荧光分析灵敏度约为 10^{-9} mol/L，而化学发光分析灵敏度可达 10^{-12} mol/L，个别体系如用荧光素酶催化的荧光素与磷酸三腺苷（ATP）的化学发光体系，可测定低至 2×10^{-17} mol/L 的 ATP，相当于可检出一个细菌中的 ATP 含量。此外，线性范围宽、分析速度快也是化学发光分析的显著特点。

（2）仪器设备简单

由于无须激发光源，化学发光分析仪器不需要入射单色器。利用积分信号测定时，仅需要一个发射单色器；而利用峰值信号测定时，甚至连发射单色器都不需要。然而，由于化学发光涉及反应过程，只有当试样与反应试剂混合后，化学发光过程才开始进行，而且通常反应很快，发光信号消失得也很快，必须在反应开始后立即进行测定，因此，试样与试剂混合方式的重复性和测定时间的控制是影响分析结果精密度的主要因素。目前，按照进样方式，可将发光分析仪分为两种：分立取样式和流动注射式。

分立取样式试样及反应引入系统是一种在静态下测量化学发光信号的装置。操作时用移液管或注射器将试剂与试样注入试样反应器中并混合均匀，然后根据发光峰值信号或积分信号进行定量测定。分立取样式的仪器具有设备简单、造价低、体积小和灵敏等优点，还可记录化学发光反应的全过程，特别适用于反应动力学研究。但这类仪器也存在两个严重缺点：其一是手工加样速度较慢，不利于分析过程的自动化，且每次测试完毕后要排出池中废液并仔细清洗反应池；其二是加样的重复性不好控制，从而影响分析的精密度。

流动注射式是结合流动注射技术的试样及反应引入方式，流程如图 4-59 所示，试样和反应液由蠕动泵泵入流路中，在多通阀处开始混合，在流通池处反应并发光，然后排出。反应产生的发光信号由 PMT 检测，被检测的光信号只是整个发光动力学曲线的一部分，以峰高来进行定量分析。在分析过程中，要根据不同的反应速率，选择将试样与试剂准确注入反应管的时间，使其与发光峰值被检测器检测的时间恰好吻合。目前，用流动注射式进行化学发光分析，得到了比分立取样式发光测定更高的灵敏度和精密度。

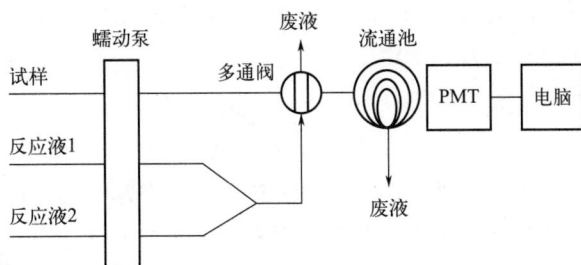

图 4-59 流动注射式试样及反应引入流程图

具体实践中，亦可利用荧光分光光度计进行化学发光测定。具体方法是：将流动注射试样及反应引入系统取代荧光分光光度计的试样池，同时完全遮挡荧光分光光度计的入射光路，即可进行测定，目前已有整合型的商品仪器。

（3）有效的化学发光体系有待开发

化学发光分析的局限性在于可供利用的发光体系有限，发光机理有待进一步研究。由于极少有不同的化学反应产生同一发光物质，因此，利用化学发光分析直接测定参与化学发光过程的反应物具有较好的选择性。但是，化学发光分析的最大应用在于利用各种发光过程的干扰因素测定与干扰因素相关的化学物质，故其相较于荧光分析法并无显著选择性优势。

3. 化学发光的类型与应用

（1）气相化学发光体系

特定的化学反应条件下，O_3、NO 和气态的 S 等会产生化学发光。气相化学发光主要用于某些气体的监测，如 O_3、NO、NO_2、H_2S、SO_2、CO 等，仪器多见于各种专用的监测仪。

① O_3 的化学发光反应　约有 40 余种有机化合物可以参与 O_3 的化学发光过程，其中以没食子酸－罗丹明 B 偶合体系最为灵敏，该体系已成功应用于大气中微量 O_3 的测定。相关的化学发光反应过程表示如下：

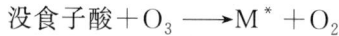

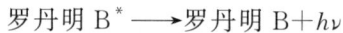

$$没食子酸 + O_3 \longrightarrow M^* + O_2$$

$$罗丹明 B + M^* \longrightarrow 罗丹明 B^* + M$$

$$罗丹明 B^* \longrightarrow 罗丹明 B + h\nu$$

式中，M^* 为没食子酸与 O_3 反应所产生的受激中间体，M 为没食子酸的氧化产物。反应过程中包含有 M^* 与罗丹明 B 之间的能量转移过程，罗丹明 B 为发光体，最大发光波长为 584 nm。

② NO 的化学发光反应　NO 与 O_3 的气相化学发光反应是测定氮氧化物的标准方法，具体如下：

$$NO + O_3 \longrightarrow NO_2{}^* + O_2$$

$$NO_2{}^* \longrightarrow NO_2 + h\nu$$

该反应在大气中天然存在，且灵敏度较高，应用于测定 NO 时检测限可达 1 ng/mL，线性范围为 $10^{-2} \sim 10^4$ $\mu g/mL$。

对于混合气体中 NO 和 NO_2 的分别测定，可先测定 NO 的含量，再将 NO_2 定量还原成 NO 后测定体系中 NO 的总量，扣除试样中 NO 的含量，即得 NO_2 的含量。

③ 氧自由基参与的化学发光反应　在气相中，O_3 在 1000 ℃的石英管中分解可获得氧自由基，氧自由基与 SO_2、NO、NO_2 及 CO 等产生化学发光反应，促使反应物或产物激发并发光。如氧自由基与 SO_2 的反应：

$$SO_2 + 2O \longrightarrow SO_2{}^* + O_2$$

$$SO_2{}^* \longrightarrow SO_2 + h\nu$$

反应物 SO_2 的最大发射波长为 200 nm，测定灵敏度约为 1 ng/mL。氧自由基亦可先行氧化生成产物，并使产物处于激发态并发光，如氧自由基与 CO 的反应：

$$CO + O \longrightarrow CO_2{}^*$$

$$CO_2{}^* \longrightarrow CO_2 + h\nu$$

产物 CO_2 的发射光谱范围为 300～500 nm，测定 CO 的灵敏度约为 1 ng/mL。

④ 火焰化学发光　火焰化学发光的典型实例为 NO 和挥发性硫化物在富氢火焰中的发光。

富氢火焰中存在大量氢自由基，NO 在富氢火焰中燃烧时产生很激烈的火焰化学发光反应，发光反应机理如下：

$$NO + H \longrightarrow HNO^*$$
$$HNO^* \longrightarrow HNO + h\nu$$

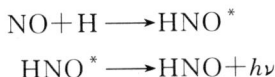

发光的波长范围为 $660 \sim 770$ nm，最大发射波长 680 nm。由于 NO_2 在富氢火焰中能被氢自由基迅速还原为 NO，故此法亦可用于测定空气中 NO_2 和 NO 的总量。气相色谱中，含氮化合物的火焰离子化检测器就是据此原理构建的。

同理，当挥发性硫化物如 SO_2、H_2S、CH_3SH 及 CH_3SCH_3 等在富氢火焰中燃烧时，会产生很强的蓝色化学发光。以 SO_2 为例，其化学发光反应机理如下：
$$SO_2 + 2H_2 \longrightarrow S + 2H_2O$$
$$S + S \longrightarrow S_2^*$$
$$S_2^* \longrightarrow S_2 + h\nu$$

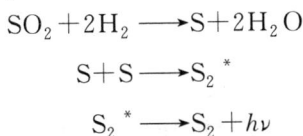

发射光谱的波长范围为 $350 \sim 460$ nm，最大发射波长 384 nm。该发光过程中，因反应是由两个 S 结合成一个 S_2，所以发光强度与 SO_2 浓度的平方成正比。

此外，磷化合物在富氢火焰中同样形成 HPO，在 526 nm 发光。这些化学发光反应构成了硫和磷火焰光度检测器用于气相色谱法的基础。

（2）液相化学发光体系

液相化学发光反应在痕量分析中十分重要，常用于化学发光分析的发光试剂有鲁米诺、光泽精等。

① 鲁米诺-H_2O_2 体系　鲁米诺是最常用的化学发光试剂，在碱性溶液中与 H_2O_2 作用，氧化过程中产生的化学能使氧化产物氨基邻苯二甲酸根激发，当其返回基态时，伴随着最大发射波长为 425 nm 的光辐射，化学发光的量子产率为 $0.01 \sim 0.05$。鲁米诺-H_2O_2 体系的化学发光反应的机理如图 4-60 所示：

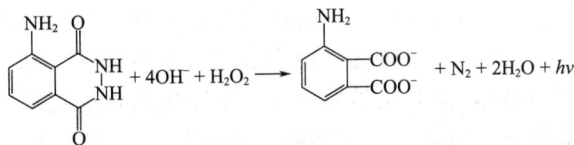

图 4-60　鲁米诺-H_2O_2 体系的化学发光机理

利用鲁米诺与 H_2O_2 的化学发光反应，可检测低至 10^{-8} mol/L 的 H_2O_2。该反应可以被一些过渡金属离子及过渡金属离子的不饱和配合物所催化，使发光强度大大增强，据此可以建立一些金属离子，如 Co^{2+}、Cu^{2+}、Ni^{2+}、Cr^{3+}、Fe^{2+} 等的痕量分析方法。利用某些金属离子对化学发光反应的抑制效应，亦可间接测定这些离子，如 Ce（Ⅴ）、Hf（Ⅳ）等。此外，鲁米诺化学发光体系还可以用于许多生化反应研究中，在这些反应中，通常都涉及产生 H_2O_2 或 H_2O_2 参与的反应。

② 光泽精-H_2O_2 体系　光泽精亦是常见的化学发光试剂。在碱性条件下，H_2O_2 氧化光泽精，经由四元环过氧化物中间体生成吡啶酮而发射蓝绿色光，量子产率一般为 $0.01 \sim 0.02$，其化学发光反应机理如图 4-61 所示。同样，可利用过渡金属离子及过渡金属离子的不饱和配合物对光泽精-H_2O_2 体系的催化作用，建立金属离子或有机配体的化学发光分析方法。

在碱性条件下，光泽精还可在 Fe^{2+}、抗坏血酸、胍基化合物等还原性物质作用下产生化学发光，而无须 H_2O_2 的存在。

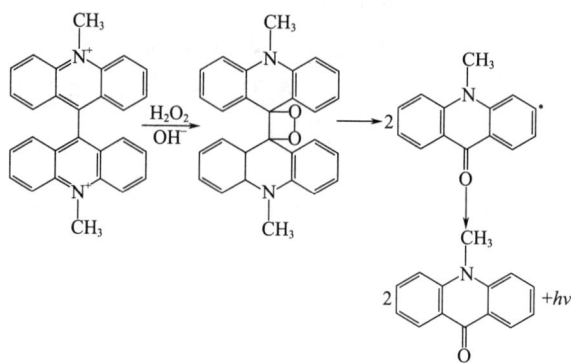

图 4-61　光泽精-H_2O_2 体系的化学发光机理

在上述鲁米诺和光泽精体系中，H_2O_2 均作为氧化剂发生作用，因此，其他常见的氧化剂，如 $KMnO_4$、$K_3Fe(CN)_6$、I_2、KIO_4 和溶解氧等，均可替代 H_2O_2 构建化学发光分析体系。

③ 联吡啶钌（Ⅱ）配合物-Ce(Ⅳ) 体系　联吡啶钌（Ⅱ）配合物具有独特的化学稳定性和还原性，在硫酸介质中，它能与 Ce（Ⅳ）等氧化剂发生反应并产生化学发光。当一些有机化合物共存时，可以增强其发光强度，且发光强度与有机化合物浓度呈线性关系。基于此，可以建立这些有机化合物的化学发光测定方法，如硫脲、6-巯基嘌呤、四环素、戊二醛、可待因、肉桂酸、丙酮酸、核酸等。稳定的联吡啶钌（Ⅱ）配合物还是重要的电致化学发光试剂，在电场作用下其发光强度极大增强，可直接构建分析方法，也可作为敏感试剂构建相应的传感器。

④ 金刚烷-二氧杂环丁烷体系　在早期研究中，研究者发现萤火虫的发光机制涉及一个二氧杂环丁烷的化学结构，此结构不稳定，会自发分解生成激发态的羰基结构，当其回到基态时，伴随着发光现象。受此启发，研究者们合成了一系列基于二氧杂环丁烷结构的物质，这些衍生物在室温下非常稳定，但其化学发光进程难以控制并且发光效率较低，应用受到限制。1982 年，Schaap 等发现二氧杂环丁烷结构与金刚烷相连变得更为稳定，再与一个含掩蔽基团的类苯酚结构相连，形成金刚烷-二氧杂环丁烷发光体系（AD-CL），具有较高的量子产率。如图 4-62 所示，在 AD-CL 骨架分子的基础上，于酚羟基保护基团位置设计目标分析物的识别结构，当目标分析物与其反应时，保护基团离去，酚氧负离子裸露，随即通过化学反应触发的电子转移发光进程进行分解，生成激发态的苯甲酸酯结构，当其回到基态时发出蓝光。该体系具有简单、无须氧化剂的参与、可在生理条件下发光等优势。近年来，经过进一步的结构优化与改造，AD-CL 骨架探针在生理条件下的发光性能大幅提升，在分析检测、光学成像等领域中的应用越来越广泛。

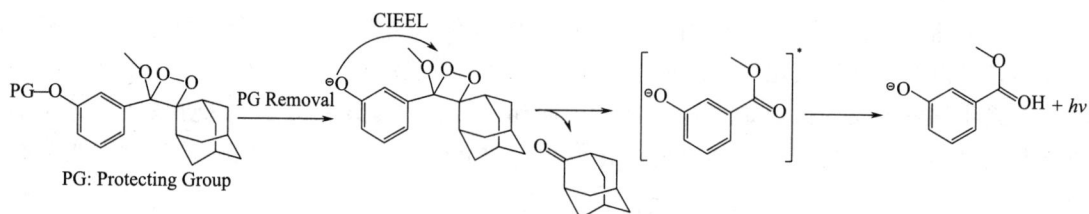

图 4-62　金刚烷-二氧杂环丁烷体系的化学发光机理

三、拉曼光谱分析法

1928 年，印度物理学家 Raman C V 首先发现拉曼散射现象并提出其光谱分析方法，因此获得了 1930 年的诺贝尔物理学奖。拉曼光谱就是建立在拉曼散射效应基础上的光谱分析方法。

当光通过透明溶液时，有一部分被散射，其频率与入射光不同，且与发生散射的分子结构有关，这种散射即拉曼散射。拉曼光谱与红外吸收光谱一样，源于分子的振动和转动能级的跃迁，因此可以获得分子结构的直接信息。但相比于红外吸收光谱法，拉曼光谱法的发展一直较为缓慢。1960 年以来，激光光源的使用极大地促进了拉曼光谱法的发展。激光光源使拉曼光谱的获得变得容易，特别是近红外激光光源在很大程度上克服了试样或杂质荧光干扰的问题。拉曼光谱法分辨率高，重现性好，简单快速。试样可直接通过光纤探头或通过玻璃、石英、蓝宝石窗和光纤进行测量，亦可进行无损、原位测定以及时间分辨测定。目前，拉曼光谱技术逐渐在生物学、材料、地质、考古、医药、食品、珠宝和化学化工等领域得到了越来越重要的应用。

1. 基本原理

（1）拉曼散射

当使用频率为 ν_0 的可见光或近红外激光照射试样时，有 0.1% 的入射光子与试样分子发生弹性碰撞（即不发生能量交换），此时，光子以相同的频率向四面八方散射。这种与入射光频率相同，而方向发生改变的散射称为瑞利（Rayleigh）散射。与此同时，入射光子与试样分子之间还存在着概率更小的非弹性碰撞（仅为碰撞总数的十万分之一），光子与分子之间发生能量交换，使光子的方向和频率均发生变化。这种与入射光频率不同，且方向改变的散射称为拉曼散射，对应的谱线称为拉曼散射线。与入射光频率 ν_0 相比，频率降低的称为斯托克斯（Stokes）线，频率升高的则称为反斯托克斯线。斯托克斯线或反斯托克斯线与入射光的频率之差为拉曼位移。

图 4-63 简单描述了瑞利散射和拉曼散射的产生过程。

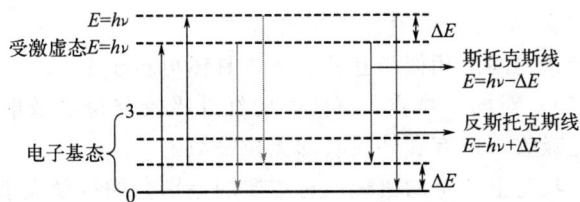

图 4-63　瑞利散射和拉曼散射的产生过程

处于基态电子能级某一振动能级（如 $\nu=0$ 或 1）的分子，接受入射光子的能量 $h\nu_0$ 后，跃迁到不稳定的受激虚态——光子对分子电子构型微扰或变形而产生的一种介于基态电子能级和第一激发电子能级之间的新能态，再由受激虚态迅速（10^{-8} s）返回原来的振动能级，并以光子的形式释放出吸收的能量 $h\nu_0$，产生瑞利散射。

如果受激分子不返回原来所在的振动能级，而是返回其他振动能级，如从基态电子能级的基态振动能级（$\nu=0$）跃迁到受激虚态的分子不返回基态，而返回至电子基态的第一振动激发态能级（$\nu=1$），此时散射光子的能量为 $h\nu_0-\Delta E$，ΔE 对应于基态电子能级第一振动激发态的能量，由此产生的拉曼线称为斯托克斯线，其频率低于入射光频率，位于瑞利线左侧。若处于基态电子能级第一振动激发态（ν=1）的分子跃迁到受激虚态后，再返回到基态振动能级（ν=0），此时散射光子的能量为 $h\nu_0 + \Delta E$，所产生的拉曼线称为反斯托克斯线，其频率高于入射光频率，位于瑞利线右侧。由玻尔兹曼（Boltzmann）分布可知，常温下处于基态的分子占绝大多数，因此斯托克斯线远强于反斯托克斯线。但随着温度的升高，斯托克斯线的强度将降低，反斯托克斯线的强度将升高。

斯托克斯线或反斯托克斯线与入射光的频率差之 $\Delta\nu$ 为拉曼位移，即 $\Delta\nu = \nu_R - \nu_0$，$\nu_R$ 为拉曼线频率。拉曼位移与入射光频率即激发波长无关，只与分子振动能级跃迁有关。不同物质的分子具有不同的振动能级，因此，拉曼位移具有特征性，是研究分子结构的重要依据。

（2）拉曼光谱

图 4-64 为典型的四氯化碳的拉曼光谱。拉曼光谱图通常以拉曼位移（以波数为单位）为横坐标，拉曼线强度为纵坐标。由于斯托克斯线远强于反斯托克斯线，因此拉曼光谱记录的通常为前者。若将入射光的波数视作 0（$\Delta\sigma = 0$），定位在横坐标右端，忽略反斯托克斯线，即可得到物质的拉曼光谱图。

如前所述，对同一物质使用波长不同的激光光源，所得各拉曼线的中心频率不同，但其形状及各拉曼线之间的相对位置不变，即拉曼位移不变。

拉曼散射强度取决于光源的强度、分子的极化率、活性成分的浓度等多种因素。极化率越高，分子中电子云相对于骨架的移动越大，拉曼散射越强。在不考虑吸收的情况下，其强度与入射光频率的 4 次方成正比。拉曼散射强度与活性成分的浓度也成比例，在此意义上拉曼光谱与荧光光谱更相似，而不同于吸收光谱，在吸收光谱中强度与浓度成对数关系。据此，可利用拉曼光谱进行定量分析。

（3）与红外吸收光谱的比较

通常拉曼光谱与红外吸收光谱被比作姊妹光谱，这形象地反映了两种光谱之间的相似与互补关系，具体可见于 1,3,5-三甲基苯和茚的拉曼和红外吸收光谱（图 4-65）。对同一物质，有些峰的红外吸收与拉曼散射完全对应，也有部分峰有拉曼散射却无红外吸收，或有红外吸收却无拉曼散射。

拉曼光谱与红外吸收光谱产生的机理虽有本质的差别，如拉曼光谱是由分子对入射光的散射引起的，而红外吸收光谱则是由分子对红外线的吸收产生的；红外吸收光谱的入射光及检测光均位于红外区，而拉曼光谱的入射光大多为可见光，相应的散射光也为可见光等。但对于一个给定的化学键，其红外吸收频率与拉曼位移应相等，均对应于第一振动能级与基态之间的跃迁。因此，对某一给定的化合物，某些峰的红外吸收波数与拉曼位移完全相同，并反映出分子的结构信息。

另一方面，红外吸收光谱法研究的是会引起偶极矩变化的极性基团和非对称性振动，而拉曼光谱法则以会引起分子极化率变化的非极性基团和对称性振动为研究对象。因此，红外吸收光谱适于研究不同原子构成的极性键振动，如 O—H、C=O、C—X 等的振动。而拉曼光谱适于研究由相同原子构成的非极性键如 C—C、N—N、S—S 等的振动，以及对称分子如 CO_2、CS_2 的骨架振动。

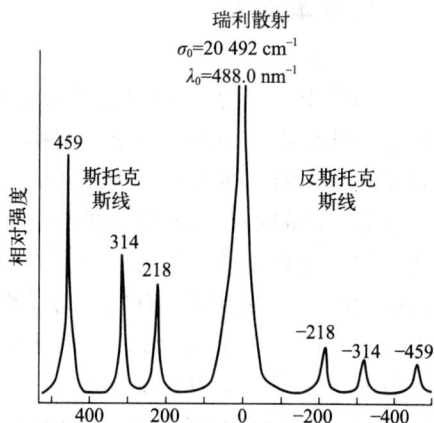

图 4-64　四氯化碳的拉曼光谱

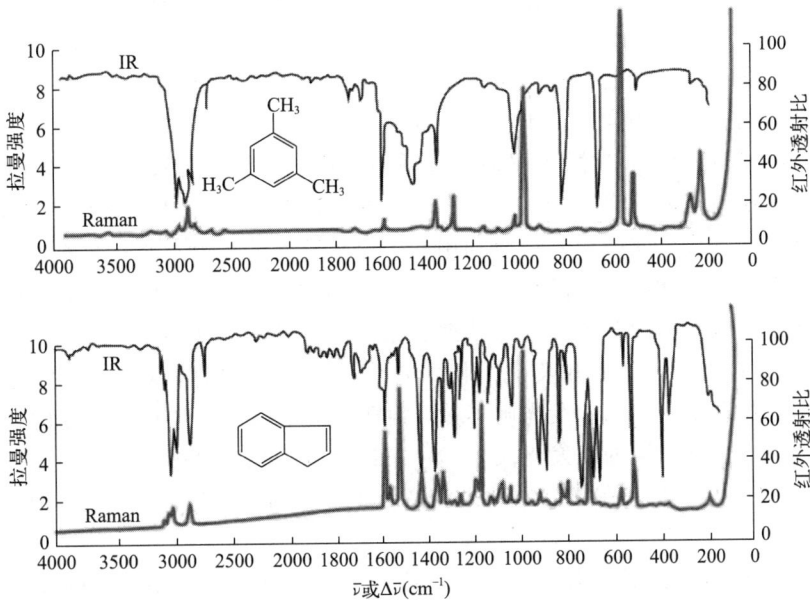

图 4-65　1,3,5-三甲基苯和茚的拉曼光谱与红外吸收光谱

CS_2 分子的对称伸缩振动显然属于非红外活性振动，但其电子云形状在振动平衡位置前后有较大变化，即极化率改变很多，因此对称伸缩振动是拉曼活性振动。而 CS_2 分子的不对称伸缩振动和弯曲振动，虽然都引起了偶极矩变化，为红外活性振动，但它们的电子云分布在振动平衡位置前后的形状完全相同，极化率不变，所以不显示拉曼活性。

通常，部分红外吸收光谱和拉曼光谱是互补的，在一个分子中与不同的振动方式相对应。有些振动方式既有红外活性又有拉曼活性。例如 SO_2 分子的所有振动方式同时具有红外活性与拉曼活性，并产生相应的红外和拉曼峰，体现了其相似性。

此外，拉曼光谱法还具有以下特点。

（a）由于水的拉曼散射极弱，拉曼光谱适合水体系的研究，尤其对生物试样和无机物的研究远较红外吸收光谱方便。

（b）拉曼光谱测定一次可同时覆盖 $40 \sim 4000 \ cm^{-1}$ 波数的区间，若用红外光谱则必须改变光栅、光束分离器、滤波器和检测器分别测定。

（c）拉曼光谱谱峰清晰尖锐，更适合定量研究。尤其是共振拉曼光谱，灵敏度高，检出限可到 $10^{-6} \sim 10^{-8} \ mol/L$。

（d）拉曼光谱所需试样量少，微克级样品即可。

（e）由于共振拉曼光谱中谱线的增强是选择性的，因此可用于研究发色基团的局部结构特征。

（4）拉曼光谱的干扰与消除

在拉曼光谱分析中，往往会遇到荧光干扰的麻烦。由于拉曼散射光极弱，而在极端情况下荧光的强度可以比拉曼光谱强 10^6 倍之多，所以一旦样品或杂质产生荧光，拉曼光谱就会被荧光所湮灭，致使检测不到样品的拉曼光谱信号。通常，荧光来自样品中的杂质，但有的样品本身也可发生荧光，抑制或消除荧光干扰的方法有以下几种。

① 纯化样品　在拉曼光谱分析中发现荧光干扰时，首先要做的是纯化样品，有时要反复纯化多次方能奏效。

② 强激光长时间照射样品　虽然无法解释为什么用强激光长时间照射样品能够有效地消除荧光干扰，但在很多情况下用这种方法确实能达到消除荧光干扰的目的。为了消除荧光干扰，照射样品所用的激光功率有时可达数瓦，照射时间由几分钟到数小时。选用激光功率的大小和照射时间的长短因样品的不同而不同。

③ 利用脉冲激光光源　当激光照射到样品时，产生荧光和拉曼散射光的时间不同。若用一个激光脉冲照射样品，将在 $10^{-11} \sim 10^{-13}$ s 内产生拉曼散射光，而荧光则是在 $10^{-7} \sim 10^{-9}$ s 后才出现。这样，实验中就可以利用产生拉曼散射光和荧光的时间差把拉曼散射光与荧光分离开。在激光脉冲照射样品后，约 10^{-10} s 把拉曼光谱记录下来，随之立即关闭光谱仪的出射狭缝或检测器的门开关，这样就把荧光"拒之门外"，以消除荧光的干扰。

④ 改变激发光的波长以避开荧光干扰　在记录拉曼光谱时，对于不同的激发光波长，拉曼谱带的相对位移是不变的。荧光则不然，对于不同的激发光波长，荧光的相对位置及强度是不同的。所以选择适当的激发光波长，可在记录拉曼光谱时避开荧光的干扰。

⑤ 加荧光猝灭剂　有时在样品中加入少量荧光猝灭剂，例如 1% 的硝基苯，可以有效地猝灭荧光干扰。

⑥ 利用相干反斯托克斯技术　相干反斯托克斯拉曼谱带位于瑞利线的高频一侧，而荧光则位于瑞利线的低频一侧，记录相干反斯托克斯拉曼光谱可完全避免荧光的干扰。

⑦ 傅里叶变换拉曼光谱技术　当前，傅里叶变换拉曼光谱仪已经商品化。傅里叶变换拉曼光谱仪的激发波长是 1064 nm，所产生的拉曼光谱也位于近红外区，而荧光多位于可见光区。所以用近红外激光激发样品一般不会产生荧光，从而避免了荧光对拉曼光谱的干扰。在正常拉曼光谱试验中所有由荧光引起的一切麻烦，在傅里叶变换拉曼光谱试验中都不存在。

2. 拉曼光谱仪

（1）色散型拉曼光谱仪

Raman 光谱仪主要由光源、试样池、单色器及检测器组成。

① 光源　由于拉曼散射很弱，现代拉曼光谱仪的光源多为高强度的激光光源，包括连续波激光器和脉冲激光器。常用激光器按波长大小顺序有 Ar^+ 激光器（488.0 nm、514.5 nm）、Kr^+ 激光器（568.2 nm）、He-Ne 激光器（632.8 nm）、红宝石激光器（694.0 nm）、二极管激光器（782 nm、830 nm）和 Nd-YAG 激光器（1064 nm）等。前两种激光器功率大，能提高拉曼散射的强度。后几种属于近红外激光，其优点在于辐射能量低，不易使试样分解，同时不足以激发试样分子外层电子的跃迁而产生较大的荧光干扰。

由于高强度激光光源易使试样分解，尤其是对生物大分子、聚合物等，因此一般采用旋转技术加以克服。

② 试样池　由于拉曼光谱法用玻璃作窗口，而不是红外吸收光谱中的卤化物晶体，试样的制备方法较红外吸收光谱简单。拉曼光谱法可直接用单晶和固体粉末测试，也可配制成溶液，尤其是水溶液测试。不稳定的、贵重的试样可在原封装的安瓿瓶内直接测试。还可进行高温和低温试样的测定，有色试样和整体试样的测试。

拉曼散射的强度较弱，在放置试样时应根据试样的状态与量选择不同的方式：气体试样通常放在多重反射气槽或激光器的共振腔内；液体试样采用常规试样池，若为微量，则可用毛细管试样池，对于易挥发性试样，应封盖；透明的棒状、块状和片状固体试样可置于特制的试样架上直接进行测定，固体粉末试样可放入玻璃试样管或压片测定。试样池或试样架置于能在三维空间可调的试样平台上。

③ 单色器　由于拉曼位移较小，杂散光较强，为了提高分辨率，对拉曼光谱仪的单色性要求较高。为此，色散型拉曼光谱仪采用多单色器系统，如双单色器、三单色器。最好的是带有全息光栅的双单色器，能有效消除杂散光，使与激光波长非常接近的弱拉曼线得到检测。

在傅里叶变换拉曼光谱仪中，以迈克尔逊（Michelson）干涉仪代替色散元件，光源利用率高，可采用红外激光光源，以避免分析物或杂质的荧光干扰。

④ 检测器　拉曼光谱仪的检测器一般采用 PMT。最常用的为 Ga-As 光阴极 PMT，其优点是光谱响应范围宽，量子效率高，在可见光区内的响应稳定。为了减少荧光的干扰，在色散型仪器中可用 CCD 检测器。而在傅里叶变换型仪器中多选用液氮冷却锗光电阻作为检测器。

（2）傅里叶变换拉曼光谱仪

① 仪器结构　傅里叶变换拉曼光谱仪的光路设计与傅里叶变换红外吸收光谱仪非常相似，只是干涉仪与试样池排列顺序不同。图 4-66 是傅里叶变换拉曼光谱仪的光路示意图，它由激光光源、试样池、干涉仪、滤光片组、检测器及计算机等组成。

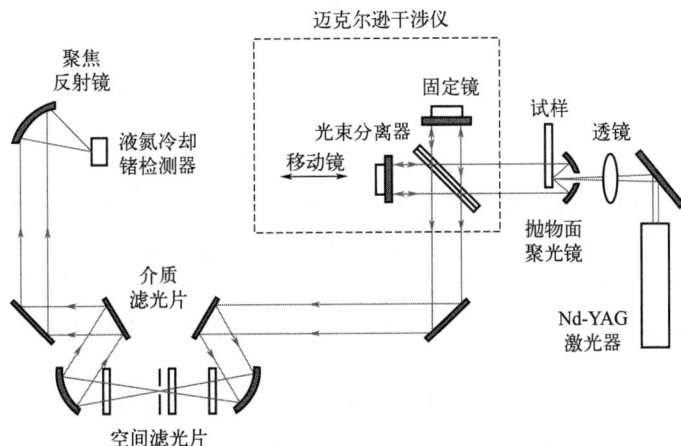

图 4-66　傅里叶变换拉曼光谱仪的光路示意图

激光光源为 Nd-YAG 激光器，发射波长为 1064 nm。它属于近红外激光，能量较低，可以避免大部分荧光对拉曼光谱的干扰。从激光器发射出的光被试样散射后，经过干涉仪，得到散射光的干涉图，再经过计算机进行快速的傅里叶变换后，就得到正常的拉曼线强度随拉曼位移变化的光谱图。仪器还采用一组特殊的滤光片组，它由几个介电干涉滤光片组成，用来滤去比拉曼散射光强 10^4 倍以上的瑞利散射光。检测器多采用置于液氮冷却下的 GeSi 检测器或 InGaAs 检测器。

② 特点　傅里叶变换拉曼光谱仪光源发射波长位于近红外区，能量较低，既可以消除荧光干扰，还可以避免某些试样受激光照射而分解，非常有利于有机化合物、高分子及生物大分子等的研究。但对一般分子的研究，其拉曼散射信号比常规激光拉曼散射信号要弱。同时，该仪器与傅里叶变换红外光谱仪一样，还具有扫描速度快、分辨率高、波数精度及重现性好等特点。

3. 拉曼光谱法的应用与进展

（1）定性分析

拉曼位移 $\Delta\sigma$ 可以反映分子中不同基团振动的特性，因此，可以通过测定 $\Delta\sigma$ 对分子进行定性和结构分析。目前，拉曼光谱法已应用于无机、有机、高分子等化合物的定性分析，生物大分子的构象变化及相互作用研究，各种材料（包括纳米材料、生物材料、金刚石）和膜（包括半导体薄膜、生物膜）的拉曼分析，矿物组成分析，宝石、文物、公安试样的无损鉴定等方面。

① 无机化合物的分析　对于无机化合物的分析，拉曼光谱比红外光谱优越得多，因为在振动过程中，水的极化度变化很小，因此其拉曼散射很弱，干扰很小。无机化合物中，金属离子和配位体之间共价键的振动频率一般都在 $100\sim700~cm^{-1}$ 范围内，用红外光谱研究比较困难，而这些键的振动常具有拉曼活性，且在上述波数范围内的拉曼谱带易于观测，因此可提供有关配位化合物的组成、结构和稳定性等信息。此外，许多无机化合物具有多种晶型结构，它们具有不同的拉曼活性，因此用拉曼光谱能测定和鉴别红外光谱无法完成的无机化合物的晶型结构，并成功应用于宝石学研究和宝石鉴定领域。在催化研究中，拉曼光谱能够提供催化剂本身以及表面上物质的结构信息，还可以对催化剂制备过程进行实时研究。同时，激光拉曼光谱是研究电极-溶液界面的结构和性能的重要方法，能够在分子水平上深入研究电化学界面结构、吸附和反应等基础问题并应用于电催化、腐蚀和电镀等领域。

② 有机化合物的分析　由于化学环境不同，在不同分子的相同官能团，其拉曼位移有一定的差异，$\Delta\sigma$ 会在某一范围内变动。对于有机化合物的结构研究，虽然拉曼光谱的应用远不如红外吸收光谱广泛，但拉曼光谱适于测定有机分子的骨架，并能方便地区分各种异构体，如位置异构、几何异构、顺反异构等。另外，$C=C$、$C\equiv C$、$S-S$、$C=S$、$S-H$、$C-N$、$S=N$、$N=N$ 等基团，拉曼散射信号强，特征明显，也适合拉曼光谱测定。

③ 高分子聚合物的结构研究　拉曼光谱法特别适合于高聚物的几何构型、碳链骨架或环结构、结晶度等的测定。对于含有无机化合物填料的高分子化合物，可以不经分离直接测定。

④ 生物大分子的研究　拉曼光谱法是研究生物大分子的有效手段，现已广泛用于测定蛋白质、氨基酸、糖、生物酶、激素等生化物质的结构。同时，拉曼光谱法可以在接近自然状态的极稀浓度下研究生物分子的组成、构象和分子间的相互作用，对于眼球晶体、皮肤及癌组织等生物组织切片，可以不经处理而直接进行测定。因此，拉曼光谱法在生物学和医学研究中得到较为广泛的应用。

（2）定量分析

与荧光光谱类似，拉曼散射强度与活性成分的浓度成正比。据此，可利用拉曼光谱进行定量分析。然而，由于拉曼散射信号弱，仪器较贵，拉曼光谱法在定量分析中不占太大优势，直到共振拉曼光谱法和表面增强拉曼光谱法出现后，这种情况才改观。

（3）成像分析

与荧光发射一样，拉曼散射亦可用于成像分析。拉曼光谱成像作为一种结合拉曼光谱和成像的混合模式，通过采集空间中每个像素处的拉曼光谱信息，将分子信息在空间上展现，并定性、定量、定位地分析物质分子。拉曼光谱成像的样品无须提前处理，具有非侵入性、无损害的特点，且测量不受水分子干扰。相对于传统的拉曼光谱测量，拉曼光谱成像可额外提供生物医学应用中极为重要的空间信息。与荧光成像相比，受激拉曼散射成像技术的一大优势是不需要任何的标记物来帮助其完成成像，并具有高灵敏度、分子选择性和高分辨率等优点。因此，拉曼光谱成像在生物样本检测、临床诊断及治疗等生物医学领域中具有重要的应用价值。

（4）拉曼光谱新进展

① 共振拉曼光谱　由于拉曼散射产生的概率极低，因此拉曼信号也很弱，其光强一般仅为入射光强的 $10^{-8} \sim 10^{-7}$。1953 年，Shorygin 发现当入射激光波长与待测分子的某个电子吸收峰接近或重合时，拉曼散射的概率大幅增加，使分子的某个或几个特征拉曼谱带强度达到正常谱带的 $10^4 \sim 10^6$ 倍，这种现象称为共振拉曼（resonance Raman）效应。基于共振拉曼效应建立的拉曼光谱法称共振拉曼光谱法。其特点如下：共振拉曼光谱基频的强度可以达到瑞利线的强度；泛频和合频的强度有时大于或等于基频的强度；由于共振拉曼光谱中谱线的增强是选择性的，既可用于研究发色基团的局部结构特征，也可选择性测定试样中的某一种物质；和普通拉曼光谱相比，其散射时间短，一般为 $10^{-12} \sim 10^{-5}$ s。由此可见，共振拉曼光谱有利于低浓度和微量试样的检测，最低检出浓度范围约为 $10^{-8} \sim 10^{-6}$ mol/L。

② 受激拉曼光谱　受激拉曼散射（stimulated Raman scattering，SRS）是一种非线性拉曼散射，通过探测分子的特定振动模式来实现成像。SRS 采用的是两束满足拉曼共振条件的激光，即泵浦光和斯托克斯光，泵浦光把电子激发到一个虚的能态，斯托克斯光诱导处于高能态的电子回到振动能级，同时发出一个波长与其相同的光子，最终结果是泵浦光的强度受到削弱，而斯托克斯光的强度得到增强。可以根据这个光强变化解析得到受激拉曼散射信号的强度，而泵浦光与斯托克斯光的频率差决定了被探测的拉曼频率。SRS 与自发拉曼散射的区别在于，它需要两束激光同时作用在样品上，并且只能针对自发拉曼光谱中某一个拉曼峰进行探测，由于受激辐射过程的存在，信号强度有了极大的提升（10^3 到 10^5 倍）。基于 SRS 的显微成像技术凭借其独特的化学键特异性成像功能已在生物医学领域得到了广泛应用，与荧光成像相比，SRS 成像的一大优势是不需要任何的标记物来帮助其完成成像，并具有高灵敏度、高分子选择性和高分辨率等特点。

③ 表面增强拉曼光谱　将试样吸附在金、银、铜等金属的粗糙表面或胶粒上可极大增强其拉曼散射信号，基于这种具有表面选择性的增强效应而建立的方法称为表面增强拉曼光谱法（surface enhancement of Raman scattering，SERS）。SERS 可使某些拉曼线的增强因子达到 $10^4 \sim 10^8$，定量分析检测限可达纳克或亚纳克级。由于 SERS 灵敏度高，已成为表面科学、催化、电化学等领域的重要研究手段。若它与电化学方法联用，可以研究许多生物物质，如氧合血红蛋白、肌红蛋白、腺苷、多肽、核酸等。将 SERS 与共振拉曼光谱技术联用，其检出限可达 $10^{-12} \sim 10^{-9}$ mol/L。

④ 针尖增强拉曼光谱　针尖增强拉曼光谱法（tip-enhanced Raman spectroscopy，TERS）是通过在扫描探针显微镜中集成一个纳米尖端，利用扫描探针显微镜的定位能力和高分辨率的光学成像技术，将针尖定位在所需的位置，然后测量物质的拉曼散射信号。在 TERS 中，当入射光照射在纳米尺度的尖锐金属探针尖端时，在局域表面等离激元共振效应、避雷针效应和天线效应的共同作用下，针尖附近几纳米到十几纳米范围内会产生强烈的局域电磁场增强，此时的金属针尖可以看作具有极高功率密度的纳米光源，从而增强针尖末端下方样品分子的拉曼信号。TERS 具有如下特点：可同时获得表面形貌和拉曼光谱（化学）信息；灵敏度高，可以研究光滑甚至单晶电极表面；可以判断吸附分子的取向；空间分辨率高，可以研究纳米级不均匀性的体系。TERS 技术广泛应用于材料学、表面科学、生物化学、电化学、医疗研究等领域。

阅读拓展-中国科学家在该领域的工作介绍.word

习题

1. 分子吸收光谱起因于分子的电子能级、振动能级和转动能级对电磁波的吸收，其涉及的能量各在什么电子伏特范围？为什么说紫外分子光谱主要是分子中共轭系统的鉴定工具？而红外分子吸收光谱却能反映分子的细微结构特征？

2. 紫外光谱的最强吸收峰主要由 π-π^* 跃迁吸收造成是正确的吗？为什么？

3. 红外分子吸收光谱中的振动方程、偶极矩变化、振动自由度概念各与红外吸收峰的哪些特征有关？

4. 解释红外吸收产生的原因，是否所有的分子振动都会产生红外吸收光谱？

5. 影响红外吸收光谱中基团吸收频率的因素有哪些？

6. （1）某化合物在乙醇中的紫外分子吸收光谱中，$\lambda_{max}=287$ nm，而其在二氧六环中的 $\lambda_{max}=295$ nm，试问，引起该吸收的跃迁为何种类型？

（2）某化合物在己烷中的紫外分子吸收光谱中，$\lambda_{max}=305$ nm，而其在乙醇中的 $\lambda_{max}=307$ nm，试问，引起该吸收的跃迁为何种类型？

（3）试判断上述两种化合物中，哪种化合物的摩尔吸收系数更强？

7. $(CH_3)_2N$ 能发生 n-σ^* 跃迁，该跃迁的吸收波长为 227 nm（$\varepsilon=900$ L/(mol·cm)）。试问，若在酸中测定时，该吸收峰会怎样变化？为什么？

8. 试估计下列化合物的紫外分子吸收光谱中，哪种化合物的 λ_{max} 最大，哪一种化合物的 λ_{max} 最小，为什么？

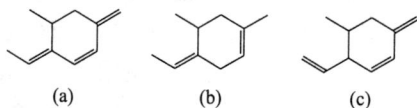

(a)　　　　(b)　　　　(c)

9. 已知某化合物分子内含四个碳原子、一个氯原子和一个双键，无 210 nm 以上的特征紫外光谱数据，写出其结构。

10. 下述化合物含有三个羰基（A、B、C），试指出其红外吸收光谱图中哪一个位于最高波数？哪一个位于最低波数？说明理由。

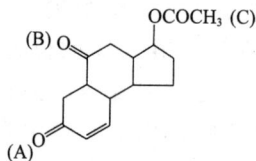

11. 指出下列化合物在 200～400 nm 处各存在什么跃迁吸收？并计算最大吸收波长（不考虑溶剂校正）。

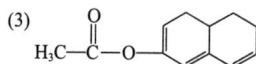

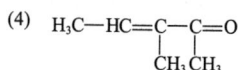

12. 如何用紫外吸收光谱判断下列异构体？

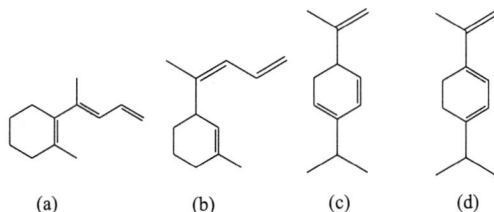

（a）　　　（b）　　　（c）　　　（d）

13. 计算下列化合物的 λ_{max}。

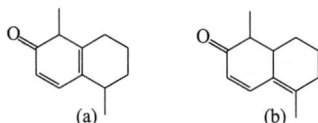

（a）　　　　（b）

14. 用红外光谱区分下列各组化合物。

（1）

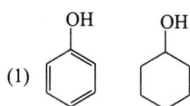

（2）H_3C-⟨⟩$-COOH$　⟨⟩$-COOCH_3$

（3）

15. 用分光光度法研究 Fe(Ⅱ)-1,10-二氮菲配合物，配制一系列溶液，内含 2.00 mL 7.12×10^{-4} mol/L Fe(Ⅱ) 和不同体积的 7.12×10^{-4} mol/L 的 1,10-二氮菲，稀释至 25.0 mL，用 1 cm 比色皿，在 510 nm 波长处测定，获得的数据如下：

1,10-二氮菲的体积/mL	2.00	3.00	4.00	5.00	6.00	8.00	10.00	12.00
吸光度	0.240	0.360	0.480	0.593	0.700	0.720	0.720	0.720

试求配合物的组成及其稳定常数。

16. 已知 HF 中键的键力常数约为 9 N/cm：

（a）计算 HF 的振动吸收峰频率；

（b）计算 DF 的振动峰吸收频率。

17. 分别在 95 g/L 2-戊酮的乙醇和正己烷溶液中测定 2-戊酮的红外吸收光谱，试估计 $\nu_{C=O}$ 吸收带在哪一种溶剂中出现的频率较高，为什么？

18. CS_2 是线性分子，试画出它的基本振动类型，判断哪些具有红外活性。

19. 羰基化合物 $R-\overset{O}{\underset{\|}{C}}-F$、$R-\overset{O}{\underset{\|}{C}}-Cl$、$R-\overset{O}{\underset{\|}{C}}-H$、$R-\overset{O}{\underset{\|}{C}}-R'$ 中，请按羰基伸缩振动频率由高到低的顺序排序。

20. 下面两个化合物的红外吸收光谱有何不同？

（1）

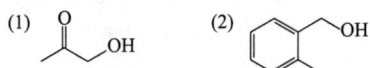

（2）

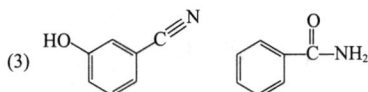

21. 顺式环戊二醇-1，2 的 CCl_4 稀溶液，在 3610 cm^{-1} 及 3455 cm^{-1} 处出现两个红外吸收峰，为什么？

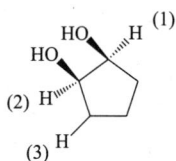

22. 分子式为 C_3H_4O 的化合物，其红外光谱图如下所示：

（1）试推断其结构；

（2）解释其 3300 cm^{-1} 处的双峰吸收。

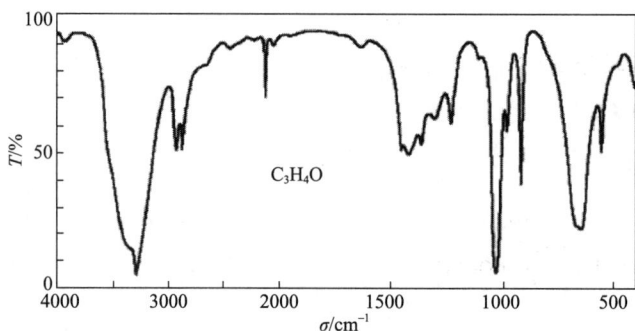

23. 某化合物分子式为 C_7H_6O，其红外光谱图如下所示，试确定其结构式。

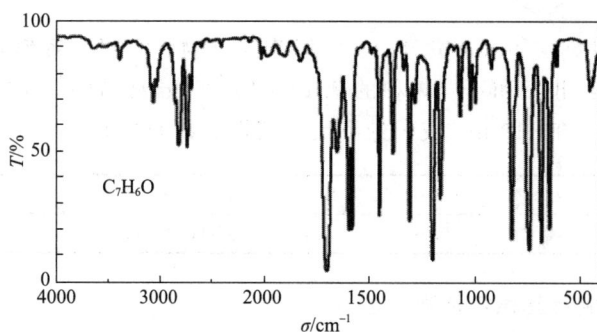

24. 若对如下化合物进行结构改造，以使其紫外吸收波长发生红移，应如何设计实验方案，请根据所学知识或查阅文献完成。

25. 如下反应中需要对每一步反应所得到的产物进行监测，如何通过红外光谱法对每一步反应所得到产物与前一步化合物进行区分？

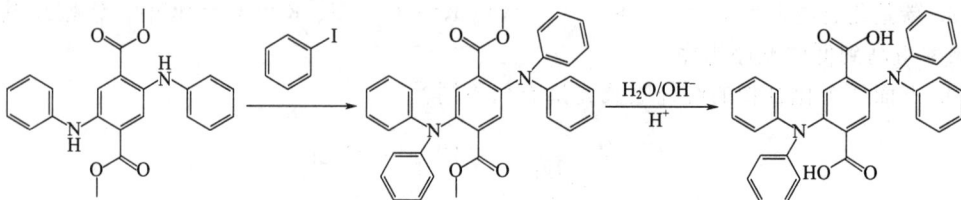

第五章 核磁共振谱分析

核磁共振（nuclear magnetic resonance，NMR）是一种基于原子核在外加磁场中发生共振而产生特定信号的技术。在强的外磁场存在下，一些有磁性的原子核（如 ^{1}H 核、^{13}C 核）会发生能级分裂，即一些原子核处于高能级状态，一些原子核处于低能级状态。此时，如果一束频率适当的电磁波照射这些原子核，处于低能级的原子核将会向高能级跃迁，并吸收电磁波（共振）。根据被吸收电磁波的频率、强度变化可以判断相应磁性核在分子中的化学环境以及数量等。核磁共振 ^{1}H 谱和 ^{13}C 谱分析成为确定有机分子结构最重要的手段，同时，^{15}N 谱、^{19}F 谱和 ^{31}P 谱等也在分子结构分析中广泛使用。

核磁共振谱与紫外-可见吸收光谱和红外分子吸收光谱类似，均属于分子吸收光谱范畴。但核磁共振谱与紫外-可见吸收光谱和红外分子吸收光谱的不同之处在于，核磁共振需要将所研究的分子置于强的外磁场中，通过电磁波照射样品并测量样品分子对电磁波的吸收。而红外分子吸收光谱、紫外-可见吸收光谱则直接通过不同波长的光照射样品分子，并通过测量样品分子对光的吸收分析其结构信息。

第一节　核磁共振基本原理

一、核的自旋和磁矩

自旋核是一个带正电荷的粒子，由正电性的质子和电中性的中子组成。当其绕主轴旋转时，可产生磁矩 μ（可类比于一个小磁针），转动时产生的磁场方向与电流的关系可由右手螺旋定则确定（图 5-1）。根据量子力学的结论，有些核是自旋核，其特征是自旋量子数 $I \neq 0$。自旋的核存在一个能量参数核磁矩（magnetic moment，μ）和一个角动量（angular momentum，p），磁矩的表示式（5-1）中，γ 为磁旋比。

$$\mu = \gamma p \tag{5-1}$$

$$p = \sqrt{I(I+1)} \times \frac{h}{2\pi} \tag{5-2}$$

式（5-2）中，I 是自旋量子数（$I = 0$，$1/2$，1，$3/2$，$\cdots$）；h 是普朗克常数。对于 ^{1}H 核而言，其自旋量子数为 $1/2$。自旋量子数 I 与原子质量数 A 和原子序数 Z 有关，如果用 X 代表元素符号，则有如下规律：

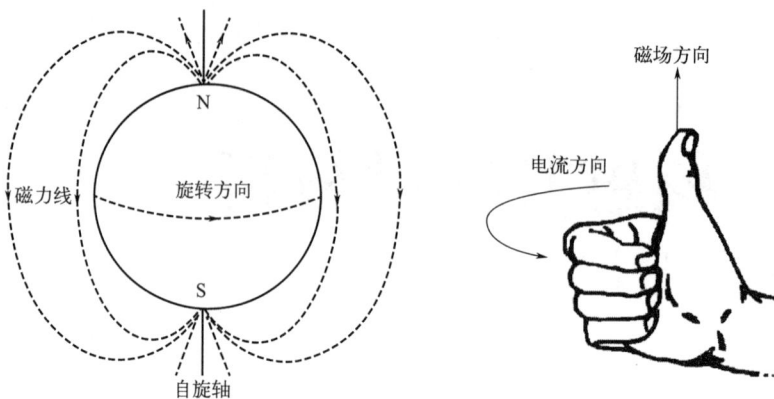

图 5-1 核自旋产生磁场的示意图

当 A 和 Z 同为偶数，如 ^{12}C、^{16}O、^{32}S，$I=0$，无自旋，无 NMR 信号。

当 A 为奇数，Z 为奇或偶数，$I \neq 0$，有 NMR 信号。

当 A 为偶数，Z 为奇数，$I \neq 0$，有 NMR 信号。

自旋量子数 I 等于 1/2 的原子核有 ^1H、^{13}C、^{19}F 和 ^{31}P 等，这些核有自旋并产生自旋磁矩，且可被视为一个电荷均匀分布的球体，特别适用于核磁共振研究（图 5-2）。而自旋量子数 I 等于或大于 1 的原子核有 ^2H 和 ^{14}N（$I=1$）；^{11}B、^{35}Cl、^{79}Br 和 ^{81}Br 的 $I=3/2$；^{17}O 和 ^{127}I 的 $I=5/2$ 等。这类原子核电荷分布形状复杂，可被视为一个椭圆体，电荷分布不均匀，它们的核磁共振吸收信号复杂，目前研究较少。

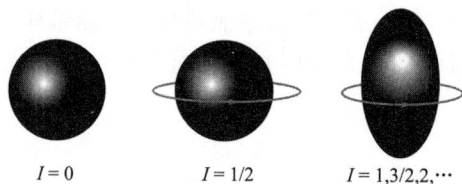

图 5-2 不同自旋量子数的核自旋示意图

对于有自旋的核而言，由于 I 是量子化的，磁矩有 $2I+1$ 个取向，每个取向代表一种磁能级，用 m 表示，$m=I, I-1, I-2, \cdots -I$。不同自旋量子数 I 对应的核自旋磁矩取向和对应的磁能级如图 5-3 所示：I 等于 1/2 时，对应 2 种取向；当 I 等于 1 和 2 时，分别对应 3 种和 5 种取向。

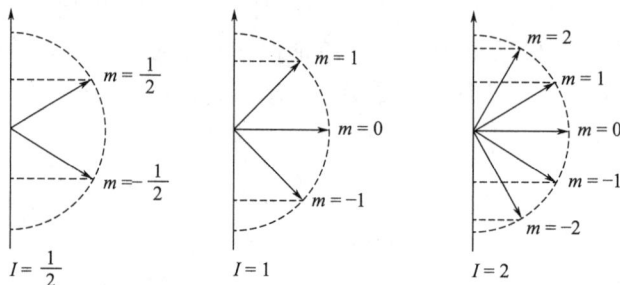

图 5-3 自旋核磁矩的取向示意图

当磁核被置于外磁场 B_0 中时，在磁场方向上的角动量分量如式（5-3）：

$$p_{磁场方向} = m\frac{h}{2\pi} \tag{5-3}$$

每种取向的能量与外磁场强度有关（图 5-4）。

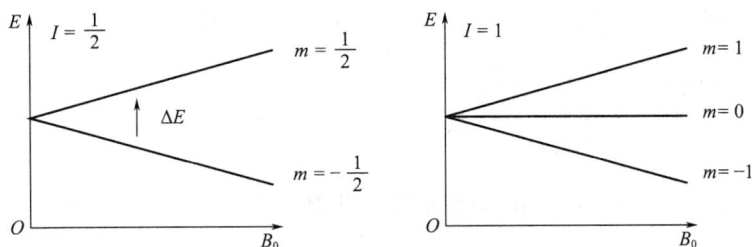

图 5-4　核磁矩取向与外磁场之间的关系

二、自旋核在外磁场中的能量变化

无外加磁场 B_0 时，地球的大地磁场不足以规范磁核的取向。如 $I=1/2$ 的原子核对两种可能的磁量子数并不优先选择任何一个，自旋核磁矩的取向是杂乱无章的，具有简并的能级，处于 $E_{基}$ 能量状态。有外加磁场 B_0 时，自旋核磁能级分裂，处于 $E_{高}$ 和 $E_{低}$ 两种能量状态。不同的能量状态对应于不同的核磁矩取向，但是核的自旋轴在空间不能连续地任意指向，而是量子化的，有（$2I+1$）个取向，每种取向对应的能量由下式决定：

$$E = -\frac{m\mu}{I}\beta B_0 \tag{5-4}$$

式中，m 是磁量子数；β 被称为核磁子，是一个常数；B_0 是外磁场强度；μ 是核磁矩；I 为自旋量子数。对 ${}^1H$ 而言，$I=1/2$，m 值只能取 $-1/2$ 和 $+1/2$，式（5-5）中高能级 $E_{高}=+\mu\beta B_0$，$E_{低}=-\mu\beta B_0$，高能级和低能级之间的能级差值 ΔE 为 $2\mu\beta B_0$。

$$\Delta E = E_{高} - E_{低} = 2\mu\beta B_0 \tag{5-5}$$

当一束频率为 ν 的电磁波照射于被外磁场分裂了的自旋 ${}^1H$ 核，并满足式（5-6）时，${}^1H$ 核磁矩便会发生取向的改变。换言之，当具有磁矩的核置于外磁场中，它在外磁场 B_0 的作用下，核自旋产生的磁场与外磁场相互作用，发生取向改变（图 5-5）。其中，ω_0 为自旋核的角速度（弧度/秒）。

$$\Delta E = h\nu = 2\mu\beta B_0 \tag{5-6}$$

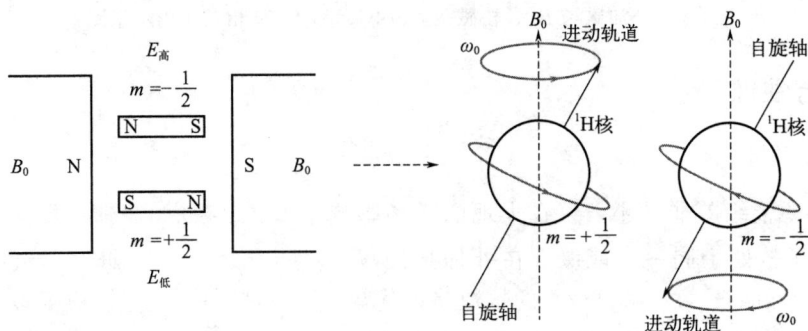

图 5-5　外磁场 B_0、电磁波对自旋 ${}^1H$ 核的作用示意图

原子核除了自旋外，还要附加一个以外磁场方向为轴线的回旋，它一边自旋，一边围绕着磁场方向发生回旋，这种回旋运动称为进动或拉摩尔进动，类似于陀螺的运动。陀螺旋转时，当陀螺的旋转轴与重力的作用方向有偏差时，就产生摇头运动，这就是进动。进动时有一定的频率，称拉摩尔频率。自旋核的角速度 ω_0、进动频率 ν_0 与外加磁场强度 B_0 的关系可用式（5-7）表示：

$$\omega_0 = 2\pi\nu_0 = \gamma B_0 \tag{5-7}$$

其中，ν_0 为线频率，γ 为磁旋比：

$$\gamma = \frac{2\pi\mu\beta}{hI} \tag{5-8}$$

对 ^{1}H 核来说，$I = 1/2$，代入式（5-8）后，整理上两式得到另一种表达为：

$$\nu_0 = \frac{\gamma B_0}{2\pi} \tag{5-9}$$

$$\nu_0 = \frac{2\mu\beta B_0}{h} \tag{5-10}$$

式（5-9）与式（5-10）含义一样，即当用一束频率为 ν 的电磁波照射于被外磁场分裂的自旋 ^{1}H 核，并满足式（5-10）时，发生核磁共振吸收，^{1}H 核磁矩便会发生取向的改变。也就是说，当电磁波的频率 ν 与进动频率 ν_0 相等时，核磁矩 μ 由与 B_0 平行变为逆平行（图5-6）。在核磁共振实验中，放置一个射频振荡线圈，产生射电频率为 ν 的电磁波，使其照射原子核，当磁场强度为某一数值时，射频振荡线圈所产生的频率 ν 与核进动频率 ν_0 相等，则原子核与电磁波发生共振，此时将吸收电磁波的能量而使核跃迁到较高能态。

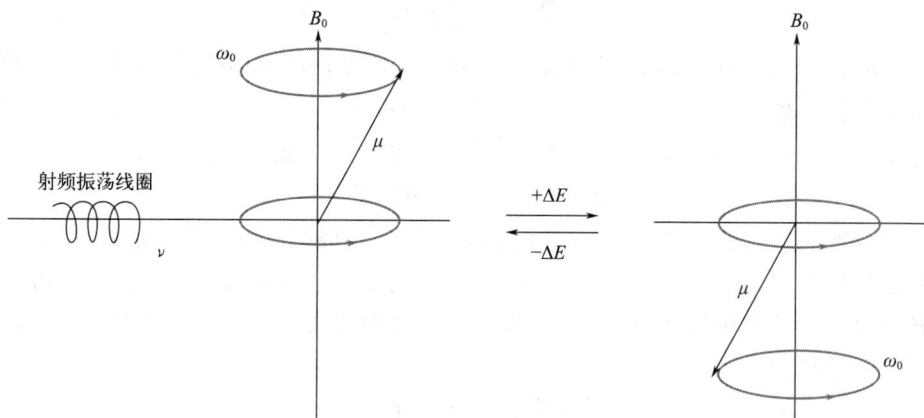

图 5-6　外加磁场 B_0、核磁矩 μ、电磁波频率 ν 相互作用示意图

三、饱和与弛豫

1. 饱和

^{1}H 核的磁能级差非常小，仅在大地的磁场影响下（$B_{地} = 0.5$ 高斯，即 5×10^{-5} T），$I = 1/2$ 的原子核处于同一个能级。在外加强磁场 B_0 影响之下（比如 $B_0 = 1.41$ T），当25℃时，处于低能级（$m = +1/2$）的核数略占优势（$n_{-\mu\beta B_0} > n_{+\mu\beta B_0}$）。根据玻尔兹曼分布定律，在室温（298 K）及 1.41 T 强度的磁场中：

$$\frac{n_{\text{高}}}{n_{\text{低}}}=\exp\frac{-\Delta E}{kT}=\exp\frac{-2\mu\beta B_0}{kT}=\exp\frac{-2\times2.79\times5.1\times10^{-37}\times1.41}{1.38\times10^{-23}\times298}=0.99998 \quad (5\text{-}11)$$

也就是说：当增加 B_0，强制核磁矩 μ 与 B_0 平行，导致低能级核数多出百万分之几。核磁共振就是利用这百万分之几的低能级核产生信号。在射频波发生器的照射下，氢核吸收能量发生跃迁，处于低能态氢核的微弱优势趋于消失，使 $n_{-\mu\beta B_0}=n_{+\mu\beta B_0}$；从 $m=+1/2\longrightarrow m=-1/2$ 的速率等于从 $m=-1/2\longrightarrow m=+1/2$ 的速率，能量的净吸收逐渐减少。共振吸收峰渐渐降低直至消失，使吸收无法测量，这种情况称为"饱和"。

2. 弛豫

处于较高能态的核能够以一定形式回复到较低能态，但由于核磁共振中氢核发生共振时吸收的能量 ΔE 比较小，高能态的氢核返回低能态时一般不伴随谱线的二次发射。这种由高能态返回到低能态，但不发射原来所吸收能量的过程称为弛豫（relaxation）过程。弛豫包括自旋-晶格弛豫（spin-lattic relaxation）和自旋-自旋弛豫（spin-spin relaxation）两种情况。

自旋-晶格弛豫，指处于高能态的氢核将能量转移给周围的分子（固体为晶格，液体则为周围的溶剂分子），氢核回到低能态。对于所有的氢核而言，总能量下降，称为纵向弛豫（longitudinal relaxation）。纵向弛豫的机理有别于微观粒子之间"碰撞"交换能量的形式。设想液体中的分子在快速运动，分子中的各个氢核对外磁场的取向一直在有规律地变动，于是就产生一个波动场。如果此时某个或某一组氢核的进动频率与某个波动场的频率刚好相符，则这个或这组自旋的氢核就会与波动场发生能量弛豫，即高能态的自旋核把能量转移给波动场变成动能，这就是对自旋-晶格弛豫的一种解释。自旋-晶格弛豫时间以 T_1 表示，气体、液体的 T_1 很小，约为 1 s，固体和高黏度液体 T_1 较大，有的甚至可达数小时。

自旋-自旋弛豫，指两个进动频率相同、进动取向不同的同种磁性核，在一定距离内会互相交换能量，改变进动方向，这就是自旋-自旋弛豫，也称横向弛豫（transverse relaxation）。自旋-自旋弛豫发生时磁性核的总能量未变。自旋-自旋弛豫时间以 T_2 表示，一般气体、液体的 T_2 也为 1 s 左右。固体及高黏度试样中由于各个核的相互位置比较固定，有利于相互间能量的转移，故 T_2 极小。

弛豫时间 T（包括 T_1、T_2）对核磁共振的吸收测定有明显的影响。当 T 太长时，由于易饱和导致不利于测定。但 T 太短时，由于谱线变宽（依据测不准原理，T 与宽度成反比），不利于分辨。固体及黏稠液体中 T_2 很小，即各个磁性核在单位时间内迅速往返于高能态与低能态之间，使共振吸收峰的宽度增大，分辨率降低。因此在核磁共振分析中，固体试样常配成溶液后再上机测定；当然，目前也有用于固体样品测定的固体核磁设备。

四、核磁共振仪器简介

核磁共振波谱仪主要包括可改变磁场强度的磁铁、射频波扫描发生器和射频信号接收器等组件（图 5-7）。磁铁是核磁共振波谱仪中最核心的部件，其产生的磁场需在足够大的范围内十分均匀。磁铁上备有扫描线圈，可以在百万分之几的数量级上连续改变磁场强度 B_0。在射频波扫描发生器的频率 ν 固定时，改变磁场强度，进行外磁场扫描，称扫场。在磁场强度固定条件下，改变频率 ν 以进行扫描的工作方式，称扫频。无论是扫场式还是扫频式，其目的都是使 B_0 和 ν 组合到一个固定值，最终使 ^1H 核发生共振吸收。一般扫场较方便，扫频应用较少。

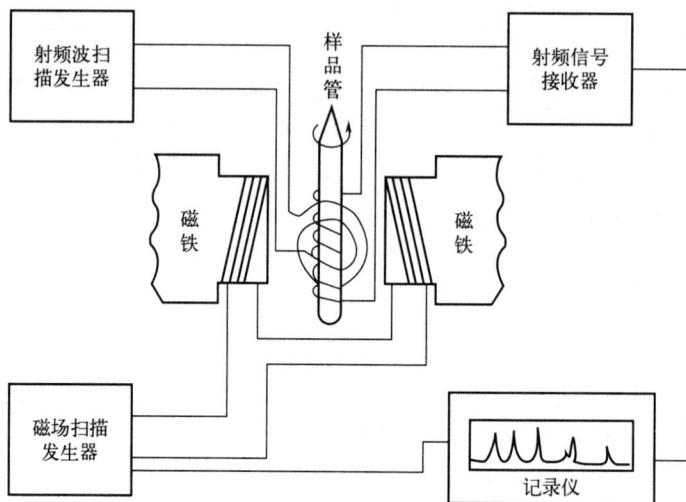

图 5-7　核磁共振仪原理示意图

磁场方向、射频波线圈轴和射频波接收线圈轴三者相互垂直，分析试样由不含^{1}H 的溶剂（如 $CDCl_3$、D_2O 等）配成溶液后装在玻璃管中密封，插在射频线圈中间的试管插座内。分析时插座和试样不断旋转，以使接收到的信号非常均匀。射频信号接收器的作用是检出、放大和记录射频信号。当射频波发生器发生的电磁波的频率 ν 和磁场强度 B_0 达到前述特定的组合值时，放置在磁场（磁铁）和射频线圈中间的试样中的氢核发生共振而吸收射频波能量，这个能量的吸收情况为射频信号，即核磁共振谱。共振峰积分仪产生积分线并算出各组共振吸收峰的面积，进而计算出^{1}H 的数量。

核磁共振波谱仪一般还备有以下配套装置：①去偶仪，具有双照射功能，可使谱图简化；②温度调整装置，可在较高的温度下使黏稠的试液流动性变好以利于分析，黏稠的试样会使共振吸收峰变宽，影响分辨率；③信号累计平均仪，核磁共振波谱分析的缺点是灵敏度较低，试样要求量较多（数毫克以至数十毫克），试液要求较浓（$0.1\sim0.5$ mol/L），信号累计平均仪对于极稀的试液进行重复扫描，累加所得信号，以提高灵敏度和信噪比。

核磁共振波谱分析对样品的要求如下：①浓度应在 $0.1\sim0.5$ mol/L 范围内；②溶剂不含^{1}H，要用 $CDCl_3$、D_2O 等作为溶剂；③样品中应加入内标，常用四甲基硅烷 $[Si(CH_3)_4$，TMS]，其不溶于水。水溶液中可选 2,2-二甲基-2-硅代戊烷-5-磺酸钠 $[(CH_3)_3SiCH_2CH_2SO_3Na$，DSS] 作为内标。

第二节　化学位移

一、化学位移的基本原理

化学位移（chemical shift）可认为是不同官能团的原子核谱峰位置相对于标准物峰位置的距离，与电子的屏蔽作用引起的共振磁场强度/共振频率的移动直接相关。根据^{1}H NMR 共振条件，即式（5-6）：

当 $B_0=1.41$ T 时，可算得：

$$\Delta E = h\nu = 2\mu\beta B_0 = 2 \times 2.79 \times 5.1 \times 10^{-27} \times 1.41 = 39.7 \times 10^{-27} \text{ (J)}$$

$$\nu_{\text{共振}} = \frac{\Delta E}{h} = \frac{39.7 \times 10^{-27}}{6.63 \times 10^{-34}} = 60 \text{ (MHz)}$$

注意：$\beta = 5.1 \times 10^{-27}$ J/（T·h）。

如果固定 B_0，改变射频波频率，则不同的原子核在不同的频率时发生共振；同理，如果把频率 ν 固定为一定数值，改变 B_0，则不同的原子核将在不同 B_0 时发生共振。当 $\nu = 60$ MHz 与 $B_0 = 1.41$ T 组合时，所有 ^{1}H（处于低能级）将全部共振，似乎 NMR 只能确认有无 ^{1}H，这对结构分析就显得意义不大了。然而，实际情况并非如此，核外电子云影响着原子核实际受到的磁场强度。当氢核处于磁场 B_0 中，电子的绕核运动将会产生感应磁场 B'。B' 的方向与外加磁场 B_0 相反，因而核外电子云产生感应磁场 B' 起到了对 B_0 的抗磁作用，这种对抗外磁场的作用也就是屏蔽作用（shielding effect）的本质（图 5-8）。

为使氢核发生共振，须增加 B_0 的强度以抵消电子云感应磁场 B' 的屏蔽作用。屏蔽磁场 B' 与外磁场 B_0 成正比，如式（5-12）所示，其中，σ 为屏蔽常数。

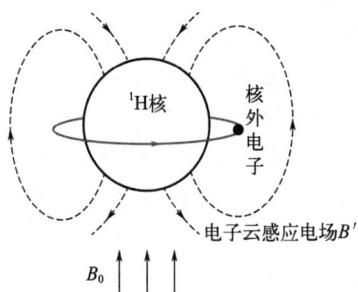

图 5-8　电子云屏蔽作用示意图

$$B' = \sigma B_0 \tag{5-12}$$

由此可知，核所感受到的净磁场 B 如式（5-13）所示：

$$B = B_0 - B' = B_0 - \sigma B_0 = B_0(1-\sigma) \tag{5-13}$$

核实际共振所需频率如式（5-14）所示：

$$\nu = \frac{2\mu\beta B}{h} = \frac{2\mu\beta B_0(1-\sigma)}{h} \tag{5-14}$$

或者如式（5-15）所示：

$$B_0 = \frac{\nu h}{2\mu\beta(1-\sigma)} \tag{5-15}$$

屏蔽作用的大小与核外电子云密度有关，电子云密度愈大则屏蔽作用也愈大，导致共振时所需的外加磁场强度也愈强。电子云密度与氢核所处的化学环境直接相关，也就是说与分子的结构特征有关。当固定 ν 时，不同结构分子中的 ^{1}H 将在不同的 B_0 处产生 NMR 吸收，使得核磁共振波谱能够研究不同有机物的分子结构（图 5-9）。

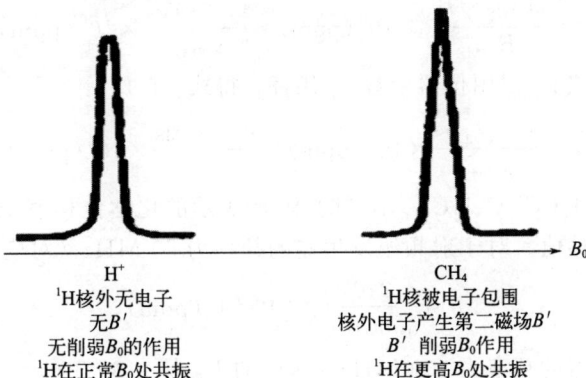

图 5-9　^{1}H 核外电子云影响核磁共振吸收峰的示意图

二、化学位移的表示方法

已知外磁场 B_0 可以裂分 ^1H 磁核的能级，使其产生能量差 ΔE。B_0 愈大、ΔE 愈大，$\nu_{共振}$ 也就愈大，即 ν 与 B_0 成正比。根据质子的共振方程，化学位移在扫场时可用磁场强度的改变来表示，在扫频时可用频率的改变来表示。

TMS 被人为选作内标物，设定 TMS 中氢核的化学位移值为零。选择 TMS 作为标准物原因如下：①TMS 中的 12 个氢核处于完全相同的化学环境，只有一个尖峰；②TMS 中氢核具有高密度的核外电子，这些氢核被核外电子强烈地屏蔽，共振时需要的外加磁场强度最强，化学位移值最大，不与其他化合物的峰重叠；③TMS 呈惰性，不与试样反应；④易溶于有机溶剂，沸点低（27℃），样品容易回收。在较高温度测定时，可使用较不易挥发的六甲基二硅烷（HMDS）作内标物；水溶液中内标可选 DSS。

人为地把 TMS 的化学位移 δ 定为零后，常见有机物官能团中氢核的 δ 都是负值，人为将 δ 的负号省略，氢核在 δ 值较大处出峰时，该峰处于低场，位于磁共振图谱的左面；反之，氢核在 δ 值较小处出峰时，该峰处于高场，位于磁共振图谱的右面。大多数情况下，TMS 的峰位于磁共振图谱的最右面。

市售不同档次的核磁共振仪的 B_0、$\nu_{仪}$ 不同，^1H 核共振时所需的 ν 必然不同。化合物 $CH_3CCl_2CH_2Cl$ 在 $\nu_{仪}$ 不同的仪器上所得到的核磁共振图显示，$\nu_{仪}$ 越大，则谱图的分辨率越好（图 5-10）。用 $\Delta\nu$ 表示化学位移时，使用不同参数的仪器分析同一个化合物会得到不同的化学位移。

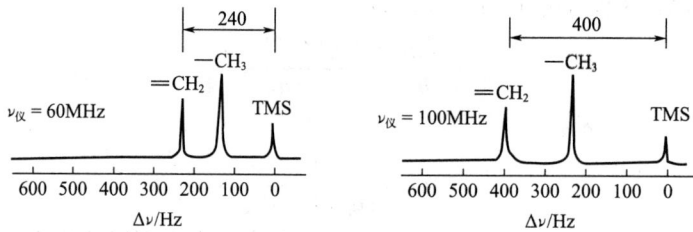

图 5-10 频率表示化学位移的示意图

由式（5-16）表示化学位移 δ，氢核的 δ 值数量级为百万分之几到十几，因此常在相对值上乘以 10^6，并以 ppm 为单位。

$$\delta = \frac{B_{TMS} - B_s}{B_{TMS}} \times 10^6 (ppm) \approx \frac{\nu_s - \nu_{TMS}}{\nu_{TMS}} \times 10^6 (ppm) \tag{5-16}$$

方便起见，将上式 ν_{TMS} 用仪器参数 ν_0 代替，得式（5-17）：

$$\delta = \frac{\nu_s - \nu_{TMS}}{\nu_{TMS}} \times 10^6 (ppm) \approx \frac{\nu_s - \nu_{TMS}}{\nu_0} \times 10^6 (ppm) \tag{5-17}$$

如前述化合物 $CH_3CCl_2CH_2Cl$，不同的 $\Delta\nu$ 所表示的化学位移值统一由 δ 表示，则可获得完全相同的化学位移值。对于射频波发生器的频率为 60 MHz（对应的 B_0 是 1.41T）：

$$\delta = \frac{240}{60 \times 10^6} \times 10^6 = 4 (ppm)$$

对于射频波发生器的频率为 100 MHz（对应的 B_0 是 2.35 T）：

$$\delta = \frac{400}{100 \times 10^6} \times 10^6 = 4 (ppm)$$

三、影响化学位移的因素

影响电子云密度的各种因素都将影响化学位移，包括诱导效应、共轭效应、磁场的各向异性效应、溶剂效应及氢键效应等。

1. 诱导效应

分子中其他电负性大的元素，能吸引电子云，降低 ^1H 核周围的电子云密度，减少对 ^1H 核的屏蔽作用，使 ^1H 的 δ 变大，峰位相对处于低场。如表 5-1 所示：

表 5-1　^1H NMR 的化学位移 δ 与取代基的电负性

	CH_3F	CH_3Cl	CH_3Br	CH_3I	$Si(CH_3)_4$
电负性	4.0	3.1	2.9	2.6	1.98
δ_H	4.26	3.05	2.68	2.16	0.00

电负性元素与 ^1H 距离增大时，对化学位移的影响变小，如表 5-2 所示。

表 5-2　^1H NMR 的化学位移 δ 与电负性元素的距离

	CH_3Br	$CH_3CH_2CH_2Br$
δ_H	2.68	1.04

电负性元素增多时，对化学位移的影响变大，如表 5-3 所示。

表 5-3　^1H NMR 的化学位移 δ 与电负性元素的数量

	CH_3Cl	$CHCl_3$
δ_H	3.05	7.24

2. 共轭效应

乙烯和丙烯酸甲酯结构及化学位移值如图 5-11 所示。以乙烯分子作为标准，可以发现：在丙烯酸甲酯分子中，酯基中羰基与碳-碳双键成 π-π 共轭，电子流向羰基氧端，使末端烯氢的电子云密度下降，δ 较大，相对在低场出峰。

3. 各向异性效应

π 键电子在外磁场 B_0 的作用下，产生感生磁场，通过空间（而不是化学键）影响相邻 ^1H 核。由于感生磁场是各向异性的，在一些区域感生磁场与外加磁场方向一致，而在另一些区域与外加磁场方向不一致，从而导致在不同区域分别出现屏蔽效应和去屏蔽效应。如已知碳杂化轨道电负性 $sp > sp^2 > sp^3$，下列质子的化学位移可分析如下，乙炔和乙烷预测与实测结果比较一致，如表 5-4 所示。但用相似方法分析乙炔和乙烯的质子，预测与实测化学位移不一致，其原因是 π 电子的各向异性效应。

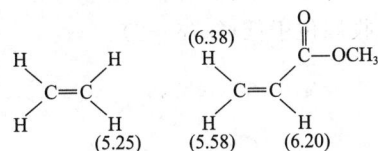

图 5-11　乙烯和丙烯酸甲酯的结构式

表 5-4　^{1}H NMR 的化学位移 δ 与碳原子的杂化类型

项目	乙炔	乙烯	乙烷
杂化类型	sp	sp^2	sp^3
δ 预测	$\delta_{乙炔H}$　　＞	$\delta_{乙烯H}$　　＞	$\delta_{乙烷H}$
δ 实测	2.88	5.28	0.96

叁键：乙炔基由于碳-碳叁键的 π 电子以键轴为中心呈对称分布，类似一个圆柱体，在外磁场 B_0 的诱导作用下，形成围绕键轴的电子环流。此环流所产生的感应磁场 B' 使处在键轴方向上下的质子受屏蔽，B' 与 B_0 反向，B' 减小了 B_0 的作用，^{1}H 核在更高的 B_0 处出峰。所以，乙炔质子在高场出峰。用"－"表示去屏蔽区，用"＋"表示屏蔽区（图 5-12）。

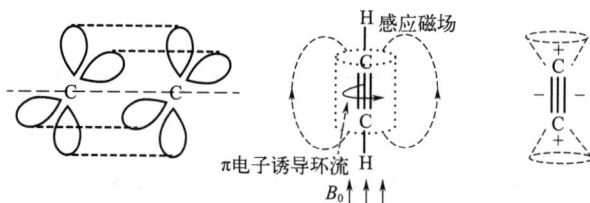

图 5-12　乙炔质子的各向异性效应

双键：C＝C、C＝O 中的 π 电子云垂直于双键平面，在外磁场 B_0 作用下产生环流。在双键平面上的质子周围，感应磁场的方向与外磁场相同而产生去屏蔽，吸收峰位于低场。在双键上下方向则是屏蔽区域，因而处在此区域的质子共振信号将在高场出现（图 5-13）。例如乙烯 ^{1}H 的 $\delta=5.25$ ppm；甲醛 ^{1}H 的 $\delta=9.0$ ppm。对甲醛分子来说，去屏蔽效应和氧的电负性发生了协同作用，因而 ^{1}H 处于更低场。

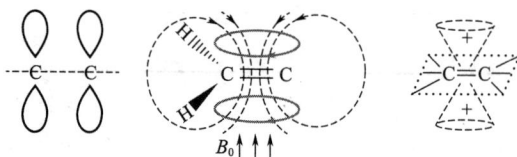

图 5-13　双键的各向异性效应、屏蔽区与去屏蔽区示意图

芳环：芳环可视为三个共轭双键，它的电子云可看作是上下两个圈状 π 电子环流，环流半径与芳环半径相同，芳环中心为屏蔽区，四周是去屏蔽区（图 5-14）。因此芳环质子共振吸收峰位于低场（$\delta\approx7$）。

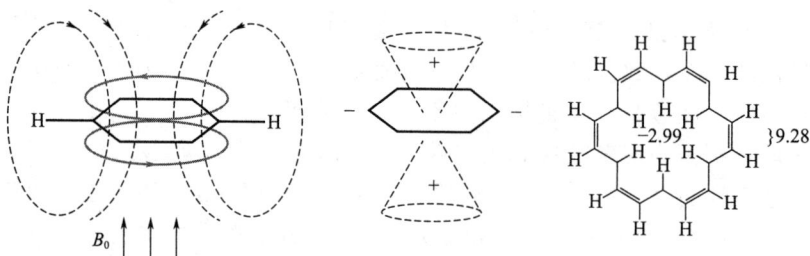

图 5-14　芳环的各向异性效应、屏蔽区（＋）、去屏蔽区（－）与轮烯分子的化学位移示意图

C—C：单键也有各向异性，但重要性不明显。图 5-15 是单键的各向异性示意图。

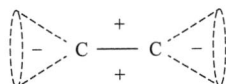

图 5-15　单键的各向异性示意图

4. 氢键效应

氢键的形成使质子周围电子云密度降低，从而移向低场。氢键分为分子间氢键和分子内氢键，其中，分子间氢键与浓度有关，分子内氢键与浓度无关。因此，在考虑氢键对化学位移的影响时，需考虑氢键类型及溶液浓度的变化。

四、^{1}H NMR 的化学位移

图 5-16 是一些重要结构单元相连质子的化学位移值。其中，环丙烷 3 个相连的顺式碳可以相互共轭，共轭体系产生环电流，质子处在这个环电流诱导产生的磁场屏蔽区，因而出现在高场。

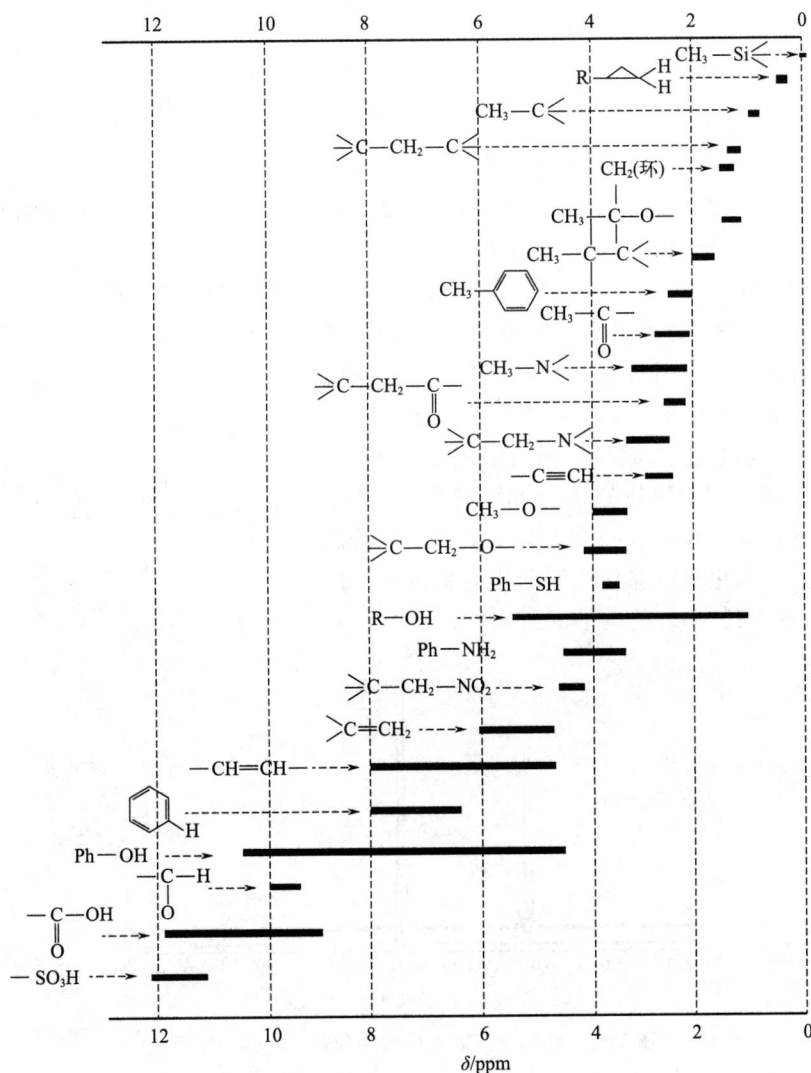

图 5-16　一些重要结构单元相连质子的化学位移值

第三节 自旋耦合和自旋裂分

在具有多种基团的分子中，相邻基团中的质子在自旋时会发生相互作用，这种相邻核由自旋而产生的作用称为自旋-自旋耦合，简称自旋耦合（spin coupling）。自旋耦合的直接后果是使谱线增多，这种谱线增多的现象称自旋-自旋裂分，简称自旋裂分（spin splitting）。以相对简单的 HF 分子为例。已知[1]H 和[19]F 都是自旋核，它们的自旋量子数 I 都等于 1/2，也就是在这样一个简单分子中，存在两种不同的自旋核。在进行核磁共振分析时，[1]H 核除了受外磁场 B_0 的作用外，还受到相邻自旋核[19]F 的影响。由于[1]H 核处于不断自旋状态，自旋时会产生一个小磁矩；同样，[19]F 核也处于不断自旋状态，自旋时也会产生一个小磁矩。因为[19]F 的自旋量子数 $I=1/2$，所以对应于两种取向（图 5-17）。

一、自旋裂分

当[19]F 的自旋取向 $m=-1/2$ 时，产生感应磁场 B''，而 B'' 与 B_0 同向，使质子受到的磁场 $B=B_0+B''$，因而可使质子在低场出峰；当[19]F 的自旋取向 $m=+1/2$ 时，产生感应磁场 B''，而 B'' 与 B_0 反向，使质子受到的磁场 $B=B_0-B''$，质子在高场出峰。实验证明，[19]F 的正反自旋概率是相等的，它使[1]H 核的峰列分为强度相等的双峰，因此 HF 中[1]H 的 NMR 谱不难预测（图 5-18）。

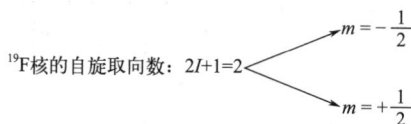

推广至普遍情况，当两组以上质子在分子中相距很近（不超过 3 个化学键）时，由于每个质子都有不同的自旋取向，所以会造成某一组[1]H 峰的裂分。以下是 1,1,2-三氯乙烷的高分辨[1]H NMR 谱图，分别于 $\delta=3.95$ ppm 和 $\delta=5.80$ ppm 处出峰，两者的积分高度比为 2：1，易从化学位移理论判断出它们分别对应于 CH_2（a）和 CH（b）的质子（图 5-19）。

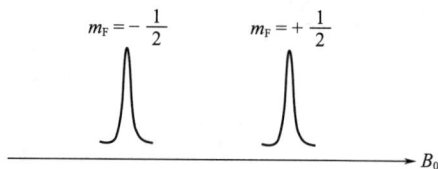

图 5-17 [19]F 的自旋取向示意图

图 5-18 HF 中[1]H 的 NMR 谱预测结果

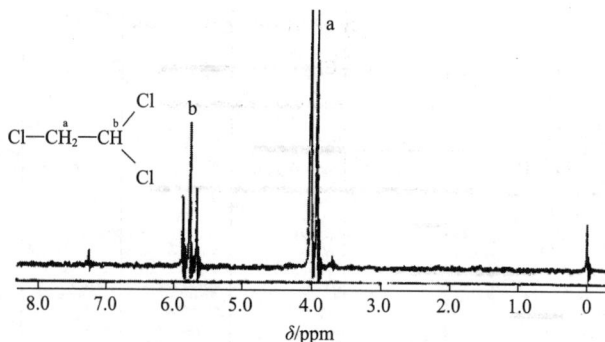

图 5-19 1,1,2-三氯乙烷的高分辨[1]H NMR 谱图

1,1,2-三氯乙烷的高分辨[1]H NMR 谱图显示 a 为二重峰，b 为三重峰。这些峰的分裂是由分子中 a、b 两组相邻磁核[1]H 之间的相互作用引起的，也就是自旋-自旋耦合作用。对于

b 质子而言，它受到 a 组质子的自旋干扰，a 组的 2 个质子在磁场中有 4 种不同的取向组合 [图 5-20（a）]。当 B_{a1} 和 B_{a2} 与外磁场同向时，起着加强 B_0 的作用，使质子 b 感受到的磁场 B 较大，就在较低磁场处出现一个裂分峰；当 B_{a1} 和 B_{a2} 与外磁场反向时，起着减弱 B_0 的作用，使质子 b 感受到的磁场 B 较小，就在较高磁场处出现有一个裂分峰；其余两种自旋取向的相互抵消，使质子 b 在正常磁场强度处出一个峰。最终结果为质子 b 共有三个峰，其强度比为 1:2:1，每个小峰之间的峰间距（耦合常数）相等，中心峰对应的 δ 值是质子 b 的化学位移值。对于 a 质子而言，它受到 b 质子的自旋干扰，b 质子在磁场中有 2 种不同的取向组合，即加强、减弱 B_0 的作用，质子 a 共有两个峰，其强度比为 1:1，两小峰中心对应的 δ 值是质子 a 的化学位移值 [图 5-20（b）]。

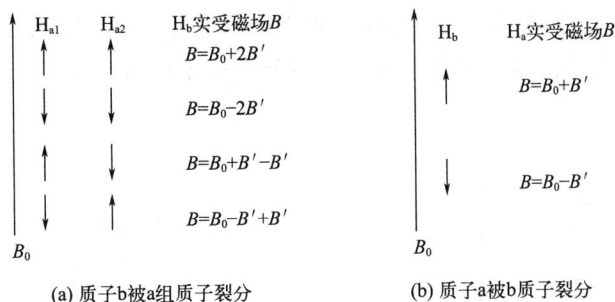

(a) 质子b被a组质子裂分   (b) 质子a被b质子裂分

图 5-20　质子 b 被 a 组质子裂分及质子 a 被 b 质子裂分

二、裂分峰的数目和面积

核与核之间的自旋耦合出现在 3 个化学键间隔的核之间，所以 4 个化学键间隔的核之间无耦合裂分。以 2,2-二氯丙烷为例，H_a 与 H_b 之间就无耦合裂分（图 5-21）。

相互耦合裂分的两组核，裂分后每一组核出现的峰数 $\#$ 可用式（5-18）来计算：

$$\# = 2nI + 1 \tag{5-18}$$

式中，n 是具有裂分作用自旋核的个数，I 是具有裂分作用自旋核的自旋量子数。对于 ^1H 核磁共振谱而言，其 $I = 1/2$，所以上式被简化为式（5-19）：

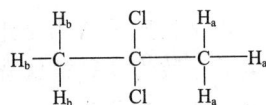

图 5-21　2,2-二氯丙烷的结构式

$$\# = n + 1 \tag{5-19}$$

简称 $n+1$ 规律，即二重峰表示相邻碳原子上有一个质子，三重峰表示邻碳原子上有两个质子，四重峰则表示有三个质子等。如：分子 $CH_3(a) —CH_2(b) Cl$ 中两组不同质子的出峰数，可计算为：

$$\#(a) = 2n(b)I + 1 = 2 \times 2 \times 1/2 + 1 = 3 \quad 或 \#(a) = n(b) + 1 = 2 + 1 = 3$$
$$\#(b) = 2n(a)I + 1 = 2 \times 3 \times 1/2 + 1 = 4 \quad 或 \#(b) = n(a) + 1 = 3 + 1 = 4$$

裂分后各组多重峰的强度比（峰面积之比）可用二项式 $(X+1)^n$ 展开式的系数来表示。如上述例子中 a 组质子临近碳数 $n=2$，由式 $(X+1)^2 = X^2 + 2X + 1$ 计算得到三重峰的面积比为 1:2:1；b 组质子临近碳数 $n=3$，由式 $(X+1)^3 = X^3 + 3X^2 + 3X + 1$ 计算得到四重峰的面积比为 1:3:3:1。当某组质子与 n 个相邻质子耦合时，其二项式展开系数归纳如图 5-22 所示。

当某组质子 A 有 2 组与其偶合作用不同（偶合常数不相等）的邻近质子时，如其中一组

n数	二项式展示式系数	峰形
0	1	单峰
1	1　1	二重峰
2	1　2　1	三重峰
3	1　3　3　1	四重峰
4	1　4　6　4　1	五重峰
5	1　5　10　10　5　1	六重峰

图 5-22　$n+1$ 规律所计算的多重峰强度比

的质子数为 n，另一组的质子数为 m，被偶合裂分的质子位于该二组质子的中间，$J_{An} \neq J_{Am}$，则该组质子 A 被这 2 组质子裂分为：$(n+1)(m+1)$ 重峰。例如：$HCONHCH_2CH_3$ 中的亚甲基质子会被 CH_3 和 NH 裂分成 8 重峰；1-硝基丙烷 $CH_3CH_2CH_2NO_2$ 中间的亚甲基则被相邻的 CH_3 和 CH_2 裂分成 12 重峰。但当仪器分辨率不够时，只出强度比为 1：5：10：10：5：1 的 6 个峰（图 5-23）。

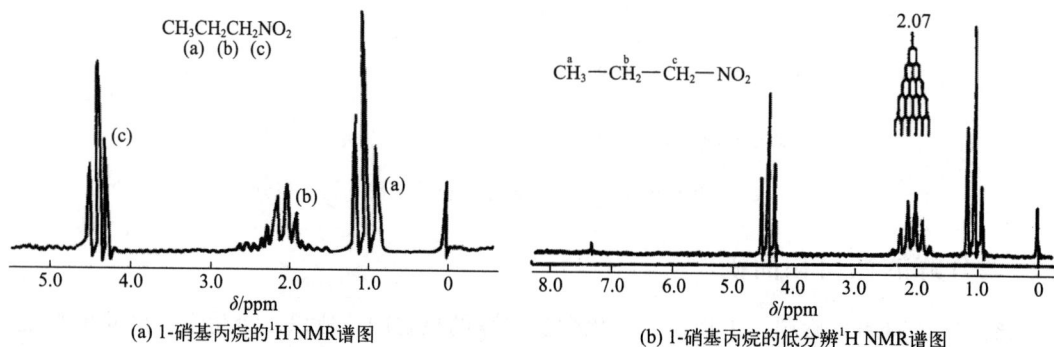

(a) 1-硝基丙烷的[1]H NMR谱图　　(b) 1-硝基丙烷的低分辨[1]H NMR谱图

图 5-23　1-硝基丙烷的[1]H NMR 谱图及 1-硝基丙烷的低分辨[1]H NMR 谱图

当某组质子 A 有 2 组与其偶合作用相同的邻近质子时，如其中一组的质子数为 n，另一组的质子数为 m，被偶合裂分的质子位于该二组质子的中间，$J_{An} = J_{Am}$，则该组质子 A 被这 2 组质子裂分为 $(n+m+1)$ 重峰。例如丙烷 $CH_3CH_2CH_3$ 中间的亚甲基则被相邻的 CH_3 和 CH_3 裂分成 7 重峰。

裂分后多重峰的各小峰之间的距离，称为偶合常数 J（coupling constant）。J 值的大小表示了相邻自旋核（质子）间相互作用力的大小，与外磁场强度 B_0 无关，这一点对于判断裂分峰是同一组质子的多重峰还是不同组质子的组合峰有十分重要的意义。如 HF 分子，[1]H 和 [19]F 之间是相互偶合的两种不同磁性核，其 J 值必然相同，即 $J_{HF} = J_{FH}$，与 B_0 无关（图 5-24）。可借此规律判断基团的连接性质。

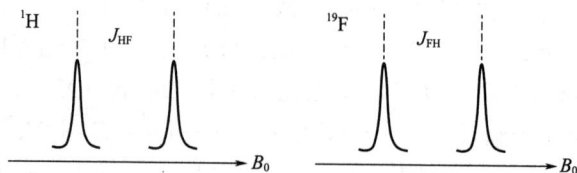

图 5-24　HF 分子中[1]H 和[19]F 偶合裂分后

偶合裂分是通过成键的价电子传递的，当质子间相隔三个键时，偶合裂分比较显著，J 值一般在 1～20 Hz 之间；如果相隔四个或以上单键，相互间作用力已很小，J 值减小到

1Hz 左右或接近于零。根据相互偶合裂分的氢核之间相隔键数，可将偶合作用分为同碳偶合（相隔二个键）、邻碳偶合（相隔三个键）和远程偶合（相隔三个键以上）。用 ^2J 表示同碳偶合，用 ^3J 表示邻碳偶合。双面夹角严重影响 ^3J 邻碳偶合：开链脂肪族化合物由于单键自由旋转的平均化，^3J 数值约为 7 Hz，当双面夹角＝80～90 度时，^3J 最小；当夹角等于 0 或 180 度时，^3J 最大（图 5-25）。可见 J 值与取代基团、分子结构等因素密切相关，使人们可以从核磁共振谱上获得化学键的连接信息。

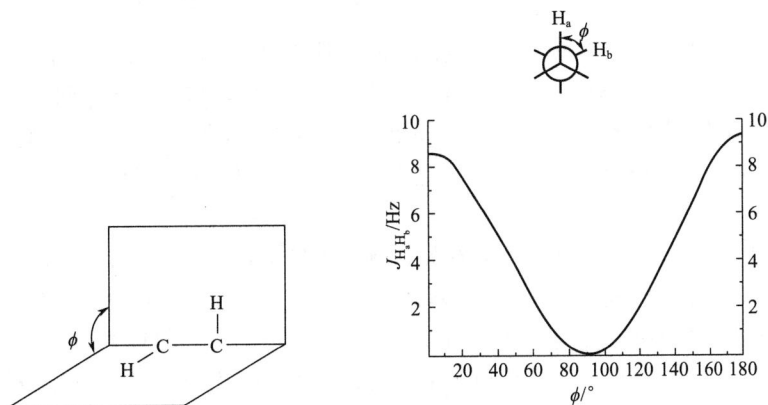

图 5-25　双面夹角对 ^3J 邻碳偶合影响示意图

三、核的等价性

前面已多次提到"相邻质子"相互偶合裂分的概念，那么哪些质子是一组呢？同一组质子有哪些共性呢？这是分析偶合裂分首先要回答的问题。搞清楚"核的等价性"正是解决这一问题的关键。

化学等价：分子中若有一组化学环境相同的核，具有相同的化学位移，则这组核称为化学等价的核。如：苯（C_6H_6）中的 6 个质子，它们的化学位移相等，是化学等价质子；再如 CH_3CH_2I 中甲基的 3 个质子，它们的化学位移相等，为化学等价质子；亚甲基的 2 个质子也是化学等价的。

磁等价：分子中若有一组核，不但化学位移相等，且对组外任何一个核都表现出相同的偶合作用，即只表现出一种偶合常数，则这组核称为彼此磁等价的核。例如二氟甲烷，H_1、H_2 化学等价，F_1、F_2 也化学等价；又因 2 个氢和 2 个氟间任何一个偶合都是相同的（$J_{H_1F_1}=J_{H_2F_1}$、$J_{H_2F_2}=J_{H_1F_2}$），所以 H_1、H_2 磁等价，F_1、F_2 磁等价。磁等价的核，如 H_1、H_2 之间虽有自旋干扰，但不产生峰的裂分，只有磁不等价的核才会产生峰的裂分。这种既化学等价又磁等价的核叫"磁全同"的核。但是，化学等价的核不一定磁等价，如二氟乙烯，两个 ^1H 和两个 ^{19}F 都分别为化学等价的核（图 5-26）。但它们的偶合常数 $J_{H_1F_1} \neq J_{H_2F_1}$（$H_1$ 与 F_1 顺式偶合，H_2 与 F_1 反式偶合）、$J_{H_2F_2} \neq J_{H_1F_2}$（$H_2$ 与 F_2 顺式偶合，H_1 与 F_2 反式偶合），因而两个 ^1H 是磁不等价的核，同样地两个 ^{19}F 也是磁不等价的。

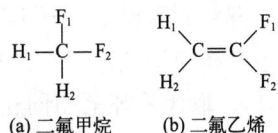

(a) 二氟甲烷　　(b) 二氟乙烯

图 5-26　二氟甲烷和二氟乙烯的结构式

取代苯环上剩余的质子可能是磁不等价的。图 5-27 的 3 个化合物中的 2 个 H_a 和 2 个 H_b 均是化学等价而磁不等价的。

(a) 单取代   (b) 对位取代   (c) 邻位取代

图 5-27　单取代、对位取代和邻位取代的苯结构式

1,2-二氯代苯和 2,6-二氯吡啶的分析如下（图 5-28）：1,2-二氯代苯的 H_a 与 H'_a 为化学等价，H_b 与 H'_b 为化学等价，但 H_a 与 H_b 邻位偶合，H'_a 与 H_b 间位偶合，所以 H_a 与 H'_a 和 H_b 与 H'_b 均磁不等价。对于图 5-28（b）的化合物 2,6-二氯吡啶，H_a、H'_a 化学等价，H_a 与 H_b 邻位偶合，H'_a 与 H_b 也邻位偶合，它们是磁等价，但 J 值太小，属高级谱范畴。

核的等价性与分子内部基团的运动有关，例如 CH_3CH_2I 分子，它有各种构象，其中交叉式构象的 Newman 投影式如图 5-29 所示。在—CH_3 中 H_1 和 H_2 为化学等价，但磁不等价，而 H_3 与 H_1（或 H_2）既化学不等价，又磁不等价。在—CH_2 中 H_4 和 H_5 是化学等价，而磁不等价。但在常温下，甲基和亚甲基可以绕 C—C 键轴高速旋转，此时甲基的 3 个质子都处于一个平均环境之中，所以甲基 3 个质子对外表现为磁全同核。同理，亚甲基上的 2 个质子也表现为磁全同核。

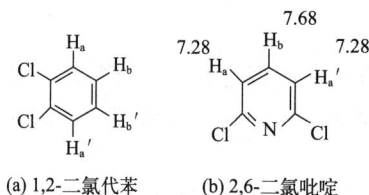

(a) 1,2-二氯代苯   (b) 2,6-二氯吡啶

图 5-28　1,2-二氯代苯
和 2,6-二氯吡啶的结构式

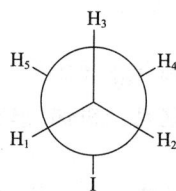

图 5-29　CH_3CH_2I 分子
交叉式构象的 Newman 投影式

单键不能自由旋转时，会产生不等价质子。如 N,N-二甲基甲酰胺（图 5-30）。由于 N 上的 n 电子和羰基上的 π 电子形成 p-π 共轭，C—N 变成了双键性质不能自由旋转，出现了类似顺反取代的情况，造成—CH_3（a）和—CH_3（b）的不等价性质，室温下为 2 组峰。但在 100℃时，C—N 能自由旋转，开始融合，到 170℃时，CH_3（a）和 CH_3（b）只出一个单峰。

图 5-30　N,N-二甲基甲酰胺的结构式

双键同碳质子具有不等价性，如 CH_2 =CF_2 分子中的两个 H 虽化学等价但磁不等价。与手性碳原子相连的—CH_2 中的 H_a 和 H_b 是不等价的（图 5-31）。取代苯环上相同化学环境的质子可能磁不等价，如对甲氧基硝基苯中质子 1 和 2 是化学等价，质子 3 和 4 也是化学等价。但两种情况都是磁不等价。理由是 $J_{1,4} \neq J_{2,4}$，以此类推。

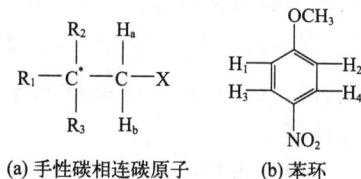

根据上述分析可知，"如何把一个化合物中的质子正确

(a) 手性碳相连碳原子   (b) 苯环

图 5-31　手性碳相连碳原子和
苯环上的磁不等价质子

分群"是核磁共振分析解谱的重要问题。因为只有同一群质子才会出一组峰或一个峰，如果对其他组核起偶合裂分作用，才能用"$n+1$"规律去分析该组核多重峰的情况。当然，还必须考虑除 ^1H 核之外的（如 ^{13}C、^{19}F）其他为数众多的磁核的核磁共振特征以及其对 ^1H 核磁共振分析解谱的"复杂化"贡献。

第四节 一级谱图的特征和谱图解析简介

一、核磁共振谱图分级

根据难易程度，核磁共振谱图可分为一级谱和高级谱。若相互干扰的两组核化学位移差很小，互相间偶合作用强，$\Delta\nu/J$ 小于 6 时，称为二级（高级）谱。高级谱峰形复杂，化学位移和偶合常数均不能从谱图中直接读出，必须通过一定的计算，甚至复杂的计算才能求得，谱图解析的难度大。

当两组质子的化学位移差值 $\Delta\nu$ 和它们的偶合常数 J 之比 $\Delta\nu/J$ 大于 6，且同一组核均为磁全同核时，它们的峰裂分符合 $n+1$ 规律，化学位移和偶合常数可直接从谱图中读出，这种谱称为初级谱，初级谱特点如下：

① 两组质子的 $\Delta\nu/J$ 大于 6；

② 峰的裂分数目符合 $(n+1)$ 规律（对于 $I\neq 1/2$ 的原子核，要用 $2nI+1$ 规律进行预测）；

③ 各峰裂分后的强度比近似地符合 $(X+1)^n$ 展开式系数之比；

④ 各组峰的中心处为该组质子的化学位移；各峰之间的裂距相等，即偶合常数；

⑤ 自旋-自旋偶合与 B_0 无关，当不能分辨是一组质子的多重峰还是不同的几组质子时，可用改变 B_0 的办法加以验证，同一组质子 J 值不变。

二、简化谱图的方法

高级谱图意味着 J 很大、偶合强，$\Delta\nu/J$ 小于 6。为使谱图简化，可以采取以下方法。

1. 使用高磁场的仪器

通过高磁场仪器增加 B_0。因为 B_0 增加时，J 值不变，但 $\Delta\nu$ 会增加，最终使 $\Delta\nu/J$ 大于 6。可见增加 B_0 可将高级谱转化为一级谱，这也是为什么要造更高磁场强度的核磁共振仪。

2. 同位素取代

常见的活泼氢，如—OH、—NH—、—SH、—COOH 等基团的质子，在溶剂中交换很快，并受测定条件如浓度、温度、溶剂的影响，δ 值不固定在某一数值上，而在一个较宽的范围内变化。活泼氢的峰形有一定特征，一般而言，酰胺、羧酸类缔合峰为宽峰，醇、酚类的峰形较钝，氨基，巯基的峰形较尖。用重水交换法可以鉴别出活泼氢的吸收峰（加入重水后活泼氢的吸收峰消失）。同时由于 ^2H 与 ^1H 之间的偶合作用小而使谱图简化。

3. 自旋去偶法

自旋去偶法又称双照射或多照射技术。仪器提供 ν_1，ν_2，ν_3，…等多种射频波，例如可将 ν_1 作用于待测核，ν_2 等作用于与待测核偶合的核，使其饱和，变成非磁性核，以消除干扰（图 5-32）。未去偶的图 5-32（a）中，H_a 在 H_b 和—CH_3 的偶合下，波谱非常复杂，用多照射技术将甲基去偶处理后的谱图 5-32（b），可见—CH_3 失去作用，H_a 只在 H_b 作用下呈现了 2 重峰，H_b 成为更清晰的 4 重峰（H_b 被 H_a 裂分为 2 重峰，又进一步被—CHO 上的 H 裂分为 4 重峰）。

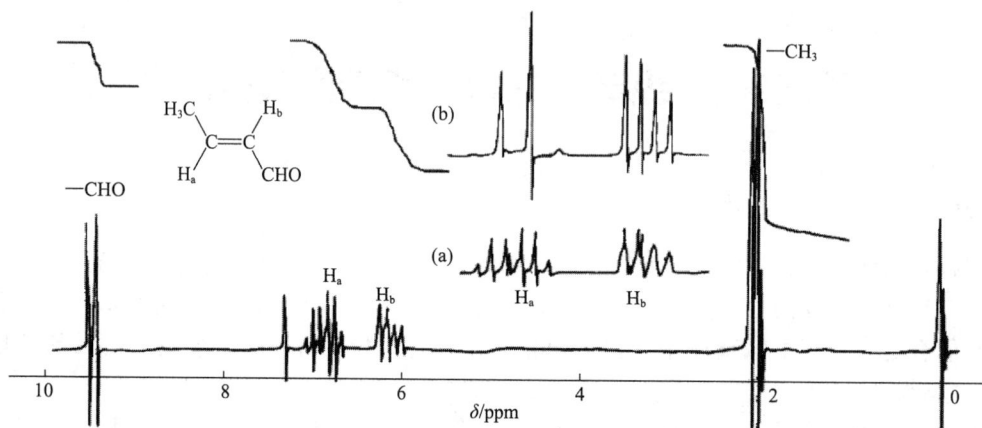

图 5-32　自旋去偶法的谱图比较

4. 化学位移试剂法

由于 La 系元素的顺磁性质，可在周围产生一个较大的局部磁场对 ^1H 核磁矩产生作用。加入这种试剂后，往往可引起高的化学位移变化，使谱图简化。常用的稀土络合物为 β-二酮类化合物（图 5-33）。

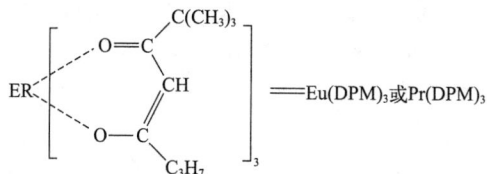

图 5-33　β-二酮类稀土络合物

以氧化苯乙烯为例，未加位移试剂时，H_1、H_2、H_3 为复杂的四重峰；加位移试剂后，H_1、H_2、H_3 变为单峰（比 $n+1$ 都简单了）。未加位移试剂，苯出一个峰，加位移试剂后，出现精细的结构信息（图 5-34）。

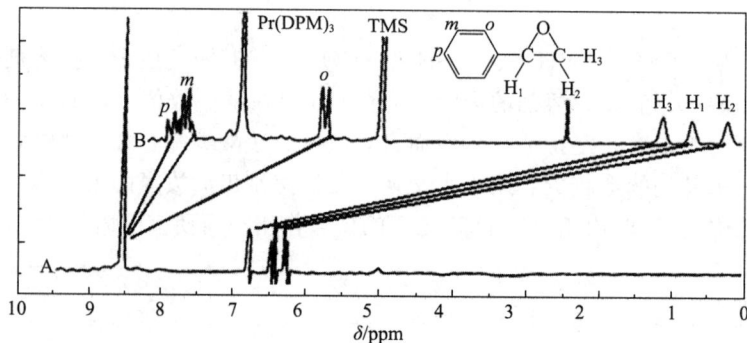

思维导图.TIF

图 5-34　氧化苯乙烯谱图简化示意图

第五节 ^{13}C核磁共振谱

一、^{13}C NMR 简介

^{13}C 的天然丰度仅为 ^{12}C 的 1.1%，^{13}C 核的磁旋比 γ 约是 ^{1}H 核的 $1/4$。由于核磁共振的灵敏度与 γ^{3} 成正比例，所以 ^{13}C 核磁共振谱（^{13}C NMR）的灵敏度仅相当于 ^{1}H NMR 灵敏度的 $1/5800$ [$1.1\% \times (1/4^{3})$]。^{13}C 与 ^{1}H 之间存在偶合，裂分峰相互重叠，给谱图解析带来了许多困难。^{1}H NMR 常用 δ 值范围为 $0\sim10$ ppm（有时可达 16 ppm），^{13}C NMR 常用范围为 $0\sim220$ ppm（正碳离子可达 330 ppm），约是氢谱的 20 倍，其分辨能力远高于 ^{1}H NMR。^{13}C NMR 能给出不与氢相连的碳的共振吸收峰，包括季碳、$C=O$、$C\equiv C$、$C\equiv N$、$C=C$ 等基团。

绝大部分氘代溶剂为含碳物质，造成溶剂 ^{13}C 共振吸收峰的出现。其中，由于 D 与 ^{13}C 之间的偶合作用，溶剂的 ^{13}C 共振吸收峰会被裂分成多重峰，$CDCl_3$ 在 76.9 ppm 处出现三重峰，CD_3COCD_3 在 829.8 ppm 处出现七重峰。在分析 ^{13}C NMR 谱时，要先识别出溶剂的吸收峰，常用溶剂的 ^{13}C 的 δ 值（用 δ_C 表示）由专用表可查。重水（D_2O）不含碳，在 ^{13}C NMR 谱中无干扰，是理想的极性溶剂。^{13}C NMR 化学位移的标准物也是 TMS，可作为内标直接加入到待测样品中，也可用作外标。

二、去偶技术

在 ^{1}H NMR 谱中，^{13}C 对 ^{1}H 偶合产生的峰以极弱的卫星峰出现，可以忽略不计。反过来，在 ^{13}C NMR 谱中，^{1}H 对 ^{13}C 的偶合是普遍存在的，且 J 值宽到几十至几百赫兹范围。偶合裂分极大降低了 ^{13}C NMR 的灵敏度，去偶技术被用于解决这些问题。

质子宽带去偶是一种双共振技术，记作 ^{13}C {^{1}H}。这种异核双照射的方法是用射频场照射各种碳核，使其激发产生 ^{13}C 核磁共振吸收；同时附加另一个射频场（又称去偶场），覆盖全部质子的共振频率范围（200 MHz 仪器，2 kHz 以上），且用强功率照射使所有的质子达到饱和，则与其直接相连的碳或邻位、间位碳受到平均化的环境，从而去掉质子对 ^{13}C 的全部偶合。结果得到相同环境的碳均以单峰出现（非 ^{1}H 偶合谱例外）的 ^{13}C NMR 谱。这样的谱称为质子宽带去偶谱。质子宽带去偶谱不仅使 ^{13}C NMR 谱大大简化，而且灵敏度增大。

三、^{13}C NMR 化学位移

取代基效应在碳谱中同样发挥作用，此外 ^{13}C NMR 的化学位移 δ 还与碳原子的杂化类型有关（表 5-5）。取代基的电负性越强，去屏蔽效应越强（表 5-6）。取代基对 δ 的影响还随与电负性基团的距离增大而减小。取代烷烃中 α 效应较大，δ 差异可高达几十 ppm；β 效应较小，约为 10 ppm；γ 效应则与 α、β 效应符号相反，为负值。超过三个键的距离，一般不考虑取代基的贡献。同时，取代基对 δ 的影响还随电负性基团数目增多而增大。

表 5-5　^{13}C NMR 的化学位移 δ 与碳原子的杂化类型

杂化类型	sp^2	sp	sp^3
屏蔽常数	小——大		
共振信号	低场——高场		
δ_C 范围	100～220	70～100	0～100

表 5-6　^{13}C NMR 的化学位移 δ 与取代基的电负性

	C—F	C—Cl	C—Br	C—I
电负性	4.0	3.1	2.9	2.6
α-碳的 δ_C	75.4	25.1	10	−20.7

常见 ^{13}C 的化学位移如图 5-35 所示。不难看出，^{13}C NMR 谱和 ^1H NMR 谱的 δ 有着相似之处：从高场到低场，碳谱共振位置的顺序为饱和碳原子、炔碳原子、烯碳原子和季碳原子。

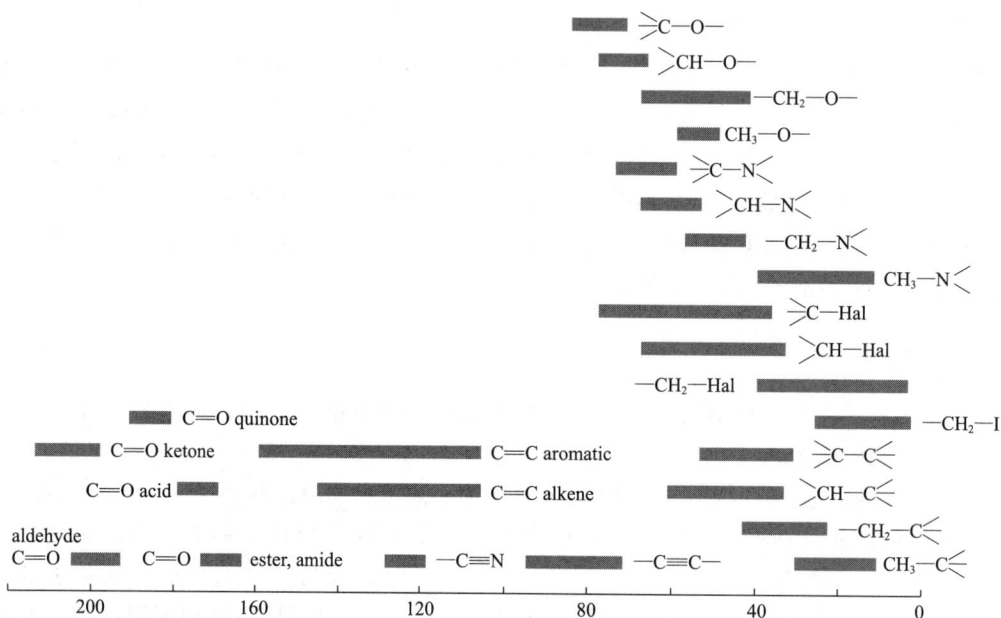

图 5-35　^{13}C 的化学位移

第六节　其他核素的核磁共振简介

超过 200 种同位素具有磁矩，原则上均可以通过核磁共振进行研究。其中研究最广泛的核素包括 ^{31}P、^{15}N、^{19}F、^2D、^{11}B、^{23}Na、^{14}N、^{29}Si、^{55}Mn、^{109}Ag、^{199}Hg、^{113}Cd 和 ^{207}Pb。其中，前三种核素在有机化学、生物化学和生物学领域尤为重要。

一、^{31}P NMR

^{31}P 的自旋数为 1/2，表现为尖锐的核磁共振峰，其化学位移范围可达 700 ppm。在 4.7

T 的条件下，^{31}P 的共振频率为 81.0 MHz。^{31}P 核磁共振的研究对生化领域尤其重要，被用于三磷酸腺苷（ATP）等生物分子的功能研究。ATP 在碳水化合物代谢以及体内的能量储存和释放中起着重要作用。图 5-36 是含有镁离子的 ATP 在水环境中的 ^{31}P NMR 谱图，由三组峰组成，从左至右分别对应于 γ-P、α-P 和 β-P 三个磷原子。β-P 同时与其他两个磷原子偶合，形成三重峰，中心的 β-P 将 γ-P 和 α-P 偶合为双重峰。已知镁离子在 ATP 的代谢作用中起着一定的作用，图 5-36 中谱图表明，阴离子磷与镁离子之间会发生复杂的结合作用，导致磷的化学位移向低场移动。

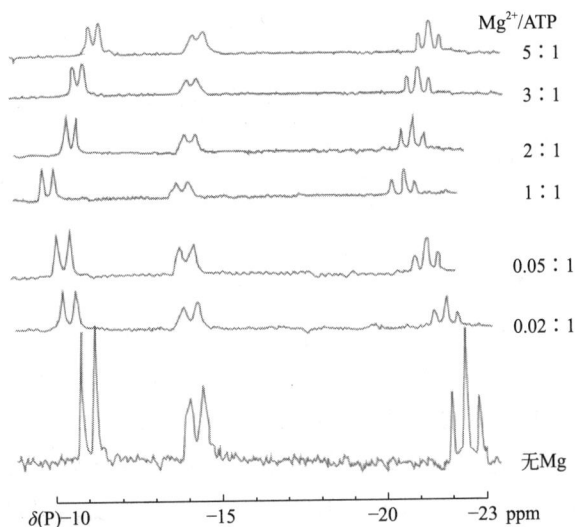

图 5-36　含有镁离子的 ATP 溶液的傅里叶变换 ^{31}P NMR 光谱

二、^{19}F NMR

^{19}F（$\mu = 2.627\beta$）因为较大量地存在于一些有机化合物当中，且其 NMR 信号和 ^{1}H（$\mu = 2.79\beta$）极为相似，在解析 ^{1}H NMR 谱时要特别注意 ^{19}F 造成的复杂性。同理，利用 ^{19}F 谱可以进行含 F 化合物的定性、定量分析。在 4.69 T 的条件下，氟的共振频率为 188 MHz，仅略低于质子（200 MHz）。氟的吸收也对环境敏感，导致的化学位移范围约为 300 ppm。与 ^{1}H NMR 相比，溶剂在确定氟的峰位置方面具有更加重要的作用。关于氟的化学位移与其结构的相关性，未来可能会在这个领域看到进一步的发展，特别是对有机氟化合物的结构研究。

含有双苯硼酸功能单元的传感器能够与葡萄糖 1:1 形成环硼酸酯，氟化联苯硼酸传感器利用这一特性结合 ^{19}F NMR 实现了葡萄糖的特异性检测（图 5-37）。葡萄糖可以提供两对二醇基团与氟化联苯硼酸传感器特异性结合，特征的化学位移峰为 $\delta_{^{19}F}$ −114.93 ppm。因此，$\delta_{^{19}F}$ −114.93 ppm 的 ^{19}F NMR 信号可作为葡萄糖选择性检测的特征峰。此外，氟化联苯硼酸传感器在葡萄糖的检测中表现出较高的选择性和抗干扰能力，在用于直接检测真实人尿液样本中的葡萄糖时，无须进行样本预处理。

三、^{15}N NMR

^{15}N NMR 可用于研究 ^{15}N 同位素的核磁共振性质。这种技术通常用于化学和生物化学

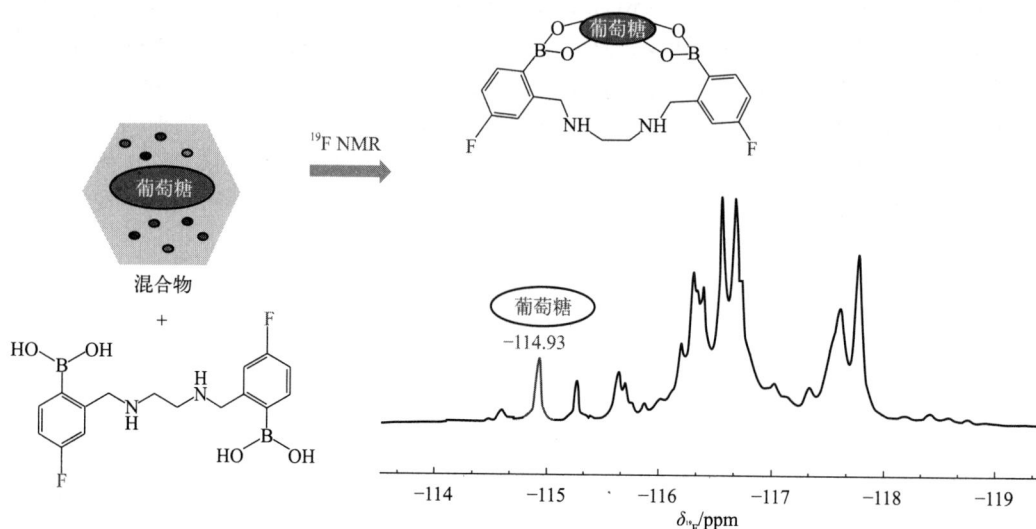

图 5-37　氟化联苯硼酸结合葡萄糖及其 ^{19}F NMR 谱图

领域，特别是研究蛋白质和核酸结构以及化学反应中的氮化合物。与更常见的 ^{14}N 同位素有所不同，^{15}N 核具有不同的核磁共振性质。在 ^{15}N NMR 谱中，化学位移通常以氨基氮（NH$_2$）作为内部参考标准。通过标记蛋白质或核酸中的氮原子，^{15}N NMR 可以提供丰富的结构信息。同时，^{15}N NMR 还可用于研究化学反应的动力学性质，包括反应速率和反应机理。^{15}N NMR 实验需要使用含 ^{15}N 同位素的样品，且通常需要高灵敏度的 NMR 仪器。总之，^{15}N NMR 是一种强大的分析工具，对于理解化学和生物化学过程中的氮化合物具有重要意义。

　　^{15}N 标记的使用有效克服了 ^{1}H NMR 在代谢分析领域光谱复杂性和重叠的问题。代谢分析是基因组学和蛋白质组学在探测生物系统和临床应用方面不可或缺的补充。^{15}N-乙醇胺通过与含羧基的代谢物反应，实现氨基酸等代谢物的 ^{15}N 标记。利用高分辨率 ^{1}H NMR 与 ^{15}N NMR 共同测试的二维核磁共振（2D NMR，见本章第八节），可检测近 200 个分辨率良好的信号，能够定量和重现地检测血清和尿液等生物样品中浓度低至几微摩尔的 100 多种代谢物。如图 5-38 所示，^{15}N NMR 的引入有效地区分了 ^{1}H NMR 中大量重叠的不同分析物的信号峰。

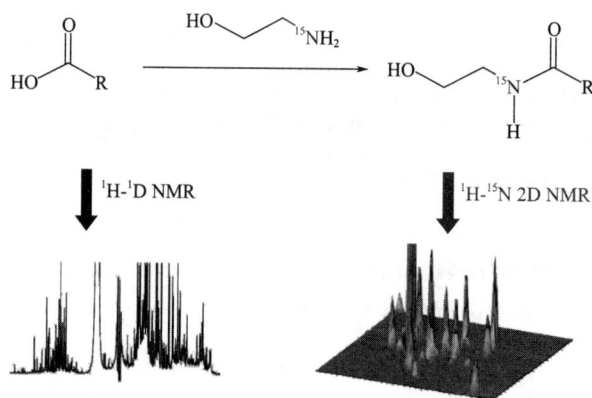

图 5-38　^{15}N-乙醇胺标记含羧基的代谢物及 NMR 谱

第七节 核磁共振谱的应用

核磁共振谱图可以从化学位移、偶合裂分和积分线高度三方面提供所研究分子的重要结构信息。为获得准确的结构,常与其他结构分析手段,如红外吸收光谱、紫外-可见光吸收光谱、质谱等结合,还需要查询沸点、折射率和元素分析等基本化学参数。另外,核磁共振法也可以对一些有机化合物进行定量分析,准确度极高,但因成本太高而应用较少,比如使用[19]F测定全氟化合物的含量。

一、结构测定

举例 已知一未知液体,通过元素分析和 MS 确定分子式为 $C_8H_{14}O_4$,由 IR 证明有 C=O,并无苯环,^{1}H NMR 谱如图 5-39 所示:

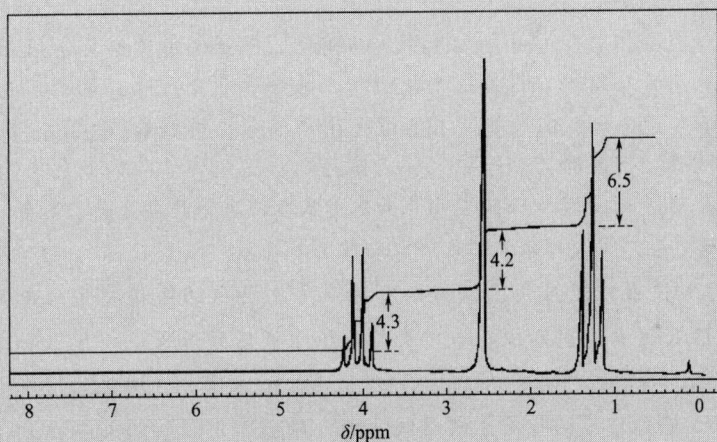

图 5-39 未知化合物 NMR 图

计算不饱和度:

$$\Omega = \frac{2 + 2 \times 8 + 0 - 14}{2} = 2$$

证明含有两个双键,NMR 数据如表 5-7 所示:

表 5-7 未知化合物[1]H NMR 的数据表

δ	峰型	积分高度	H 数
1.3	三重峰	6.5 格	$\dfrac{6.5}{6.5 + 4.2 + 4.3} \times 14 \approx 6$
2.5	单峰	4.2 格	$\dfrac{4.2}{6.5 + 4.2 + 4.3} \times 14 \approx 4$
4.1	四重峰	4.3 格	$\dfrac{4.3}{6.5 + 4.2 + 4.3} \times 14 \approx 4$

归属分析如下。$\delta = 1.3$:可能有—CH_3,H 数为 6,证明有 2 个—CH_3,三重峰,面积 1:2:1,证明 CH_3 与 CH_2 偶合,进一步推断有两个—CH_2CH_3 且对称。$\delta = 2.5$:结合

IR 结果，证明有—COCH$_2$—存在，H 数为 4，结构为—COCH$_2$CH$_2$CO—。$\delta=4.1$：四重峰，面积 1：3：3：1，可知亚甲基接的是 CH$_3$，$J_{4.1}=J_{1.3}$，确证—CH$_2$ 与—CH$_3$ 偶合，因此可能为：

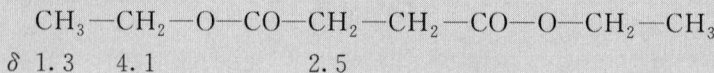

$$CH_3—CH_2—O—CO—CH_2—CH_2—CO—O—CH_2—CH_3$$
$$\delta\ 1.3\quad 4.1\qquad\qquad 2.5$$

举例 图 5-40 是一种无色只含碳氢的有机化合物的核磁共振谱图，试提出可能的结构式：

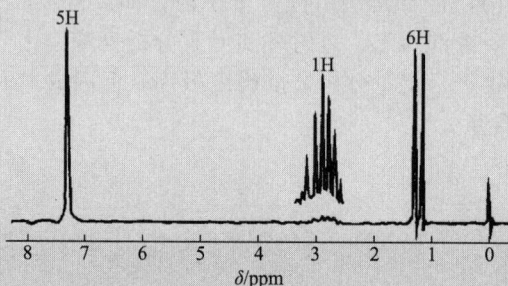

图 5-40 未知物的核磁共振谱

分析如下：从左至右出现单峰、七重峰和双重峰。根据化学位移基本值分析，$\delta=7.2$ 处的单峰可能代表一个苯环结构，根据这个峰面积，相当于 5 个质子，因此可推测此化合物是个单取代的苯。在 $\delta=2.9$ ppm 处出现相当于 1 个质子七重峰和在 $\delta=1.25$ ppm 处出现相当于 6 个质子的双重峰，可解释为分子中有异丙基存在，这是由于异丙基的 2 个甲基中的六个质子是等效的。苯环质子出现单峰，表明异丙基对苯环的诱导效应很小，不会导致苯环质子的峰分裂。据此可以推断这一化合物为异丙苯（图 5-41）。

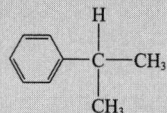

图 5-41 异丙苯的结构式

举例 ^{13}C NMR 最广泛应用的领域是有机和生化物质的结构鉴定。例如胆固醇的 ^{1}H NMR 谱只能识别出几个甲基氢和位于低场的烯氢、羟基氢和与其相连碳上的氢。其余氢的共振吸收在 0.9～2.4 ppm 范围，重叠交错，无法辨认。而 ^{13}C NMR 谱中不同碳原子的谱线清晰，对判断化合物的结构十分有利（图 5-42）。一般情况下，结构不对称的化合物中，每种化学环境不同的碳原子都可以得到特征的谱线。

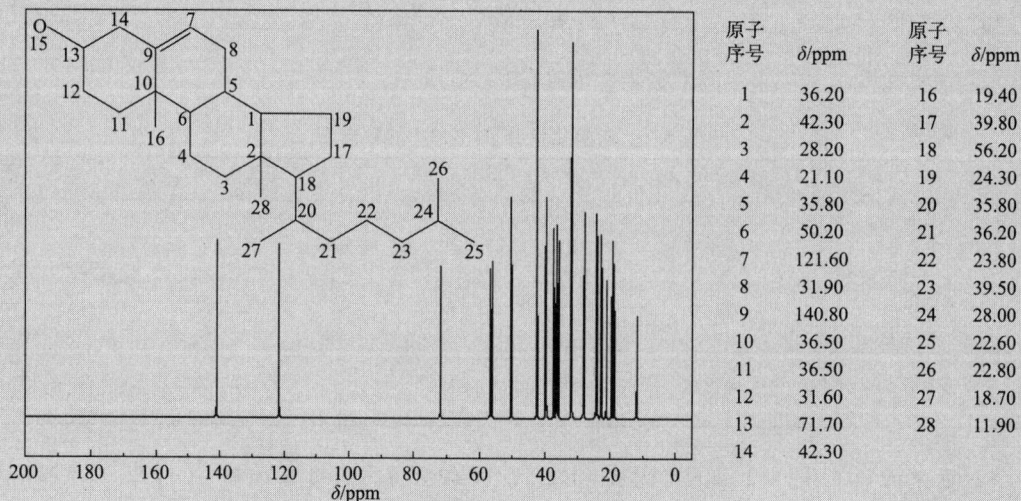

原子序号	δ/ppm	原子序号	δ/ppm
1	36.20	16	19.40
2	42.30	17	39.80
3	28.20	18	56.20
4	21.10	19	24.30
5	35.80	20	35.80
6	50.20	21	36.20
7	121.60	22	23.80
8	31.90	23	39.50
9	140.80	24	28.00
10	36.50	25	22.60
11	36.50	26	22.80
12	31.60	27	18.70
13	71.70	28	11.90
14	42.30		

图 5-42 胆固醇的 ^{13}C NMR 谱（溶剂：CDCl$_3$）

二、研究氢键的形成

羟基质子由于生成氢键，导致其化学位移改变。在苯酚的四氯化碳溶液中，羟基质子的化学位移明显与浓度有关。在低浓度时，酚分子被四氯化碳分子包围而不易生成氢键。浓度较高时，由于氢键生成而发生分子间缔合，化学位移随之改变。相反，邻硝基苯酚分子内部形成氢键，其羟基质子的 J 值受浓度变化的影响很小。

三、研究酮-烯醇的互变异构

2,4-二戊酮的酮和烯醇的互变异构体结构如图 5-43 所示。在烯醇结构中出现了区别于酮结构的特征化学位移，约在 $\delta=5.5$ 和 $\delta=15.3$ 处分别有一宽峰。因为羰基氧原子与羟基质子生成氢键，该质子同时受两个氧原子的影响，从而产生如此高的 δ 值。互变异构体的比例与溶剂性质、温度等关系也可利用 ^1H NMR 谱进行研究。

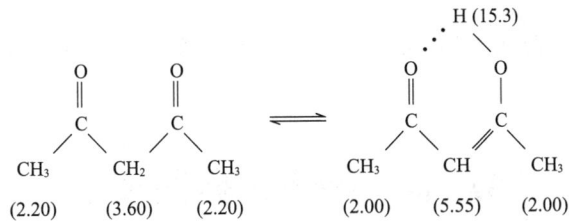

图 5-43　2,4-二戊酮的互变异构体和化学位移

四、在代谢组学中的应用

代谢组学和蛋白质组学在理解两个层次的生物学机制方面具有显著优势。由于核磁谱图具有指纹特征，已被用于血清、血浆等生物样本中对代谢物质的表征，已经建立了常见代谢物质的 ^1H NMR 数据库，供识别代谢物之用。如代谢组学 NMR 数据库 ^1H(^{13}C)-TOCCATA，其中包含了关于个体自旋系统和常见代谢物同分异构体的完整 ^1H 和 ^{13}C 化学位移信息。数据库允许直接且明确地鉴定 ^{13}C 自然丰度下复杂代谢混合物中的代谢物。目前，^1H NMR 在代谢组学中的应用常借助计算化学等技术。

五、在定量分析中的应用

核糖在生命的过程中起着重要作用，人脑脊髓液中过量的核糖可以作为白质脑病的早期诊断标志物。2-氟苯硼酸（2-F-PBA）是一种基于 ^{19}F NMR 的传感器分子，具有高选择性和强抗干扰能力，可在生理条件下测定核糖。人尿液样本不同浓度核糖的 ^{19}F NMR 谱图如图 5-44 所示，核糖酸酯的特征峰值 $\delta_{^{19}F}$ 位于 108.38 ppm，且特征峰强度随着核糖浓度的增加而增加。在核糖浓度为 0.1～2.0 mmol/L 时，建立与峰值相对强度的线性关系曲线，方程表示为 $Y=0.7818X-0.0313$，相关系数 $R^2=0.9852$，检测限为 78 μmol/L。2-F-PBA 的 ^{19}F NMR 分析方法灵敏度高，可以满足临床疾病诊断中核糖的检测需求。

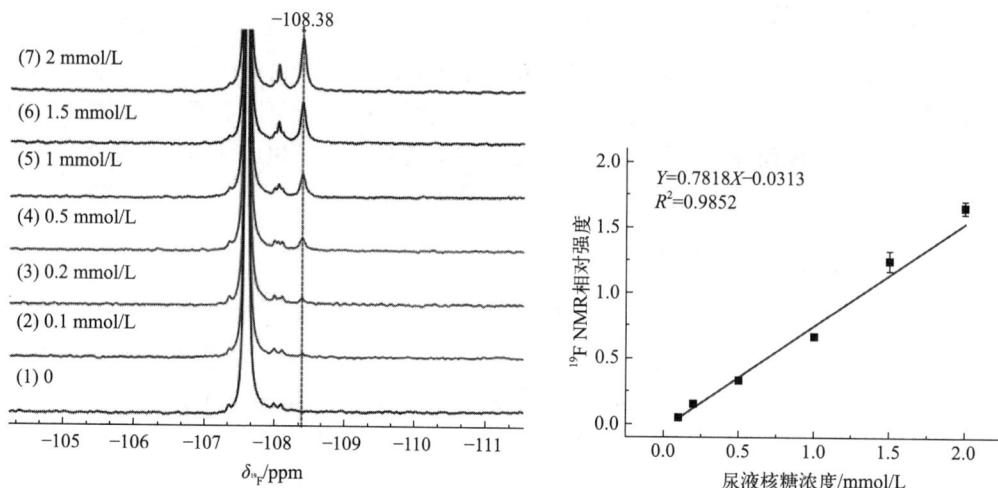

图 5-44　人尿液中不同浓度核糖的 ^{19}F NMR 谱及 2-F-PBA 特征峰强度变化

第八节　核磁共振新技术

一、多脉冲 NMR

20 世纪 60 年代末，NMR 谱学家们发现，基于多脉冲序列的实验可以获得大量的化学信息。反转恢复和自旋回波 NMR 等技术可以测量 T_1 和 T_2。这些弛豫时间可用作额外的分辨率参数。例如，在 ^1H NMR 中，溶质质子和水质子的 T_1 值之间的差异被用来减少水溶液中强烈的溶剂峰。在含有蛋白质和小生物分子的混合物中，T_2 的差异被利用来消除大分子的质子共振信号，并增强小分子信号。同时，多脉冲序列可在 NMR 实验中添加第二个频率维度。

无畸变增强极化转移技术（distortionless enhancement by polarization transfer，DEPT），大大提高对 ^{13}C 的观测灵敏度，利用异核间的偶合对 ^{13}C 信号进行调制的方法来确定碳原子的类型。DEPT 按照参数 θ 可分为三种类型：若 $\theta=135°$，可使—CH 及—CH$_3$ 为向上的共振吸收峰，—CH$_2$ 为向下的共振吸收峰，季碳信号消失。若 $\theta=90°$，—CH 为向上的信号，其他信号消失。若 $\theta=45°$，则—CH$_3$、—CH$_2$ 及—CH 皆为向上的共振峰，仅季碳信号消失。由于季碳在所有的 DEPT 谱中都没有信号，因此仅与全谱比较便很容易区分季碳。之后通过结合 DEPT-135、DEPT-90 和碳谱，即可区分所有碳原子的级数（图 5-45）。

二、二维 NMR

二维核磁共振（two-dimensional nuclear magnetic resonance，2D-NMR）是一组多脉冲技术，可以用于解析复杂的谱图。2D-NMR 方法可以识别通过键合偶合、空间相互作用或化学交换相连的共振信号。2D-NMR 与普通的傅里叶变换核磁共振（FT-NMR）一样，数据通过作为时间 t_2 的函数进行获取。然而，在获得这个自由感应衰减（free induction decay，FID）信号之前，系统会在时间 t_1 内受到脉冲的干扰。将 FID 按照 t_2 的函数进行傅里

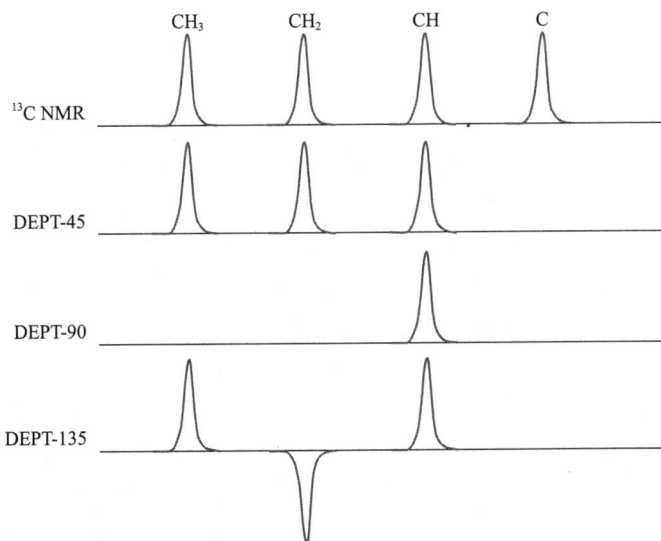

图 5-45　不同类型碳的 ^{13}C NMR 谱和 DEPT 谱

叶变换，以固定 t_1 值得到一个类似于由普通脉冲实验中获得的谱图。然后，对于不同的 t_1 值重复此过程，从而得到一个以两个频率变量 n_1 和 n_2 表示或以化学位移参数 δ_1 和 δ_2 表示的二维谱图。在 2D-NMR 中使用的脉冲的性质和时序变化很广，有时会使用多于两个的脉冲。常见的 2D-NMR 包括同核相关谱（homonuclear correlation spectroscopy，COSY）、总相关谱（total correlation spectroscopy，TOCSY）、异核相关谱（heteronuclear correlation spectroscopy，HETCOR）和异核多量子相干谱（heteronuclear multiple quantum coherence，HMQC），是研究 ^{1}H 谱和 ^{13}C 谱的重要辅助工具。另一类二维实验是基于核 Overhauser 效应（NOE）或化学交换的非相干磁化转移，如 NOE 谱（NOESY）、旋转坐标系 Overhauser 效应谱（rotating-frame Overhauser effect spectroscopy，ROESY）和交换谱（exchange spectroscopy，EXSY）。

2D-NMR 在确定胶原多肽异源三聚体的排列中具有重要价值。由两条肽链 A 和一条肽链 B 组成的三聚体结构多肽 A_2B，其基于链间 NOE 的链分配如图 5-46 所示，分别确定了链内作用及链间作用。表中字母、数字和上角标为氨基酸类型、编号及链归属，如 $^AG14$ 表该氨基酸为位于多肽 A 链第 14 号位的甘氨酸（Glycine，G）。NOE 实验用圆圈表示，HN 与 HN 间作用表示为虚线圈，HN 与 HA 间作用表示为黑色圈，HN 与侧链质子间作用表示为灰色圈。背景中的阴影方块表示链内的 NOE。链间 NOEs 包括 $^AG14$ NH-$^BI13$ αH、$^AV15$ NH-$^BI13$ αH、$^AG16$ NH-$^BS14$ αH、$^AG14$ NH-$^AV15$ αH 和 $^BI13$ NH-$^AP13$ αH，由 NOE 的结果可确定 A 多肽链（深灰色）为前导链，A 多肽链（黑色）为中间链，而 B 多肽链（浅灰色）为滞后链，且证实了三聚体结构多肽形成了 AAB

图 5-46　肽混合物 A_2B 的 NH-H 实验 NOE 生成的接触图

单组分的异源三聚体。

三、多维 NMR

由于共振重叠的问题，二维核磁共振（2D-NMR）在阐明蛋白质结构方面一直受到限制，主要用于较小的蛋白质的结构分析。然而，三维和四维方法的开发，使核磁共振谱学可以进一步扩展到更大的蛋白质结构。例如，根据另一个核素的化学位移，如^{15}N 或^{13}C，来展开^{1}H-^{1}H 二维谱图。在某些情况下，三个维度代表不同的核，例如^{1}H-^{13}C-^{15}N。这些被认为是从 HETCOR 实验衍生而来的。多维核磁共振能够提供完整的溶液相结构，以补充 X 射线晶体学的晶体结构信息。因此，核磁共振谱学是在溶液中确定复杂分子结构和取向的重要技术。

在胶原蛋白的结构分析中，可用 3D HNCA 实验测量$^3J_{HNH\alpha}$偶合常数，提供 Φ 角信息。三螺旋多肽 T3-785 是由三条序列为 (POG)$_3$ITGARGLAG (POG)$_4$Y 的多肽组成（下划线表示^{15}N 标记），是典型胶原模拟肽之一，已广泛用于 NMR 表征的系统研究中。G15（即序列中下划线标记的第一个 G）是肽链中第一个^{15}N 标记的残基，在谱图的^{15}N 维度上有明显的化学位移。因此，G15 在每个条带中的特征性单峰很容易识别。通过与其匹配的 α-碳的化学位移，鉴定出的三组依次连接的残基分别用深灰色、黑色和浅灰色表示相应的峰（图5-47）。通过与^{1}H-^{15}N 异核单量子相干（HSQC）实验联用，能够获得大量的肽链排列信息。

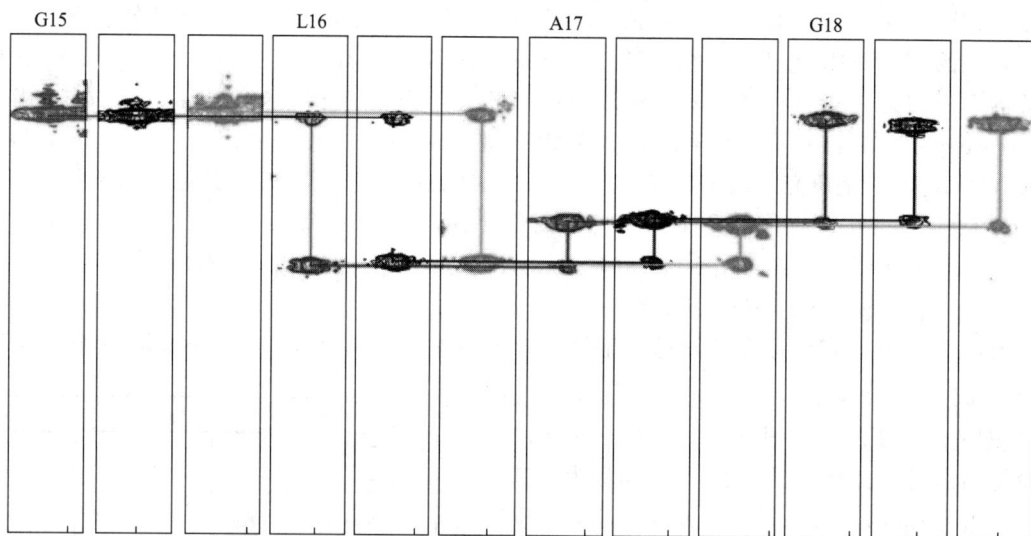

图 5-47　T3-785 的 HNCA 谱图中的条带（顺序连接在各个链中以线条显示）

四、磁共振成像

自 20 世纪 70 年代以来，NMR 技术已经越来越广泛地被应用于化学以外的领域，如生物学、工程学、工业质量控制和医学。其中最突出的 NMR 应用之一是磁共振成像（magnetic resonance imaging，MRI）。在 MRI 中，通过对固体或半固体物体进行脉冲射频激发，获取的数据经过傅里叶变换，转化为物体内部的三维图像。MRI 的主要优势在于可以无创地形成物体的图像。与 X 射线计算机断层扫描或其他类似的辐射成像方法相比，MRI 几乎没有潜在的损伤风险。2003 年，伊利诺伊大学的保罗·劳特伯博士和英国诺丁汉大学的彼得·曼斯菲尔德爵士因其在 MRI 方面的发现而共同获得了诺贝尔生理学或医学奖。他们的工作对 MRI 技术的发展和应用产生了深远的影响。

在 MRI 中，磁场强度会在受检对象内部线性变化，形成如图 5-48 顶部所示的横截面。位于受检对象不同位置的 ^1H 受到不同的磁场强度影响，具有不同的共振频率。若将受检对象置于具有 x、y 和 z 轴的三维坐标系内，沿 z 轴施加 1×10^{-5} T/cm 的磁场梯度，则沿磁场梯度相隔 1 cm 的 ^1H 共振频率相差 425 Hz。因此，通过以 425 Hz 的增量更改 NMR 探头脉冲的中心频率，可以探测到磁场梯度方向上连续 1 cm 的位置。z 轴上每个切片层具有各自的 x-y 平面，分别沿 x 轴和 y 轴方向施加梯度磁场。通过 x、y 和 z 三个方向上梯度磁场的测试，受检对象每个位置均具有对应的位置信息和信号强度。每个连续的射频脉冲产生 FID 信号，该信号编码了磁场梯度方向上每个位置的 ^1H 浓度。当 FID 信号进行傅里叶变换时生成浓度信息。综上可知，通过巧妙而适时地应用各种射频脉冲序列和磁场梯度、傅里叶变换、数据分析及重建软件，最终生成受检对象的三维图像。

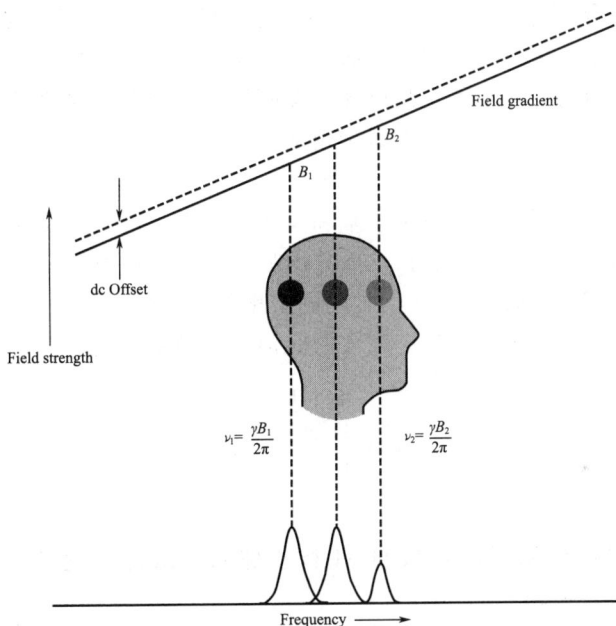

图 5-48　磁共振成像的基本原理

MRI 已成为医学诊断领域中不可或缺的成像工具，而在其他科研领域和食品工业的应用受到 MRI 设备高昂成本的限制。然而，随着数据增强程序、特殊脉冲序列和数据采集协议的不断发展，特别是对于除 ^1H 以外的核素的广泛研究，MRI 将逐渐成为材料科学等领域极具潜力的无创分析工具。

核磁的用途.ppt　　核磁的用途讲解.mp4　　仪器分析教学-国产核磁.mp4　　阅读拓展-中国科学家在该领域的工作介绍.word

习题

1. NMR 与 UV、IR 一样，同属吸收光谱，但相比 UV、IR 而言，NMR 的特殊性在哪里？

2. 当磁核 ^1H 的进动频率 $\nu_0 = \dfrac{\gamma B_0}{2\pi}$ 等于核磁共振仪器射频线圈的照射频率时，核磁共振现象便会发生。那么是否所有不同分子中的 ^1H 核都会在相同照射频率下发生共振吸收呢？

3. 什么叫化学位移？影响化学位移的因素主要包括：诱导效应、共轭效应、各向异性效应、氢键效应等，试加以分析。

4. 什么叫自旋偶合、自旋裂分、偶合常数？相互偶合的两组不同质子，它们之间的偶合常数有什么关系？对于一级谱而言，$HCONHCH_2CH_3$ 中的亚甲基质子、$CH_3CH_2CH_2NO_2$ 中间的亚甲基各是几重峰？峰面积之比会有怎样的规律？

5. 指出下列原子核中，哪些核没有自旋角动量？
^1_1H，^4_2He，^7_3Li，$^{12}_6C$，$^{14}_7N$，$^{16}_8O$，$^{19}_9F$，$^{31}_{15}P$

6. 电磁波频率不变，要使共振发生，氟和氢核哪一个将需要更大的外磁场？为什么？

7. 使用 60.00 MHz 核磁共振仪时，TMS 的吸收与化合物中某质子之间的频率差为 180 Hz。如果使用 100.0 MHz 的仪器，它们之间的频率差应是多少？

8. 在下面化合物中，哪个质子具有较大的 δ 值？并说明原因。

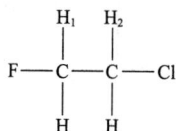

$$F-\underset{\underset{H}{|}}{\overset{\overset{H_1}{|}}{C}}-\underset{\underset{H}{|}}{\overset{\overset{H_2}{|}}{C}}-Cl$$

9. 在同一磁场强度作用下，^{13}C 核与 ^1H 核相邻两能级能量之差（ΔE）之比为多少？（$\mu_H = 2.793\beta$，$\mu_C = 0.702\beta$）

10. 什么是化学等价和磁等价？试举例说明。

11. 指出下面化合物中 a、b、c、d 各质子化学位移值的大小顺序。

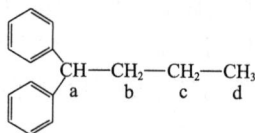

$$\text{CH}-\text{CH}_2-\text{CH}_2-\text{CH}_3$$
$$abcd$$

12. 液态乙酰丙酮可发生互变异构，某温度下测得其核磁共振波谱中，有一个在 $\delta = 5.6$ 处（积分器上为 35 单位）的峰、一个在 $\delta = 3.60$ 处（积分器上为 21 单位）的峰，计算其烯醇成分的比例。

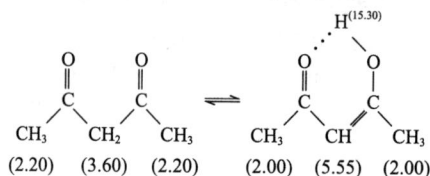

$$\underset{(2.20)}{CH_3}\underset{(3.60)}{\overset{O}{\overset{\|}{C}}}\underset{}{\overset{}{CH_2}}\underset{(2.20)}{\overset{O}{\overset{\|}{C}}}CH_3 \rightleftharpoons \underset{(2.00)}{CH_3}\underset{(5.55)}{\overset{O}{C}}\underset{}{\overset{H^{(15.30)}}{\overset{\cdots}{CH}}}\underset{(2.00)}{\overset{O}{C}}CH_3$$

13. 某碳氢化合物的核磁共振谱如下图所示，试推断其结构。

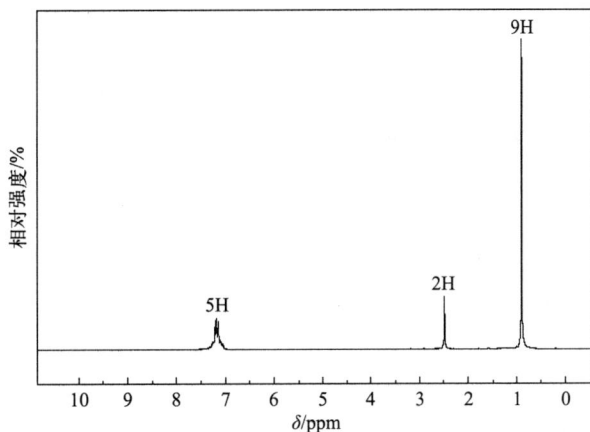

14. 分子式为 $C_4H_8O_2$ 的两种异构体，二者在 $1730 \ cm^{-1}$ 处均有强吸收，它们的核磁共振谱如下图所示，试推断它们的结构。

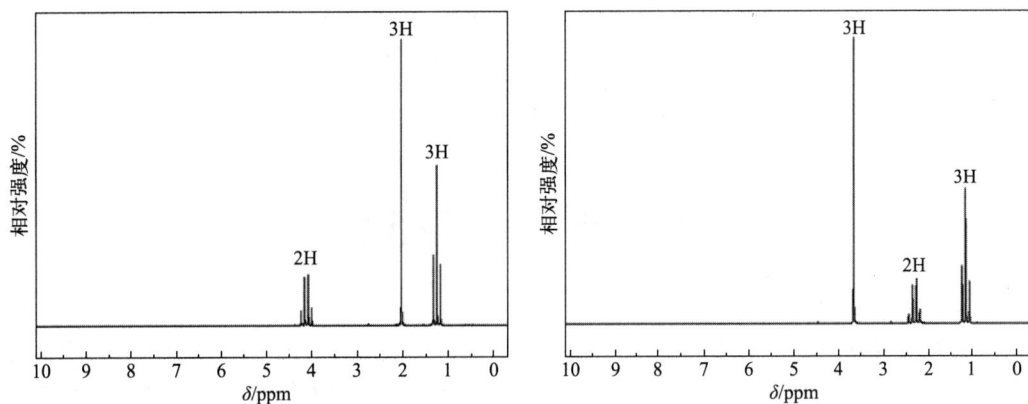

15. 已知化合物 $C_6H_{10}O_3$ 中含有两个羰基，NMR 图中三重峰与四重峰的裂距相等。试求其结构式，并将不同质子与谱图进行归属。

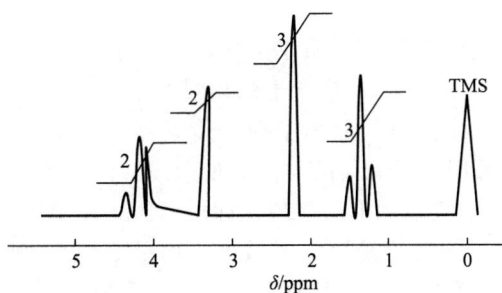

16. 对苯二甲基中有几组不等价的质子？说明偶合裂分后各组质子的重峰数，并指出哪一组质子在较高场出峰。

第六章

质谱分析

质谱分析是仪器分析中广泛应用的方法，可以确定化学结构、精确定量，在化学化工、生物、制药、环境和考古等各领域均有应用。按照检测对象的不同，可以分为原子质谱（定性定量元素）和分子质谱（定性定量分子）。分子质谱根据研究分子的分子量，分为有机质谱（研究对象分子量较小）和生物质谱（研究对象为蛋白质等大分子）。此外，质谱在与同位素定性定量以及其他分析形式联用，可以划分为同位素质谱、色谱-质谱联用以及质谱成像等。

第一节　原子质谱

原子质谱可以用于识别样品中存在的元素并确定其浓度。周期表中几乎所有元素都可以通过原子质谱法测定，与原子光谱分析方法相比，原子质谱分析具有许多优点：①对于多数元素来说，检测限比光学方法高出三个数量级；②谱图简单，易于解释；③具有测量原子同位素比的能力。缺点：①仪器成本是光学原子仪器的两到三倍，②仪器漂移每小时可高达5%到10%，③存在某些类型的干扰。

原子质谱分析包含以下步骤：①样品原子化；②原子转化为离子（通常是单电荷正离子）；③根据离子的质荷比（m/z，m 是离子的质量数，z 是所带电荷数量）进行分离；④计算每种类型离子的数量，或测量样品离子撞击传感器时产生的离子电流，作为定量的依据。其中步骤①和②可以采用原子光谱的类似能量形式，而③和④属于质谱的范畴。质谱数据通常以离子丰度与 m/z 的关系图形式呈现，即质谱图。质谱图以 m/z 为横坐标，如果碎片所带电荷 z 为 1，则 m/z 的数值就是 m 的数值，如果 z 为 2，则 m/z 的数值是 m 数值的一半。在质谱中提及的原子质量不同于平时所说的原子质量，平时所说的原子质量是经过计算的"平均"质量，而质谱可以分离原子的同位素，获得某个原子单一同位素的质量。

一、原子质谱的类型

质谱可以按照离子源（将样品变成离子的器件）类型或者质量分析器（根据 m/z 进行分离的器件）类型进行划分。按照离子源划分，有热电离质谱（thermal ionization mass spectrometry，TIMS）、火花源质谱（spark source mass spectrometry，SSMS）、电感耦合等离子体质谱（inductively coupled plasma mass spectrometry，ICPMS），此外还有辉光放电质谱、直流电质谱、微波质谱、二次离子质谱和激光探针质谱等，这些名称都显示了质谱所用的离子源形式，可以查阅相关文献了解这些离子源的工作原理，从上述举例也可以看出，离子源的作用是提供足够的能量使样品成为"离子"。根据质量分析器可以将质谱进行分类，包括四极杆质谱（quadrupole mass spectrometry）、飞行时间质谱（time of flight mass spectrometry）和双聚焦质谱（double focusing mass spectrometer）等，这些名称都显示了质谱所用的质量分析器形式，通常使用的是电场和磁场分离原理，该部件的作用是将不同 m/z 的离子区分开来。

二、质谱的工作流程和部件

将样品导入离子源，在离子源完成气化和离子化后，在真空的推力下进入质量分析器进行分离，然后进行离子检测及数据处理（图 6-1）。

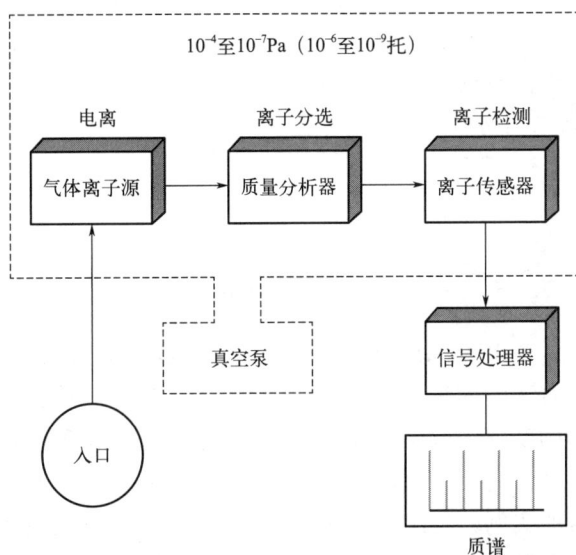

图 6-1 质谱工作流程图

（一）离子源

ICP 是最常用的离子源，其构造与原子光谱中的 ICP 结构类似，见原子光谱部分。ICP 与 MS 相连，其接口是关键（图 6-2）。ICP 矩管充当了原子化器和离子化器，常配合四极杆质量分析器使用。市面上的设备一般采取溶液进样，通过专门的设备衔接可以实现固体和气体进样。在 ICP-MS 中，从 ICP 矩管产生带正电荷的离子，借助泵产生的真空度梯度（从大气压到 10^{-2} Pa），进入质量分析器，最后获得离子的一系列同位素峰，用于样品中离子的定性定量。其中质荷比数据可用来定性，而定量一般使用外标法（工作曲线法）。由于质谱分离具有高选择性，ICP-MS 的灵敏度比 ICP 光谱高 100 多倍。

图 6-2 中的样品锥是一个带小孔（小于 1.0 mm）且用水冷却的镍锥体，热的等离子气体穿过小孔到达真空度 100 Pa 的区间，气体在该区域进行热膨胀并穿过第二个锥体孔（截取锥），到达更高真空度的质谱区域。离子透镜将正离子与电子和分子分开，得到纯净的正离子，并加速聚焦进入四极杆质量分析器。

ICP-MS 的质量分析范围通常为 3 到 300。分辨率为 1 个单位的质荷比，丰度差异可达

10^6。每个元素的分析时间约为 10 秒。多数元素检出限为 $0.1\sim10$ ng/mL，相对标准偏差在 $2\%\sim4\%$（相对于工作曲线上最中间的浓度值）。

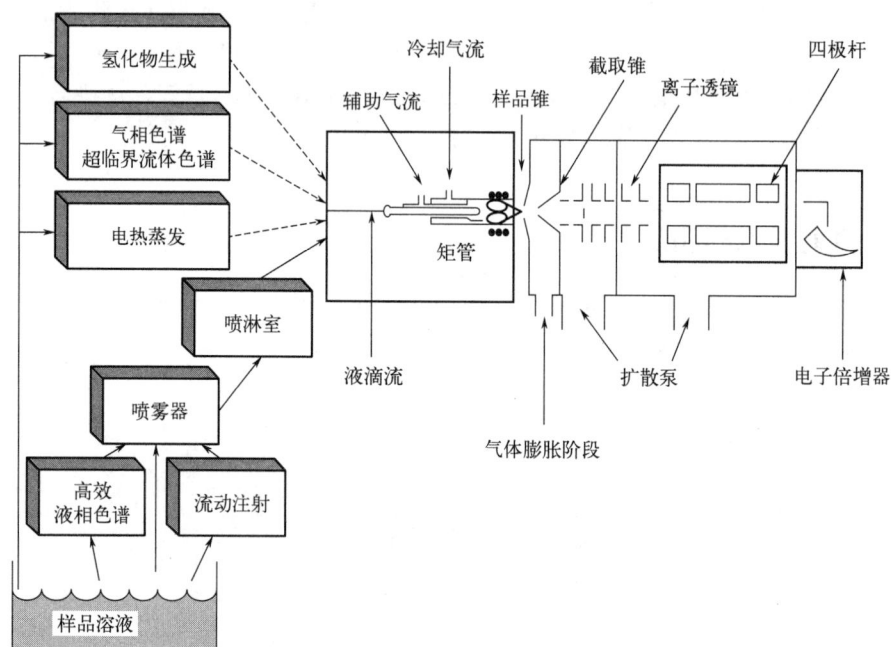

图 6-2 ICP-MS 示意图

通过激光刻蚀可以实现 ICP-MS 固体进样，图 6-3 是其工作原理。脉冲激光（10^{12} W/cm^2）聚焦到微米区域的样品面积上，激光的高能量迅速造成难溶（熔）样品的蒸发，在 Ar 载气的带动下进入 ICP。激光刻蚀进样适用于难溶（熔）地质样品或合金、玻璃等样品的半定量分析，配合适当的内标，也能进行准确定量。如图 6-4 是利用激光刻蚀-ICP-MS 测定微塑料中的金属元素的实例，每次刻蚀的深度为 50 μm，研究发现在第 1 次和第 2 次刻蚀中存在 5 种金属元素，但第 3 次到第 5 次的刻蚀结果中均未发现 As 和 Zn 元素，以此可以判断微塑料中金属元素的分布情况。

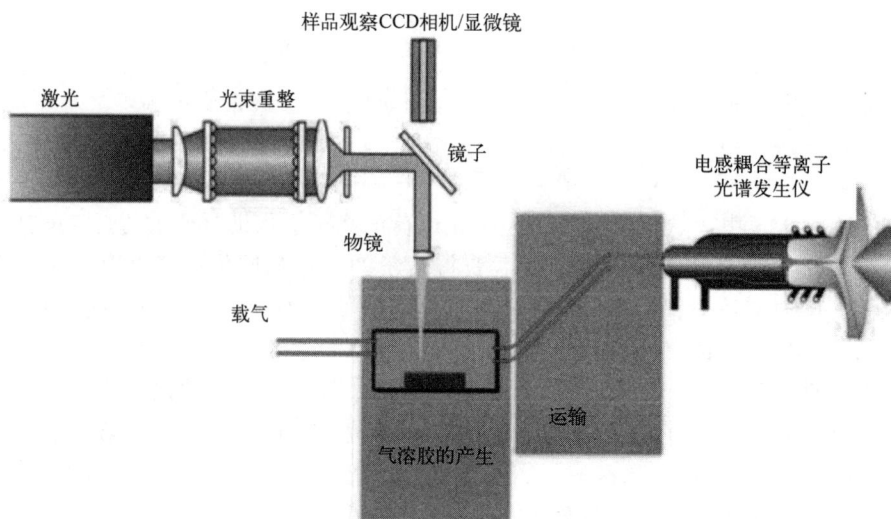

图 6-3 激光刻蚀与 ICP 结合示意图

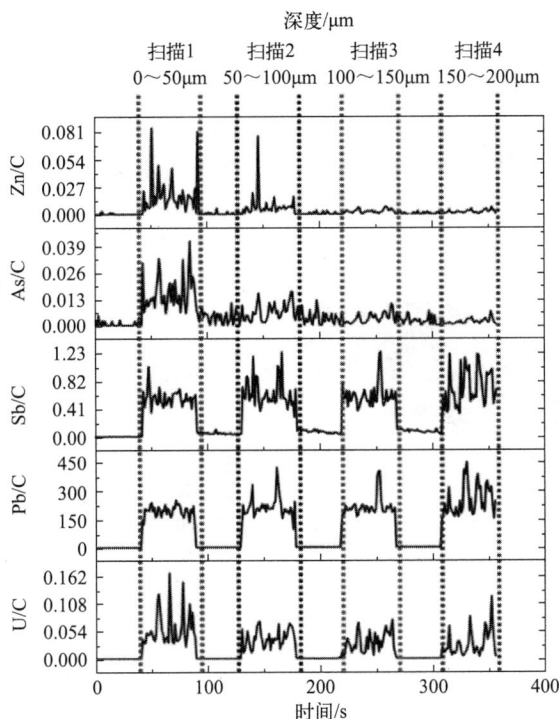

图 6-4　激光刻蚀-ICP-MS 分析微塑料中的金属元素（Zn、As、Sb、Pb、U）

实验条件详见文献：Marine Pullution Bulletin 160（2020）111716。

电火花质谱（SSMS）出现于 20 世纪 30 年代，在 SSMS 中，使用高电压的射频迸发火花气化样品得到离子。火花所处的真空腔紧邻质谱仪，高速泵连接真空腔并快速抽真空达到 10^{-6} Pa，靠梯度变化的直流电压将气化的离子带进质量分析器。可以用固体样品制备成产生电火花的一个电极，也可以将样品粉末与石墨混合压制成一个电极，或者将样品直接放入电极凹槽中。电火花产生的离子动能比较分散，使用四级杆质量分析器无法得到满意的分辨率，故通常需要配置双聚焦质量分析器。

辉光放电源（glow discharge）可以直接从固体样品产生气体离子。其包括两支电极且充满氩气的封闭体系，压力从 10 Pa 到 1000 Pa，在两电极间施加 5～15 kV 的脉冲电压，诱发氩气带上正电荷并向装有样品的阴极加速运动，撞击样品产生原子，原子与 Ar^+ 交换电荷从而变成离子。该离子源可以匹配四极杆或磁分析器。辉光放电也可以作为原子化器，再配合 ICP 离子化器共同作为原子质谱的离子源。

（二）质量分析器

四极杆质量分析器是质谱中最常用的一类分析器，具有结构紧凑、便宜耐用和扫描速度快等优点，可以在 100 ms 之内获得完整谱图。由四根带有直流电压（direct current，DC）和叠加射频（radiofrequency，RF）电压（alternating voltage，AC）的平行杆组成［图 6-5（a）］，处于对角位置的电极是等电位的，两对电极之间处于反电位条件。当不同质荷比的离子进入由 DC 和 RF 组成的电场时，满足特定条件的共振离子（即 m/z 为某一特定值）会稳定振荡通过四极杆，到达检测器（以 5～10 V 的电压差为驱动力）；其余的非共振离子不能稳定振荡，撞击四极杆，无法到达检测器。RF 的变化可以是连续的，也可以是跳跃式的，跳跃式 RF 只能检测某些质量的离子，即选择离子监测。选择离子监测的灵敏度较高，可以消除其他组分的干扰。

四极杆质量分析器的分辨率由射频的交流电压与直流电压的比率确定，当该比率略低于 6 时，四极杆质量分析器的分辨率最大，所以四极杆两个电压的比值应保持恒定。在扫描分子量范围时，上述两个电压不断变化，扫描分子量与电压变化如图 6-5(b) 所示，扫描的分子量越大，两个电压数值也越大（AC：0~1500 V；DC：0~250 V）。通常可以扫描的最大分子量为 3000~4000 道尔顿。

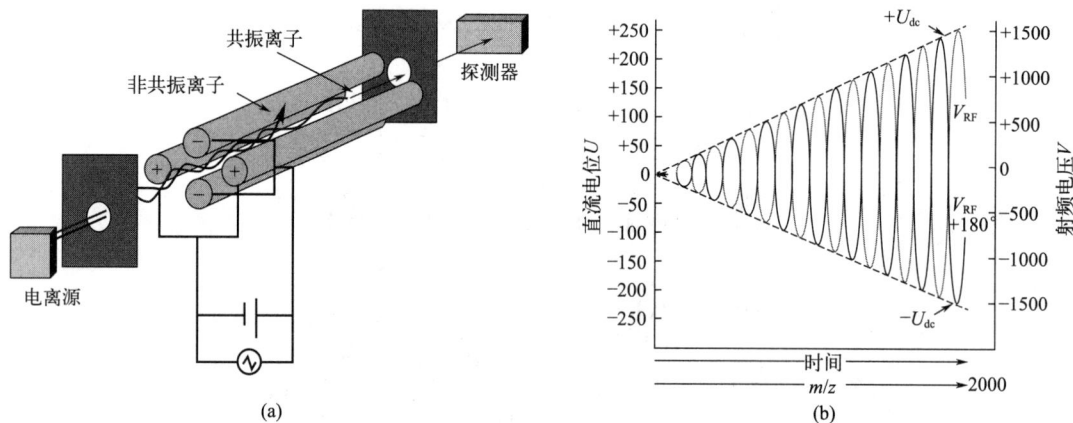

图 6-5 四极杆质量分析器的工作原理示意图

飞行时间质量分析器（TOF）记录的是正离子从离子源到检测器的飞行时间。当一组不同 m/z 的正离子通过同一个静电场 U（加速区）后，都增加了相同的动能 E，然后凭惯性再进入一段 1~2 米长的无场区自由飞行［图 6-6(a)］，最后到达同一终点。在 1 米的长度，一般离子飞行时间单位约为 ms。可以按照如下公式计算，v 是飞行速度，L 是无场区的长度。

$$E = \frac{1}{2}mv^2 = zU \tag{6-1}$$

$$t = \frac{L}{v} = \frac{L\sqrt{\dfrac{m}{z}}}{\sqrt{2U}} \tag{6-2}$$

因为离子的速度与其质荷比的平方根成反比，所以大质量离子飞行慢，飞到终点的时间更长。如果在终点放置一个离子检测器，就可以记录下离子的飞行时间。

飞行时间质量检测器由于受限于飞行管的长度而具有分辨率低的缺点。当然，分辨率也受到加速电压和离子源本身的影响。为了减小仪器的尺寸，也可以使用反射式飞行时间质量分析器，其结构见图 6-6(b)。使用该装置可以节约空间并增大飞行速度，可以在 μs 时间完成飞行。飞行时间质谱的灵敏度和重现性均比四极杆质谱差，但是分子量扫描范围可以更宽。

单聚焦质量分析器是把 m/z 相同但入射方向不同的离子聚焦到一个位置上，也就是方向聚焦。其原理如图 6-7 所示。

单聚焦质量分析器内主要部分为一个电磁铁 H，作用类似于透镜对光的聚焦作用。自离子源发生的离子束在加速电极电场（1000~8000 V）作用下，使质量为 m 的离子获得能

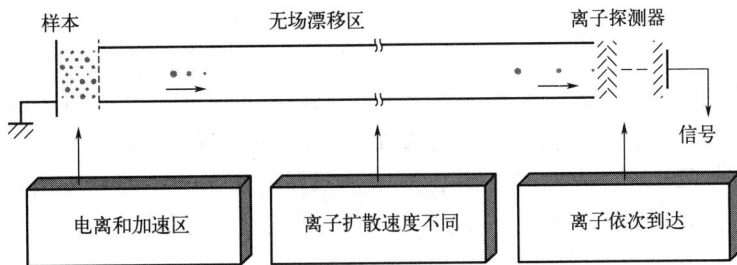

(a) 线性TOF

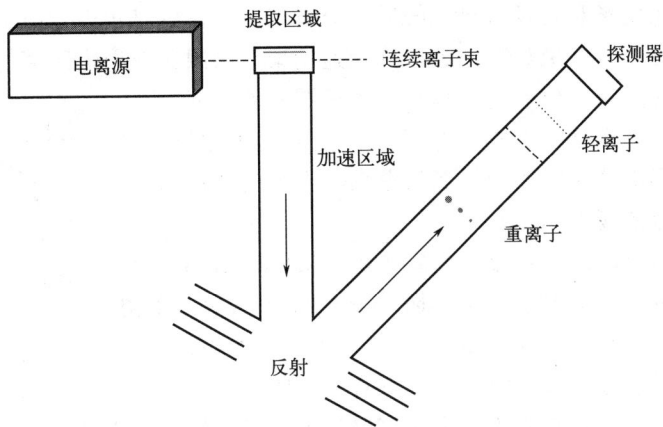

(b) 正交加速TOF

图 6-6　TOF 示意图

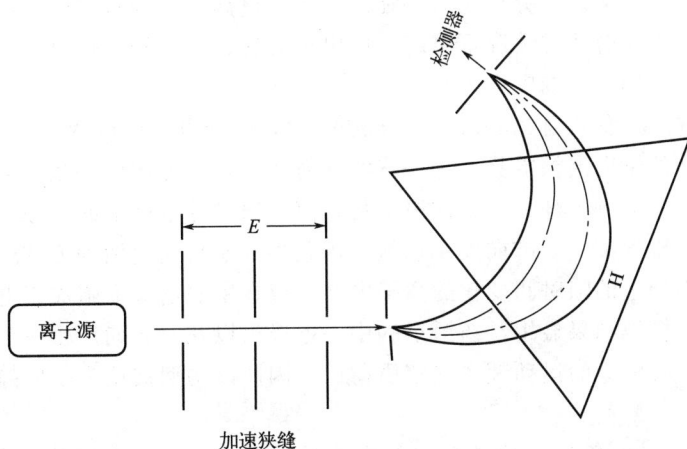

图 6-7　单聚焦质量分析器原理示意图

量后，以速度 v、沿直线方向飞入磁场分析器，高速运动的离子在磁场作用下，不同 m/z 的离子取不同的曲率半径 R，并沿各自的切线方向飞出磁场，达到分离的目的。由物理学原理可知，飞行离子的动能来自加速电压为 U 的电场 E［式（6-1）］。如离子运动轨道半径为 R，在磁场 H 作用下作匀速圆周运动，圆周运动的条件为向心力等于离心力（否则将飞出轨道）。已知向心力为 Hzv，则：

$$Hzv = \frac{mv^2}{R} \tag{6-3}$$

$$\frac{m}{z} = \frac{H^2 R^2}{2U} \tag{6-4}$$

当仪器的 H 和 U 固定时，离子运动半径 R 只取决于离子的 m/z 值。这是分离不同质荷比离子的原理和仪器设计依据，又称质谱方程。此类单聚焦仪器有扫压（固定 H、扫 U）和扫场（固定 U、扫 H）两种工作方式。单聚焦仪器的缺点是：对 m/z 相同但初始能量不同的离子无法聚焦，即上述公式忽略了离子从离子源出发时的动能。

在单聚焦质量分析器原理中，虽然实现了方向聚焦，但由于离子的初始能量有差异，以及在加速过程中所处位置不同等，相同离子的能量（速度）也不是一致的，也就是不能进行速度聚焦。如果采用电场和磁场所组成的质量分析器。不仅可以实现方向聚焦，而且质荷比相同，速度不同的离子也可聚焦在一起，称为速度聚焦。因此双聚焦质谱仪的分辨率远高于单聚焦仪器。双聚焦质量分析器的原理示意图见图6-8。加速离子首先进入静电场，只有动能与其曲率半径相匹配的离子才能通过狭缝，不匹配的则不能通过，实现了能量聚焦（电场的作用），然后再进行方向聚焦（磁场的作用）。

离子阱（ion trap），大致分为三维离子阱（3D ion trap）、线性离子阱（linear ion trap）和轨道离子阱（orbitrap）三种。静电轨道阱质谱由于具有高质量分辨率和准确度，利于分子的识别和鉴定，因此在蛋白质组学、代谢组学等领域有广泛的应用。

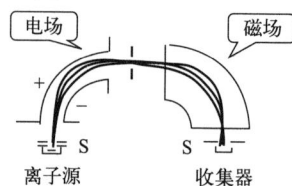

图 6-8 双聚焦质量分析器的原理示意图

静电轨道阱质量分析器起源于离子储存器件 Kingdon 阱，如图 6-9（a）所示。在 Kingdon 阱中，一根细丝阴极（中心电极）穿过圆柱形阳极（外电极）的轴中心，圆柱的两端还有两个平的端电极以形成封闭的囚禁空间。在中心电极和外电极之间施加一个直流电压，从而形成一个径向对数电势。待分析物可以在阱中进行电离或以垂直于中心电极的方向以一定速度注入阱中，在电压合适的情况下将绕中心电极旋转运动。为实现离子在轴向的囚禁，需要在两个端电极也施加一定的电压。

Kingdon 阱进一步发展到 knignt 型 Kingdon 阱，改变电极的形状，如图 6-9（b）所示，从而产生一个附加的轴向谐振电势，进一步实现对离子在 z 方向的调控。通过改变外电极的形状，可在径向对数电场上叠加一个四极电势，离子通过外电极上的缝隙引入阱中，并在施加在外电极的射频激发下沿 z 方向发生谐振。囚禁的离子可通过两种方式进行检测：测量由于连续轴向损耗而产生的随时间变化的离子电流，或在中心电极上施加正电脉冲并激发离子径向抛出并检测。模拟结果显示，纺锤形的中心电极可以在 z 方向产生一个纯的四极场。由于其根据离子绕中心电极的运动频率确定质荷比，因此该构型被认为是向静电轨道阱发展的重要步骤。

Makarov 等在 2000 年提出了包含一个纺锤形中心电极和一个桶状外电极静电轨道阱，如图 6-9（c）所示。通过在两个轴对称的电极之间施加直流电压，产生一个静电势，该静电势为离子阱四极势和圆柱电容器对数势之和。稳定的离子轨迹包含围绕中心电极的轨道运动以及 z 方向的谐振运动。采用电荷检测器探测和记录离子轴向运动引起的诱导电流，经过傅里叶变换可将时域信号转变为频谱，所获得的离子运动频率可转变为离子的质荷比。离子在偏离轨道阱赤道（$z=0$）并垂直于 z 轴的一点（A 处）被注入阱中，不需要进一步激发，即可在阱中进行谐振运动。

商用 Orbitrap 质谱具有以下特征：①质量分辨率高达 150000，②质量精度为 2～5 ppm，③可实现准确质量测定的离子丰度范围为 1：5000，④当信噪比＞1000 时，质量准确度可达到 0.2 ppm，⑤报道的质荷比上限高于 6000，⑥由于囚禁势与离子的质荷比无关，可能实现更高质量离子的分析，⑦线性动态范围可达四个数量级，⑧有比傅里叶变换离子回旋共振（FTICR）和 3D 离子阱更高的囚禁效率。

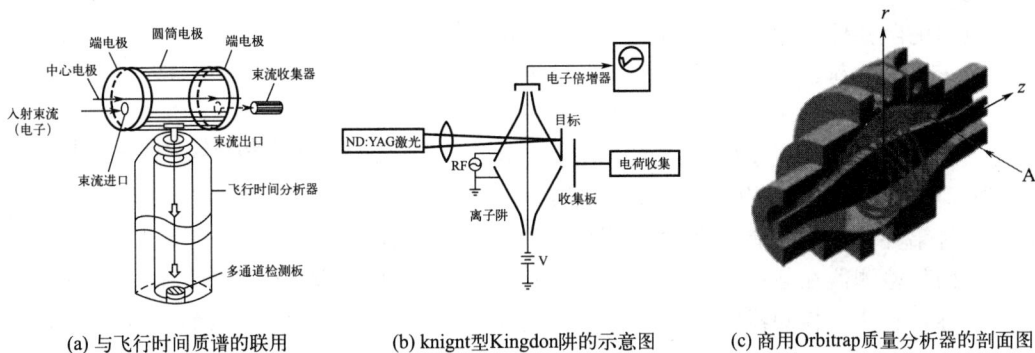

(a) 与飞行时间质谱的联用 (b) knignt型Kingdon阱的示意图 (c) 商用Orbitrap质量分析器的剖面图

图 6-9 质量分析器

（三）检测器

光电倍增器结构简单，实用性强，可以置于磁质量分析器或四级杆质量分析器后使用。可以使用非连续的倍增电极收集阳离子并转换为电信号，如图 6-10（a）所示，类似于光谱中使用的光电倍增器，每个电极上的电压依次升高。当具有能量的离子撞击阴极的 Cu-Be 表面，大量电子爆发并被吸引到下一个阳极，沿着该链条持续到最后一个阳极，一个离子导致了巨量的电子，使得信号急剧增加，甚至提高 10^7 倍。也可以使用连续的倍增电极制作，如图 6-10（b）所示。使用玻璃与铅掺杂合成的材料制作成型，形状像聚宝盆，电导率很低。在整个长度上施加 $1.8 \sim 2$ kV 的电压梯度，离子撞击入口表面后激发出电子，这些电子将被吸引到具有更高电压的表面，进入口袋深处。二次电子沿着表面跳过，每次冲击都会弹出更多的电子，信号放大率为 $10^5 \sim 10^8$ 倍。

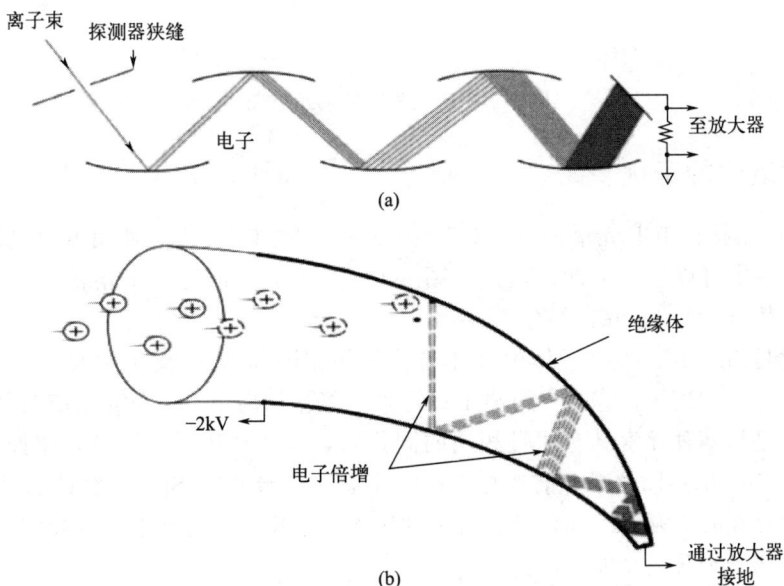

图 6-10 两种光电倍增管的工作示意图

图 6-11 是法拉第杯集成电路的示意图，离子从质量分析器流出后到达收集电极。该电极与离子束在一条直线上，被法拉第笼包围，防止离子和弹出的二次电子被反射出去。收集电极和法拉第笼通过高电阻器件接地，以中和撞击到收集电极的正离子所带电荷，而产生的电压通过放大器放大。法拉第杯的响应不受能量、质量和离子的化学性质影响，造价低廉，构造简单，其最大缺点是需要高阻抗放大器，限制了质谱扫描速度。此外，法拉第杯信号放大能力比电子倍增器差，所以灵敏度较差。

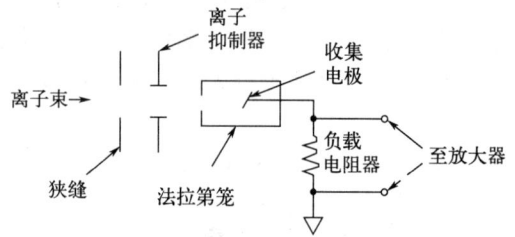

图 6-11　法拉第杯的工作示意图

上述两种检测器在某一时间只能检测一种离子，影响质谱的检测速度。和光学中的二极管阵列一样，在质谱检测器中也可以使用类似的检测器。如图 6-12 所示的是电光离子检测器（electrooptical ion detector，EOID），其主要元件是微通道电子倍增器，由一系列由铅玻璃制成的微管组成（直径小至 6 μm）。金属电极沉积在阵列的两侧，微管两端施约 1500 V 电压。每个微管都是一个电子倍增器，可以实现多个离子的同时测定。

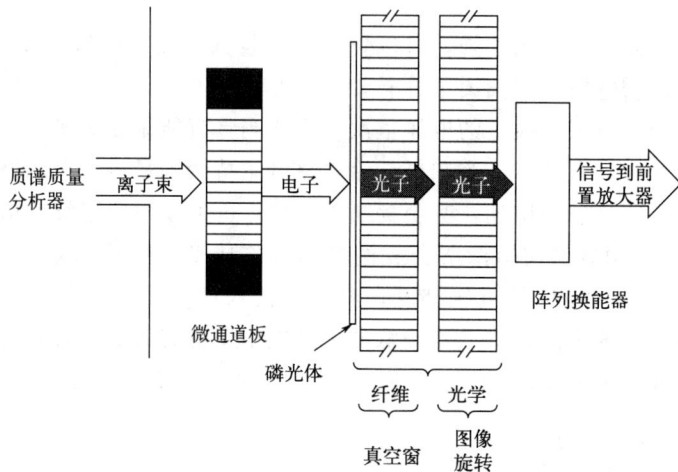

图 6-12　阵列检测器的示意图

三、原子质谱中的干扰

ICP-MS 的干扰比 ICP 光谱的少，对于 10 μg/mL 的 Ce 元素，使用 ICP 光谱定性困难，但是在 ICP-MS 中可以进行定性、定量。图 6-13 是 10 μg/mL 的 Ce 溶液的 ICP-MS 谱图，清晰可见，干扰峰能与 Ce 峰很好分离。

光谱干扰是指在 ICP 等离子体中存在与分析物相同 m/z 的离子种类，分为四类情况：①同重离子；②加和离子；③双电荷离子；④难熔氧化物离子。简单介绍前两种。

同重离子是指两种元素具有质量相同的同位素，无法使用质谱区分，比如 In 元素，具有 $^{113}In^+$ 和 $^{115}In^+$ 稳定同位素，前者与 $^{113}Cd^+$ 重叠，后者与 $^{115}Sn^+$ 重叠；$^{40}Ar^+$ 和 $^{40}Ca^+$ 重叠，这些干扰存在时必须考虑同位素，可以利用同位素比对进行元素确认和定量。有些仪器具有矫正同重离子干扰的功能。

多原子加和离子的干扰有时很严重，比如不可避免地存在 $^{40}ArH^+$、$^{16}OH_2^+$、$^{16}OH^+$

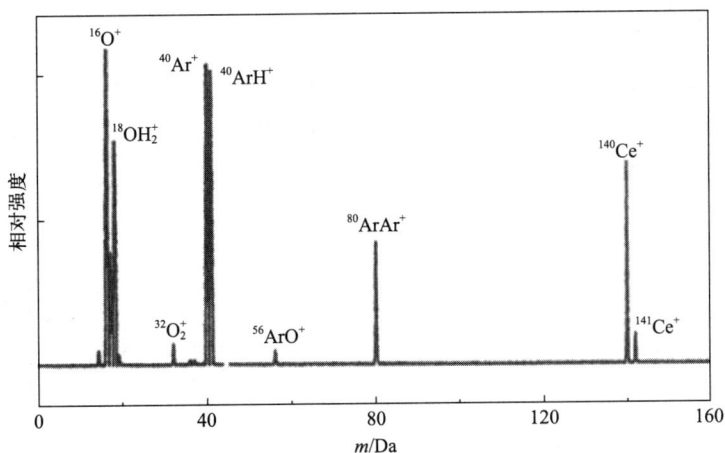

图 6-13　10 μg/mL Ce 溶液的 ICP-MS 谱图

等，一般需要通过空白实验消除试剂和等离子体带来的这些干扰。

氧化物与氢氧化物带来的干扰通常来自待测元素、基质和等离子体。基质干扰主要来自样品中高浓度的共存离子，这些高浓度的离子抑制了待测元素的电离，需要利用稀释方法消除干扰，有时必须进行预分离，或者使用内标减少误差。表 6-1 是测定 Ni 样品时常见的干扰形式。

表 6-1　ICP-MS 测定含 Ni 样品中时常见干扰形式

m/z	被分析元素	干扰形式
56	Fe(91.66)	^{40}ArO、^{40}CaO
57	Fe(2.19)	$^{40}ArOH$、$^{40}CaOH$
58	Ni(67.77)、Fe(0.33)	^{42}CaO、NaCl
59	Co(100)	^{43}CaO、$^{42}CaOH$
60	Ni(26.16)	$^{43}CaOH$、^{44}CaO
61	Ni(1.25)	$^{44}CaOH$
62	Ni(3.66)	^{46}CaO、Na_2O、NaK
63	Cu(69.1)	$^{46}CaOH$、$^{40}ArNa$
64	Ni(1.16)、Zn(48.89)	$^{32}SO_2$、$^{32}S_2$、^{48}CaO
65	Cu(30.9)	^{33}S、^{32}S、$^{33}SO_2$、$^{48}CaOH$

注:( )中是元素的丰度。

ICP-MS 的应用非常广泛，准确定量痕量元素是其最大的优势，可以分析较纯净空气中 $PM_{2.5}$ 中的金属离子、纯净水中的低含量金属离子等。通常一个样品处理后可以使用 ICP 光谱大致观察元素的浓度，高含量的元素使用 ICP 光谱分析，而低含量元素使用 ICP-MS 分析。

在电火花质谱中，光谱干扰、多电荷物质干扰、多原子离子干扰、分子干扰等也无法避免。使用内标（使用样品中存在的主量元素，或者外加样品中不存在的元素）比率的方式可以提高定量准确度，相对标准偏差可以控制到 20% 以内。电火花质谱的灵敏度比较高，定量范围可达几个数量级，很多元素可以用该仪器进行分析。

四、原子质谱的应用举例

仪器型号为 ThermoFisher Scientific 公司的 iCAP Qc，采用优级纯硝酸将混合金属溶液稀释至离子浓度均为 $100\mu g/L$ 后进行分析，得到的 ICP-MS 谱图如图 6-14 所示。可以看出，该仪器条件下不同离子的灵敏度存在显著差异。

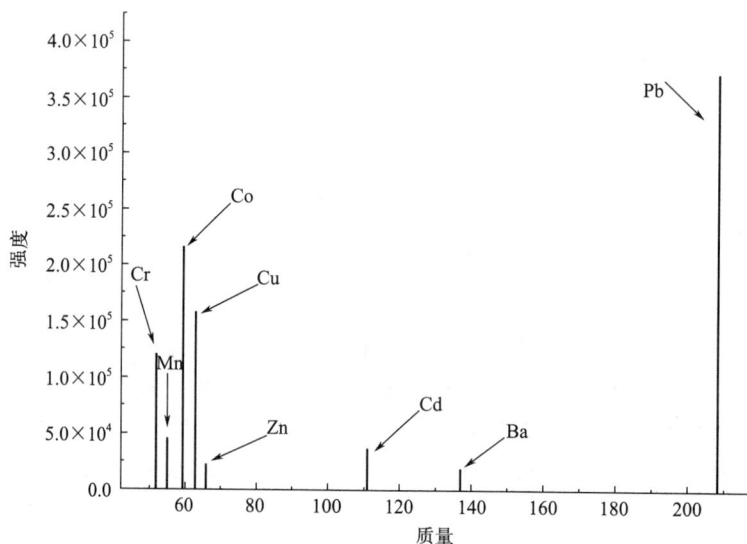

图 6-14　金属离子混合溶液的 ICP-MS 图

除了溶液分析外，也可以利用 ICP-MS 完成生物样品（比如细胞）的分析，研究细胞中元素的含量变化，配合成像器件，也可以完成细胞特定位置某元素的定量成像分析（图 6-15）。一种操作模式是激光刻蚀单个细胞，将元素原子化并离子化，进入 ICP-MS 仪器中分析，也可以采取先分离单个细胞后，使单个细胞直接进入 ICP-MS 系统完成离子化。已经报道了利用单四极杆-ICP-MS 分析单细胞中 Cu、Tm、Ir、Y、U、Ag 等元素含量，检测限达到了 fg/细胞，每分钟可以完成 $400\sim25000$ 个细胞分析。单细胞分析要求非常高的频率采集数据，一个细胞的分析数据要在毫秒甚至更短时间完成。

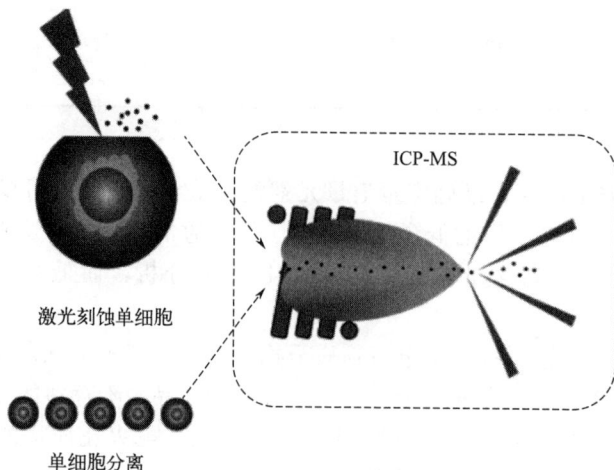

图 6-15　ICP-MS 用于单细胞分析

第二节 分子质谱

原子质谱可以得到元素的信息，分子质谱可以得到分子的结构信息、元素组成、元素同位素信息以及定性定量信息。分子质谱在发展之初（20 世纪 40 年代）主要用于石油中烃类的定量分析，20 世纪 50 年代分子质谱开始在化学结构识别确认中发挥作用，并得到推广成为化学最重要的工具之一。20 世纪 80 年代分子质谱在生命科学中的大分子解析得到普遍使用。20 世纪 90 年代出现了用于生物大分子的质谱多种离子源，能用于多肽、蛋白质和其他大分子，至此，质谱发展成为化学最强有力的工具，仪器功能得到极大的发展。

质谱图（mass spectrogram）是按照带电离子的质荷比 m/z 大小依次排列形成的谱图，如：CH_3^+，$m=15$，$m/z=15/1=15$；$C_2H_5^+$，$m=29$，$m/z=29/1=29$。

质谱仪犹如"一把枪"，被研究的未知有机分子好比"一个不明飞行物"，用这把枪把不明结构的有机分子打碎，再把它拼起来，获知这个未知有机分子的结构和分子量。

色谱-质谱联用技术，将色谱法的高效分离特点与质谱法的直接获得分子量、丰富的结构的特点相结合，加上计算机在此领域的应用以及新离子源的不断涌现，为分析组成复杂的有机化合物、混合物、生物大分子提供了有力手段。其用途包括但不限于以下方面：①阐明有机物或生物分子的结构；②确定分子量；③识别色谱不同流出组分；④识别多肽和蛋白质中的氨基酸序列；⑤识别生物样品中的药物和代谢物；⑥识别病人呼吸气中的组分；⑦识别体育赛事中的兴奋剂；⑧识别文物的年代；⑨单颗粒分析；⑩识别食品和水中的农残与有机污染物。目前色谱-质谱联用已经成为最重要、最可靠的分析方法。

一、质谱图

将数十毫克纯样品于质谱仪上测定，得到质谱图，其横坐标为质荷比，纵坐标为相对丰度（各离子峰的相对强度），以最强峰（称标准峰或基峰）为标准，规定它的强度为 100，以它去除其他各峰的高度，所得分数为该峰的相对丰度，假定 MS 图中最高峰为 8 cm，定为 100%，另一峰高为 4 cm 时，则该峰的相对丰度为 50%。如癸烷的质谱断裂方式、质谱图示于图 6-16。

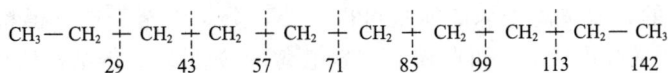

(a) 癸烷的质谱断裂方式示意图

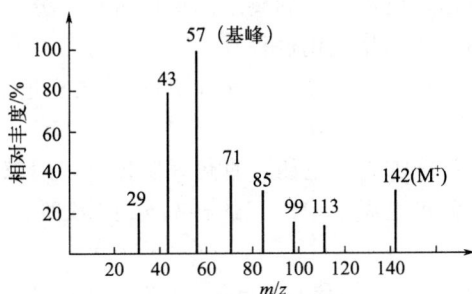

(b) 癸烷的质谱图

图 6-16　癸烷的质谱断裂方式示意图和质谱图

分子结构式中的竖状虚线是在质谱仪离子源高能量作用下，该分子可能从这些竖线处断裂，成为碎片。质谱图右端 $m/z=142$ 是该化合物的分子量，质荷比 $m/z=57$ 处的峰最高，是基峰，其他各峰反映了分子被打碎后碎片的 m/z。

二、质谱仪

质谱仪器种类很多，具有共性的仪器单元有：进样系统、离子源、质量分析器和检测器等。图 6-17 是扇形磁场单聚焦质谱仪原理图。

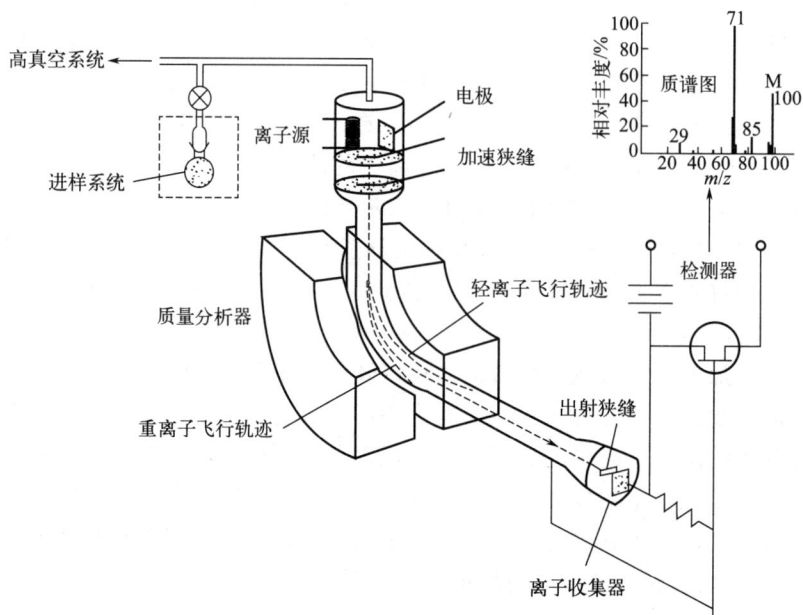

图 6-17 扇形磁场单聚焦质谱仪示意图

（一）离子源

离子源的作用是将试样分子转化为正（负）离子，并使离子加速、聚焦为离子束，此离子束通过狭缝而进入质量分析器。离子源按照提供的能量形式和大小不同，有很多种。如果以获得分子量为目的，所选离子源的能量可以较小，分子不至于被打得粉碎，分子离子峰（用来确定分子量）的强度较大，可归属为"软电离"；如果以获得结构信息为目的，所选离子源的能量较大，分子被充分裂解，碎片离子峰（可用来推断结构）的强度较大，可归属为"硬电离"。此外，还可以根据物质从分子到离子的形成过程，分为气相离子源（存在样品气化过程）和解吸离子源（不存在样品气化过程）。

电子轰击离子源（electron impact ion source，EI）是气相色谱-质谱仪中最常用的离子源，构造原理如图 6-18 所示：

在电离室阳极和阴极之间施加直流电压，直热式阴极（多用铼丝制成）发射电子并成为高速电子，当这些高速电子轰击电离室中的气体样品分子 M 时，该分子就失去电子成为正离子，成为分子离子：

$$M + e^- （高速） \longrightarrow M^+ + 2e^- （低速）$$

分子离子 M^+（失去一个电荷，质量为其分子量的离子）可进一步被高速电子打成碎片

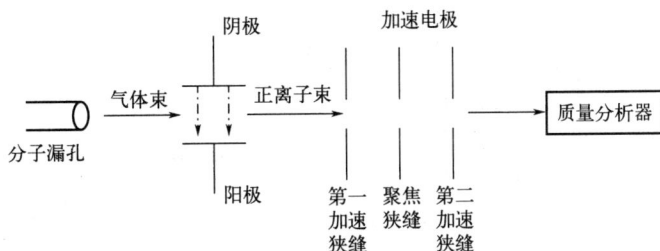

图 6-18　电子轰击离子源工作原理示意图

离子。这样分子离子 M^+、碎片离子形成的正离子束进入加速狭缝后被送入质量分析器。EI 源工作能量可以调节（70 V 最常用），稳定性、灵敏度都较好。表 6-2 是 EI 源中可能发生的反应类型。

表 6-2　EI 源中可能存在的离子

分子离子	$ABCD + e^- \longrightarrow ABCD^{\cdot+} + 2e^-$
碎片离子	$ABCD^{\cdot+} \longrightarrow A^+ + BCD^{\cdot}$ $\longrightarrow A^{\cdot} + BCD^+ \longrightarrow BC^+ + D$ $\longrightarrow CD^{\cdot} + AB^+ \begin{cases} \rightarrow B + A^+ \\ \rightarrow A + B^+ \end{cases}$ $\longrightarrow AB^{\cdot} + CD^+ \begin{cases} \rightarrow D + C^+ \\ \rightarrow C + D^+ \end{cases}$
碎片后重排离子	$ABCD^{\cdot+} \rightarrow ADBC^{\cdot+} \begin{cases} \rightarrow BC^{\cdot} + AD^+ \\ \rightarrow AD^{\cdot} + BC^+ \end{cases}$
离子-分子碰撞	$ABCD^{\cdot+} + ABCD \longrightarrow (ABCD)_2^{\cdot+} \longrightarrow BCD^{\cdot} + ABCDA^+$

（1）化学电离（chemical ionization，CI）源是在电子轰击源内充入一定的反应气体，如甲烷、氨气等，再用高速电子轰击反应气体使其电离，电离后的反应气体分子再与试样分子碰撞，使样品分子产生分子离子和碎片离子。以 CH_4 反应气体为例，在 CI 源中可能发生如下反应。

$$CH_4 \xrightarrow{裂解} CH_4^+ + CH_3^+ + CH_2^+ + CH^+ + C^+ + H_2^+ + H^+$$

$$CH_4^+ + CH_4 \longrightarrow CH_5^+ + \cdot CH_3$$

$$CH_3^+ + CH_4 \longrightarrow C_2H_5^+ + H_2$$

当有试样分子 XH（分子量 M）存在时：

$$CH_5^+ + XH \longrightarrow XH_2^+ + CH_4 \qquad (M+H)^+ \qquad M+1 \text{ 峰}$$

$$C_2H_5^+ + XH \longrightarrow XH_2^+ + C_2H_4 \qquad (M+H)^+ \qquad M+1 \text{ 峰}$$

$$C_2H_5^+ + XH \longrightarrow X^+ + C_2H_6 \qquad (M-H)^+ \qquad M-1 \text{ 峰}$$

$$XH_2^+ \longrightarrow X^+ + H_2$$

XH_2^+ 和 X^+ 进入质量分析器进行分离。当样品为 XH 时，产生 M+H（XH_2^+）和相当于 M−H（X^+）的碎片。较 EI 源而言，CI 源能得到更强的（准）分子离子峰，对确定分子量很有益处，属于"软电离"。

图 6-19 为同一物质在化学电离源和电子轰击电离源所获得的质谱图比较，可以看出对同一个物质而言，不同离子源获得不同的质谱图，在进行对比时，要注意离子源的信息。

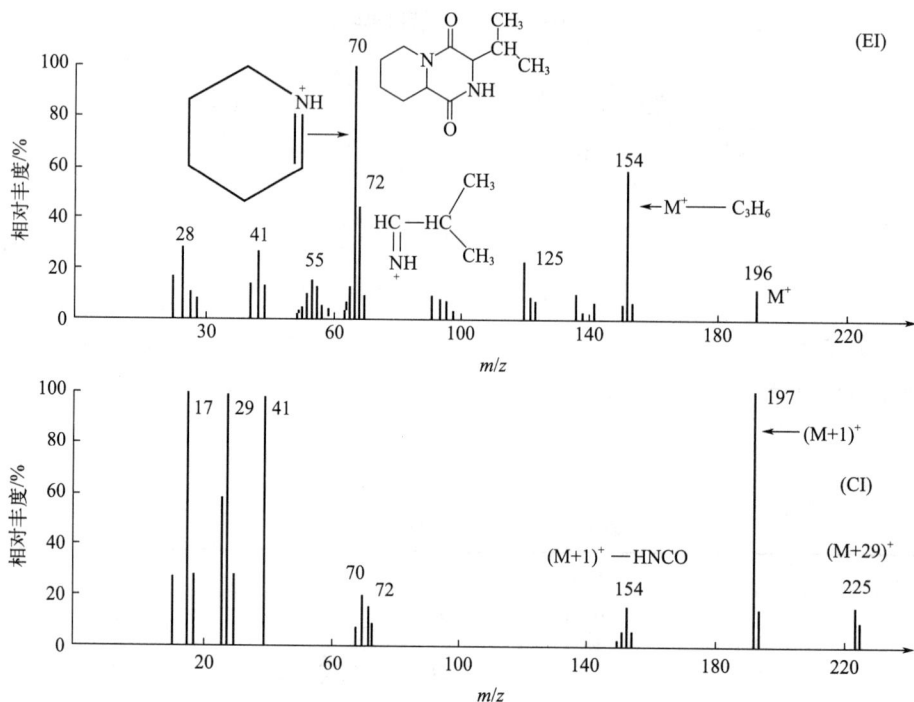

图 6-19　EI 源和 CI 源所获得的质谱图比较

（2）场致电离（field ionization，FI）源结构如图 6-20 所示，在相距很近的阳极和阴极之间，施加约 10000 V 的稳定直流电压，在阳极的尖端附近产生 $10^7 \sim 10^8$ V/cm 的强电场，依靠这个强电场把尖端附近气相样品分子中的电子拉出来使其形成正离子，然后送到质量分析器。

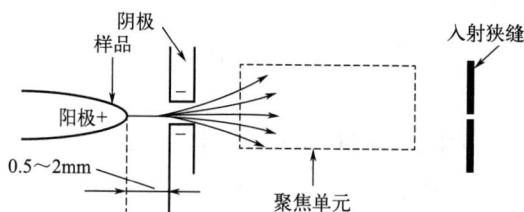

图 6-20　FI 源示意图

（3）场解吸电离（field desorption ionization，FD）源的操作如下：将样品溶解在适当的溶剂中，并滴加在特制的 FD 发射丝上，对发射丝通电加热，使其上的试样分子解吸下来并在发射丝附近的高压静电场（电场梯度为 $10^7 \sim 10^8$ V/cm）的作用下被电离形成分子离子，其电离原理与 FI 相似。因为解吸所需能量远低于气化所需能量，有机化合物不会发生热分解，可在试样不气化条件下直接得到分子离子，即便是热稳定性差的试样，仍可得到很好的分子离子峰，分子中的 C—C 一般不断裂，因而碎片离子很少。图 6-21 是分别使用场致电离源、场解吸电离源得到的谷氨酸质谱图。

（4）基质辅助激光解吸电离（matrix-assisted laser desorption ionization，MALDI）源将激光脉冲施加在小面积的固体表面上，将分子从表面蒸发出来，形成离子和中性分子的等离子体，在样品表面密度很大的蒸气相中互相反应，同时实现样品的气化和离子化过程。这

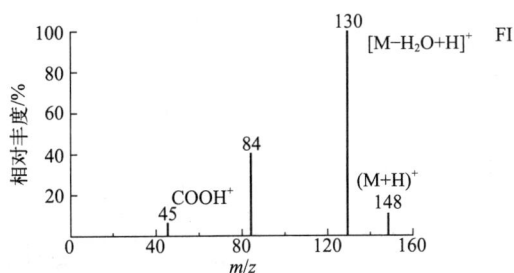

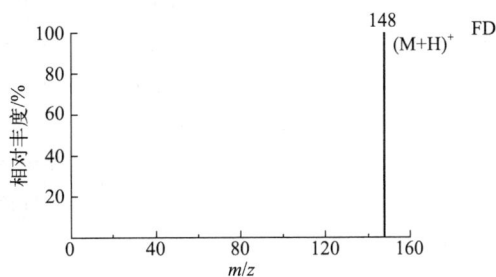

图 6-21 谷氨酸从 FI 和 FD 电离源得到的质谱图

种技术可应用于表面分析和样品局域组成的分析，如矿石的组分和细胞器中成分等。该离子化方法称为激光解吸电离，依赖于待分析物的物理性质（如光吸收性、易挥发性等），如果物质的分子量大于 500 Da 时，得到的谱图中会有很多碎片产物。在此基础上发展了基质辅助激光解吸电离方法，第一步，待测化合物溶解在基质中，该基质通常是有机小分子或纳米材料。理想的基质在采用的激光波长处有较强的电子吸收、较好的真空稳定性、较低的蒸气压，在固态时和分析物有较好的混溶性。基质分子（材料）与样品的混合物在分析前需要晾干，将溶剂分子完全蒸发，形成待测物掺杂的基质晶体沉积物。第二步，在离子源内的真空条件下进行，通过短时间的较强激光脉冲的照射，沉积的物质（基质携带样品组分）被蒸发并电离。MALDI 方法的灵敏度很高，对样品破坏程度小，适合大分子样品的分析。图 6-22 是 MALDI 的示意图，表6-3 总结了常用的基质分子及常用激光波长。

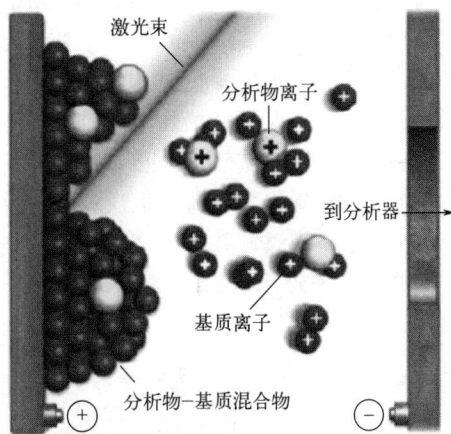

图 6-22　MALDI 示意图

表 6-3　MALDI 中常用基质和波长

基质	分析物	波长/nm
硝基吡啶类化合物	蛋白质、寡核苷酸	355
烟酸	蛋白质、寡核苷酸	266、220～290
苯甲酸衍生物	蛋白质、神经节苷脂、聚合物	266、337、355 等
2-吡嗪甲酸	蛋白质	266
3-氨基吡嗪-2-羧酸	蛋白质	377
肉桂酸衍生物	蛋白质、寡核苷酸、聚合物	266、337、355、488 等
3-硝基苯乙醇	蛋白质	266
3-硝基苯乙醇＋罗丹明 6G	蛋白质	532
3-硝基苯乙醇＋1,4-二苯基-1,3 丁二烯	蛋白质	337
3-羟基吡啶甲酸	寡核苷酸、糖蛋白	266、308、355
琥珀酸	蛋白质	2940、10600

（5）快原子轰击（fast atom bombardment，FAB）源用中性原子的高速定向运动直接轰击样品表层，使样品电离形成正离子 $[M+H]^+$ 或负离子 $[M-H]^-$ 和碎片离子。该离子源由一个冷阴极释放离子枪和一个碰撞电荷交换室组成。Ar 在释放离子枪中被电离成 Ar^+，

然后在加速电压和聚焦电极的作用下形成高速 Ar^+ 离子束。电荷交换室被 Ar 充满，当 Ar^+ 离子束进入交换室时，Ar 与离子束交换电子，二者均具有高能量，此时高速运动的 Ar 继续前进，撞击样品使其电离。一般将样品溶解于溶剂并涂覆到一块金属上供快原子轰击。常用溶剂为甘油、二甲亚砜、乙二醇等。快原子轰击源示意图见图 6-23。

（6）大气压电离（atmospheric pressure ionization, API）源包括电喷雾离子源、大气压化学离子源和大气压光离子源等，是在常压环境下工作的离子源，简化了质谱操作条件，在复杂基质、生物组织样本和物体表面分析等领域取得了突破性进展。

图 6-23　快原子轰击源示意图

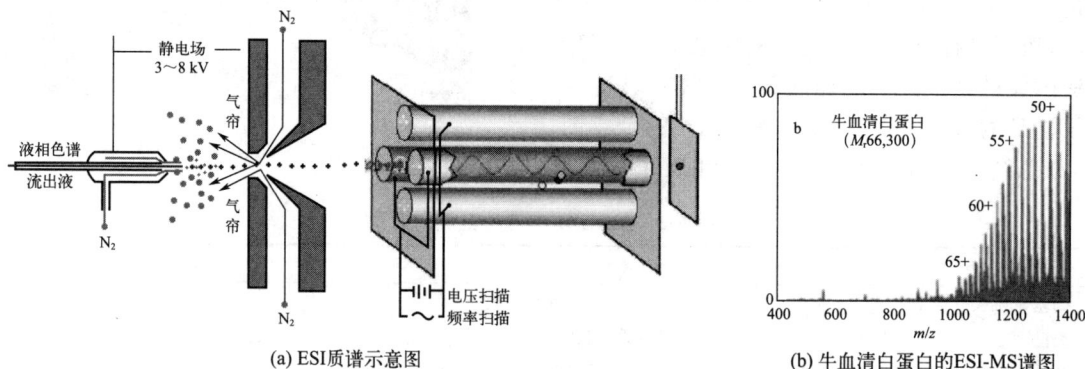

电喷雾离子（electrospray ionization, ESI）源作为质谱的一种进样方法起源于 20 世纪 60 年代末，20 世纪 80 年代取得了突破性进展。在 ESI 源中，分析物分子在带电液滴的不断收缩过程中喷射出来，形成离子，即离子化过程是在液态下完成的，常用于液相色谱-质谱联用技术（LC-MS）中。色谱流动相从色谱柱流出，在氮气流下雾化并进入强电场区域，强电场形成的库仑力使小液滴样品离子化，离子表面的液体借助于逆流加热的氮气进一步蒸发，使分子离子相互排斥形成微小的分子离子颗粒。这些离子可能带单电荷或多电荷，取决于分子中酸性或碱性基团的体积和数量。ESI 源可以用于生物大分子的离子源，并产生多电荷峰，与四极杆质量分析器相连，可以得到 m/z 小于等于 1500 的大分子碎片，如图 6-24 所示。

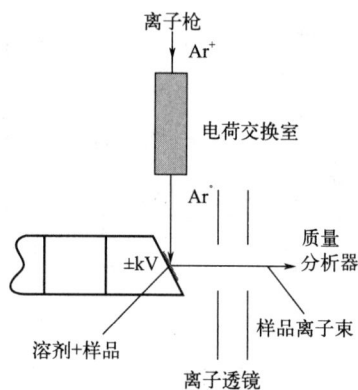

(a) ESI质谱示意图

(b) 牛血清白蛋白的ESI-MS谱图

图 6-24　ESI 质谱示意图和牛血清白蛋白的 ESI-MS 谱图
峰上的数字是该峰所带电荷数

大气压化学离子（atmospheric pressure chemical ionization, APCI）源主要应用于 LC-MS 中（图 6-25）。APCI 技术借助于电晕放电启动一系列气相反应以完成离子化过程，因此也称为放电电离或等离子电离。从色谱柱流出的流动相进入具有雾化气套管的毛细管，被氮气流雾化，随后进入加热管被气化。在加热管出口端进行电晕尖端放电，溶剂分子被电离，充当反应气，与样品气态分子碰撞，经过复杂的反应后生成准分子离子，经筛选狭缝进入质量分析器。APCI 源的优点是形成单电荷的准分子离子。

大气压光离子（atmospheric pressure photoion ionization, APPI）源是利用紫外线代替 APCI 源中的低能电子作为能量实现分子的离子化。能用 APCI 源离子化的分子均可以使用 APPI 源离子化，但 APPI 源更有利于小极性物质的离子化。

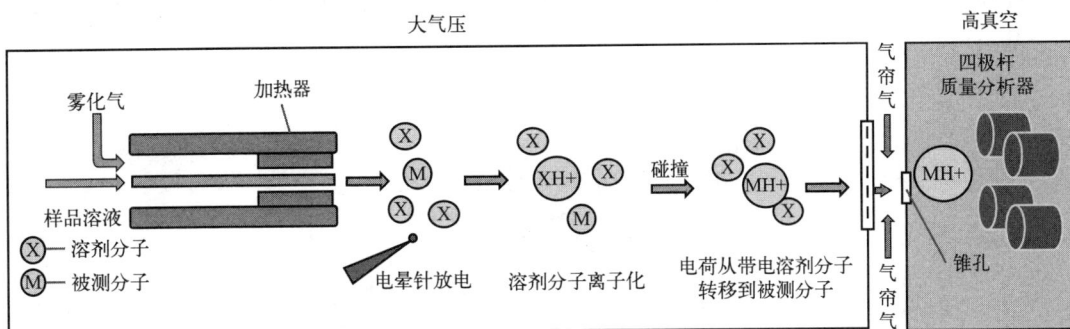

图 6-25 大气压化学电离源工作示意图

传统的质谱离子源需要在真空下工作（EI 源、CI 源等），原因是离子源产生的能量可能造成空气的电离，对分子碎片造成不必要的干扰而加大分子解析的困难。ESI 源和 APCI 源等离子源需要惰性气体的辅助完成样品气化和离子化，而新兴的环境敞开式离子源则不需要任何样品处理，目前用得最多的是解吸电喷雾离子源和直接实时分析离子化源。

解吸电喷雾电离（desorption electrospray ionization，DESI）源将分析物溶液滴加在聚四氟乙烯板的表面（图 6-26），待溶剂挥发；与此同时，将喷雾溶剂施加一定的电压，并从雾化器中喷出，雾化器外套管中的高速氮气迅速将溶剂雾化成带电小液滴，撞击到样品表面；样品被撞击后发生溅射并气化，在氮气的作用下，使带电样品小液滴脱溶剂随后进入质量分析器。DESI 技术不仅可以用来分析小分子化合物，还可以用来分析大分子化合物，一般分析目标物均为极性分子，得到的离子峰既有单电荷，也有多电荷。

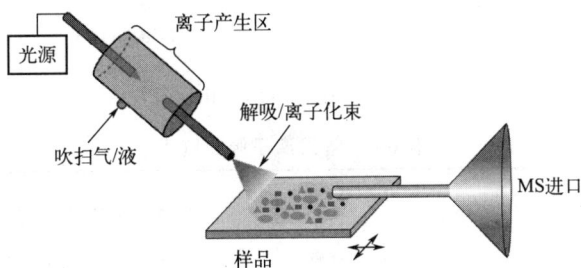

图 6-26 DESI 工作原理

直接实时分析离子化（direct analysis in real time，DART，图 6-27）源利用 He 气放电产生亚稳态的 He^+，其动能引发分析物的升华及气相电离，随后进入质谱质量分析器。

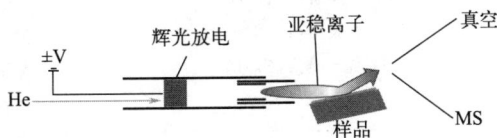

图 6-27 DART 工作原理

萃取电喷雾电离（extraction ESI）源利用两个独立的喷雾器进行工作（图 6-28），一个雾化样品溶液，另一个雾化带电试剂（甲醇或水）。在高压电场的作用下经由电喷雾通道喷出，产生溶剂的带电微液滴，与样品通道喷出的中性样品液滴发生交叉融合，在离子源与质谱仪器入口之间的三维空间中发生能量和电荷的传递作用，使得样品中待测物获得电荷和能量，成为带电液滴，最终经历去溶剂过程成为气态离子，供后续质谱分析。该技术适合分析复杂基质样品。

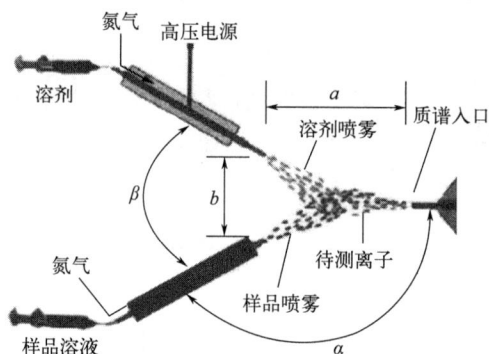

图 6-28　萃取电喷雾电离源工作示意图

直接溶液离子化（direct solution ionization，DSI）源在一个三角形的纸（或牙签、叶片等其他小的尖端物体）上进行，具体过程包括将少量的样品加在纸上，用少量的溶剂湿润样品载体或样品本身，给湿润的物体施加高压，样品被离子化，进入质谱仪分析（见图6-29）。常见离子源总结如表 6-4 所示。

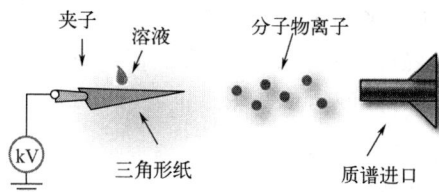

图 6-29　直接溶液离子化示意图

表 6-4　常见离子源一览表

基本类型	名称	离子化能量
气相离子源	电子轰击(EI)源	含能电子
	化学电离(CI)源	试剂气态离子
	场致电离(FI)源	高能电子
解吸离子源	场解吸电离(FD)源	高能电子
	电喷雾离子(ESI)源	高电场
	基质辅助激光解吸电离(MALDI)源	激光束
	等离子体解吸(PD)源	^{252}Cf 裂解碎片
	快原子轰击(FAB)源	含能原子束
	二次离子质谱(SIMS)	含能离子束
	热喷雾离子(TS)源	高温
环境敞开式解吸源	解吸电喷雾离子(DESI)源	带电荷的液滴喷雾
	直接实时分析离子化(DART)源	激发态的分子/原子

（二）质量分析器

质量分析器的作用是将离子源产生的离子，按质荷比大小分开，质量分析器种类繁多，见原子质谱部分。

（三）进样系统

对于气体或易挥发样品，将数十毫克样品放入贮存器，贮存器的材质为玻璃或上釉不锈钢，其中抽低真空（1Pa 左右），并加热至150℃，试样以微量注射器注入，在贮存器内立即气化为蒸气分子，由于压力梯度，分子以分子流（蒸气）形式稳定地渗透入高真空的离子源中；对于低挥发度的样品，一般使用探针杆进样，然后调节加热温度，使试样气化为蒸气，此方法可将微克量级甚至更少样品送入离子源，探针杆中试样的温度可冷却至约−100℃，或在数秒钟内加热到较高温度（如300℃左右）；对于 LC-MS 联用型仪器，试样经色谱柱分离后，经分离器分去大部分流动相后，再将试样送入质谱部分的离子源；也可以直接将样品经进样口送入，但不连接色谱柱不分离。图 6-30 是一种质谱进样系统示意图。

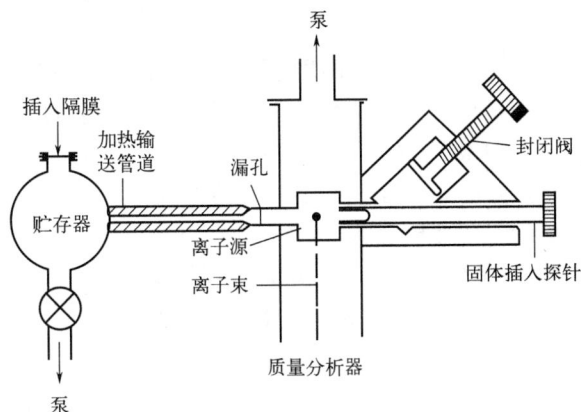

图 6-30　质谱进样系统示意图

（四）其他质谱仪

（1）傅里叶变换质谱仪

傅里叶变换是一种线性积分变换，用于信号在时域和频域之间的变换，将某一个时刻质谱仪中的不同离子信号同时转换为不同的频率，再转化为常见质谱图。

（2）串联质谱仪

通常将不同的质谱进行串联，性能相互补充，比如串联四极杆，或四极杆/离子阱等模式。图 6-31 是空间串联质谱示意图。在第二级质谱中常用光诱导、碰撞诱导、表面诱导解离、电子激发等方式完成第一级质谱目标物的选择破碎。串联质谱可以有效避免相同分子量不同结构化合物的误判。串联质谱可以是空间上的串联，也可以是时间上的串联。时间上的串联质谱可以使用同一个质量分析器，先检测母离子，让母离子再回到二级质谱，完成破碎后再一次通过质量分析器。不同离子源与不同质量分析器可以组合出很多类型的质谱仪。如：三重四极杆质谱仪、四极离子阱质谱仪、四极杆飞行时间串联质谱仪、离子阱-飞行时间质谱仪和线性离子阱-飞行时间质谱仪等。

（五）质谱仪主要性能指标

（1）质量测定范围

质谱仪测定的离子质荷比的范围实际上就是测定的分子量范围，这是一项非常重要的实

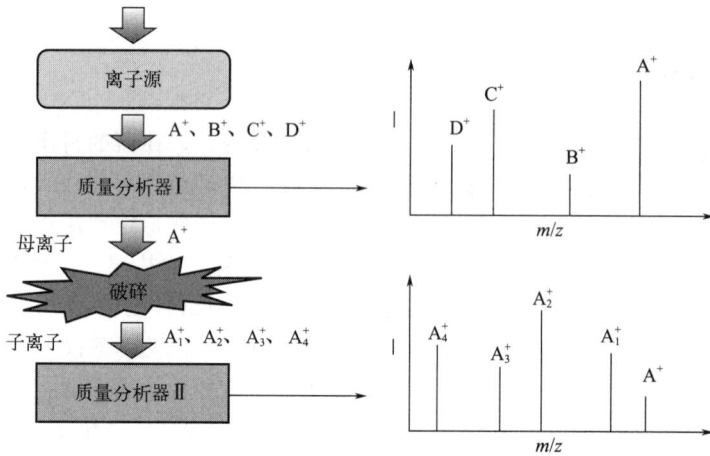

图 6-31　空间串联质谱示意图

用性指标。质量范围的大小取决于该仪器的质量分析器，四极杆分析器的质量范围上限一般在 1000 到 3000，而飞行时间质量分析器可达几十万（因设计不同，变化较大）。对于气相色谱-质谱联用（GC-MS），分析的对象是挥发性有机物，其分子量一般不超过 800，此时，对于质谱仪的质量测定范围，达到 800 应该就足够。液相色谱-质谱联用（LC-MS）用质谱仪，分析的很多是生物大分子，质量范围要宽一些。气体质谱仪的质量范围在 100 以内，只能用于一些常见气体的分析。

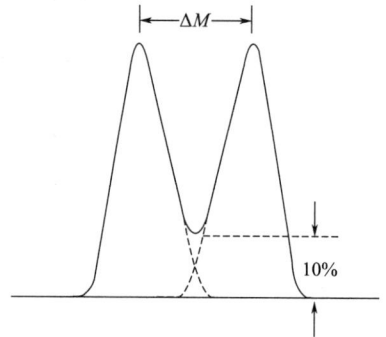

（2）分辨率

分辨率指仪器分开相邻质量数的能力，定义为两强度相等的相邻的峰，当两峰间的峰谷不大于其峰高 10% 时的分离程度，常用符号 R（Resolution）表示（图 6-32）。如果质谱仪在质量 M 处刚刚能分开 M 和 $M+\Delta M$ 两个质量的离子，则该质谱仪的分辨率为：

图 6-32　分辨率测量示意图

$$R=\frac{M}{\Delta M} \tag{6-5}$$

举例　某台仪器能刚刚分开质量为 31.6842 和 31.6939 两个离子峰，则该仪器的分辨率为 3266。

对于具有磁质量分析器的仪器，质量分离在低质量端，离子分散大，在高质量端离子分散小。或者说 M 小时 ΔM 小，M 大时 ΔM 也大，因此仪器的分辨率数值基本不随 M 变化。四极杆质谱仪质量排列较为均匀，比如在 $M=100$ 处，可分开的 $\Delta M=1$，计算得到 $R=100$；在 $M=1000$ 时，假定也是 $\Delta M=1$，那么计算得到的 $R=1000$，说明分辨率随质量变化。为了对不同 M 处的分辨率都有一个一致的表示法，四极杆质谱仪的分辨率一般表示为 M 的倍数，如 $R=2M$，表示在 $M=100$ 处，$R=200$。一般情况下，高分辨质谱仪的 $R>10000$，对未知物定性分析十分有利。如：分开 N_2^+（m/z，28.006）和 CO^+（m/z，27.995）两个峰，R 应为 2545。再如 $C_5H_6^+$、$C_4H_2O^+$、$C_3H_2N_2^+$，在低分辨仪器上，都在 $m/z=66$ 处出峰。在高分辨仪器上，$C_5H_6^+=66.0468$、$C_4H_2O^+=66.0105$、$C_3H_2N_2^+=66.0218$，均可清楚分辨。

（3）质量稳定性和质量精度

是指仪器的稳定情况，通常用一定时间内质量漂移的质量单位（atom mass unit，amu）表示。例如某仪器的质量稳定性为 0.1 amu／12 h，意味着该仪器在 12 小时之内，质量漂移不超过 0.1 amu。质量精度是指质量多次测定的相对标准偏差，对于高分辨率质谱仪，这个值通常在百万分之几。因此质量精度是以百万分之一（ppm）作为单位。质量精度好的仪器，给出的元素组成式准确度越高。

（4）灵敏度

分绝对灵敏度、相对灵敏度和分析灵敏度等。绝对灵敏度是指仪器可检测的最小样品量（X mg）；相对灵敏度是指仪器可同时检测的大组分与小组分含量之比；分析灵敏度是指仪器进样量与产生信号强度之比。为了提高灵敏度，也可以进行样品处理，使待分析物处于更容易电离的状态，有时称为"质谱衍生"技术。比如，脂肪酸的质谱分析前，可以转化为脂肪酸季胺类衍生物、叔胺类衍生物、哌嗪-嘧啶衍生物、苯并呋喃类衍生物等，以提高离子化效率。

三、有机物质谱裂解的基本知识

（一）离子的产生与表示方法

当气体或蒸气样品分子被送入离子源时，在离子室中进行电离和裂解，会形成各种类型的离子，包括分子离子（或称母离子）等。因为大多数分子易于失去一个电子而带一个正电荷，所以分子离子的质荷比值就是它的分子量；分子离子被进一步打碎所产生的分子碎片，称为碎片离子。

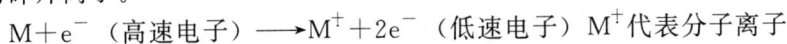

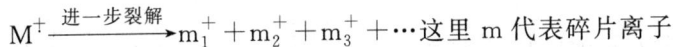

$M + e^-$（高速电子）$\longrightarrow M^+ + 2e^-$（低速电子）$M^+$ 代表分子离子

$M^+ \xrightarrow{\text{进一步裂解}} m_1^+ + m_2^+ + m_3^+ + \cdots$ 这里 m 代表碎片离子

如甲醇分子的裂解可表示为：

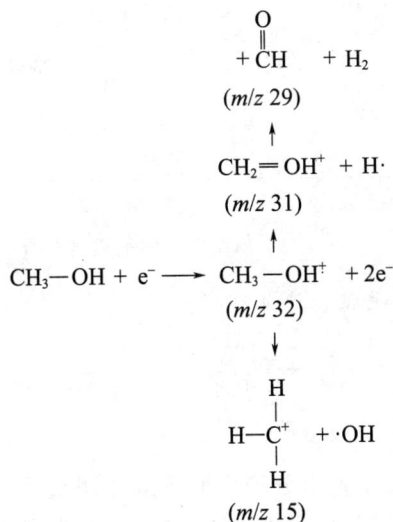

$$
\begin{array}{c}
\overset{\displaystyle O}{\underset{\displaystyle}{\overset{\|}{+CH}}} + H_2 \\
(m/z\ 29) \\
\uparrow \\
CH_2{=}OH^+ + H\cdot \\
(m/z\ 31) \\
\uparrow \\
CH_3{-}OH + e^- \longrightarrow CH_3{-}OH^+ + 2e^- \\
(m/z\ 32) \\
\downarrow \\
\underset{\displaystyle H}{\overset{\displaystyle H}{H{-}\overset{+}{C}}} + \cdot OH \\
(m/z\ 15)
\end{array}
$$

在质谱图上还出现如下多种类型的离子。

① 亚稳离子　分子离子和碎片离子都在离子源的电离室中产生，然后加速进入质量分析器，假定在电离、裂解或重排过程中所产生的 m_1^+，在离子源和质量分析器之间飞行漂移

时，由于碰撞等进一步分裂失去中性碎片而形成 m_2^+，由于它的一部分动能被中性碎片夺走，这种 m_2^+ 的动能要比在离子源直接产生的 m_2^+ 小得多，所以前者在磁场中的偏转要比后者大得多，此时记录到的质荷比要比后者小，这种峰称亚稳离子峰。可见亚稳离子是在离子源以外的飞行途中产生的，亚稳离子产生的途径如下：

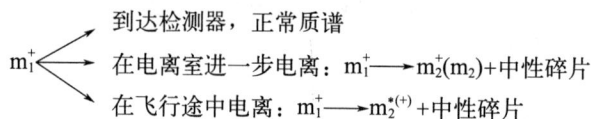

$$m_1^+ \begin{cases} \text{到达检测器，正常质谱} \\ \text{在电离室进一步电离：} m_1^+ \longrightarrow m_2^+(m_2) + \text{中性碎片} \\ \text{在飞行途中电离：} m_1^+ \longrightarrow m_2^{\cdot(+)} + \text{中性碎片} \end{cases}$$

用 M^* 表示亚稳离子。m/z（m_2^+）$= m/z$（m^*），但由于能量不一样，因而 m^* 在较小的 m/z 处出峰。亚稳离子峰钝而小，跨 2～5 质量单位，有如下数学关系：

$$m^* = \frac{(m_2^+)^2}{m_1^+}$$

在质谱图上位置如图 6-33 所示。

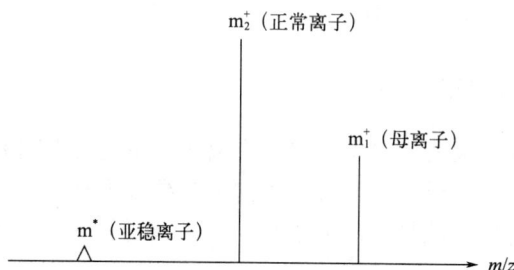

图 6-33　亚稳离子特征示意图

举例　化合物氨基茴香醚的质谱如图 6-34 所示：

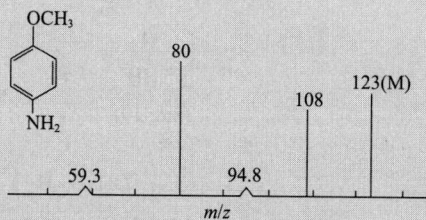

图 6-34　氨基茴香醚的质谱图

根据 m_1^+、m_2^+ 和 m^* 的关系，计算可得：

$$94.8 = \frac{108^2}{123} \qquad 59.3 = \frac{80^2}{108}$$

上述结果可以说明亚稳离子的来源。

② 重排离子　一些碎片离子是由分子内原子或基团重排后形成的，这种碎片离子称为重排离子，比如麦氏（McLafferly）重排（图 6-35）。产生麦氏重排的条件是：当化合物中含有不饱和的 C=E 基团（E 为 O、N、S、C）且有 γ-氢原子时，在两个以上的键断裂过程中，γ-氢原子会转移到不饱和基团上，并脱离一个中性分子，形成重排离子。在酮、醛、链、烯、酰胺、腈、酯、芳香族化合物、环氧化合物、磷酸酯和亚硫酸酯等的质谱上，都可

找到由这种重排产生的离子峰。表示如下：

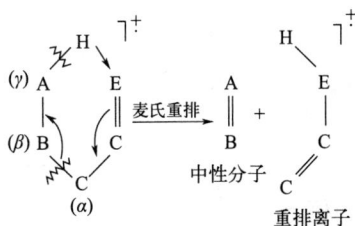

图 6-35 麦氏重排的示意图

质谱碎片的产生方式包括均裂、异裂和半异裂等。一个 σ 键的两个电子裂开，每个碎片保留一个电子，称为均裂。如：

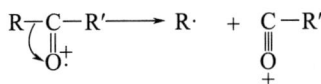

单箭头意指一个电子的转移，"X·、Y·、R·"代表有一个单电子的自由基。

一个 σ 键的两个电子同时转移，并归属于一个碎片，称为异裂。双箭头指两个电子转移。例如：

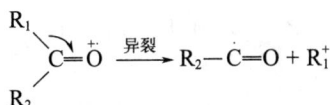

已经被打掉一个电子，但仍然维持一个化学键的、离子化的 σ 键开裂，称为半异裂。如：

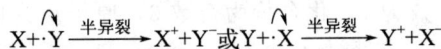

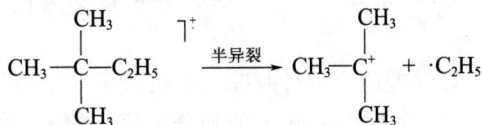

化学键断裂包括 α-断裂、β-断裂和 γ-断裂等。由于分子离子化后，形成的自由基有强烈的电子配对现象，在自由基位置附近易引发分裂。α-断裂是指带有电荷的官能团与相连 α-碳原子之间的断裂，主要发生在含羰基的化合物上：

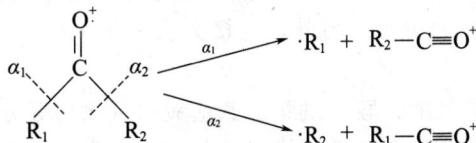

β-断裂是指带有电荷的官能团与相连 β-碳原子之间的断裂：

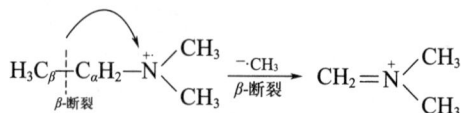

$$H_3C_\beta \xrightarrow{} C_\alpha H_2 - \overset{+}{\underset{CH_3}{N}} \overset{CH_3}{\underset{}{}} \xrightarrow[\beta\text{-断裂}]{-\cdot CH_3} CH_2 = \overset{+}{\underset{CH_3}{N}} \overset{CH_3}{\underset{}{}}$$

以此类推。

（二）分子离子和分子量的确定

有机分子失去一个电子以后，变成了带有正电荷的分子离子，它所代表的质荷比就是分子量，这是质谱分析的主要功能之一，如正十二烷的质谱图（图 6-36），最高 m/z （170）就应该是它的分子量。但是在解谱过程中，确定一个化合物的分子量，不像该例子那样简单，往往会有极复杂的情况出现。

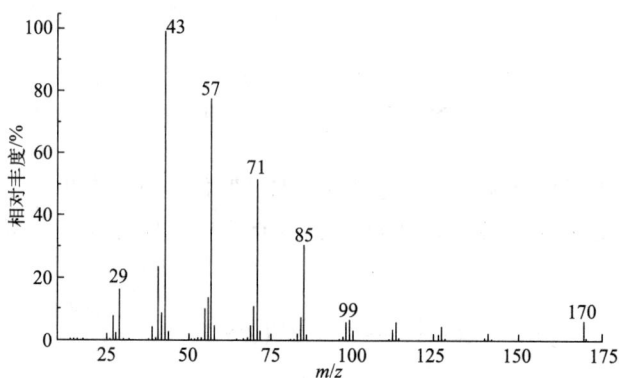

图 6-36　正十二烷质谱图

确定分子量时要注意以下几点。

① m/z 的奇偶规律　有机化合物主要含 C、H、O、N、S、Cl 和 Br 等元素，其中 C、O 和 S 的电子数、化合价、原子量都是偶数，称偶数元素；H、F、Cl 和 Br 的电子数、化合价、原子量都是奇数，称奇数元素。凡含有上述元素的分子中一般有偶数个奇数元素，其分子量必为偶数。N 的电子数为 7，化合价为奇数 3，原子量为偶数 14，称为奇偶元素，所以当分子中含有奇数个 N 时，必配奇数个奇数元素（H、F、Cl 和 Br），分子量必为奇数；当分子中含有偶数个 N 时，必配偶数个奇数元素，分子量必为偶数。不符合者，不可能为分子离子峰。

② 分子离子和碎片离子之间差值合理性判断　有机分子最小的基团是甲基，质量数是 15，因此，在分子离子峰的左侧，碎片离子的 m/z 值和分子离子的 m/z 值之间差值要符合质谱裂解规律。一般来说，在分子离子峰左侧 3~14 个质量处不应有其他碎片离子峰出现，如出现就不是分子离子峰。常见的正常质荷比差值应是从分子离子质量中减去下列质量数：（·CH_3）－15、（O）－16、（·OH，NH_3）－17、（H_2O）－18、（·CN，C_2H_2）－26、（CHN，HC≡CH_2）－27、（·CO、C_2H_4）－28。当然，也有分子离子打掉一个氢成为碎片离子峰的，但连续地失去一个 H 极为少见。另外，直接失去一个·CH_2（14）或（·CH）也极为少见。

③ $M\pm1$ 峰的判断　醚、酯、胺、酰胺、氨基酸和氢化物等分子的分子离子峰在 $M\pm1$ 处出现，这是因为分子离子在电离室可能捕获一个 H，或失去一个 H：

$$R\!-\!O\!-\!R' \xrightarrow{-e^-} R\!-\!\overset{+\cdot}{O}\!-\!R' \xrightarrow{+H} R\!-\!\overset{+}{\underset{|}{O}\!-\!H}\!-\!R'$$

$$R\!-\!\overset{\overset{\displaystyle H}{|}}{C}\!=\!O \xrightarrow{-e^-} R\!-\!\overset{\overset{\displaystyle H}{|}}{C}\!=\!\overset{+\cdot}{O} \xrightarrow{-H} R\!-\!C\!\equiv\!\overset{+}{O}$$

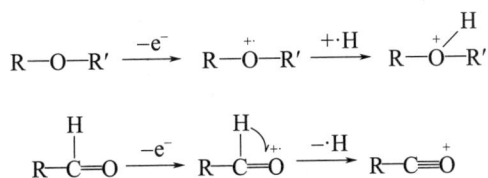

④ 同位素分子离子峰　组成有机化合物的常见元素都有同位素，由于同一个元素存在几个质量不同的同位素，所以同位素的出现一方面为分子离子峰的判定提供了便利，也出现了峰的复杂性（M，$M+1$，$M+2$，…）。常见同位素的天然丰度如表 6-5 所示。已知氯元素的平均原子量为 35.45，^{35}Cl 的天然丰度为 75.77%，^{37}Cl 的天然丰度为 24.23%。所以它们在质谱上出现的概率比约为 $^{35}Cl:^{37}Cl=3:1$。在质谱图上对含 Cl 分子而言，就存在两个分子量。

表 6-5　常见同位素的天然丰度

元素	同位素	精确质量	天然丰度/%	丰度比/%
H	^1H	1.007825	99.985	$^2H/^1H=0.015$
	^2H	2.014102	0.015	
C	^{12}C	12.000000	98.893	$^{13}C/^{12}C=1.12$
	^{13}C	13.003355	1.107	
N	^{14}N	14.003074	99.634	$^{15}N/^{14}N=0.37$
	^{15}N	15.000109	0.366	
O	^{16}O	15.994915	99.759	$^{17}O/^{16}O=0.04$
	^{17}O	16.999131	0.037	$^{18}O/^{16}O=0.20$
	^{18}O	17.999159	0.204	
S	^{32}S	31.972072	95.02	$^{33}S/^{32}S=0.8$
	^{33}S	32.971459	0.75	$^{34}S/^{32}S=4.4$
	^{34}S	33.967868	4.21	
Cl	^{35}Cl	34.968853	75.77	$^{37}Cl/^{35}Cl=31.98$
	^{37}Cl	36.965903	24.23	
Br	^{79}Br	78.918336	50.537	$^{81}Br/^{79}Br=97.9$
	^{81}Br	80.916290	49.463	

举例　已知 ^1H 天然丰度 99.985%，^2H 天然丰度 0.015%；^{12}C 天然丰度 98.893%，^{13}C 天然丰度 1.107%。在裂解过程中，一个碎片 CH_2^+ 在高分辨率的质谱中给出如下一组峰：

	$^{12}C_1H_2$	$^{13}C_1H_2$	$^{12}C_1HD$	$^{12}CD_2$	$^{13}C_1HD$	$^{13}CD_2$
m/z	14.01570	15.01900	15.02193	16.02820	16.02528	17.03155
	M	$M+1$	$M+1$	$M+2$	$M+2$	$M+3$

因为 ^2H（D）天然丰度太小，同位素极弱，在低分辨质谱中可把所有的氢视为 ^1H，如甲烷 CH_4 的同位素组成可以是 $^{12}C_1H_4$（$m/z=16$，分子量 $M=16$）和 $^{13}C_1H_4$（$m/z=17$，甲烷的 $M+1$ 峰），见图 6-37。

对于含有 1 个 Cl 的分子，依照"一个化合物的分子量是由其分子中所有元素的最大天然丰度同位素决定"的原则，忽略天然丰度相对较小 C、H 同位素的贡献，只考虑天然丰度相对较大 Cl 的同位素贡献。由于 ^{37}Cl 和 ^{35}Cl 的丰度比是 3∶1，它们的峰强度比应该是 3∶1。所以其低分辨质谱可以预测如图 6-38（a）所示。对含有 1 个溴原子的有机物，质谱图如图 6-38（b）所示。

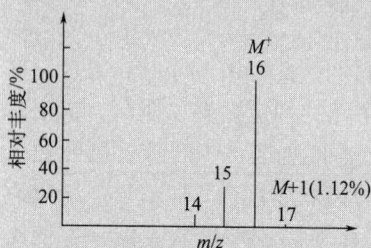

图 6-37 甲烷的质谱示意图

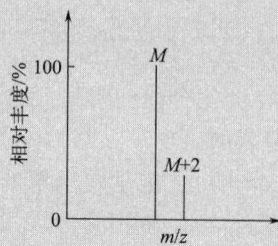

(a) 含一个 Cl

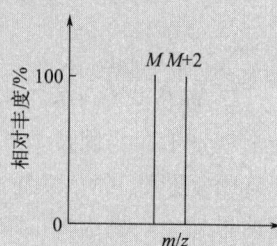

(b) 含一个 Br

图 6-38 含一个 Cl 或 Br 的有机化合物部分质谱示意图

同位素峰的强度比由二项式 $(a+b)^n$ 展开推算，其中 a、b 分别为轻重同位素天然丰度之比，n 为分子中同位素数目。如 $CHCl_3$ 的 Cl 天然丰度之比为 ^{35}Cl∶^{37}Cl＝3∶1，那么 $a=3$、$b=1$、$n=3$，则同位素峰的强度之比由下式计算，它们的峰强度比应该是 27∶27∶9∶1，所以其质谱预测如图 6-39 所示。

$$(a+b)^3＝a^3+3a^2b+3ab^2+b^3＝27+27+9+1$$

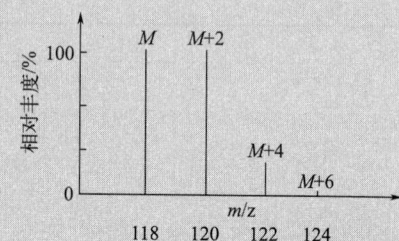

图 6-39 含 3 个 Cl 的某分子质谱示意图

当构成一个分子或碎片的元素数很多时，分子离子峰与同位素峰强度比的计算变得十分复杂，前人创造了一套计算方法并作了大量精确的计算，并列入 Beynon 表中备用；此时 $M+1$ 峰对 M 峰的强度比 $(M+1)/M$（或 $(M+2)/M$ 或 $(M+3)/M$）是由构成 $M+1$ 峰的同位素综合体现。

举例 Beynon 表确定分子式

Beynon J. H. 等在 20 世纪 60 年代计算了含碳、氢、氧和氮各种组合的质量和同位素丰度比，用于确定分子式。下列数据是质谱测定于质量数为 102 处发现有分子离子峰，$(M+1)/M$ 和 $(M+2)/M$ 分别为 7.81％和 0.35％。从 $(M+2)/M$ 可知，分子式不含重同位素 S、Cl、Br。在排除掉所有含 S、Cl、Br 的分子式后，在 Beynon 表质量数 102 处选取可能的分子式如下：

序号	分子式	$(M+1/M)$%	$(M+2/M)$%
1	$C_5H_{10}O_2$	5.64	0.53
2	$C_5H_{12}NO$	6.02	0.35
3	$C_5H_{14}N_2$	6.39	0.17
4	$C_6H_2N_2$	7.28	0.23
5	$C_6H_{14}O$	6.75	0.39
6	C_7H_2O	7.64	0.45
7	C_7H_4N	8.01	0.28
8	C_8H_6	8.74	0.34

根据氮规则，排除奇数 N 的 2、7 两式；再根据误差大小判断，排除 1、3 两式；第 8 式高度不饱和，难以以分子形式存在。所以可能是 4、5、6 式中某一个。

随着仪器分辨率增加，分子量小数点后的数字格外重要，可以排除更多误差大的分子式。例如已知一个化合物，质谱分析分子离子峰 $m/z = 66.0459$，仪器误差不超过 ± 0.006。按照原子量排列组合，M 接近 66.0459（± 0.006）的有 6 个分子式：$C_3NO_2 = 65.9980$、$C_2N_3 = 66.0093$、$C_4H_2O = 66.0125$、$C_3H_2N_2 = 66.0218$、$C_4H_4N = 66.0343$、$C_5H_6 = 66.0468$。得到误差值为：$\Delta 1 = 0.952$、$\Delta 2 = -0.366$、$\Delta 3 = -0.0334$、$\Delta 4 = -0.241$、$\Delta 5 = -0.125$、$\Delta 6 = 0.0009$。从误差最小判断，最后一个为分析化合物的分子式。

（三）结构确认

举例　下述谱图（图 6-40）是哪个分子的质谱图？

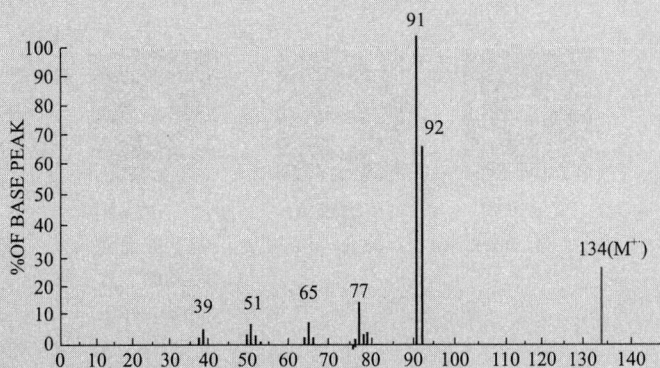

图 6-40　一个化合物质谱图

m/z 134 是偶数，不含奇数个氮原子，先考虑无氮原子，根据分子量，先得到可能的分子式 $C_{10}H_{14}$，计算不饱和度。根据推测的分子式和计算的不饱和度，按照最简原则写出最可能的结构，按照该结构比对碎片并进行合理解释。当无法合理解释时，应重新写出其他结构。

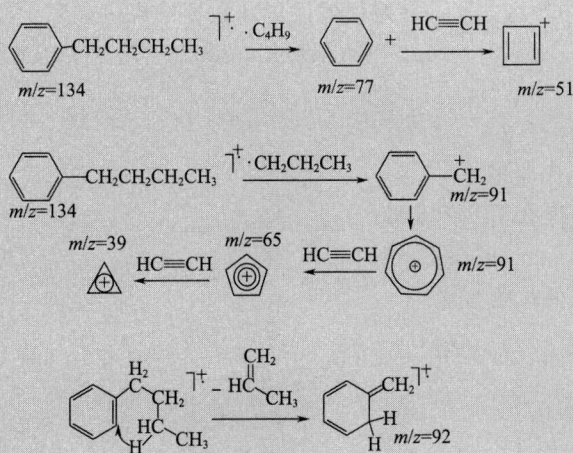

即使能合理解释上述推断，也应进一步用标准品或核磁共振、红外、紫外等其他技术比对，或使用数据库确认最终分子结构。

（四）混合物的定性、定量

结构解析是针对纯净有机化合物而言，如果要完成一个混合物样品中某一个组分的定性和定量，一般要配合色谱分离后再确认分离开的化合物的结构或含量。也可以不用色谱分离而使用分子离子峰结合其他手段进行定性、定量。为了提高复杂样品中组分的测定灵敏度，经常需要样品前处理，或衍生，或加入某试剂有助于识别某个组分，或加入某试剂提高某组分的离子化效率等。比如醇类的离子化效率低，不灵敏，检测如下衍生的产物，可极大提高灵敏度。

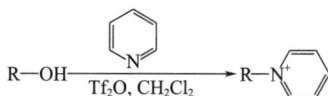

质谱思维
导图.word

质谱成像
简介.ppt

阅读拓展-中国
科学家在该
领域的工作
介绍.word

习题

1. ICP 矩管在 ICP-MS 的作用是什么？
2. 在 ICP-MS 中为什么会使用内标，作用是什么？
3. 查阅一篇原子质谱的文献，并对仪器设置和数据结果进行归纳总结。
4. 查阅文献 M. Lezius，*J. Mass Spectrom*.，2002，37，305，DOI：10.1002/jms.286. 回答下列问题：

（a）什么是 B-TOF 质谱？

（b）解释该设备工作原理。

（c）该设备可用于什么类型的实验？

（d）解释术语 start-up energy。

（e）解释文中下列公式的含义。

$$\dot{x}=\frac{qdB}{m}, \quad x=(l+d/2)\frac{qdB}{m\nu\cos\alpha}, \quad t_{MD}=\frac{1}{\sqrt{\frac{2E_{tot}}{m}-\dot{x}^2}}$$

5. 双聚焦质量分析器含义是什么？m/z 的奇偶规律和 N 律的主要含义是什么？在确定未知物分子量时，m/z 的奇偶规律和 N 律主要用于低分辨质谱还是高分辨质谱？高分辨质谱用来确定未知物分子量时有什么特点？

6. 在同位素离子及分子式的确定概念下，一个碎片 CH_2^+ 在高分辨率的质谱中有怎样的多重峰规律？对于分子 $C_3H_7Cl^+$，如果忽略 C、H 的同位素贡献，质谱有怎样的多重峰规律？

7. 四个化合物的分子量分别为 260.2504、260.2140、260.1201 和 260.0922，若基于分子离子峰对它们作定量分析，需要多大的分辨率？通过计算可以说明什么问题？

8. 试计算分子式为 $C_5H_8N_2O_2$ 和 C_9H_{20} 的 $\dfrac{M+1}{M} \times 100$ 值。

9. 一化合物经测定，有如下质谱数据：

m/z		丰度比/%
104	M	100
105	$M+1$	6.45
106	$M+2$	4.47

从 Beynon 表中查得如下分子式：（1）$C_5H_{12}S$；（2）$C_4H_{10}NO_2$；（3）$C_4H_{12}N_2O$；（4）$C_4H_8O_3$。

试确定最可能的分子式并简述理由。

第七章

电化学分析

电化学分析法是仪器分析的一个重要分支，是在电化学理论基础上发展起来的一种分析方法。所涉及的分析测试技术多达几十种，如常见的电位分析法、库仑分析法、电解分析法、电导分析法、伏安分析法和电化学传感器等。其共同的特点是将待测物引入一个电化学池，通过测量电池的电位、电流、电导、电量或电极质量等物理量的变化来分析待测物。

电化学分析方法的特点如下。①分析速度快。如伏安分析法一次可以同时测定数种元素。②选择性好。如可用离子选择电极来测量 K^+、Na^+ 和 F^- 等离子，其他方法难以与之相比。③灵敏度高。电化学分析法适用于痕量甚至超痕量组分的分析，如脉冲伏安法、溶出伏安法和伏安催化波方法等都具有非常高的灵敏度，有时可测定浓度低至 10^{-11} mol/L 的物质。④设备简单，便于普及，易于自动控制、易于微型化，易于采用电子线路系统进行自动控制，适用于工业生产流程的监测和自动控制以及环境保护监测等。电分析方法一般在常温常压环境下测试，在生物、医学上有较为广泛的应用；所需试样用量较少，适用于进行微量操作，如超微型电极，可直接刺入生物体内，测定细胞内原生质的组成，从而进行活体分析和监测。电化学分析法还可用于各种物理化学参数的测定以及化学反应机理和历程的研究。

电化学分析法研究涉及了多个一级学科，如材料科学、生命科学、环境科学和药物学等，涵盖了多个三级学科如电化学、生物电化学、冶金电化学、腐蚀电化学、材料电化学、电化学新能源和环境电化学等，目前其新的派生方法还在不断涌现，比如化学修饰电极与电化学传感器、光电传感器。一些传统的电化学分析方法失去竞争优势，其重要性逐渐减弱，如曾经在 20 世纪 30 年代获得过诺贝尔奖的极谱方法，由于其使用的汞电极有毒，退出历史舞台；但它在残余电流、充电电流、扩散层和扩散电流、对流电流和迁移电流、半波电位等方面提出的基本理论，对今天的基础课知识点学习以及电分析方法学研究仍不失重要性。

第一节 电化学分析基础

一、电化学池

电化学池（electrochemical cell）一般由电极系统加电解质溶液组成，分原电池和电解池两大类；其具体结构种类繁多，随实验条件变化而改变。原电池是将化学能转变为电能的装置，电解池是借助外电源将电能转为化学能的装置。在电化学反应中，必须发生化学能与电能的相互转变，电子从一种物质转移到另一种物质时必须经过足够长的路径，氧化剂与还原剂在空间上需要彼此分开，并形成闭合电路。电解池能将电能转变为化学能，因而成为非常有用的一种化学研究手段。图 7-1 是一种用于伏安分析的电解池示意图：

利用图 7-1 的电解池装置，在工作电极与对电极之间加上一个合适的电压，就可以在工作电极表面进行所需要的电极反应，进而得到相应的化学信息。在电极上有两种过程发生，一种是电荷经过电极-溶液界面进行转移，引起氧化还原反应的发生，这种反应遵循法拉第定律，称为法拉第过程，形成的电流称为法拉第电流。在某些情况下，尽管没有电荷转移，但存在吸附、扩散等过程，电极-溶液界面的结构随电势或溶液组成变化而变化，这种过程称为非法拉第过程。当电极反应发生时，存在法拉第和非法拉第两种过程。除电导方法外，大多数的电化学分析方法都是研究在电极-溶液界面上以及界面附近发生的反应及其规律性。

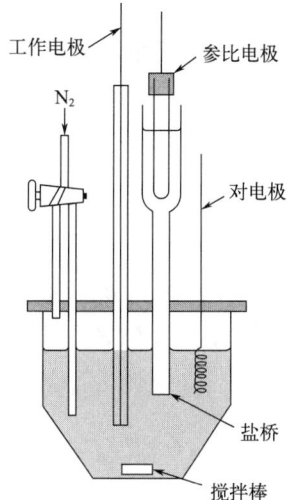

图 7-1　一种用于伏安分析的电解池示意图

（一）电池的图解表示法

为了研究和处理上的方便与简化，常用符号表示电化学池。例如：

$$Zn \mid ZnSO_4 \ (\alpha_1, mol/L) \parallel CuSO_4 \ (\alpha_2, mol/L) \mid Cu$$
$$Cu \mid CuSO_4 \ (\alpha_1, mol/L) \parallel ZnSO_4 \ (\alpha_2, mol/L) \mid Zn$$

用符号表示电化学池时，规定将阳极（发生氧化反应）写在左边，阴极（发生还原反应）写在右边。两边的单条竖线表示金属与溶液的相界，此界面上存在的电位差，称为电极电位。中间的双条竖线表示两种溶液的分界，在这个意义上讲，双条竖线代表盐桥，该界面上的电位差，称为液体接界电位，是由不同离子扩散经过界面时速度不同而导致界面两侧离子分布不均引起的。盐桥表示液体接界电位已消除。电解质溶液可以是水溶液、有机溶液和熔融盐。电化学测量经常是在支持电解质与溶剂组成的介质中进行的，支持电解质指的是非电活性的离子，能消除电活性物质传质中的电迁移现象。溶剂要保证能溶解支持电解质，常用大浓度的 KCl 或 NaCl 为支持电解质。根据上述两个电池表达式，容易判断出，第一个可以作为原电池（化学反应自发发生，转化为电能），第二个只能是电解池（电能驱动化学反应）。

电池中的溶液应注明浓度（或活度），如有气体，则应注明压力和温度，若不注明，指 25℃、一个大气压。气体或均相的电极反应，反应物质本身不能直接作为电极，要用惰性材料（如铂、金、碳等）作电极，以传导电流。如下列电池中的氢电极用铂传导电流：

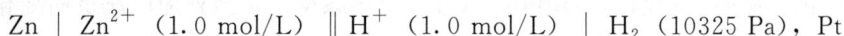

$$Zn \mid Zn^{2+} \ (1.0 \ mol/L) \parallel H^+ \ (1.0 \ mol/L) \mid H_2 \ (10325 \ Pa), Pt$$

原电池与电解池.word

（二）电极的分类

1. 指示电极

对于平衡体系而言，在测量期间本体浓度不发生可觉察的变化，稳定的待测物浓度可以对应一个稳定的电极电位，相应的电极称为指示电极（indicating electrode）。指示电极包括以下类型。

（1）一类电极　由金属和其金属离子组成，可简写成 $M^{n+}\mid M$。其电极电位与金属离子浓度之间的关系可写为：

$$\varphi = \varphi^{\ominus}_{M^{n+}/M} + \frac{RT}{nF}\ln a_{M^{n+}} \tag{7-1}$$

（2）二类电极　由金属、其难溶盐和此难溶盐的阴离子组成，如银/氯化银电极：Ag，$AgCl\mid Cl^-$ (a)。涉及 $Ag^+ + e^- = Ag$ 和 $AgCl + e^- = Ag + Cl^-$ 两个反应。存在下列关系：

$$\phi = \phi^{\ominus}_{Ag^+/Ag} + \frac{RT}{nF}\ln a_{Ag^+}$$

$$\phi = \phi^{\ominus}_{Ag^+/Ag} + \frac{RT}{nF}\ln\left(\frac{K_{sp}}{a_{Cl^-}}\right) = \phi^{\ominus}_{AgCl/Ag} - \frac{RT}{nF}\ln a_{Cl^-} \tag{7-2}$$

（3）三类电极　两种金属具有相同阴离子的难溶盐构成的平衡体系，如 $Pt\cdot Hg\mid HgY^{2-}$，CaY^{2-}，Ca^{2+} 电极（Y 是乙二胺四乙酸，EDTA），存在下列反应和公式：

$$HgY^{2-} + Ca^{2+} + 2e^- = Hg + CaY^{2-}$$

$$\phi = \phi^{\ominus}_{Hg^{2+}/Hg} + \frac{0.0592}{2}\lg\frac{K_{CaY^{2-}}}{K_{HgY^{2-}}} + \frac{0.0592}{2}\lg\frac{[HgY^{2-}]}{[CaY^{2-}]} + \frac{0.0592}{2}\lg[Ca^{2+}] \tag{7-3}$$

式中，K 为相应配合物的稳定常数。

（4）零类电极　由惰性金属和均相氧化还原物质溶液（或气体）组成。如电极 $Pt\mid Fe^{3+}$，Fe^{2+} 和电极 Pt，$H_2\mid H^+$。这里的 Pt 只起传导电流的作用。对于前者，其电极电位与金属离子浓度之间的关系可写为：

$$\varphi_{电极} = \varphi^{\ominus} + \frac{RT}{nF}\ln\left(\frac{a_{Fe^{3+}}}{a_{Fe^{2+}}}\right) \tag{7-4}$$

（5）膜电极　由具有选择性薄膜、内参比电极和内参比溶液（对特定的分析物而言）组成，以指示离子活度，测定电池体系为：

指示电极（膜）｜分析溶液｜参比电极

膜电位的产生是由膜内外的参比溶液和分析溶液中的待测离子浓度不同而致，电位的产生不同于上述几类电极，没有氧化还原过程。电极电位与分析物浓度之间的关系可写为：

$$\phi_{电极} = K' + \frac{RT}{nF}\ln\left(\frac{a_{膜外离子}}{a_{膜内离子}}\right) \tag{7-5}$$

所有指示电极的共性是：测量时流过电极的电流接近于零，电极上没有可觉察的电极反应，是平衡界面态决定了电极电位，电极只是"指示"作用。

2. 工作电极

对于非平衡体系而言，在外加电压的影响下，在测量期间本体浓度由于电极反应的消耗而发生可觉察的变化。例如 Cu 电极，将其用于 Cu^{2+} 的还原反应，当外加电压负向变化时，会将 Cu^{2+} 还原为 Cu，造成 Cu^{2+} 的本体浓度发生改变，回路有较大的电流通过，此时用于 Cu^{2+} 的还原反应的电极称为工作电极（work electrode）。

3. 参比电极

在测量过程中，电极电位保持基本不变的电极称为参比电极，以二类电极为主。在电解池中，测量的电池电动势变化仅仅是指示电极或工作电极的电极电位的变化，所以参比电极（reference electrode）就是指示电极或工作电极的电位参照标准。主要有以下两种常用的参比电极：

$$Cl^- （Cl^- 浓度饱和或为定值）\mid AgCl，Ag$$

$$Cl^- （Cl^- 浓度饱和或为定值）\mid Hg_2Cl_2，Hg（SCE）$$

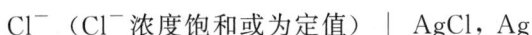

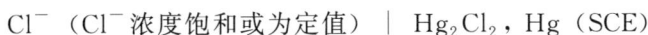

对甘汞电极（SCE）而言，下列公式成立。

$$\phi^{\ominus}_{Hg_2^+/Hg}=0.80\ V$$

$$\phi_{SCE}=0.80+\frac{0.0592}{2}\lg[Hg_2^+]=0.80+\frac{0.0592}{2}\lg\frac{K_{sp,Hg_2Cl_2}}{[Cl^-]^2} \tag{7-6}$$

表 7-1 总结了不同温度下两种电极的电位。

表 7-1　甘汞电极和 Ag-AgCl 电极在不同温度下的电极电位

温度/℃	电极电位（相对于标准氢电极）				
	甘汞电极			Ag-AgCl	
	0.1 mol/L	3.5 mol/L	饱和	3.5 mol/L	饱和
10		0.256		0.215	0.214
15	0.3362	0.254	0.2511	0.212	0.209
20	0.3359	0.252	0.2479	0.208	0.204
25	0.3356	0.250	0.2444	0.205	0.199
30	0.3351	0.248	0.2411	0.201	0.194
35	0.3344	0.246	0.2376	0.197	0.189

注：表格中的浓度是氯离子的浓度。

4. 辅助电极或对电极

由工作电极和参比电极组成的电池，即二电极系统条件下，为了比较准确测得电极电位，要求电解池的电阻小于 100 欧姆，所以必须使用大面积参比电极，而大面积参比电极使用极不方便。也就是说，当通过电解池的电流很小时，直接由工作电极和参比电极组成电池即可；当通过的电流较大时，小面积参比电极将不能负荷，其电位不能保持稳定，体系的 IR 降太大，此时需采用辅助电极（auxiliary electrode 或 counter electrode）来构成三电极体系（图 7-1）以测量或控制工作电极的电位，此时外加电压加在工作电极与辅助电极之间，以使流过参比电极的电流接近于零，此时工作电极相对于参比电极的电位可以测得比较准确。在不存在参比电极的两电极系统中，与工作电极配对的电极则称为对电极。通常辅助电极也叫对电极，两者常不严格区分。

辅助电极不能显著影响研究电极上的反应，为了减少辅助电极的干扰，可以用惰性膜将其与另外两个电极隔离开，此外辅助电极的表面积应该足够大，自身电阻足够小。

5. 其他电极

根据测量所用电极的尺寸大小可分为常规电极、微电极和超微电极；根据测量所用电极是否修饰又可分为裸电极和修饰电极；根据制造电极材料的不同而命名为碳电极、铂电极、金电极和汞电极等。

（三）电极的性质

发生还原反应的电极叫阴极，发生氧化反应的电极叫阳极；还原电位值大者为正极，还原电位值小者为负极。如：

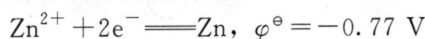

$$Zn^{2+}+2e^-{=\!=\!=}Zn，\varphi^{\ominus}=-0.77\ V$$

$$Cu^{2+}+2e^-{=\!=\!=}Cu，\varphi^{\ominus}=0.34\ V$$

修饰电极.ppt

在锌、铜两个电极组成的原电池中，如果电解质是稀硫酸，则发生锌的氧化以及氢离子的还原，此时符合：

$$原电池\begin{cases}负极：Zn\,电极\\正极：Cu\,电极\end{cases}$$

在电解池装置中，如果电源的负极与锌电极相连，则在锌电极上发生还原反应，其为阴极。

$$电解池\begin{cases}阴极：Zn\,电极，得电子还原\\阳极：Cu\,电极，失电子氧化\end{cases}$$

1. 电极-溶液界面的双电层

当电极表面带有正电荷时，吸引溶液中的负离子靠近电极表面，以便在微小区域内构成电中性的结构，这个最贴近电极表面的区域，因为电极上的电荷几乎等量地吸引溶液中反号电荷，且对反号电荷有一定的定域作用，叫紧密层；紧密层面对溶液一边的负离子又吸引更远处的正离子形成另外一层，叫扩散层。越靠近电极表面，负电荷密度越高；越在溶液远处，正电荷密度越高；这是造成离子扩散运动的基本条件，即浓度差。再到更远处时（溶液本体），正负电荷均匀分布，如图7-2所示：

有时构成双电层的原因不仅是正负电荷的吸引，还有特性吸附、共价结合等多种因素。几乎所有的电极反应，都发生在电极-溶液界面双电层以内，双电层是两相界面上的普遍现象，可以分为离子双电层、偶极双电层和吸附双电层等。对于指示电极（比如离子选择性电极），因为电流几乎为零，溶液中某种物质的浓度决定了电极电位，可以理解为待测物被选择性地吸引到电极表面，改变了双电层结构，这时电极通过电位被改变，起到了"指示"待测物性质和量的作用。

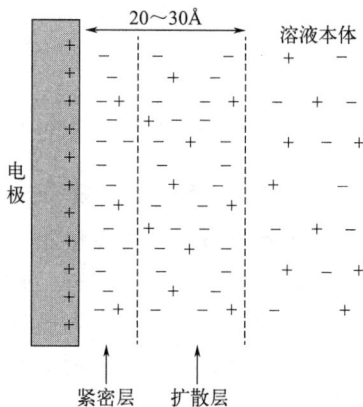

图 7-2　电极-溶液界面双电层示意图

2. 电极步骤和极化

对于图7-1所示的伏安分析电解池中的工作电极，在外加电压的作用下，一个电对的氧化型 O 从溶液远处到达电极表面去反应，首先转化为适合于电子交换的形态 O'，然后在电极上取得电子被还原成为 R'，R' 在离开电极表面后随即转化为更稳定的形态 R，扩散到溶液的本体，如图7-3所示。

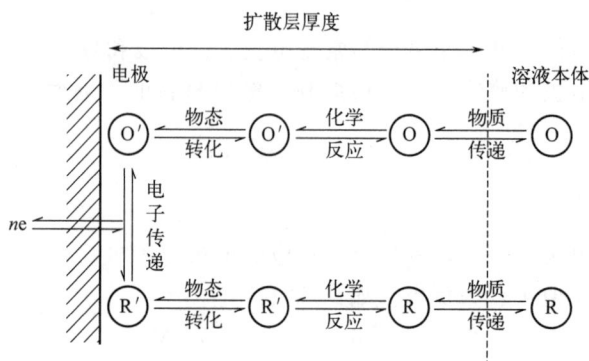

图 7-3　简单电极过程示意图

由于电化学反应的多样性，电极反应步骤远比图 7-3 所示的步骤复杂得多。在金属与其盐溶液组成的电极体系中，平衡状态时溶液中的金属离子不断进入金属相，金属相中的金属离子不断进入溶液，两个过程速度相同，方向相反，此时电极电位等于电极体系的平衡电位。由此可见，电极过程是个复杂的过程，如果这些步骤中有一个速度最慢，则成为电极反应的速度控制步骤。如果通过电极的电流非常小，电极反应是在平衡电位下进行的，这种电极称为可逆电极。可逆电极电位用能斯特方程描述。当较大的电流通过电池时，电极电位将偏离可逆电位，不再满足能斯特方程（一个电极反应，平衡时的电位才符合能斯特方程，此时电极上无电流通过）。电极电位的改变与电流密度有关，这种现象称为极化（polarization），表现出来的电位与可逆电位之间的差值为过电位 η。

$$\eta = a + b \lg i \tag{7-7}$$

此式称为塔菲尔（Tafel）公式。式中，a、b 为塔菲尔常数，其大小与电极材料的性质、电极表面状态、溶液组成及温度等因素有关；i 是电流。

极化是一种电极现象，电池的两个电极都可能发生极化。阴极极化使得其电位越负，阳极极化使得其电位越正。影响极化程度的因素很多，主要有浓差极化和电化学极化两类。

浓差极化是由电极反应过程中电极表面浓度和主体溶液的浓度存在差别引起的。电解作用开始后，阳离子在阴极上还原，致使电极表面附近溶液阳离子减少，浓度低于内部溶液，这种浓度差别的出现是由于阳离子从溶液内部向阴极输送的速度低于阳离子在阴极上还原析出的速度，在阴极上还原的阳离子减少了，引起阴极电流的下降。为了维持原来的电流密度，必然要增加额外的电压，即要使阴极电位比可逆电位更负一些。这种由浓度差引起的极化称为浓差极化。

电化学极化是由某些动力学因素引起的，比如电子传递速度太慢。如果电极反应的某一步骤反应速度较慢，为了克服反应速度的势垒，必须额外多加一定的电压。电化学反应的速率常数与温度有关，符合 Arrhenius 公式：

$$k = A \exp\left(\frac{-\Delta H_{\neq}}{RT}\right) = A' \exp\left(\frac{\Delta G_{\neq}}{RT}\right) \tag{7-8}$$

式中，A 和 A' 是指前因子；$\Delta H_{\neq}$ 是活化能；$\Delta G_{\neq}$ 是自由能。

3. 电极电位

电极电位的测定　电化学池至少由两个电极组成，根据它们的电极电位，可以计算出电池的电动势。但是目前还无法测量单个电极的绝对电位值，只能测量整个电池的电动势，统一以标准氢电极（SHE）作为标准，人为规定它的电极电位为零，然后把它与待测电极组成电池，测得的电池电动势规定为该电极的电极电位。目前通用的标准电极电位值都是相对 SHE 而言的相对值。测量时规定将 SHE 作为负极与待测电极组成电池：

SHE ‖ 待测电极

Pt ｜ H_2（10325 Pa）｜ H^+（1.0 mol/L）‖ 待测电极

所用电池的基本构造如图 7-4 所示。

待测电极电位值为：$E_{池} = \varphi_{待测} - \varphi_{标氢} = \varphi_{待测}$

扩散电位　当电流通过电化学池时，电极和溶液界面发生了电荷转移过程，发生了物质的迁移，这种传质过程

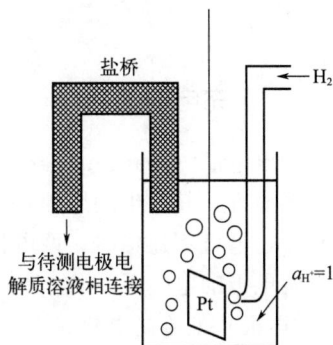

图 7-4　测量电极电位的示意图

包括扩散、电迁移和溶液对流，扩散引起的电位称为扩散电位（diffusion potential）。不同的溶液相同的浓度［图 7-5（a）］，或相同的溶液不同的浓度［图 7-5（b）］组成电池时，相应离子由高浓度区向低浓度区扩散时，不同离子的扩散速度各异，在界面上会造成电荷不对称，由此产生扩散电位。当扩散平衡时，形成稳定的界面电位，叫液接电位，消除其干扰的办法是用盐桥，内装的溶液 KCl 与两溶液接触，由于扩散速度 $V_{K^+} \approx V_{Cl^-}$，不会产生电荷分离，因而可消除液接电位。图 7-5 所示的隔膜对离子种类没有选择性，只要浓度不同，扩散就会发生。

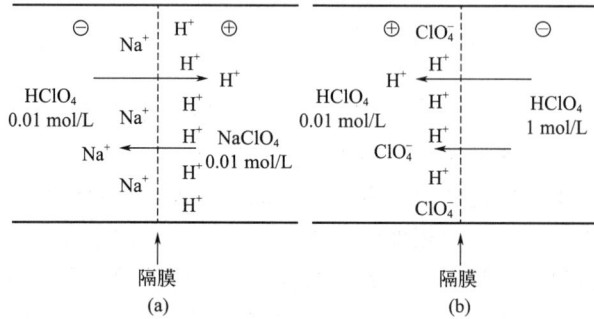

图 7-5　扩散电位形成示意图

传质速度一般用单位时间内所研究物质通过单位截面积的量来描述，称为物质的流量 J_i：

$$J_i(x) = c_i v(x) \tag{7-9}$$

式中，$J_i(x)$ 是粒子在与界面正交方向产生的流量；$v(x)$是流速；c_i 是粒子的浓度。由此产生的电流 i 为：

$$l = -AJ_i(x)nF \tag{7-10}$$

式中，F 是法拉第常数，代表每摩尔电子所携带的电荷，C/mol；A 是界面的面积。

如果膜对离子的迁移有选择性，可以阻止某种离子从膜扩散，在界面造成电荷不对称分布，如图 7-6 所示。膜具有限制性和选择性，产生的电位称为道南（Donna）电位，是电位分析法的基础。发现和合成选择性膜是一项非常有意义的科研工作。

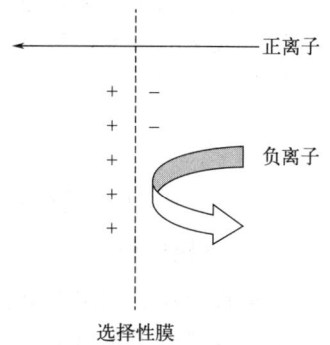

图 7-6　迁移电位形成示意图

二、电流

（一）充电电流

充电电流（charging current）一般由非电化学反应引起，又叫非法拉第电流。对两电极体系而言，其产生的原因是两支电极的电极电位不一样，或者说表面态不一样。当工作电极和参比电极不连接时，两电极各有其平衡电位值，当两电极通过电化学仪器连在一起时，由于两电极的电位不一样，根据电学的原理，两电极就有电位均一的趋势。由于参比电极（甘汞电极）处于高电势状态，表面带正电荷，溶液带负电荷；连通时，工作电极的表面由于外加负极的影响，表面逐渐增加负电荷，同时正电荷逐渐减少，溶液带正电荷；此时高电势的参比电极就要向工作电极表面充以正电荷，这时就有电流流过回路，即充电电流。充电电流是伏安分析法的主要干扰电流，大小相当于 10^{-5} mol/L 二价金属离子反应所产生的电流，限制了经典伏安法的测量下限。充电电流随电位扫描速度增加而有所增加，应高度关注充电电流对分析结果的负面影响。

（二）反应电流

反应电流（reaction current）又叫法拉第电流，是在外加电压的驱动下，由电极上电化学反应引起的电子交换产生。阳极电流和阴极电流分别定义为在指示电极或工作电极上起纯氧化和纯还原反应所产生的电流。规定阳极电流为正值，阴极电流为负值。此外，电分析化学所涉及的电流强度一般在微安（μA）级水平，如果用电流密度（比如 μA/cm^2）则更容易计算单位电极面积上的反应物量。

三、电化学分析方法分类

电化学测量主要是通过在不同条件下对电极电势或电流的控制与测量，并对其进行相关分析。如控制电极电势按照不同波形规律的变化，可以进行电势阶跃、线性电势扫描、脉冲电势扫描等测量；控制单向极化持续的时间，可进行瞬间测量和稳态测量。要研究某一个基本过程，就必须控制条件，突出主要矛盾，使该过程处于主导地位，降低其他过程带来的影响。进行电化学测量，要控制实验条件，并在此基础上完成数据采集和分析，可以将电分析方法归类如图 7-7。

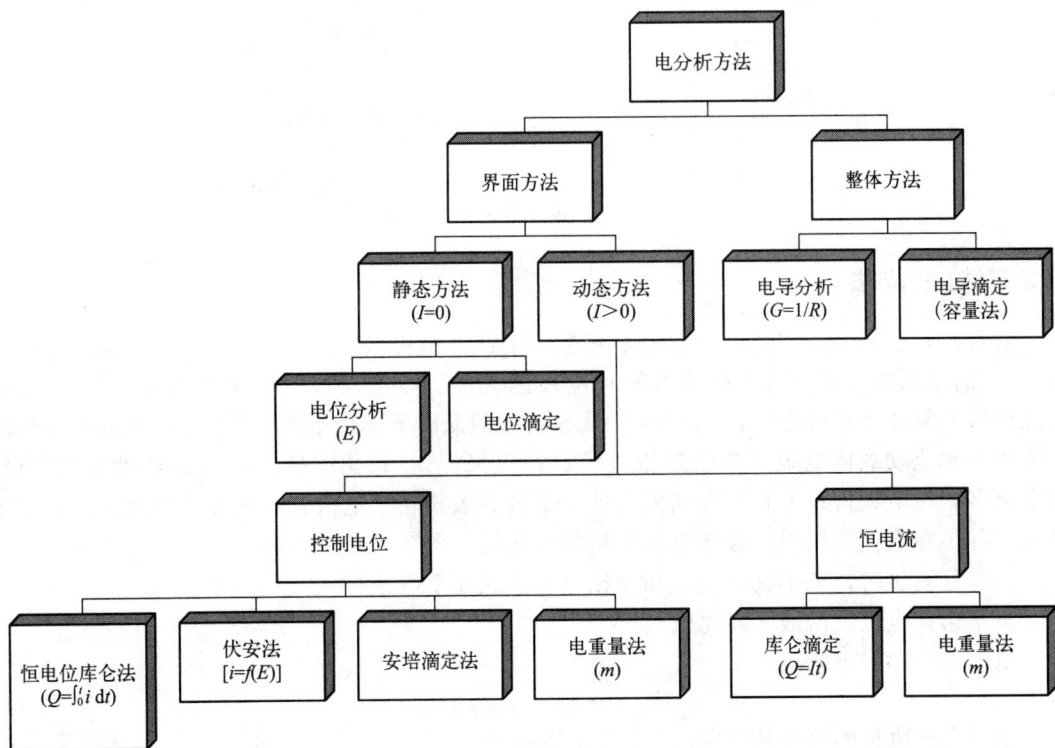

图 7-7　常见电分析方法

第二节　电位分析法

电位分析法（potentiometric analysis）是在指示电极、参比电极与分析试液组成的电池体系中，通过电池的电流为零的条件下，利用电池电动势和待测物质浓度之间的关系进行分析的一种电化学分析法，分为直接电位法和电位滴定法两类。直接电位法也称离子选择电极法，利用离子选择电极将被测离子的活度转换为电极电位加以测定。电位滴定法是利用电极电位的变化指示滴定终点的容量分析法。测定电极电位的设备必须是高阻抗设备，才能将外电路产生的电位忽略，即测定的电位必须来自电极才行。假如允许测量有 0.1% 的误差，仪器的输入电阻必须是电池电阻的 1000 倍，一般玻璃电极（指示电极）的内阻为 $10^8 \Omega$，则外加测量设备的阻抗应为 $10^{11} \Omega$。电位分析法实验装置见图 7-8。

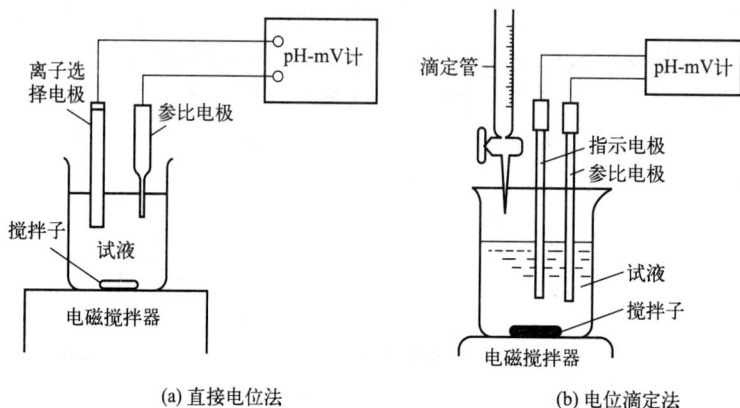

(a) 直接电位法　　　　　　　　　(b) 电位滴定法

图 7-8　电位分析法装置

一、直接电位法

直接电位分析中使用的指示电极主要是离子选择电极（ion selective electrode）[图 7-9 (a)]，离子选择电极分为原电极和敏化电极两大类。原电极包括均相膜电极（如由 LaF_3 单晶组成的氟离子选择电极，AgCl 和 Ag_2S 组成的氯离子选择电极）、固定基体电极（如玻璃电极）和流动载体电极（如硝酸根离子选择电极等）。敏化电极包括气敏电极和酶电极，种类繁多，在电极构造上有许多相似之处，都具有敏感膜、电极管、内参比溶液、内参比电极等组件。在电位分析中，参比电极常用甘汞电极 [图 7-9（b）]。

当进行测量时，离子选择电极和参比电极组成如下电池：

离子选择电极｜试液｜参比电极

电池的电动势 $E_{池}$：

$$E_{池} = \varphi_{参比} - \varphi_{离子选择电极} \tag{7-11}$$

由于参比电极的电位是恒定的，所以：

$$E_{池} = k - \varphi_{离子选择电极} \tag{7-12}$$

（一）离子选择电极

如图 7-9 所示，离子选择电极的关键部位是敏感膜。假定某一敏感膜对 M^{n+} 有专属性

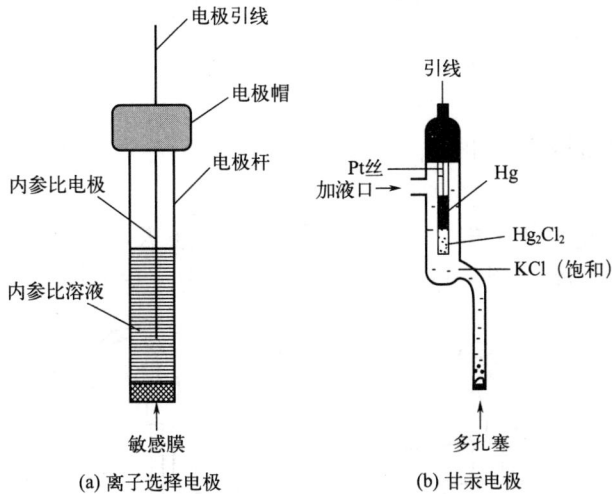

图 7-9　离子选择电极和甘汞电极的基本构造

响应，在外试液中 M^{n+} 的活度为 $a_{M,外}$；在外膜水化相中 M^{n+} 的活度为 $a'_{M,外}$；在内参比溶液中 M^{n+} 的活度为 $a_{M,内}$；在内膜水化相中 M^{n+} 的活度为 $a'_{M,内}$。敏感膜有如图 7-10 所示结构：

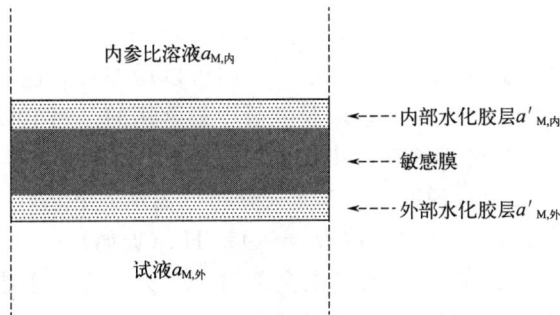

图 7-10　敏感膜模型

则 $\varphi_{外}$、$\varphi_{内}$、$\varphi_{膜}$ 的关系式：

$$\varphi_{外} = K_1 + \frac{RT}{nF}\ln\left(\frac{a_{M,外}}{a'_{M,外}}\right) \tag{7-13}$$

$$\varphi_{内} = K_2 + \frac{RT}{nF}\ln\left(\frac{a_{M,内}}{a'_{M,内}}\right) \tag{7-14}$$

$$\varphi_{膜} = \varphi_{外} - \varphi_{内} = \frac{RT}{nF}\ln\frac{a_{M,外}}{a_{M,内}} \tag{7-15}$$

由于内参比溶液的组成接近外试液的组成，可以认为 $K_1 = K_2$，又由于 $a_{M,内}$ 是不变的，为一常数，所以得到相对于阳离子的膜电位公式如下：

$$\varphi_{膜} = 常数 + \frac{RT}{nF}\ln a_{M,外} \tag{7-16}$$

则这支选择电极的电位 φ_{ISE} 可写成：

$$\varphi_{ISE} = \varphi_{内参} + \varphi_{膜} = K + \frac{RT}{nF}\ln a_{M,外} \tag{7-17}$$

如果某一敏感膜对阴离子 R 有专属性响应，为了与阳离子区别，将 K_1 和 K_2 后边的加号换成减号即可。同样可以写出：

$$\phi_{ISE} = \phi_{内参} + \phi_{膜} = K - \frac{RT}{nF}\ln a_{R,外} \tag{7-18}$$

测量电池电动势即可达到分析目的：

$$E_{池} = \varphi_{外参} - \varphi_{ISE} \tag{7-19}$$

（1）pH 玻璃膜电极是对氢离子活度有选择性响应的电极，图 7-11 给出了将该电极用于测量溶液 pH 时的电池结构 [图 7-11（a）] 和 pH 玻璃膜电极结构 [图 7-11（b）]：

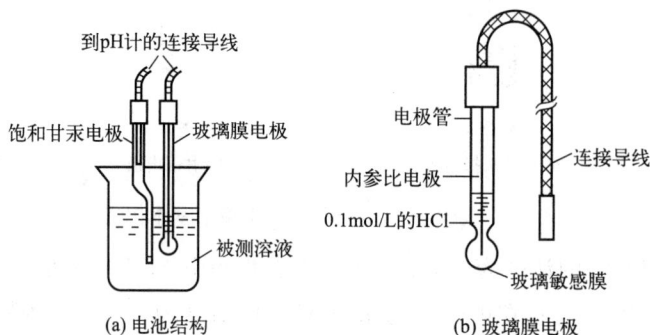

图 7-11　pH 测量的电池结构和玻璃膜电极结构

对 H^+ 敏感膜的组成为 21.4%（摩尔百分数）Na_2O、6.4% CaO、72.2% SiO_2，电阻 $100 \sim 500$ kΩ。若在玻璃中加入 Al_2O_3 或 B_2O_3，则可以增加对其他碱金属（M）的响应能力，制成特殊的 pM 玻璃膜电极，pM 玻璃膜电极中最常用的是钠电极，用来测定钠离子的浓度。pH 玻璃膜电极在使用前必须在水中浸泡 24 小时，完成水化作用，或在稀 HCl 溶液中浸泡 2 小时，具体情况见电极说明书，离子交换可以表示如下。

$$G^-Na^+（干玻璃）+ H^+（水溶液）\Longrightarrow G^-H^+（玻璃）+ Na^+（水溶液）$$

水化作用是使玻璃膜表面的 Na^+ 的点位全部被 H^+ 所代替，这是建立膜电位的先决条件，但并不能建立膜电位，原因是 Na^+ 的溶解和 H^+ 的进入是等量的，电荷交换量是相等的。水化作用完成后，硅酸盐表面基团中 Na^+ 的点位全部被 H^+ 占有，当玻璃电极外膜与待测溶液接触时，外膜溶胀层表面 H^+ 活度与待测溶液中 H^+ 活度不同，H^+ 从活度大的相朝活度小的相迁移，改变了溶胀层和溶液两相界面的电荷分布，产生外相界电位 $\varphi_{外}$；玻璃电极内膜与内参比溶液同样也产生内相界电位 $\varphi_{内}$。此膜的选择性在于 H^+ 进入玻璃膜时其他阳离子不能进入。膜电位的建立是由于水化胶层表面硅酸结构的解离平衡：

$$\equiv SiOH + H_2O \Longrightarrow \equiv SiO^- + H_3O^+$$

高酸度时（低 pH）以逆向交换为主，低酸度时（高 pH）以正向交换为主。这种交换平衡是由于水化层与溶液层 H^+ 的活度不一样，由于交换只允许 H^+ 进出界面而不允许阴离子进入界面，从而产生了电荷的分离，建立了双电层，因此对 H^+ 有选择性。

$$\varphi_{膜} = \varphi_{外} - \varphi_{内} = 0.0592\lg\frac{a_{H^+（外）}}{a_{H^+（内）}} \tag{7-20}$$

式（7-20）中 $a_{H^+（内）}$ 是恒定的，25℃时，可写成：

$$\phi_{膜} = K + 0.0592\lg a_{H^+（外）} = k - 0.0592pH \tag{7-21}$$

测量电池为：

玻璃电极 ｜ 试液（H$^+$）｜ 外参电极（SCE）

$$E_\text{池} = \varphi_\text{右} - \varphi_\text{左} = \varphi_\text{SCE} - \varphi_\text{pH} = K + 0.0592\text{pH} \qquad (7\text{-}22)$$

玻璃膜电极特性如下。①不对称电位。从理论上讲，当 pH$_\text{内}$＝pH$_\text{试}$时，$\varphi_\text{膜}$＝0，实际上 $\varphi_\text{膜} \neq 0$，这个不等于 0 的电位就是不对称电位。浸泡时间长一些，可减小不对称电位。②碱差。当测量 pH＞10 的溶液时，所测 pH 低于实际 pH 的现象叫碱差，或叫 Na 差，一般认为在高 pH 条件下 H$^+$ 浓度很小，而 Na$^+$ 浓度较大。此时 Na$^+$ 参与了与 H$^+$ 的交换，从而使读出的 pH 偏低。③酸差。当测量 pH＜1 的溶液时，所测 pH 高于实际 pH 的现象叫酸差。普通玻璃膜电极可靠的响应为 pH＝0～9 的范围，此范围之外的溶液要用特制的玻璃膜电极。当斜率＜52 mV/pH 就不能用了，且不能测含 F$^-$ 的溶液，否则误差太大。图 7-12 是市场上不同型号 pH 电极测定相应溶液时产生误差示意图。

（2）晶体膜电极 特指敏感膜用难溶晶体（如 LaF$_3$、Ag$_2$S）制成的离子选择电极。晶体膜电极（crystal membrane electrode）的敏感膜表面不存在离子交换作用，使用前不需要浸泡活化。表 7-2 是常见晶体膜电极的适用范围。

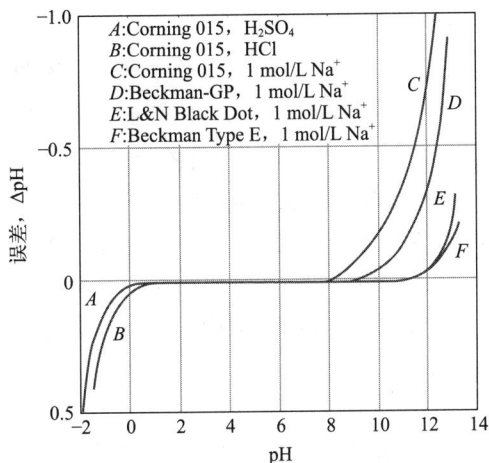

A:Corning 015, H$_2$SO$_4$
B:Corning 015, HCl
C:Corning 015, 1 mol/L Na$^+$
D:Beckman-GP, 1 mol/L Na$^+$
E:L&N Black Dot, 1 mol/L Na$^+$
F:Beckman Type E, 1 mol/L Na$^+$

图 7-12 pH 电极测定不同溶液时产生的误差

表 7-2 常见晶体膜电极的适用范围

分析物离子	浓度/(mol/L)	主要干扰物
Br$^-$	$1\sim5\times10^{-6}$	CN$^-$、I$^-$、S^{2-}
Cd^{2+}	$0.1\sim1\times10^{-7}$	Fe^{2+}、Pb^{2+}、Hg^{2+}、Ag$^+$
Cl$^-$	$1\sim5\times10^{-5}$	Cu^{2+}
Cu^{2+}	$0.1\sim1\times10^{-8}$	CN$^-$、I$^-$、S^{2-}、Br$^-$、OH$^-$、NH$_3$
CN$^-$	$1\times10^{-6}\sim1\times10^{-2}$	Hg^{2+}、Ag$^+$、Cd^{2+}
F$^-$	饱和溶液$\sim1\times10^{-6}$	I$^-$、S^{2-}
I$^-$	$1\sim5\times10^{-8}$	OH$^-$、H$_3$O$^+$
Pb^{2+}	$0.1\sim1\times10^{-6}$	CN$^-$
Ag$^+$/S^{2-}	Ag$^+$:$1\times10^{-7}\sim1$	Hg^{2+}、Ag$^+$、Cu^{2+}
	S^{2-}:$1\times10^{-7}\sim1$	Hg^{2+}
SCN$^-$	$1\sim5\times10^{-6}$	CN$^-$、I$^-$、S^{2-}、Br$^-$

（3）氟离子选择电极的敏感膜是掺 EuF$_2$ 的 LaF$_3$ 单晶膜，单晶膜封在聚四氟乙烯管中，管中充 0.1 mol/L 的 NaF 和 0.1 mol/L 的 NaCl 作为内参比溶液，插入 Ag-AgCl 电极作为内参比电极，如图 7-13 所示。

其响应机理是 LaF$_3$ 单晶掺入 Eu^{2+} 后造成晶格缺陷，该晶格缺陷可容许 F$^-$ 自由进入膜内进行交换，对 F$^-$ 专属性响应，将阳离子留在了溶液中从而在敏感膜表面产生了双电层，建立了膜电位。因为是阴离子，使用公式：

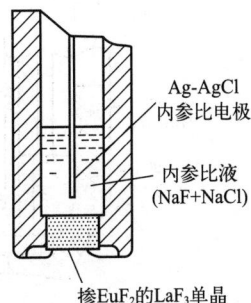

Ag-AgCl
内参比电极

内参比液
(NaF+NaCl)

掺EuF$_2$的LaF$_3$单晶

图 7-13 氟离子选择
电极的构造示意图

$$E_{池} = \varphi_{外参} - \varphi_{F^-} = 常数 + \frac{RT}{F} \ln a_{F^-} \tag{7-23}$$

氟离子选择性电极可在 5×10^{-7} mol/L～饱和范围内对 F^- 进行测定，具有良好的线性关系。测定低浓度 F^-，需在 pH=5.5 的总离子强度调节缓冲（total ionic strength adjustment buffer，TISAB，由 1.0 mol/L 氯化钠、0.25 mol/L 醋酸、0.75 mol/L 醋酸钠以及 0.001 mol/L 柠檬酸钠组成）溶液中使用。该 TISAB 具有保持试液的离子强度一定、调节适合的 pH 范围、避免其他离子对敏感膜的破坏性干扰等优点。由于存在下列反应，故要求调节 pH。

$$LaF_3(固) + 3OH^- \Longleftrightarrow La(OH)_3(固) + 3F^-$$

$$H^+ + F^- \Longleftrightarrow HF$$

$$HF + F^- \Longleftrightarrow HF_2^-$$

柠檬酸根能与铁氟配离子（水中存在铁离子）作用，使氟离子释放为可检测的游离氟，还可以消除 Al^{3+}、Th^{3+} 与 F^- 生成络合物带来的干扰。应该指出，F^- 浓度越大，抗干扰能力越强，pH 范围可以更加宽泛一些。

由 Ag_2S 压片制成薄膜作为电极敏感膜，用于测定 Ag^+ 时，下列公式成立：

$$\varphi_{膜} = K + \frac{RT}{F} \ln a_{Ag^+} \tag{7-24}$$

根据 Ag_2S 的溶解平衡，由溶度积常数 $K_{sp}(Ag_2S)$ 得知：

$$a_{Ag^+} = \left(\frac{K_{sp}(Ag_2S)}{a_{S^{2-}}} \right)^{\frac{1}{2}}$$

所以该电极也可以用于测定 S^{2-}，下式成立：

$$\varphi_{膜} = K' - \frac{RT}{2F} \ln a_{S^{2-}} \tag{7-25}$$

基于同样的原理，若把 Ag_2S 改为 AgCl、AgBr、AgI、CuS、PbS 等，分别压片制成薄膜作为电极材料，这样制成的电极可以作为卤素离子、S^{2-}、Ag^+、Cu^{2+}、Pb^{2+} 等离子的选择电极。其电极电位可以通过将沉淀溶解平衡代入相应金属离子的能斯特公式而计算获得。

（4）流动载体电极（mobile carrier electrode）属于液膜电极，由含有离子交换剂（S）的憎水性多孔膜、含有离子交换剂的有机相、内参比溶液和参比电极构成，其电极构造和响应机理如图 7-14 所示。

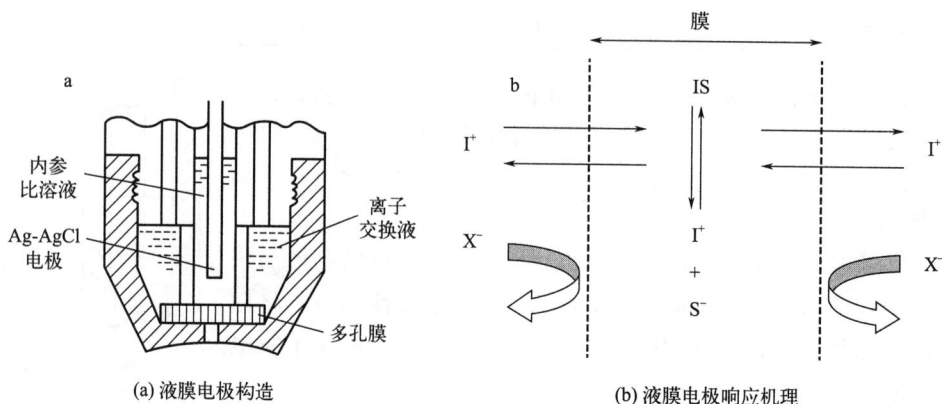

图 7-14　液膜电极构造及响应机理示意图

用 I^+ 代表待测离子，用 X^- 代表 I^+ 的伴随阴离子，用 S^- 代表离子交换剂，I^+ 可以自由出入膜相，而将伴随阴离子 X^- 留在原处不动，在膜两边的两个相界上造成电位差。显然图 7-14 所示的膜对 I^+ 有专属性响应。至于是 I^+ 出膜还是入膜，取决于 I^+ 在膜两边的浓度差。

流动载体电极分两种情况：带电荷的流动载体电极和中性载体电极。如图 7-14 所示，离子交换剂 S^- 是带电荷的。待测离子 I^+ 的响应通过下述交换反应实现：

$$I^+（水相）+ S^- \Longrightarrow IS$$

以钙离子选择电极为例，内参比溶液为 0.1 mol/L 的 $CaCl_2$ 溶液，液体膜为多孔性纤维素渗透膜。该渗透膜中含有离子交换剂 S（0.1 mol/L 的二癸基磷酸钙的苯基磷酸二正辛酯溶液），IS 的形式为 $[(RO)_2PO_2^-]_2Ca^{2+}$。改变离子交换剂，可用以测定钾离子、硝酸根等。此电极也可以测定阴离子，此时离子交换剂 S^+ 为带正电荷物质，如邻二氮菲的络离子（ML_3^{2+} 中 M 代表 Fe^{2+}、Ni^{2+}，L 代表邻二氮菲）。待测物为阴离子，如 ClO_4^-。

中性载体电极的构造与带电荷的一致，不同之处在于离子交换剂为中性形式 S^*，它对待测离子 I^+ 的响应是通过下述交换反应来实现的：

$$I^+（水相）+ S^* \Longrightarrow IS$$

常见流动载体电极及其适用条件见表 7-3。

表 7-3 常见流动载体电极及其适用条件

待测离子	浓度范围	干扰物及其浓度范围（非特殊规定，数字后单位为 mol/L）
NH_4^+	$1 \sim 5 \times 10^{-7}$	$<1\ H^+,\ 5 \times 10^{-1}\ Li^+,\ 8 \times 10^{-2}\ Na^+,\ 6 \times 10^{-4}\ K^+,\ 5 \times 10^{-2}\ Cs^+,\ >1\ Mg^{2+},\ >1\ Ca^{2+},\ >1\ Sr^{2+},\ >0.5\ Mg^{2+}$ 和 $1 \times 10^{-2}\ Zn^{2+}$
Cd^{2+}	$1 \sim 5 \times 10^{-7}$	Hg^{2+} 和 $Ag^+（>10^{-7}）,\ Fe^{3+}（>0.1$ 倍 Cd^{2+} 浓度时），$Pb^{2+}（>Cd^{2+}$ 浓度时），Cu^{2+}（一些情况下可能干扰）
Ca^{2+}	$1 \sim 5 \times 10^{-7}$	$10^{-5}\ Pb^{2+},\ 4 \times 10^{-3}\ Hg^{2+},\ H^+,\ 6 \times 10^{-3}\ Sr^{2+},\ 2 \times 10^{-2}\ Fe^{2+},\ 4 \times 10^{-2}\ Cu^{2+},\ 5 \times 10^{-2}\ Ni^{2+},\ H^+,\ 0.2\ NH_3,\ 0.2\ Na^+,\ 0.3\ Tris^+,\ 0.3\ Li^+,\ 0.4\ K^+,\ 0.7\ Ba^{2+},\ 1.0\ Zn^{2+},\ 1.0\ Mg^{2+}$
K^+	$1 \sim 1 \times 10^{-6}$	$3 \times 10^{-4}\ Cs^+,\ 6 \times 10^{-3}\ NH_4^+,\ Tl^+,\ 10^{-2}\ H^+,\ 1.0\ Ag^+,\ 1.0\ Tris^+,\ 2\ Na^+,\ 2\ Li^+$
水硬度（$Ca^{2+} + Mg^{2+}$）	$10^{-3} \sim 6 \times 10^{-6}$	$3 \times 10^{-5}\ Cu^{2+},\ 3 \times 10^{-5}\ Zn^{2+},\ 10^{-4}\ Ni^{2+},\ 4 \times 10^{-4}\ Sr^{2+},\ 6 \times 10^{-5}\ Fe^{2+},\ 6 \times 10^{-4}\ Ba^{2+},\ 3 \times 10^{-2}\ Na^+,\ 0.1\ K^+$
Cl^-	$1 \sim 5 \times 10^{-6}$	允许的最大量（Cl^- 浓度倍数）为：$OH^-\ 80,\ Br^-\ 3 \times 10^{-3},\ I^-\ 5 \times 10^{-7},\ S^{2-}\ 10^{-6},\ CN^-\ 2 \times 10^{-7},\ NH_3\ 0.12,\ S_2O_3^{2-}\ 0.01$
BF_4^-	$1 \sim 7 \times 10^{-6}$	$5 \times 10^{-7}\ ClO_4^-,\ 5 \times 10^{-6}\ I^-,\ 5 \times 10^{-5}\ ClO_3^-,\ 5 \times 10^{-4}\ CN^-,\ 10^{-3}\ Br^-,\ 10^{-3}\ NO_2^-,\ 5 \times 10^{-3}\ NO_3^-,\ 3 \times 10^{-3}\ HCO_3^-,\ 5 \times 10^{-2}\ Cl^-,\ 8 \times 10^{-2}\ H_2PO_4^- + HPO_4^{2-} + PO_4^{3-},\ 0.2\ OAc^-,\ 0.6\ F^-,\ 1.0\ SO_4^{2-}$
NO_3^-	$1 \sim 7 \times 10^{-6}$	$10^{-7}\ ClO_4^-,\ 5 \times 10^{-6}\ I^-,\ 5 \times 10^{-5}\ ClO_3^-,\ 10^{-4}\ CN^-,\ 7 \times 10^{-4}\ Br^-,\ 10^{-3}\ HS^-,\ 10^{-2}\ HCO_3^-,\ 2 \times 10^{-2}\ CO_3^{2-},\ 3 \times 10^{-2}\ Cl^-,\ 5 \times 10^{-2}\ H_2PO_4^- + HPO_4^{2-} + PO_4^{3-},\ 0.2\ OAc^-,\ 0.6\ F^-,\ 1.0\ SO_4^{2-}$
NO_2^-	$1.4 \times 10^{-6} \sim 3.6 \times 10^{-6}$	0.7 水杨酸，$2 \times 10^{-3}\ I^-,\ 0.1\ Br^-,\ 0.3\ ClO_3^-,\ 0.2\ OAc^-,\ 0.2\ HCO_3^-,\ 0.2\ NO_3^-,\ 0.2\ SO_4^{2-},\ 0.1\ Cl^-,\ 0.1\ ClO_4^-,\ 0.1\ F^-$
ClO_4^-	$1 \sim 7 \times 10^{-6}$	$2 \times 10^{-3}\ I^-,\ 2 \times 10^{-2}\ ClO_3^-,\ 4 \times 10^{-2}\ CN^-,\ 4 \times 10^{-2}\ Br^-,\ 5 \times 10^{-2}\ NO_2^- + NO_3^-,\ 2\ HCO_3^- + CO_3^{2-},\ H_2PO_4^-,\ HPO_4^{2-},\ PO_4^{3-},\ OAc^-,\ F^-,\ SO_4^{2-}$

（二）敏化电极

NH_3 气敏电极由离子敏感电极、参比电极、中间电解质溶液和憎水性透气膜组成。如图 7-15 所示：

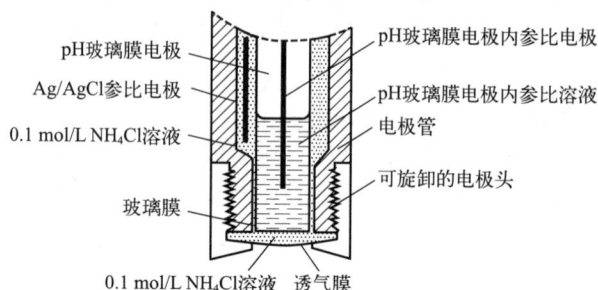

图 7-15　NH_3 气敏电极构造示意图

试样中待测 NH_3 气扩散通过透气膜，进入离子敏感膜与透气膜之间的电解质溶液薄层，接触到 0.1 mol/L NH_4Cl 溶液时，有如下反应：

$$NH_3 + H_2O \Longrightarrow NH_4^+ + OH^-$$

反应的平衡常数 K 为：

$$\frac{[NH_4^+][OH^-]}{[NH_3][H_2O]} = K \tag{7-26}$$

由于 $[NH_4^+]$ 和 $[H_2O]$ 是大量的，可近似看作常数，上式变为：

$$[OH^-] = K \times \frac{[H_2O]}{[NH_4^+]} \times [NH_3] = k \times [NH_3] \tag{7-27}$$

使电解质溶液中 pH 发生变化，因而用 pH 玻璃膜电极指示 pH 的变化。

$$\varphi_{p(NH_3)} = k + 0.0592 \lg[NH_3] = k' - 0.0592pH \tag{7-28}$$

依次类推，气敏电极还可以测定 NO_2、H_2S、HCN、Cl_2 等。

生物酶电极基于电位法直接测量酶促反应中反应物的消耗或反应物的产生而实现对底物进行分析，在临床上应用广泛。将酶活性物质覆盖在某一离子选择电极或气敏电极表面，例如，尿素在尿素酶催化下发生如下反应：

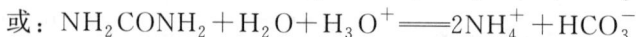

$$NH_2CONH_2 + H_2O \Longrightarrow 2NH_3 + CO_2$$

或：$NH_2CONH_2 + H_2O + H_3O^+ \Longrightarrow 2NH_4^+ + HCO_3^-$

再如，氨基酸在氨基酸氧化酶催化下发生反应：

$$RCHNH_2COOH + O_2 + H_2O \Longrightarrow RCOCOO^- + NH_4^+ + H_2O_2$$

上述反应产生的 NH_3、NH_4^+，可用 NH_3 气敏电极进行测量。也可以将尿素酶固定在 NH_3 气敏电极上，将此电极插入含有尿液的试液中，由尿素分解出来的 NH_4^+ 的响应可间接测出尿素的含量，如图 7-16 所示。

（三）直接电位法的定量分析方法

直接电位法的定量分析方法包括标准曲线法、标准加入法和实用定义法（比较法）等。

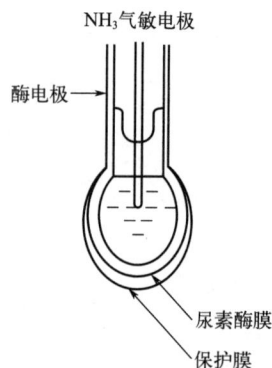

图 7-16　用于测定尿素的酶电极构造示意图

1. 标准曲线法

将选择电极和参比电极置于一系列待测物标准溶液中，分别测定电动势 E 值，绘制 E 对 $\lg c$（此处 c 为待测物浓度）标准曲线。在相同的条件下测定试液，测量电动势 E_x 值，然后在标准曲线上求出其浓度。标准曲线法适用于大量样品的分析，适用于比较简单的体系。对于试样组成复杂的体系，标准曲线法会产生较大误差，此时需在试液中加入总离子强度调节缓冲液（TISAB）以减小基体效应。需要说明的是，目前经常使用的是复合电极，即将玻璃电极和参比电极复合到一起，如图 7-17 所示。

2. 标准加入法

将选择电极和参比电极置于测定体积为 V_x、浓度为 c_x 的被测离子试液中，测得电动势为 E_x，然后在经测定的试液中加入体积为 V_s、浓度为 c_s 的待测离子标准溶液，测得电动势为 $E_{x,s}$。根据下列方程可计算出被测离子的浓度：

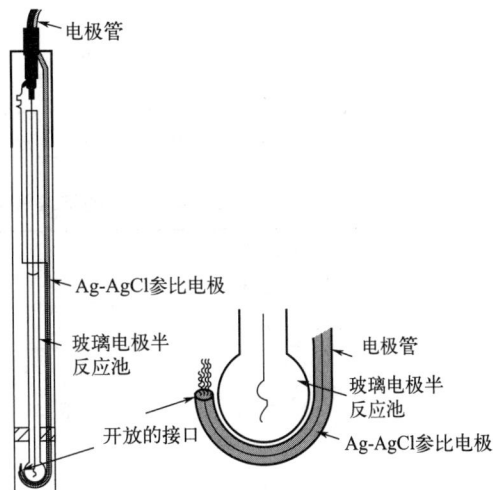

图 7-17　复合电极示意图

$$\varphi_x = k + \frac{0.0592}{n}\lg c_x \tag{7-29}$$

$$\varphi_{x,s} = k + \frac{0.0592}{n}\lg\left(\frac{c_x V_x + c_s V_s}{V_x + V_s}\right) \tag{7-30}$$

上两式相减：

$$\Delta E = |\varphi_{x,s} - \varphi_x| = \frac{0.0592}{n}\lg\frac{c_x V_x + c_s V_s}{(V_x + V_s)c_x} \tag{7-31}$$

$$c_x = \frac{c_s V_s}{V_x + V_s}\left(10^{\frac{\Delta E}{S}} - \frac{V_x}{V_x + V_s}\right)^{-1} \tag{7-32}$$

上式即为标准加入法的精确计算公式，S 为能斯特斜率。考虑到标准的加入不致明显改变试液的基本物理化学性质，具体操作时注意 $V_s < V_x$（V_x 为 V_s 的 20～50 倍），$c_s > c_x$（c_s 为 c_x 的 50～200 倍），既可简化计算，也可消除稀释带来的基质变化。标准加入法可以消除试样基质的影响。

3. 实用定义法（比较法）

实用定义法（比较法）也称为直读法，是在 pH 计（或离子计）上直接读出被测试液浓度的方法。由于测量条件难以掌握，因此不能直接计算活度，需要用一个已知活度的溶液去标定未知液中待测离子活度。用 pH 计测定未知溶液的 pH 时，组成如下测量电池：

pH 玻璃电极｜试液（$a_{H^+} = x$ 或标准溶液 s）｜饱和甘汞电极电极

对于标准溶液，电池电动势 E_s；对于试液，电池电动势 E_x，两式相减，得到：

$$E_x - E_s = \frac{2.303RT}{nF}Pa_x - \frac{2.303RT}{nF}Pa_s \tag{7-33}$$

整理得到对于阳离子的计算公式为（25℃）：

$$pa_{x,阳} = pa_s + \frac{(E_x - E_s)n}{0.0592} \tag{7-34}$$

用相似方法得到对于阴离子的计算公式为：

$$pa_{x,阴} = pa_s - \frac{(E_x - E_s)n}{0.0592} \tag{7-35}$$

测定 pH 时常用的标准溶液见表 7-4，使用时根据样品的酸碱性选择合适的标准溶液。为了减少误差，选用与待测溶液 pH 比较接近的标准溶液进行仪器的标定。

表 7-4　常用的标准缓冲溶液在不同温度下的 pH 数据表

温度/℃	0.05 mol/L 草酸三氢钾（含 2 个结晶水）	0.01 mol/L 酒石酸氢钾	0.05 mol/L 邻苯二甲酸氢钾	0.025 mol/L KH₂PO₄ /0.025 mol/L Na₂HPO₄	0.01 mol/L 硼砂
5	1.709	3.689	4.004	6.952	9.393
10	1.709	3.671	4.001	6.923	9.333
15	1.711	3.657	4.001	6.899	9.278
20	1.714	3.647	4.003	6.880	9.230
25	1.719	3.639	4.008	6.864	9.186
30	1.724	3.635	4.015	6.853	9.146
35	1.731	3.632	4.023	6.844	9.110
40	1.738	3.632	4.034	6.837	9.077
45	1.746	3.635	4.046	6.835	9.047

（四）电位分析的误差

① 选择性　离子选择电极除了对某特定离子有响应外，溶液中共存的离子对电极电位也有贡献，形成对待测离子的干扰。此时电极电位可写成：

$$\varphi_{ISE,i} = 常数 + \frac{0.0592}{n_i} \lg(a_i + \sum_j k_{i,j}^{pot} a_j^{n_i/n_j}) \tag{7-36}$$

i 表示待测离子，j 表示共存离子，$k_{i,j}^{pot}$ 称为 i 离子对 j 离子的电位选择性系数，反映共存的离子对 i 离子的干扰程度。对 i 离子选择电极而言，j 离子参与响应，所起的作用相当于 Δa_i 的作用，而这个 Δa_i 本是不应该有的。

$$\Delta a_i = \left(\sum_j k_{i,j}^{pot} a_j^{\frac{n_i}{n_j}}\right) \tag{7-37}$$

所以 $k_{i,j}^{pot}$ 越小越好。如 $k_{i,j}^{pot} = 10^{-2}$，表示电极对 i 离子较对 j 离子敏感 100 倍，即响应值（$a_i = 10^{-2}$ mol/L）＝响应值（$a_j = 1$ mol/L）。例如某 pH 玻璃电极对 Na⁺ 的选择性系数 $k_{H^+,Na^+}^{pot} = 10^{-11}$，表示该电极对 H⁺ 比对 Na⁺ 响应灵敏 10^{11} 倍。

$k_{i,j}^{pot}$ 表示在等浓度条件下，电极对干扰离子的响应与对待测离子响应之比，仅是定性的描述性参数，不能用来定量校正测量误差，可用来估计选择性的优劣。虽然它是一个常数，但受很多因素影响，且无严格的定量关系，需通过实验测定其数值。测定方法包括：（a）保持分析物的活度等于干扰离子的活度，分别测定二者电位，利用式（7-36）进行计算；（b）也可以固定干扰离子活度而改变分析物的活度，测定不同浓度比条件下的电动势，画出电动势与分析物活度的对数之间的曲线（图 7-18）。

由 M 点所代表的分析物活度计算选择性系数：

$$k_{i,j}^{\text{pot}} = a_i / (a_j)^{\frac{n_i}{n_j}} \tag{7-38}$$

对于 i 为待测离子，只有一种干扰离子 j 的情况，当 $k_{i,j}^{\text{pot}}$ 已知时，可由下式估算由选择性不好所造成的相对误差：

$$\frac{\Delta c}{c}(\%) = \frac{K_{i,j}^{\text{pot}}(a_j)^{\frac{n_i}{n_j}}}{a_i} \times 100\% \tag{7-39}$$

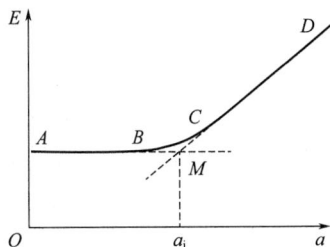

图 7-18　电动势与分析物活度的对数之间的关系图

举例　已知 $k_{H^+,Na^+}^{\text{pot}} = 30$，$a_{Na^+} = 10^{-4}$ mol/L，$a_{H^+} = 10^{-7}$ mol/L，则估算的相对误差为 3%。

举例　使用钙电极测得钙离子含量。发现测定 0.0100 mol/L $CaCl_2$ 溶液，离子选择性电极电位（相对于甘汞电极 SCE，下同）为 195.5 mV。如果该溶液中含有 0.0100 mol/L NaCl，离子选择性电极电位为 201.8 mV。如果离子选择性电极电位为 215.6 mV，溶液中含有 0.0120 mol/L NaCl 时，$CaCl_2$ 溶液浓度是多少？已知 $CaCl_2$ 溶液的活度系数为 0.55，在混合溶液中其活度系数为 0.51，NaCl 活度系数为 0.83。

$$\varphi_{Ca^{2+}} = k + \frac{0.0592}{2} \lg a_{Ca^{2+}}$$

$$195.5 = 1000k + \frac{59.2}{2} \lg (0.55 \times 0.0100)$$

$$1000k = 262.3 \text{ mV}$$

$$\varphi_{Ca^{2+},Na^+} = k + \frac{59.2}{2} \lg (a_{Ca^{2+}} + k_{Ca^{2+},Na^+}^{\text{pot}} a_{Na^+}^2)$$

$$201.8 = 262.3 + \frac{59.2}{2} \lg [0.51 \times 0.0100 + k_{Ca^{2+},Na^+}^{\text{pot}} (0.83 \times 0.0100)^2]$$

$$k_{Ca^{2+},Na^+}^{\text{pot}} = 47$$

$$215.6 = 262.3 + \frac{59.2}{2} \lg (a_{Ca^{2+}} + 47 \times 0.0120^2)$$

$$a_{Ca^{2+}} = 0.0196 \text{ mol/L}$$

② 电位测量误差　电极不稳定、操作者读数有偏差、温度变化、响应时间控制不好等造成记录的电位有误差（ΔE），进而引起测定浓度误差（Δc）。已知：

$$\varphi = k + \frac{RT}{nF} \ln c$$

微分上式得：$\Delta \varphi = \dfrac{RT}{nF} \cdot \dfrac{1}{c} \Delta c$

得到相对误差的计算式：$\dfrac{\Delta c}{c} \times 100\% = \dfrac{n\Delta \varphi}{0.2568} \approx 4n\Delta \varphi (25℃)$ 　　　(7-40)

当电位测量误差 $\Delta \varphi = 1$ mV 时，对于一价离子（$n=1$），将产生约 4% 的浓度相对误差。对于 $n=2$ 的二价离子，将产生约 8% 的浓度相对误差。

③ 电极内阻的影响　理想状态下检测仪器电流为零，实际上只能是无限接近零，为了减少误差，外加检测设备的内阻必须远远小于电极内阻。

举例　2008 年夏天，美国航天局将分析化学设备带到火星进行土壤分析，其中带着几根离子选择性电极，当使用硝酸根电极检测时，得到了每立方厘米的土壤中含有 2 g 硝酸根的结果，这违背了自然规律，进而研究发现该电极对高氯酸根的响应大于硝酸根 1000 倍，其他离子不干扰该电极，所以微量的高氯酸根造成了巨大的选择性误差。使用钙电极检测钙离子时，得到了负值，进一步发现也是高氯酸根的影响，由此得到了火星土壤中存在高氯酸根的结论。

在使用硫酸根电极时发现阴离子干扰非常严重，无法获得硫酸根的数据，最后用氯化钡沉淀法沉淀硫酸根，测量了过量的钡离子，间接测出了硫酸根的量。

举例　利用 pH 电极测定血液 pH 的操作步骤如下。

① 在 37℃ 选择合适的标准缓冲溶液校正电极，将 pH 酸度计上的温度设置为 37℃（斜率＝61.5 mV/pH）。请注意：在低于室温的温度下使用电极可能导致内参比溶液冷却而沉淀，不能使用饱和 KCl 溶液为内参比溶液，因为沉淀而增加阻抗。

② 血液样品应保持厌氧条件，避免损失或吸收 CO_2。应在采集血样 15 min 之内进行测定，否则应将血液样品保持冰上并在 2 h 内测定完毕。注意样品应在 37℃ 平衡后再测定，如果已经测定了 p_{CO_2}，可以在 30 min 内测定 pH。

③ 为了防止样品黏附于电极，每次测定后用生理盐水冲洗电极干净。电极上残余的血样可以使用下列方法清洗干净：将电极在 0.1 mol/L NaOH 浸润几分钟，然后用 0.1 mol/L HCl 和水或者生理盐水冲洗。血样不必区分动脉血或静脉血。

数据按照 95％ 的置信区间处理，动脉血的 pH 在 7.31 到 7.45 之间（平均值 7.40）。静止（或睡眠）状态下 pH 在 7.37 到 7.42 之间。静脉血的 pH 与动脉血数值最大差值为 0.03 pH 单位。血红细胞内的 pH 比血浆中 pH 低 0.15 到 0.23 pH 单位。

二、电位滴定法

电位滴定法实际上是一种滴定分析，当被滴定溶液有色、浑浊，如测定酱油中氯离子时，不能使用指示剂，此时可用电位滴定法，利用电极电位的"突跃"变化指示滴定终点，可用于酸碱滴定、氧化还原滴定、沉淀滴定、络合滴定等。电位滴定实际上只是改变了获取终点的方式，与传统手工滴定相比，更易自动化，也更适合微量分析、有色样品和非水滴定，能降低由人眼造成的识色误差。例如用 $AgNO_3$ 滴定酱油中氯离子，滴定反应为：

$$Ag^+ + Cl^- = AgCl \downarrow$$

以 Ag 电极为指示电极，化学计量点以前（25℃）电位的计算公式如下：

$$\phi_{AgCl/Ag} = \phi^\ominus_{AgCl/Ag} - 0.0592 \lg a_{Cl^-} \quad (\varphi^\ominus_{AgCl/Ag} = 0.22 \text{ V})$$

因为：

$$K_{sp} = [Ag^+] \cdot [Cl^-]$$

已知 $K_{sp} = 1.8 \times 10^{-10}$，则化学计量点时：

$$\varphi_{Ag} = \varphi^\ominus_{Ag^+/Ag} + 0.0592 \lg a_{Ag^+} (\varphi^\ominus_{Ag^+/Ag} = 0.80 \text{ V})$$

$$\varphi_{Ag,e.p} = 0.80 + 0.0592 \lg \sqrt{K_{sp}} = 0.51 \text{V}$$

化学计量点后（终点）：

$$\varphi_{Ag,终} = 0.80 + 0.0592 \lg [Ag]_过$$

确定电位滴定终点的方法有作图法和二级微商法。以电位值 E 为纵坐标，以加入滴定剂体积 V 为横坐标，绘制 $E\text{-}V$ 电位滴定曲线，曲线斜率最大处为滴定终点。实验中必须注意，最初几次滴加的滴定剂量较大，通常约 0.5 至 1 mL。在终点附近每次滴加的量减小为 0.1 mL，这样便于准确确定终点。以 $\Delta E/\Delta V$ 滴定剂平均体积作图构成一级微商曲线，曲线最大点所对应的体积为滴定终点体积。二级微商 $\Delta^2 E/\Delta V^2 = 0$ 时所对应的体积为滴定终点体积。图 7-19 为三种滴定终点示意图。

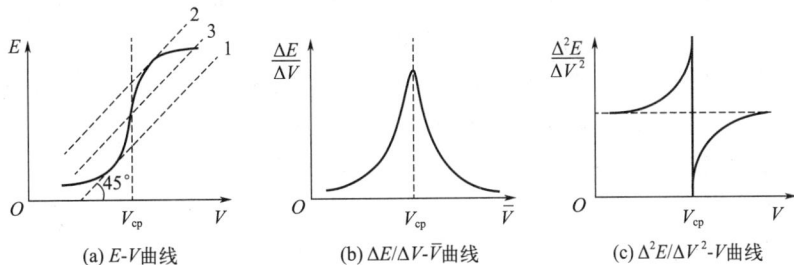

图 7-19　电位滴定作图法求滴定终点的示意图

电位滴定法使用非常广泛，图 7-20 是装置示意图。

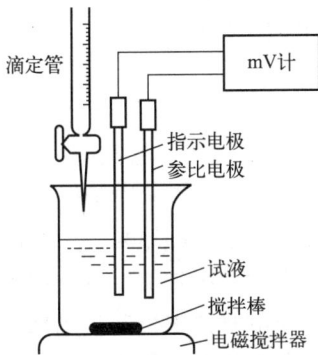

图 7-20　电位滴定装置示意图

举例

① GB12456—2021 食品安全国家标准 食品中总酸的测定 规定了不同样品中使用电位滴定法测定总酸含量的步骤和试剂配制等详细内容。根据酸碱滴定原理，使用 0.01（或 0.05）mol/L 氢氧化钠标准溶液滴定样品到 pH=8.2 为终点，按照氢氧化钠的消耗体积计算总酸度。一般消耗 2~3 mL 滴定剂，2 min 内可以完成一次测定。

② 土壤的氧化还原电位测定。土壤氧化还原电位是以电位反映土壤溶液中氧化还原状况的一项指标，用 Eh 表示，单位为 mV。比如旱地土壤的正常 Eh 为 200~750 mV，若大于 750 mV，则土壤处于氧化状态，有机质消耗快，有些养料由此丧失有效性，应灌水适当降低 Eh。若小于 200 mV，则表明土壤水分过多，通气不良，应排水或松土以提高其 Eh 值。一般采用铂电极完成测定。使用前应该使用标准缓冲溶液检查铂电极是否完好。在选定的土壤位置，钻孔并迅速将电极插入，保持 30 min。在距离 10~100 cm 的位置钻孔并安装参比电极，连接毫伏计，记录数字，隔 10 min 后复测，直至读数差别小于 2 mV。

第三节　电解与库仑分析法

电解分析法（electrolytic analysis）分为控制电位电解法和控制电流电解法。控制电位电解法又叫恒电位电解法，主要用于分离分析含多个离子的样品；控制电流电解法又叫恒电流电解法，主要用于单一金属的分析测定，又称电重量法。图 7-21 是控制电流电解 Cu 装置示意图，具体作法是在电解池的两支电极上加以直流电压，使电极上发生电极反应而使得物质分解，这个过程称为电解。如在 $CuSO_4$ 溶液中电解铜，两支电极上的反应为：

阴极（Pt）：$Cu^{2+} + 2e^- \rule[0.5ex]{2em}{0.4pt} Cu$　　　　（负极）

阳极（Pt）：$2H_2O \rule[0.5ex]{2em}{0.4pt} 4H^+ + O_2 + 4e^-$　　（正极）

电解完全后，取下 Pt 阴极烘干、称重后算得试样中 Cu 的含量。在工业上电解铜一般是以纯度约 99.5% 的铜板为阳极，电解得到纯度为 99.9% 以上的阴极铜板。

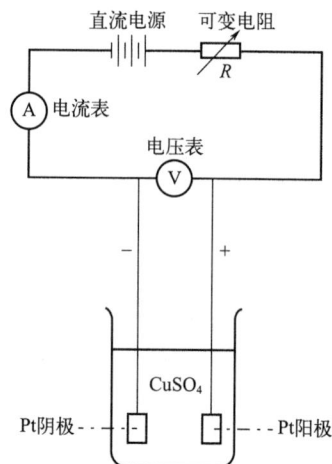

图 7-21　控制电流电解 Cu 装置示意图

一、电解分析法

（一）理论分解电压

电极上电解现象的产生是外加直流电压的结果。分解电压是使被分解物质在两电极上产生迅速的、连续不断的电极反应所需的最小外加电压，用 $E_分$ 表示。对于可逆过程，其数值等于它本身构成原电池的电动势，在电解池中也叫反电动势，$E_分 = E_反$。

例如，两个铂电极进入溶液后并不构成自发电池，但当电解开始，有少量的 Cu 在阴极上析出，少量 O_2 在阳极上析出之后，则两支电极就相应地变成了 Cu 电极和 O 电极，并立即构成自发电池，产生一个与外加电压极性相反的反电动势。

$$Cu^{2+} + 2e^- \rule[0.5ex]{2em}{0.4pt} Cu \quad \varphi^\ominus_{Cu^{2+}/Cu} = 0.34V$$

$$4H^+ + O_2 + 4e^- \rule[0.5ex]{2em}{0.4pt} 2H_2O \quad \varphi^\ominus_{O_2, H^+/H_2O} = 1.23V$$

由于 $\varphi^\ominus_{Cu^{2+}/Cu}$ 小于 $\varphi^\ominus_{O_2, H^+/H_2O}$，构成如下的自发电池：

$$Cu \mid Cu^{2+} \parallel H^+ \mid O_2 \cdot Pt$$

该自发电池的电动势称为 $E_反$。要使电解进行，必须满足 $E_{外加} > E_反$。

分解电压等于两个电极的电位差：

$$E_分 = \varphi_{阳, 析} - \varphi_{阴, 析} \tag{7-41}$$

公式（7-41）右边的两个参数分别为电解发生时，阳极和阴极对应的析出电位。

举例　在电解液 1 mol/L HNO_3 + 1 mol/L $CuSO_4$，问 $E_分$、$\varphi_{阴, 析}$、$\varphi_{阳, 析}$ 各等于多少？

解：

$$Cu^{2+} + 2e^- \longrightarrow Cu^\ominus, \varphi_{阴, 析} = \varphi^\ominus + \frac{RT}{nF}\ln[Cu^{2+}] = 0.34 + \frac{RT}{nF}\ln 1 = 0.34 \text{ V}$$

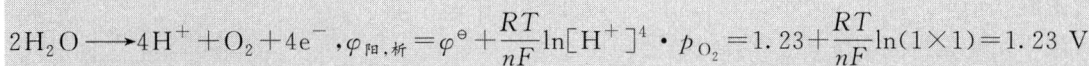

$$2H_2O \longrightarrow 4H^+ + O_2 + 4e^-, \varphi_{阳,析} = \varphi^\ominus + \frac{RT}{nF}\ln[H^+]^4 \cdot p_{O_2} = 1.23 + \frac{RT}{nF}\ln(1 \times 1) = 1.23\ V$$

$$E_分 = \varphi_{阳,析} - \varphi_{阴,析} = 1.23 - 0.34 = 0.89\ V$$

上式计算的分解电压没有包括极化产生的超电压、电解回路中溶液电阻引起的电压降及液体接界电位等。对某一金属离子而言，其在工作阴极上还原析出时所对应的实际分解电压 $E_分$ 应该是：

$$E_分 = (\varphi_{a,析} + \eta_a) - (\varphi_{c,析} - \eta_c) + iR \tag{7-42}$$

式中，η_a 及 η_c 为阳极及阴极的超电位；R 为电解池线路的内阻；i 为通过电解池的电流。下标 a 和 c 分别表示阳极和阴极。

举例 在含有 0.01 mol/L Ag^+ 及 1.0 mol/L Cu^{2+} 的 0.05 mol/L 稀硫酸溶液中电解，已知：
$$\varphi^\ominus_{Ag^+/Ag} = 0.80V, \varphi^\ominus_{Cu^{2+}/Cu} = 0.34V,$$

$$2H_2O - 4e^- \Longrightarrow O_2 + 4H^+, \varphi^\ominus_{O_2,H^+/H_2O} = 1.23V$$

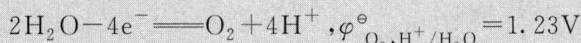

Ag 开始析出时，阴极析出电位为：
$$\varphi_{Ag,析} = \varphi^\ominus_{Ag^+/Ag} + 0.0592\lg[Ag^+] = 0.80 + 0.0592\lg0.01 = 0.68\ V$$

已知 $\eta_c = 0$，$\eta_a = 0.47$，电流是 mA 级，$R < 100\Omega$，所以 iR 近似等于 0。

$$E_分 = (\varphi_{a,析} + \eta_a) - (\varphi_{c,析} - \eta_c) + iR = (1.23 + 0.47) - (0.68 - 0) + 0 = 1.02\ V$$

当外加电压大于 1.02 V 时就可使 Ag^+ 在阴极上析出，同时氧在阳极上析出。当 Ag^+ 浓度降至 10^{-7} mol/L 时，可以认为电解 Ag 已基本完成，此时阴极电位为：
$$\varphi_{Ag,析} = \varphi^\ominus_{Ag^+/Ag} + 0.0592\lg[Ag^+] = 0.80 + 0.0592\lg10^{-7} = 0.386\ V$$

$$E_分 = 1.23 + 0.47 - 0.386 = 1.31\ V$$

可见，随着电解的进行，溶液中 Ag^+ 浓度的降低，阴极电位将相应向负的方向改变。此时外加电压应作相应的增加（由 1.02 V 增加至 1.31 V），才能使电解继续进行。

同理，铜开始由 1.0 mol/L Cu^{2+} 溶液中析出时的阴极电位为：
$$\varphi_{Cu,析} = \varphi^\ominus_{Cu^{2+}/Cu} + 0.0592\lg[Cu^{2+}] = 0.34 + 0.0592\lg1.0 = 0.34\ V$$

$$E_分 = 1.23 + 0.47 - 0.34 = 1.36\ V$$

当外加电压为 1.36 V 时，Cu^{2+} 才开始电解在阴极上析出铜，此时银已沉积完全。因此，控制外加电压低于 1.36V，便可用电解法实现 Ag^+ 和 Cu^{2+} 的分离。但是在实际应用中，由于电解过程中阴极电位是在不断地变负，因此借计算数据控制外加电压进行理想分离往往是有困难的，需要一定的预先实验以确定精确的电位控制。

（二）恒电流电解法

恒电流电解法是在恒定的电流（0.5～2A）条件下进行电解，然后取下阴极烘干，对电解沉积于其上的被分析物连同电极一起称量，再减去电极的质量，以达测定分析物的目的。电极上的物质在 HNO_3 中溶解后电极可重复使用。为了减小分析时间，一般电流较大，为了使分析物的析出致密光亮，选择合适的溶液体系和电流密度是重要的。

恒电流电解法的原理见图 7-22。用直流电源作为电解电源，通过电解池的电流可从电流表 A 读出。加于电解池的电压用可变电阻器加以调节，并由电压表 V 指示。阴极为致密较大螺旋状铂丝，阳极为较小螺旋状铂丝，插于阴极中间。电解池中用电磁搅拌加速分析物到电极的传质过程。

电流越小，镀层越均匀，但所需时间就越长；在络合剂存在下进行电解，镀层要比无络合剂条件下好。恒电流电解法仪器装置简单，准确度高，方法的相对误差小于 0.1%，但由于没控制电位，电解过程中，阴极电位不断地变负，有可能导致其他共存金属离子析出而造成干扰，选择性不高。加入去极化剂可以降低干扰，去极化剂一般为有机物，如肼类化合物，虽然也在电极上发生反应，但不沉积在电极上，所选去极化剂一般应在分析物反应完全后才反应，它的反应阻止了干扰物的反应，所以去极化剂的析出电位应负于分析物反应完全时的分解电压而正于干扰物的析出电位。

比如 $\varphi^{\ominus}_{Cu^{2+}/Cu} = 0.34$ V，$\varphi^{\ominus}_{H^+/H_2} = 0.00$ V。在电解 Cu

图 7-22　恒电流电解法装置示意图

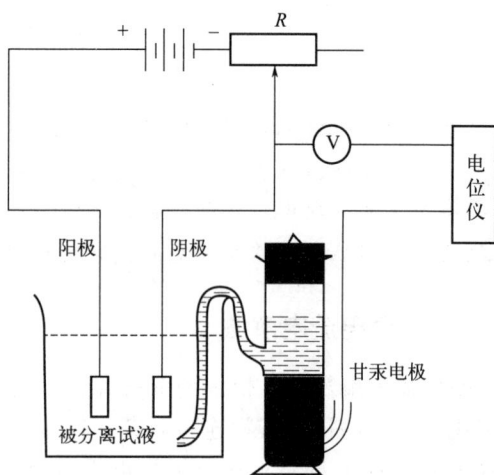

时随着 Cu^{2+} 浓度的减小，阴极电位不断变负，负到接近 0 V 时，H_2 析出，使剩余的 Cu^{2+} 无法电解完全，且析出的 Cu 呈海绵状易脱落。如果体系加入的 HNO_3 浓度足够时，在 H_2 析出之前发生如下反应：

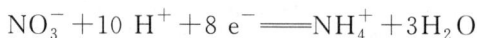

$$NO_3^- + 10\,H^+ + 8\,e^- \Longrightarrow NH_4^+ + 3H_2O$$

NH_4^+ 是与体系均相的，不影响析出的 Cu 质量，避免了 H_2 的影响。除此以外，NO_3^- 还可防止 Pb^{2+} 析出。

恒电流电解可以将电动序中氢前后的金属分离。电解时，氢以前的金属先在阴极上析出，继续电解就析出氢气。所以在酸性溶液中，氢以后的金属就不能析出，应在碱性溶液中析出。恒电流电解法可用于铜含量的鉴定和仲裁分析。

（三）控制电位电解法

基于不同的金属离子具有不同的分解电压的原理，采用大面积汞池电极作为工作电极（阴极），用控制阴极电位的办法，使不同的金属离子在不同的电位析出可以达到分离目的。其原理见图 7-23。直流电压通过滑线电阻 R 取得一个与分解电压相当的值，加于工作电极（阴极）和阳极之间。由于电解发生时，阴极电位不断变负，这种变化由参比电极（甘汞电极）与工作电极之间的电位差计读出，以指导 R 的调节，达到控制阴极电位电解的目的。

控制电位电解是在控制阴极或阳极电位为定值的条件下进行，但电流随时间呈指数衰减规律。如果 i_0 为初始电流，i_t 为电解过程中的任意时刻电流，i_t 随时间变化符合下列规律：

$$i_t = i_0 \times 10^{-kt} \qquad (7\text{-}43)$$

式中，k 是与电解体系条件有关的常数；t 为时间，min。

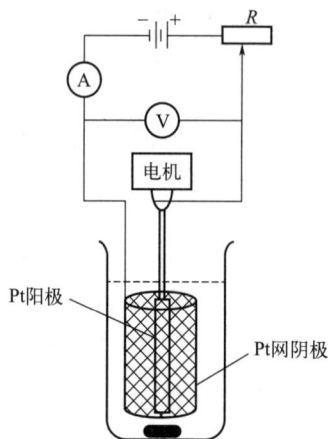

图 7-23　控制电位电解法装置示意图

$$k=\frac{26.1AD}{V\delta}(\min^{-1}) \tag{7-44}$$

式中，D 为扩散系数，cm^2/s；A 为电极面积，cm^2；V 为溶液体积，cm^3；δ 为扩散层厚度，cm。可见增大 k 值可缩短分析时间。只要电位控制得当，就可使多组分体系中的物质按次序析出，达到分离目的。当溶液中存在 A、B 两种离子时，控制阴极电位的选择用图 7-24 说明。

a、b 分别对应 A、B 两种离子的析出电位，电位控制在 d 点，就可以保证 A 析出完全，而 B 不干扰 A 的测定。

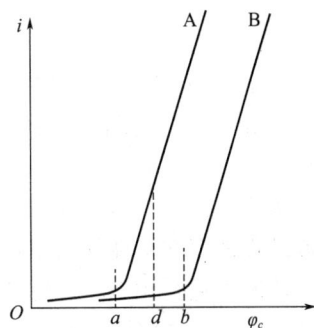

图 7-24　控制阴极电位示意图

二、库仑分析法

（一）法拉第电解定律

法拉第电解定律用来描述电化学反应电量与电极上电解产物质量的关系，即电极上发生反应的物质质量与通过该体系的电量成正比；通过相同的电量时电极上所沉积的物质质量与该物质的电化学当量成正比。法拉第电解定律关系式为：

$$m=\frac{MQ}{96487n}=\frac{M}{n}\times\frac{it}{96487} \tag{7-45}$$

式中，m 为电解时电极上析出物质的质量，g；M 为析出物质的摩尔质量 g/mol；Q 为通过电解池的电量，C；n 为电解反应时电子的转移数；i 为电解时的电流强度，A；t 为电解时间，s；96487 为法拉第常数，是 1mol 电子所带的电量。

库仑分析（coulometry）的计算依据是法拉第定律，在进行库仑分析时，应使发生电解反应的电极（工作电极）上只发生与分析物有关的、纯粹的电极反应，即 100% 的电流效率。为了满足上述条件，可以采用两种方法：用控制电位的办法避免干扰反应的发生，即控制电位库仑分析；用间接的办法电解大量存在的一种物质，该物质再与被分析物定量反应，即恒电流库仑滴定法。

（二）控制电位库仑分析法

图 7-25 为控制电位库仑分析的装置示意图。外加直流电压通过滑线电阻 R 取得与分解电压相当的值，加于工作电极和对电极之间。参比电极（SCE）与工作电极之间的电位差由电子毫伏计读出，通过调节 R，达到控制电位的目的。不同的是，在电解电路中串联了一个能精确测量电量的库仑计。

库仑计可以是一种电解池，应用不同的电极反应构成。例如银重量库仑计是电解硝酸银溶液，测定在铂阴极上析出金属银的质量，计算电量；滴定库仑计是利用串联电解池中 pH 的变化计算电量。气体库仑计根据水电解时产生的气体体积读数，将其换算为电量等。

控制电位库仑分析测量电量的办法还有电流-

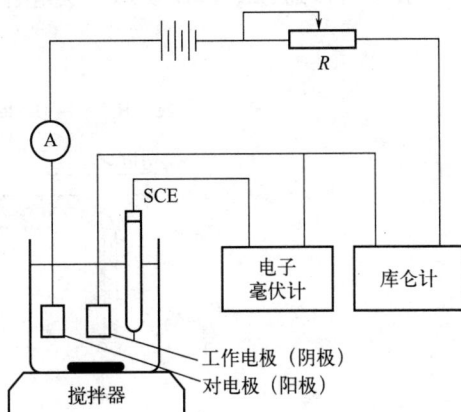

图 7-25　控制电位库仑分析的装置示意图

时间积分仪法，其原理是基于电解过程中任意时刻电流 i_t 与电解初始电流 i_0 之间的关系满足式（7-43）。

对分析过程总时间的电流进行积分处理，可得到电量 Q。有如下关系式：

$$Q = \int_0^t i_t \, \mathrm{d}t = \int_0^t i_0 10^{-kt} \, \mathrm{d}t = \frac{i_0}{2.303\,k}(1 - 10^{-kt}) \tag{7-46}$$

控制 kt 大于 3，式（7-46）中第二项可以忽略，Q 的极限值为：$Q = i_0/2.303\,k$。

以 $\lg i$ 对 t 作图，由截距可得初始电流 i_0，由直线的斜率可求得 k 值，继而计算电量 Q。

实际工作中，需要向电解液中通几分钟惰性气体（如氮气），以除去溶解氧，有的整个电解过程都需在惰性气氛下进行。在加入试样以前，先在比正常工作阴极电位负 $0.3\sim0.4$ V 的情况下进行预电解，除去电解液中可能存在的杂质，直到电解电流已降至很小的数值（本底电流），再将阴极电位调整至合适的电位值，在不切断电流的情况下加入一定体积的试样溶液，接入库仑计，再电解至本底电流，以库仑计测量整个电解过程中消耗的电量。

（三）恒电流库仑滴定法

恒电流库仑滴定简称库仑滴定，适用于不稳定滴定剂，利用电解产生滴定剂，边产生边消耗滴定剂，极大提高了滴定准确度。恒电流库仑滴定的装置示意图见图 7-26。

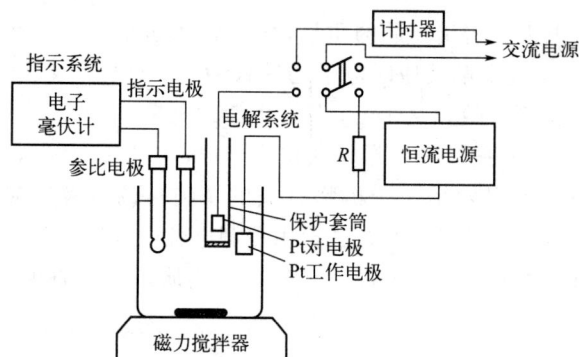

图 7-26　恒电流库仑滴定的装置示意图

比如可以通过图 7-27 所示方法电解产生 H^+ 和 OH^-，用于酸碱滴定。

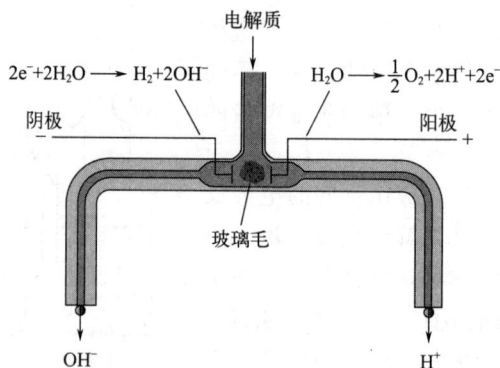

图 7-27　电解原位产生氢离子和氢氧根离子

在恒电流作用下，通过电解池工作电极的电流强度可用电位计测定流经与电解池串联的标准电阻 R 上的电压降而得；由交流电源驱动的时钟计算电解时间。工作电极一般为产生滴定剂的电极，直接浸于溶液中，辅助电极则经常需要套一多孔性隔膜（如微孔玻璃），以防止由辅助电极所产生的反应干扰测定。用于确定库仑滴定终点的方法有多种，例如指示剂法、电位法等。如果应用电位法指示终点，则需要在溶液中再浸入一对电极，此时溶液中有两组电极，一组供电解用，另一组则用作终点指示。

举例 测定 Fe^{2+} 可利用它在铂阳极上直接氧化为 Fe^{3+} 的反应，进行测定时调节外加电压使电流维持不变，开始时电极反应为：

$$Fe^{2+} \Longrightarrow Fe^{3+} + e^-$$

并以 100% 电流效率进行，由于反应的进行，阳极表面上 Fe^{3+} 不断产生而使其浓度增加，相应地 Fe^{2+} 浓度降低，因而阳极电位逐渐向正的方向移动。最后溶液中 Fe^{2+} 还没有全部氧化为 Fe^{3+}，阳极电极电位已达到了水的分解电位，此时在阳极上发生下列反应：

$$2H_2O \Longrightarrow 4H^+ + 4e^- + O_2$$

使 Fe^{2+} 氧化反应的电流效率低于 100%，因而测定失败。为了使电流效率达 100%，必须控制阳极电位，恒电流进行电解无法满足要求。但是，若在此溶液中加入过量的 Ce^{3+}，则 Fe^{2+} 就可能以恒电流进行完全电解。开始时阳极上的主要反应为 Fe^{2+} 氧化为 Fe^{3+}，当阳极电位向正方向移动至一定数值时，Ce^{3+} 被氧化为 Ce^{4+} 的反应即开始，而所产生的 Ce^{4+} 则转移至溶液本体中并使溶液中的 Fe^{2+} 氧化：

$$Ce^{4+} + Fe^{2+} \Longrightarrow Fe^{3+} + Ce^{3+}$$

由于 Ce^{3+} 是过量存在的，因而就稳定了阳极电位并防止了氧的析出。从反应可知，阳极上虽发生了 Ce^{3+} 的氧化反应，但所产生的 Ce^{4+} 同时又将 Fe^{2+} 氧化为 Fe^{3+}，因此电解时所消耗的总电量与单纯 Fe^{2+} 完全氧化为 Fe^{3+} 的电量是相当的。

电解产生滴定剂（简称电生滴定剂），其实是一种电合成过程，可以用来合成有机物，比如发生下列反应，这种合成方式称为电化学合成法。

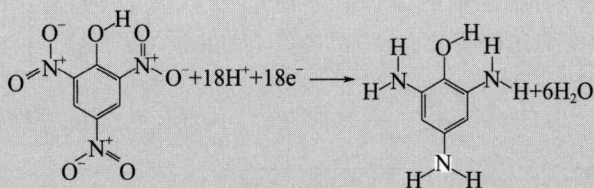

举例 在 $NaH_2PO_4 + Na_2HPO_4 + KI$（$pH = 7 \sim 8$）溶液中恒电流电解时，Pt 阴极上的反应是 $2H^+ + 2e^- \Longrightarrow H_2$，Pt 阳极上是电生滴定剂 $2I^- - 2e^- \Longrightarrow I_2$。电生的 I_2 与待测 As 发生以下滴定反应：

$$I_2 + AsO_3^{3-} + H_2O \Longrightarrow AsO_4^{3-} + 2H^+ + 2I^-$$

电极每产生一分子 I_2，就有相应的一分子 AsO_3^{3-} 被氧化，在电流效率为 100% 的情况下，由电流强度与到达滴定终点的时间计算电量，按法拉第定律就可知道被反应完全的 As 量，用电位法指示终点。恒电流库仑滴定法的准确性是要求电流效率 100%，需要在滴定体系的选择上仔细考虑。

举例 利用微库仑法测定水质中可吸附的有机卤素。

水样经硝酸酸化，用活性炭吸附后，再用硝酸钠-硝酸溶液淋洗除掉吸附在活性炭上的无机卤化物，吸附后的活性炭在氧气流中热解燃烧生成卤化氢气体，将卤化氢气体通入到微库仑池中，并用微库仑法测定卤素离子的量，结果以氯的质量浓度表示。微库仑滴定池包括测量部分，指示电极（Ag 电极）和参比电极（Ag/AgCl）完成测量滴定导致的电位差；包括电流发生部分，阴极（Ag 电极）和阳极（Pt 电极）之间输入一个电流，在阴极产生 Ag^+，与 Cl^- 完成沉淀反应（电解液为 75% 的乙酸，Ag^+ 浓度保持 10^{-7} mol/L），在阳极产生 H_2。此外设备还包括出气口和进气口。只要测量部分的电位接近初始电势，电流值回到 0 时，测定结束。

举例 卡尔·费休库仑测定水分。

这是一种非水溶液中的氧化还原滴定法，其滴定的基本原理是碘氧化二氧化硫时需要一定量的水参与反应，化学反应方程式如下：

$$CH_3OH+I_2+SO_2+H_2O+3RN =\!=\!= 2[RNH]I+[RNH]SO_4CH_3$$

RN 可以是吡啶。阳极电解液可以由甲醇、亚硫酸钠、碘化钾、吡啶等组成。将样品加到阳极电解液的液面下，滴定池阳极生成 I_2，与水定量反应，滴定结束，通过测定 I_2 的电信号，确定终点。水含量按照产生碘分子消耗的电量完成计算。

（四）永停滴定法

永停滴定法又称双电流或双安培滴定法，是根据过程中电流的变化来确定滴定终点的方法。将两个相同的铂电极插入待测溶液中，在两电极间外加一个小电压，并在线路中串联一个灵敏的检流计（图 7-28），在不断搅拌下，加入滴定剂，观察可逆电对滴定过程中电流的指针变化，指针位置突变点即滴定终点，可分为三种情况（图 7-29），图 7-29 中横坐标是滴定剂的体积，可逆电对的电流随着离子浓度变化而变化。

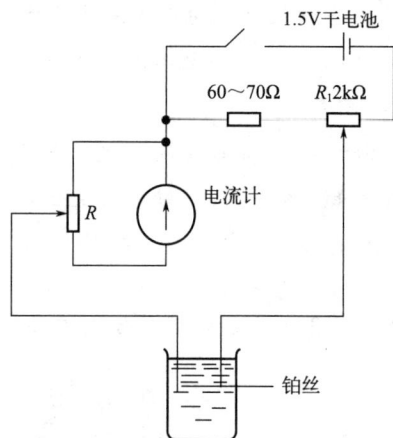

图 7-28 永停滴定法的装置图

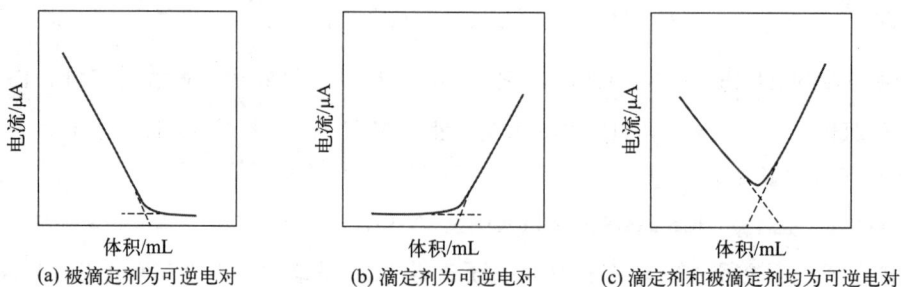

(a) 被滴定剂为可逆电对　　(b) 滴定剂为可逆电对　　(c) 滴定剂和被滴定剂均为可逆电对

图 7-29 双电流滴定终点确定中的形式

第四节　伏安分析法

伏安分析法（voltammetry）是指以分析溶液中电极电位（E，伏特）～电流（i，安培）关系曲线为基础的一类电解分析方法。与电位分析法不同，伏安分析法是在一定的电位下测量体系电流，使用滴汞电极（DME）为工作电极的伏安法称为极谱法，是伏安分析方法的早期形式，1922 年由 Jaroslav Heyrovsky 创立，因其在这一研究中的杰出贡献，1959年被授予诺贝尔化学奖。

一、伏安分析法的操作

伏安分析通常采用三电极系统，即工作电极、参比电极和对电极构成的系统，见图 7-1，实际仪器要复杂得多，电路中包括信号放大器件等。在伏安分析方法中，施加到工作电极的电压可以采用线性扫描、方波、微分脉冲、三角波等各种形式，不同施加电压形式获得不同的电位（E）～电流（i）关系曲线，不同方法的灵敏度也存在差异。电压施加方式如图7-30 所示。

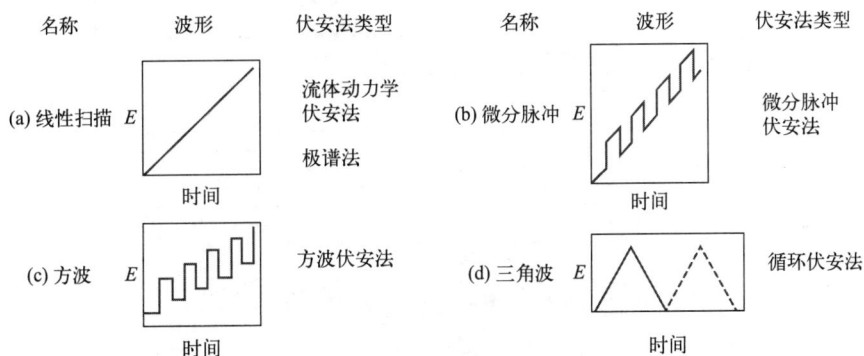

名称	波形	伏安法类型	名称	波形	伏安法类型
(a) 线性扫描		流体动力学伏安法　极谱法	(b) 微分脉冲		微分脉冲伏安法
(c) 方波		方波伏安法	(d) 三角波		循环伏安法

图 7-30　施加电位不同方式与对应的伏安方法

（一）工作电极

在伏安分析中，参比电极和辅助电极的面积都比较大，工作电极面积非常小。目前常用的工作电极包括汞膜电极（将金属汞电镀到一个载体上制作为电极）、滴汞电极（从毛细管中挤压出微小的汞滴为电极）。此外还包括金属微电极，尺寸在微米级的金、银、铂、碳纤维丝等。在不同的电解质中这些电极相对于参比电极（甘汞电极）的电位如图 7-31 所示，这个电位范围通常称为该电极的工作窗口。实际工作中可以使用各种各样的修饰电极，比如在金属丝上进行电化学氧化带上羟基、羰基和羧基；也可以修饰硅烷后再进一步修饰酰胺键并链接不同官能团等。由于工作电极面积很小，容易导致极化现象，所以也称为极化电极。

（二）工作方式

在伏安分析中，可以采取静止或搅拌溶液的方式进行，也可以采取转动电极的方式进行，方法比较灵活。如果采用静止溶液，非常容易产生浓度梯度导致的极化现象（浓差极

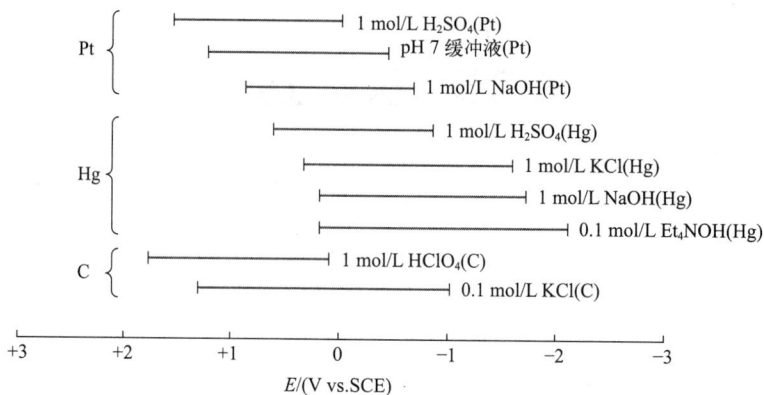

图 7-31 不同电极的工作窗口

化），记录扩散电流。因为工作电极面积非常小，搅拌溶液不能造成电极附近溶液的湍流，仍存在稳定的扩散层，所以在工作电极很小的情况下，搅拌也同样能获得扩散电流，如图7-32 所示。

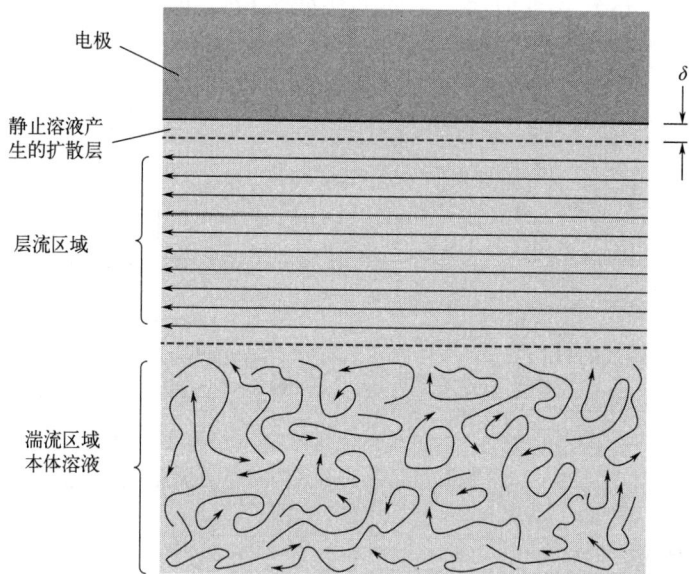

图 7-32　搅拌溶液造成的工作电极与溶液界面示意图

二、伏安分析法的原理

常温下，在电解池中放入支持电解质、极大抑制剂、可能的络合剂以及被测物质，将工作电极、甘汞电极和辅助电极插入电解池中即可进行伏安实验。在初始状态，只有分析物 A（假如其为氧化态），不构成电路。施加电压 E 后，假设电解非常快速发生，溶液中将存在产物 P（A 物质的还原态），构成电对，电位则符合能斯特公式：

$$E = \varphi^{\ominus} + \frac{0.0592}{n} \lg \frac{c_A^{\ominus}}{c_P^{\ominus}} - \varphi_{ref} \tag{7-47}$$

式中，E 是工作电极和参比电极的电位差；$c^{\ominus}$ 是分析物 A（或产物 P）在电极表面的浓度。由于工作电极非常小，电解量很少，可以假设本体溶液中的分析物 A 浓度基本不变。

溶液中存在的传质形式包括对流、电迁移和扩散。如果溶液中仅存在扩散，获得的电流称为扩散电流。在伏安分析中，加入大量支持电解质的目的是消除电迁移造成的电流，一般要求支持电解质的浓度大于分析物浓度的 100 倍以上，且支持电解质的阴、阳离子迁移速度基本一致。极大抑制剂一般是表面活性剂，用于避免局部浓度过大而造成极大现象。极大是指突然出现的大电流，其不符合扩散电流规律。为了避免干扰，还经常加入各类掩蔽剂以掩蔽干扰离子。

假如在很短时间施加足够的电压，如图 7-33 (a) 所示，则电流随时间的变化如图 7-33 (b) 所示。随着电解进行一定时间，电极上的产物越来越多，分析物的浓度越来越小，与本体溶液浓度之间产生浓度差 [7-33 (c)]，进而产生相应的电流 i。扩散电流 i 与浓度梯度成正比，如下所示。

$$i = nFAD_A\left(\frac{\partial c_A}{\partial x}\right) \tag{7-48}$$

$$i = \frac{nFAD_A}{\delta}(c_A - c_A^0) = k_A(c_A - c_A^0) \tag{7-49}$$

$$k_A = \frac{nFAD_A}{\delta} \tag{7-50}$$

随着时间推移，电极上氧化态物质 A 的 c^0 越来越小，接近 0，i 用 i_1 表示，则

$$i_1 = k_A c_A \tag{7-51}$$

$$c_A^0 = \frac{i_1 - i}{k_A} \tag{7-52}$$

式中，i 是电流，A；n 是单位摩尔量分析物的电子转移数；F 是法拉第常数；A 是电极面积，cm^2；D_A 是分析物 A 的扩散系数；δ 是扩散层的厚度；c_A 是溶液中 A 物质的浓度；c_A^0 是电极上 A 物质的浓度。随着不断电解，分析物不断消耗，c_A 减小，i 趋于 0，电解完成。这是伏安方法的定量基础（对可逆反应成立）。

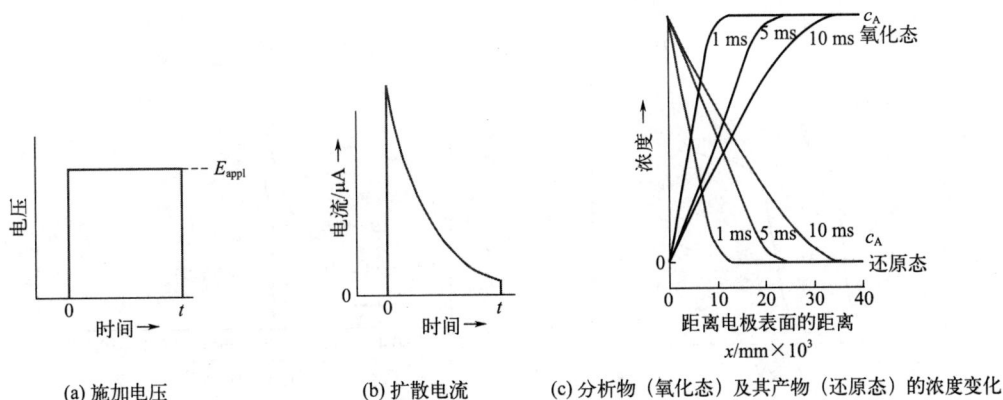

(a) 施加电压　　　　　　(b) 扩散电流　　　(c) 分析物（氧化态）及其产物（还原态）的浓度变化

图 7-33　施加电压、与扩散电流以及分析物（氧化态）及其产物（还原态）的浓度变化

同理，对于产物 P（A 物质的还原态），也可以进行如下的推导：

$$i = -\frac{nFAD_P}{\delta}(c_P - c_P^0) \tag{7-53}$$

当电解产物 c_P 在本体溶液中的浓度接近 0 时，

$$i = \frac{nFAD_P c_P^0}{\delta} = k_P c_P^0 \tag{7-54}$$

$$c_P^0 = i / k_P$$

将推导出来的分析物和产物的 c^0 代入公式 (7-47)，可以得到

$$E_{外加} = \varphi_A^\ominus - \frac{0.0592}{n} \lg \frac{k_A}{k_p} - \frac{0.0592}{n} \lg \frac{i}{i_1 - i} - \varphi_{ref} \tag{7-55}$$

当 $i = i_1 / 2$ 时，$E_{外加}$ 为半波电位，用 $E_{1/2}$ 表示。

$$E_{1/2} = \varphi_A^\ominus - \frac{0.0592}{n} \lg \frac{k_A}{k_p} - \varphi_{ref} \tag{7-56}$$

$$E_{外加} = E_{1/2} - \frac{0.0592}{n} \lg \frac{i}{i_1 - i} \tag{7-57}$$

半波电位是定性的依据，当 $k_A = k_p$ 时，等于：

$$E_{1/2} = \varphi_A^\ominus - \varphi_{ref} \tag{7-58}$$

当其他参数不变时，可以通过 i 计算电子转移数 n。

如果是不可逆电极反应，比如有机溶剂体系，很难获得满意的 i-E 曲线，要考虑活化能对曲线的影响，此时半波电位与浓度有关，不能用于定性，但是扩散电流仍保持与浓度间的线性关系，如果能获得好的工作曲线，不影响定量结果。

如果是混合物体系，每个分析物不受其他物质干扰，仍存在独立的 i-E 曲线，一般要求两个分析物的半波电位相差 $0.1 \sim 0.2$ V，二者均能得到准确定量（图 7-34）。

如果离子在电极上发生了还原反应，得到的 i-E 曲线叫阴极波。如果电极反应是氧化反应，则得到的曲线叫阳极波；如果氧化还原物质均溶解于溶液，获得的 i-E 曲线叫混合波，如图 7-35 所示，在伏安分析方法中，经常将施加电压 E 数值表示为相对于参比电极电位的相对数值，表示为如图 7-35 横坐标的式样。

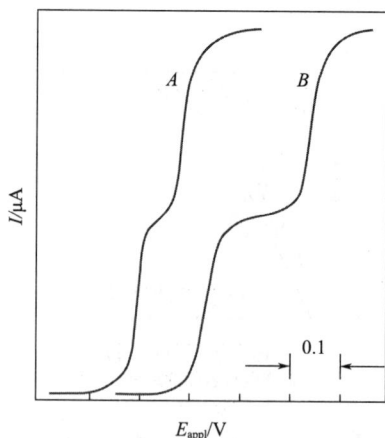

图 7-34 双组分混合物的伏安图   图 7-35 Fe^{2+} 和 Fe^{3+} 的伏安图

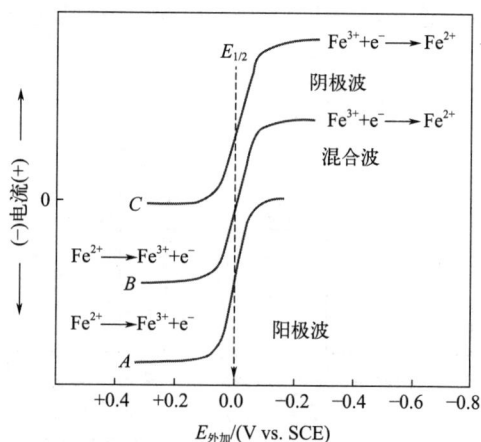

相应的表达式为：

$$E_{外加} = E_{1/2} + \frac{0.0592}{n} \lg \frac{i}{i_1 - i} \quad 阳极波方程 \tag{7-59}$$

$$E_{外加} = E_{1/2} + \frac{0.0592}{n} \lg \frac{i_{1,c} - i}{i - i_{1,a}} \quad 综合波方程(c，阴极;a，阳极) \tag{7-60}$$

如果使用旋转电极进行伏安分析，扩散电流 i 与浓度仍然成正比，只是浓度 c 前面的系数与旋转电极的转速 ω 和溶液的黏度 η 有关，具体公式如下，方式中的其他字母含义同前。

$$i_1 = 0.620\, nFAD\omega^{1/2}\eta^{-1/6}c_A \tag{7-61}$$

三、伏安分析法的应用

（一）常见的干扰

水溶液中溶解的氧气在电解时发生以下反应：

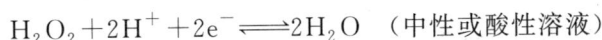

$$O_2 + 2H^+ + 2e^- \rightleftharpoons H_2O_2 \quad \text{（中性或酸性溶液）}$$

$$H_2O_2 + 2H^+ + 2e^- \rightleftharpoons 2H_2O \quad \text{（中性或酸性溶液）}$$

$$O_2 + 2H_2O + 2e^- \rightleftharpoons H_2O_2 + 2OH^- \quad \text{（碱性溶液）}$$

$$H_2O_2 + 2e^- \rightleftharpoons 2OH^- \quad \text{（碱性溶液）}$$

在中酸性溶液中进行伏安分析，其峰型如图 7-36 所示，严重影响分析物的测定，所以在实验时应该消除 O_2，常用 N_2 气体驱赶溶解的 O_2，在某些溶液中也可以加入与 O_2 反应的还原剂（比如维生素 C），在碱性溶液中可用 Na_2SO_3 去除 O_2，此外也可以利用化学反应在试液中产生 CO_2 驱赶出 O_2。从另一个角度看，也可以使用这个原理借助伏安法构建 O_2 检测器（传感器）。

对流电流和迁移电流影响扩散电流，只有扩散电流与被分析物浓度有定量关系，所以应设法消除对流电流和迁移电流。大量的支持电解质能消除迁移电流（迁移受库仑吸引力控制，加入大量盐类可以大大减弱电极表面反号电荷对待测物的静电吸引）。保持静止溶液可以消除对流电流，如上所述，对于微电极来说，普通搅拌不会增加对流电流。

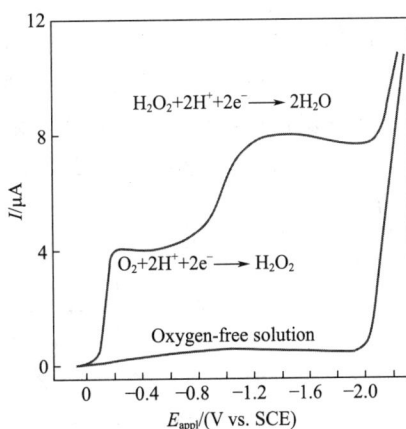

图 7-36　在 0.1 mol/L KCl 溶液中的氧气还原波

（二）直接伏安分析的应用

伏安分析的用途非常广泛，可以构建色谱的检测器，构建 O_2 传感器，如果在工作电极上修饰酶，则可以构建酶传感器，检测与酶相关的活性物质，比如在工作电极上修饰葡萄糖酶，在此酶存在下，溶液中的葡萄糖可以转化为 O_2，定量测定 O_2 即可换算得到葡萄糖的浓度。当然也可以用于免疫分析，将抗体修饰于电极，溶液中的抗原吸附到电极上，添加电活性的物质，根据有无抗原存在下，电活性物质的伏安图定量抗原。

在实际伏安分析中，有时使用大量的配合物支持电解质，以 X 为配体，通常金属离子在溶液中以配离子的形式存在：

$$M^{n+} + pX^{b-} \rightleftharpoons MX_p^{(n-bp)+}$$

其稳定常数表达式为：

$$K_c = \frac{c^0_{MX_p}}{c^0_{M^{n+}}(c^0_{X^{b-}})^p} \tag{7-62}$$

这里上标 0 代表电极表面浓度。假设 M^{n+} 在电极上发生还原，使用 K_c 公式转换形式代表分析物 M 在电极上的浓度，可以推出下列公式：

$$\varphi = \varphi^{\ominus} - \frac{0.0592}{n}\lg K_c - p\,\frac{0.0592}{n}\lg c_{X^{b-}} + \frac{0.0592}{n}\lg \frac{c^0_{MX_p}}{c^{0,R}} \tag{7-63}$$

这里式中 $c^{0,R}$ 表示 M 的产物在电极上的浓度。用伏安分析中的扩散电流表示，则

$$\varphi = \varphi^{\ominus} - \frac{0.0592}{n}\lg K_c - p\,\frac{0.0592}{n}\lg c_{X^{b-}} + \frac{0.0592}{n}\lg \frac{i_1 - i}{i} \tag{7-64}$$

根据上述公式可以固定一定条件，完成 n 和 p 的计算。可以看出配位剂浓度改变能影响半波电位的数值，选择不同的配位剂及其浓度能改变不同离子的 $i\text{-}E$ 曲线，达到分离的目的。

四、伏安具体分析方法介绍

（一）循环伏安法

循环伏安分析法（cyclic voltammetry，CV）以图 7-37（a）中所示扫描电压方式，所获得的电流响应与电位信号的关系见图 7-37（b），称为循环伏安扫描曲线。循环伏安法采用直流电压随时间线性变化的扫描技术，开始扫描的起始电位 E_i 较正（比如从 $+0.8$ V 扫描到 -0.15 V），当其随时间 t 线性变化，扫描速率为 v（V/s），则电极电位 E 的表达式为：
$E = E_i - vt$

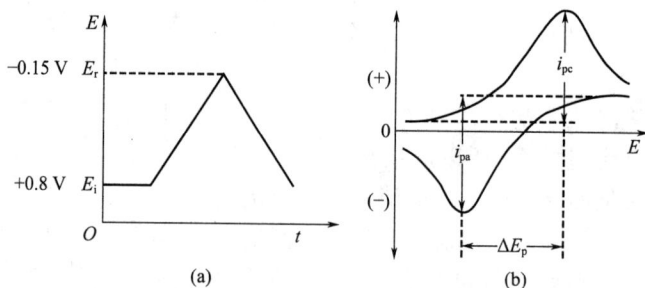

图 7-37　循环伏安法原理示意图

图 7-37（a）为循环伏安法电位扫描示意图：E_i 是起扫电位；E_r 是反转电位；t 为时间。图 7-37（b）为循环伏安图：ΔE_p 为还原峰电位与氧化峰电位之差；i_{pa} 为氧化峰电流；i_{pc} 为还原峰电流。如果是可逆电对，则 $i_{pa} = i_{pc}$。

电极表面氧化态 O 经历如下还原反应：

$$O + ne^- \Longrightarrow R$$

这里，R 为还原态。当电位再由负反转正向扫描时，R 经历如下氧化反应：

$$R - ne^- \Longrightarrow O$$

对于可逆过程，还原峰电位 E_{pc} 和氧化峰电位 E_{pa} 之间的关系可表示为：

$$\Delta E_p = E_{pa} - E_{pc} = \frac{0.0592}{n}\,(\text{V},25℃)$$

且

$$\frac{i_{pa}}{i_{pc}} = 1$$

25℃时，峰电流可表示为：

$$i_p = 269 A n^{\frac{3}{2}} D^{\frac{1}{2}} v^{\frac{1}{2}} c$$

利用峰电流（i_p）的大小可进行定量分析。A 是电极面积，n 是电子转移数，D 是扩散系数，v 是电压扫描速率（一般为 $20 \sim 200$ mV/s），c 是待测物质浓度。循环伏安法可以使用该公式借助工作曲线法或标准加入法完成定量工作。

同一氧化还原体系，使用不同的电极、不同的支持电解质，得到的伏安响应曲线不一样。因此，寻找合适的电极和支持电解质，利用伏安分析方法进行氧化还原体系的反应离子浓度测定以及该体系的电化学性质研究是电分析化学重要任务。在大多数情况下遇到的是不可逆情况，当电极反应不可逆时，氧化峰与还原峰的峰值电位差值相距较大。相距越大，不可逆程度越大。图 7-38 从 A 到 C 的循环伏安曲线，依次可逆性变差：

循环伏安法还可以用于研究电极反应机理。选择合适的电位窗口，因为不同的物质在不同的电极上出峰电位不一样。当溶液酸、碱性不同时，电位窗口也不一样。一个典型的例子是溶液体系 $K_3Fe(CN)_6$-$K_4Fe(CN)_6$ 的循环伏安法，当电极电位 E 由开始的 E_1（如 0.2 V）达到终止电压 E_2（如 -0.8 V）时，下列可逆电对的电极反应从左向右进行：

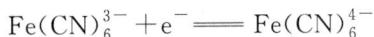

$$Fe(CN)_6^{3-} + e^- = Fe(CN)_6^{4-}$$

再反向回扫至起始电压 E_1 时，上述反应的逆过程如下所示：

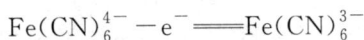

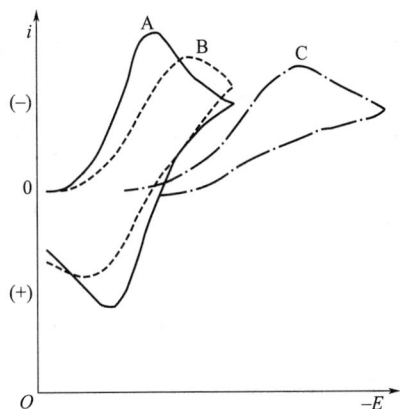

$$Fe(CN)_6^{4-} - e^- = Fe(CN)_6^{3-}$$

图 7-38　可逆性不同的
电极体系得到的循环伏安示意图

举例　对于对氨基苯酚，如果从较负的电压扫描，获得如图 7-39 所示的循环伏安图，

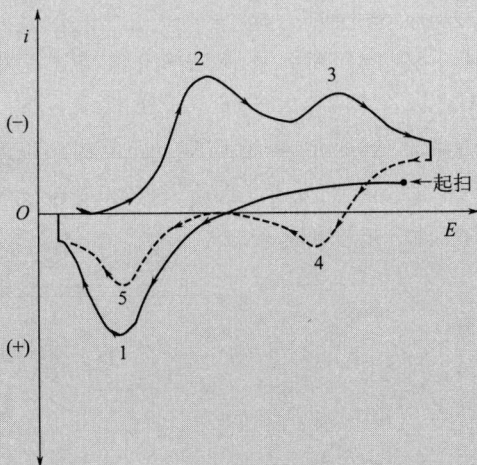

图 7-39　对氨基苯酚的循环伏安图

在溶液中的电活性物质只有对氨基苯酚的情况下，该化合物在电极表面被氧化生成对亚氨基苯醌，从而得到一个阳极峰 1。电极反应为：

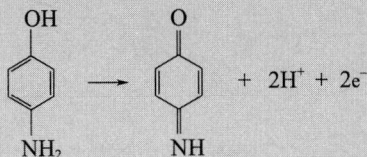

随即电极反应产物对亚氨基苯醌在电极表面的溶液中与水合氢离子发生化学反应:

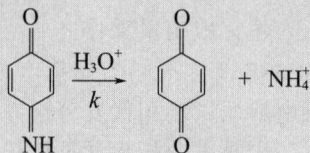

$$\text{（对亚氨基苯醌）} \xrightarrow[k]{H_3O^+} \text{（对苯醌）} + NH_4^+$$

这个反应使对亚氨基苯醌部分转化为苯醌,两者均为电活性物质,因而在阴极扫描时,首先对亚氨基苯醌被重新还原为对氨基苯酚,形成阴极峰 2,而苯醌在更负的电势下被还原为对苯酚从而形成阴极峰 3,电极反应为:

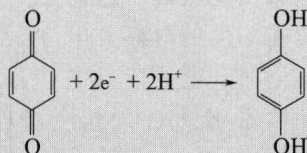

$$\text{（对苯醌）} + 2e^- + 2H^+ \longrightarrow \text{（对苯二酚）}$$

再一次阳极扫描时,对苯二酚被氧化为苯醌形成阳极峰 4,而阳极峰 5 为再次扫描过程中,溶液中对氨基苯酚被氧化产生对亚氨基苯醌时形成的峰。

举例 某研究小组利用修饰电极借助循环伏安法测定 Hg^{2+}。

采用三电极体系:工作电极为玻碳电极(GCE,直径 3 mm),对电极为铂丝电极,参比电极为 Ag/AgCl 电极(饱和 KCl 溶液)。常规循环伏安法测试条件:电位范围 0～0.4 V,扫描速率 0.1 V/s。快速扫描循环伏安法(FSCV)测试条件:电位范围 -0.9～0.3 V,扫描速率 350 V/s。首先将玻碳电极修饰为 $Ti_3C_2/CuS/GCE$ 电极,再进行测试。采用常规循环伏安法在含 0.1 mol/L KCl 的 5 mmol/L $K_3[Fe(CN)_6]/K_2[Fe(CN)_6]$ 体系中表征电极的电化学性能。图 7-40(a)所示曲线说明电极修饰成功,电阻增大。随后测定了空白溶液中不同电极的 CV 图,发现在空白溶液中电极无响应,说明电极不受其他因素的干扰[图 7-40(b)],再测定 Hg^{2+} 浓度为 0.5 mmol/L 样品溶液的 CV 图,如图 7-40(c)所示。改用快速扫描 CV 法,0.1 nmol/L Hg^{2+} 可以获得很强的响应信号强度,灵敏度约为常规扫速条件下的 40 倍,故在快速扫描 CV 模式下记录不同 Hg^{2+} 浓度下的电流数据并定量[图 7-40(d)]。

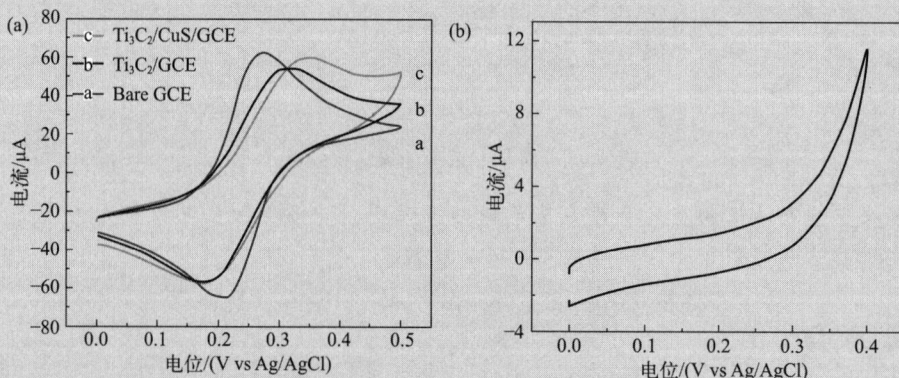

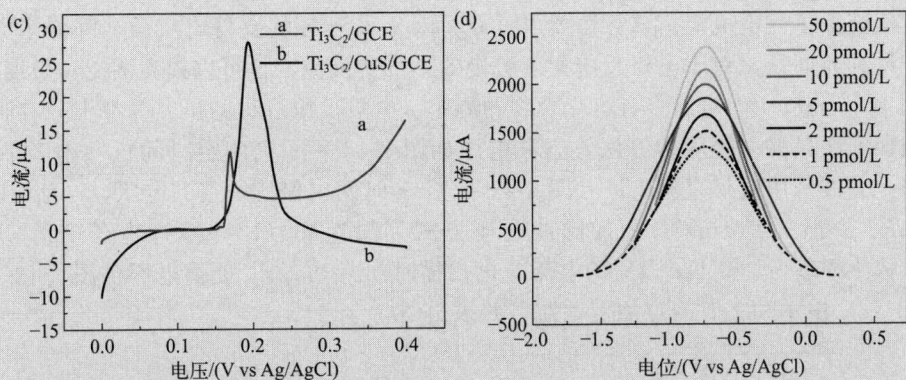

图 7-40　循环伏安图

图 7-40（a）为在含 0.1 mol/L KCl 的 5 mmol/L $K_3[Fe(CN)_6]$ /$K_2[Fe(CN)_6]$ 体系中表征不同电极的 CV 图；图 7-40（b）Ti_3C_2/CuS/GCE 在 0～0.4 V 范围内检测空白 PBS（0.1 mol/L，pH 7.4）的 CV 图，扫描速率为 0.1 V/s；图 7-40（c）含有 0.5 mmol/L Hg^{2+} 的 PBS（0.1 mol/L，pH 7.4）的 CV 图，扫描速率为 0.1 V/s；图 7-40（d）检测不同浓度（0.5、1、2、5、10、20 和 50 pmol/L）Hg^{2+} 的快速扫描 CV 曲线，扫描速率 350 V/s。

（二）脉冲伏安法

脉冲伏安法（pulse voltammetry）可以解决线性扫描方法中的很多问题，目前最常用的两种脉冲方法是微分脉冲法和方波伏安法，原理是测定法拉第电流与充电电流差别最大时刻的电流差。

微分脉冲法最常用的两种电压提供方式如图 7-41 所示。一般脉冲持续 50 ms，脉冲电压为 50 mV。在该方法中，分别在 S_1 和 S_2 点记录电流，获得二者的差值 Δi，以线性扫描的电压为横坐标，以 Δi 为纵坐标画图得到伏安曲线，得到图 7-42 所示的峰型曲线。其中峰高与待测离子的浓度成正比，峰电压相当于标准电位（对可逆反应而言）。该方法适合于多离子的分别测定，只要两个离子的半波电位相差 0.04～0.05 V 即可分别测定，互不干扰。在普通的线性扫描电压方法中，却要求二者差值 0.2 V 以上才互不干扰。此外，该方法的灵敏度高，比线性扫描电压方法灵敏 1000 倍，Δi 可达纳安级别。

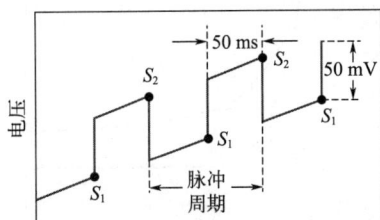

（a）脉冲叠加于线性扫描电压

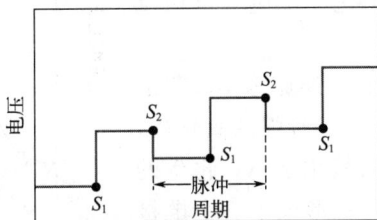

（b）脉冲叠加于阶梯扫描电压

图 7-41　微分脉冲方法中的电压方式

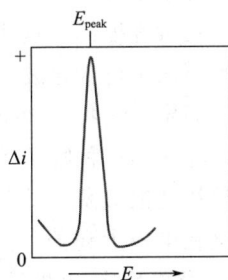

图 7-42　微分脉冲方法的伏安图

微分脉冲法依赖电压的突然提高导致法拉第电流急剧上升并加速了电极反应，提高灵敏度，此方法消除了充电电流。该方法要求 $0.01 \sim 0.1$ mol/L 的支持电解质，降低了空白值；由于脉冲持续时间长，对于电极反应速度缓慢的不可逆反应，也可以提高测定灵敏度，检出限可达到 10^{-8} mol/L，对许多有机化合物的测定、电极反应过程的研究等都十分有利。

方波伏安法是另一种脉冲方法，方波电压如图 7-43 所示。测定时间短（小于 10 ms），灵敏度高。方波采用阶梯直流电压 [图 7-43（a），τ 时间内保持一定的电压，τ 为 5 ms，电压梯度 ΔE_s 一般为 10 mV] 叠加脉冲电压方式 [图 7-43（b），脉冲电压 $2E_{sw}$ 通常为 50 mV，脉冲频率为 200 Hz，1V 的电压变化扫描时间为 0.5 s] 提供电压 [图 7-43（c）]。在图 7-43（c）中 1 和 2 时间点测定电流，并求出 Δi。

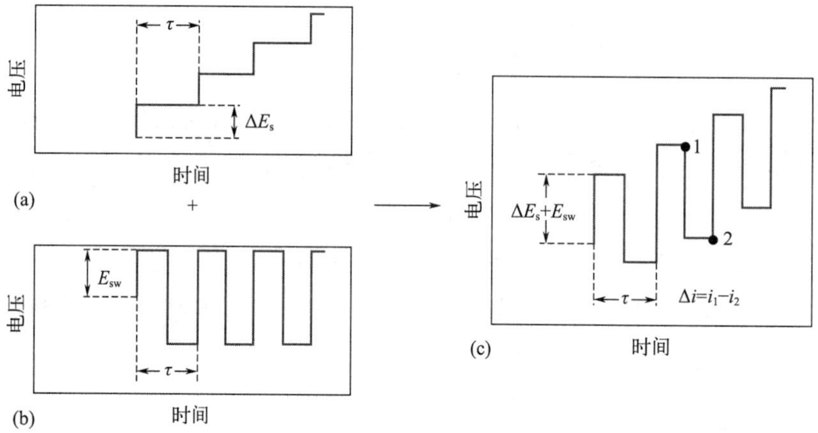

图 7-43　方波伏安中电压的提供方式

对于一个可逆的反应而言，假如发生还原反应，仍以 Δi 与阶梯直流电压作图（图 7-44），其中 i_1 是正方向脉冲得到的电流，i_2 是反方向脉冲得到的电流，Δi 是二者的差值。以 $n(E-E_{1/2})$ 为横坐标，n 是电子转移数，E 是阶梯电压值，$E_{1/2}$ 是半波电位。Δi 与分析物的浓度成正比。

（三）伏安催化波

催化波是在电化学和化学动力学的理论基础上发展起来的提高分析灵敏度和选择性的一种方法，最低可检测至 $10^{-11} \sim 10^{-8}$ mol/L，共存元素干扰少，有较好的选择性，简便、快速、灵敏度很高。这里介绍化学反应与电极反应平行的平行催化波。

假定待测物 A 在电极上被还原为 B，若溶液中存在第三种物质 X，X 具有较强的氧化性，能较快地把 B 氧化为原来的氧化态 A，再生的 A 又在电极上还原，这样，就形成了一个电极反应-化学反应-电极反应的循环。如下所示：

电极反应 $A + ne^- \Longrightarrow B$

化学反应 $B + X \overset{k}{\Longrightarrow} A$

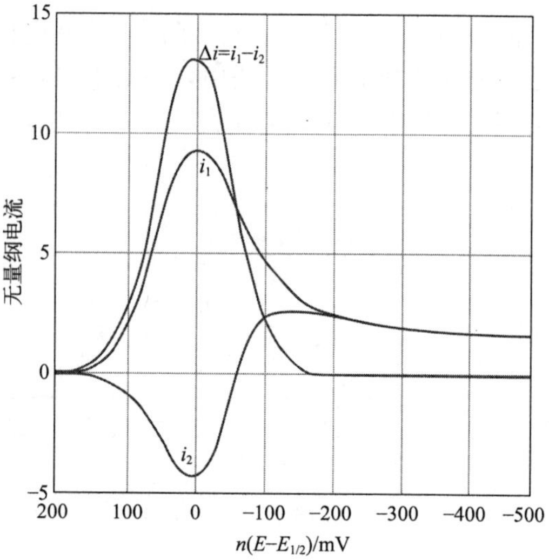

图 7-44　方波得到的 i-E 关系曲线

将这种情况称为电极反应与化学反应相平行。由于 A 在电极反应中消耗却又在化学反应中得到补偿，因此 A 在反应前后的浓度几乎不变，从这一点看，A 可以称为催化剂。虽然电流是由 A 还原而产生的，但实际消耗的是氧化剂 X，A 催化了 X 的还原。因催化反应而增加了的电流称为催化电流，与"催化剂"A 的浓度成正比，其数值要比单纯只是扩散电流时大 3～4 个数量级，所以对于痕量物质的分析有重要的意义。

物质 X 应该具有相当强的氧化性，能迅速地氧化物质 B 而再生出 A。由于 X 的氧化性，其本身会同时在电极上还原，因而要求 X 在电极上的电极反应具有很高的超电压，这样在 A 还原时 X 不会同时在电极上被还原，否则就不可能形成催化循环。过氧化氢就是这样一种很好的氧化剂，它在电极上还原时有很大的超电压，已经成功地用于 Fe^{3+}、Mo^{6+} 的测定。如用于 Mo（Ⅵ）的测定原理如下：

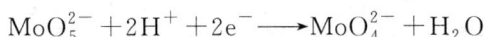

$$MoO_4^{2-} + H_2O_2 \longrightarrow MoO_5^{2-} + H_2O$$

$$MoO_5^{2-} + 2H^+ + 2e^- \longrightarrow MoO_4^{2-} + H_2O$$

钼酸根先被过氧化氢氧化为过钼酸根，过钼酸根在电极上还原后又生成钼酸根。在 pH 为 5 的磷酸缓冲溶液中，用所产生的催化电流可测量 2×10^{-7} mol/L 的钼。

当电极上或电极过程不存在吸附现象时，极限催化电流 i 与 A 的浓度成正比。

$$i = 0.51 nFD^{1/2} m^{2.3} t^{2/3} k^{1/2} c_x^{1/2} c_A$$

式中，i 为极限催化电流；c_x 及 c_A 分别为物质 X 及 A 在溶液中的浓度；k 为化学反应的速度常数；D 为物质 A 的扩散系数。当 c_x 一定时，极限催化电流与物质 A 的浓度成正比，这是定量测定的依据。

有些含杂原子的非电活性有机化合物本身不能在电极发生氧化还原反应，但可以通过质子化作用降低氢在汞电极上的过电位，加速氢质子的放电，使其在比正常氢波更正的电位下提前还原，形成氢的催化波，极大提高了测定灵敏度。在催化氢波产生的过程中由于质子在电极上还原而有中间产物原子态氢产生，原子态氢十分活泼，易于被一些有机或无机的氧化剂如过硫酸钾、碘酸钾、双氧水、盐酸羟胺等快速氧化而再生成质子，随后再生的质子又会在电极上还原。质子的电化学还原与化学氧化再生形成了循环，从而导致电流响应的大幅度增加。从本质上来说这是氢的平行催化波，称为"平行催化氢波"。表 7-5 列出了部分有机化合物的平行催化氢波。除了平行催化氢波外，还有其他物质参与的平行催化波。表中起始电位是相对于甘汞电极而言的相对值。

表 7-5 部分有机物的平行催化氢波

分析物	分析物类型	氧化剂	电解液	工作电极	起始电位
BSA	蛋白质	KIO_3	$NH_3 \cdot H_2O-NH_4Cl$(pH 8.31)	DME	-1.80
HAS	蛋白质	$K_2S_2O_8$	$NH_3 \cdot H_2O-NH_4Cl$(pH 8.58)	DME	-1.85
木瓜蛋白质	蛋白质	KIO_3	$NH_3 \cdot H_2O-NH_4Cl$(pH 8.31)	DME	-1.87
白喉类毒素	蛋白质	KIO_3	$NH_3 \cdot H_2O-NH_4Cl$(pH 8.31)	DME	-1.89
阿托品	生物碱	$NH_2OH \cdot HCl$	LiCl	DME	-1.90
四丁基卤化铵	表面活性剂	H_2O_2	$NH_3 \cdot H_2O-NH_4Cl$(pH 9.20)	DME	-1.45
十二烷基三甲基氯化铵	表面活性剂	H_2O_2	$NH_3 \cdot H_2O-NH_4Cl$(pH 9.10)	DME	-1.49
十二烷基苯磺酸钠	表面活性剂	H_2O_2	HAc-NaAc(pH 6.2)	DME	-1.33
吉非罗齐	有机弱酸	溶解氧	$KH_2PO_4-Na_2HPO_4$(pH 5.80)	DME	-1.17
替米沙坦	有机弱酸	H_2O_2	$NH_3 \cdot H_2O-NH_4Cl$(pH 8.90)	DME	-1.30
双氯酚酸钠	有机弱酸	溶解氧	HAc-NaAc(pH 5.00)	DME	-1.10

举例 利用 3D 打印电极（碳纤维-石墨烯-聚乙烯）测定自来水中的 Zn^{2+}。

样品：向 1.0 mL 的自来水或 1.0 mL 的自来水中加入 Zn^{2+}，使其浓度为 0.990 μg/mL。该样品用 0.1 mol/L 的乙酸稀释到 10 mL 进行测定。

循环伏安法：最初用 0.1 mol/L 乙酸的普通溶液记录循环伏安图，然后在含有 1.2 mmol/L Zn^{2+} 的相同溶液中记录。通过用氮吹扫 5 分钟来除氧，从而实现脱气。采用 0.0 V 的起始和最终电势，在电势为 −2.5V 时改变电压方向，扫描速率为 50 mV/s。首先采用碳棒为对电极，饱和甘汞电极（SCE）为参比电极，3D 打印碳为工作电极构成三电极系统进行测试，然后直接采用碳棒为参比电极，3D 打印碳为工作电极构成二电极系统进行测试比较。

差分脉冲阳极溶出法：在 −2.9V（相对于碳电极）富集进行了 75 s。操作条件为：10 mV 的阶跃高度、0.2 s 的脉冲重复间隔、50 mV 的脉冲幅度和 50 ms 的脉冲持续时间。在 −2.9 V 到 0.0 V（相对于碳电极）的电位范围内记录溶出伏安图。无须除氧。

实验结果：首先完成了循环伏安图，发现二电极系统更有利于分析，所以后续实验都用二电极系统。证实 Zn^{2+} 在 0.1 mol/L 乙酸溶液中有很好的峰形，后续可以使用该基质条件。随后进行了差分脉冲阳极溶出实验（图 7-45），研究表明最低定量限为 12.7 μg/L。

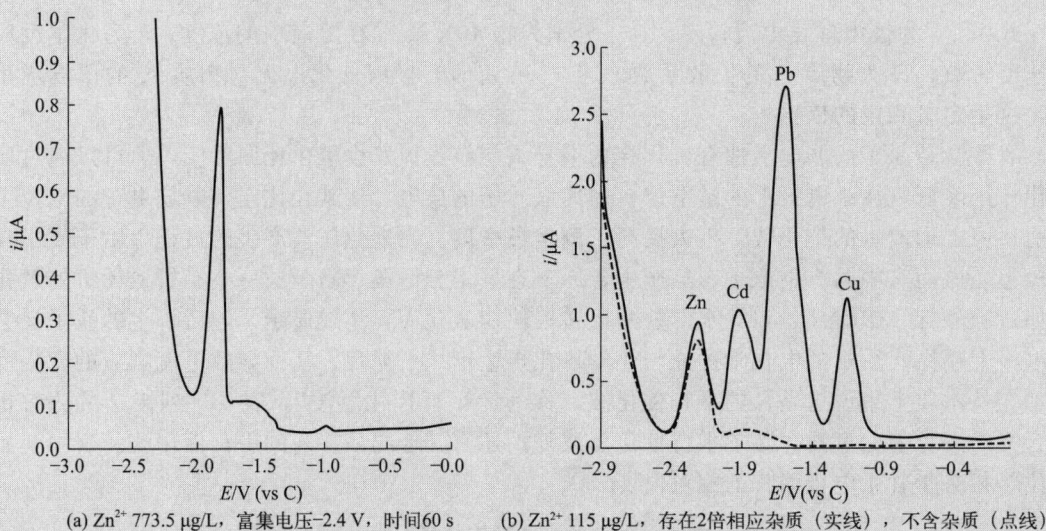

(a) Zn^{2+} 773.5 μg/L，富集电压-2.4 V，时间60 s   (b) Zn^{2+} 115 μg/L，存在2倍相应杂质（实线），不含杂质（点线）

图 7-45 典型的差分脉冲阳极溶出图

举例 有学者构建了还原石墨烯（rGO）负载纳米 Cu_2O 的修饰电极，然后将糖蛋白（GA）的特异性亚甲基蓝-DNA探针（MB-tDNA）负载到电极上，当电极浸入含有糖蛋白的样品中时，电极上的 MB-tDNA 被糖蛋白吸附下来，降低了 MB 的电化学响应信号。电极表面的纳米 Cu_2O 大量暴露并导致相应的催化底液中的葡萄糖发生氧化，氧化电化学信号增强。根据两个电化学信号可以测定葡萄糖含量。

分别使用循环伏安法（CV）和微分脉冲伏安法（DPV）获得了电化学信号。CV 检测缓冲液由含 5 mmol/L $Fe(CN)_6^{3-/4-}$（1∶1）和 0.1 mol/L KCl(pH 7.4) 的 10 mmol/L 磷酸缓冲液（PBS）组成。CV 电位范围 −0.6～+0.8 V；扫速 0.05 V/s。DPV 检测缓冲液由含 0.1 mol/L NaOH 和 1 mmol/L 葡萄糖的 10 mmol/L PBS 组成。DPV 电位范围 −0.6～+0.8 V；脉宽 0.05 s；样品测试时间宽度 0.0167 s；脉冲周期 0.2 s；静置时间 2 s。

（四）溶出伏安法

溶出伏安法，是将电化学富集与测定方法有机地结合在一起的一种方法。先将被测物质通过阴极还原富集在一个固定的电极（悬汞电极、玻碳电极等）上，再由负向正电位方向扫描溶出，得到阳极溶出极化曲线。原理如图 7-46 所示。

除阳极溶出伏安法之外，还有阴极溶出伏安法。阴极溶出伏安法常用银电极和汞电极。在正电位下，电极本身氧化溶解生成 Ag^+、Hg^{2+}，它们与溶液中的微量阴离子如 Cl^-、Br^-、I^- 等生成难溶化合物薄膜聚附于电极表面，使阴离子得到富集。然后将电极电位由正向负扫描，进行负电位扫描溶出，得到阴极溶出极化曲线。峰电流正比于难溶盐的沉积量。阴极溶出法已用来测定 Cl^-、Br^-、I^-、S^{2-} 等。溶出伏安法的灵敏度非常高，阳极溶出法检出限可达 10^{-12} mol/L，阴极溶出法检出限可达 10^{-9} mol/L，能同时进行多组分测定。图 7-47 是微分脉冲阳极溶出法的一个例子。

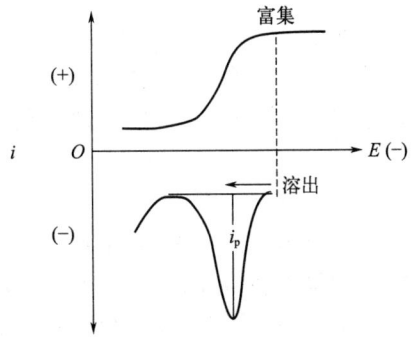

图 7-46　阳极溶出法原理图

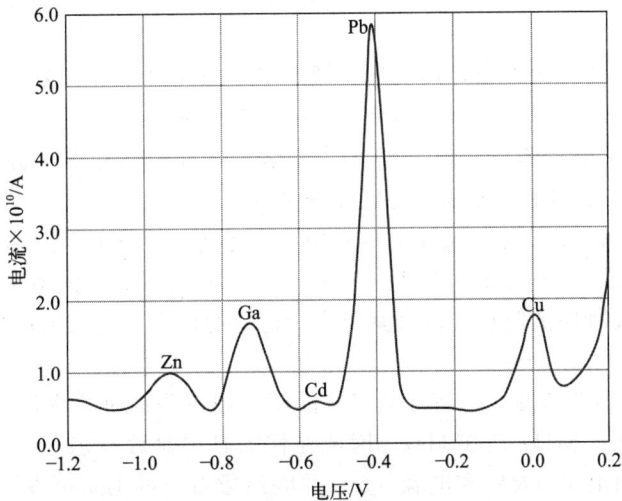

图 7-47　微分脉冲阳极溶出伏安法示意图

实验条件：样品中加入了 $GaCl_3$（终浓度 1×10^{-5} mol/L）；沉积电位 -1.20 V；沉积时间 1200 s，静止溶液，脉冲高度 50 mV，阳极扫描电压 5 mV s^{-1}（Anal Chim Acta 2000，415：165）

第五节　电化学阻抗谱

电化学阻抗谱（electrochemical impedance spectroscopy，EIS）在早期的电化学文献中亦称为交流阻抗（AC impedance）。阻抗测量原本是电学中研究线性电路网络频率响应特性的一种方法，将其引用到研究电极过程中，形成了电化学研究的一种实验方法。电化学阻抗谱是一种以小振幅的正弦波电位（或电流）为扰动信号的电化学测量方法。由于以小振幅的电信号对体系扰动，一方面可避免对体系产生大的影响，另一方面也使得扰动与体系的响应之间近似呈线性关系，这就使测量结果的数学处理变得简单。电化学阻抗谱又是一种频率域的测量方法，它以测量得到的频率范围很宽的阻抗谱来研究电极系统，因而能比其他常规的电化学方法获得更多的电化学动力学及电极界面结构的信息。

一、电化学阻抗谱概述

对于一个稳定的线性系统 M，若以角频率为 ω 的正弦波电信号（电压或电流）X 为扰动信号输入该系统，则相应地从该系统输出角频率也是 ω 的正弦波电信号（电流或电压）Y，Y 即响应信号。Y 与 X 之间的关系可以用下式来表示：

$$X \longrightarrow \boxed{M} \longrightarrow Y$$
$$Y = G(\omega)X$$

如果扰动信号 X 为正弦波电流信号，而 Y 为正弦波电压信号，则称 G 为系统 M 的阻抗。如果扰动信号 X 为正弦波电压信号，而 Y 为正弦波电流信号，则称 G 为系统 M 的导纳（admittance）。阻抗和导纳统称为阻纳（G）。阻纳是一个当扰动与响应都是电信号且两者分别为电流信号和电压信号时的频响函数。由阻纳的定义可知，对于一个稳定的线性系统，当响应与扰动之间存在唯一的因果性时，G_Z（阻抗）与 G_Y（导纳）都取决于系统的内部结构，反映该系统的频响特性，故在 G_Z 与 G_Y 之间存在唯一的对应关系：

$$G_Z = 1/G_Y$$

G 是一个随频率变化的矢量，用变量为频率 f 或其角频率 ω 的复变函数表示：

$$G(\omega) = G'(\omega) + jG''(\omega)$$

G'、G'' 分别为 G 的实部和虚部。若 G 为阻抗，则其实部和虚部分别称为电阻和电抗；若 G 为导纳，则其实部和虚部分别称为电导和电纳。

电化学阻抗谱是指将系统 M（如电极材料、电池等）在不同频率 ω 下进行交流阻抗测量所得到的复数阻抗随频率变化的曲线。借助电化学阻抗谱来研究系统 M 的结构或性能就是通过解析相应曲线所提供信息来研究其所进行过程的机理。复数阻抗随频率的变化规律通常有以下两种表达方法。

① Bode 图，也称波特图，即将复数阻抗的模与相角分别对频率作图。由于频率的变化范围通常很大，如从 1 MHz 到 0.1 Hz，因此在作图时用对数表示更为方便。例如，由电阻（R）和电容（C）并联组成系统的 Bode 图，如图 7-48 所示。其横坐标为频率 f，纵坐标为系统复变函数的模 $|Z|$（左侧）或者相角 ϕ（右侧）。

② Nyquist 图，亦称为复平面图。将在不同频率下所测复数阻抗值的实部和虚部表示在同一复平面上，复平面上的每一个点表示在某一频率下测得的复数阻抗值。在复平面图上不但可以观察到不同频率点的阻抗实部和虚部，也可根据该点与原点连线的长度和该连线与实轴的夹角获得该点阻抗的幅值（模）和相角。例如，电阻（R）、电容（C）及由电阻和电容并联组成系统（RC）的 Nyquist 图，如图 7-49 所示。图中横纵坐标分别为系统复数阻抗的实部（Z'）和虚部（Z''）。

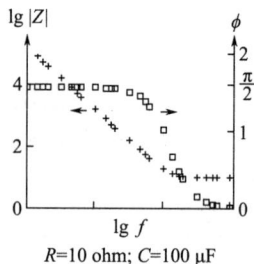

$R=10$ ohm; $C=100$ μF

图 7-48　复合元件（RC）的阻抗波特图

复平面图虽然不能明确地表示频率，但它能表示不同频率下复数阻抗的变化规律，这对于研究系统 M 的电化学过程十分有用。例如，电阻、电容和复合元件（RC）在复平面图中分别表现为落在横坐标上的点 ［图 7-49（a）中的点］、与纵坐标重合的垂线 ［图 7-49（b）中的点线］ 和半圆弧 ［图 7-49（c）中点］。

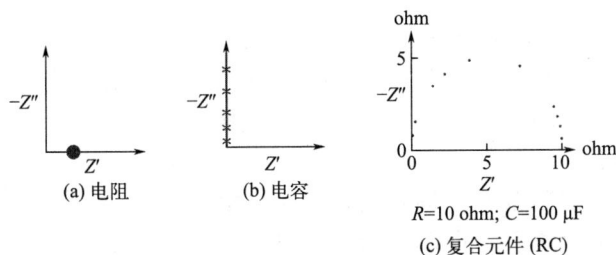

图 7-49　电阻、电容及复合元件（RC）的阻抗 Nyquist 图

二、电化学阻抗谱测量的基本条件

（一）因果性条件

当用一个正弦波的电位信号对电极系统进行扰动，因果性条件要求电极系统只对该电位信号进行响应。这就要求控制电极过程的电极电位以及其他状态变量都必须随扰动信号——正弦波的电位波动而变化。控制电极过程的状态变量则往往不止一个，有些状态变量对环境中其他因素的变化又比较敏感，要满足因果性条件必须在阻抗测量中十分注意对环境因素的控制。

（二）线性条件

鉴于电极过程的动力学特点，电极过程速度随状态变量的变化与状态变量之间一般都不服从线性规律。只有当一个状态变量的变化足够小，才能将电极过程速度的变化与该状态变量的关系作线性近似处理。故为使在电极系统的阻抗测量中满足线性条件，施加给体系的正弦波电位（或电流）扰动信号的幅值必须很小，使得电极过程速度随每个状态变量的变化都近似地符合线性规律，才能保证电极系统对扰动的响应信号与扰动信号之间近似地符合线性条件。总的说来，电化学阻抗谱的线性条件只能被近似地满足。我们把近似地符合线性条件时扰动信号振幅的取值范围叫作线性范围。每个电极过程的线性范围是不同的，它与电极过程的控制参量有关。如：对于一个简单的只有电荷转移过程的电极反应而言，其线性范围的大小与电极反应的塔菲尔常数有关，塔菲尔常数越大，其线性范围越宽。

（三）稳定性条件

对电极系统的扰动停止后，电极系统能否恢复到原来的状态，往往与电极系统的内部结构即电极过程的动力学特征有关。一般而言，对于一个可逆电极过程，稳定性条件比较容易满足。电极系统在受到扰动时，其内部结构所发生的变化不大，可以在受到小振幅的扰动之后又回到原先的状态。在对不可逆电极过程进行测量时，要近似地满足稳定性条件往往是很困难的。这种情况在使用频率域的方法进行阻抗测量时尤为严重，因为用频率域的方法测量阻抗的低频数据往往很费时间，有时可长达几小时。在如此长的时间中，电极系统的表面状态可能已发生较大的变化。

三、电化学阻抗谱研究电化学系统的基本思路

通常将电化学系统 M 看作是一个等效电路，且这个等效电路由电阻（R）、电容（C）、电感（L）等基本元件按串联或并联等不同方式组合而成。通过测定其电化学阻抗谱，可以确定等效电路的构成以及其各元件的参数大小，并利用这些元件的电化学含义，来分析电化学系统 M 的结构及其电极过程等。下面以发生在平板电极上的某电化学反应 O（氧化态）$+ne^- \longleftrightarrow$ R（还原态）为例，若其电极过程由电荷传递过程和扩散过程共同控制，即电化学极化和浓差极化同时存在时，该电化学系统的等效电路可简单表示为图 7-50。

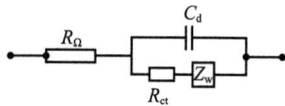

图 7-50 等效电路图

对应该等效电路的阻抗则为：

$$Z = R_\Omega + \cfrac{1}{j\omega C_d + \cfrac{1}{R_{ct} + Z_w}}$$

$$Z_w = \sigma\omega^{-1/2}(1-j)$$

其中 R_Ω、C_d、R_{ct}、Z_w、σ 分别为等效串联内阻、双电层电容、电荷转移电阻、Warburg 阻抗、比例常数。该阻抗的实部和虚部分别为：

$$Z_{Re} = R_\Omega + \frac{R_{ct} + \sigma\omega^{-1/2}}{(C_d\sigma\omega^{1/2}+1)^2 + \omega^2 C_d^2(R_{ct}+\sigma\omega^{-1/2})^2}$$

$$Z_{Im} = \frac{\omega C_d(R_{ct}+\sigma\omega^{-1/2})^2 + \sigma\omega^{-1/2}(\omega^{1/2}C_d\sigma+1)}{(C_d\sigma\omega^{1/2}+1)^2 + \omega^2 C_d^2(R_{ct}+\sigma\omega^{-1/2})^2}$$

对该阻抗的实部和虚部做如下分析处理：

①低频极限。当角频率 ω 足够低时，实部（Z_{Re}）和虚部（Z_{Im}）可简化为：

$$Z_{Re} = R_\Omega + R_{ct} + \sigma\omega^{-1/2}$$

$$Z_{Im} = \sigma\omega^{-1/2} + 2\sigma^2 C_d$$

则

$$Z_{Im} = Z_{Re} - R_\Omega - R_{ct} + 2\sigma^2 C_d$$

在此极端情况下，电极过程的控制步骤主要为扩散过程，其阻抗在 Nyquist 图上表现为倾斜角为 45°的直线，如图 7-51 所示。

② 高频极限。当角频率 ω 足够高时，实部和虚部中含 $\omega^{-1/2}$ 的项可忽略，于是有：

$$Z = R_\Omega + \cfrac{1}{j\omega C_d + \cfrac{1}{R_{ct}}}$$

$$Z = R_\Omega + \frac{R_{ct}}{1+\omega^2 C_d^2 R_{ct}^2} - \frac{\omega C_d R_{ct}^2}{1+\omega^2 C_d^2 R_{ct}^2}$$

$$Z_{Re} = R_\Omega + \frac{R_{ct}}{1+\omega^2 C_d^2 R_{ct}^2}$$

$$Z_{Im} = \frac{\omega C_d R_{ct}^2}{1+\omega^2 C_d^2 R_{ct}^2}$$

整理后得到：

$$\left(Z_{Re} - R_\Omega - \frac{R_{ct}}{2}\right)^2 + Z_{Im}^2 = \left(\frac{R_{ct}}{2}\right)^2$$

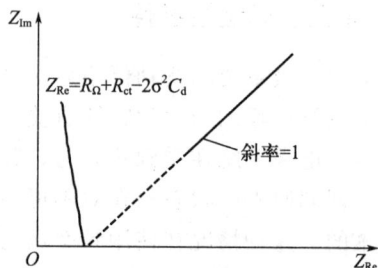

图 7-51 扩散过程控制下的阻抗 Nyquist 图

即在此极端情况下，电极过程的控制步骤主要为电荷传递过程，其阻抗在 Nyquist 图上表现为圆心是（$R_\Omega + \dfrac{R_{ct}}{2}$，0）、半径是 $\dfrac{R_{ct}}{2}$ 的半圆，如图 7-52 所示。

显然，可以从 Nyquist 图上可以直接求出 R_Ω、R_{ct} 和 C_d。需要注意的是，在固体电极的电化学阻抗谱测量中发现，曲线总是或多或少地偏离半圆轨迹，而表现为一段圆弧，被称为容抗弧，这种现象被称为"弥散效应"。一般认为与电极表面的不均匀性、电极表面的吸附层及溶液导电性差有关，它反映了电极双电层偏离理想电容的性质。

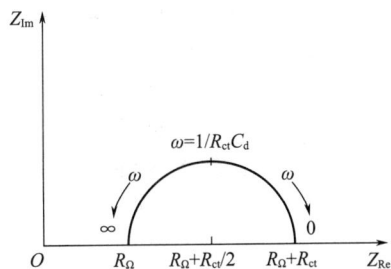

图 7-52　电荷传递过程控制下的阻抗 Nyquist 图

③ 非极限频率。在此情况下，电极过程由扩散过程和电荷传递过程共同控制，其阻抗的 Nyquist 图如图 7-53 所示。

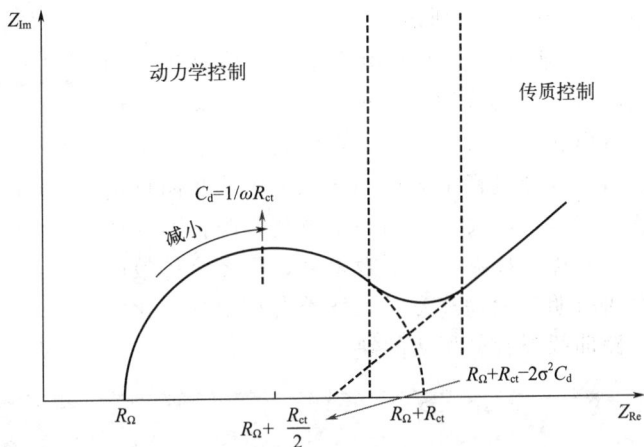

图 7-53　扩散过程和电荷传递过程共同控制下的阻抗 Nyquist 图

对于复杂或特殊电化学系统，其电化学阻抗谱的曲线将更加复杂多样。仅用电阻、电容等难以充分描述其等效电路，需要引入感抗、常相位元件等其他电化学元件。

四、电化学阻抗谱数据处理方法

通常用等效电路曲线拟合法来处理电化学阻抗谱数据。下面以石墨烯/二氧化锰复合材料电极在 0.5 mol/L Na_2SO_4 溶液中，于开路电位下所测电化学阻抗谱为例，对处理过程进行简要介绍。

① 测试电化学阻抗谱。如借助电化学工作站中的交流阻抗技术，采用三电极体系（石墨烯/二氧化锰复合材料电极、铂片电极和饱和甘汞电极分别作为工作电极、对电极和参比电极）进行测试，所得 Nyquist 图如图 7-54 所示。

② 建立等效电路。根据所研究电化学系统的特征，利用电化学知识，估计该系统中可能存在的等效电路元件及其之间的组合方式（串联、并联），然后提出一个可能的等效电路。相应等效电路图可借助专业软件（如 Scribner Associate 公司的 ZView 软件）进行绘制，如图 7-55 所示。

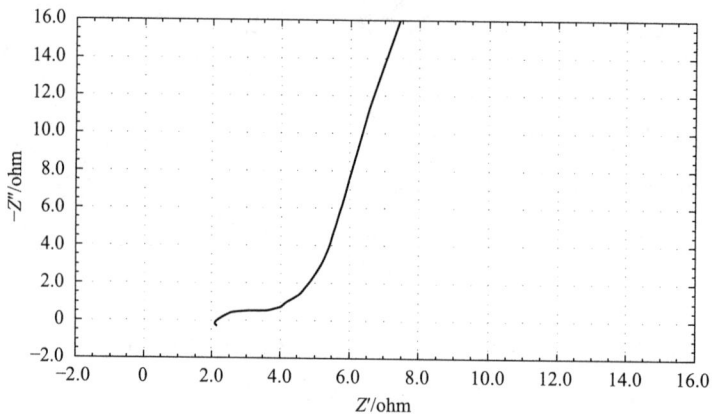

图 7-54　石墨烯/二氧化锰复合电极在 $0.5\ mol/L\ Na_2SO_4$ 溶液中，于开路电位下所测 Nyquist 图

③ 电化学阻抗谱拟合。利用专业软件，对电化学阻抗谱曲线进行拟合。如果拟合结果良好，则说明该等效电路有可能是该电化学系统的等效电路。如图 7-56 所示。

④ 数据分析。利用专业软件给出的拟合结果，可直接得到电化学系统的 R_Ω、R_{ct} 和 C_d 等参数，再利用电化学知识赋予这些等效电路元件一定的电化学含义，并可计算相关动力学参数。

在电化学阻抗谱数据处理过程中应特别注意，电化学阻抗谱和等效电路之间不存在唯一对应关系，同一个电化学阻抗谱往往可对应多个等效电路。具体选择哪一种等效电路，需考虑等效电路在电化学系统中是否有明确的物理意义，能否合理解释电化学过程。这亦是等效电路曲线拟合分析法的缺点。

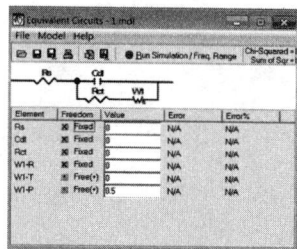

图 7-55　ZView 软件建立的等效电路图

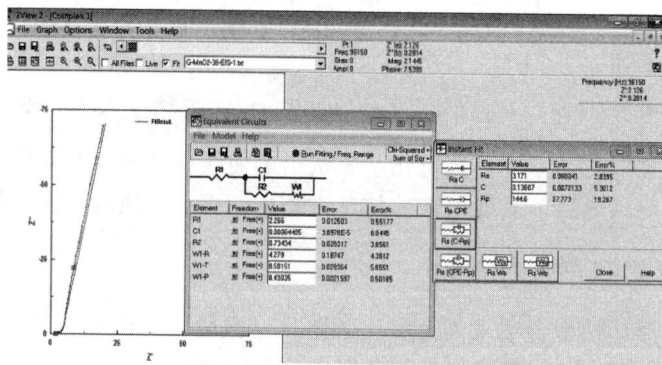

图 7-56　ZView 软件拟合的曲线（曲线分别为测试结果和拟合曲线）

电化学思维导图.word

阅读拓展-中国科学家在该领域的工作介绍.word

习题

1. 对于原电池 Zn│ZnSO₄‖CuSO₄│Cu 和电解池 Cu│CuSO₄‖ZnSO₄│Zn，请画出图形并标明电子得失和流动的方向。阴极、正极、阳极、负极是如何定义的？阴极和负极、阳极和正极在任何情况下可以混为一谈吗？

2. 测定水溶液中的氢离子，离子选择性电极法和电位滴定法在原理和操作上有何不同？

3. 对于一个还原、氧化电极反应 O+ne^-══R，下图分别是循环伏安法的电位扫描原理（左）和循环伏安图：

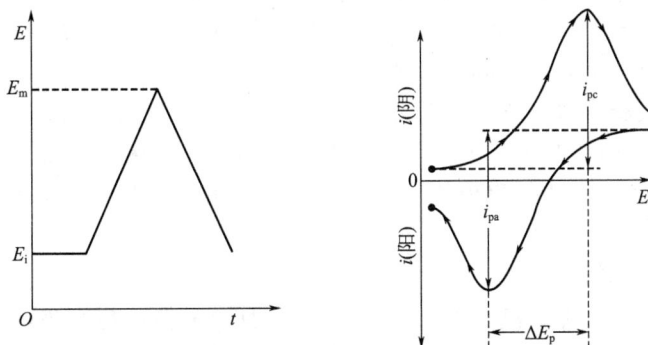

①对于一个可逆氧化还原体系的循环伏安法实验，可测得 i_{pc}、i_{pa}、E_{pc}、E_{pa} 等参数。试说明：阴极峰电流与阳极峰电流之间的比例关系；②试说明阴极峰电位与阳极峰电位之间的差值关系；③在相同条件下比较，一个峰越宽，所代表的 n 值越大还是越小？

4. 库仑分析是在电解分析基础上发展起来的，试比较电解分析与库仑分析异同点。并回答库仑分析的理论基础是什么。

5. 写出下列电池的半电池反应及电池反应，计算其电动势，并标明电极的正负。

(1) Zn│Zn（NO₃）₂（0.500 mol/L）‖AgNO₃（0.10 mol/L）│Ag
$$\varphi^{\ominus}_{Zn^{2+}/Zn}=-0.762\text{ V},\ \varphi^{\ominus}_{Ag^+/Ag}=+0.80\text{ V}$$

(2) Pb│PbSO₄（固），K₂SO₄（0.100 mol/L）‖PbNO₃（0.100 mol/L）│Pb
$$\varphi^{\ominus}_{Pb^{2+},Pb}=-0.126\text{ V},K_{sp(PbSO_4)}=2.0\times10^{-8}$$

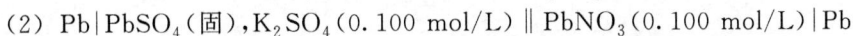

(3) Pt，H₂（202650 Pa）│HCl（0.100 mol/L）│HCl（0.100 mol/L）│Cl₂（506630 Pa），Pt
$$\varphi^{\ominus}_{H_2,H^+}=0V;\varphi^{\ominus}_{Cl_2,Cl^-}=+1.359\text{ V}$$

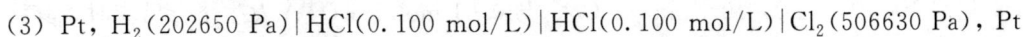

6. SCE‖Mn^{n+}│M 所表示电池为一自发电池，在 25℃时其电动势为 0.100 V；当 Mn$^+$ 的浓度稀释至原来的 1/100 时，电池电动势为 0.040 V，试求右边半电池反应的 n 值。

7. 计算全固态氯化银晶体膜电极在 0.01 mol/L 氯化钙试液中的电极电位。测量时与饱和甘汞电极组成电池体系，何者作为正极？请以活度计算（已知 $K_{sp(AgCl)}=1.8\times10^{-10}$）。

8. 以下是钾离子选择电极与银/氯化银参比电极组成的用于测定钾离子的电池，试写出 $\varphi_{膜}$、$\varphi_{电极}$ 和 $E_{池}$ 的表达式（尽量简化，不考虑离子强度、液接电势和不对称电势的影响）。

Ag·Ag NO₃│0.01mol/L KCl‖K⁺玻璃膜│0.01mol/L KNO₃,0.01mol/L NaCl│AgCl·Ag

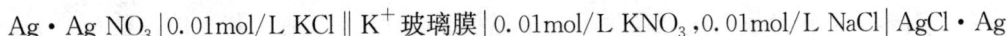

9. 下列电池的电动势为+0.944V（25℃）：

$$Pb|PbX_2(饱和),X(0.010\ mol/L)\parallel SCE$$

已知 $E^{\ominus}_{Pb^{2+},Pb}=-0.13\ V$，$E_{SCE}=+0.244\ V$，不考虑离子强度的影响，$PbX_2$ 的溶度积常数是多少？

10. 用电池 $Ag\cdot AgCl|0.1\ mol/L\ HCl|H^+$ 试液 $\parallel KCl$（饱和）$|Hg_2Cl_2\cdot Hg$ 测溶液 pH，当 298 K、试液 pH 为 5.00 时，测得电池电动势为 0.300 V。当测未知液时，得电动势为 0.350 V，求未知液的 pH。

11. 测得下述电池的电动势为 0.280 V：

$$Mg^{2+}\ 的离子选择电极|Mg^{2+}\ (\alpha=5.00\times10^{-3}\ mol/L)\parallel SCE$$

（1）用未知含镁液取代已知镁离子活度的溶液测得电池的电动势为 0.350 V，未知液的 pMg 是多少？

（2）假定测量未知液电位值时造成的误差为 $\pm0.002\ V$，由电位测量误差造成活度测量的相对误差是多少？未知液 Mg^{2+} 离子活度真实在什么范围以内？已知 $R=8.314\ J/(mol\cdot K)$，$T=298K$，$n=2$，$F=96487\ C/mol$，$\ln10=2.303$。

12. 氟化铅溶度积常数的测定：以流动膜铅离子选择电极为负极，氟电极为正极，浸入 pH 为 5.0 的 0.0100 mol/L 氟化钠并经氟化铅沉淀饱和的溶液。在 25℃ 时测得该电池的电动势为 0.1640 V。同时测得铅电极的响应斜率为 28.5 mV/pPb，$K_{Pb}=+0.1742\ V$；氟电极的响应斜率为 57.0 mV/pF，$K_F=+0.1162\ V$。已知 $\varphi_{SCE}=0.244$。

（1）试计算 PbF_2 的 K_{sp}。

（2）考虑 OH^- 的干扰，若 $K^{Pot}_{F,OH}=1\times10^{-4}$，计算测定的氟电极电极电势 φ_{F^-} 的相对误差。

13. 在测量废水中的重金属离子时，玻璃膜镉离子选择电极对氢离子的电位选择性系数为 1×10^{-2}，当镉电极用于测定 $2\times10^{-5}\ mol/L$ 镉离子时，要满足测定的相对误差小于 0.5%，则应控制试液的 pH 大于多少？

14. 已知镉对铅的扩散电流常数比为 0.924，由镉、铅混合溶液作极谱测得各自的波高，分别为 Pb^{2+} 的 4.40 μA，Cd^{2+} 的 6.20 μA，已知镉离子浓度为 $1.4\times10^{-3}\ mol/L$，求铅离子浓度。

15. 在酸性介质中，Mo^{5+} 的半波电位约为 $-0.84\ V$，Ti^{4+} 的半波电位约为 $-0.38\ V$，Al^{3+} 的半波电位在氢波之后。用极谱法分别测定铝中或钛中微量钼时，何者较易？为什么？

16. 在 1 mol/L 氯化钾溶液中，钴离子还原为钴-汞齐的半波电位为 $-1.3V$。在 1 mol/L 氯化钾介质中，当 $2\times10^{-5}\ mol/L\ Co^{2+}$ 与 0.01 mol/L EDTA 发生络合反应时，其络合物还原波的半波电位为多少（CoY^{2-} 的 $K_稳=7.9\times10^{12}$）？

17. 推导苯醌在滴汞电极上还原为对苯二酚的可逆波方程式，其电极反应如下：

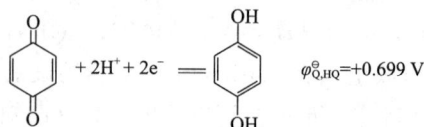

（1）假定苯醌及对苯二酚的扩散电流比例常数及活度系数均相等，则半波电位与 pH 有何关系？并计算 pH＝7.0 时极谱波的半波电位（对 SCE）。

（2）对苯二酚在滴汞电极上产生可逆极谱波。当 pH＝7 时，其半波电位为 $+0.041\ V$（vs SCE）。计算对苯二酚的单扫描极谱波的峰电位。

（3）请举例说明电化学分析法在有机化学等反应机理研究中的重要性。

18. 在 0.1 mol/L 硝酸钾介质中，1×10^{-4} mol/L Cu^{2+} 与不同浓度的 X^- 所形成的络离子的可逆极谱波的半波电位值如下：

X^- 浓度/(mol/L)	0.00	1.00×10^{-5}	3.00×10^{-5}	1.0×10^{-2}	3.00×10^{-2}
E_1/V(vs. SCE)	−0.586	−0.719	−0.743	−0.778	−0.805

电极反应系二价铜还原为铜-汞齐，试求该络合物的化学式及稳定常数。

19. 在 1 mol/L 硝酸介质中，电解 0.2 mol/L Pb^{2+} 以 PbO_2 析出：

（1）在 250 mA 下恒电流电解 10 mL 此溶液，若要电解完全，需用多少时间？已知 M_{PbO_2} 为 239.3 g/mol。

（2）如以电解至尚留下 0.05% 视为已电解完全，此时工作电极电位的变化值为多大？已知 $E_{Pb}^{\ominus} = 1.455$ V。

20. 10.00 mL 浓度约为 0.01 mol/L 的 HCl 溶液，以电解产生的 OH^- 滴定此溶液，用 pH 计指示滴定终点。当达到终点时，通过电流的时间为 6.90 min，滴定时的电流强度为 20 mA，计算此 HCl 溶液的浓度。

21. 在 100 mL 试液中，使用表面积为 5 cm^2 的电极进行控制电位电解。被测物质的扩散系数为 5×10^{-5} cm^2/s，扩散层厚度为 1×10^{-3} cm。如以电流降至起始值的 0.5% 时视作电解完全，需要多长时间？

22. 在电解中，如阴极析出电位为 +0.244 V，阳极析出电位为 +1.568 V，电解池的电阻为 1.0 Ω，欲使 200 mA 的电流通过电解池，应施加多大的外加电压？

23. 用控制电位库仑法测定 Cr^{3+}，在汞阴极上还原成金属铬析出。初始电流为 450 mA，以 0.1 min^{-1} 的指数方程衰减，35 min 后降到接近于零。试计算试液中铬的含量。

第八章

色谱分析

一、发展历史

色谱学研究始于 1903 年，俄国植物学家茨维特（Tsweet）将碳酸钙放在一竖立的玻璃管中，从顶端注入植物色素的石油醚浸取液，石油醚由上而下淋洗，结果在管的不同部位形成不同颜色的色带，随后茨维特将其命名为色谱（chromatography）。其原理如图 8-1（a）所示。管内填充物称为固定相（stationary phase），淋洗剂称为流动相（mobile phase）。经过一百多年的发展，茨维特式的色谱已被分析化学家、生物学家发展成为一种极其有用的分离、分析方法。图 8-1（b）即现代色谱的一种形式。现在色谱法不仅可用于有色物质的分离，而且可用于无色物质的分离，色谱法的分离原理没有本质的改变。

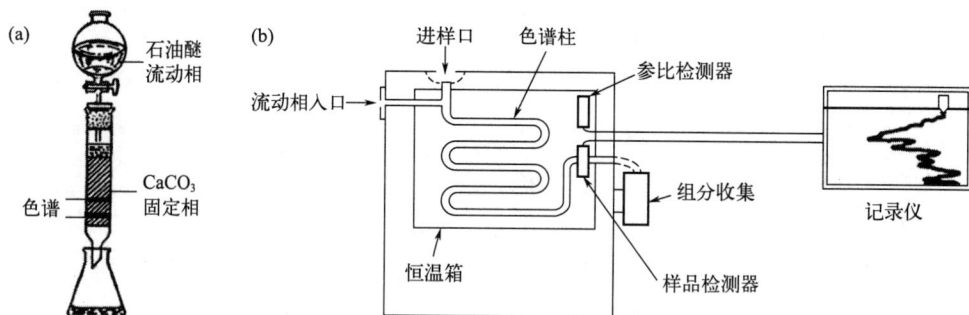

图 8-1　色谱法原理示意图

色谱法是将混合物中各组分进行分离分析，具有灵敏度高、选择性高、效能高、分析速度快及应用范围广等优点。历史上曾有两次诺贝尔化学奖直接与色谱研究相关，1948 年瑞典科学家 Tiselins 因电泳和吸附分析的研究而获奖，1952 年英国的马丁（Martin）和辛格（Synge）因发展了分配色谱而获奖。目前色谱法是生命、材料、环境等科学领域的重要分析手段。据统计，全世界分析化学工作者中 30% 左右的人在从事色谱分析工作。

二、色谱法分类

1. 按流动相与固定相状态分类

将流动相状态的第一个字与固定相状态的第一个字作为分类的称谓。如流动相是气体的色谱方法叫气相色谱法（gas chromatography，GC），根据固定相物态的不同，气相色谱法又分为气-固色谱（固定相为固体吸附剂）和气-液色谱（固定相为液体薄膜）；同理，流动相是液体的色谱方法叫液相色谱法（liquid chromatography，LC），又分为液-固色谱（固定相为固体吸附剂）和液-液色谱（固定相为另外一种液体）；流动相是超临界流体的色谱叫超临界色谱。

2. 按固定相形状、性质分类

将固定相装填于较粗（直径 2～4 mm）柱型管内（一般为不锈钢管，早期为玻璃管）的方法叫柱色谱法（column chromatography）或填充柱色谱法（packed column chromatography）；利用内壁空白、涂敷或装填固定相的毛细管（一般为石英，直径从几微米到几百微米不等）的方法叫毛细管柱色谱法（capillary column chromatography）；固定相呈平面结构的色谱法叫平面色谱法（plane chromatography），又分为纸色谱法（paper chromatography）、薄层色谱法（thin layer chromatography，TLC）及薄膜色谱法（thin film chromatography）等；将电泳原理与毛细管柱色谱结合产生了毛细管电泳法（capillary electrophoresis，CE）。

3. 按分离原理分类

吸附色谱（adsorption chromatography）法利用固体吸附剂作为固定相，不同组分在同一固体吸附剂表面的物理吸附性能有差异，因而具有不同的吸附平衡常数。如气-固色谱、液-固色谱等。

分配色谱（partition chromatography）法利用液体薄膜作为固定相，不同组分在同一固定相上的溶解度不同，具有不同的分配系数。如气-液色谱、液-液分配色谱等。

离子交换色谱（ion exchange chromatography，IEC）法以离子交换剂作为固定相，是利用同一离子交换剂对不同组分的交换能力不同而进行分离的方法。

空间排阻色谱（size exclusion chromatography，SEC）法以多孔性物质作为固定相，是利用不同尺寸的组分通过多孔性固定相的孔径时通过能力（排阻或进入）不同而进行分离的方法。

毛细管电色谱（capillary electro-chromatography，CEC）法以毛细管中填充固定相，是利用不同组分在同一电场下的移动速度不同而进行分离的方法。

4. 色谱联用技术

将色谱的分离功能和其他检测仪器联用，将传统色谱的分离、成分分析功能扩展到结构分析领域。主要有色谱-质谱联用技术，包括气相色谱-质谱（gas chromatography-mass spectrometry，GC-MS）、液相色谱-质谱（liquid chromatography-mass spectrometry，LC-MS）和毛细管电泳-质谱（capillary electrophoresis-mass spectrometry，CE-MS）等。除此之外，还有色谱-光谱联用技术。

色谱学有一个庞大的家族，其不断产生的新技术和分类的方法还很多，如按动力学过程（冲洗法、顶替法、迎头法等）的分类。在此不再赘述。

三、色谱法基本原理

（一）色谱基本术语

色谱流出曲线又被称为色谱图，以信号强度 S 为纵坐标、以时间 t 为横坐标，如图 8-2 所示。

（1）基线　指不含样品的流动相通过色谱柱后得到的一条直线，代表噪声水平。如图 8-2 OO' 线段所示。

（2）峰高　用符号 h 表示，是从峰顶到基线的垂直距离。

（3）峰宽　用符号 Y 表示。曲线拐点引切线与基线相交的距离。

（4）半峰宽　用符号 $Y_{1/2}$ 表示，为峰高一半处的峰宽，单位可用长度单位（如米）、时间单位（如秒）、流动相体积 V（如毫升）表示。

（5）标准偏差　用符号 σ 表示，是正态分布曲线的特征值，为 $0.607h$ 处峰宽的一半，与半峰宽关系为：

$$Y_{1/2}=2.355\sigma \tag{8-1}$$

与峰宽关系为：

$$Y=4\sigma=1.699Y_{1/2} \tag{8-2}$$

σ 反映谱带展宽程度，σ 小表示组分相对集中，为组分的动力学特征，显然 σ 小一些好！有时用 σ^2（方差）表示色谱峰宽度（方差有加和性），也可用 σ 评价分离效果。

（6）峰面积 A　用峰高 h 乘以半峰宽 $Y_{1/2}$ 所计算的峰面积比实际峰面积要小，所以使用 1.065 的校正系数。随着技术进步，峰面积均从软件直读，不同技术得到的峰面积具有不同的单位，使用时应加注意。

（7）保留值　表示试样中各组分在色谱柱中滞留时间的数值（以气相色谱为例描述）。

① 死时间 t_0 指惰性物质（如空气）通过色谱柱以及到检测器连接管路的时间，载气的线速度 u（单位 cm/s）与死时间 t_0（单位 s）的关系为：

$$u=\frac{L}{t_0} \tag{8-3}$$

式中，L 为柱长。也可以用消耗的载气体积表示该参数，称为死体积 V_0。

$$V_0=t_0F_0 \tag{8-4}$$

F_0 为色谱柱出口的载气体积流速，mL/min

② 保留时间 t_R 指被测组分从进样开始到出色谱峰最大值所需的时间，包括载气充满柱以及到检测器连接管路所需的时间 t_0 和组分在柱内滞留时间。同样可以用保留体积 V_R 表示。

$$V_R=t_RF_0 \tag{8-5}$$

调整保留时间 t'_R 指扣除死时间后的保留时间：

$$t'_R=t_R-t_0 \tag{8-6}$$

可理解为组分由于溶解或吸附于固定相，比惰性物质在色谱柱中多滞留的时间。同样可以用体积表示为：

<figure>
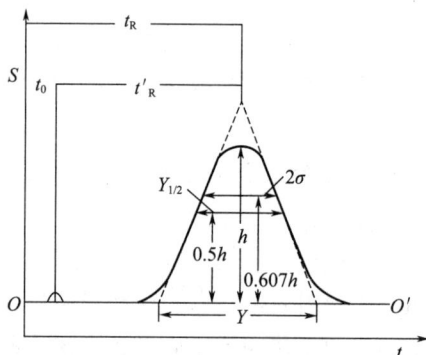

图 8-2　色谱流出曲线示意图
</figure>

$$V'_R = V_R - V_0 = (t_R - t_0)F_0 = t'_R F_0 \tag{8-7}$$

③ 相对保留值 $r_{2,1}$ 指组分 2 的调整保留值与组分 1 调整保留值之比。

$$r_{2,1} = \frac{t'_{R,2}}{t'_{R,1}} = \frac{V'_{R,2}}{V'_{R,1}} \tag{8-8}$$

相对保留值的优点是，只要柱温、固定相和流动相的性质不变，即使柱径、柱长、填充情况及流动相流速有所变化，$r_{2,1}$ 值仍保持不变，因此它是色谱定性分析的重要参数。$r_{2,1}$ 亦可用来表示固定相的选择性。$r_{2,1}$ 值越大，相邻两组分的 t'_R 相差越大，分离得越好，$r_{2,1} = 1$ 时，两组分不能被分离。如果用来描述色谱图上最难分离的两个组分时 $r_{2,1}$ 用 α 表示，此时称为分离因子（曾用名：选择性因子）。

④ 保留指数 I 是气相色谱中用于定性分析的一种参数。同系物调整保留值的对数与分子中碳数有如下规律：

$$\lg t'_R = A_1 n + C_1 \tag{8-9}$$

式中，A_1、C_1 为常数；n （$n \geqslant 3$）为碳数。如果知道同系物中两个以上组分的调整保留值，可推出同系物中其他组分的调整保留值。正构烷烃的保留值与其碳原子数有正相关关系，所以保留指数是把物质的保留行为用临近它的两个正构烷烃来标定，并以均一标度（即不用对数）来表示，某物质 i 的保留指数 I_i 可用下式来求得：

$$I_X = 100 \left(\frac{\lg t'_{R(X)} - \lg t'_{R(Z)}}{\lg t'_{R(Z+1)} - \lg t'_{R(Z)}} + Z \right) \tag{8-10}$$

Z 为正构烷烃碳原子数，$t'_{R(X)}$ 为待测组分 i 的调整保留值，$\lg t'_{R(Z)}$ 和 $t'_{R(Z+1)}$ 为具有 Z 和 $Z+1$ 个碳原子数正构烷烃的调整保留值。规定正构烷烃的保留指数为碳数乘 100，如正己烷为 600，正辛烷为 800。

保留指数 I 是以正构烷烃的保留值作基准或作标尺，将两相邻正构烷烃保留值的对数差值分为 100 份（放大比标尺），所以正构烷烃起到标定物的作用，任何物质的保留值必然落在某两个碳数相邻正构烷烃的保留值之间。

求取 I 时，将选好的正构烷烃与待测物混在一起进行色谱分析，使在给定的色谱条件下组分的保留值刚好在两正构烷烃的保留值之间，便可求得 I。I 测定简单，准确度和重复性好，误差小于 1%，只要柱温、固定液相同，就可用文献上发表的 I 值定性，目前也用 I 进行分离条件的转化。

上述讨论适于气相色谱，但对液相色谱来说，流动相的改变对保留值的影响通常用以分离条件的优化。

（8）分离度 R 可作为色谱柱的分离效能指标。其定义为相邻两组分色谱峰保留值之差与两个组分平均峰底宽度的比值：

$$R = \frac{t_{R2} - t_{R1}}{\frac{1}{2}(Y_2 + Y_1)} \tag{8-11}$$

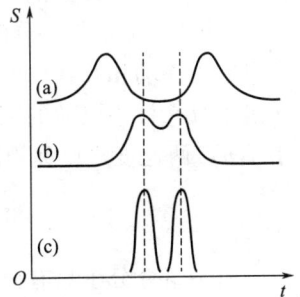

图 8-3 分离度示意图

式中，t_{R2} 和 t_{R1} 分别为两组分的保留时间，Y_1 和 Y_2 为相应组分色谱峰的峰宽，与保留值单位相同。R 值越大，意味着相邻两组分分离得越好。

图 8-3 说明了两组分分离的不同情况。图 8-3（a）的两组分分离比较理想，但峰较宽；图 8-3（b）与图 8-3（c）的保留时间虽然一致，但后者完全分离，前者由于峰太宽导致彼此重叠。所

以只有同时满足两个条件，即 Δt_R 大、$Y_{1/2}$ 足够窄时，两组分才能完全分离。

在分离过程中，两组分保留值的差别，主要取决于固定液的热力学性质；色谱峰的宽窄则反映了色谱过程的动力学因素和柱效能的高低。因此，分离度是柱效能、选择性影响因素的总和，故可用其作为色谱柱的总分离效能指标。

理论证明若峰形对称性好，当 $R=1.0$ 时，分离程度可达 98%；当 $R=1.5$ 时，分离程度可达 99.7%。因而可用 $R=1.5$ 作为相邻两峰完全分开的判据。如图 8-4 所示：

由于 Y 难以测量，实际工作中通常用半峰宽 $Y_{1/2}$ 代替测量峰宽，此时：

$$R_{1/2}=\frac{t_{R2}-t_{R1}}{\frac{1}{2}\left[(Y_{1/2})_2+(Y_{1/2})_1\right]} \tag{8-12}$$

$$R_{1/2}=1.7R \tag{8-13}$$

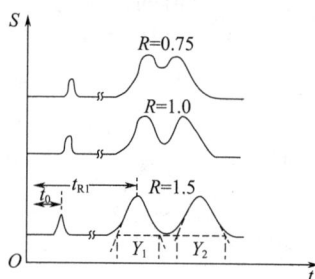

图 8-4　分离效果示意图

（9）分配系数 K 和分配比 k。物质在固定相和流动相之间发生的吸附、脱附和溶解、挥发的过程，叫做分配过程。在一定温度下组分在两相之间分配达到平衡时的浓度比称为分配系数 K：

$$K=\frac{c_s}{c_m} \tag{8-14}$$

式中，c_s 为组分在固定相中的浓度；c_m 为组分在流动相中的浓度。K 在一定的压力和温度下为一常数，当 c_s 增大时证明组分与固定相的作用力增强。分配色谱的分离原理是基于不同物质在两相间具有不同的分配系数。

分配比 k 又称容量因子或容量比，是指在一定温度、压力下，在两相间达到分配平衡时，组分在两相中的质量比：

$$k=\frac{W_s}{W_m}=\frac{n_s}{n_m} \tag{8-15}$$

式中，W 为质量；n 为物质的量，下标含义同前。对于单一组分而言，k 值愈大，证明组分和固定相的亲和力愈大，溶解愈多，相应的保留时间愈长，相应的保留体积就愈大。$k=0$ 时，固定相对组分不保留。

可以推出下式：

$$K=\frac{c_s}{c_m}=\frac{W_s}{W_m}\frac{V_m}{V_s}=k\frac{V_m}{V_s} \tag{8-16}$$

式中，V_m 为流动相体积，V_s 为固定相体积，$V_m/V_s=\beta$，β 称相比。它反映了色谱柱柱型及其结构特性。例如，填充柱的 β 值约为 6~35，毛细管柱的 β 值为 50~1500。

（10）分配系数、分配比、保留时间之间的关系。若流动相在柱内的线速度为 u，即一定时间里流动相在柱中流动的距离（单位为 cm/s），u_x 为组分在柱内的线速度，即一定时间里组分在柱中流动的距离（单位也为 cm/s）。由于固定相对组分有保留作用，所以 u_x 将小于 u，两速度之比称为滞留因子 R_x（也叫保留比）：

$$R_x=\frac{u_x}{u} \tag{8-17}$$

由于组分分子只有出现在流动相中时才能随流动相在柱内移动，显然，u_x 大，则组分与固定相作用力愈弱，组分在流动相中的分配量 n_m（物质的量）就愈大。如果用 n_s 表示组分在固定相中的分配量（物质的量），那么，组分在流动相中的分配量占组分在两相分配总量的比例越大，R_x 必然越大，则下式同样成立：

$$R_x = \frac{n_m}{n_s + n_m} \tag{8-18}$$

根据定义：$u_x = \dfrac{L}{t_R}$ （cm/s）

R_x 可表达为：

$$R_x = \frac{(L/t_R)}{(L/t_0)} = \frac{t_0}{t_R} \tag{8-19}$$

引入容量因子 k 的概念，则：

$$R = \frac{n_m}{n_s + n_m} = \frac{1}{k+1}$$

可以推导得：

$$\frac{t_0}{t_R} = \frac{1}{k+1} \tag{8-20}$$

得色谱过程方程和容量因子 k：

$$t_R = t_0(1+k) = t_0\left(1 + \frac{KV_s}{V_m}\right)$$

$$k = \frac{t_R - t_0}{t_0} = \frac{t'_R}{t_0} \tag{8-21}$$

（二）色谱理论基础

1. 塔板理论

色谱分离技术发展的初期，将色谱分离过程比作精馏过程，引用了处理精馏过程的概念、理论和方法处理色谱过程，即将连续的色谱过程看作是许多小段平衡过程的重复。这个半经验理论把色谱柱比作一个分馏塔，色谱柱可由许多假想的塔板组成（即色谱柱可分成许多个小段），在每一小段（塔板）内，一部分空间为固定相占据，另一部分空间充满着流动相，流动相占据的空间称为板体积 ΔV。当欲分离的组分随流动相进入色谱柱后，就在两相间进行分配。由于流动相在不停地移动，组分就在这些塔板间隔的流动相与固定相间不断地达到分配平衡。

塔板理论（plate theory）有如下假定。①在一小段柱空间内，组分可在两相内很快地达到分配平衡。这样达到分配平衡的一小段柱长称为理论塔板高度 H。②流动相以间歇式进入色谱柱而不是连续地进入，每次进入一次为一个板体积，在该板体积内组分充分达到平衡。③试样开始时都加在第 0 号塔板上，且试样沿色谱柱方向的扩散可忽略不计。④分配系数在各塔板上是一样的。这样的假定很像一个逆流萃取过程。根据塔板理论的假定，图 8-5 给出了组分在 3 段柱空间（3 个塔板，$n=3$）中的分配情况。

图 8-5 中 m 代表流动相，s 代表固定相，n 是塔板编号，ΔV（m）表示流动相每次进入一个板体积，K 是分配系数。对一根长为 L 的色谱柱，如果为分配平衡的次数为 n，则：

$$n = \frac{L}{H} \tag{8-22}$$

当 $n > 50$ 时，可以得到对称的峰形曲线。n 值一般很大，如在气相色谱中约为 $10^3 \sim 10^6$，此时的流出曲线趋近于正态分布曲线。由塔板理论可推导出 n 与色谱峰半峰宽度或峰底宽度的关系：

$$n = 5.54\left(\frac{t_R}{Y_{1/2}}\right)^2 = 16\left(\frac{t_R}{Y}\right)^2 \qquad (8\text{-}23)$$

其中，L 为色谱柱的长度，t_R、$Y_{1/2}$ 或 Y 用同一物理量的单位（时间或距离的单位）。可见色谱峰越窄，塔板数 n 越多，理论塔板高度 H 就越小，柱效能越高，因此 n 或 H 可作为描述柱效能的一个指标。n 称为理论塔板数。

由于死时间 t_0（或死体积 V_0）的存在，它包括在 t_R 内，而组分在 t_0 不参加柱内的分配，所以计算出的 n 尽管很大，H 很小，色谱柱表现出来的实际分离效果却并不好，特别是对流出色谱柱较早（t_R 较小）的组分更为突出。因而理论塔板数 n、理论塔板高度 H 并不能真实反映色谱柱分离的好坏，有必要将 t_0 除外的有效塔板数 n' 和有效塔板高度 H' 作为柱效能指标。其计算式为：

$$n' = 5.54\left(\frac{t'_R}{Y_{1/2}}\right)^2 = 16\left(\frac{t'_R}{Y}\right)^2 \qquad (8\text{-}24)$$

有效塔板高度 H'：

$$H' = \frac{L}{n'} \qquad (8\text{-}25)$$

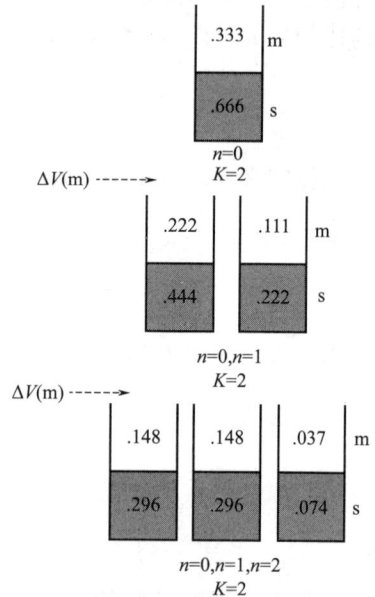

图 8-5　组分在 3 段柱空间（3 个塔板，$n=3$）中的分配情况示意图

有效塔板数和有效塔板高度消除了死时间的影响，能较为真实地反映柱效能的好坏。应该注意，同一色谱柱对不同物质的柱效能是不一样的。

理论塔板数 n 越大，组分在色谱柱中达到分配平衡的次数越多，固定相的作用越显著，因而对分离越有利。但不能说明多组分样品的分离情况，因为分离的可能性取决于试样混合物在固定相中分配系数的差别，而不是取决于分配次数的多少，因此不应把 n' 看作有无实现分离可能的依据，而只能把它看作是在一定条件下柱分离能力发挥程度的标志。

虽然塔板理论可以用来比拟色谱分离过程，但某些基本假设是不符合实际的。例如色谱的流动相是连续进入的，而不是间歇式的，另外色谱柱没有一个个"分隔的板"，而是一个长长的管状结构，导致色谱体系几乎没有真正的平衡状态。因此塔板理论不能解释塔板高度是受哪些因素影响这个本质问题，也不能解释为什么在不同流动相流速下可以测得不同的理论塔板数这一实验事实。

2. 速率理论

理想的色谱峰应呈窄的尖峰状，然而实际上的色谱峰宽度不总是这样，往往随色谱条件变化而变化，变宽的现象叫展宽。色谱峰的展宽说明色谱分配的动力学因素比较复杂，也就是说达到热力学平衡的速度较慢，而速率理论（rate theory）正是考虑这种动力学因素对谱峰展宽的影响。

在色谱中，用 σ 的平方 σ^2（方差）的大小作为谱峰展宽的因素，一是因为 σ 本身就是正态分布的特征值，σ 大表示峰宽，二是因为方差 σ^2 有加和性，因此每一种动力学因素对峰宽的贡献程度均可以用相应的 σ^2 来表示，然后加起来就可以考虑总的展宽，这些因素如下。

（1）涡流扩散项 σ_1^2

在填充柱中，由于填料粒径大小不等，填充难以均匀，同一组分的多个分子在流动相带动下经过色谱柱时，在流动相中形成类似"涡流"的流动，一些分子走过了较长而曲折的路径后出峰；而另一些分子走过了较短、较为平直的路径先出峰。因而引起色谱峰的展宽。其对谱峰展宽的贡献为：

$$\sigma_1^2 = 2\lambda d_p L \tag{8-26}$$

式中，λ 为填充不规则因子，填充均匀则 σ_1^2 小；d_p 为固定相颗粒直径，颗粒小则 σ_1^2 小，但太小时，柱阻力加大；L 为柱长，柱长过长使 σ_1^2 加大。

上式说明 σ_1^2 与载气性质、线速度和组分无关。因此适当使用粒度小、均匀的固定相，并尽量填充均匀，是减少涡流扩散，提高柱效的有效途径。毛细管空心柱的 σ_1^2 项为零。图8-6 给出了涡流扩散（eddy diffusion）的示意图，说明 3 个相同分子走过的不同路径后，对色谱峰的影响。

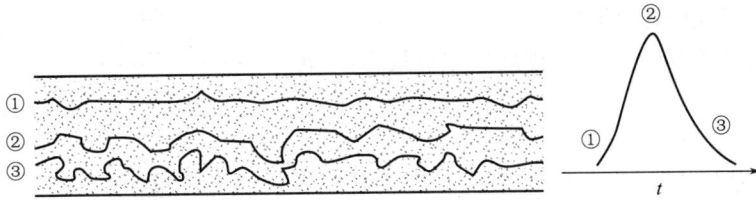

图 8-6　涡流扩散的示意图

（2）分子扩散项 B/u 或称纵向扩散项 σ_2^2

试样组分被载气带入色谱柱后，像一个"塞子"存在于柱空间中，在"塞子"的前后，由于浓度梯度的存在，组分分子会向浓度低的方向扩散。如图8-7 所示。

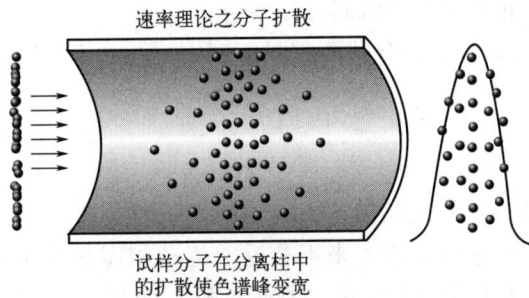

速率理论之分子扩散

试样分子在分离柱中
的扩散使色谱峰变宽

图 8-7　分子扩散项的示意图

分子扩散（molecular diffusion）项由下式决定：

$$\sigma_2^2 = \frac{2\gamma D_g L}{u} \tag{8-27}$$

式中，γ 是因载体填充在柱内而引起气体扩散路径弯曲的因数（弯曲因子）；D_g 为组分在气相中的扩散系数，cm^2/s，严格讲，此处应该用组分在流动相中的扩散系数 D_m 表示）；u 为流动相线速度，较大的 u 有利于减小峰展宽。对 GC 而言，分子量大的组分，其 D_g 小，D_g 反比于载气分子量的平方根（$D_g \propto 1/\sqrt{M_{载气}}$，所以采用分子量较大的载气，可使 σ_2^2 项降低），D_g 随柱温增高而增加，但反比于柱压。

弯曲因子 γ 为与填充物有关的因素。它的物理意义可理解为：固定相颗粒的存在使分子不能自由扩散，从而使扩散程度降低。对于空心毛细管柱，由于没有填充物的阻碍，扩散程度最大，$\gamma=1$；在填充柱中，由于填充物的阻碍，扩散路径弯曲，扩散程度降低，$\gamma<1$。γ 与前述 σ_1^2 项中的 λ 虽同样是与填充物有关的因素，但两者是有区别的。γ 是因填充物的存在造成扩散阻碍而引入的校正系数；λ 则是因填充物的不均匀性造成路径的不同而引入的。可以设想，填充均匀时，λ 可显著降低，而扩散阻碍并不会显著减小。

（3）传质阻力项 σ_3^2

组分分子被流动相带入色谱柱后，进入固定相的表面（如分配色谱，固定相由载体和涂敷在其表面的固定液膜组成）达一定深度后再返回界面的平衡过程中发生传质阻力（mass transfer resistance）。其模型如图 8-8 所示。

由图 8-8 可见，传质阻力项包括流动相传质阻力项 $\sigma_{3,\mathrm{m}}^2$ 和固定相传质阻力项 $\sigma_{3,\mathrm{s}}^2$。

① 流动相传质阻力项 $\sigma_{3,\mathrm{m}}^2$ 是组分从流动相扩散到流动相与固定相界面传质过程中所受到的阻力，这种阻力使平衡放慢，其对谱峰展宽贡献为：

$$\sigma_{3,\mathrm{m}}^2=\frac{f_{\mathrm{g}}d_{\mathrm{p}}^2Lu}{D_{\mathrm{g}}} \tag{8-28}$$

式中，f_{g} 为与柱性质有关的因子；d_{p} 为固定相粒径，d_{p} 大，间隙大，组分达两相界面的时间越长；L 大，停留时间增加，阻力增加；u 为流动相流速，流速快，难以接近两相界面；D_{g} 为组分在流动相中的扩散系数，D_{g} 大，容易达平衡。

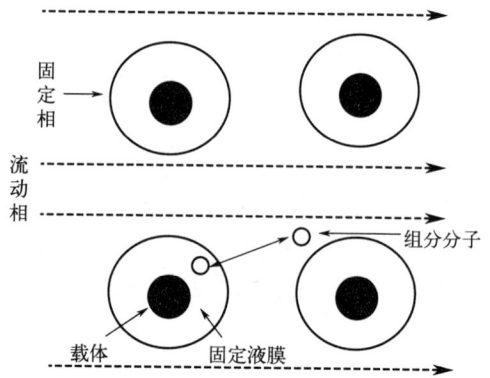

图 8-8 组分分子在两相间的分配

可以理解为有的分子来不及进入两相界面，就被流动相带走，有的虽能进入但来不及返回流动相，造成组分在两相界面不能瞬间分配平衡。

② 固定相传质阻力项 $\sigma_{3,\mathrm{s}}^2$ 指组分从两相界面到固定相内部，分配平衡后又返回两相界面时受到的阻力。

$$\sigma_{3,\mathrm{s}}^2=\frac{f_{\mathrm{l}}d_{\mathrm{f}}^2Lu}{D_{\mathrm{l}}} \tag{8-29}$$

式中，f_{l} 为与固定相性质有关的因子；d_{f} 为液膜厚度；D_{l} 为组分在固定相中的扩散系数。有些组分分子液相平衡速度较慢，来不及返回流动相而落后于平衡浓度在柱中所在位置，显然，减小液膜厚度有利于加快平衡，但 k 也随之减小。

在柱长相等时，柱效高低可用峰宽来衡量，因为峰窄时，σ^2 小，平衡速度很快，n 值大，H 就小，所以板高 H 可以表示为单位柱长内谱带展宽的程度。由 σ_1^2、σ_2^2、$\sigma_{3,\mathrm{m}}^2$、$\sigma_{3,\mathrm{s}}^2$ 和板高 H 的正比关系，可以写出如下方程：

$$H=\frac{\sigma_{\text{总}}^2}{L}=\frac{\sigma_1^2+\sigma_2^2+\sigma_{3,\mathrm{m}}^2+\sigma_{3,\mathrm{s}}^2}{L} \tag{8-30}$$

这个方程对色谱分离有实际指导意义，指出了填充色谱柱的均匀性、固定相粒度、流动相种类和流速、液膜厚度等与分离相关的参数。在色谱分析实际操作时，如色谱柱选定，具体可改变的参数一般只涉及温度和流动相的流速，所以上式 σ_1^2、σ_2^2、$\sigma_{3,\mathrm{m}}^2$、$\sigma_{3,\mathrm{s}}^2$ 各项的具体表达式中，除 u 外的其他一些参数如 L、d_{p} 等都是常数。则上式简化为另外一种形式：

$$H=A+B/u+C_{\mathrm{m}}u+C_{\mathrm{s}}u \tag{8-31}$$

式中，流动相传质阻力项的常数项被简化为 C_{m}，固定相传质阻力项的常数项被简化为 C_{s}。将两项系数合并为一个新的系数 C 后，上式的形式变为：

$$H = A + B/u + Cu \tag{8-32}$$

上式被称为范第姆特方程（Van Deemter equation），A、B、C 为三个常数，其中 A 称为涡流扩散项，B 为分子扩散系数，C 为传质阻力项系数。可见，在 u 一定时，只有 A、B、C 较小时，H 才能较小，柱效才能较高，反之则柱效较低，色谱峰将展宽。该方程对于分离条件的选择具有指导意义。

对于气相色谱而言，由式（8-32），以 H 对 u 作图，得如图 8-9 的双曲线型规律：

可见当 u 较小时，式（8-32）的第三项可以被忽略，此时随 u 增大，曲线下降；当 u 较大时，第二项可以忽略，随 u 增大，曲线上升，当 u 很大时，方程可写成另一简化形式 $H = A + Cu$，得虚线，外推到纵轴，截距为 A 项，虚线的斜率为 C；曲线最低点，对应的线速就是最佳流速，此时柱效最高。最小板高亦可对式（8-32）微分求得，切线斜率为 0 时，得最小 H：

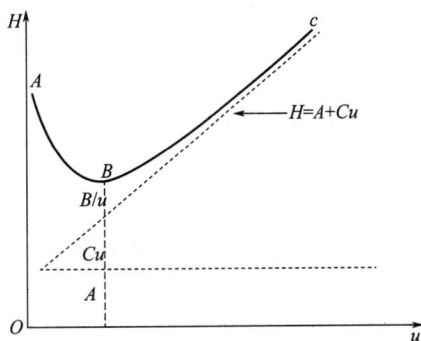

图 8-9　板高 H 与流速 u 的关系曲线

$$\frac{\mathrm{d}H}{\mathrm{d}u} = -\frac{B}{u^2} + C = 0$$

$$u_{最小} = \sqrt{\frac{B}{C}} \tag{8-33}$$

$$H_{最小} = A + \frac{B}{B^{1/2}/C^{1/2}} + C \cdot \frac{B^{1/2}}{C^{1/2}} = A + B^{1/2}C^{1/2} + C^{1/2}B^{1/2} = A + 2\sqrt{BC} \tag{8-34}$$

3. 基本分离方程

色谱分析中，对于多组分混合物的分离分析，在选择合适的固定相及实验条件时，主要针对其中难分离物质对来进行。设两相近的谱峰 P_1、P_2 峰宽相等（$Y_1 = Y_2$），当两峰靠得非常近时，可认为 $n_1 \approx n_2 = n$；$k_1 \approx k_2 = k$，$k = (t_R - t_0)/t_0$；$t_{R1} = t_0(1 + k_1)$，$t_{R2} = t_0(1 + k_2)$。分离度的表达式可写为：

$$R = \frac{t_{R2} - t_{R1}}{\frac{1}{2}(Y_1 + Y_2)} = \frac{t_0(k_2 - k_1)}{Y_2}$$

由 $n = 16(t_R/Y)^2$ 写出：

$$Y_2 = \frac{4t_{R,2}}{\sqrt{n_2}} = \frac{4t_0(1 + k_2)}{\sqrt{n_2}} \tag{8-35}$$

合并得：

$$R = \frac{(k_2 - k_1)\sqrt{n_2}}{4(1 + k_2)} = \frac{\sqrt{n_2}}{4}\left(\frac{k_2}{1 + k_2}\right)\left(\frac{k_2 - k_1}{k_2}\right) \approx \frac{1}{4}\sqrt{n}\left(\frac{r_{2,1} - 1}{r_{2,1}}\right)\left(\frac{k}{k + 1}\right) \tag{8-36}$$

上式称为色谱分离基本方程式，它表明 R 随体系的热力学性质（$r_{2,1}$ 和 k）的改变而变化，也与色谱柱条件（n 改变）有关。

可通过增加 L 增加 n。但增加 L 意味着增加了分析时间。

增大 k_2，R 会增加，但 $k = \dfrac{t'_R}{t_0}$，也意味着时间的延长，一般 $k = 2 \sim 5$ 为好（可以扩展到 $1 < k < 10$）。通常对于气相色谱，k 可以通过改变柱温获得改善；对于液相色谱，改变流

动相溶剂组成是使 k 变化的一种好的途径。

α 微小的差异将引起 R 的很大变化，α 从 1.1 到 1.2，R 可增大一倍。对 α 的改变可以通过以下几种方式实现：①改变流动相的组成和种类；②改变色谱柱温度；③改变固定相组成；④运用特殊的化学相互作用。

由 $n=16\ (t_R/Y)^2$，$n'=16\ (t_R'/Y)^2$（有效理论塔板数）进一步推导可得 n 与 n' 的关系式：

$$n=\left(\frac{1+k_2}{k_2}\right)^2 n' \tag{8-37}$$

则可得用有效理论塔板数表示的色谱分离基本方程式：

$$R=\frac{\sqrt{n'}}{4}\left(\frac{r_{2,1}-1}{r_{2,1}}\right) \tag{8-38}$$

因 $n_1\approx n_2=n$，重排得到所需理论塔板数计算公式为：

$$n_{需}=16R^2_{需}\left(\frac{k_2+1}{k_2}\right)^2\cdot\left(\frac{r_{2,1}}{r_{2,1}-1}\right)^2 \tag{8-39}$$

双组分完全分离的标志是 $R=1.5$，据此可计算所需塔板数。

举例　有一 3.0 m 长的色谱柱，分离 x 和 y 双组分，实验所测数据为：$t_0=1.0$ min，$t_{R,y}=17.0$ min，$t_{R,x}=14.0$ min，$Y_y=1.0$ min，请计算 $L_{完全分离}$ 与 $n_{需}$。

解：$r_{y,x}=\dfrac{t'_{Ry}}{t'_{Rx}}=\dfrac{17.0-1.0}{14.0-1.0}=1.23$

$k_Y=\dfrac{t'_{Ry}}{t_0}=\dfrac{17.0-1.0}{1.0}=16.0$，基线分离时 $R=1.5$

所以 $n_{需}=16\times1.5^2\times\left(\dfrac{1+16}{16}\right)^2\times\left(\dfrac{1.23}{1.23-1}\right)^2=1162$

而 $n_{原}=16\times\left(\dfrac{t_{R,y}}{Y_y}\right)^2=16\times\left(\dfrac{17.0}{1.0}\right)^2=4624$。

3 米长的柱子远远超过完全分离所需柱长。因为 $n\propto L$，则达基线分离时，实际所需柱长可用下式计算：

$$\frac{L_{需}}{L_{原}}=\frac{n_{需}}{n_{原}}$$

计算结果为：

$$L_{需}=3.0\times\frac{1162}{4624}=0.75\ \text{m}$$

另一种柱长计算办法：

$$R_{原}=\frac{\sqrt{n_y}}{4}\cdot\frac{r_{y,x}-1}{r_{y,x}}\cdot\frac{k_y}{1+k_y}=\frac{\sqrt{4624}}{4}\cdot\frac{1.23-1}{1.23}\cdot\frac{16.0}{16.0+1}=3.0$$

因 $R\propto\sqrt{n}$、$n\propto L$，所以：

$$\frac{L_{需}}{L_{原}}=\frac{R^2_{需}}{R^2_{原}} \tag{8-40}$$

$$L_{需}=3.0\times\frac{1.5^2}{3.0^2}=0.75\ \text{m}$$

4. 分离时间

分离时间通常指最后一个组分的出峰时间。已知：

$$t_R = \frac{L}{u}(1+k)$$

$$H = \frac{L}{n}$$

$$t_R = \frac{Hn(1+k_2)}{u}$$

$$n = 16R^2 \left(\frac{r_{2,1}}{r_{2,1}-1}\right)^2 \left(\frac{1+k_2}{k_2}\right)^2$$

所以：

$$t_R = \frac{16R^2 \cdot H}{u} \cdot \left(\frac{r_{2,1}}{r_{2,1}-1}\right)^2 \cdot \frac{(1+k_2)^3}{k_2^2} \tag{8-41}$$

表明 t_R 与 R、$r_{2,1}$，$\dfrac{H}{u}$ 有关。R 增加一倍，分析时间延长 4 倍。

举例 物质 A 和 B 在 30.0 cm 柱上的保留时间分别为 16.40 min 和 17.63 min。A 和 B 的峰宽（基部）分别为 1.11 min 和 1.21 min。计算：(a) 色谱柱的分辨率，(b) 色谱柱的平均塔板数，(c) 板高，(d) 达到 1.5 分辨率所需的柱长，(e) 分离度为 1.5 时在柱上洗脱物质 B 所需的时间，(f) 原 30 厘米柱在原始时间内分辨率为 1.5 所需的板高。

解：(a) $R_s = \dfrac{t_{R2}-t_{R1}}{\dfrac{1}{2}(Y_1+Y_2)} = \dfrac{2\times(17.63-16.40)}{1.11+1.21} = 1.06$

(b) $N_A = 5.54\left(\dfrac{t_R}{Y_{\frac{1}{2}}}\right)^2 = 16\left(\dfrac{t_R}{Y}\right)^2 = 16\times\left(\dfrac{16.40}{1.11}\right)^2 = 3493$

$$N_B = 16\times\left(\frac{17.63}{1.21}\right)^2 = 3397$$

$$N_{平均} = \frac{3493+3397}{2} = 3445$$

(c) $H = \dfrac{L}{N} = \dfrac{30}{3445} = 8.7\times10^{-3}$ cm

(d) k 和 a 随 N 和 L 的增加变化不大。因此：

$$\frac{(R_s)_1}{(R_s)_2} = \frac{\sqrt{N_1}}{\sqrt{N_2}} = \frac{1.06}{1.5} = \frac{\sqrt{3445}}{\sqrt{N_2}}$$

$$N_2 = 3445\times\left(\frac{1.5}{1.06}\right)^2 = 6.9\times10^3$$

$$L = NH = 6.9\times10^3\times8.7\times10^{-3} = 60\text{cm}$$

(e) 根据公式：$t_R = \dfrac{16R^2 \cdot H}{u} \cdot \left(\dfrac{r_{2,1}}{r_{2,1}-1}\right)^2 \cdot \dfrac{(1+k_2)^3}{k_2^2}$

$$\frac{(t_R)_1}{(t_R)_2}=\frac{(R_s)_1^2}{(R_s)_2^2}=\frac{17.63}{(t_R)_2}=\frac{1.06^2}{1.5^2}$$

$$(t_R)_2=35\,\text{min}$$

(f) 同样根据公式：$t_R=\dfrac{16R^2\cdot H}{u}\cdot\left(\dfrac{r_{2,1}}{r_{2,1}-1}\right)^2\cdot\dfrac{(1+k_2)^3}{k_2^2}$

$$\frac{(t_R)_1}{(t_R)_2}=\frac{(R_s)_1^2}{(R_s)_2^2}\times\frac{H_1}{H_2}$$

因 $(t_R)_2$ 与原始保留时间相同，故：

$$\frac{(R_s)_1^2}{(R_s)_2^2}\times\frac{H_1}{H_2}=1$$

$$H_2=H_1\times\frac{(R_s)_1^2}{(R_s)_2^2}=8.7\times10^{-3}\times\frac{1.06^2}{1.5^2}=4.3\times10^{-3}\,\text{cm}$$

色谱概述思维
导图.TIF

色谱概述思维
导图讲解.mp4

第二节　气相色谱法

　　对于容易气化、热稳定性好的组分，基于其在流动相气体和固体或涂有液膜的固定相间分配的差异，可以采用气相色谱进行分离。在气相色谱分离的过程中，首先样品进入进样室中进行气化，然后以气体的形式进入色谱柱柱头，在色谱柱中通过惰性气体对其进行洗脱。与其他类型色谱不同，气相色谱中的流动相与待测物不存在相互作用，气体仅仅起到推送分析物通过色谱柱的作用。

一、气相色谱仪

　　气相色谱法的简单流程如图 8-10 所示。

　　气相色谱仪一般由五部分组成：①气路系统；②进样系统（包括进样器和气化室）；③分离系统（包括色谱柱、柱箱和温度控制装置）；④检测系统（包括检测器、检测器的电源及控温装置）；⑤记录系统（计算机数据处理装置）。

1. 气路系统

　　气路系统包括气源、气体净化、气体流速控制（或压力调节）和测量装置。常用载气有氮气、氢气和氦气。通常，存储于钢瓶的载气经过减压、净化和流量调节进入分离和检测系

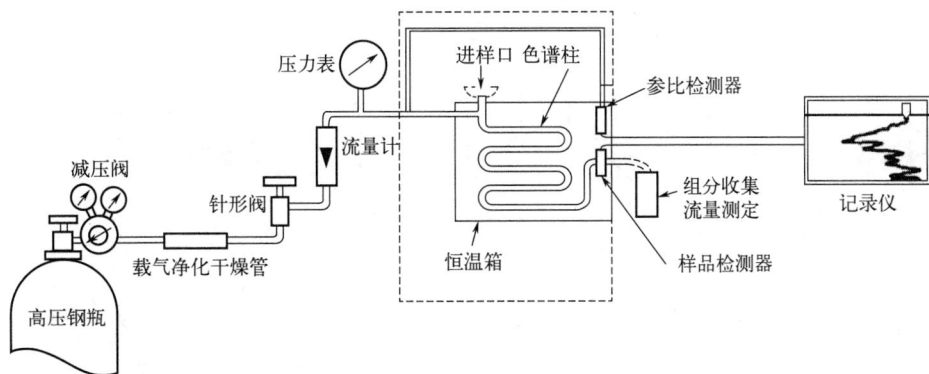

图 8-10 气相色谱法流程图

统。色谱分析中，气体流量的控制经历压缩气瓶减压和气相进口压力（或流量调节）两级调节过程，进口压力的范围通常为 $10 \sim 50$ psi（1 psi $=6894.757$ Pa），对应于填充柱和开管毛细管柱，流量分别为 $25 \sim 150$ mL/min 和 $1 \sim 25$ mL/min。

此外，配置有火焰离子化、火焰光度和氮-磷等检测器的气相色谱仪中，需要连接燃气和助燃气通路，在这些气路中同样需要阀件、测量用的流量计、压力表以及净化用的干燥管、脱氧管等。

现代的气相色谱仪器配有电子流量计，可通过计算机控制调节和保持载气、燃气及助燃气的流量水平。

2. 进样系统

进样系统由进样器、气化室和相关气路组成。气相色谱的进样器有微量注射器、阀（通常为六通阀）或顶空进样器等，根据样品的物态以及测定需求的不同，可选择不同进样方式完成进样。对于液体样品，可以用微量注射器针头穿透橡胶或硅膜垫片，进入气化室，在此转化为蒸气，随载气进入色谱柱进行分离［图 8-11（a）］。对于气体样品，可以采用六通阀进样的方式。图 8-11（b）是六通阀的工作原理示意图，六通阀有两个位置，分别为上样和进样模式。在上样模式下，将样品移入定量环；在进样模式，流动相带动定量环中的样品进入分离柱。而某些情况下，如需测定固体、半固体或液体基质中的易挥发性分析物，则采用顶空进样更为方便。如图 8-11（c）所示，顶空进样可分为静态顶空进样和动态顶空进样，静态顶空取样需待密闭样品瓶内气相和待测样品（液体或固体）处于动态平衡后进行，而动态顶空和吹扫捕集分析则破坏了该平衡。吹扫捕集分析在很多文献中也被称为"动态顶空"，二者的区别在于前者能对固体和半固体样品分析而后者在进样过程中对挥发性待测物进行了富集。目前顶空分析法已经成为一个相对较为完善的分析体系。

随着仪器自动化的普及，越来越多的商业气相色谱仪配备了自动进样器。自动进样器的注射器针头穿过盛有样品溶液的样品瓶盖的隔膜，吸取一定体积的样品溶液，然后以与微量注射器同样的方式使样品进入气相色谱仪的进样口。自动进样器的进样体积在 $0.1~\mu L$（用 $10~\mu L$ 注射器）到 $200~\mu L$（用 $200~\mu L$ 注射器）的范围内可调。此外，为了满足不同的分析任务，一些新型进样方式，如固相微萃取针、热解吸、热裂解器（适用于挥发性差的聚合物）以及冷柱上（适用于热不稳定样品组分）进样系统等也相继出现和应用。

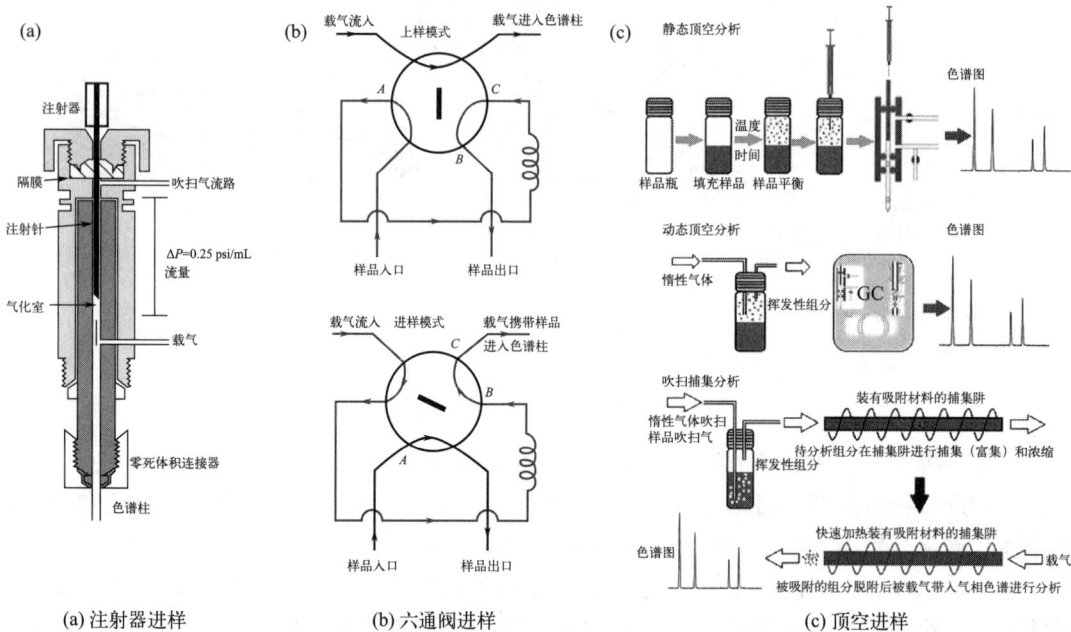

(a)	(b)	(c)

(a) 注射器进样　　　　(b) 六通阀进样　　　　(c) 顶空进样

图 8-11　不同进样方式示意图

为了充分地将样品气化为气体或保持样品的气体状态，一般进样口温度要高于样品气化温度 50 ℃以上。为了达到高的柱效，色谱分析中要求采用"塞子"式的进样方式，即要求在尽量短的时间内完成进样。对于常规的填充柱，进样体积为 $0.1 \sim 20~\mu L$，毛细管色谱柱要求进样体积在此基础上减小 2 个数量级或更多，因此，毛细管色谱柱通常需要配置分流部件，商用的气相色谱仪将毛细管色谱柱与分流部件进行合并 [图 8-12 (b)]，当然，为了改善灵敏度或使用填充柱的需要，也允许使用不分流进样的方式 [图 8-12 (a)]。

3. 分离系统

通常两种类型的色谱柱用于气相色谱的分析中，如填充柱和毛细管色谱柱。在过去一段时间，绝大多数气相色谱采用填充柱完成分离任务，随着应用需求的不断增加，目前填充柱逐渐被更为高效的毛细管色谱柱所替代。

填充柱一般由不锈钢或玻璃材料制成，内径为 $2 \sim 4~mm$，长 $1 \sim 3~m$，为了适应柱温箱的空间，通常将色谱柱做成 U 形或螺旋形。柱内填充固体固定相（气-固色谱固定相）或液体固定相（固体载体表面包覆一层薄薄的固定液，气-液色谱固定相）。

毛细管色谱柱又称开管柱或空心柱，采用玻璃或石英制成，内径一般为 $0.2 \sim 0.5~mm$，长 $30 \sim 300~m$，呈螺旋状。根据固定相涂覆方式和种类的不同，毛细管色谱柱分为涂壁开管色谱柱（wall-coated open-tubular，WCOT，直接涂覆或交联、键合固定液到毛细管壁上）、载体涂渍开管色谱柱（support coated open-tubular，SCOT，内壁先涂一层载体，再涂固定液）和多孔层开管色谱柱（porous layer open-tubular，PLOT，管壁直接涂一层有吸附作用的固体颗粒）。前两种为气-液色谱固定相，而多孔层开管色谱柱为气-固色谱固定相。

毛细管色谱柱具有相比大、渗透性好、分析速度快、总柱效高等优点，其作为气相色谱柱可以实现高效、快速、高灵敏的分离分析。因此可以解决填充柱色谱法不能解决或很难解决的问题。毛细管色谱柱的应用大大提高了气相色谱法对复杂物质的分离能力。

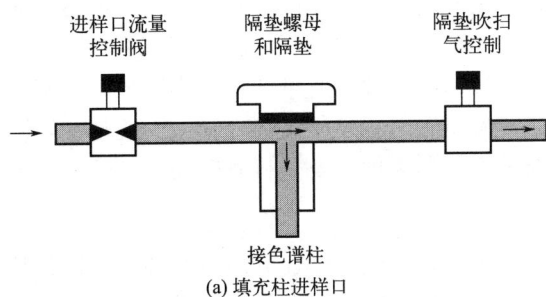

(a) 填充柱进样口

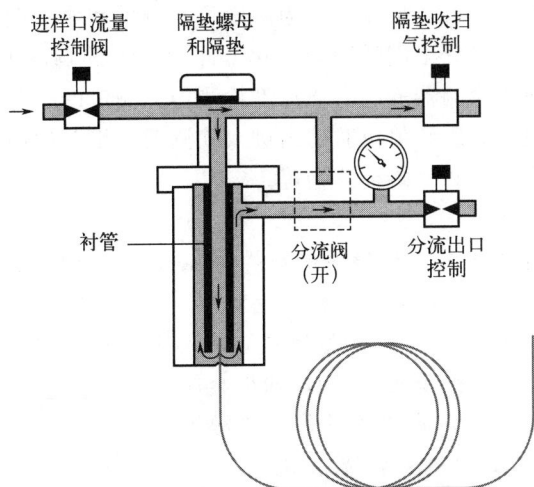

(b) 毛细管色谱柱分流模式进样口

图 8-12　不同进样口示意图

色谱柱的分离效果与柱长、柱内径、柱形状以及所选用的固定相种类和柱填料的制备技术及操作条件等诸多因素有关，对此参见分离条件选择部分的相关讨论。表 8-1 为上述几种典型的气相色谱柱的性质特征。

表 8-1　几种典型的气相色谱柱的性质特征

	典型的色谱柱			
	FSWC[①]	WCOT[②]	SCOT[③]	填充柱
长度/m	10～100	10～100	10～100	1～6
内径/mm	0.1～0.3	0.25～0.75	0.5	2～4
柱效,塔板/m	2000～4000	1000～4000	600～1200	500～1000
样品量/ng	10～75	10～1000	10～1000	10～10^6
相对压力	低	低	低	高
相对速度	快	快	快	慢
易变性	是	否	否	否
化学惰性		好→→差		

① 石英毛细管,涂壁开管色谱柱;
② 涂壁开管金属、塑料或玻璃柱;
③ 载体涂渍开管色谱柱(或多孔层开管色谱柱)。

柱温在气相色谱分离中是一个非常重要的变量，因此，色谱柱通常被放置在可精确控温的柱温箱中（精度控制±0.1℃）。最佳柱温取决于样品的沸点和所需的分离程度，一般情况下，温度等于或略高于样品的平均沸点时可获得较为理想的分离时间（2～30 min）；对于沸点范围较宽的样品，通常需要采取程序升温的方式，也就是说，随着分离的进行，柱温连续或逐步增加。关于柱温设置与分离度以及分析时间关系参见分离条件的选择的相关讨论。

4. 检测系统

检测系统（检测器）的作用是将经色谱柱分离后的各组分按其特性、含量转换为相应的电信号。目前已有数十种检测器被开发应用于气相色谱分析。

根据其检测原理的不同，可将检测器分为浓度型检测器和质量型检测器两种。①浓度型检测器。测量的是载气中某组分浓度瞬间的变化，即检测器的响应值和组分的浓度成正比。如热导池检测器和电子捕获检测器等。②质量型检测器。测量的是载气中某组分进入检测器的速度变化，即检测器的响应值和单位时间内进入检测器某组分的质量成正比。如氢火焰离子化检测器、火焰光度检测器和氮磷检测器等。

（1）常用的检测器类型

① 热导池检测器（浓度型）　热导池检测器（thermal conductivity detector，TCD）是最早使用的气相色谱检测器之一，至今仍被广泛使用。

如图 8-13 所示，热导池体用不锈钢块制成，有两个大小相同、形状完全对称的孔道，每个孔里固定一根金属丝（如钨丝或铂丝），两根金属丝长短、粗细、电阻值都一样，此金属丝称为热敏元件。为了提高检测器的灵敏度，一般选用电阻率高，电阻温度系数（即温度每变化1℃，导体电阻的变化值）大的金属丝或半导体热敏电阻作热导池的热敏元件。热导池体两端有气体进口和出口，参比池仅通过载气气流，从色谱柱流出的组分由载气携带进入测量池。热导池检测器的信号产生原理是基于不同的物质具有不同的热导系数，对信号的检测原理是平衡式电桥。

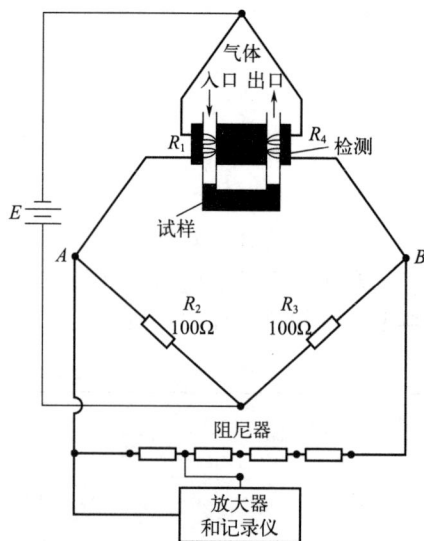

图 8-13　热导池检测器结构示意图

当电流通过钨丝时，钨丝的电阻值会增加到一定值（一般金属丝的电阻值随温度升高而增加）。在未进试样时，通过热导池两个池孔（参比池和测量池）中都是载气。由于载气的热传导作用，钨丝的温度下降，电阻减小，此时热导池的两个池孔中钨丝温度下降和电阻减小的数值是相同的。即：

$$\Delta R_1 = \Delta R_4$$
$$(\Delta R_1 + R_1) \times R_3 = (\Delta R_4 + R_4) \times R_2$$

即电桥处于平衡状态，A、B 两端电位差为零，得到色谱图的基线。

当试样组分进入以后，载气流经参比池，而载气带着试样组分流经测量池，由于被测组分与载气组成的混合气体的热导率和载气的热导率不同，因而测量池中钨丝的散热情况就发生变化，使两个池孔中的两根钨丝的电阻值之间有了差异。亦即：

$$\Delta R_1 \neq \Delta R_4$$

电桥不平衡，A、B两端不对称电位差，有电流输出，得到色谱峰。

载气中被测组分的浓度愈大，测量池钨丝的电阻值改变亦愈显著，因此检测器的响应信号，在一定条件下与载气中组分的浓度存在定量关系。电桥不平衡电位差用一自动平衡电位差计记录，在数据输出系统中可获得各组分的色谱峰。

为了提高热导池检测器的灵敏度，通常需考虑如下因素。(a) 桥路工作电流：工作电流增加，钨丝温度提高，钨丝和热导池体的温差加大，气体就容易将热量传出去，灵敏度就提高。但电流太大，钨丝处于灼热状态，引起基线不稳，呈不规则抖动，甚至会将钨丝烧坏。一般桥路电流控制在 $100 \sim 200$ mA 左右（N_2 作载气时为 $100 \sim 150$ mA，H_2 作载气时为 $150 \sim 200$ mA）。(b) 热导池体温度：池体温度低，池体和钨丝的温差就大，灵敏度提高。但池体温度不能太低，否则被测组分可能在检测器内发生冷凝，一般池体温度不应低于柱温。(c) 载气与试样的热导率：热导率相差愈大，则灵敏度愈高。由于一般物质的热导率都比较小，故选择热导率大的气体（例如 H_2 或 He）作载气，灵敏度比较高。另外，载气的热导率大，在相同的桥路电流下，热丝温度较低，桥路电流即可升高，从而使热导池的灵敏度大为提高，因此热导检测器通常采用氢气作载气。如果用氮气作载气，除了由于氮和被测组分热导率差别小，灵敏度低以外，还常常由于二元体系热导系数呈非线性，以及因导热性能差而使对流作用在热导池中影响增大等，有时会出现不正常的色谱峰（如倒峰，W 峰等）。(d) 热敏元件：电阻温度系数较大的热敏元件（钨丝），当温度有一些变化时，就能引起电阻明显变化，灵敏度增加。(e) 热导池的死体积：一般热导池的死体积较大，且灵敏度较低（约 10^{-8} g 溶质/mL 载气），妨碍了其与样品量非常小的毛细管色谱柱一起使用。为提高灵敏度并能在毛细管色谱柱气相色谱仪上配用，应使用具有微型池体（2.5 μL）的热导池。

热导池检测器的优点是结构简单，线性动态范围大（约 10^5），对有机和无机物质均有响应，并且具有无损特性，可以在检测后收集溶质。其主要限制因素是其相对较低的灵敏度（约 10^{-8} g 溶质/mL 载气）。气相色谱中其他检测器的灵敏度比其高 $10^4 \sim 10^7$ 倍。

② 氢火焰离子化检测器（质量型）　氢火焰离子化检测器（flame ionization detector, FID）是目前应用最为广泛的气相色谱检测器。

如图 8-14 所示，被测组分被载气携带，从色谱柱流出，与氢气混合一起进入离子室，由毛细管喷嘴喷出。氢气在空气的助燃下经引燃后进行燃烧，以燃烧所产生的高温（约 2100℃）火焰为能源，有机物在火焰中与 O_2 进行燃烧化学反应，使被测有机物组分电离成正负离子。对于氢火焰检测器离子化的作用机理，至今还不十分清楚。以下为以苯为例可能的离子化机理为：

$$C_6H_6 \longrightarrow 6CH \cdot \text{（自由基）}$$

$$6CH \cdot + 3O_2 \longrightarrow 6CHO^+ + 6e^-$$

$$6CHO^+ + 6H_2O \longrightarrow 6CO + 6H_3O^+$$

在氢火焰附近有收集极（阳极）和极化极（阴极），在此两极之间施加 $150 \sim 300$ V 的极化电压，形成一直流电场。苯在空气-氢火焰的温度下热解时产生的离子和电子在收集极和极化极的外电场作用下定向运动（焰心中产生的电子奔向正极，正离子奔向负极）而形成电流，记录下来就得到色谱峰。

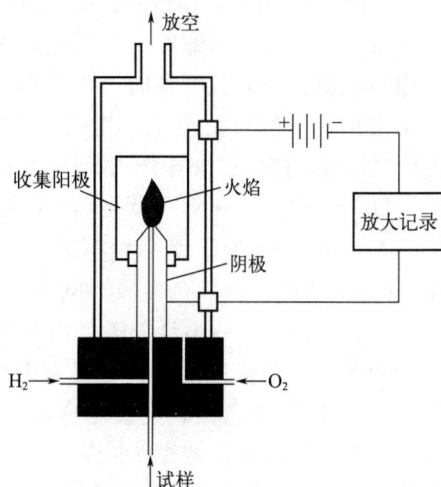

图 8-14　氢火焰离子化检测器结构示意图

采用氢火焰离子化检测器，分析过程中所用的气体包括载气、燃气（氢气）和助燃气（空气）。通常情况下，该检测器选择 N_2 作载气，载气流量的选择主要考虑分离效能。载气流量与燃气氢气流量之比影响氢火焰的温度及火焰中的电离过程。氢火焰温度太低，组分分子电离数目少，产生电流信号就小，灵敏度就低。氢气流量低，不但灵敏度低，而且易熄火。氢气流量太高，热噪声就大，故对氢气必须维持足够流量。一般氢气与氮气流量之比是 $(1:1) \sim (1:1.5)$。在最佳氢氮比时，不但灵敏度高，而且稳定性好。同样，助燃气空气流量在一定范围内对响应值也有影响。当空气流量较小时，对响应值影响较大，流量很小时，灵敏度较低。空气流量高于某一数值（例如 400 mL/min），此时对响应值几乎没有影响。一般氢气与空气流量之比为 $1:10$。

氢火焰中生成的离子在电场作用下向两极定向移动，因此极化电压的大小直接影响响应值。在极化电压较低时，响应值随极化电压的增加成正比增加，然后趋于一个饱和值，极化电压高于饱和值时与检测器的响应值几乎无关。极化电压一般选 $\pm 100 \sim \pm 300$ V。

与热导池检测器不同，氢焰离子化检测器的温度不是主要影响因素，在 80～200 ℃ 范围内灵敏度几乎相同。80℃以下，灵敏度显著下降，这是由水蒸气冷凝造成的。

由于氢火焰离子化检测器对每单位时间内进入检测器的碳原子数量作出响应，因此它是一种质量敏感型检测器，而不是浓度敏感型。因此，该检测器的优点是流动相流速的变化对检测器的响应影响很小。与热导池检测器相比，其灵敏度一般要高几个数量级，能检测至 10^{-12} g/s 的痕量物质，故适宜于痕量有机物的分析。此外，由于如羰基、羟基、卤素和氨基等官能团在火焰中产生很少的离子或根本不产生离子，且该检测器对 H_2O、CO_2、SO_2、CO、惰性气体和 NO_x 等不可燃气体不敏感，这些特性使 FID 成为分析大多数有机样品（包括那些被水、氮和硫的氧化物污染的样品）最有用的检测器。

如上，氢火焰离子化检测器具有结构简单，灵敏度高（约 10^{-13} g/s），响应快，稳定性好，死体积小、线性范围宽（约 10^7 以上）等特点，因此它也是一种较理想的检测器。缺点是它会在燃烧阶段破坏样品，并且需要额外的气体和控制器。

③ 电子捕获检测器（浓度型）　电子捕获检测器（electron capture detector，ECD）因其对含卤素、硫、磷、氮、氧的有机化合物（如农药和多氯联苯）具有选择性响应而成为环境样品中应用最广泛的检测器之一。

如图 8-15 所示，在检测器池体内有一圆筒状 β 放射源（^{63}Ni）作为负极，一个不锈钢棒作为正极。在此两极间施加一直流或脉冲电压。当载气（一般采用高纯氮）进入检测器时，在放射源发射的 β 射线作用下发生电离，产生自由电子；当电负性的化合物（待测物）进入检测器时，捕获自由电子，由于自由电子的减少而产生信号。

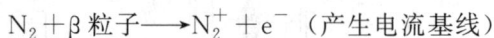

$N_2 + \beta$ 粒子 $\longrightarrow N_2^+ + e^-$（产生电流基线）

AB（电负性化合物，样品分子）$+ e^- \longrightarrow AB^- + E$（能量）（使电流减小形成色谱峰，倒峰）

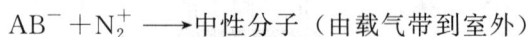

$AB^- + N_2^+ \longrightarrow$ 中性分子（由载气带到室外）

由于电子捕获检测器只对具有电负性的物质有响应（高选择性），电负性愈强，灵敏度愈高，能测出 10^{-14} g/mL 的物质，并且具有不会显著改变样品的优点（与 FID 相比，FID 会消耗样品），其应用范围日益扩大，如对食品、农副产品中农药残留量的分析，以及对大气、水中痕量污染物的分析等。

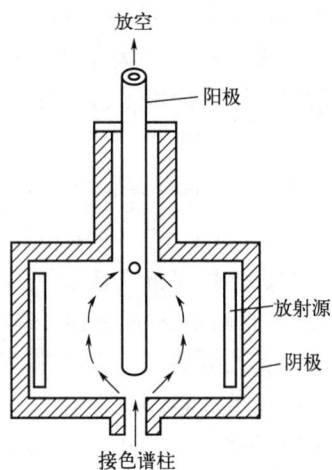

图 8-15　电子捕获检测器示意图

然而，电子捕获检测器的线性响应范围较小，一般被限制在大约两个数量级范围内。

④ 火焰光度检测器（质量型）　火焰光度检测器（flame photometric detector，FPD）是对含磷、硫的有机化合物有高选择性和高灵敏度的一种检测器，已广泛应用于空气和水污染物、农药、煤加氢产物的分析。

如图 8-16 所示，该检测器主要由火焰喷嘴、滤光片、光电倍增管三部分组成。当含有硫（或磷）的试样进入氢焰离子室，在富氢-空气焰中燃烧时，有下述反应：

$$RS + O_2 \longrightarrow SO_2 + CO_2$$

$$SO_2 + 8H \longrightarrow 2S + 4H_2O$$

亦即有机硫化物首先被氧化成 SO_2，然后被氢还原成硫原子，硫原子在适当温度生成激发态的 S_2^* 分子，当其跃迁回基态时，发射出 350～439 nm 的特征分子光谱：

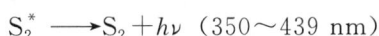

$$S + S \longrightarrow S_2^*$$

$$S_2^* \longrightarrow S_2 + h\nu \ （350～439 \ nm）$$

含磷试样主要发射出辐射中心约为 510 nm 和 526 nm 的特征谱带。这些发射光通过滤光片而照射到光电倍增管上，将光转变为光电流，经放大后在记录仪上记录下硫或磷化合物的色谱图。

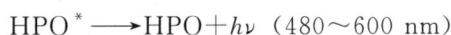

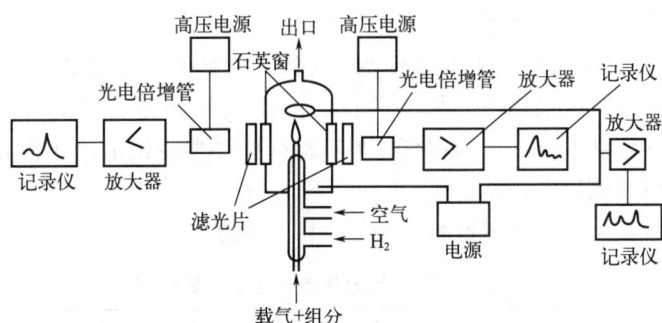

$$PH + H \longrightarrow HPO^*$$

$$HPO^* \longrightarrow HPO + h\nu \ （480～600 \ nm）$$

图 8-16　火焰光度检测器示意图

通过火焰光度法还能检测到的其他元素包括卤素、氮和几种金属，如锡、铬、硒和锗。

⑤ 氮-磷检测器（质量型）　氮-磷检测器（nitrogen-phosphorus detector，NPD）也称热离子检测器，其对含有磷和氮的有机化合物具有高的选择性，具有结构简单、使用方便等特点，已广泛用于环境、临床、食品、药物等分析领域。

氮-磷检测器在结构上类似于氢火焰离子化检测器，其差异只是前者将一种涂有碱金属的盐如硅酸铷或硅酸钠类化合物的陶瓷珠（图 8-17），放置在燃烧的氢火焰和收集极之间，铷珠加热后挥发出激发态的铷原子（Rb^*），当试样从色谱柱流出与氢混合，通过火焰尖端被点燃，产生的气体与气相的 Rb^* 进行化学电离反应，火焰中的各基团从被还原的碱金属蒸气上获得电子生成负离子，形成本底基流，失去电子的碱金属形成盐沉积到陶瓷珠的表面，

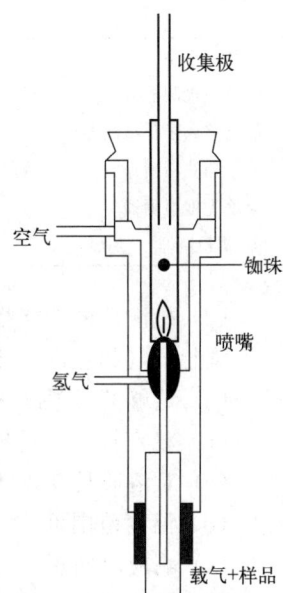

图 8-17　氮-磷检测器
结构示意图

维持铷珠的长期使用。

当含氮的有机物进入铷珠冷焰区，生成稳定的氰自由基，氰自由基从气化铷原子上获得电子生成 Rb^+ 和氰化物负离子。

$$Rb^* + \cdot C\equiv N \longrightarrow Rb^+ + CN^-$$

负离子在收集极释放出一个电子，并与氢原子反应生成 HCN，同时输出组分信号。

含磷化合物也有相似的过程。

$$Rb^* + \cdot PO \longrightarrow Rb^+ + PO^-$$

$$Rb^* + \cdot PO_2 \longrightarrow Rb^+ + PO_2^-$$

从上述工作原理可以推断，加热电流、极化电压和气体流速对氮-磷检测器的响应均有影响。

首先，加热电流影响铷珠表面的温度，当铷珠温度为 600 ℃时，输出信号很小，温度上升，输出信号相应增强，一般温度调至 700~900 ℃为宜。温度过高，基流和噪声相应增强，铷珠的寿命也会锐减。

极化电压的影响与氢火焰离子化检测器类似，电压增强，输出信号也增强，当极化电压大于 180 V 时，响应值基本不变。

载气氮气和助燃气空气流量会影响铷珠表面温度，当载气和空气流量增加，铷珠表面温度降低，输出信号相应降低。但是氮气流量过低也不利于组分参与反应，会引起响应值的降低，所以上述气体的流量需通过实验选定。燃气氢气流量的增强可以增强冷焰区反应的概率，铷珠温度也会提高，因此氢气流量稍有增强，输出信号会成倍增大，但必须小于最低着火流量，在具体操作过程中，需维持无焰条件。

氮-磷检测器对磷原子的响应灵敏度最高，大约是对氮原子响应的 10 倍，是对碳原子响应的 10^4 到 10^6 倍。与氢火焰离子化检测器相比，氮-磷检测器大约对含磷和含氮化合物的灵敏度分别是其 500 倍和 50 倍。这些特性使得氮-磷检测器特别适用于测定含氮和含磷的有机化合物，尤其适用于测定含磷的农药。

表 8-2 总结了如上介绍的几种检测器的检出限以及适用分析的样品类型。

表 8-2　几种常用的气相色谱检测器特征

检测器类型	适用分析的样品	检出限
热导池检测器	通用型检测器	500pg/mL
氢火焰离子化检测器	碳氢化合物	1pg/s
电子捕获检测器	卤代化合物	5fg/s
火焰光度检测器	含硫或磷的化合物	1pg/s(对 P)，10 pg/s(对 S)
氮-磷检测器	含氮或磷的化合物	0.1pg/s(对 P)，1 pg/s(对 N)

（2）检测器的性能指标

理想的气相色谱检测器应具有如下特点。

（a）足够的灵敏度。

（b）稳定性好，重现性好。

（c）对溶质具有线性响应，线性范围涵盖几个数量级。

（d）温度范围可从室温~至少 400℃。

（e）响应时间短，与流量无关。

（f）可靠性高，容易操作。不局限于操作人员的熟练程度。

（g）对所有溶质具有相似的响应，或对一类或多类溶质有高的选择性响应。

（h）检测器对溶质是非破坏性的。

毫无疑问，没有哪一种检测器可以同时具有所有这些特征，只是基于需求的不同进行选择。如下是对检测器灵敏度和检出限的相关性能评价。

① 灵敏度　检测器的灵敏度（sensitivity，S），亦称响应值或应答值。一定浓度或一定质量的试样进入检测器后，产生一定的响应信号。以进样量 Q 对检测器响应信号作图，即可得到一直线，如图 8-18 所示。

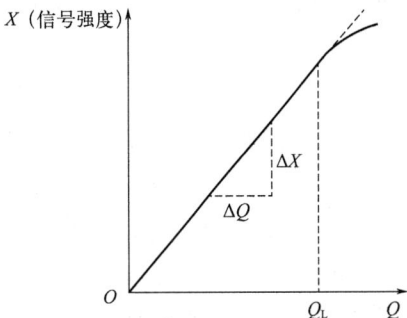

图 8-18 中直线的斜率就是检测器的灵敏度，以 S 表示。因此灵敏度就是响应信号对进样量中待测物的变化率。

$$S = \frac{X}{C} \tag{8-42}$$

式中，X 为响应信号。各种检测器作用机理不同，灵敏度的计算式和量纲也不同。若使用浓度型检测器，C 则为载气中待测组分的浓度；若使用质量型检测器，C 则为单位时间内进入检测器待测组分的量。

② 检出限　检出限（detection limit，D）也称敏感度，是指检测器恰能产生和噪声相当的信号时，在单位体积或时间需向检测器进入的物质质量（单位为 g）。通常认为恰能鉴别的响应信号至少应等于检测器噪声（R_N）的 3 倍。则根据定义：

$$D = \frac{3R_N}{S} \tag{8-43}$$

式中，S 为检测器的灵敏度。一般说来，D 值越小，仪器越灵敏。同样，随浓度型和质量型检测器的不同，D 有不同的表达。

③ 定量限　定量限（limit of quantitation，LOQ）是指样品中被测组分能通过该仪器所建立的方法定量测定的最低浓度或最低量。在实际测定样品过程中，根据所采用的方法，LOQ 可以通过计算获得，即认为恰能鉴别的响应信号至少应等于检测器噪声（R_N）的 10 倍；也可以通过绘制标准曲线获得，认为标准曲线线性范围的下限即为 LOQ（如低于该浓度点，则不能与响应信号呈线性关系）。

$$LOQ = \frac{10R_N}{S} \tag{8-44}$$

在气相色谱分析中，多组分混合物中各组分能否完全分离开，主要取决于色谱柱的效能和选择性，后者在很大程度上取决于固定相选择是否适当，因此选择适当的固定相就成为色谱分析中的关键问题。

图 8-18　检测器相应信号强度与进样量的关系

二、气相色谱固定相

根据固定相物态的不同，气相色谱固定相可分为气-固色谱固定相和气-液色谱固定相。二者在性能和用途上有一定的区别，表 8-3 对比了二者的性能特征。

表 8-3　气-固色谱和气-液色谱固定相性能特征比较

	气-固色谱固定相	气-液色谱固定相
分离机理	各组分吸附系数的差异	各组分分配系数的差异
容量因子	相对较大	较小
色谱峰对称性	常常不对称	对称性好

	气-固色谱固定相	气-液色谱固定相
重复性	较差	好
固定相活性	有催化活性	无催化活性
固定相种类	种类少	种类多
高温稳定性	较高柱温下不易流失	高温下易流失
适用分析范围	一般不适用于高沸点化合物的分离,适用于永久气体和低沸点化合物的分离分析	可用于高沸点化合物的分离分析

1. 气-固色谱固定相

气-固色谱的固定相为多孔性的固体吸附剂,其分离主要是基于吸附剂对待分离组分吸附系数的差异,经反复吸附和解吸附的过程实现的。常用的气-固色谱(gas-solid chromatography)固定相有非极性的活性炭、弱极性的氧化铝、强极性的硅胶等。它们对各种气体吸附能力的强弱不同,因而可根据分析对象选用。分离常温下的气体及气态烃类时,因为气体一般在固定液中溶解度甚小,所以分离效果不好,故需采用吸附剂作固定相。如活性氧化铝适用于分离常温下的 O_2、N_2、CH_4、CO、C_2H_6、C_2H_4 等气体,但因其对 CO_2 有强烈的吸附而不能用于分离它;硅胶的分离性能与活性氧化铝相似,除了能分离上述气体外,还能用于分离 CO_2、N_2O、NO、NO_2、O_3 等气体。

此外,可用于气-固色谱固定相的吸附剂还有分子筛和高分子多孔微球(GDX 系列)。其中分子筛为碱金属和碱土金属的硅铝酸盐(沸石),具有多孔性,适用于 H_2、O_2、N_2、CH_4、CO、He、Ne、Ar、NO、N_2O 等气体的分离分析;高分子多孔微球是以二乙烯基苯作为单体,经悬浮共聚所得的交联多孔聚合物,是一种应用日益广泛的气-固色谱固定相。其型号分为 GDX-01、GDX-02、GDX-03 等,适用于水、低级醇、脂肪酸、腈类等强极性物质的分析。例如有机物或气体中水含量的测定,若采用气-液色谱柱,待测组分水使得对固定液和载体的选择颇为棘手;若采用常规的气-固色谱柱(活性炭、氧化铝或硅胶),因其对水的吸附系数很大,也无法实现分离分析;而采用高分子多孔微球作为固定相,由于多孔聚合物和羟基化合物的亲和力极小,且基本按分子量顺序分离,故分子量较小的水分子可在有机物之前出峰,峰形对称,因此高分子多孔微球特别适于试样中痕量水含量的测定。此外,由于这类多孔微球具有耐腐蚀和耐辐射性能,也可以对腐蚀性气体 HCl、NH_3、Cl_2、SO_2 等进行分离分析。

色谱固定相
载体. word

2. 气-液色谱固定相

填充柱和毛细管色谱柱均可采用固定液作为其固定相。因毛细管色谱柱在分离速度和效率方面都优于填充柱,目前气-液色谱通常采用毛细管色谱柱。如前所述,气-液毛细管色谱柱有涂壁开管色谱柱(WCOT)和载体涂渍开管色谱柱(SCOT)。

早期的 WCOT 是将固定液直接涂在毛细管内壁上,但由于管壁的表面光滑,润湿性差,对表面接触角大的固定液,直接涂渍制柱重现性差,柱寿命短。目前涂壁柱有三种制备方式,第一种是将其内壁进行表面处理,以增加表面的润湿性,减小表面接触角,再涂固定液;第二种将固定相用化学键合的方法键合到硅胶涂敷的柱表面或经表面处理的毛细管内壁上,极大地提高了柱的热稳定性;第三种由交联引发剂将固定液交联到毛细管管壁上,这类柱子具有耐高温、抗溶剂抽提、液膜稳定、柱效高、柱寿命长等特点。在 SCOT 中,毛细管的内表面衬一层涂有薄膜的如硅藻土等的支撑材料(载体),薄膜的厚度约为 $30~\mu m$。这种类型的色谱柱拥有数倍于涂壁色谱柱的固定相,因此具有更大的样品容量。通常,SCOT

的效率低于 WCOT 的效率，但明显高于填充柱的效率。

气-液色谱的固定液在使用温度下呈液体状态，但室温下不一定是液体。基于分离中固定相的重要作用，对气-液色谱固定液的要求有：①热稳定性好，在操作温度下不分解、不聚合，其沸点应比柱温高 150～200℃，以免流失，其中重要指标是"最高使用温度"；②化学稳定性好，不与样品、载气发生不可逆化学反应；③黏度和凝固点要低，有利于在载体表面分布均匀；④对载体要有浸润能力，以利于涂敷；⑤各种组分均在固定液中具有一定的溶解度；⑥具有一定的选择性，即对沸点相同或相近的不同物质有尽可能高的分离能力。

3. 气-液色谱固定相种类

气-液色谱的固定相种类很多，常用的是聚硅氧烷类和聚乙二醇类。对于某些复杂样品，也可选择含有两种以上混合固定液的色谱柱进行分离分析。表 8-4 列出一些常用商用气-液色谱固定相的种类及应用领域。

表 8-4　一些常用商用气相色谱固定相及其应用领域

固定相	商用色谱柱名称	极性类型	最高使用温度/℃	应用领域
聚二甲基硅氧烷	OV-1，SE-30	非极性	350	通用的非极性固定相，适用于分析碳氢化合物、多环芳烃、类固醇和多氯联苯
5％苯基聚二甲基硅氧烷	OV-3，SE-52	弱极性	350	脂肪酸甲酯、生物碱、药物、卤化物
50％苯基聚二甲基硅氧烷	OV-17	弱极性	250	药物、类固醇、杀虫剂、醇类
50％三氟丙基聚二甲基硅氧烷	OV-210	中极性	200	氯化芳烃、硝基芳烃、烷基取代苯
聚乙二醇	Carbowax 20M	极性	250	游离酸、醇类、醚类、精油、二醇类
50％氰丙基聚二甲基硅氧烷	OV-275	强极性	240	不饱和脂肪酸、松香酸、游离酸、醇类

（1）聚硅氧烷类

表 8-4 所列的固定相中，聚硅氧烷类是目前应用最为广泛的气相色谱固定相。常见的聚硅氧烷结构如图 8-19 所示，图中 R 取代基的种类或含量的不同使色谱柱表现出不同的极性和热稳定性。其中含量的描述同样也在固定相的命名中有体现，例如，5％苯基聚二甲基硅氧烷固定相表示聚合物中 5％的硅连接了苯基。一般的规律是随取代基含量的增加聚硅氧烷的极性增大，而最高使用温度降低。在这些不同取代基所获得的色谱固定相中，含有二甲基的聚硅氧烷最为常用。

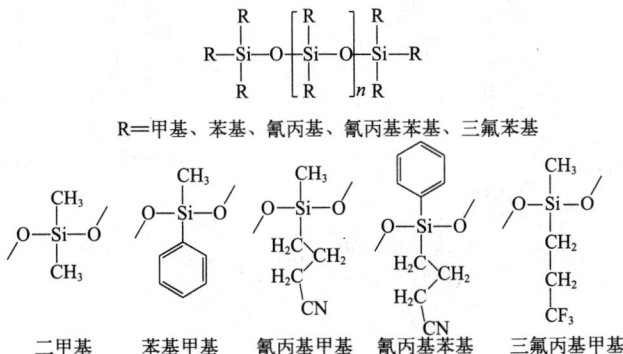

图 8-19　聚硅氧烷类固定相结构图

（2）聚乙二醇类

如表 8-4 所示，聚乙二醇类是氢键型极性固定相，适用于分离极性组分。此外，该固定相对烷基苯类化合物也有良好的分离能力。但因该固定相易受载气中微量氧气的影响，在使用的过程中必须采用高纯载气，同时保证载气管路不会渗入空气。聚乙二醇的结构式如图 8-20 所示：

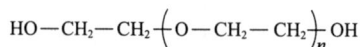

$$HO-CH_2-CH_2\left(O-CH_2-CH_2\right)_n OH$$

图 8-20　聚乙二醇固定相结构图

（3）手性固定相

近年来，人们致力于开发色谱分离对映体的方法。目前通常会采用两种方法完成分离分析。其中一种方法是采用光学活性试剂与分析物反应形成一对非对映体的衍生物，然后再通过非手性柱进行分离；另一种方法是采用手性固定液，目前许多手性固定相已经被开发出来，已经被应用的有三大类：①手性氨基酸衍生物；②手性金属配合物；③环糊精衍生物或其他具有主客体相互作用的冠醚类、杯芳烃类固定液。

氨基酸衍生物手性固定相是将手性氨基酸的衍生物嫁接到聚硅氧烷上，如安捷伦公司的 CP-Chirasil Val 色谱柱，即将 L-缬氨酸-特丁酰胺嫁接于聚硅氧烷上，该固定相最高使用温度 220℃，适用于手性胺类、氨基醇类等的分离，特别是对手性氨基酸的分离具有一定优势。

环糊精（cyclodextrin，CD）由吡喃葡萄糖单元形成的环状化合物，环外侧有多羟基，具有亲水性；环内腔由氢原子和成桥氧原子组成，具有疏水性。根据所含葡萄糖单元的不同，环糊精分为 α-CD、β-CD 和 γ-CD。由于每个葡萄糖单元中有 5 个手性中心，所以环糊精衍生物常作为手性固定相用于分离对映异构体（图 8-21）。目前，以环糊精为手性固定相的商品化气相色谱柱主要有 Supelco DEX 和 ASTEC Chiral DEX 两个系列，如 Supelco β-环糊精-DEX 225 手性气相色谱柱，其固定相中含有 25% 2,3-二-O-乙酰基-6-O-TBDMS-β-环糊精于 SPB-20（Supelco 生产的 SPB 系列色谱柱固定相之一），对小分子的对映体如醇类、

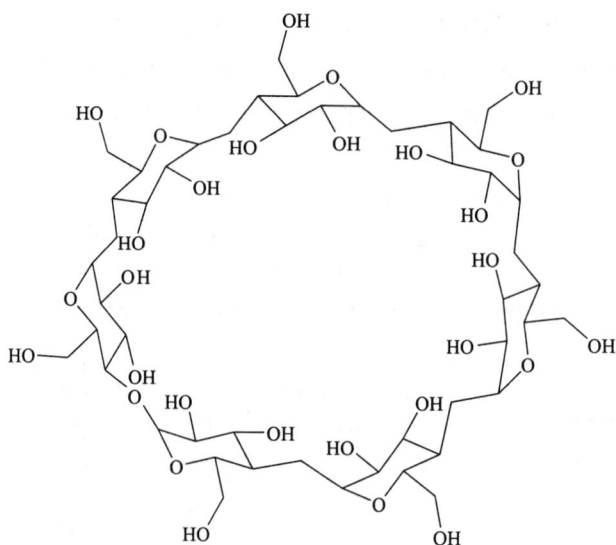

图 8-21　β-CD 的结构示意图

醛类（如 2-苯丙醛）、酯类（如苹果酸甲酯）和酮类等具有选择性。表 8-5 列出了 ASTEC Chiral DEX 系列的几种商品化环糊精衍生物气相色谱柱。除了表 8-5 中所列的 TA、DA、Ph 等固定相类型外，ASTEC Chiral DEX 系列还有 DM、DP、PN、BP、PM 等类型的固定相，Supelco DEX 系列的手性柱主要包括 Supelco DEX 110、Supelco DEX 120、Supelco DEX 225 和 Supelco DEX 325 系列固定相。

表 8-5　ASTEK 公司的几种环糊精衍生物毛细管色谱柱

商品名	固定相	最高使用温度/℃	适合分离的化合物
Chiral DEX-A-Ph	(S)-2-羟基丙基甲基醚改性的 α-CD，非键合	200(恒温)/220(程序升温)	小分子直链饱和胺、醇、羧酸和环氧化合物
Chiral DEX-B-Ph	(S)-2-羟基丙基甲基醚改性的 β-CD，非键合	200(恒温)/220(程序升温)	胺、醇、羧酸、内酯、氨基醇、糖、环氧化合物、卤代烃
Chiral DEX-G-Ph	(S)-2-羟基丙基甲基醚改性 γ-CD，非键合		单环、双环二醇和其他较大的化合物，如甾醇和碳水化合物
Chiral DEX-A-DA	2,6-二-O-戊基-3-甲氧基改性的 α-CD，非键合	200(恒温)/220(程序升温)	小环胺类、醇类和环氧化合物
Chiral DEX-B-DA	2,6-二-O-戊基-3-甲氧基改性的 β-CD，非键合	200(恒温)/220(程序升温)	氮杂环、杂环、某些内酯、芳香胺、蔗糖、氨基酸衍生物、二环化合物和环氧化合物
Chiral DEX-G-DA	2,6-二-O-戊基-3-甲氧基改性的 γ-CD，非键合	200(恒温)/220(程序升温)	芳香胺(含有 2 个或多个环)、大环二醇、某些杂环、多环化合物或大取代基化合物
Chiral DEX-A-TA	2,6-二-O-戊基-3-三氟乙酰基改性的 α-CD，非键合	180	小分子醇、氨基醇、氨基烷和二醇
Chiral DEX-B-TA	2,6-二-O-戊基-3-三氟乙酰基改性的 β-CD，非键合	180	各种烷基醇、卤代酸酯、氨基烷、卤代环烷烃、某些内酯、二醇、卤代烷、呋喃和吡喃衍生物
Chiral DEX-G-TA	2,6-二-O-戊基-3-三氟乙酰基改性的 γ-CD，非键合	180	150 多个手性醇、二醇、多元醇、烃、内酯、氨基醇、卤代羧酸、呋喃和吡喃衍生物、环氧化合物、甘油基同系物和卤代 1,2-环氧丙烷

　　此外，随着新型材料的相继出现，以这些材料为基质的手性固定相也陆续被开发应用，如具有手性识别的金属有机骨架材料（metal-organic frameworks，MOFs）、共价有机框架材料（covalentorganic frameworks，COFs）、多孔有机纳米笼（porous organic nanocages，POCs）以及一些其他的手性孔材料被应用于气相色谱固定相进行分离分析。当然，以这些材料作为固定相，应该归属于多孔层开管色谱柱的固定相范畴。具体细节在此不作赘述。

　　（4）离子液体类

　　离子液体因具有热稳定性好、黏度高而且随温度变化波动小、表面张力小，蒸气压低等特点，非常符合作为气相色谱固定液的要求。离子液体作为气相色谱固定相可根据实际需要对阴阳离子进行设计，目前作为气相色谱固定液的离子液体组成如图 8-22 所示。Supelco 公司已经对部分离子液体作为固定液进行了商品化，生产了 SLB-IL 110、100、76、69、65、61、60、59 等系列的气相色谱柱。

(a) 阳离子

(b) 阴离子

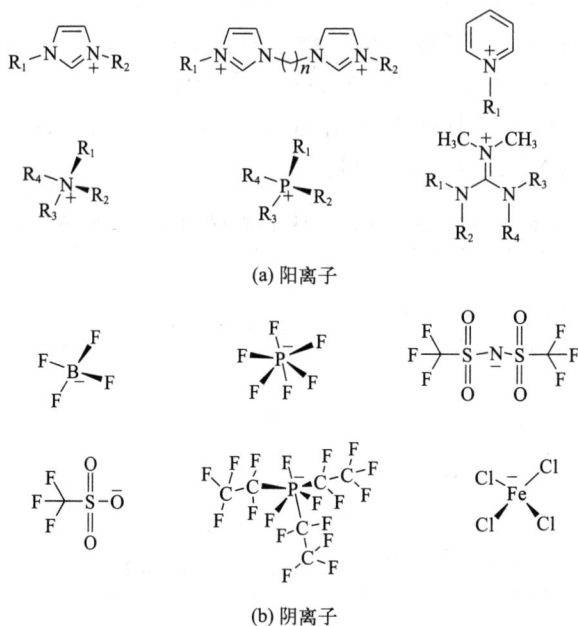

图 8-22　离子液体固定相常用的阳离子和阴离子的种类

4. 固定相的特性常数

多组分样品通过色谱体系时，相对于组分分子，流动相是惰性的。但是组分分子和固定液分子之间具有相互作用，这是气相色谱分离的最主要原因。组分分子和固定液分子之间的相互作用力如下。

① 静电力（定向力）　在极性固定液柱上分离极性试样时，分子间的作用力主要就是静电力。被分离组分的极性越大，与固定液间的相互作用力就越强，因而该组分在柱内滞留的时间就越长。

② 诱导力　极性分子和非极性分子共存时，由于在极性分子永久偶极的电场作用下，非极性分子极化而产生诱导偶极，此时两分子相互吸引而产生诱导力。在分离非极性分子和可极化分子的混合物时，可以利用极性固定液的诱导效应来分离这些混合物。例如苯和环己烷的沸点很相近（80.10℃和80.81℃）。若用非极性固定液（例如液体石蜡）是很难将它们分离的。但苯比环己烷容易极化，所以用一个中等极性的邻苯二甲酸二辛酯固定液，使苯产生诱导偶极，苯的保留时间是环己烷的1.5倍；若选用强极性的β,β'-氧二丙腈固定液，则苯的保留时间是环己烷的6.3倍，这样就很容易实现分离。

③ 色散力　对于非极性和弱极性分子而言，分子间作用力主要是色散力。例如用非极性的角鲨烷固定液分离$C_1 \sim C_4$烃类时，它的色谱流出次序与色散力大小有关。由于色散力与沸点成正比，所以组分基本按沸点顺序分离。

④ 氢键力　含氟、氧、氮的化合物常有显著的氢键效应，氢键效应强的组分在柱内保留时间长。

基于上述待测物与固定相的相互作用，需对固定相所具有的特性进行评价，常用的固定相特性评价参数有相对极性、麦氏常数和Abraham溶剂化作用等。

（1）相对极性

固定液的极性是气相色谱分离过程中对色谱柱选择的重要依据，其大小可以用相对极性

P 来表示。这种表示方法规定强极性的固定液 β,β'-氧二丙腈的相对极性 $P=100$，非极性的固定液角鲨烷的相对极性 $P=0$，然后用一物质对正丁烷-丁二烯或环己烷-苯进行试验，分别测定这一对试验物质在 β,β'-氧二丙腈、角鲨烷及待测固定液的色谱柱上的调整保留值。

以 β,β'-氧二丙腈为固定相，计算：$q_1=\lg \dfrac{t_{R\ 苯}'}{t_{R\ 环己烷}'}$

以角鲨烷为固定液，同上计算 q_2；以待测固定液为固定相，同上计算 q_x。

按下列两式计算预测固定液的相对极性 P_x：

$$P_x=100-\frac{100\times(q_1-q_x)}{q_1-q_2} \tag{8-45}$$

测得的各种固定液的相对极性均在 $0\sim100$ 之间，为了便于在选择固定液时参考，又将其分为五级，每 20 为一级，P_x 在 $0\sim+1$ 间的为非极性固定液，$+1\sim+2$ 为弱极性固定液，$+3$ 为中等极性固定液，$+4\sim+5$ 为强极性固定液，非极性可用"$-$"表示。表 8-6 列出一些常用固定液的极性数据。

表 8-6　常用固定液的极性数据表

固定液	相对极性	级别	固定液	相对极性	级别
角鲨烷	0	0	XE-60	52	+3
阿皮松	7~8	+1	新戊二醇丁二酸聚酯	58	+3
SE-30,OV-1	13	+1	PEG-20M	68	+3
DC-550	20	+2	PEG-600	74	+4
己二酸二辛酯	21	+2	己二酸聚乙二醇酯	72	+4
邻苯二甲酸二辛酯	28	+2	己二酸二乙二醇酯	80	+4
邻苯二甲酸二壬酯	25	+2	双甘油	89	+5
聚苯醚 OS-124	45	+3	TCEP	98	+5
磷酸三甲酚酯	46	+3	β,β'-氧二丙腈	100	+5

（2）麦氏常数

麦氏常数是 1970 年由 McReynolds 在罗氏常数的基础上提出的改进参数，是以几种代表不同作用力的化合物为探针，以非极性的角鲨烷为基准评价气相色谱固定液的极性和选择性。所选用的化合物分别为苯（X'）、正丁醇（Y'）、2-戊酮（Z'）、硝基丙烷（U'）和吡啶（S'），这几种代表探针具有的作用力分别对应 π 电子作用、质子供体、质子受体、偶极定向力以及强质子受体等。

麦氏常数的测定方法是分别将上述 5 种标准化合物在待测固定相和角鲨烷上于 120 ℃柱温下测定其保留指数［式（8-10）］，计算每一种标准物在两种固定相上测得的保留指数的差值 ΔI［式（8-46）］，某一单项 ΔI 越大，表明固定液与该特定探针的作用力越强。之后计算 5 种标准物得到的 ΔI 的总和（也称总极性），将总极性取平均值即为平均极性，总极性或平均极性越大，说明该固定液极性越强。表 8-7 中列出一些常用固定相的麦氏常数。

$$\Delta I=I_p-I_s \tag{8-46}$$

式中，ΔI 为某标准物保留指数的差值；I_p 为某标准物在待测固定液上的保留指数；I_s 为某标准物在参比固定液（角鲨烷）上的保留指数。

表 8-7　常用固定相的麦氏常数

固定液	型号	苯	正丁醇	2-戊酮	硝基丙烷	吡啶	平均极性	总极性 $\sum \Delta I$	最高使用温度/℃
		X'	Y'	Z'	U'	S'			
角鲨烷	SQ	0	0	0	0	0	0	0	100
甲基硅橡胶	SE-30	15	53	44	64	41	43	217	300
苯基(10%)甲基聚硅氧烷	OV-3	44	86	81	124	88	85	423	350
苯基(20%)甲基聚硅氧烷	OV-7	69	113	111	171	128	118	592	350
苯基(50%)甲基聚硅氧烷	DC-710	107	149	153	228	190	165	827	225
苯基(60%)甲基聚硅氧烷	OV-22	160	188	191	283	253	219	1075	350
苯二甲酸二癸酯	DDP	136	255	213	320	235	232	1159	175
三氟丙基(50%)甲基聚硅氧烷	QF-1	144	233	355	463	305	300	1500	250

（3）Abraham 溶剂化作用参数

在固定相极性和选择性的评价过程中，麦氏常数最为常用。但该评价方法也有一些不足：比如角鲨烷固定相的热稳定性较差，无法完成对标准物高温下保留指数的测定；此外，选择一种标准物代表一种分子间作用力，其假设不够精确；再次，所用的测定模型没有考虑表面吸附作用；最后保留指数是基于正构烷烃的测定方法，建立的作用力模型会受到正构烷烃的影响，从而影响麦氏常数测定的准确性。

基于上述问题，Abraham 等提出基于线性自由能关系的溶剂化作用参数模型来表征固定相与溶质分子之间的相互作用。

固定相溶剂化作用参数模型是基于如下的假设：组分从气相到固定相过程中总自由能的变化是组分与固定相间多种作用的线性加和，可以表达为：

$$SP = c + eE + sS + aA + bB + lL \tag{8-47}$$

式中，SP 为因变量，为给定温度下组分分子在固定相上的保留数据，即组分与固定相之间的总分子作用；c 为系统常数，e、s、a、b、l 为溶剂化作用参数，分别用来表征固定相与溶质分子间的各种相互作用，其大小反映相应作用力的强弱。E、S、A、B 和 L 为溶质的描述符，如 eE 代表分子间电子相互作用，sS 代表分子间偶极类相互作用，aA 和 bB 代表氢键类相互作用，lL 代表空穴形成作用和色散力作用之和。

色谱分离过程中，保留因子 k 用以描述某组分在色谱固定相的保留，用保留因子 k 表示固定相的溶剂化作用参数模型，可得：

$$\lg k = c + eE + sS + aA + bB + lL \tag{8-48}$$

在一定温度下，测定组分的保留时间可以得到各探针分子的保留因子，将 $\lg k$ 与探针分子的溶质描述符代入式（8-48）进行多元线性回归分析（通常采用统计分析软件 SPSS），即可计算得到 e、s、a、b、l 等参数值，某溶剂化作用参数的数值越大，表明该作用力对于溶质的保留贡献越大。通常情况下，这些参数会随着温度的升高不同程度地减小。

三、分离操作条件的选择

当一台仪器确定之后，对操作者来说，最主要的实验条件是流动相流速、柱温的选择；除此以外，还包括固定相种类、流动相种类和检测器的选择等。

1. 色谱柱的选择

在分离分析中，只有选择正确的色谱柱才能获得理想的结果。显然选择色谱柱首要考虑的就是固定相的种类；其次对于气-液色谱固定相，还需考虑液膜厚度以及载体颗粒的直径等；再次，柱长影响色谱柱的分离效能，是选择色谱柱需考虑的因素之一；因目前所用的气相色谱柱大多为毛细管开管柱，其柱内径对分离的影响也是需要关注的。

（1）固定液种类及用量的选择

固定液的选择一般依据"相似相溶"原理。其要点是：①对非极性样品，通常选用非极性固定液，此时固定液和组分分子之间的作用力为色散力，但是色散力选择性不高，组分按沸点顺序分离，即沸点低的先出峰；②对于强极性物质，通常选用强极性固定液，此时组分和固定液之间的作用力为定向力，样品组分按极性顺序出峰，极性小的先出峰；③中等极性物质，通常选用中等极性固定液，一般这类固定液由较大的烷基和少量的极性基团或可以诱导极化的基团组成，兼有诱导力和色散力，选择性不明显，一般按沸点顺序出峰，但对沸点相同的极性和非极性物质，诱导力起主要作用，非极性的先出峰；④极性样品和非极性样品混合物，通常用强极性固定液，非极性物质先出峰；⑤对于能形成氢键的样品，如醇、酚、胺和水等的分离，通常选用氢键型固定液，样品按形成氢键能力大小顺序出峰，形成氢键能力小的先出峰；⑥对于复杂样品，采用单一固定相无法实现理想的分离时，可采用混合固定相，或采用两种不同极性的固定相进行组合，利用二维色谱进行分离。

如上值得注意的是，相似相溶原理是一个原则性提法，应用时有一定局限性。例如，欲分离组分为乙醇（沸点 78℃）和乙酸乙酯（沸点 77℃）的混合物，根据相似相溶原理，则固定液应为醇类或酯类，但其结果反而是醚类固定液分离效果好。因此在固定液的选择过程中，应在上述原则的基础上，根据实验结果对选用的固定液进行调整。目前，毛细管柱气相色谱已得到广泛应用，由于毛细管柱的柱效很高，如以每米 3000 理论塔板数计，50 m 的毛细管柱具有 15 万块理论塔板，对于 $\alpha > 1.015$ 的难分离物质对也可得到分离。

此外，对气-液色谱来说，载体的功能是涂敷固定液，其表面积越大，固定液用量越多，允许的进样量也就越多。但为了改善液相传质，应使液膜薄一些，原因是固定液液膜薄，有利于柱效能提高，并可缩短分析时间。但固定液用量太少，液膜越薄，允许的进样量也就越少。因此固定液的用量要根据具体情况决定。固定液的配比（指固定液与载体的质量比）一般为 5:100 到 25:100，也有低于 5:100 的。为达到较高的柱效能，对于不同的载体，其固定液的配比往往是不同的。一般来说，载体的表面积越大，固定液的含量越高。

载体的表面结构和孔径分布决定了固定液在载体上的分布以及液相传质和纵向扩散的情况。一般要求载体表面积大，表面和孔径分布均匀。这样，固定液涂在载体表面上成为均匀的薄膜，液相传质就快，就可提高柱效。对载体粒度要求均匀、细小，这样有利于提高柱效。但粒度过细，阻力过大，使柱压降增大，对操作不利。对内径 3~6 mm 的色谱柱，使用 60~80 目的载体较为合适。

（2）柱长和柱内径

根据范第姆特方程以及理论塔板数与柱长之间的关系可知，增加色谱柱柱长，有利于提高分离度。但色谱柱过长，分析时间增加且峰宽也会增加，导致总分离效能的下降。因此，一般选择色谱柱的长度 L 时以各组分得到有效分离为宜。

$$R = \frac{\sqrt{n}}{4}(\frac{\alpha - 1}{\alpha})(\frac{k}{1+k})$$

$$\left(\frac{R_1}{R_2}\right)^2 = \frac{n_1}{n_2} = \frac{L_1}{L_2}$$

与填充柱不同,对于高效毛细管色谱柱来说,柱长不是十分重要的参数。根据如上公式,如让分离度增加 2 倍,柱长就需增加 4 倍,代价较大。所以较好的方法是调整液膜厚度、柱内径、分离温度或改变固定相来达到分离目的,而不是增加柱长。

对于给定分配比的毛细管色谱柱,其柱效会随着柱内径的增加而减小。所以从柱效考虑,采用细内径的色谱柱对分离有利。但在使用过程中还需考虑样品类型以及与色谱仪的匹配问题。因此,色谱柱内径的选择过程中一般在考虑所需柱效、样品容量、分析寿命、检测器灵敏度和样品数量的情况下,对内径进行折中选择。一般情况下,对于中等浓度的性质较为类似的组分,宜选择较细的毛细管柱,而对于宽沸点样品的痕量分析,则宜选择宽内径的毛细管柱。当然,进行上述选择的同时也要考虑液膜厚度。

2. 载气种类和流速的选择

对一定的色谱柱和试样来说,使用最佳的载气流速,柱效最高。根据范第姆特方程,用在不同流速下测得的塔板高度 H 对流速 u 作图,得 H-u 曲线,如图 8-9 所示,在曲线的最低点,塔板高度 H 最小($H_{最小}$)。该点所对应的流速即最佳流速 $u_{最佳}$,对气相色谱而言,一般线速度 u 为 $10 \sim 20$ cm/s,体积流速 F 为 50 mL/min 为宜。

举例 有两支柱,范第姆特方程参数如下,柱 2 的柱效是柱 1 的几倍?柱 2 的最佳线速是柱 1 的几倍?

	A(cm)	B(cm^2/s)	C(s)
柱1:	0.16	0.40	0.27
柱2:	0.080	0.20	0.040

解:根据 $H_{最小} = A + 2\sqrt{BC}$,柱 1 的 $H_{最小} = 0.82$ cm;柱 2 的 $H_{最小} = 0.26$ cm。由于 $\dfrac{H_{最小,1}}{H_{最小,2}} = 3.2$,所以可以判断柱 2 的柱效为柱 1 的 3.2 倍。

根据 $u_{最佳} = \sqrt{\dfrac{B}{C}}$,$u_{最佳,1} = 1.2$ cm/s;$u_{最佳,2} = 2.2$ cm/s。由于 $\dfrac{u_{最佳,2}}{u_{最佳,1}} = 1.8$,可以判断柱 2 最佳线速是柱 1 的 1.9 倍。

在实际工作中,为了缩短分析时间,往往使流速稍高于最佳流速。根据范第姆特方程,当流速较小时,分子扩散项(B 项)就成为色谱峰展宽的主要因素,此时应采用分子量较大的载气(N_2,Ar),使组分在载气中有较小的扩散系数。而当流速较大时,传质项(C 项)为控制因素,宜采用分子量较小的载气(H_2,He),此时组分在载气中有较大的扩散系数,可减小气相传质阻力,提高柱效。此外选择载气时还应考虑对不同检测器的适应性。

对于填充柱,N_2 的最佳线速为 $10 \sim 12$ cm/s;H_2 为 $15 \sim 20$ cm/s。通常载气的流速习惯上用柱前的体积流速(mL/min)表示,也可通过皂膜流量计在柱后进行测定。

对于较为严格的色谱分离分析,有时需要对载气的流速进行校正,假定由柱后皂膜流量计直接读出的柱后体积流速为 F_1(mL/min),P_0 为柱后压力(大气压),P_W 为室温下水的饱和蒸气压。校正了水蒸气后的体积流速 F_2 为:

$$F_2 = F_1 \frac{p_0 - p_w}{p_0} \tag{8-49}$$

由于色谱柱较高温度的工作环境，在柱温下气体会发生热胀效应，假定更进一步校正到柱温下的柱后体积流速为 F_3，T_C 为柱温，T_t 为室温。则有：

$$F_3 = F_2 \frac{T_c}{T_t} \tag{8-50}$$

由于柱内压力梯度的存在，在色谱柱的不同地方，压力不同，流速不同，考虑到压力的影响，在平均压力下的平均体积流速为 F_4，则：

$$F_4 = F_3 j \tag{8-51}$$

式中，j 为压力因子：

$$j = \frac{3}{2} \left[\frac{\left(\dfrac{p_i}{p_0} \right)^2 - 1}{\left(\dfrac{p_i}{p_0} \right)^3 - 1} \right] \tag{8-52}$$

式中，p_i 为进口压力；p_0 为常压。

3. 柱温、气化温度的选择

柱温是一个重要的操作参数，直接影响分离效能和分析速度。柱温不能高于固定液的最高使用温度，否则导致固定液气化流失。

提高柱温使各组分的挥发靠拢，不利于分离，所以从分离的角度考虑，宜采用较低的柱温。但柱温太低，被测组分在两相中的扩散速率大为减小，分配不能迅速达到平衡，峰形变宽，柱效下降，分析时间延长。选择的原则是：在使最难分离的组分能尽可能好的分离的前提下，尽可能采取较低的柱温，但以保留时间适宜、峰形不拖尾为原则。最低柱温要保证样品中的组分不会凝固。

对于沸点范围较宽的多组分试样，温度太高使多组分同时气化，不利于分离。此时宜采用程序升温，即柱温按预定的加热速度，随时间作线性或非线性的增加。升温的速度一般是呈线性的，即单位时间内温度上升的速度是恒定的，例如 2℃/min、6℃/min、20℃/min 等。在较低的初始温度，沸点较低的组分，即最早流出的峰可以得到良好的分离。随柱温增加，较高沸点的组分也能较快地流出，并和低沸点组分一样也能得到分离良好的尖峰。图 8-23 分别表示了恒温、程序升温、分段程序升温色谱的温度控制策略。图 8-24 给出了一个正构烷烃样品的恒温与程序升温色谱比较，可见程序升温对于沸点范围较宽的组分有更好的分离效果。

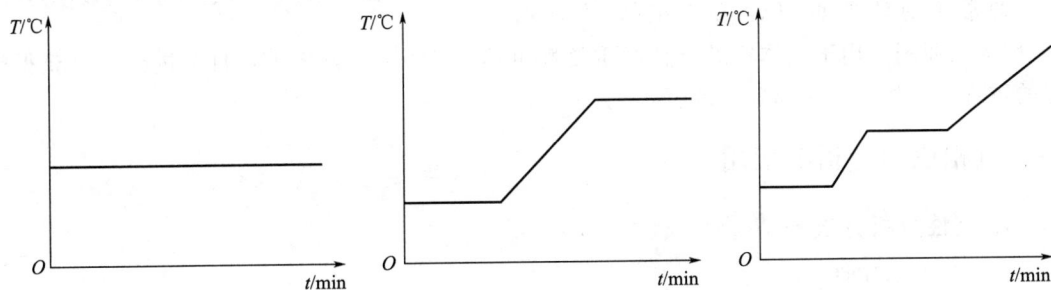

图 8-23　恒温、程序升温、分段程序升温色谱控温示意图

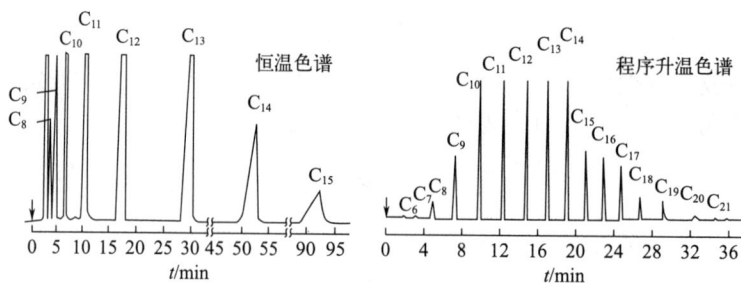

图 8-24　正构烷烃样品的恒温与程序升温色谱图比较

一般来说，最佳分辨率与最低温度有关。然而，降低温度的代价是增加洗脱时间，从而增加完成分析所需的时间，图 8-25（a）和 8-25（b）即呈现出该问题。而程序升温则可获得较好的结果［图 8-25（c）］。

气相色谱要求样品瞬间气化，才能被载气带入柱中进行分离。所以气化室要有足够的气化温度。选择的原则是：在保证试样不被分解的情况下，适当提高气化温度对分离及定量分析有利，尤其当进样量大时更是如此。一般选择气化温度高于柱温 30～70℃。

4. 进样时间和进样量

进样速度必须很快才能减小人为展宽因素，用注射器或进样阀进样时，进样时间都在 1 s 以内。若进样时间过长，色谱峰必将变宽，甚至使峰变形。进样量影响分离效果，液体试样一般进样 0.1～5 μL，气体试样进样 0.1～10 mL。进样量太多，会使几个峰叠在一起，分离不好。但进样量太少，又会使含量少的组分因检测器灵敏度不够而不出峰。最大允许的进样量，应控制在峰面积或峰高与进样量呈线性关系的范围内。

通常注射法的重复性为 2.0%，进样阀

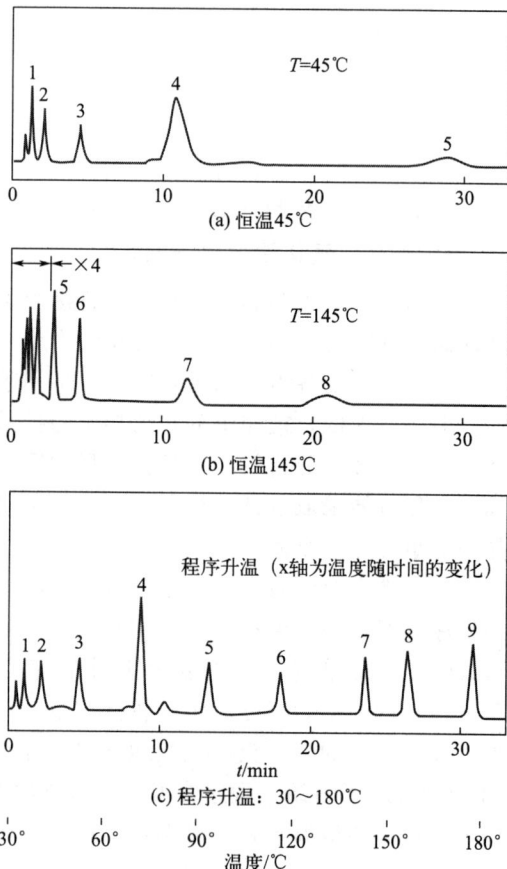

图 8-25　温度对气相色谱分离的影响

（一般为六通阀）用于气体样品进样时重复性可达 0.5%。相较之下，自动进样器可获得较好的重现性，相对标准偏差可低至 0.3%。

四、气相色谱分析的应用

1. 定性分析方法

（1）保留值定性

理论上，气相色谱的保留值 t_R、t'_R、V_R、V'_R 等在一定的色谱条件（固定相、操作条件）下均有确定的数值，所以这些保留值可作为定性指标，气相色谱是最常用的色谱定性方法。在完全相同的色谱条件和操作条件下，对照待测物和已知物（纯物质）的保留值可以定性。如果两者（未知物与标准试样）的保留值相同，但峰形不同，仍然不能认为是同一物质。进一步的检验方法是将两者混合起来进行色谱实验。如果发现有新峰或在未知峰上有不规则的形状（例如峰略有分叉等）出现，则表示两者并非同一物质。如果混合后峰增高而半峰宽并不相应增加，表示两者很可能是同一物质。因此这种方法的应用有很大的局限性，其可靠性不足以鉴定完全未知的物质。

（2）相对保留值 $\gamma_{2,1}$ 定性

保留值受到操作条件的影响。采用仅与柱温有关，而不受操作条件影响的相对保留值 $\gamma_{2,1}$ 作为定性指标会更加可靠。因为 $\gamma_{2,1}$ 是任一组分调整保留值与基准物调整保留值的比值，许多造成误差的因素可以抵消，所以 $\gamma_{2,1}$ 只与固定液的种类和柱温有关，用于定性较为理想。常用的基准物质是苯、正丁烷、环己烷等。该过程要保持柱温与固定液不变。

（3）用碳数规律定性

大量实验证明，在一定温度下，同系物的调整保留时间的对数与分子中碳原子数呈线性关系。根据式8-9，如果得知同系物中的两个以上组分的调整保留值，即可推出同系物中其他组分的调整保留值。

（4）用保留指数 I 定性（文献值）

保留指数又称柯瓦（Kovats）指数，由 E. Kovats 于 1958 年首次提出，用于从色谱图中分析物的定性分析。由溶质与至少两种正构烷烃的混合物的色谱图计算获得（式 8-10），是一种重现性较其他保留值更好的定性参数，可根据所用固定相和柱温直接与文献值对照而不需标准试样。

（5）沸点规律

同族中具有相同碳数碳链的异构体化合物，其调整保留时间和它们的沸点呈线性关系。如式（8-53）所示，根据已知相同碳数异构体的沸点，可计算同族其他异构体的调整保留时间。

$$\lg t'_R = A_2 T_b + C_2 \tag{8-53}$$

式中，t'_R 是调整保留时间；A_2、C_2 是常数；T_b 是组分的沸点（K）。

（6）用色谱-质谱联用定性

较复杂的混合物可用色谱-质谱联用技术定性。混合物经色谱柱分离为单组分，再利用质谱获得每一个单组分的分子量、碎片峰信息，结合此类仪器配置的数据库检索功能，推断未知物的属性和结构。这是目前解决复杂未知物定性问题的最有效工具之一。

2. 定量分析方法

气相色谱柱洗脱液的峰高或峰面积已广泛用于定量和半定量分析。在一定操作条件下，分析组分 i 的质量（m_i）或其在载气中的浓度与检测器的响应信号（色谱图上表现为峰面积 A_i 或峰高 h_i）成正比：

$$m_i = f_i A_i \tag{8-54}$$

由上式可见，在定量分析中需要：①准确测量峰面积；②准确求出比例常数 f_i（称为定量校正因子）；③根据上式正确选用定量计算方法，将测得组分的峰面积换算为质量分数。

（1）定量校正因子

色谱定量分析是基于被测物质的含量与其峰面积的正比关系。但是同一检测器对不同的物质具有不同的响应值，所以两个等量的物质出的峰面积往往不相等，不能用峰面积来直接计算

物质的含量。为了使检测器产生的响应信号能真实地反映出物质的含量，要对响应值进行校正。

① 绝对定量校正因子：式（8-54）所示的 f_i 为绝对定量校正因子，也就是单位峰面积所代表物质的质量。

② 相对定量校正因子：绝对定量校正因子 f_i 主要由仪器的灵敏度所决定，不易准确测定，也无法直接应用。所以在定量工作中都是用相对定量校正因子，即某物质与一标准物质的绝对定量校正因子的比值，平常所指及文献查得的校正因子都是相对定量校正因子。常用的标准物质是苯（热导池检测器）和正庚烷（氢火焰离子化检测器），具体表达式为：

$$f_{is}^A = \frac{f_i^A}{f_s^A} = \frac{A_S m_i}{A_i m_S} \tag{8-55}$$

式中，f_{is}^A 是 i 物质相对于标准物质 s 的峰面积相对校正因子；m 为相应物质的质量。

校正因子的测定方法是：准确称量被测组分和标准物质，混合后，在实验条件下进样分析（注意进样量应在线性范围之内），分别测量相应的峰面积、峰高等参数，然后计算相应的校正因子。一般测定 n 次，然后取其平均值。

（2）归一化法

当试样中各组分都能流出色谱柱，并在色谱图上显示色谱峰时，可用此法进行定量计算。假设试样中有 n 个组分，每个组分的质量分别为 m_1，m_2，$\cdots m_n$，各组分含量的总和 m 为 100%，其中组分 i 的质量分数 m_i 可按下式计算：

$$m_i(\%) = \frac{A_i f_{is}^A}{\sum\limits_{i=1}^{n} A_i f_{is}^A} \times 100\% \tag{8-56}$$

式中，f_{is}^A 为 i 物质的相对峰面积校正因子。归一化法（normalization method）的优点是简便、准确，当操作条件如进样量、流速等变化时，对结果影响小，且不必知道样品具体质量。但该方法的缺点是样品必须全部出峰。此外，在使用该方法时，出具结果时应注明详细实验条件以供对结果进行判断。

（3）内标法

当只需测定试样中某几个组分，而且试样中不是所有组分都能出峰时，可采用此法。内标法就是选择某纯物质作为内标物，将一定量的该内标物加入到准确称取的试样中，根据被测物和内标物的质量比及其在色谱图上相应的峰面积比，求出待测组分的含量。例如要测定试样中组分 i（质量为 m_i）的质量分数，可于试样中加入质量为 m_{is} 的内标物。原理如下：

由：

$$m_i = f_{is}^A A_i$$
$$m_{is} = f_{iss}^A A_{is}$$
$$m_i = \frac{A_i f_{is}^A m_{is}}{A_{is} f_{iss}^A}$$

则待测组分 i 在样品中的质量分数为：

$$m_i(\%) = \frac{m_i}{m_{样}} \times 100\% = \frac{A_i f_{is}^A m_{is}}{A_{is} f_{iss}^A m_{样}} \times 100\% \tag{8-57}$$

操作办法：在待测试样中加入 m_{is}，配好样品稀释在同一容器中，即可分析。需要注意的是，加入的内标物需满足如下要求：①试样中不含有该物质；②内标物与被测组分性质比较接近；③内标物不与试样中任何组

气相色谱定性定量
分析讲解.mp4

分发生化学反应；④内标物出峰位置应与被测组分接近，但又彼此能够完全分离。

五、气相色谱的发展趋势

虽然 GC 是一项相当成熟的技术，但近年来在理论、仪器、色谱柱和实际应用方面都有了许多发展。如下讨论与快速 GC、小型化 GC 以及二维气相色谱相关的一些研究进展。

1. 快速气相色谱

气相色谱研究人员一直致力于实现更高的分辨率，以分离越来越复杂的混合物。一般通过改变条件可以实现难分离组分对的分离。而快速气相色谱（high-speed GC，HSGC）可以大大减少挥发性和半挥发性有机化合物的分析时间，其基本理念可以通过如下公式进行解释。

将式（8-3）代入式（8-20），可得：

$$\frac{L}{t_R} = u \times \frac{1}{1+k_n} \tag{8-58}$$

式中，k_n 是色谱图中最后一个目标组分的容量因子。重新排列式（8-58），求解最后一个目标组分的保留时间，可得：

$$t_R = \frac{L}{u} \times (1+k_n) \tag{8-59}$$

由式（8-59）可知，通过使用较短的色谱柱、高于通常的载气速度和较小的容量因子可实现更快的分离。例如，如果将色谱柱长度 L 减少为原来的 1/4，将载气速度 u 增加 5 倍，则分析时间 t_R 将减少至原来的 1/20。所付出的代价是由谱带展宽和峰容量（色谱中可容纳的峰的数量）减少而导致分辨率降低。显然，这样的条件选择相悖于分离条件的选择依据（柱长、流速）。

为了达到快速分离的目的，除了改变如上柱长和载气速度外，k_n 也是一个可以利用的变量参数，显然，减小 k_n 有利于减小 t_R，通过色谱柱联用、使用快速程序升温方式可以实现 k_n 的减小，在分辨率和峰容量损失最小的情况下，可以实现快速分离。图 8-26 为采用极性色谱柱和非极性色谱柱联用、恒温与程序升温相结合且配合柱连接点压力改变的方式对复杂组分进行测定的示意图。图 8-27（c）显示在不到 2.5 min 内可以实现 31 种组分的完全分离。

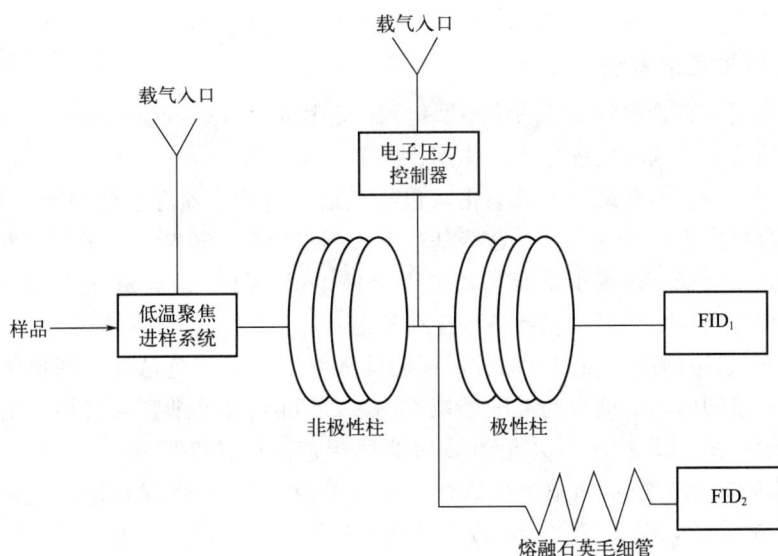

图 8-26　采用电子控制的 HSGC 仪器柱连接点压力简图

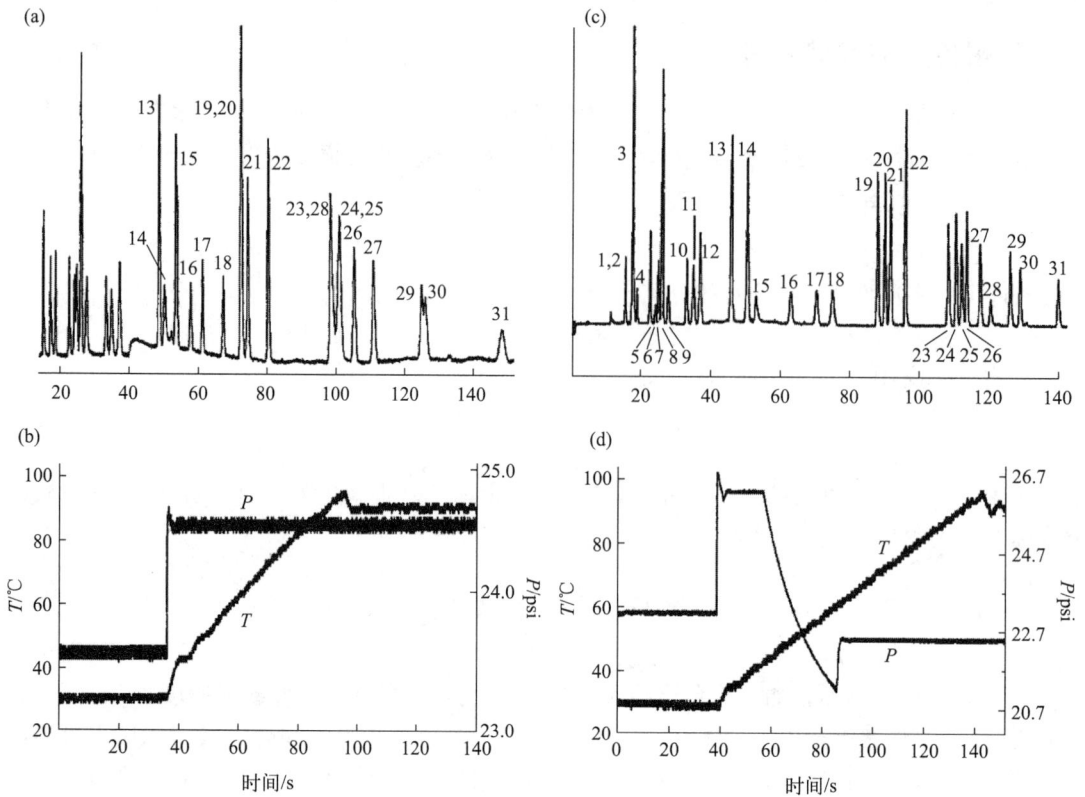

图 8-27 31 种组分快速分离的气相色谱图 [(a)、(c)] 以及温度和色谱柱连接点压力分布图 [(b)、(d)]

图 8-27（a）的色谱条件：前 37 s，30℃恒温恒压，从 37 s 开始，以 60 ℃/min 升温速率升温至 90 ℃，然后保持恒温条件，直到分离结束，同时在 37 s 时，柱连接点压力从 23.6 psi 增加到 24.6 psi，然后保持不变，直到分离结束；图 8-27（c）的色谱条件：前 37 s，30℃恒温恒压，从 37 s 开始，以 35 ℃/min 升温速率升温至 90 ℃，同时在 37 s 时，柱连接点压力从初始压力 23.6 psi 增加到 26.3 psi，56 s 后压力降低到 22.5 psi。

2. 小型化气相色谱系统

多年来，人们一直希望将 GC 系统小型化到微芯片水平，以利于其在空间探索、野外便携式检测和环境监测等领域发挥相应的作用。

仪器的微型化涉及所有组件的微型化，包括色谱柱和检测器等。微型色谱柱可以用硅、几种金属和聚合物作为衬底设计，在这些基材上蚀刻出较深、较窄的通道，这些通道具有低的死体积和高的表面积，以减小带宽和增加固定相体积。图 8-28 是利用光刻和蚀刻技术所制得的微型气相色谱柱、注射口以及各种连接管路。

图 8-28（a）右边的两个插图以两种不同的缩放级别显示该色谱柱。图像中较亮的区域是通道轨迹，较暗的区域是键合的硅壁区域。图 8-28（b）是毛细管与气相色谱柱流动通道连接的横切面示意图。图 8-28（c）是组装后的气相色谱柱光学照片。图 8-28（d）是在图 8-28（a）～图 8-28（c）所示的微型色谱柱上分离 18 种多环芳烃混合物的气相色谱图。分离条件：从 45 ℃开始，以 15 ℃/min 的升温速率上升到 325 ℃。

氢火焰离子化检测器是气相色谱仪中应用非常广泛的检测器，近些年来，科研工作者也致力于 FID 的微型化。图 8-29 为微型氢火焰离子化检测器（miniaturized flame ionization detector，m-FID）的示意图、局部结构设计图以及采用该微型化检测器分离混合组分的色谱图。表 8-8 为所设计的 m-FID 与商用检测器尺寸及性能的比较结果。

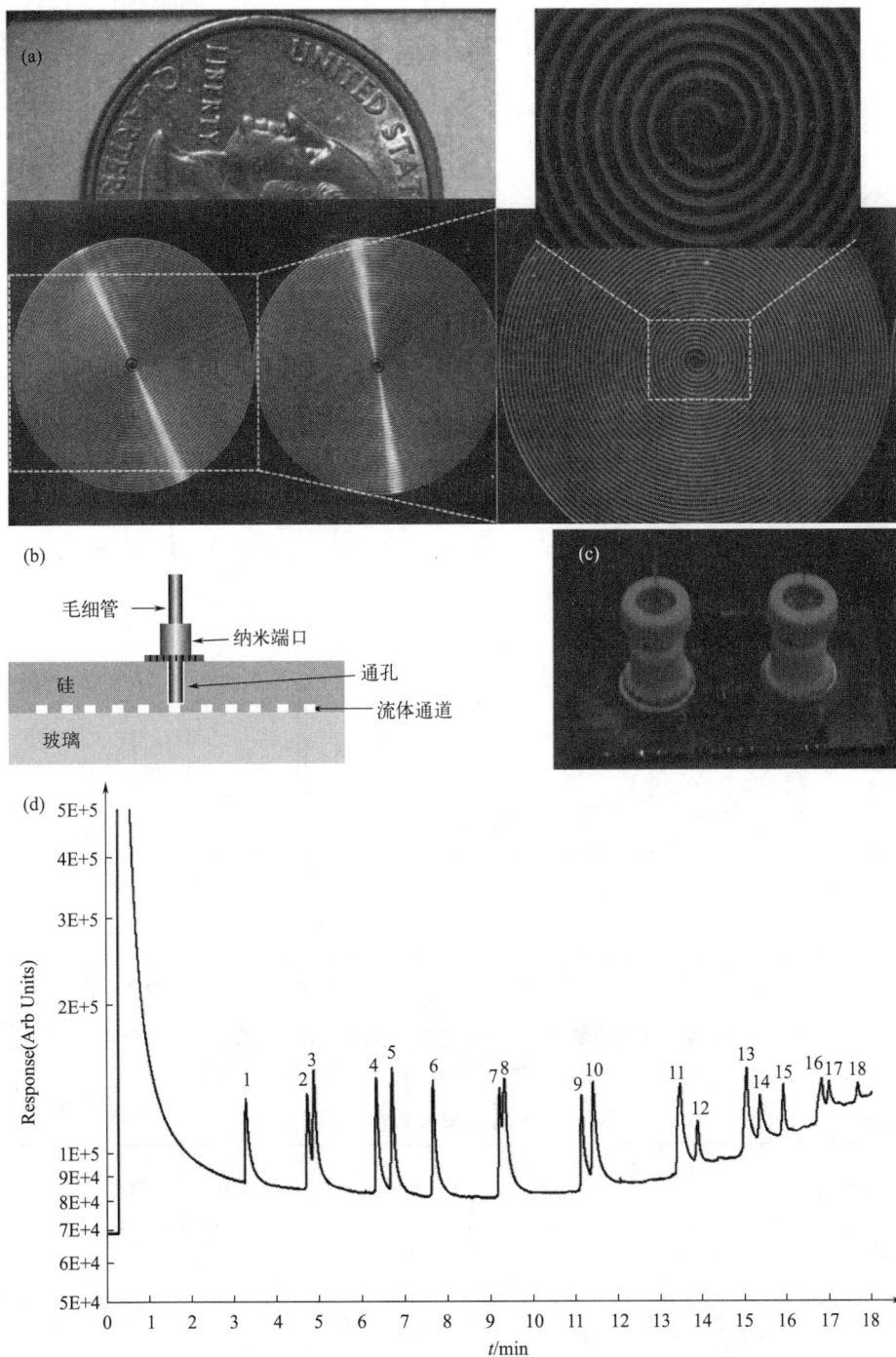

图 8-28　微型色谱柱及气相色谱图

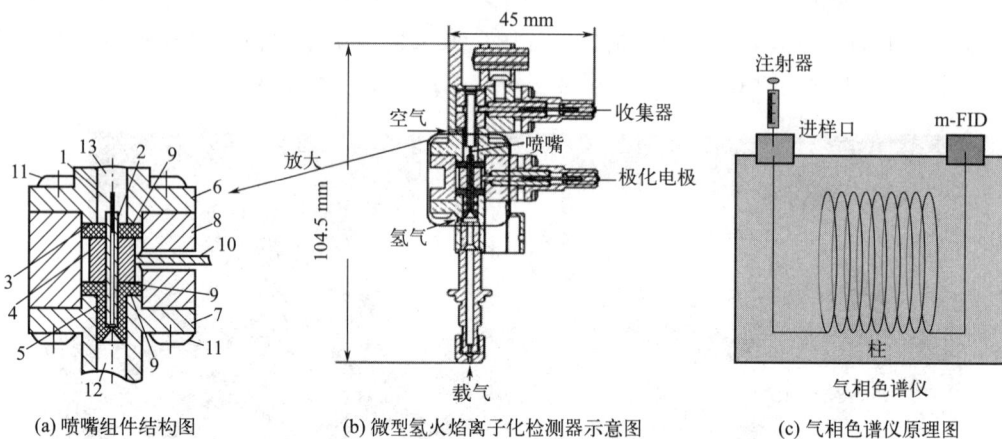

(a) 喷嘴组件结构图　　(b) 微型氢火焰离子化检测器示意图　　(c) 气相色谱仪原理图

1—喷嘴尖端；2—一体化喷嘴；3—上密封圈；4—密封套筒；5—下密封；6—上锁体；7—下锁体；
8—检测器本体；9—环形封边；10—销；11—螺丝；12—氢气和色谱柱流出物入口；13—燃烧室

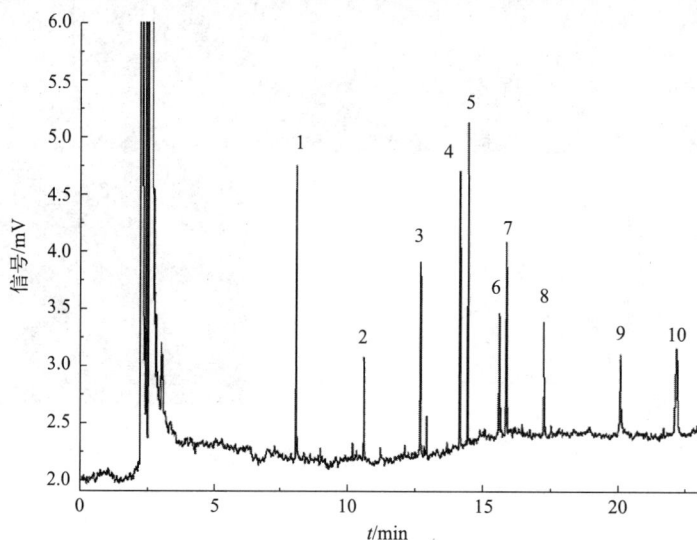

(d) 利用m-FID测定10种药物组分的色谱图

色谱峰对应组分：1—甲基苯丙胺；2—3,4-亚甲基二氧基甲基苯丙胺；3—氯胺酮；4—美沙酮；
5—可卡因；6—可待因；7—安定；8—海洛因；9—艾司唑仑；10—三唑仑

图 8-29　喷嘴组件结构图、微型氢火焰离子化检测器示意图、气相色谱仪
原理图以及利用该检测器测定 10 种药物组分的色谱图

表 8-8　m-FID 与商用 FID 性能比较

仪器（FID）	长×宽×高（mm）	流速/(mL/min)		峰高	噪声	信噪比	峰面积	检出限/(g/s)
		氢气	空气					
Agilent 7890A	47×40×115	40	400	31pA	0.05pA	620	106.5pA·s	$9.4×10^{-12}$
Shimadzu 2010 plus	62.5×37×120	40	400	57000 μV	40 μV	1425	1383761 μV·s	$2.9×10^{-12}$
Shimadzu 2030	62.5×37×120	32	200	56409 μV	20 μV	2820	283235.7 μV·s	$1.4×10^{-12}$
将研制的 FID 安装于 Shimadzu 2010 plus 仪器上	45×21×104.5	12	110	12969 μV	10 μV	1852	62297 μV·s	$3.2×10^{-12}$

目前，众多小型便携式气相色谱仪已经商品化并应用于现场分析。大多数便携式 GC 都是通过微机电系统（micro-electro-mechanical system，MEMS）和微加工技术实现小型化的。利用这些技术可以对进样器、气路以及检测器实现微型化。比如：Agilent 990 micro GC 就是由一个基于微机电系统的进样器、气路和微型热导检测器组成的；Defiant Frog-5000 则拥有一个微柱和微光离子化检测器（μPID）。与 Agilent 990 micro GC 相比，Defiant Frog-5000 更小、更轻，利于手持便携操作。一般来说，便携式气相色谱通常采用短柱和微型检测器来完成快速分析和检测，当然也是以牺牲分离能力为代价的。表 8-9 列出了一些商品化便携式气相色谱仪以及所具有的性能。

表 8-9　几种商品化便携式气相色谱仪的特征

制造商	Agilent	Defiant	Inficon	Thermo Fisher	Seacoast Science	Electronic Sensor Tec.
产品型号	990 Micro GC	Forg-5000	Micro GC Fusion	C2V-200 Micro GC	SeaPORT mini GC	zNose 4650
照片						
小型化的组件	MEMS injector；μTCD	MEMS μcolumn；μPID	MEMS injector；μTCD	MEMS Intergrated sampler and column；μTCD	Miniaturized chromatograph MEMS MCCD detector programmable air	Miniaturized chromatograph SAW detector
温度控制	恒温	程序控温	程序控温	程序控温	程序控温	程序控温
载气	He、H_2、N_2、Ar	空气	He、H_2、N_2、Ar	He、H_2、N_2、Ar	空气	He
样品类型	空气	空气，水，土壤	空气	空气	空气，水	空气
目标物	$C_1 \sim C_6$、苯系物	挥发性有机污染物	挥发性有机污染物，H_2S	$C_1 \sim C_6$	$C_1 \sim C_6$	挥发性有机污染物
检出限	0.5～10 ppm	sub ppb-ppm	1 ppm	2 ppm	0.1 ppm	ppb 水平
最大操作时间	16 h	9 h	外部电源供应	外部电源供应	外部电源供应	5 h
分析时间	＜5 min	4～8 min	1～3 min	＜3 min	10 min	1～3 min
功耗/W	80（双通道）	80	300（最大）	200（双通道）	150～300	—
质量/kg	7.3（双通道）	2.2	6.2	3.5	1.3	8.5

虽然便携式气相色谱或气相色谱-质谱已经商品化，但在提高分离能力、检测灵敏度和选择性、减少体积和功耗等方面仍需进一步发展。目前研究人员仍在开发体积更小、功耗更低、分离功能更强和检测灵敏度更高的微型色谱仪。仪器小型化的研发之路仍然任重而道远。

3. 二维气相色谱

在保持快速分析的同时，增加色谱柱长度很难提高微型气相色谱仪的分离能力。如果能够找到一种方法将两个具有不同固定相的气相色谱系统连接起来（图 8-26），分别并重复捕获第一相（柱）中洗脱的所有物质，然后在第二柱上重复分离每个捕获的部分，存储和处理来自第二柱末端检测器的数据信号，就可以得到一个全面的二维色谱（two dimensional chromatography，2D chromatography，GC×GC）系统。如果从第一柱中分离的单峰中的成分在第二柱上分离，则该过程是中心切割的二维色谱（heart-cutting 2D chromatography，GC-GC）。

2D GC 的两根气相色谱毛细管柱，通过样品调制接口相互连接。样品调制界面以快速间隔将第一根柱流出物的部分注入第二根柱。通常第一根柱较长，具有非极性固定相，分离时间为 30～60 min。当流出物离开第一根柱时，实施第二维分离，第二根柱分离运行时间为每次调制（称为调制周期）约 1～5 s。离开第一根柱的分析物峰经过约 3 到 4 个调制周期采样，以充分保持第一维分离的分辨能力。在第二维中通常采用极性固定相柱，提供相对于第一维的互补分离，因此在给定的第一维保留时间内未分离的组分有机会在第二维上分离。利用两根色谱柱提供互补分离大大提高了峰容量，使 GC×GC 比一维 GC 更强大。当然，也有一些研究在第一维中使用极性柱，第二维中使用非极性柱，以便更有效地利用较长的极性柱来完成分离任务。图 8-30 为采用二维气相色谱飞行时间质谱（time of flight mass spectrometry，TOFMS）联用（GC×GC-TOFMS）对代谢物衍生化后进行测定的二维色谱总离子流图。

在给定时间从第一根柱中将重叠的分析物峰进入第二根色谱柱被分离成几个峰。较暗的斑点表示分析物峰浓度较高。进一步的鉴定可以通过分析一个给定峰的质谱碎片来实现。

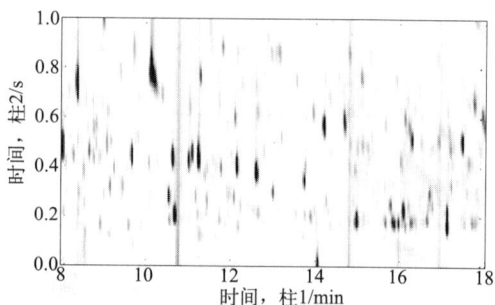

图 8-30 GC×GC-TOFMS 对代谢物衍生化后进行测定的二维色谱总离子流图

第二维上分离的峰宽约为 100～200 ms，因此，检测器必须具有足够快的占空比，以便在如此窄的峰上测量足够数量的点，以方便分析数据。

除了能够通过选择具有互补固定相的色谱柱来调整二维分离的化学选择性外，仪器设计的另一个主要差异是用于控制第一根柱流出物并将化合物重新注入第二根柱的样品调制接口。目前采用的有几种调制接口，包括热调制、阀调制和差流量调制，其中热调制是最常用的方法。热调制器低温捕获从第一根柱分离中洗脱的分析物，时间长度几乎等于调制周期，并将捕获的分析物于短的加热周期重新注入第二维色谱柱。

基于不同的应用需求，对二维气相色谱的研发主题也各有差异。在气相色谱微型化的研制中，调节接口的微型化也是其难点。为此，Zeller 等人研制了一种微型热调节器作为二维气相色谱的微调制解调器。图 8-31 为利用该解调器设计的微型二维气相色谱系统。

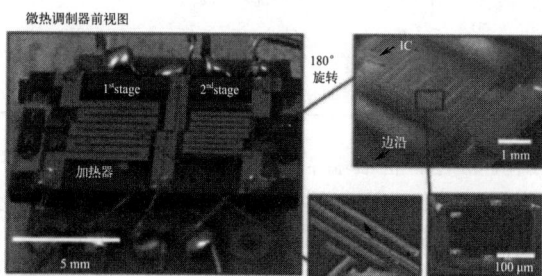

(a) 微型热调节器

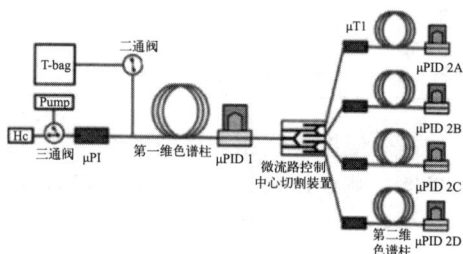

(b) 装有微流路控制中心切割装置(μDeans switch)的 1×4 μGC 示意图

图 8-31 微型二维气相色谱系统

气相色谱思维导图.TIF

气相色谱思维导图讲解.mp4

第三节　高效液相色谱法

高效液相色谱（high performance liquid chromatography，HPLC）法是分离分析技术中应用最为广泛的一种。它适合于分离非挥发性物质或热不稳定的成分，涉及各种有机、无机和生物材料等工业或许多科学领域中很重要物质的分离分析。相较于前述的气相色谱法，高效液相色谱法的仪器要昂贵得多，原因在于液体成为流动相后，仪器的结构发生了显著性变化。除此之外，二者还存在如下的异同点。

相同点：基本理论大致相同，均利用组分在固定相和流动相中分配系数的不同达到分离的目的，参数的计算可直接套用相同的公式（n、H、R、$\gamma_{2,1}$ 含义、求法和用法与 GC 一致）；保留值参数，如 t_0、t_R、x（保留距离）、V_R 的求法和用法与 GC 一致；GC 的分配系数 K，对液-固色谱叫吸附平衡常数，对尺寸排阻色谱叫渗透平衡常数，对液-液色谱依然叫分配系数。

差异点：GC 法中流动相是惰性的；而 HPLC 法中流动相与组分是有作用的；对于范第姆特方程，由于溶质在液相中的扩散系数只是在气相中扩散系数的 $1/10^5$，分子扩散项可以忽略不计。在 HPLC 法中，范第姆特方程的简化式为：

$$H = A + Cu(C = C_s + C_m) \tag{8-60}$$

式中，C_s 为固定相传质阻力系数，C_m 为流动相传质阻力系数。因此，二者的 H-u 关系曲线也稍有变化，但整体趋势不变。

高效液相色谱法是在经典的液体柱色谱法基础上，引入了气相色谱法的理论，在技术上采用了高压泵、高效固定相和高灵敏度检测器，故被称为高效液相色谱法。它具有如下特点。

高压：液相色谱法以液体作为流动相，液体流经色谱柱时，受到的阻力较大，为了能迅速地通过色谱柱，必须对载液施加高压，一般可达到 $(150 \sim 350) \times 10^5$ Pa。

高速：高效液相色谱法所需的分析时间较经典液体色谱法少得多。例如分离苯的羟基化合物 7 个组分，只需 10 min 即可完成。

高效：气相色谱法的分离柱效约为 2000 塔板/米，而超高效液相色谱法的柱效可达 3 万塔板/米以上。

高灵敏度：高效液相色谱已广泛采用高灵敏度的检测器，进一步提高了分析的灵敏度。如紫外检测器的最小检测量可达纳克数量级（10^{-9} g）；荧光检测器的灵敏度可达 10^{-11} g。

对于高沸点、热稳定性差、分子量大（大于 400 以上）的有机物原则上都可用高效液相色谱法来进行分离、分析，而且可用于无机物、离子的分离鉴定。

由于高效液相色谱法的这些优点，人们将它称为高压液相色谱法或高速液相色谱法。随着设备和材料制造工艺的提高，更加耐压（>100 MPa）和更小颗粒色谱填料（粒径<2 μm）的仪器被成功研制，如超高压液相色谱（ultra high pressure liquid chromatography，UPLC）和纳升液相色谱（nano liquid chromatography，nano LC）。

一、高效液相色谱仪

图 8-32 给出了一个简单的高效液相色谱法流程。储液罐中贮存的载液经除气处理后，

由高压泵输送到色谱柱，试样由进样器注入载液系统，而后到达色谱柱进行分离，分离后的组分由检测器检测，为避免浪费和造成环境污染，溶剂和分离后的组分可在色谱柱出口处被收集。高效液相色谱仪由梯度装置、高压输液系统、进样系统、分离柱、检测器、色谱数据处理系统等构成。现将部分重要的部件及功能简述如下。

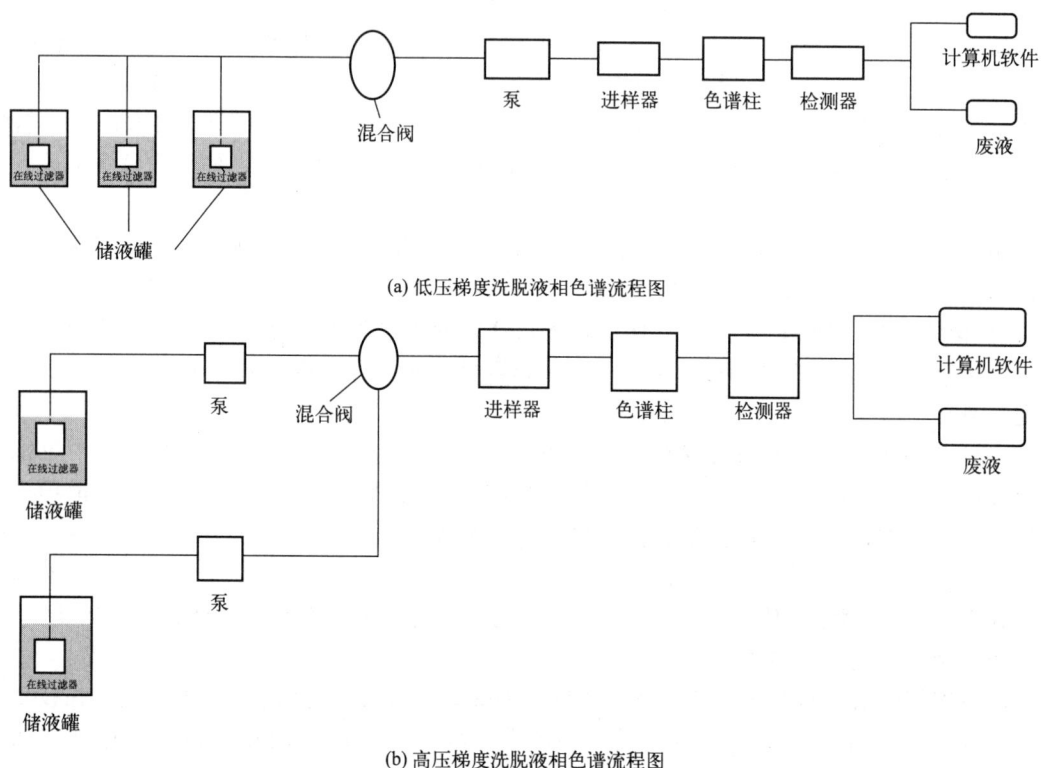

(a) 低压梯度洗脱液相色谱流程图

(b) 高压梯度洗脱液相色谱流程图

图 8-32　高效液相色谱法的基本流程

1. 流动相储液罐和溶剂处理装置

现代液相色谱仪器配有一个或多个储液罐盛放流动相溶剂。流动相在进入色谱系统之前，为了防止溶剂中的颗粒物损坏泵、进样系统或堵塞色谱柱，所用的所有溶剂需经过 $0.22~\mu m$ 或 $0.45~\mu m$ 的滤膜过滤去除灰尘或颗粒物。此外，流动相中溶解的气体需经脱气处理，脱气方式有加热法、抽真空法、吹氦脱气法和超声波脱气法。脱气机和过滤器不一定是 HPLC 系统的组成部分，对于没有安装在线脱气和过滤装置的液相色谱仪，这部分工作可以在色谱运行之前单独完成。

2. 输液系统

（1）高压输液泵

高效液相色谱分析的流动相是用高压泵（high-pressure pump）输送的。由于色谱柱很细（$1\sim6~mm$），填充剂粒度小（小于 $5~\mu m$），阻力很大，为达到快速、高效的分离，必须有很高的柱前压力。对高压输液泵来说，一般压力为 $(150\sim350)\times10^5~Pa$，流量的稳定性直接影响到峰面积的重现性和定量分析结果的精密度，还会引起保留值和分辨能力的变化。由于检测器对压力变化很敏感，泵的压力应平稳无脉动。因为载液的流速事关分离效果，输液泵的流速必须可调。高压泵分为恒流泵和恒压泵两类，恒流泵目前主要采用的是往复柱塞杆泵（reciprocating pump），恒压泵主要是气动放大泵（pneumatic pump）。

往复柱塞杆泵可方便地调节流量，由于其死体积小（约 0.1 mL），更换溶剂方便，很适用于梯度洗提。不足之处是输出有脉冲波动（泵时刻进行着输入输出的活塞运动），会干扰某些检测器（如差示折光检测器）的正常工作，并且由于产生基线噪声而影响检测的灵敏度。针对如上问题，目前解决方案是使用双头泵或在液相色谱仪中安装脉冲阻尼器，往复柱塞杆泵的结构如图 8-33 所示。

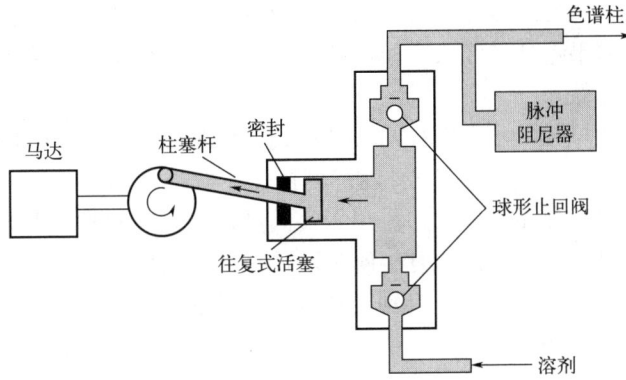

图 8-33　往复柱塞杆泵的结构示意图

气动放大泵。通过气动加压的方式输送液体，调节气压可调节流量，它能供给无脉冲的、稳定的流量输出，可提供大的输出流量，因此适用于匀浆法填装色谱柱。但由于液缸大，不便清洗，更换溶剂麻烦。

（2）梯度洗提装置

用单一溶剂或组成恒定的溶剂混合物进行的洗脱称为等度洗脱或恒组分洗脱。实际应用中，对于组分极性相差较大，各组分的容量因子 k 相差太大、k 大的组分峰展宽严重以及分析时间长的情况，可以采用梯度洗脱。梯度洗脱（梯度洗提）就是通过程序化地改变流动相中溶剂的配比来达到改变极性的目的。具体操作是将两种、三种或四种溶剂以预先设定的方式，有时连续、有时是按一定比例进行混合，实现二元、三元或四元梯度洗脱，以提高分离效果。

图 8-34 比较了单一溶剂等度和梯度洗脱的不同效果。单独选择 A 或 B 做流动相，各组分要么洗脱时间很长，后出峰的组分峰展宽严重，要么很快被洗脱，k 小的组分无法分离。AB 混合时，可使各组分在合适的 k 下全部流出，且峰形较好。

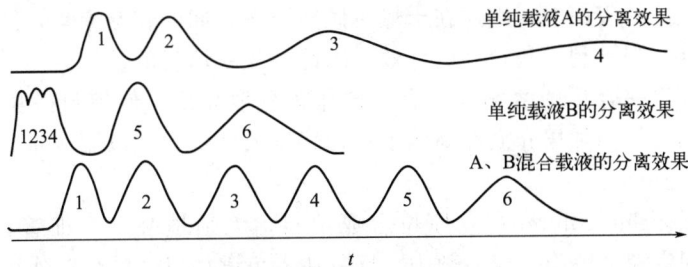

图 8-34　等度和梯度洗脱分离效果示意图

梯度洗脱不但可以使分离时间缩短、分辨能力增加，由于峰形的改善，还可以提高最小检测量和定量分析的精度。现代 HPLC 仪器通常采用两种方式实现梯度洗脱，其中一种是在仪器中配备比例阀，以设定的比例从两个或多个储液罐中分配溶剂，在常压下将溶剂混合后再用泵输入色谱柱，这叫做低压梯度，也称外梯度；另外一种是采用两台或多台高压泵，以设定的比例将溶剂用高压泵增压以后输入色谱系统的梯度混合室，加以混合后送入色谱柱，即高压梯度或称内梯度。低压梯度容易使混合后的流动相产生气泡，还需要额外增加在线脱气机。高压梯度则需要至少 2 台泵或多台泵配合使用，增加了成本。

3. 进样装置

在高效液相色谱中，要获得良好的分离效果和重现性，需要将试样在不减压的条件下瞬间地注入到色谱柱。如果把试样注入到柱前的流动相中，会使溶质以扩散形式进入柱头，导致试样组分分离效能降低。

高效液相色谱应用最广泛的进样方式是六通阀进样。其结构如 GC 部分［图 8-11（b）］，其中六通阀的定量环可根据需要进行更换，一般进样体积为 1～100 μL，允许在高达 7000 psi 的压力下引入样品。一般，采用六通阀进样的相对标准偏差为百分之零点几。

如今，大多数用户在购买色谱仪时都同时购置有自动进样器。这种装置能够将样品从样品盘上的小瓶中注入液相色谱系统。自动进样器包含样品环和注射泵，注射量从小于 1 μL 到超过 1 mL 不等。有些进样器带有温控装置，允许样品储存和在注射前进行衍生化反应。该自动进样器大多数是可编程的，允许在无人值守的条件下操作。商用 UPLC 系统的进样量为 0.1～50 μL。

4. 分离系统

液相色谱柱通常由光滑的不锈钢管构成。有时也由厚壁玻璃管和聚合物管制成，如聚醚醚酮（polyetheretherketone，PEEK）。此外，也可采用内衬玻璃或 PEEK 的不锈钢柱。

液相色谱法分析用的标准柱型内径为 4.6 mm 或 3.9 mm，长度为 15～30 cm。柱内填料颗粒粒径为 3 μm 或 5 μm（超高压液相色谱柱的填料粒径小于 2 μm），柱效以理论塔板数计大约为 7000～10000，为了延长色谱柱的使用寿命，通常在进样器和色谱柱之间安装有保护柱，保护柱是一个短柱，填充与色谱柱相同的固定相，其目的是防止杂质、高保留的化合物和颗粒物质到达和污染分析柱，保护柱需定期更换，以增加色谱柱的使用寿命。

液相色谱柱发展的一个重要趋势是减小填料颗粒度以提高柱效，这样可以使用更短的柱（数厘米）实现更快的分析。另一方面是减小柱径（内径小于 1 mm，空心毛细管液相色谱柱的内径只有数十微米），既可大大降低溶剂用量，又提高了检测浓度。

液相色谱柱的装填方法有干法和湿法两种。填料粒度大于 20 μm 的可用和气相色谱柱相同的干法装填；粒度小于 20 μm 的填料不宜用干法装填，这是由于微小颗粒表面存在着局部电荷，具有很高的表面能，因此在干燥时倾向于颗粒间的相互聚集，产生宽的颗粒范围并黏附于管壁，这些都不利于获得高的柱效，因此微颗粒填料的装柱只能采用湿法完成。湿法也称匀浆法，即以一合适的溶剂或混合溶剂作为分散介质，使填料微粒在介质中高度分散，形成匀浆，然后，用加压介质在高压下将匀浆压入柱管中，以制成具有均匀、紧密填充床的高效柱。

整体柱（monolithic column）是原位合成填料，无须填装。毛细管柱（capillary column）通常是将固定液溶解于一定溶剂中，反复注入色谱柱以"粘贴"或键合到管壁上。

色谱柱的温度控制不是必需的，但可以大大提高重现性。大多数高端 HPLC 系统包括一个柱式烘箱，典型的操作温度略高于环境温度，例如 30 ℃。根据范第姆特方程，扩散系数随温度升高而增大，柱效率增大，这样方程曲线中的最小板高可对应更高的流速，从而实现更快的分离分析。此外，在较高的温度下，随着淋洗液黏度的降低，所需的压力也会降低。高温操作的代价是加速柱降解，特别是硅基柱和阴离子交换剂。显然，对液相色谱来说，调节柱温的意义与气相色谱不同。

5. 检测系统

液相色谱法的检测器种类较多。按照检测对象可以分为整体性检测器和溶质性检测器。整体性检测器检测流动相的总体物理性质，如示差折光检测器和电导检测器等；溶质性检测器检测溶质的某种特性或物化性质，如紫外检测器和荧光检测器等。此外，按照有无选择性又可分为通用性检测器和选择性检测器。通用性检测器有示差折光检测器和蒸发光散射检测器等；选择性检测器有紫外-可见光度检测器、荧光检测器和电导检测器等。

（1）紫外-可见光度检测器

其原理是基于被分析试样组分对特定波长紫外线或可见光的选择性吸收，组分浓度与吸光度的关系遵守朗伯比尔定律。图 8-35 是一种双光路紫外-可见光度检测器的结构示意图。

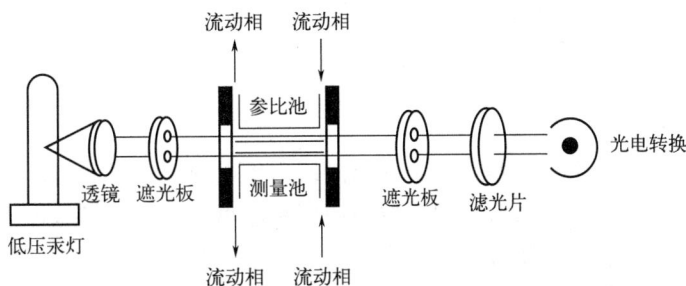

图 8-35　双光路结构的紫外-可见光度检测器

紫外-可见光度检测器（UV/vis detector，UV/vis）具有很高的灵敏度，最小检测浓度可达 10^{-9} g/mL。

（2）荧光检测器

一些物质特别是具有对称共轭结构的有机芳环分子受紫外线激发后，能辐射出比紫外线波长较长的荧光，例如多环芳烃、维生素 B、黄曲霉素、卟啉类化合物等，许多生化物质包括某些代谢产物、氨基酸、胺类、甾族化合物都可进行衍生化反应后，用荧光检测器检测。荧光检测器（fluorescence detector，FLD）的结构及工作原理如图 8-36 所示。

如图 8-36 所示，由卤化钨灯产生 280 nm 以上的连续波长的强激发光，经透镜和激发光滤光片或分光系统将光源发出的光聚焦，将其分为所要求的谱带宽度并聚焦在流通池上，另一个透镜将从流通池中待测组分发射出来的与激发光呈 90°的荧光聚焦，再经发射光滤光片或分光系统照射到光电倍增管上进行检测。

（3）示差折光检测器

该检测器的原理是基于光从一种介质传递到另一种介质时，由于两种介质的折射率不同而发生折射现象，通过测定样品流路（流动相携带待测物）和参比流路（仅有流动相）间液体折射率差值，对试样中溶质的浓度进行测定的方法。

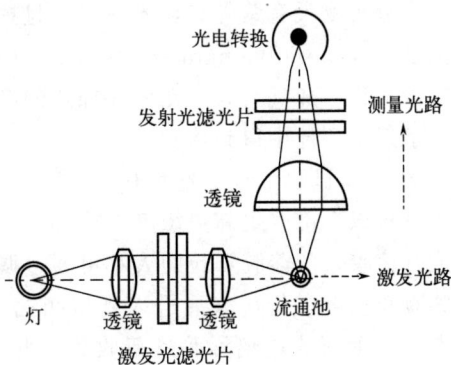

图 8-36　直角型荧光检测器的示意图

如图 8-37 所示，样品流路和参比流路由一块玻璃板隔开，玻璃板以一定角度安装，如果两个溶液的折射率不同，入射光束就会发生弯曲。由此产生的光束相对于检测器的光敏表面的位移引起输出信号的变化，当放大和记录时，就提供了色谱图。

采用示差折光检测器（Refractive-Index detector，RID）需注意如下事项：① 折射率随温度变化很大，因此，所有好的示差折光检测器都使用热稳态光学模块，温度需稳定在≤0.01℃；② 示差折光检测器与梯度洗脱不兼容。因为在溶剂梯度期间，淋洗液成分在百分比水平上发生变化，折射率也随之改变。

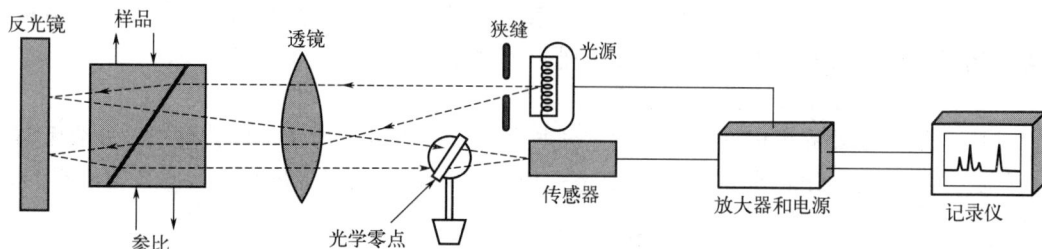

图 8-37　示差折光检测器结构示意图

（4）电导检测器

其作用原理是根据物质在某些介质中电离后所产生电导（电导和电阻互为倒数关系）变化来测定电离物质含量。该检测器适用于溶液中所有阴离子或阳离子（即流动相整体性检测器）的检测，无损。其特点是化合物灵敏度在一个数量级范围内不同，主要使用不含缓冲盐的等度洗脱的反相液相色谱（reverse phase liquid chromatography，RP-HPLC）（除非使用后续抑制柱），电导检测器（conductometric detector）是离子色谱（IC）的首选检测器。因其响应受温度的影响较大，因此对温度控制要求严格。

电导检测器体积小，结构简单，易于构建。如图 8-38 所示，电极浸没在流动相流出液中或围绕流动相流出液，当在电极之间施加电压时，流动相中的所有离子将参与携带电流通过流通池。电解质溶液中的离子数目和离子的移动速率决定溶液的电阻大小。离子迁移速率与离子的电荷及大小、介质类型、溶液温度和离子浓度有关。施加的电压可以是交流电压也可以是直流电压，通过对电导电极间电压的测量，可以测量溶液电导值，从而得到离子浓度和组成的信息。

（5）蒸发光散射检测器

当分析物没有紫外和荧光信号，且挥发性低于流动相时，最常用的检测器为蒸发光散射检测器（evaporative light scattering detector，ELSD）。该检测器的原理是将流出色谱柱的洗脱液雾化形成气溶胶，然后在加热的漂移管中将溶剂蒸发，最后余下的不挥发性溶质颗粒在光散射检测池中得到检测。

图 8-39 显示了蒸发光散射检测所经历的三个过程：雾化、蒸发和光散射。在此过程中洗脱液可以全部（更高灵敏度）或部分（基线更平稳）进入漂移管，利用氮气雾化洗脱液，形成气溶胶，气溶胶颗粒的大小可通过调节氮气的流速和漂移管的温度进行控制。剩下的分析物颗粒从漂移管出来后进入光检测池，并穿过光源（一般是激光）光束。被分析物颗粒的散射光通过光电倍增管进行收集。此外，溶质颗粒在进入光检测池时被辅助载气包封，避免分析物在检测池内分散和沉淀在壁上，极大增强了检测灵敏度并降低了检测池表面的污染。

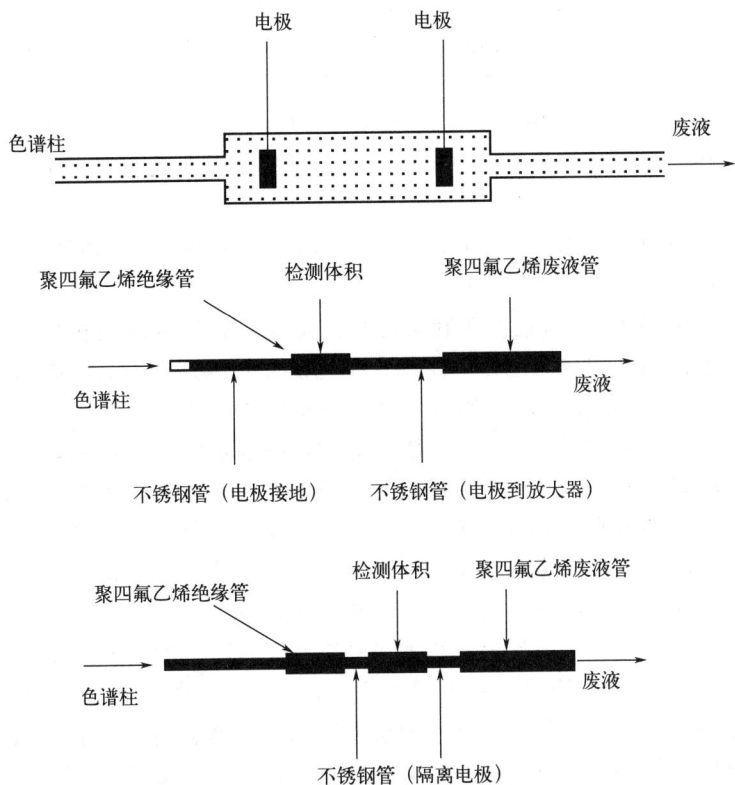

图 8-38 三种类型电导检测器结构示意图

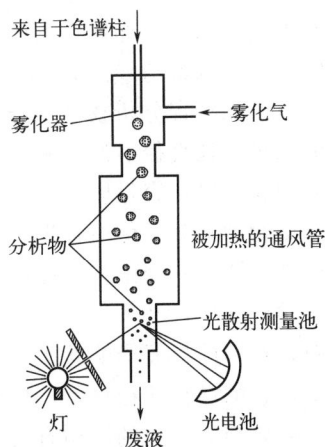

图 8-39 蒸发光散射检测器

蒸发光散射检测器灵敏度比示差折光检测器高，对温度变化不敏感，基线稳定，适合与梯度洗脱液相色谱联用，但存在线性范围窄的缺点。

除上述介绍的几种检测器外，为了满足不同的检测需求，还开发了一些新型检测器，如氮化学发光检测器、荷电气溶胶检测器（电晕放电检测器）、手性检测器（旋光仪、旋光色散检测器和圆二色谱检测器）等。目前配备检测器的趋势为液相色谱-质谱联用。表 8-10 为上述检测器的总结。

表 8-10　液相色谱主要应用的几种检测器特征比较

检测器类型	UV/vis	FLD	RID	电导	ELSD
检出限/(ng/注射)	1	0.01~0.1	100	1	1
选择性	中等	很高	否	低	否
耐用性	极好	高	高	高	高
梯度洗脱	可用	可用	否	可用[①]	可用
微系统可用	受限	可用	否	可用	否

① 需与合适的抑制系统配合使用。

二、液相色谱中影响谱峰扩展及分离的因素

HPLC 法的范第姆特方程的精确式如下：

$$H = 2\lambda d_{\mathrm{p}} + \frac{C_{\mathrm{d}} D_{\mathrm{m}}}{u} + \left(\frac{C_{\mathrm{m}} d_{\mathrm{p}}^2}{D_{\mathrm{m}}} + \frac{C_{\mathrm{sm}} d_{\mathrm{p}}^2}{D_{\mathrm{m}}} + \frac{C_{\mathrm{s}} d_{\mathrm{f}}^2}{D_{\mathrm{s}}} \right) u \tag{8-61}$$

该公式反映了导致柱效下降（板高 H 增加）、色谱峰扩展、分离效果变坏的一些影响因素。第一项为涡流扩散项，与式（8-32）所述意义相同，第二项为纵向扩散项，但由于液体扩散小于气体扩散，该项对 H 的贡献很小，可以忽略。第三项为传质阻力项（mass-transfer term），涉及固定相基质粒度 d_p、液体固定相的液膜厚度 d_f，以及样品分子和流动相分子的扩散系数 D（在液相和固相中的扩散，分别为 D_m 和 D_s），传质阻力项为液相色谱中谱峰展宽主要考虑的因素。

传质阻力项包括流动相的传质阻力项（the mobile-phase mass-transfer term）和固定相的传质阻力项（the stationary-phase mass-transfer term）。

如图 8-40 所示，流动相 m 在填充物表面流速小于在流路中间流速，在柱内流动相的流速不是均匀的，亦即靠近固定相表面的试样分子运行的距离比中间的要长。这种引起塔板高度变化的因素与线速 u 和固定相粒度 d_p 的平方成正比，与试样分子的 D_m 成反比。图 8-41 为流动相携带分析物进入滞留区的传质阻力示意图。C_m 是一常数，是容量因子的函数，其值取决于柱直径、形状和填充的填料结构，C_{sm} 是一常数，与颗粒微孔中被流动相所占据部分的比例以及容量因子有关。当柱填料规则排布并紧密填充时，C_m 降低，滞留在微孔中的流动相中的分子传质较慢，导致谱峰展宽。固定相的多孔性会造成某部分流动相滞留在一个局部，滞留在固定相微孔内的流动相一般是停滞不动的。流动相中的试样分子要与固定相进行质量交换，必须先自流动相扩散到滞留区。如果固定相的微孔既小又深，此时传质速率就慢，对峰的扩展影响就大，这种影响在整个传质过程中起着主要的作用。固定相的粒度愈小，它的微孔孔径愈大，传质途径也就愈小，传质速率也愈快，因而柱效就愈高。由于滞留区传质与固定相的结构有关，所以改进固定相就成为提高液相色谱柱效的一个重要方向。

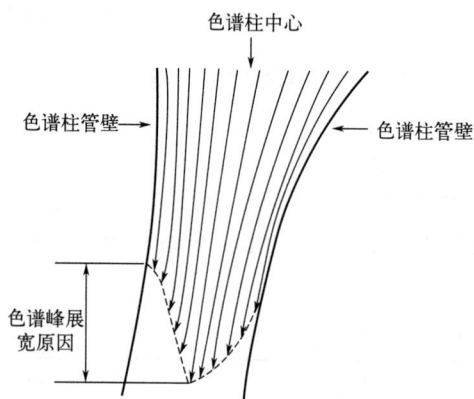

图 8-40　流动相传质阻力示意图　　　　图 8-41　滞流区传质阻力示意图

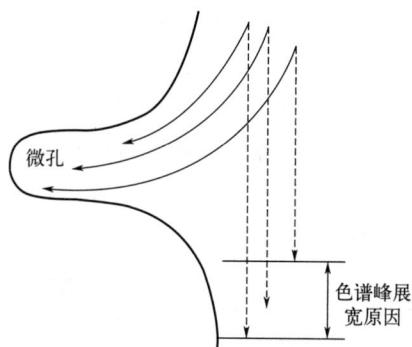

固定相传质阻力项，即括号中的第三项，主要发生在液-液分配色谱分析中。d_f 为固定液的液膜厚度，决定试样分子从流动相进入到固定液内进行质量交换的传质过程；D_s 为试样分子在固定液内的扩散系数。式（8-61）中，C_s 是与 k（容量因子）有关的系数。对由固定相的传质所引起的峰扩展，主要从改善传质、加快溶质分子在固定相上的解吸过程着手加以解决。对液-液分配色谱法，可使用薄的固定液层。而对吸附、排阻和离子交换色谱法，则可使用小的颗粒填料来解决。另外，减小流动相流速，亦可改善传质。

三、液相色谱固定相

用于液相色谱固定相的基质有无机基质和有机聚合物。其中无机基质固定相刚性大，在溶剂中不容易溶胀，主要有硅胶、羟基磷灰石、石墨化碳、氧化铝、氧化钛以及氧化锆等；有机聚合物固定相刚性小，易压缩，溶剂或溶质容易渗入基质中从而导致填料的溶胀，主要有交联苯乙烯-二乙烯苯和聚甲基丙烯酸酯。

在上述的固定相基质中，硅胶是液相色谱最常用的基础填料。为了提高柱效，通常采用小于 5 μm 的球形硅胶。硅胶分为全多孔型和薄壳型。全多孔型硅胶是由若干个硅胶小颗粒团聚而来，孔道深，传质阻力大，负载量也大，是近几十年来使用最广泛的类型。为了提高柱效和分离效率，降低传质阻力，20 个世纪曾经使用过的薄壳型硅胶在 21 世纪又一次盛行，但是与传统薄壳型硅胶相比，具有体积更小的特点，传统薄壳型硅胶一般大于 10 μm，随着生产技术的发展，目前的填料一般为 2～3 μm。这些新型填料极大促进了液相色谱的发展，使分离时间大幅度缩短，但是必须注意的是，柱负载量下降了，样品进样量应减小，避免过载而损坏柱子。

1. 硅胶键合相固定相

为了满足不同的分离需求，实际应用中需要对硅胶基质表面进行相应的改性。目前通常是在其表面进行化学键合，以连接相应的官能团。根据在硅胶表面≡Si—OH 的化学反应不同，键合固定相可分为：硅氧碳键型（≡Si—O—C）、硅氧硅碳键型（≡Si—O—Si—C）、硅碳键型（≡Si—C）和硅氮键型（≡Si—N）四种类型。例如在硅胶表面利用硅烷化反应制得≡Si—O—Si—C 键型（十八烷基键合相）的反应如图 8-42。

$$\equiv Si-OH + Cl-\underset{\underset{R_2}{|}}{\overset{\overset{R_1}{|}}{Si}}-C_{18}H_{37} \xrightarrow{-HCl} \equiv Si-O-\underset{\underset{R_2}{|}}{\overset{\overset{R_1}{|}}{Si}}-C_{18}H_{37}$$

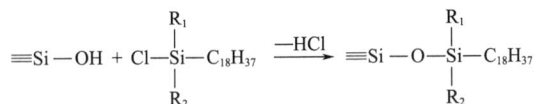

图 8-42　硅胶表面化学键合反应示意图

≡Si—O—Si—R—C 型固定相化学键稳定，耐水、耐热、耐有机溶剂，是目前液相色谱应用广泛的固定相。化学键合固定相的特点包括：①表面没有液坑，比一般液体固定相传质快得多；②无固定液流失；③可以键合不同官能团，按需要改变选择性；④有利于梯度洗脱，也有利于配用灵敏的检测器和馏分的收集。由于存在键合基团覆盖率的问题，化学键合固定相的分离机制既不是全部吸附过程，亦不是典型的液-液分配过程，而是双重机制兼而有之。图 8-43 为硅胶键合相固定相的微孔结构及微孔放大的截面图。

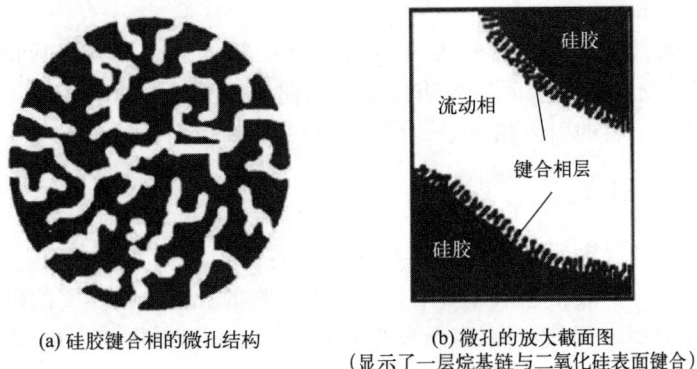

(a) 硅胶键合相的微孔结构　　(b) 微孔的放大截面图
（显示了一层烷基链与二氧化硅表面键合）

图 8-43　硅胶键合相固定相的微孔结构及微孔放大的截面图

2. 聚合物整体柱固定相

除了上述的填充柱固定相，整体柱是另一种常用的固定相形式，指的是用有机或无机聚合方法在色谱柱内进行原位聚合的连续床固定相，通过改变单体、交联剂、致孔剂、引发剂以及反应温度、时间和组成等条件制备出多功能的整体柱。聚合物可通过热聚合、光引发聚合和微波辐射等引发聚合制成。这种色谱柱比常规装填的色谱柱有更好的多孔性和渗透性，具有灌注色谱的特点，即色谱柱中既有流动相的流通孔又有便于溶质进行传质的中孔，因而可以进行快速分离，而且色谱柱的稳定性很好。

聚合物整体柱可分为硅胶基质的整体柱和有机聚合物基质的整体柱。制备方法通常是：先用3-（甲基丙烯酰氧基丙基）三硅氧烷、2-丙烯酰胺-2-甲基丙磺酸等功能基团将硅表面进行改性，然后加入丙烯酰胺、丙烯酸等乙烯基单体直接进行柱内聚合。一般硅胶整体柱具有连续的骨架结构，有平均直径为 $2\ \mu m$ 的流通孔和 $2 \sim 50\ nm$ 的中孔。流通孔的高渗透性和中孔高的比表面积（$300\ m^2/g$ 以上）可为分析物提供满意的色谱保留、选择性和柱效，适合分离小分子化合物和多肽。有机聚合物整体柱常为聚丙烯酰胺类整体柱、聚苯乙烯类整体柱和聚甲基丙烯酸酯类整体柱。聚丙烯酰胺类整体柱常用的致孔剂有硫酸铵、过硫酸铵；聚苯乙烯类整体柱的致孔剂有甲醇、乙醇、丙醇、甲苯等；聚甲基丙烯酸酯类整体柱的致孔剂常为1-丙醇、1,4-丁二醇、甲醇等的一种或几种。

因整体柱中存在流通孔，不适用于凝胶色谱。目前工艺发展成的整体柱柱效不如填充柱，对复杂样品的分离效果不尽人意。此外，整体柱更适合微量柱、小尺寸柱，制备大尺寸柱子目前仍具有挑战性。

3. 新型材料固定相

随着新型材料的兴起，色谱固定相也发生了巨大变革。金属纳米材料（金、银和铜）、新型碳纳米材料（碳纳米管、碳量子点、石墨烯和人造金刚石）、金属有机骨架材料（metal-organic framework materials，MOFs）、共价有机框架材料（covalent organic framework materials，COFs）、共价微孔聚合物（covalent microporous polymer，CMP）、氢键有机框架材料等（hydrogen bonded organic framework materials，HOFs），都以各类纳米材料的形式，或通过聚合修饰到不同基质表面，成为新型的固定相。比如将金纳米颗粒修饰到硅胶表面分离单糖；将离子液体键合到硅胶表面形成多功能固定相；在硅胶表面原位生长 ZIF-8 作为色谱固定相分离醌和酚；在硅胶表面原位合成共价微孔聚合物作为超疏水固定相等。

此外，在一定条件下，这些材料也可以用于合成整体柱。如将合成的 COFs 与聚乙二醇、交联剂甲基丙烯酸酯和引发剂偶氮二异丁腈进行聚合合成整体固定相。这些材料的引入拓宽了传统固定相的分离应用领域。

液相色谱固定相.ppt

四、液相色谱流动相

在气相色谱中，洗脱温度是影响洗脱和 k 的最容易控制的变量。而在 HPLC 中，相应的变量是流动相组成。在液相色谱方法中，溶剂混合物的极性是很重要的影响因素。极性相互作用可以有几种类型，例如，偶极-偶极相互作用，π-π 相互作用，酸碱或氢键相互作用（质子供体或受体）等。分析物与色谱流动相及固定相之间的相互作用一般是这些作用机理的组合。

一般来说，在液相色谱的分离中，可以根据分析物的类型，先选择最合适的固定相，然后调整流动相中溶剂混合物的比例或种类以优化分离条件。例如在正相色谱（见高效液相色谱的主要类型部分）中，可先选中等极性的溶剂为流动相，若组分的保留时间太短，则表示溶剂的极性太大，改用极性较弱的溶剂，若组分保留时间太长，则再选极性在上述两种溶剂之间的溶剂；如此多次实验，以选得最适宜的溶剂。

为了获得合适的溶剂强度（极性），液相色谱常采用二元或多元组合的溶剂系统作为流动相。溶剂可分成底剂及洗脱剂两种，底剂决定基本的色谱分离情况，而洗脱剂则可调节试样组分的滞留，并对某几个组分进行选择性地分离。

在正相色谱中，底剂采用低极性溶剂，如正己烷、苯、氯仿等，而洗脱剂则根据试样的性质选取极性较强的针对性溶剂，如醚、酯、酮、醇和酸等。在反相色谱中，通常以水为流动相的主体，以加入不同配比的有机溶剂作调节剂。常用的有机溶剂是甲醇、乙腈、二氧六环、四氢呋喃等。正相和反相色谱常用溶剂的极性顺序排列如下：水（极性最大）、甲酰胺、乙腈、甲醇、乙醇、丙醇、丙酮、二氧六环、四氢呋喃、甲乙酮、正丁醇、醋酸乙酯、乙醚、异丙醚、二氯甲烷、氯仿、溴乙烷、苯、氯丙烷、甲苯、四氯化碳、二硫化碳、环己烷、己烷、庚烷、煤油（极性最小）。离子交换色谱分析则主要在含水介质中进行，组分的保留值可用流动相中盐的浓度（或离子强度）和 pH 来控制，增加盐的浓度导致保留值降低。由于流动相离子与交换树脂相互作用力不同，因此流动相中的离子类型对试样组分的保留值有显著的影响。离子色谱中，各种阴离子的滞留次序为：柠檬酸根 $>SO_4^{2-}>$ 草酸根 $>$ $I^->NO_3^->CrO_4^->Br^->SCN^->Cl^->HCOO^->OH^->F^-$，由此可知用柠檬酸根洗脱要比用氟离子快。阳离子的滞留次序大致为：$Ba^{2+}>Pb^{2+}>Ca^{2+}>Ni^{2+}>Cd^{2+}>Cu^{2+}>$ $Co^{2+}>Zn^{2+}>Mg^{2+}>Ag^+>Cs^+>Rb^+>K^+>NH_4^+>Na^+>H^+>Li^+$，但差别不及阴离子明显。对阳离子交换柱，流动相 pH 增加，使保留值降低，在阴离子交换柱中，情况则相反。

排阻色谱法所用的溶剂必须与凝胶本身非常相似，这样才能润湿凝胶并防止吸附作用，当采用软质凝胶时，溶剂必须能溶胀凝胶，因为软质凝胶的孔径大小是溶剂吸留量的函数。溶剂的高黏度将限制扩散作用而损害分辨率。一般情况下，分离高分子有机化合物时，采用的溶剂主要是四氢呋喃、甲苯、间甲苯酚、N,N-二甲基甲酰胺等；分离生物物质时，主要用水、缓冲盐溶液、乙醇及丙酮等。

此外，对于液相色谱流动相的选择，还应注意下列几个因素：①流动相纯度。采用分析纯级别以上的试剂（最好使用色谱纯溶剂），必要时需进一步纯化，以除去有干扰的杂质。因为在色谱柱使用期间，流过色谱柱的溶剂是大量的，如溶剂不纯，会因长期积累杂质而导致柱子损坏并增加检测器噪声；②应避免使用会引起柱效损失或保留特性变化的溶剂。例如在液-固色谱中，硅胶吸附剂不能使用碱性溶剂（胺类）或含有碱性杂质的溶剂，同样，氧化铝吸附剂不能使用酸性溶剂；③对试样要有适宜的溶解度，否则在柱头产生部分沉淀；④溶剂的黏度要小，溶剂的黏度太大会降低试样组分的扩散系数，造成传质速率缓慢，柱效下降；另外柱压随溶剂黏度增加也会增加；⑤应与检测器相匹配。例如对紫外-可见光度检测器而言，不能采用对紫外-可见光有吸收的溶剂。

五、高效液相色谱法的主要类型

根据分离原理的差异，高效液相色谱法可分为液-液色谱法、液-固色谱法、离子交换色谱法、离子对色谱法、离子色谱法、胶束色谱、亲水作用色谱、亲和色谱和空间排阻色谱法等。如下将对其进行简要介绍。

1. 液-液分配色谱法及化学键合相色谱法

分配色谱（partition chromatography）是目前最广泛使用的 HPLC 类型，分配色谱可以分为液-液分配色谱和化学键合相色谱。两者之间的区别在于固定相保持在填料支撑颗粒上的方式。在液-液分配色谱法中，液体通过物理吸附保持在支撑材料上，而在键合相色谱法中，液体通过化学键合的方式连接在支撑基体上。因化学键合相具有更大的稳定性和梯度洗脱的相容性，目前在实际应用中占主导地位。而液-液分配色谱只用于某些特殊用途。

混合物通过分配色谱分离分析时，试样通过流动相进入色谱柱，在色谱柱内经过液（流）-液（固）界面进入固定液中，由于试样组分在固定相和流动相之间的相对溶解度存在差异，被分离组分在两相间进行分配。

液-液分配色谱法与气-液分配色谱法之间有相似之处，即分离的顺序取决于分配系数的大小，分配系数大的组分保留值大。但也有不同之处，气相色谱中载气对组分分子和固定相而言都是惰性的，它对组分的分配系数影响不大。而液相色谱法中流动相对组分分子和固定相而言都是有作用力的，它对组分的分配系数有较大的影响。

对于亲水性固定液，常采用疏水性流动相，这种情况下流动相的极性必然小于固定液的极性，称为正相色谱（normal phase liquid chromatography，NP-LC）。反之，若流动相的极性大于固定液的极性，则称为反相色谱（revers phase liquid chromatography，RP-LC）。相对于极性一大一小的两个组分而言，它们在正相液-液色谱法和反相液-液色谱法中分离时出峰的顺序正好相反。

在正相色谱中，流动相一般为非极性或极性很小的溶剂，如己烷，庚烷或加少量氯仿、醇构成；固定相一般为硅胶、硅胶—CN、硅胶—NH_2、硅胶—C(OH)$_2$等结构形式。正相色谱法用于分离中等极性化合物时，极性小者先流出柱，在水溶液中不稳定的化合物必须用正相键合相色谱法。在合成键合固定相时，硅胶上大多数酸性硅醇基被极性弱于它的极性官能团所取代，减小了拖尾。正相液相色谱法在许多应用方面可以代替以硅胶为固定相的吸附色谱法，适合分离异构体、极性不同的化合物、不同类型的化合物。

对反相色谱而言，流动相一般为极性较强的甲醇/水、乙腈/水体系；固定相一般为极性较弱的硅胶@$C_{18}H_{37}$、硅胶@C_8H_{17}和硅胶@苯等形式。反相色谱法中常用溶剂的强度因子 S 表示溶剂的性质，如水的 S 为0、甲醇的 S 为3.0、四氢呋喃的 S 为4.5等。反相色谱用于极性较小的样品，如多环芳烃的分离时，极性大者先出峰。其保留机制可用疏溶剂作用理论来解释，这种理论把非极性的烷基键合相看作是在硅胶表面覆盖了一层键合烷基的"分子毛"。这种"分子毛"有强的疏水特性，当用极性流动相分离含有极性官能团的有机化合物时，一方面，分子中的非极性部分与固定相表面上的疏水烷基之间产生缔合作用，使它在固定相得到保留；另一方面，被分离物的极性部分受到极性流动相的作用，离开固定相，减小保留。显然，这两种作用力之差，决定了分子在色谱中的保留行为。

2. 液-固色谱法

此类色谱的流动相为液体，固定相为固体吸附剂（硅胶、氧化铝、石墨、分子筛、聚酰胺等）。根据固体吸附剂的形貌，固定相分为全多孔型和薄壳型两种。目前较常使用的是全多孔型小于 5 μm 的硅胶微粒。

液-固色谱（fluid-solid chromatography）根据物质吸附作用的不同进行分离。其作用机制是溶质分子（X，组分）和溶剂分子（M，流动相）对吸附剂活性表面的竞争吸附，可用下式表示：

$$\mathrm{X_{m(流动相)}} + n\,\mathrm{M_{ad(固定相)}} \Longrightarrow \mathrm{X_{ad}} + n\,\mathrm{M_m}$$

式中，$\mathrm{X_m}$ 和 $\mathrm{X_{ad}}$ 分别表示流动相中和被固定相吸附的溶质分子；$\mathrm{M_{ad}}$ 代表被吸附在固定相表面上的溶剂分子；$\mathrm{M_m}$ 表示流动相中的溶剂分子；n 是被吸附的溶剂分子数。显然，流动相分子与组分分子参与在固定相上的吸附竞争。这种竞争吸附达到平衡时，可用下式表示：

$$K = \frac{[\mathrm{X_{ad}}]\,[\mathrm{M_m}]^n}{[\mathrm{X_m}]\,[\mathrm{M_{ad}}]^n} \tag{8-62}$$

式中，K 为吸附平衡系数，含义同分配系数。分配系数大的组分，固定相对它的吸附力强，保留值就大。极性固定相常用的为硅胶、$\mathrm{Al_2O_3}$、MgO；非极性的常用活性炭。流动相要求不与填充物发生不可逆反应，对样品有溶解力，选择种类多样，主要依据极性相似原理。对液-固色谱而言，溶剂的强度用溶剂强度参数 ε^0 表示，值越大，溶剂的极性也越大。

液-固色谱特别适用于非离子的、不溶于水的化合物以及几何异构体的分离。例如非极性石油烃族的组成分析，马钱子类生物碱、止痛药、吩噻嗪类药物的分析，农药残留的分析，以及许多芳香族异构体分析。组分的保留值主要取决于官能团类型及数目。各类化合物的保留值按以下次序递增：饱和烃＜烯烃＜芳烃＜有机卤化物＜硫化物＜醚＜硝基化合物＜腈＜酯＝醛＝酮＜醇＜胺＜酰胺＜羧酸＜磺酸。

几何异构体有不同的空间排列方式，因而吸附力不同，特别适合液-固色谱。图 8-44 是三种硝基苯胺异构体在氧化铝固定相上的液-固色谱分离示意图。

3. 离子交换色谱法

离子交换色谱法（ion exchange chromatography）是基于离子交换树脂上可电离的离子与流动相中具有相同电荷的溶质（组分）离子进行可逆交换，依据这些离子对交换剂具有不同的亲和力而将它们分离。一般说来，凡是在流动相中能够电离的物质都可以用离子交换色谱法进行分离。被分析物质电离后产生的离子与树脂上带相同电荷的离子（反离子）进行交换而达到平衡。

对阴离子交换过程而言，可用下式表示交换平衡：

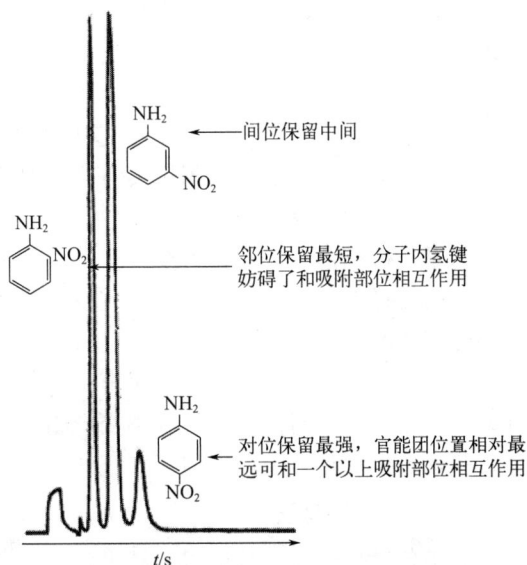

图 8-44　硝基苯胺异构体在
氧化铝上的液-固色谱分离行为
流动相：40% $\mathrm{CH_2Cl_2}$/己烷

$$\mathrm{B^+Y^-} + \mathrm{X^-} \Longrightarrow \mathrm{B^+X^-} + \mathrm{Y^-}$$

$\mathrm{Y^-}$ 为交换剂 $\mathrm{B^+}$ 上固定的、可供交换的离子基团，$\mathrm{X^-}$ 为组分阴离子。离子交换平衡常数如下：

$$K_{\mathrm{XY}} = \frac{[\mathrm{B^+X^-}] \cdot [\mathrm{Y^-}]}{[\mathrm{B^+Y^-}] \cdot [\mathrm{X^-}]} \tag{8-63}$$

根据 $K = \dfrac{C_{\mathrm{s}}}{C_{\mathrm{m}}}$

$$K_{\mathrm{DX}} = \frac{[\mathrm{B^+X^-}]}{[\mathrm{X^-}]} = K_{\mathrm{XY}}\frac{[\mathrm{B^+Y^-}]}{[\mathrm{Y^-}]} \tag{8-64}$$

K_{DX} 含义与分配系数相同，也称 X^- 对 Y^- 的选择系数。具体的交换反应如下：

$$X^- + (Cl^- R_4 N^+ - 树脂) \rightleftharpoons (X^- R_4 N^+ - 树脂) + Cl^-$$

对阳离子交换，可用下式表示交换平衡：

$$A^- M^+ + Z^+ \rightleftharpoons A^- Z^+ + M^+$$

M^+ 为交换剂 A^- 上固定的、可供交换的离子基团，Z^+ 为组分阳离子。离子交换平衡常数如下：

$$K_{ZM} = \frac{[A^- Z^+] \cdot [M^+]}{[A^- M^+] \cdot [Z^+]} \tag{8-65}$$

$$K_{DZ} = \frac{[A^- Z^+]}{[Z^+]} = K_{ZM} \frac{[A^- M^+]}{[M^+]} \tag{8-66}$$

交换平衡常数 K_{ZM} 表示组分离子对固定基团交换亲和力的大小。亲和力强，相应的分配系数大。具体的交换反应如下：

$$M^+ + (Na^+ O_3 S^- - 树脂) \rightleftharpoons (M^+ O_3 S^- - 树脂) + Na^+$$

离子交换色谱法固定相的基质（载体）主要有三大类，包括合成树脂（如聚苯乙烯）、纤维素和硅胶。①薄膜型离子交换树脂，以薄壳玻珠为载体，在它的表面涂约 1% 的离子交换树脂；②离子交换键合固定相，用化学反应将离子交换基团键合在惰性担体表面。上述两类离子交换树脂，又可分为阳离子及阴离子交换树脂。

对阳离子交换色谱，基质上的基团主要有强酸性—SO_3H 和弱酸性—$COOH$ 等；对阴离子交换色谱，基质上的基团主要有强碱性—$N(CH_3)_3Cl$（季铵盐）和弱碱性—NH_2 等。由于强酸或强碱性离子交换树脂比较稳定，因此在高效液相色谱中应用较多。

离子交换色谱法流动相主要为盐类的缓冲溶液，改变 pH、离子种类和强度，均会改变交换剂的选择性。加入有机溶剂会使组分离子的保留值减小。加入配位剂会发生配位交换，改善分离情况。

离子交换色谱法主要用来分离离子或可解离的化合物，它不仅应用于无机离子的分离，例如稀土化合物、同位素及各种裂变产物，还用于有机物的分离，如前述氨基酸、核酸、蛋白质等，在生物化学领域得到了广泛的应用。

4. 离子对色谱法

对于各种强极性的有机酸、有机碱的分离分析，如果采用吸附或分配色谱法，需要强极性的洗脱液，容易发生严重的拖尾现象。利用离子交换色谱法需要选择合适的 pH 条件，此外以高分子材料为基体的树脂性填料一般不能耐受高压，传质性能也较差。此种条件下若利用离子对色谱法（ion pair chromatography），则分离效果往往较好。

离子对色谱法是将一种（或多种）与溶质分子电荷相反的离子（称为对离子或反离子）加到流动相中，使其与溶质离子结合形成疏水型离子对化合物，从而控制溶质离子的保留行为。用于阴离子分离的对离子是烷基铵类，如氢氧化四丁基铵、氢氧化十六烷基三甲铵等；用于阳离子分离的对离子是烷基磺酸类，如己烷磺酸钠等。一般认为离子对形成机理为：

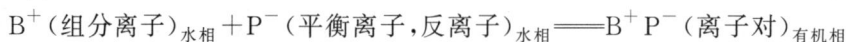

$$B^+ (组分离子)_{水相} + P^- (平衡离子,反离子)_{水相} \rightleftharpoons B^+ P^- (离子对)_{有机相}$$

$B^+ P^-$ 被固定相作为"中性"物质保留。组分离子性质不同，与 P^- 形成离子对的能力就不同，疏水性亦不同，因此被固定相保留程度就不同，导致 t_R 不同而加以分离。

以反相离子对色谱法为例。以非极性键合相作固定相，以加有平衡离子 P^- 的缓冲水溶液为流动相，萃取平衡常数为：

$$K_{BP} = \frac{[B^+P^-]_{org}}{[B^+]_{aq}[P^-]_{aq}} \tag{8-67}$$

式中，下标 org 表示有机相，aq 表示水相。由 $K = C_s / C_m$，可得分配系数为：

$$K_B = \frac{[B^+P^-]_{org}}{[B^+]_{aq}} = K_{BP}[P^-]_{aq} \tag{8-68}$$

由分配比：$k = K_B \cdot V_s / V_m = K_{BP}[P^-]_{aq} \cdot V_s / V_m$ 可得，增大反离子浓度 $[P^-]_{aq}$，k 值增加，保留时间增加。因为：

$$t_R = \frac{L}{u}(1+k) = \frac{L}{u}\left(1 + K_{BP}[P^-]_{aq} \cdot \frac{V_s}{V_m}\right) \tag{8-69}$$

反相离子对色谱的流动相常用水/甲醇，水/乙腈；常加入的 $[P^-]$ 有季铵盐（分离酸），SO_3^-、ClO_4^-（分离碱）；固定相如—$C_{18}H_{37}$。

5. 离子色谱法

离子色谱法（ion chromatography）是由离子交换色谱法派生，以离子交换树脂为固定相，电解质溶液为流动相，以电导池检测器为通用检测器，对水溶液中阴离子的分析有简便、快速的特点。由于离子交换色谱法在无机离子的分析时多数没有紫外-可见吸收信号，因此多采用电导池检测器，但被测离子的电导信号被强电解质流动相的高背景电导信号淹没而无法检测。例如分析 Br^-，与阴离子交换树脂上的 OH^- 进行离子交换：

$$R-OH^- + Na^+Br^- \Longrightarrow R-Br^- + Na^+OH^-$$

用 NaOH 洗脱。洗脱过程中 OH^- 从分离柱的阴离子交换位置置换待测阴离子 Br^-。当待测阴离子从柱中被洗脱下来进入电导池时，要求能检测出洗脱液中相应于 Br^- 浓度变化所导致的电导变化。显然洗脱液中 OH^- 的浓度大一些才能将 Br^- 交换下来。但是这样一来，与洗脱液的电导值相比，Br^- 进入洗脱液而引起电导的改变就非常小，其结果是用电导检测器直接测定试样中阴离子的灵敏度极差。

为了解决该问题，可以在分离柱后加一支抑制柱。抑制柱内一般填充有高容量 H^+ 型阳离子交换树脂 $R-H^+$，在抑制柱上发生两个非常重要的交换反应：

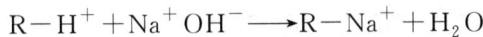

$$R-H^+ + Na^+OH^- \longrightarrow R-Na^+ + H_2O$$

$$R-H^+ + Na^+Br^- \longrightarrow R-Na^+ + H^+Br^-$$

经抑制柱后，将大量洗脱液 NaOH 转变为电导很小的水，消除了流动相本底电导的影响。同时又将样品阴离子 Br^- 转变成相应的酸 HBr，由于 H^+ 的淌度是 Na^+ 的 7 倍，提高了所测阴离子电导的检测灵敏度。

在阳离子分析中，也有相似的反应。此时以阳离子交换树脂作分离柱，一般无机酸为洗脱液，洗脱液进入阳离子交换柱洗脱分离阳离子后，进入填充有 OH^- 型高容量阴离子交换树脂的抑制柱，将酸（即洗脱液）转变为水：

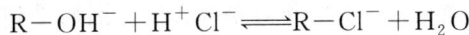

$$R-OH^- + H^+Cl^- \Longrightarrow R-Cl^- + H_2O$$

同时，将试样阳离子 M^+ 转变成其相应的碱：

$$R-OH^- + M^+Cl^- \Longrightarrow R-Cl^- + M^+OH^-$$

因此抑制柱不仅降低了洗脱液的电导，而且由于 OH^- 的离子淌度为 Cl^- 的 2.6 倍，从而提高了所测阳离子的检测灵敏度。双柱型离子色谱仪流程如图 8-45 所示。

在分离柱后加一个抑制柱的离子色谱又称为抑制型离子色谱或双柱离子色谱。抑制柱要定期再生，且会引起谱峰的展宽，降低了分离度，所以出现了非抑制型离子色谱。

Fritz 等人提出不采用抑制柱的离子色谱体系，而采用了电导率极低的溶液，例如以 $1\times10^{-4}\sim5\times10^{-4}$ mol/L 苯甲酸盐或邻苯二甲酸盐的稀溶液作流动相，不仅能有效地分离、洗脱分离柱上的各个阴离子，而且背景电导较低，能显示试样中痕量 F^-、Cl^-、NO_3^- 和 SO_4^{2-} 等阴离子的电导，称为非抑制型离子色谱或单柱离子色谱。

除上述双柱离子色谱和非抑制型离子色谱之外，离子色谱用得最多的有电化学膜抑制器。此抑制器分为三个室，分别为两膜之间的抑制室和膜两侧的阳极再生室、阴极再生室。再生室中装有电极，通过电解水产生 H^+ 或 OH^-，离子在电极组成的电场作用下运动，比如对于阴离子抑制器来说，阳极产生的 H^+ 透过阳离子交换膜进入抑制室，而抑制室淋洗液及样品中的阳离子（如 Na^+）透过阳离子交换膜进入阴极室，这样抑制室中的淋洗液及样品全部转化成为相应的酸。抑制器不需要外加酸，不需要像抑制柱那样对柱中树脂进行再生或更换，因更换树脂会导致保留时间和峰面积不能重复，这就是抑制器比抑制柱的优越之处。图 8-46 是该抑制器的工作示意图。而对于阳离子分离体系，则使用了阴离子交换膜，其他原理相同。

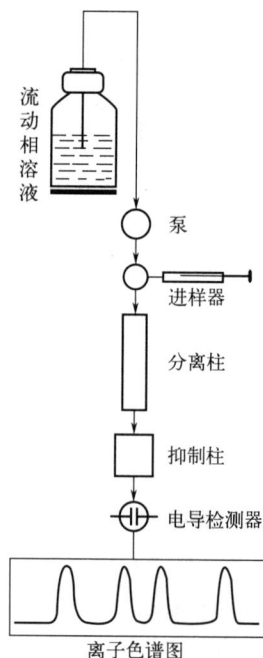

图 8-45　双柱型离子色谱仪流程

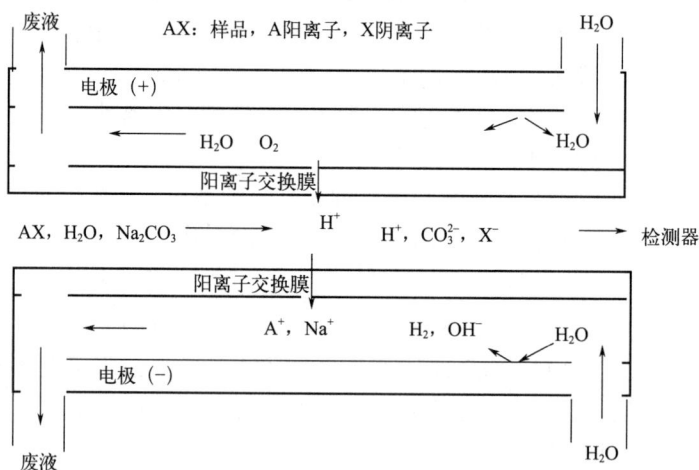

图 8-46　阴离子抑制器（电解水）

离子型化合物的阴离子长期以来缺乏快速灵敏的分析方法。离子色谱法是目前唯一能获得快速、灵敏（μg/L）、准确和多组分分析效果的方法，因而受到广泛重视并得到迅速的发展。能被分析的离子正在增多，从无机和有机阴离子到金属阳离子，从有机阳离子到糖类、氨基酸等均可用离子色谱法进行分析。

6. 空间排阻色谱法

空间排阻色谱（size exclusion chromatography）又叫尺寸排阻色谱，以凝胶为固定相。它的分离机理类似于分子筛，组分分子在两相之间不是靠其相互作用力的不同来进行分离，而是按分子大小即尺寸差异进行分离。如果使用有机溶剂为流动相，分离不溶于水的样品，称为凝胶渗透色谱；如果使用水相为流动相，分离水溶性大分子，称为凝胶过滤色谱。

对于一定的凝胶，具有一定大小的孔穴分布。试样进入色谱柱后，随流动相在凝胶外部间隙以及孔穴旁流过。在试样中一些太大的分子不能进入胶孔而受到排阻，因此直接通过柱子并首先在色谱图上出现；另外一些很小的分子不但可以进入所有胶孔，而且进得很深，这些组分在柱上的保留值最大，在色谱图上最后出现。因为溶剂分子通常是非常小的，它们最后被洗脱（在 t_0 时），结果使整个试样都在 t_0 以前洗脱。试样中中等大小的分子可渗透到其中某些孔穴而不能进入另一些孔穴，并以中等速度通过柱子。所以洗脱体积是试样组分分子量的函数。洗脱次序将决定于分子量的大小，分子量大的先洗脱。分子的形状也同分子量一样，对保留值有重要的作用。

图 8-47 中表示空间排阻色谱中洗脱体积和聚合物分子量之间的关系。由图 8-47 可见，凝胶有一个排斥极限（A 点）。凡是比 A 点相应的分子量大的分子，均被排斥于所有的孔之外，因而将以一个单一的谱峰出现，在保留体积 V_0 时一起被洗脱，显然，V_0 是柱中凝胶填料颗粒之间的体积。对于全渗透极限点（B 点），凡是比 B 点相应的分子量小的分子都可完全渗入凝胶孔穴中，同理，这些化合物也将以一个单一的谱峰出现，在保留体积 $V_0 + V_i$ 时被洗脱。可预见，分子量介于上述两个极限之间的化合物，将按分子量降低的次序，在 $O \sim O'$ 之间某一个具体的 V_R 值被洗脱。

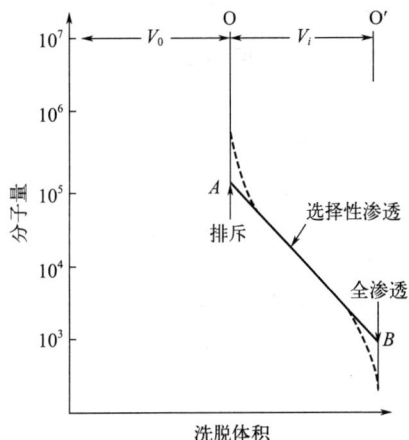

图 8-47　空间排阻色谱分离示意图

排阻色谱固定相分为软质、半硬质和硬质凝胶三种。凝胶是含有大量水的柔软且富有弹性的物质，是一种经过交联而具有立体网状结构的多聚体。①软质凝胶。如葡聚糖凝胶、琼脂糖凝胶等，适用于以水为流动相的色谱过程。葡聚糖凝胶也称交联葡聚糖凝胶，是由葡聚糖和甘油基通过醚桥（—O—CH$_2$—CHOH—CH$_2$—O—）相交联而成的多孔状网状结构，在水中可膨胀成凝胶粒子。软质凝胶在压力 1 kg/cm 左右即被压坏，因此这类凝胶只能用于常压排阻色谱法。②半硬质凝胶。如苯乙烯-二乙烯基苯交联共聚凝胶。其适用于非极性有机溶剂，不能用于丙酮、乙醇一类极性溶剂，同时由于不同溶剂的溶胀因子各不相同，因此不能随意更换溶剂。半硬质凝胶能耐较高压力，使用时流速不宜大。③硬质凝胶。如多孔硅胶、多孔玻珠等。在选择柱填料时首先要考虑分子量排阻极限（即无法渗透而被排阻的分子量极限）。每种商品填料都给出了它的分子量排阻极限值。

排阻色谱法的分离机理与其他色谱法类型明显不同。首先排阻色谱法的试样峰全部在溶剂的保留时间前出峰，它们在柱内停留时间短，故柱内峰扩展就比其他分离方法小得多，所得峰通常都较窄，有利于进行检测。另外此种方法特别适用于分离分子量大的化合物（约为2000 以上），在合适的条件下，也可分离分子量小至 100 的化合物，故分子量为 100 至 8×10^5 的任何类型化合物，只要在流动相中是可溶的，都可用排阻色谱法进行分离，比如蛋白质、核酸、合成高分子。然而排阻色谱法不能用来分离大小相似、分子量接近的分子，例如异构体等。这是由方法本身所限制的，它只能分离分子量差别在 10% 以上的分子。对于一些高聚物，由于其组分分子量的变化是连续的，虽不能用排阻色谱进行分离，但可测定其分子量的分布（分级）情况。

组分 X 进入色谱柱后，如果 K 是排阻色谱的分配系数，它的定义式为：

$$K = \frac{V_R - V_0}{V_i} \tag{8-70}$$

式中，V_R 是溶质的洗脱体积。显然：

$$V_R = V_0 + KV_i \tag{8-71}$$

K 又叫溶质分子渗入孔体积的分数，K 取值在 $0 \sim 1$ 之间。对于全部排斥的大分子，意味着 $[X_s] = 0$，$K = 0$；而能够自由进入孔内的小分子，$K = 1$；对于中等质量的多组分分子，达平衡时，$K = 0 \sim 1$。因此，任何组分 K 的范围在 $0 \leqslant K \leqslant 1$ 之间时，可以被分离。

$K = 0$ 时，$V_R = V_0$，$K = 1$ 时，$V_R = V_0 + V_i$，这意味着所有的溶质分子只能在 V_0 与 $V_0 + V_i$ 的洗脱体积之间（不同溶质分子的 K 不同）被依次洗脱，不会超越此界限。

注意：在凝胶渗透色谱中，通常色谱柱使用的流动相不要发生改变，否则容易破坏色谱柱填料，改变提脱体积。

7. 亲水作用色谱法

1990 年 Alpert 提出亲水作用色谱（hydrophilic interaction chromatography，HILIC）。与正相色谱相同，在 HILIC 色谱柱上极性化合物有强保留，与反相色谱模式下分析物的洗脱顺序正好相反，所以 HILIC 与 RPLC 具有正交性。亲水作用色谱的保留机理通常认为是基于溶质分子在固定相表面水富集层和流动相之间的亲水分配过程，同时存在吸附和离子交换、氢键和偶极－偶极等其它相互作用，有时甚至还存在疏水作用。水层厚度与固定相官能团的数量和种类有相关性，在典型的 HILIC 条件下，硅胶表面大部分的孔被富集水层占用，而且流动相水含量在 30% 以内时，随着水含量的增加，富集水层的厚度也随之增加。

在 HILIC 中流动相含水量和物质保留之间有一定的关系。

$$\ln k = a + b \ln C_B + c C_B \tag{8-72}$$

式中，k 为容量因子；C_B 为流动相中水的体积分数；常数 a、b、c 分别与溶质的分子体积、溶质－固定相的直接相互作用、溶质与溶剂间的作用能有关。

未修饰的裸硅胶柱是利用 HILIC 分离生物样品最为常用的色谱柱之一，其亲水作用保留机理主要包括分配、吸附和离子交换作用。在高 pH 下，硅胶表面硅羟基的离子化加剧，阳离子交换作用对带正电荷的碱性化合物保留起重要作用，与反相色谱相比，在 HILIC 条件下，以乙腈/甲酸胺缓冲液为流动相，碱性化合物在硅胶柱上有更对称的峰形。在流动相中添加三氟乙酸会抑制硅胶表面的离子交换作用。碳水化合物在裸硅胶柱上峰拖尾，并存在无规律吸附。

极性基团键合硅胶固定相包括氨基固定相，酰胺类固定相，二醇、聚乙二醇改性的固定相等。HILIC 两性离子固定相是一类比较新的固定相。已经商业化的两性硅胶柱有 SeQuant 公司生产的 ZIC-HILIC 柱等，被广泛用于分离不同电荷的小分子极性化合物、糖苷、肽和其他化合物。在该类型的 HILIC 柱上，流动相 pH 对分离有重要影响，在低 pH 主要是阳离子交换分离；在中性 pH，主要是亲水分配。图 8-48 是两性离子固定相示意图。

除此之外，还有氰基、聚琥珀酰亚胺、环糊精、咪唑啉、糖、含硫官能团等修饰固定相等。通过 Click 反应将各种糖共价键合于硅胶表面，可以制备得到各种糖类固定相。被键合的糖保持了它们的构象，所以可以应用于单糖的立体选择性分离。在 HILIC 条件下，可以分离强极性的氨基酸、糖肽、寡核苷酸和天然产物。

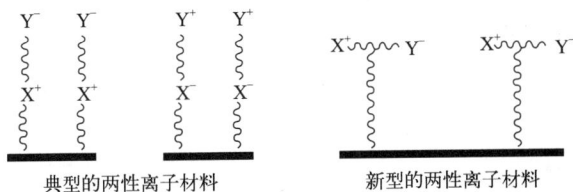

图 8-48　亲水色谱中使用的两性离子固定相示意图

正相反相和
亲水色谱
讲解.mp4

8. 亲和色谱法

亲和色谱（affinity chromatography）法利用一种称为亲和配体的试剂与固体载体的共价结合方式进行特异性分离。典型的亲和配体是抗体、酶抑制剂或其他分子，这些配体可以可逆地、选择性地与样品中的分析物分子结合。当样品通过色谱柱时，只有选择性结合亲和配体的分子被保留。不结合的分子随流动相通过色谱柱。除去不需要的分子后，通过改变流动相条件可以洗脱保留的分析物。

亲和层析的固定相是诸如琼脂糖或将亲和配体固定在其上的多孔玻璃珠之类的固体。亲和色谱中的流动相有两个不同的作用。首先，它必须支持分析物分子与配体的强结合。其次，一旦不需要的物质被去除，流动相必须减弱或消除分析物与配体的相互作用，这样分析物才能被洗脱。通常，通过改变 pH 或离子强度来改变洗脱条件。

亲和色谱法的主要优点是可进行特异性分离，主要用途是在制备中快速分离生物分子。

液相色谱中的衍
生化反应.ppt

色谱类型.ppt

液相色谱
讲解.mp4

六、液相色谱法的发展趋势

HPLC 发展至今，已经成为很多工业生产和研究领域中普遍使用的检测设备，是检测单位的必备手段之一。为了适应不断增长的应用需求，获得更高的分离效率和更快的分析速度，超高压液相色谱应运而生。在实际应用中，小型化、自动化、便携使用几乎是所有仪器发展的趋势，研究人员也不断致力于液相色谱仪器的小型化设计。此外，为了发挥各种检测技术的优势，克服单一技术的局限，二维、多维以及联用技术必将成为仪器研发中非常重要的方向。最后，占据色谱分离核心位置的色谱柱，是任何技术改进过程中都无法回避的主题，随着其他技术的不断发展，色谱柱的改进也是液相色谱法重要发展方向。

1. 超高压液相色谱

根据范第姆特方程，如固定其他条件，仅考虑填料粒度 d_p 对板高 H 的影响，式（8-61）可简化为：

$$H = a(d_p) + \frac{b}{u} + c(d_p)^2 u \tag{8-73}$$

由上述方程可知，板高 H 随着填料粒度 d_p 的减小而减小。同时，由方程可以推导出，由于粒度的减小，在线速度较大的条件下也能获得较高的柱效，如图 8-49 所示。因此，减小色谱柱中填料的粒度对色谱分离性能的提高具有重要的影响。但是，减小色谱填料的粒度也会使柱压急剧增大，这就对固定相的机械强度、色谱仪整个系统的输液能力和耐压程度提出了更高的要求。

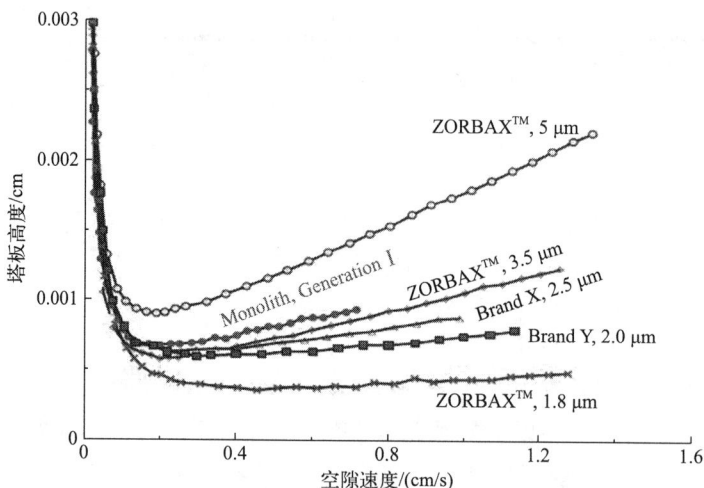

图 8-49　不同填料粒度所对应的 H-u 曲线图

2004 年，美国 Waters 公司成功研制出超高压液相色谱（ultra high pressure liquid chromatography，UPLC）仪。该仪器中使用的填料粒度为 1.7 μm，仪器所提供的 Δp 可以达到 140 MPa（20000 psi），在该系统下色谱柱的柱效可达到 20 万理论塔板数/m，分析时间仅为普通高压液相色谱的 1/6。UPLC 之所以能够在分离效率和分析速度上得到如此的提升，归功于如下技术的突破。

（1）固定相填料合成技术的突破

据报道，采用桥连乙基杂化的杂化颗粒技术（HPT）可以增强杂化颗粒的机械强度。Waters 公司在此技术的基础上制备出 1.7 μm 全多孔的球形反相固定相填料，该填料的耐压程度超过 140 MPa（20000 psi），保留行为和样品容量与传统 HPLC 相似。Waters 公司将其商品化并命名为 ACQUITY UPLC^{TM}，该填料合成技术的突破是实现 UPLC 的前提条件之一。

（2）超高压液相输液泵的技术突破

UPLC 的运行需要在非常高的压力下完成。对于核心部件超高压输液泵来说，需要解决的问题包括密封、提供高压驱动力以及在超高压的条件下溶剂的可压缩性和绝热升温。针对以上问题，Waters 公司采用了先进的二元溶剂管理系统实现对色谱柱流动相的输送，该系统中一台独立的柱塞驱动的二元高压梯度泵组成一个溶剂的输送组件，提供自动连续的溶剂压缩补偿，且每个组件配备一个自动的溶剂选择阀，如此两个溶剂组件平行操作可进行四种溶剂的切换。此外，Waters 对输液系统中的真空脱气技术进行集成改进，可实现四路以上流动相溶剂的良好脱气。在高压下，溶剂输送系统可以在很宽的压力范围内对溶剂压缩性变化进行补偿。因此，UPLC 在进行梯度洗脱时，特别是在两种溶剂比例相差很大（其中一种溶剂大于 97％或小于 3％）时，其梯度混合性能优于 HPLC。

UPLC 的输液系统要求流路的体积最小，此外，也要求使用死体积更小的连接管路、孔径更小的过滤片、更纯的流动相溶剂及样品溶液。

（3）检测器的技术突破

由于 UPLC 柱效的提高，分离得到的色谱峰非常窄，这就对检测器的采样速度、时间常数、流通池的死体积等提出更高的要求。为此，Waters 的 UPLC 系统采样速度变为 40 点/s，且采用光路长度 10 mm、池体积为 500 nL 的新型光导纤维传导的流通池，利用全反射功能避免光能量的损失，以提高检测灵敏度。

（4）自动进样器的技术突破

首先，UPLC 要求进样过程相对无压力波动，以避免极端高压的波动损坏色谱柱；其次，同 UPLC 的其他组件一样，进样系统的死体积也必须足够小，以降低样品谱带的展宽。

为了减小死体积，Waters 公司采用针内针进样探头作为高速自动进样装置，PEEK 管充当进样针内针，"外针"不锈钢硬管用于刺穿样品瓶盖，然后内针进入样品瓶底部吸取样品，该进样方式可以有效减小死体积，实现快速进样。

此外，UPLC 的进样系统还采用压力辅助进样，一强、一弱双溶剂的进样针清洗过程，以减小交叉污染，保证进样的可靠性和重现性。

2. 液相色谱仪器的小型化

作为分析分离科学的一个新趋势，小型化 LC 在当今许多具有挑战性的问题中发挥着重要作用。小型化 LC 的最重要优势包括：（a）能够使用更小的样本量，（b）有高的分离效率，（c）减少流动相和固定相的消耗，（d）与 MS 的低流速以及新的溶质检测技术（例如荧光）兼容的可能性增加。

LC 的小型化有两种策略：其一是传统 LC 的小型化，即将柱、进样和检测器的体积减小；其二是采用微芯片的 LC，指的是使用小型化技术将固定相固定于平面基板上（基于芯片的液相色谱）。

（1）色谱柱的小型化

小型化 LC 的关键趋势在于固定相和柱技术的小型化。表 8-11 为基于色谱柱内径对小型化过程中 LC 的分类。其中，毛细管液相色谱（cap-LC）和纳米液相色谱（nano-LC）可以将 LC 柱缩小到纳升体积，但该技术对填料有更高的要求，商业上可用的固定相种类很少，而且管道连接非常狭窄，特别容易造成堵塞，这些问题限制了其进一步的应用；此外，cap-LC 和 nano-LC 系统处理的最大进样量分别在几微升（通常小于 2 μL）和纳升（通常小于 5 nL）的范围内，当需要高灵敏度分析时，小型化 LC 系统所需的小样本量可能是一个限制。基于此，整体柱和开管柱被开发，成为提高效率和多功能性的替代方案。整体柱是一种小尺寸的连续固体骨架结构，比填充柱具有更高渗透性，因此在进行色谱分析时呈现较低的传质阻力。整体纳米柱的固定相包括聚合物、二氧化硅和杂合材料，此外，高表面积纳米材料的掺入也成为制备整体毛细管纳米柱的研究热点。与前述气相色谱所用的开管（OT）柱类似，小型化 LC 的开管柱分为由多孔相化学结合在毛细管内壁上形成的柱，称为多孔层状开管（PLOT）柱，或由固定相薄膜构成的，称为壁涂开管（WCOT）。由于只有管的内表面被涂层，该体系具有极强的渗透性，因此，可以使用较长的色谱柱、较低的柱内径，从而提高色谱柱柱效。研究表明，OT 柱具有比填充色谱柱更高的理论塔板数。虽然 OT 柱具有如此优势，但其分析时间较长，为了兼顾柱效和分析时间，可发展小于 5 μm 内径的 OT 柱，或者使用最大为 10 μm 内径的 OT 柱，柱温接近 90 ℃下增加流速从而减小分析时间。此外，使用具有温度编程的柱温箱，通过改变流动相黏度和分析物扩散的方式，达到提高色谱分析效率的目的。图 8-50 为 LC 色谱柱在小型化过程中各种柱形和所用材料的示意图。

表 8-11　基于色谱柱内径的 LC 小型化分类

名称	柱内径/mm	流速/(mL·min^{-1})
高效液相色谱	4.6～3.2	2.0～0.5
微尺寸液相色谱	3.2～1.5	0.5～0.1
微柱液相色谱	1.5～0.5	0.1～0.01
毛细管液相色谱	0.5～0.15	0.01～0.001
纳米液相色谱	0.15～0.01	0.001～0.0001
开管液相色谱(OT)	0.05～0.005	<0.0001

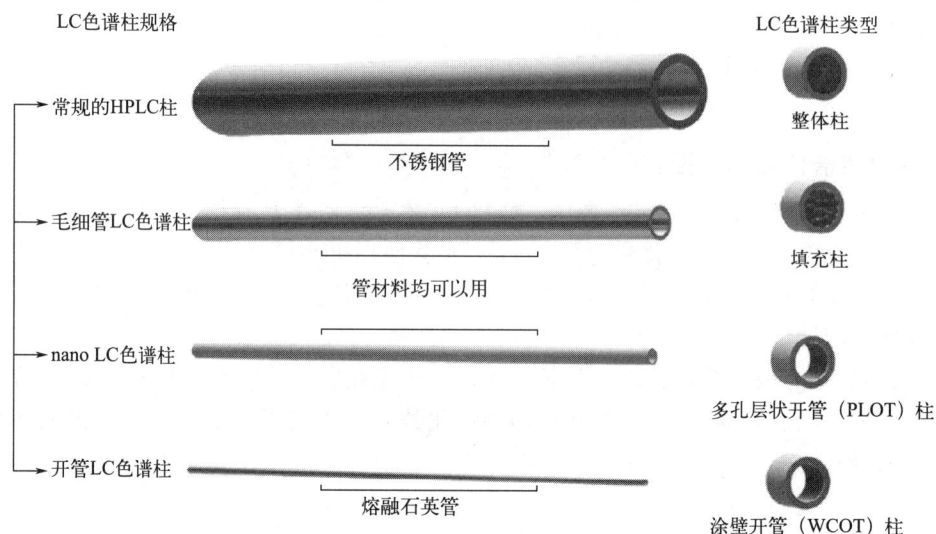

图 8-50　不同类型分析柱所用管的规模和所用材料的图解

基于芯片系统的发展，"芯片"实验室的概念也相继在文献中报道。芯片液相色谱发展的主要目标是提高便携性、可靠性和分析速度，同时降低成本并简化色谱步骤，使其更容易被操作人员掌握。

（2）输液泵的小型化

用于小型 LC 的溶剂输送仪器需要在低流速下重复、准确和无脉冲地输送溶剂，此外，系统必须具有最小的空隙体积，以避免梯度洗脱时的延迟。为了适应 nano-LC 和 cap-LC 的流量，早期采用的方法是在泵出口处偶合一个流动相分流阀，但这种适应色谱柱系统的方式并没有节省溶剂，流动相组成的任何改变都可能改变分析物的保留时间。

多年来，cap-LC 和 nano-LC 专用仪器和配件的发展使研究人员不断改进小型化的输液泵，使其运行压力可高达 400 bar 甚至 1000 bar，流量从 μL/min 到 nL/min。目前，小型化的双活塞往复泵因其稳定的溶剂输送和低压脉动而成为商用往复泵的主要类型（图 8-51）。其中一些该类型的商用往复泵采用电子控制器保证在等压和梯度洗脱下获得重复的流速，没有分流器；而另外一些商用往复泵为了节省流动相，在混合室之前有一个分离器；然而，大多数商用泵仍然采用在混合室后进行分流方式，从而导致大部分流动相（99%）的浪费。

注射泵可以在没有脉动的情况下驱动流动相，但它们在内部储存的溶剂体积有限。为了克服这一限制，小型化的 HPLC 可以配置两个或更多的注射泵。允许在有限体积的溶剂条件下为等度或梯度洗脱提供流动相。

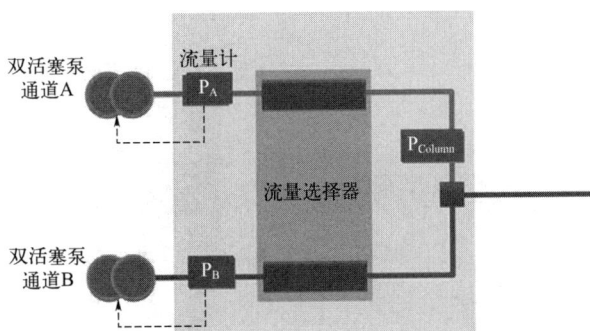

图 8-51　Thermo Ultimate 3000 溶剂输送系统示意图

为了精确地实现微小流速的控制，输液系统最近的一个趋势是使用电渗泵（electroosmotic pumps，EOPs）与基于芯片的色谱柱相结合。流动相通过在特定电压下获得的电渗流（electroosmotic flow，EOF）输送通过小型化的色谱柱。虽然 EOPs 无脉冲，具有低的保留体积和小的尺寸，但它们也有一些局限性，如不可重复的洗脱梯度和与流动相中高百分比的有机溶剂不相容等。目前 EOPs 大多数应用于"芯片实验室"和便携式 LC 系统中。

（3）进样系统的小型化

由于 cap-LC 柱和 nano-LC 柱的体积小，实现不影响柱效的窄进样带是仪器小型化过程中面临的最大挑战之一。这就要求进样器必须具有低空隙体积、最小的流动干扰和精度。此外，由进样器到色谱柱的连接所造成的峰展宽也不容忽视。

由于柱体积的缩小，为了避免柱过载，推荐使用具有内部定量体积的进样阀，与具有外部样品环的六通阀构造不同，该进样阀的样品量由四通阀转子帽上的槽尺寸决定，该槽的大小即可容纳样品的体积。根据所使用的连接的不同，这种注入模式的进样量可以从 4 nL 到 2.0 μL 不等。该进样方式是基于目标分析物在色谱柱入口区域的保留，通过梯度洗脱在窄谱带进行后洗脱。虽然内部样品定量环进样阀适用于小型 LC 系统的进样，但这种方法在实际中很少应用，因为在改变进样量的同时，必须更换整个阀。基于此，采用外部样品环的微型进样阀仍然是目前流行的一种进样方式，该进样阀使用较长而窄的样品环，最大限度地减小在分析柱中的谱带展宽效应，而不降低再现性。图 8-52 为一种电动辅助注射阀，使用熔融二氧化硅毛细管作为外部注射环，形成一个显著的小型化模块，显然这种设计有利于样品环的替换。该方法中增加进样量而不使色谱柱明显超载的方式是进行柱上聚焦或柱切换。图 8-53 为采用自动进样器进样且实现样品捕获的示意图，如图 8-53 所示，在进样器和色谱柱之间连接一个捕集柱，通过梯度洗脱实现样品从捕集柱进入分离柱分离分析。

其中图 8-52（a）中 loading 和 injecting 状态下红色标记的内部体积为 98 nL，蓝色的外部注射样品定量环为石英毛细管。

图 8-53（a）样品进入捕集柱的位置，分析柱的流动阻力使大部分流动相流向废液；图 8-53（b）洗脱待测物且对其进行分离的位置。

此外，已开发研制成功将进样系统、分离柱等组件集成于一体所设计的芯片色谱，图 8-54 为设计集成的芯片液相色谱的实物照片。由图 8-54 可见色谱组件均可被集成于芯片上。

在小型化 LC 中，必须尽可能地减小柱外效应。因此，进样系统、分离柱之间以及所有连接的管路和连接头所带来的死体积均要求足够小（连接管内径 25～75 μm）。但是在这种微尺度下，系统背压非常高，增加了堵塞的风险，此外，如果连接不当，可能会导致流动相泄漏或空隙体积的形成。

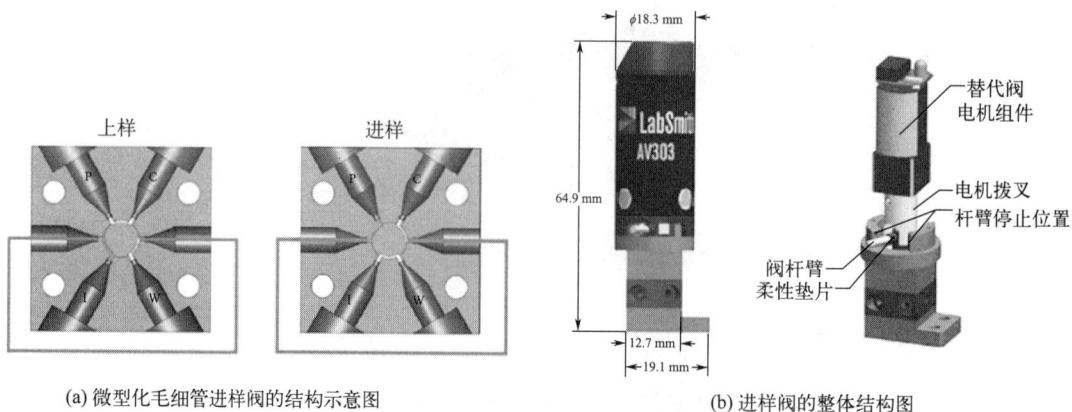

(a) 微型化毛细管进样阀的结构示意图

(b) 进样阀的整体结构图

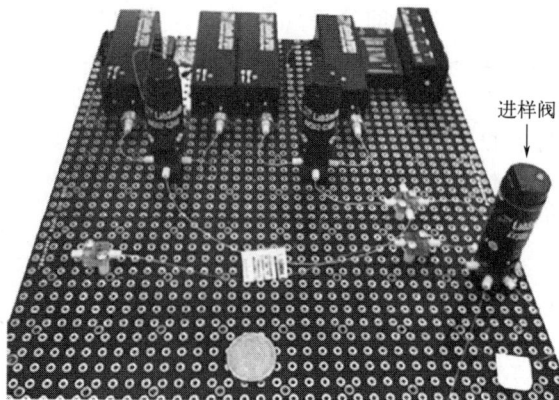

(c) 组合成小型化LC的实物光学照片

图 8-52　电动辅助注射阀

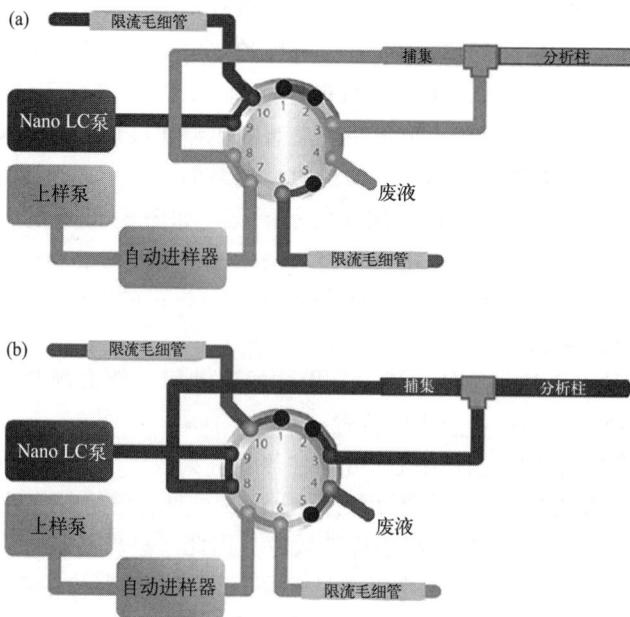

图 8-53　LC 系统的流路示意图

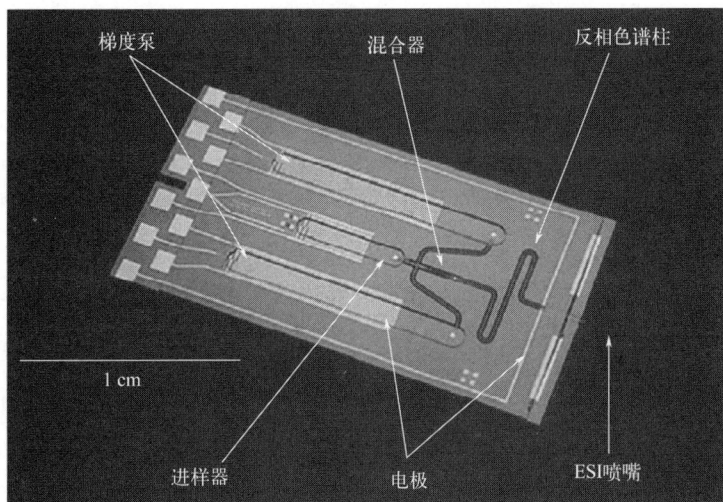

图 8-54　设计集成的芯片液相色谱的实物照片

（4）检测器的小型化

为了最大限度地提高可检测性、分辨率和效率，检测器必须缩小尺寸。已知一些检测器如发光二极管（light emitting diode，LED）、激光诱导荧光（laser-induced fluorescence，LIF）和电化学检测器（electrochemical detector，ECD）已用于毛细管、纳米或基于芯片的LC中。但是对于UV-Vis检测器，其流通池体积减少到2～50 nL，光通路的减少同时也减少了分析物的吸收，从而损失了灵敏度。但由于紫外吸收检测仍然是LC的重要模式，300 nm以下LED技术的进步促进小型化LED-UV检测器的发展。图8-55为使用毛细管LC柱时，为了消除柱外谱带加宽，所设计开发的柱上LED检测器。显然由于这种装置的毛细管直径窄，路径长度可能是实现灵敏检测的一个问题，尽管如此，也可以实现小分子分离在低的纳摩尔范围内的检测极限。

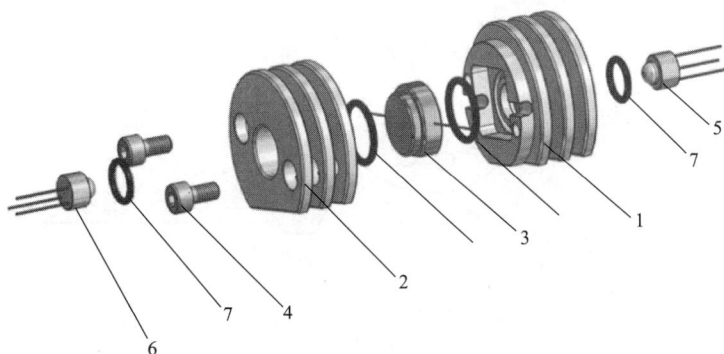

图 8-55　毛细管 UV-LED 检测器的扩展设计图

1—LED 铝制外壳；2—光电二极管铝制外壳；3—具有 50 μm 狭缝的光学对准界面；
4—螺丝；5—LED；6—光电二极管；7—密封流通池的 O 形圈

色谱微型化的趋势是从台式液相色谱到芯片色谱。与台式液相色谱相比，基于芯片的色谱系统的一个重要优势是可以将大多数LC组件聚集到微尺寸的平面结构上，一般来说，这些系统允许在短时间内注入许多样品，使用比直接或柱上聚焦进样策略更大的样品体积。此外，该系统还可以通过在小型化萃取柱中使用特定的吸附剂，注入更多体积的富集因子和提高对目标化合物的选择性。

3. 二维或多维液相色谱

在现代分析化学中，基于对复杂样品分析的需要，二维（2D-LC）或多维液相色谱变得越来越重要。与一维分离相比，全面多维分离的主要优点是具有显著提高分辨率以及在与其他技术联用时可消除接口处基质干扰的能力。如气相色谱一节所述，二维液相色谱同样也可以分为两种类型：中心切割式二维色谱（heart-cutting 2D chromatography，LC-LC）和全二维色谱（comprehensive two dimensional chromatography，LC×LC）。在二维或多维色谱分离中，需要解决的关键问题是不同维度上流动相的兼容问题，常用策略包括蒸发、吸附、外加溶剂助溶等。图 8-56 为一个综合二维色谱分离的阀转换示意图。

泵 1 和泵 2 分别用于控制和保持溶剂连续流过色谱柱 1（protein A）和柱 2（SEC）。图 8-56（a）当 2D-HPLC 系统在 1⟶10（或顺时针）方向时，纯化后的样品可通过在线分馏收集器收集。图 8-56（b）将阀门切换到 1⟶2（或逆时针）方向后，样品环内分离的组分可依次加载到柱 2 上。D1 为第一紫外检测器；D2 为第二紫外检测器。

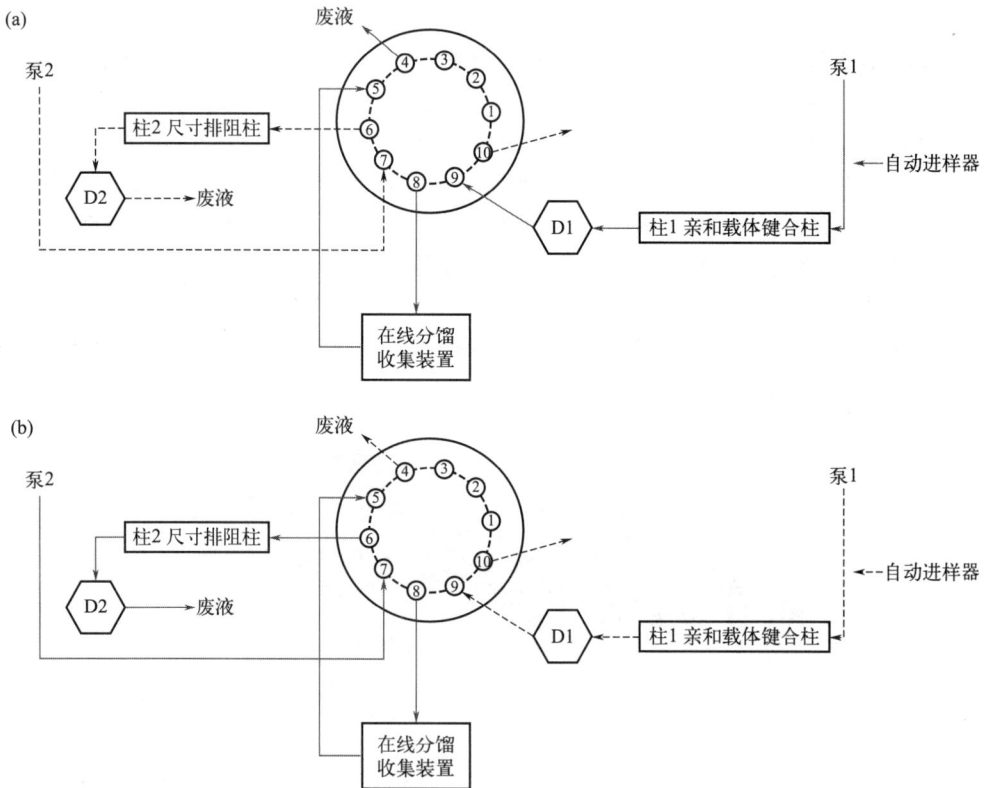

图 8-56　2D-HPLC 系统的进样阀设置

虽然近年来出现了各种耦合两个分离柱的策略，但更有发展前途的是 lab-on-a-chip 微型仪器技术，它可以实现二维的真正无死体积耦合。图 8-57 为中心切割式二维芯片-HPLC/MS 的进样及洗脱流路示意图。

图 8-57 中，"w"、"p1" 和 "p2" 分别表示废液储罐、第一维压力传感器和第二维压力传感器。—表示流路流向芯片，---表示从 HPLC 芯片流路流向限制毛细血管和废物。灰色表示管路没有连接到芯片上。

(a) 上样模式

(b) 进样模式（将样品注入分离柱的柱头上）

(c) 洗脱样品模式

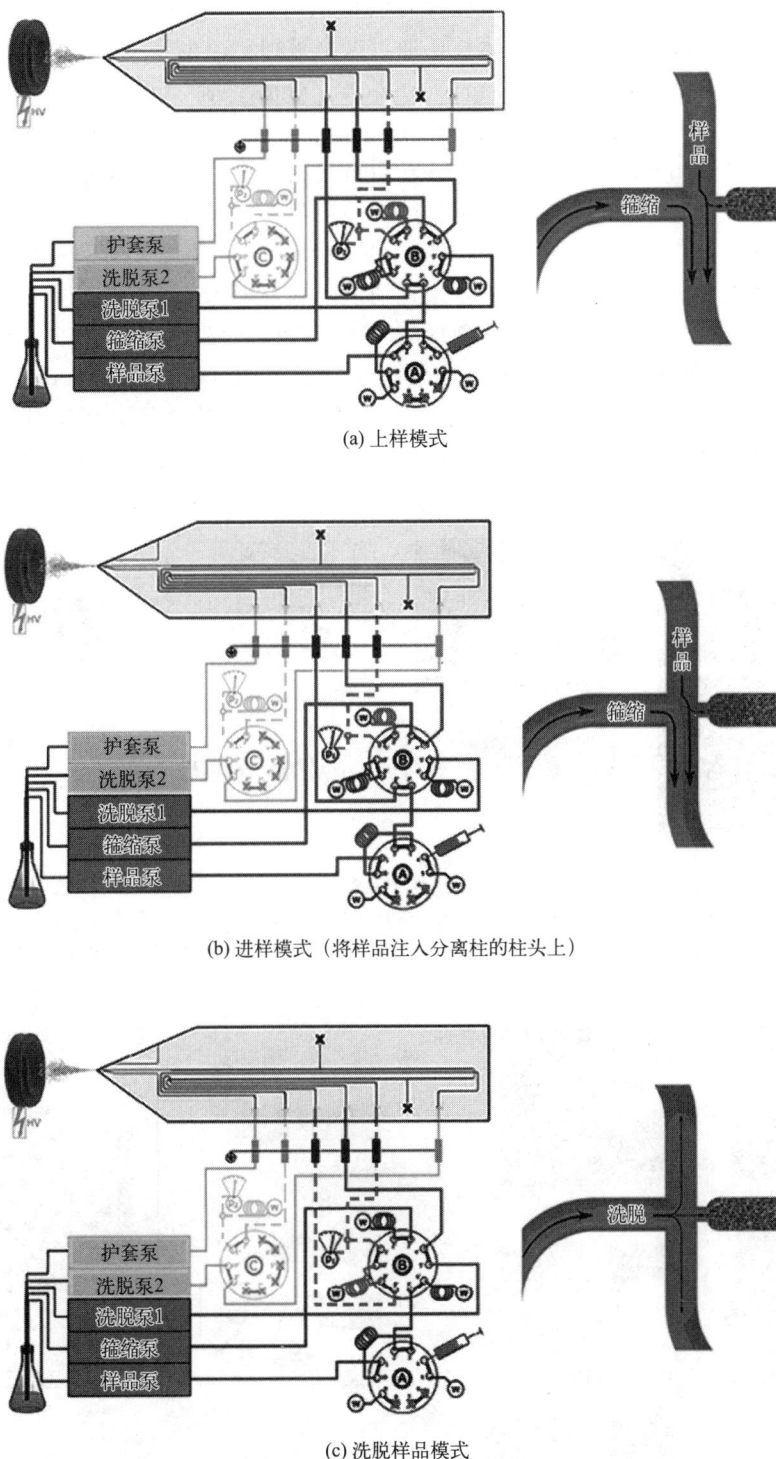

图 8-57　中心切割式二维芯片-HPLC/MS 的进样及洗脱流路示意图

4. 新型色谱柱的发展

如前所述，色谱柱的发展与其固定相的发展相互依存，不可分割。从传统的填充柱到整体柱、微柱阵列柱、开管柱以及 3D 打印柱，均体现了对固定相的变革。在前述章节填充柱和整体柱固定相基础上，如下将针对微柱阵列柱和 3D 打印柱作一简要介绍。

微柱阵列柱是一种完全不同的整体柱，通过微机械加工产生完美有序整体结构［图 8-58 (a) 和图 8-58 (b)］。2017 年由 Pharma Fluidics 公司推出基于硅片的微柱阵列柱（micro array column，μPAC）系列，目前有两种规格：200 cm 的 μPAC 芯片和 50 cm 的 μPAC 芯片。这些芯片已被应用于压力驱动色谱中并获得可喜的结果［图 8-58 (c)］。尽管商品化微柱阵列柱在实际中已得以应用，但该技术仍然在不断革新的过程中，其中一些工作集中于柱子的形状上［图 8-58 (a) 和图 8-58 (b) 形状的变化］；另一些则针对微柱阵列柱在硅片制造中面临的长度限制，通过连接几个分段来抵消该限制，采用"柱子分布控制"将通道设计成一个半径恒定的转弯，内部充满了八角形的柱子，以控制移动相位在径向上的线速度（图 8-59）。也有研究人员利用室温等离子体增强化学气相沉积（plasma enhanced chemical vapor deposition，PECVD）二氧化硅，以形成一层薄的多孔氧化硅层来增强柱阵列的表面积和保留能力。理论计算表明，50 nm 的多孔二氧化硅层几乎可以使柱的表面积增加 120 倍。

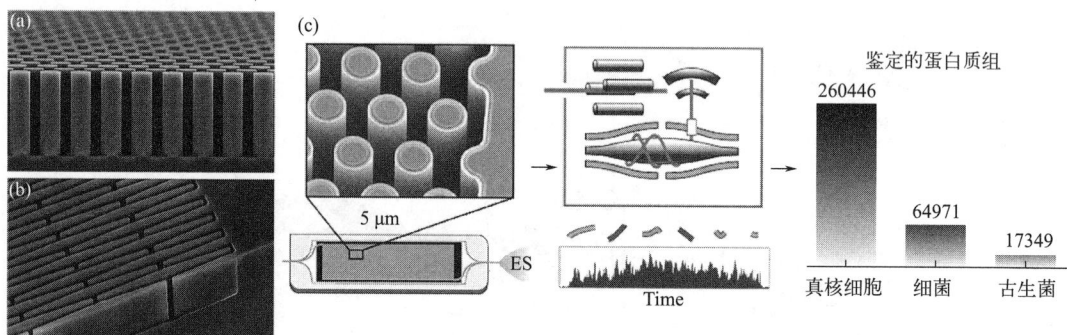

图 8-58 （a）圆柱形和径向细长 （b）微柱阵列柱的扫描电镜图像；（c）超高压液相色谱法-质谱法分离鉴定肽，采用硅片微柱阵列柱进行肽的分离，柱结构为蚀刻柱，柱上涂有 C_{18}。
质谱条件：电喷雾电离（ESI）源，柱状图为在三域系统中识别的蛋白质的数量

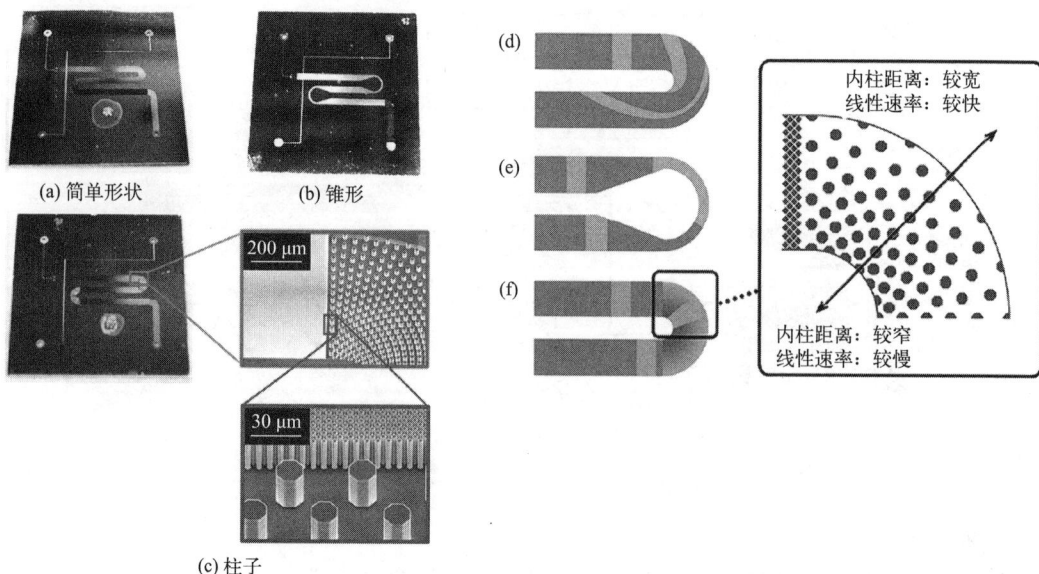

图 8-59 简单形状、锥形和柱子分布控制转弯的示意图

图 8-59（f）也显示了该转弯的放大图（扫描电子显微镜图像）。芯片尺寸：20 mm×20 mm。分离通道的宽度、深度和长度分别为：740 μm、30 μm 和 27 mm。样品通道宽度为 93 μm，深度为 60 μm。右图的（d）、（e）和（f）分别为样品在左图所对应的阵列柱中的扩散。

在过去的十年里，3D 打印（3D-printing）技术已经吸引了几乎所有科学研究领域的兴趣，因为它允许使用完整的三维设计空间来调整和制造任何可以想象的几何形状。3D 打印可以提供硅片微加工所没有的额外的三维自由度，可用于开发前面讨论的阵列柱。它允许在机械稳定结构的范围内自由调节外部孔隙度，因此可以产生完美的有序结构，消除涡流扩散。

3D 打印是一种以计算机三维设计数字模型文件为基础，运用弹性水凝胶、金属及非金属材料、陶瓷粉体材料或树脂塑料等特殊可黏合材料，借助光固化和纸层叠等方式逐层打印，以快速成形构造物体的技术。它与平面打印机工作原理基本相同，在电脑软件驱动控制下，打印材料通过激光烧结或者熔融挤压成型，最终把屏幕上的图形变成实物。3D 打印已经用于色谱柱床的设计，可以设计不同形貌的规则聚合物颗粒并排列组装，经过紫外光固化丙烯腈-丁二烯-苯乙烯树脂打印出规整的色谱柱，并且可以连同柱子的接头一并打印。打印的色谱柱可以精确控制填充物形态，得到规则的多孔介质色谱柱，获取高的柱效。也可以单独打印色谱柱及配件，降低死体积。3D 打印为小尺寸色谱柱提供了无限可能；微型泵和检测池、色谱连接管等也可以实现 3D 打印。3D 打印技术不仅让设备更加便宜和容易获得，而且可以精确设计，保证它们的分辨率、重现性得到保证的同时也可以保证特色化和灵活性。

第一个 3D 打印的色谱介质由 Fee 等人完成，他们不仅打印了固定相，还打印了柱壁和流量分配器，如图 8-60 所示。利用 3D 打印技术打印出特征距离在 100 到 200 μm 之间的不同形状和结构。在后续的工作中，Fee 等人还以不同的排列方式打印了各种形状的粒子（四面体、八面体、三角双棱锥和正二十面体等）。

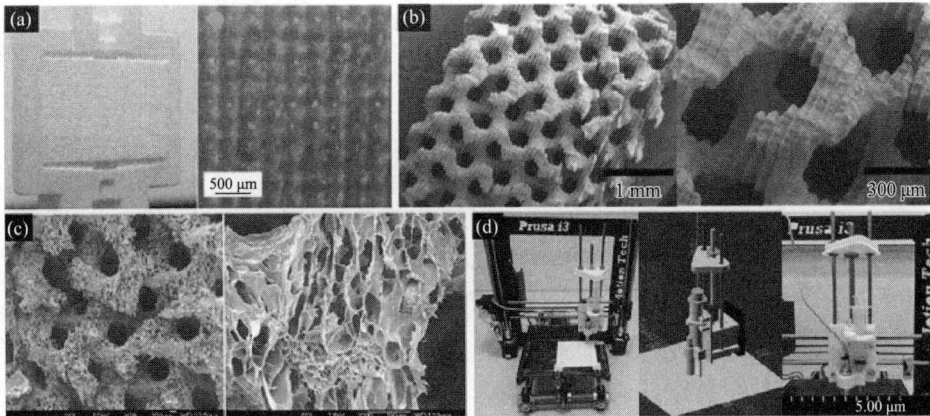

图 8-60　使用 3D 打印技术生产的色谱柱和固定相示例

图 8-60（a）为具有简单立方结构的 3D 打印柱层；图 8-60（b）为带阴离子交换剂的 Schoen-gyroid（ε＝50％，壁厚 500 μm）3D 打印整体式吸附剂的扫描电镜图；图 8-60（c）为 3D 打印纤维素柱中 Schoen-gyroid 通道内部结构的横截面（左），放大结构（右）；图 8-60（d）为改进的开源 3D 打印机，（从左到右）用于 TLC，CAD 设计，以及 3D 打印的浆料给料器。

目前，所有 3D 打印技术仍然存在以下两个限制：①打印时间过长，分辨率不高；②柱体积有限。因此还无法获得具有竞争力的分析分离柱。而用于分析级分离的色谱介质则要求最小特征尺寸为几微米或更小（例如，500 nm 相当于 $2\ \mu m$ 颗粒柱），当前最广泛的技术，如挤出印刷、立体光刻和粉末印刷的分辨率在 $25 \sim 100\ \mu m$ 左右。双光子聚合印刷（2PP）允许最小特征尺寸小于 50 nm，可以高精度打印固定相，该固定相具有与当前可用最小颗粒柱的等效性。但该技术除了成本高之外，还需要非常长的打印时间。

液相色谱思维
导图.TIF

液相色谱思维
导图讲解.mp4

第四节　超临界流体色谱法

超临界流体色谱法（supercritical fluid chromatography，SFC）是以超临界流体作为流动相的一种色谱方法。超临界流体的密度是气体的 $100 \sim 1000$ 倍，和液体相近，具有和液体相似的溶解能力及与溶质的作用力，便于在较低的温度下分离分析热不稳定、分子量大的物质。超临界流体的黏度比液体低，可以使用比液相色谱更大的线速度；扩散系数是液体的 $10 \sim 100$ 倍，传质速率高，因而可以获得比 HPLC 更高的柱效和更快的分析速度。基于超临界流体的特性，使用其作为流动相时，色谱行为兼具气相色谱和液相色谱的特点，是气相和液相色谱的有力补充。可以预测 SFC 的分析速度和柱效小于 GC，大于 HPLC。当流动相保持低速时，同条件下 SFC 比 GC 的柱效更高。

超临界流体色谱发展于 20 世纪 90 年代初期，与毛细管电泳同时出现。由于毛细管电泳的运行成本低、仪器简单而迅速崛起成新型的分析方法，SFC 却发展缓慢。直到 21 世纪，兼具绿色环保和制备能力特性的 SFC 成为药品和食品加工中的有力工具，才再次成为研究热点。

一、超临界流体色谱的流动相

超临界流体的溶解度参数与其密度有关，密度越高，则其溶解度参数越大。流动相的选择还要考虑它的腐蚀性、毒性及与检测器的匹配性。SFC 中流动相如同 HPLC 的流动相一样，是参与分离的重要可调参数。CO_2 是 SFC 最常用的流动相，它临界温度低（31 ℃）、纯度高、呈化学惰性、价格低廉和安全性好，与检测器匹配性能也较好。其溶剂能力与异丙醇相当，可分析大部分非极性和中等极性组分。当分析强极性试样时，在 CO_2 流体中加入甲醇、乙醇、苯等有机改性剂。加入改性剂或采用二元或多元流动相，是 SFC 色谱条件优化的重要方法。但加入改性剂有时导致重复性差。CO_2 作为流动相，在样品的后续处理中体现了无污染的特点，CO_2 挥发后样品纯净，无溶剂残留，这对食品药品安全至关重要。

二、超临界流体色谱的固定相

SFC 可使用 HPLC 和 GC 中各种固定相。在起初 SFC 的应用中，由于 CO_2 的非极性性质，分离与正相 HPLC 相似，因此只考虑极性固定相（氨基、氰基、二醇基）。后来随着流动相中改性剂的使用，可以采用非极性的固定相（C_{18} 及辛基、苯基、氰基）分离各种待测物。开管柱固定相主要是聚甲基硅氧烷（SE 系列等）、苯基甲基聚硅氧烷、交联聚乙二醇等。为了能承受高压流动相冲洗，固定相大多数都需交联固化。在手性分离中使用较多的是环糊精类固定相。

三、超临界流体色谱仪的组成

SFC 仪兼有 GC 仪和 HPLC 仪两方面特点。既有 GC 的色谱柱恒温箱，又有 HPLC 的高压泵，整个系统基本上处于高压、气密状态。图 8-61 为 SFC 的仪器构造示意图。

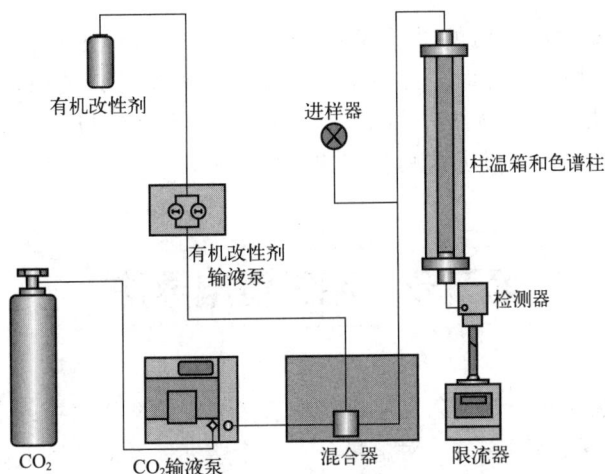

图 8-61　超临界流体色谱仪器构造图

1. 输液系统

在 SFC 中，分析物的保留受到流动相密度的影响，而流动相密度又是温度、压力和流动相组成的函数。基于此，输液系统中配置电子压力传感器和流量检测器，流动相的密度和流量可以通过计算机控制。SFC 的高压泵输液泵主要有两种，一种是螺旋注射泵，另一种是往复式柱塞泵。一般泵的缸体要冷却至 $0 \sim 10$ ℃，要求工作压力 $\geqslant 400 \times 10^5$ Pa，流量在 $0.01 \sim 5.00$ mL/min 范围内可调，并能快速程序升压或程序升密度，且重现性好，压力脉动尽可能小。此外，要求泵体耐腐蚀。和 HPLC 系统一样，也有两泵 SFC 系统进行两种流动相的在线混合和比例改变。

2. 进样系统

对于填充柱，SFC 一般采用 HPLC 手动或自动进样六通阀。对毛细管柱，则采用类似气相色谱的动态分流及微机控制开启进样阀时间的定时分流进样等。进样重复性不仅与进样方式有关，而且与进样温度和压力有关。

3. 色谱柱

HPLC 和 GC 所用的色谱柱（填充柱和开管毛细管柱）均可以在 SFC 中使用。相比较而言，填充柱可以提供比开管毛细管柱更高的理论塔板数和处理更大的样品体积。此外，基于超临界流体的低黏度，SFC 可以采用比 HPLC 更长的色谱柱，内径 $50\sim100~\mu m$ 的开管柱长为 $10\sim20$ m，若分离困难，可使用 60 m 或更长的色谱柱。

4. 限流器

限流器亦称为阻尼器，是 SFC 中不可缺少的关键部件之一。根据检测器类型，限流器可以置于检测器前或后（如图 8-61 中的限流器可以根据需要更换位置），比如氢火焰离子化检测器（FID），限流器的入口端是色谱柱，出口端是检测器，它的作用是保持分离系统流动相处于超临界状态，检测器则工作于常压气态。另外，从色谱柱流出的流动相和试样组分，通过限流器迅速实现相变和转移。若为 HPLC 检测器，则限流器处在检测器后，保持流动相在分离、检测系统均处于超临界状态。超临界流体通过限流器的相变是膨胀、吸热过程，因此限流器一般都保持在 $250\sim450$ ℃。

5. 检测器

各种 GC 和 HPLC 检测器均可用于 SFC。通常，如采用开管毛细管柱，SFC 的检测器采用 GC 的 FID；而使用填充柱时，许多 HPLC 的检测器都可以使用，如紫外-可见光度检测器、荧光检测器和质谱等检测器。值得一提的是，由于 SFC 与 MS 联用易于连接大气压化学电离源和电喷雾电离源而使其应用得以快速发展。

第五节　毛细管电泳法

电泳分离是通过将少量样品注射到毛细管或者多孔支撑介质（纸或半固体凝胶）的缓冲水溶液，借助位于缓冲溶液两端的一对电极，在整个缓冲体系的长度上施加高压，在电场作用下，样品中的离子向其中一个电极迁移，待测物的迁移速度取决于它的电荷和大小，因此可根据样品中各种分析物的电荷-尺寸比的差异进行分离。根据电泳分离中所采用分离介质的形式，可以分为平板电泳（plate electrophoresis）和毛细管电泳（capillary electrophoresis，CE）。与 CE 相比，平板电泳不能产生非常精确的定量信息，且需要繁琐的染色技术，因此逐渐被 CE 所替代。

CE 的最显著优势是它在生物技术和生物科学研究中对带电的大分子化合物独特的分离能力。多年来，电泳一直是分离蛋白质（酶、激素和抗体）和核酸（DNA 和 RNA）的有效方法，具有其他方法无法比拟的分辨率。

CE 的仪器相对简单。如图 8-62 所示，毛细管电泳仪由高压电源、填充缓冲液的熔融石英毛细管和检测器组成。

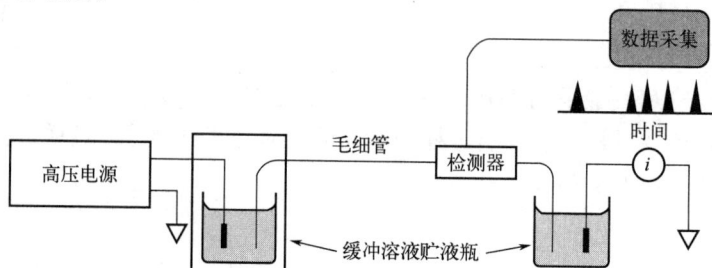

图 8-62　毛细管电泳仪结构示意图

1. 高压电源

高压电源可以在两个电极上施加 $5\sim30$ kV 直流电压，而且其电极极性可以变化，以适应不同电荷离子的快速分离。高压电泳室通常设置了安全保护装置。

2. 石英毛细管

用作分离的石英毛细管内径通常为 $10\sim100$ μm，长 $30\sim100$ cm，毛细管延伸到两个缓冲液之间，其中一端引入样品，在另一端进行检测，缓冲液中放置了铂电极。与 GC 中使用的毛细管一样，熔融石英毛细管的外壁通常涂有聚酰亚胺，以提高耐用性、灵活性和稳定性。

3. 进样装置

由于 CE 所用毛细管的体积为 $4\sim5$ μL，这就决定了进样和检测体积必须在几纳升或更小的量级。因此对 CE 分析来说，样品引入和检测方面存在巨大的困难。目前，毛细管电泳最常用的进样方法是电动进样和压力进样。电动进样过程是将毛细管的一端及其电极从缓冲溶液贮液瓶中取出，并放置于装有样品的小样品瓶中，然后施加电压一段时间，使样品通过离子迁移和电渗流的结合进入毛细管，当分离时，再将该端毛细管重新放置回缓冲溶液中。压力进样则是将毛细管的样品导入端放置在装有样品的小瓶中，压力差（压力差可以通过在检测器端施加真空、对样品加压或将样品端抬高来产生）驱动样品溶液进入毛细管。上述两种样品引入方式，一般进样体积为 $5\sim50$ nL，也有一些报道的体积小于 100 pL。此外，还有一种由毛细管制作的微注射针，其直径非常小，可以取皮升级样品，适合对单细胞或单细胞内的亚结构进行取样。

4. 检测器

由于分离的分析物在 CE 中均经过同一个点，因此检测器在设计和功能上与 HPLC 相似。紫外-可见光度检测器和荧光检测器仍然是 CE 广泛使用的检测器，为了使检测量保持在纳升级或更小，检测是在柱上进行的。通常，取毛细管一小段通过燃烧或蚀刻从其外部除去保护性聚酰亚胺涂层充当检测池，显然，这种测量的路径长度不超过 $50\sim100$ μm，因此一定程度上限制了检测限。然而，由于涉及的体积很小，因此质量检测限等于或优于 HPLC。

为了提高吸收光谱分析的灵敏度，一些研究者也通过改变检测池的形状以增加测量路径长度，如图 8-63 所示。除此之外，商用 CE 系统具有二极管阵列和电荷耦合器件（CCD）检测器，可以在不到 1 s 的时间内收集紫外-可见光范围内的光谱。

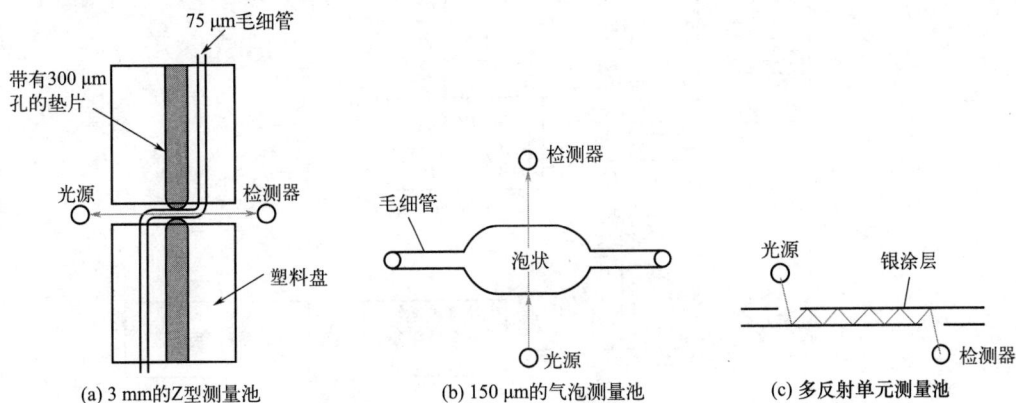

图 8-63　三种可以提高 CE 光谱吸收测量灵敏度的检测池设计示意图

除吸收光谱检测器外，CE 通常还采用荧光和电化学等检测器。此外，由于 CE 的毛细管流量小，其与质谱联用的接口设计上具有可行性，目前 CE-MS 联用已经商品化，不仅如此，四极杆或离子阱等串联质谱与 CE 的联用，使得 CE 的应用更广泛。

第六节　色谱-质谱联用技术

质谱法具有灵敏度高、能直接给出分子量、能确定未知化合物基本分子式等重要特点。但对化合物的纯度要求高，此外定量分析时其成本较高、手续相对复杂。色谱法则集分离、分析于一体，这两种方法联用，可以相互取长补短。它们的联用技术现已发展成熟，简单联用技术主要有气相色谱-质谱联用（GC-MS）和液相色谱-质谱联用（HPLC-MS）。现分述如下。

一、气相色谱-质谱联用

前述的气相色谱分析中，常采用保留值对待测物进行定性分析。但基于复杂的样品类型或样品制备程序等因素的影响，不可避免地会增加对待测物的定性难度或发生假阳性鉴定的概率。GC-MS 是一种强有力的鉴定化合物的技术，通常用于法医和环境实验室人员分析挥发性有机化合物的复杂混合物。它可以提供非常精确的定量分析，并能发挥质谱法进行定性分析特异性高的优势。

气相色谱与质谱联用后，气相色谱仪好比是质谱法的"进样器"，试样经色谱分离后以纯物质形式进入质谱仪；而质谱仪是气相色谱法的"检测器"，色谱法所用的检测器如氢火焰离子化检测器、热导池检测器、电子捕获检测器和火焰光度法检测器等都各自有其局限性，质谱仪却能检出几乎全部的有机化合物，灵敏度又比较高。简单而论，凡能用气相色谱法进行分析的试样，大部分都能用 GC-MS 进行定性鉴定及定量测定。图 8-64 是 GC-MS 结构示意图。

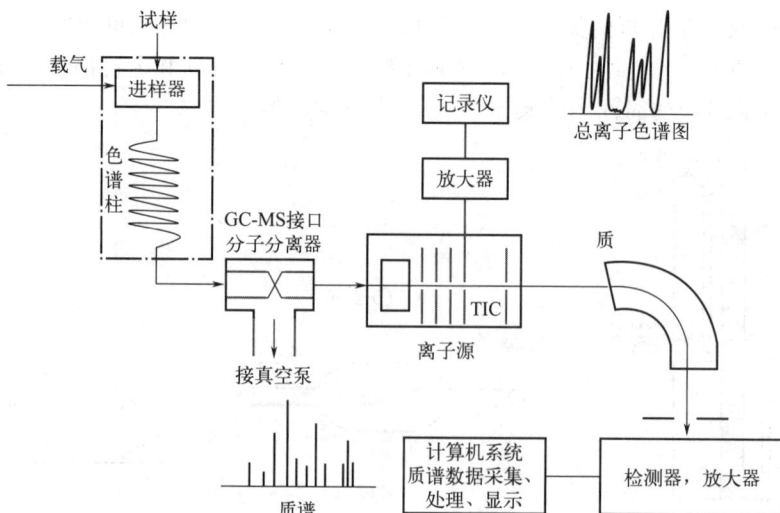

图 8-64　GC-MS 结构示意图

有机混合物试样经色谱柱分离后经接口进入离子源被电离成离子，在进入质谱的质量分析器前有一个总离子流检测器，所测总离子流强度与时间关系曲线就是混合物的色谱图-总离子流色谱图（total ion current chromatogram，TIC）。由 GC-MS 得到的 TIC 与由普通气相色谱仪所得色谱图相似，各个峰的保留时间、峰高、峰面积等依然是定性、定量分析参数。

经气相色谱分离后的离子流，必须经过一个 GC-MS 联用仪器的接口，这个接口是 GC-MS 联用的技术关键。因为色谱柱出口处于常压状态，而质谱仪则是高真空工作条件。所以将这两者连接起来时需要有一个特殊的接口，以起到传输试样、匹配两者工作气压的作用。早期的 GC 使用填充柱气相色谱，由于柱子中载气的流量大（10～40 mL/min），因此联用时必须使用一个分子分离器作为接口将载气与试样分子分离，匹配两者的工作气压。喷射式分子分离器是其中常用的一种。其结构原理如图 8-65 所示。

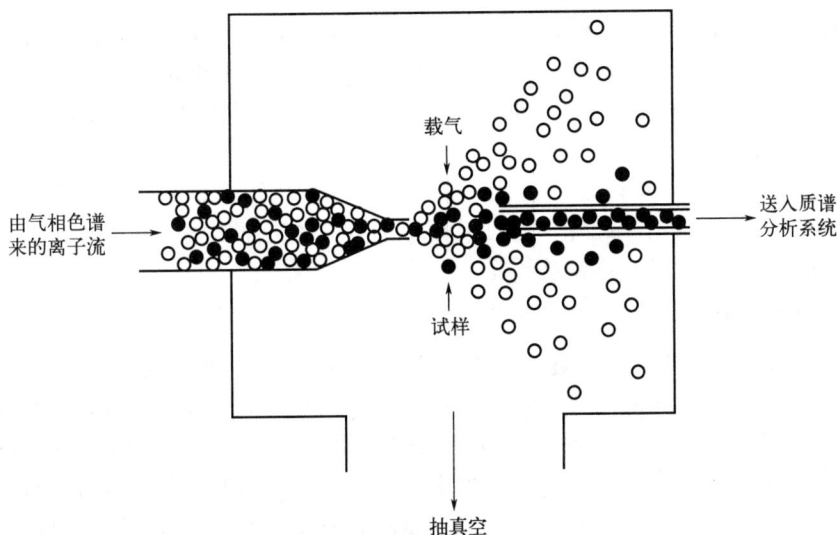

图 8-65　喷射式分子分离器结构原理示意图

色谱柱出口的气流通过狭窄的喷嘴孔，以超声膨胀喷射方式喷向真空室，在喷嘴出口端产生扩散作用，扩散速率与分子量的平方根成反比，质量小的载气（在 GC-MS 联用仪中用氦为载气）大量扩散，被真空泵抽除；组分分子通常具有较大的质量，因而扩散得慢，大部分按原来的运动方向前进，进入质谱仪部分，这样就达到分离载气、浓缩组分的作用。使用氦作载气的其他原因是：①He 的电离电位 24.6 eV，是气体中最高的，因而难以电离；②He 的分子量只有 4，易于与其他组分分子分离，其次是它的质谱峰很简单，主要在 $m/z=4$ 处出现，不至于干扰后面的质谱峰。

相对于填充柱，毛细管气相色谱的流量小（1～2 mL/min），其与 MS 联用时最常用的接口技术是直接导入式，即通过一根金属毛细管（长约 50 cm，内径 0.5 mm）将色谱柱的末端与质谱的离子源连接，色谱流出物经过毛细管全部进入离子源，样品的利用率高。

表 8-12 列出了 GC-MS 和 LC-MS 常用的质谱电离源。GC-MS 中最常用的电离源是电子轰击离子（EI）源。GC-MS 用于定性分析的一个主要优势是 EI 质谱库中收集了数十万种不同的化合物可供检索。

表 8-12　GC-MS 和 LC-MS 常用的质谱电离源的比较

离子源	分析物类型	样品引入	质量范围	方法特点（亮点）
电子轰击离子(EI)源	挥发性相对较小	GC 或液-固探针	约 1000 Da	硬电离方法,提供结构信息
化学电离(CI)源	挥发性相对较小	GC 或液-固探针	约 1000 Da	软电离方法,分子离子峰 $[M+H]^+$
电喷雾电离(ESI)源	不易挥发的多肽、蛋白质	LC 或注射器	约 200000 Da	软电离方法,离子经常常带多电荷
基质辅助激光解吸电离(MALDI)源	多肽、蛋白质核苷酸	样品混合在固体基质中	约 500000 Da	软电离方法,质量高

通常，GC-MS 联用中常采用四极杆、离子阱和飞行时间（TOF）质量分析器。这些质量分析器能够满足 GC 流出峰的扫描速度标准。磁式扇形质量分析器具有较高的质量分辨率，但扫描速度较慢，在 GC-MS 中应用较少。四极杆质量分析器结构紧凑、价格低廉且性能稳定，是目前 GC-MS 中使用最多的质量分析器。此外，当采用快速气相色谱时，色谱柱为短且窄口径的薄膜毛细管柱，该条件下需要 $50\sim500\ s^{-1}$ 的扫描采集速度，只有通过 TOF 质量分析器才能实现。

GC-MS 分析得到的主要信息有 3 个：样品的总离子色谱图、某些质量样品的色谱图以及选定的某个组分的质谱图。此外，还可以对每个质谱图进行检索，获得该质谱图所对应的分子式。高分辨仪器还可以给出精确质量和组成式。

1. 总离子色谱图

在 GC-MS 分析中，样品连续进入离子源并被连续电离，分析器每扫描一次（比如 1 s），检测器就得到一个完整的质谱并送入计算机存储。色谱柱流出的每一个组分，其浓度随时间变化，每次扫描得到的质谱离子峰的强度也随时间变化（但质谱峰之间的相对强度不变）。计算机就会得到这个组分不同浓度下的多个质谱。同时，可以把每个质谱的所有离子相加得到总离子强度，并由计算机显示随时间变化的总离子强度，就是样品总离子色谱图［图 8-66（a）］。根据 TIC 进行定性时，要判断是否存在重叠峰，判断依据是该峰的前肩和后肩位置的质谱特征是否一致。如果存在差异，则说明该峰至少由两个或两个以上的组分重叠而成。当确定了该峰是一个组分，其峰面积和该组分的含量成正比，由此可对其进行定量分析。由 GC-MS 得到的 TIC 与一般色谱仪得到的色谱图基本上是一样的，谱图的横坐标是出峰时间，纵坐标是峰高。只要所用色谱柱相同，样品出峰顺序就相同。其差别在于，TIC 所用的检测器是质谱仪，除具有色谱信息外，还具有质谱信息，由每一个色谱峰都可以得到相应组分的质谱数据。

2. 质量色谱图

质量色谱图（mass chromatogram）也称为提取离子色谱图（extracted ion chromatogram，EIC），是由全扫描质谱中提取一种质量的离子得到的色谱图。即在一次扫描的过程中，只记录某一个 m/z 的离子流强度随时间变化的色谱图［图 8-66（b）～图 8-66（d）］。该谱图与 TIC 相似，但它是针对某特定化合物的谱图，能更好地识别具有某种特征的化合物，也可以通过选择不同质量的离子作质量色谱图，使色谱分析时不能分离的两个峰实现分离，以进行定量分析。

3. 质谱图

对 TIC 中的某个组分进行质谱碎片的扫描监测，即可以得到该组分的质谱图。一般情况下，如果 TIC 中的峰是尖锐和狭窄的，分析物的量可能在扫描时间范围内显著变化，从而使从谱图中观察的质量碎片的比例错误。因此，最好选择在峰值顶部进行扫描。更好的方法是将整个峰的扫描加起来，得到平均谱图。比这更好的方法是在峰值附近选择和汇总相同数量的背景质谱扫描，在那里没有其他明显的洗脱峰，然后从峰平均加和中减去该背景，消除色谱柱固定相流失的虚假碎片，从而获得更干净的质谱图。图 8-66（e）为采用 GC-MS（EI 源）测定胆汁酸的乙酸甲酯衍生物获得的质谱图。

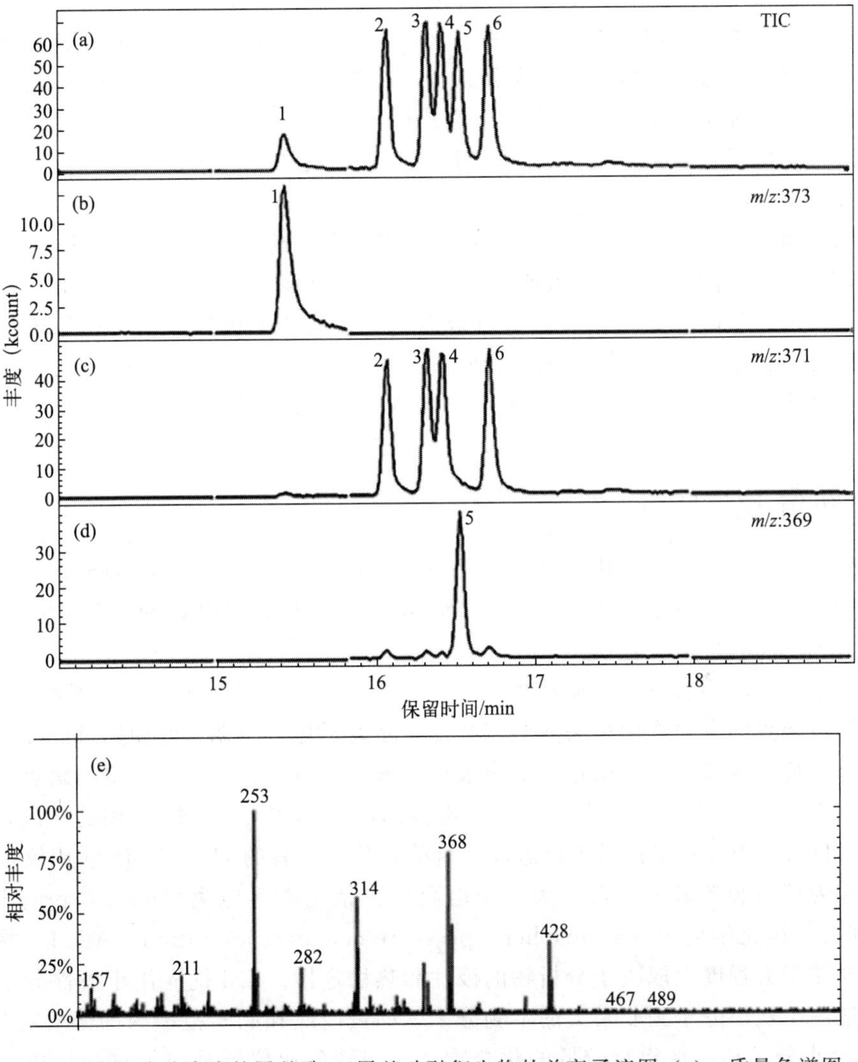

图 8-66　胆汁酸溶液的甲基酯-三甲基硅醚衍生物的总离子流图（a）、质量色谱图［(b)、(c)和(d)］和采用 GC-MS（EI 源）测定胆汁酸的乙酸甲酯衍生物获得的质谱图（e）

4. 库检索

得到质谱图后可以通过计算机检索对未知化合物进行定性。检索结果可以给出几个可能的化合物，并以匹配度大小顺序排列出这些化合物的名称、分子式、分子量和结构式等。使用者可以根据检索结果和其他的信息，对未知物进行定性分析。目前的 GC-MS 联用仪有几种数据库，应用最为广泛的有 NBS、NIST 库和 Willey 库，前者现有标准化合物谱图 13 万张，后者有近 30 万张。此外，还有农药库等专用谱库。

如上所述，GC-MS 可以通过 TIC、EIC 和 MS 所得的信息对组分进行定性和定量。根据实际应用的需要，可以在操作中选择采用全扫描模式（full scan）或选择性离子扫描模式（selected ion monitoring，SIM）。如上获得 TIC 的操作过程即全扫描模式；如果希望测定的分析物只有几类，并且知道这些分析物的特征主要质量碎片，则可以对质谱进行编程，只对选定的质量进行计数，从而增加每个质量的保留时间，增加信噪比，提高灵敏度，这种获取信息的方式即 SIM 模式。可以看出，SIM 通过在部分选定的质量处收集更多的计数来提高灵敏度，并且通过使用更多的点来定义和集成 GC-MS 峰以提高定量精度。因此，与全扫描相比，SIM 的线性测量范围的下限会更低。运用 SIM 模式还可以快速判断样品中是否含有目标化合物，判定色谱峰内是否存在未分离峰，以及检测被其他组分掩盖的小峰。但是使用 SIM 来提高灵敏度和定量精度主要应用于磁式质量分析器和四极杆的质谱仪。离子阱质谱和 TOFMS 仪器的操作模式在全扫描模式下产生近似最佳的灵敏度，这些仪器上一般没有进行 SIM 数据采集。

在实际样品测定中，如果样品在 300℃ 左右能气化，优先考虑用 GC-MS 进行分析。进行 GC-MS 分析的样品应是有机溶液或能溶于有机溶剂的物质。水溶液中的有机物一般不能直接测定，须进行萃取分离将其变为有机溶液。有些化合物极性太强，在加热过程中易分解，例如有机酸类化合物，可以事先进行酯化反应，将酸变为酯后再进行 GC-MS 分析，由分析结果可以推测酸的结构。图 8-66（e）即将酸进行酯化反应后再采用 GC-MS 分析的应用实例。

二、液相色谱-质谱联用

对于热稳定性差、不易气化或分子量大的生物样品，对其进行 GC-MS 分析显然存在困难，于是 HPLC-MS 联用技术应运而生。和 GC-MS 一样，HPLC-MS 联用的关键仍然是 HPLC 和 MS 之间的接口装置。

由于液相色谱的固有特点，流动相不易去除，在实现联用时所遇到的困难比 GC-MS 要大得多。接口装置的主要作用是去除溶剂并使样品离子化。早期曾经使用过的接口装置有传送带接口、热喷雾接口、粒子束接口等十余种，这些接口装置都存在一定的缺点，因而都没有得到广泛推广。20 世纪 80 年代，大气压电离源用作 HPLC 和 MS 联用的接口装置和电离装置之后，HPLC-MS 联用技术得以进步。目前，几乎所有的 HPLC-MS 联用仪都使用大气压电离源作为接口装置和离子源。大气压电离源包括电喷雾电离（electrospray ionization，ESI）源和大气压化学电离（atmospheric pressure chemical ionization，APCI）源两种，对二者的选择在很大程度上取决于分析物的极性和热稳定性。ESI 优先用于极性分子和离子分子，并且适用于从小分子到非常大的生物分子（如蛋白质和肽）范围内的分析物分析。APCI 则更适合小分子和极性相对较低的化合物。大多数商业仪器都包括这两种离子源，它们可以在几分钟内迅速交换。部分仪器还包括大气压光电离（atmospheric pressure photoionization，APPI）源。

如图 8-67 所示，进行 HPLC-MS 联用分析时，样品由 HPLC 进样分离后，经过氮气喷雾、电场带电荷和加速，在接口处电离源进行离子化。样品也可以不经 HPLC 进样，而是由一个微注射泵直接注入电喷雾喷嘴。ESI 源得到的质谱峰主要由分子和准分子（或"加合物"）的形式出现，如正电离模式下以 $[M+H]^+$、$[M+Na]^+$、$[M+NH_4]^+$ 等为主导，负电离模式下以 $[M-H]^-$、$[M+Cl]^-$ 等为主导。甚至在溶液中由非共价键形成的配合物也可以完整地转化为气相离子配合物。通过改变输送到喷雾毛细管上的电位的极性，可以将所产生的离子的极性由正变为负。一般来说，碱性化合物更容易通过质子化形成正离子，而酸性化合物更容易通过去质子化形成负离子。某些仪器甚至可以在单次分析运行过程中进行快速的极性切换，以便同时监测两种极性的离子。

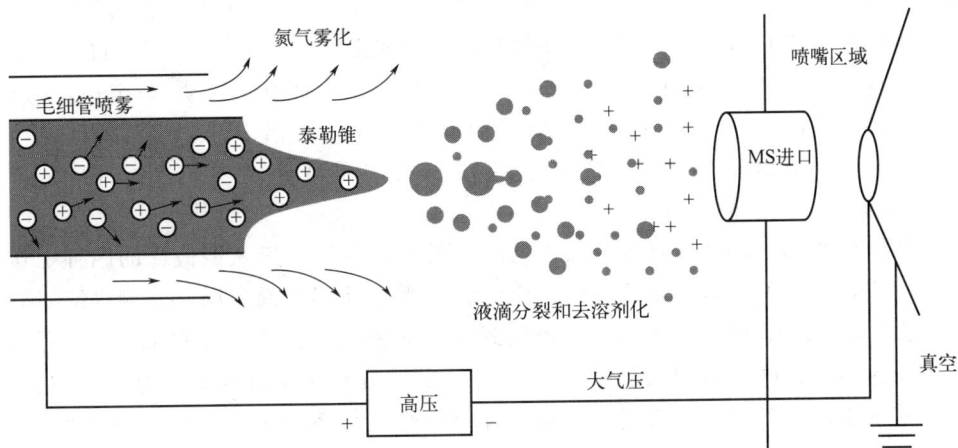

图 8-67　液相色谱与电喷雾电离源质谱联用界面示意图

图 8-68 为液相色谱与 APCI 源质谱联用的界面示意图。该界面与图 8-67 所示界面类似，其区别为使用电晕放电来电离处于蒸气状态的分析物，且借助于电晕放电针在气相中进行离子-分子反应使待测物反应产生离子。与 ESI 源相比，APCI 源对低极性分析物的电离效率更高，但该离子源只能分析分子量 2000 Da 以下范围的分析物。如上所述，HPLC-MS 联用中，ESI 源和 APCI 源可以互补使用。

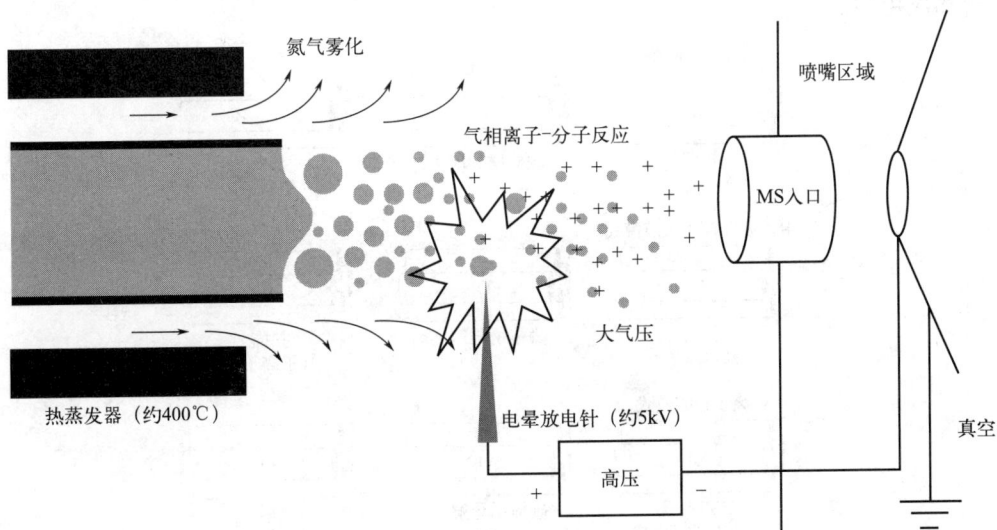

图 8-68　液相色谱与大气压化学电离源质谱联用的界面示意图

APPI 源采用高强度紫外灯替换 APCI 源的电晕放电针。该灯提供的能量（约 10 eV）足以电离一些分子。与 APCI 源类似，甲醇通常用于产生试剂离子（其电离电位足够低，可以通过灯电离），然后通过电荷转移与待测的分析物组分相互作用形成分析物离子。甲苯也可以作为有效的掺杂剂增加 APPI 源的离子化效率。特别是对于缺乏电子的芳香族分子（如硝基取代的芳烃），APPI 源的离子化效率比 ESI 源或 APCI 源更高。然而 APPI 源的使用率仍远远小于上述两种离子源。

与 GC-MS 相同，HPLC-MS 所用的质量分析器也主要为四极杆、离子阱和 TOF 质量分析器。基于不同质量分析器的优势，离子阱主要用于结构定性分析，四极杆主要用于定量分析，而 TOF 的优势在于其高的分辨率。在实际应用中，为了更好地扩展 LC-MS 的功能，HPLC 常与串联质谱联用，即使用多种质量分析器完成定性和定量任务。如目前多采用的串联质谱有三重四极杆（triple quadrupole）、三重四极杆-复合线性离子阱（triple quadrupole-composite linear ion trap，QTRAP）和四极杆-飞行时间质谱（quadrupole-time-of-flight mass spectrometry，Q-TOF MS）或离子阱-飞行时间质谱（ion trap-time-of-flight mass spectrometry，IT-TOF MS）。

三重四极杆和 QTRAP 具有各种扫描功能。图 8-69 描述了三重四极杆的四种工作模式：前体离子扫描模式、子离子扫描模式、选择反应监测（SRM）[或多反应监测（MRM）] 模式和中性丢失碎片扫描模式。这几种扫描模式中，前体离子扫描模式在 Q_1 中选择 m/z 范围内扫描前体离子，进入 Q_2 后仅在射频模式下工作，在杆上不施加直流电压，因此前驱体和子离子基本上被困在相对高浓度的碰撞气体（惰性气体 N_2 或 Ar）中，从而发生碰撞诱导使其化学电离（CID）产生相应的离子，Q_3 则在 SIM 模式下运行，以监测特定的碎片离子；中性丢失碎片扫描模式与前体离子扫描模式类似，Q_1 和 Q_3 都被扫描，但 Q_3 是通过全扫描模式扫描 m/z 单位比 Q_1 低一定数量的子离子；子离子扫描模式和 SRM（MRM）模式在 Q_1 中会以 SIM 模式运行，选择一个特定的前体离子，在 Q_3 中扫描所有生成的子离子（子离子扫描模式）或扫描选定的子离子（MRM 或 SRM 模式）。可以看出，与单级四极杆质量分析器相比，三重四极杆具有更高的选择性，并主要用于质谱的定量分析。最近，三重四极质谱仪已小型化，总长度约为 9.5 英寸（1 英寸＝0.0254 m）。这种小型分析仪可广泛用于现场应用中。

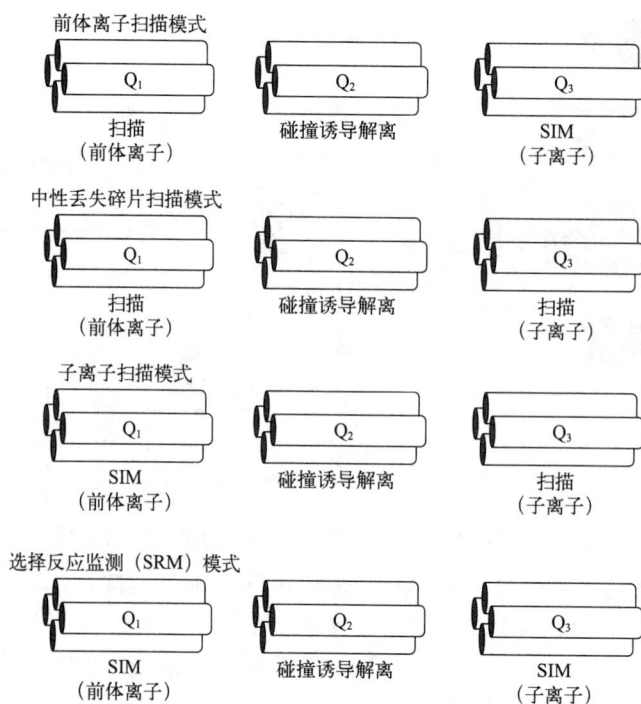

图 8-69　三重四极杆串联质谱的四种工作模式

Q-TOF 串联质谱类似于三重四极杆，只是最后的四极杆质量分析器被 TOF 质量分析器取代。该串联质谱在 TOF 质量分析器之前由四极杆组成的离子碰撞反应室产生子离子，进一步在 TOF 质量分析器中进行质量分离。Q-TOF 串联质谱具有极高的分辨率和质量精度。与三重四极杆相比，Q-TOF 串联质谱具有过滤或对碎片离子的高质量精度测量能力，而 $Q_1Q_2Q_3$ 通常用于非常敏感和选择性的定量分析。

QIT-TOF 仪器采用四极离子阱取代三重四极杆的 Q_1Q_2 部分。在离子阱部分，QIT-TOF 仪器通过脉冲氩气在阱中碰撞诱导进行化学电离裂解，然后在 TOF 质谱分析仪中进行高分辨和高质量精度的测量。

由 HPLC-MS 得到的信息与 GC-MS 联用类似。也可以分别获得 TIC、EIC 和 MS 图等。如上所述，如果 HPLC 与高分辨串联质谱联用，采用全扫描 MS^2 数据采集方法与多种数据挖掘技术相结合，通过诊断产物离子中性损失，提高化合物的识别效率。如在 Q-TOF-MS/MS 仪器上记录的 MS^2 质谱数据库提供了在不同的碰撞能量下形成的一系列产物离子（子离子）。而离子阱可以提供多级 MS^n 质谱，允许获得更多的质谱信息，对结构解释非常有用。图 8-70（a）为 HPLC-ESI-Q-TOF-MS/MS 鉴定某中草药提取物的总离子流图，图 8-70（b）为对保留时间为 4.056 min 的组分的产物离子（子离子）监测得到的质谱图，图 8-70（c）为所鉴定出的化合物绿原酸（$[2M-H]^-$，$m/z=707.1829$）在 Q_2 发生碰撞诱导化学电离（CID）使酯键断裂生成的子离子的断裂机理。由此，可以更为准确地对复杂样品中已知和未知组分进行鉴定。

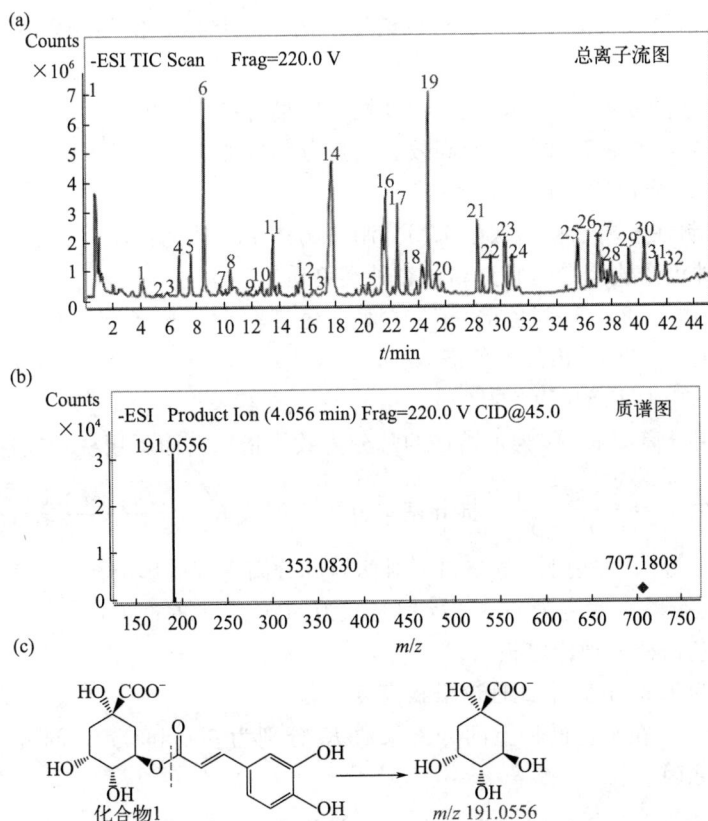

图 8-70　HPLC-ESI-Q-TOF-MS/MS 鉴定某中草药提取物的总离子流图、质谱图以及断裂生成子离子的断裂机理

ESI 负离子模式；碎裂电压：220 V；碰撞能量：45 V。

HPLC-MS 联用分析技术已成为生命科学、天然化学品、药物、临床医学、农产品、食品、化学和环境诸多科学领域中重要的研究手段。而 HPLC 与串联质谱的联用已成为一种强大而可靠的分析技术，可以快速鉴定各种复杂样品体系中的成分，获得准确的质量测定数据和全面的质谱数据。该技术因其高分辨率和高灵敏度得到更为广泛的应用。

阅读拓展-中国科学家在该领域的工作介绍. word

需要指出的是，在进行 HPLC-MS 分析时，样品最好是水溶液或甲醇溶液，HPLC 的流动相中不应含不挥发盐。

习题

1. 对于气液色谱，多组分试样在固定液上分离的原理是什么？选择固定液的原则是什么？

2. 气液色谱常用的检测器有哪几种？将其按质量型和浓度型分类并简述其原理。

3. 试从溶质、流动相、固定相三者之间的关系论述气相色谱与高效液相色谱之间的异同。什么叫正相色谱？什么叫反相色谱？什么叫梯度洗脱？

4. 什么叫化学键合固定相？哪一类高效液相色谱要使用化学键和固定相？目的何在？

5. 试比较离子交换色谱法、离子对色谱法、离子色谱法、空间排阻色谱法的原理有何不同。

6. 用气相色谱仪分析样品时，进样速度慢，对谱峰有何影响？

7. 试解释高效液相色谱法能实现高效、高速分离的原因。

8. 试解释色谱-质谱联用技术的优点。

9. 什么是抑制柱？离子色谱法中采用抑制柱的作用是什么？

10. 下列各种色谱法，最适宜分离什么种类物质？

(1) 气-液色谱；(2) 气-固色谱；(3) 液-固色谱；(4) 离子交换色谱；(5) 离子对色谱；(6) 凝胶色谱；(7) 反相分配色谱。

11. 请描述 HPLC 和 UPLC 的区别。

12. 为什么用分离度 R_s 作为色谱柱的总分离效能指标，而不用柱效或选择因子？

13. 由分离度 $R_s = \dfrac{2(t_{R2} - t_{R1})}{Y_1 + Y_2}$ 推导基本分离方程式 $R_s = \dfrac{\sqrt{n}}{4} \cdot \dfrac{\alpha - 1}{\alpha} \cdot \dfrac{k_2}{1 + k_2}$，（设相邻两峰的峰底宽度相等），并说明 n、α 和 k' 对两组分分离程度的影响。

14. 已知某组分峰的底宽为 60 s，保留时间为 600 s，死时间 60 s。

(1) 计算此色谱柱的理论塔板数；

(2) 若柱长为 1.50 m，求此理论塔板高度。

15. 组分 X 和 Y 在某色谱柱上的分配系数 K 分别为 690 和 360，问哪一个组分先流出色谱柱，并解释原因。

16. 有 3 m 长的填充柱，由图谱得 $t_M = 1$ min，$t_{R1} = 15$ min，$t_{R2} = 18$ min，$Y_1 = Y_2 = 1$ min，为了得到 1.5 的分辨率，柱子长度最短需多少？

17. 称取 0.0402 g 纯苯和 0.0458 g 纯甲苯，在一个 2 m 长的色谱柱上得到如下色谱曲线。

(1) 用甲苯的色谱数据计算色谱柱的理论塔板数。

(2) 求甲苯及苯的调整保留时间。

(3) 求以苯为标准的相对保留值 $r_{2,1}$。

(4) 若使 $R=1.5$，所需的最短柱长为几米？

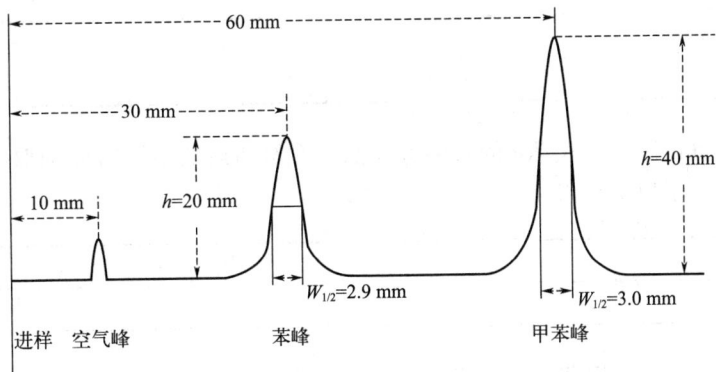

18. 在某气-液色谱柱上组分 A 流出需 17.0 min，组分 B 流出需 27.0 min，而不溶于固定相的物质 C 流出需 1.0 min，问：

(1) B 组分相对于 A 的相对保留时间是多少？

(2) A 组分相对于 B 的相对保留时间是多少？

(3) 组分 A 在柱中的容量因子是多少？

(4) 组分 B 流出柱子需 27.0 min，那么，B 分子通过固定相的平均时间是多少？

19. 下图是气相色谱中塔板高度 H 与流动线速度 u 的关系图：

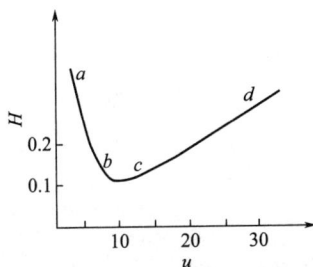

(1) 对一定的色谱柱和试样，有一个最佳的载气流速，此时柱效最高。根据 $H=A+\dfrac{B}{u}+C\overline{u}$，推导以 A、B、C 常数表示的最佳线速度和最小塔板高度。

(2) 根据此图，曲线的哪部分柱效最高？

(3) 在图中，曲线的 ab 部分是由_____起决定作用；曲线的 bc 部分是由_____起决定作用；曲线的 cd 部分是由_____起决定作用。

20. 以正丁烷-丁二烯为基准，在氧二丙腈和角鲨烷上测得的相对保留值分别为 6.24 和 0.95，试求正丁烷-丁二烯相对保留值为 1 时，固定液的极性 p。

21. 已知正庚烷、正辛烷和甲苯的调整保留时间分别为 14.08 s、25.11 s、16.32 s，计算它们的保留指数 I。

22. 三种化合物 A、B 和 C 在只有 500 个塔板的色谱柱上表现出 $k_A=1.40$、$k_B=1.85$ 和 $k_C=2.65$ 的保留因子。它们能以最小为 1.05 的分辨率分离吗？

23. 在一种情况下，尽管分离的选择性只有 1.02，但两个化合物能被很好地分离（$R >$ 1.5）；而另一种情况下，尽管两种化合物之间的选择性为 1.8，它们却无法完成基线分离（$R < 1.5$）。描述上述情况是如何发生的。

24. 建立一种使用高效液相色谱法分离测定大鼠血浆样品中布洛芬含量的方法，用于研究该药物在实验动物体内的作用时间。对几种标准品进行色谱分析，得到了如下结果：

布洛芬浓度/($\mu g/mL$)	0.5	1.0	2.0	3.0	6.0	8.0	10.0	15.0
色谱峰面积	5.0	10.1	17.2	19.8	39.7	57.3	66.9	95.3

给实验室大鼠口服 10 mg/kg 的布洛芬样品，在给药后的不同时间抽取血液样本并进行 HPLC 分析。得到了以下结果：

时间/h	0	0.5	1.0	1.5	2.0	3.0	4.0	6.0	8.0
色谱峰面积	0	91.3	80.2	52.1	38.5	24.2	21.2	18.5	15.2

计算上述时间实验鼠血浆中布洛芬的浓度，并绘制药物浓度与时间的关系图。计算大概需要多长时间大部分布洛芬会消失，即布洛芬消失速度最快。

参考文献

[1] 王春明，张海霞．化学与仪器分析［M］．兰州：兰州大学出版社，2010．

[2] 张海霞，王春明．仪器分析［M］．兰州：兰州大学出版社，2018．

[3] 叶宪曾，等．仪器分析教程［M］．第2版．北京：北京大学出版社，2006．

[4] 申泮文．近代化学导论［M］．上册．北京：高等教育出版社，2008．

[5] 董慧茹．仪器分析［M］．第4版．北京：化学工业出版社，2022．

[6] 曾泳淮．分析化学（仪器分析部分）［M］．第3版．北京：高等教育出版社，2010．

[7] 张寒琦，等．仪器分析［M］．第3版．北京：高等教育出版社，2019．

[8] 武汉大学．分析化学（下册）［M］．第6版．北京：高等教育出版社，2018．

[9] 郑晓明，等．电化学分析技术［M］．北京：中国石化出版社，2017．

[10] 兰州大学分析化学教研室．现代分析方法［M］．北京：化学工业出版社，2023．

[11] Skoog D A, Holler F J, Crouch S R. Principles of instrumental analysis［M］. 7th ed. Boston：Cengage Learning Press，2016.

[12] Christian G D, Dasgupta P H, Schug H A. Analytical chemistry［M］. 7th ed. Washington：Library of Congress Cataloging-in-Publication Data，2013.

[13] Robinson J W, Skelly Frame E M, et al. Undergraduate Instrumental Analysis［M］. 7th ed. Florida：CRC Press，2014.

[14] 齐美玲．气相色谱分析及应用［M］．第2版．北京：科学出版社，2018．

[15] 许国旺．现代实用气相色谱法［M］．北京：化学工业出版社，2004．

[16] Ji Y S, Yin J J, Xu Z G, et al. Preparation of magnetic molecularly imprinted polymer for rapid determination of bisphenol A in environmental water and milk samples. Anal Bioanal Chem. 2009，395：1125-1130.

[17] Liu X Y, Ji Y S, Zhang H X, et al. Highly sensitive analysis of substituted aniline compounds in water samples by using oxidized multiwalled carbon nanotubes as an in-tube solid-phase microextraction medium. J Chromatogr A. 2008，1212：10-15.

[18] Yang C L, Guo L Y, Liu X Y, et al. Determination of tetrandrine and fangchinoline in plasma samples using hollow fiber liquid-phase microextraction combined with high-performance liquid chromatography. J Chromatogr A. 2007，1164：56-64.

[19] Flaviana J R S, Anabel S L, Edilene D T M, et al. A square-wave anodic stripping voltammetric method for determining carbendazim in pineapple and orange juices without sample pre-treatment. J Food Compos Anal. 2024，125：105823.

[20] 纪权，鲁理平．基于Ti_3C_2/CuS纳米复合材料修饰电极快速扫描循环伏安法检测痕量汞离子．分析化学，2023，12：1915-1923．

[21] Smith H, Sacks R D. Column selectivity programming and fast temperature programming for high-speed GC analysis of purgeable organic compounds. Anal Chem. 1998，70：4960-4966.

[22] Gaddes D, Westland J, Frank L, et al. Improved micromachined column design and fluidic interconnects for programmed high-temperature gas chromatography separations. J Chromatogr A. 2014，1349：96-104.

[23] Li S, Geng X, Ding K, et al. A miniaturized hydrogen flame ionization detector based on integrated nozzle assembly and embedded sealing structure. Talanta. 2023，265：124806.

[24] Duan C, Li J, Zhang Y, et al. Portable instruments for on-site analysis of environmental samples. Trend

Anal Chem. 2022，154：116653.

［25］Xie S M，Zhang Z J，Wang Z Y，et al. Chiral metal-organic frameworks for High-resolution gas chromatographic separations. J Am Soc. 2011，133：11892-11895.

［26］Wang Z M，Cui Y Y，Yang C X，et al. Porous organic nanocages CC_3 and CC_3—OH for Chiral Gas Chromatography. ACS Applied Nano Materials. 2020，3：479-485.

［27］Gong W，Chen Z，Dong J，et al. Chiral Metal-Organic Frameworks. Chem Rev. 2022，122：9078-9144.

［28］于世林. 高效液相色谱方法及应用［M］. 第3版. 北京：化学工业出版社，2018.

［29］Edvaldo V S M，Toffoli A L，Sobieski E，et al. Miniaturized liquid chromatography focusing on analytical columns and mass spectrometry：A review. Anal Chim Acta. 2020，1103：11-31.

［30］Li Y，Pace K，Nesterenko P N，et al. Miniaturised electrically actuated high pressure injection valve for portable capillary liquid chromatography. Talanta. 2018，180：32-35.

［31］Blue L E，Franklin E G，Godinho J M，et al. Recent advances in capillary ultrahigh pressure liquid chromatography. J Chromatogr A. 2017，1523：17-39.

［32］Köcher T，Pichler P，Mauro D P，et al. Development and performance evaluation of an ultralow flow nanoliquid chromatography-tandem mass spectrometry set-up. Proteomics. 2014，14：1999-2007.

［33］Deyber A V M，Edvaldo V S M，Fernando M L. Miniaturization of liquid chromatography coupled to mass spectrometry. 3. Achievements on chip-based LC-MS devices. Trend Anal Chem. 2020，131：116003.

［34］Xie J，Miao Y，Shih J，et al. Microfluidic Platform for Liquid Chromatography-Tandem Mass Spectrometry Analyses of Complex Peptide Mixtures. Anal Chem. 2005，77：6947-6953.

［35］Li Y，Nesterenko P N，Paull B，et al. Performance of a New 235 nm UV-LED-Based On-Capillary Photometric Detector. Anal Chem. 2016，88：12116-12121.

［36］Piendl S K，Geissler D，Weigelt L，et al. Multiple Heart-Cutting Two-Dimensional Chip-HPLC Combined with Deep-UV Fluorescence and Mass Spectrometric Detection. Anal Chem. 2020，92：3795-3803.

［37］Williams A，Read E K，Agarabi C D，et al. Automated 2D-HPLC method for characterization of protein aggregation with in-line fraction collection device. J Chromatogr B. 2017，1046：122-130.

［38］Broeckhoven K，Desmet G. Advances and Innovations in Liquid Chromatography Stationary Phase Supports. Anal Chem. 2021，93：257-272.

［39］Müller J B，Geyer P E，Colaço A R，et al. The proteome landscape of the kingdoms of life. Nature. 2020，582：592-596.

［40］Isokawa M，Takatsuki K，Song Y，et a. Liquid Chromatography Chip with Low-Dispersion and Low-Pressure-Drop Turn Structure Utilizing a Distribution-Controlled Pillar Array. Anal Chem. 2016，88：6485-6491.

［41］Tsai S-J J，Zhong Y-S，Weng J-F，et al. Determination of bile acids in pig liver，pig kidney and bovine liver by gas chromatography-chemical ionization tandem mass spectrometry with total ion chromatograms and extraction ion chromatograms. J Chromatogr A. 2011，1218：524-533.

［42］Ling Y，Ouyang Y，Wang Y，et al. Identification and characterization of the chemical constituents in the roots of Ilex asprella by high performance liquid chromatography coupled to electrospray ionization and quadrupole time-of-flight mass spectrometry. J Pharmaceut Biomed. 2023，228：115327.

［43］Richard H，Graham Cooks R，Robert J N. Orbitrap mass spectrometry：instrumentation，ion motion and applications. Mass Spectrom Rev. 2008，27：661-699.

［44］刘崇华，黄宗平. 光谱分析仪器使用与维护［M］. 北京：化学工业出版社，2021.

［45］侯贤灯，王秋泉，史建波，等. 原子光谱分析前沿［M］. 北京：科学出版社，2023.

［46］Gao X D，Du X Z，Shi Y P. A Bisboronic Acid Sensor for Ultra-High Selective Glucose Assay by 19F NMR Spectroscopy. Anal Chem. 2021，93（19）：7220-7225.

[47] Gao X D, Hu Y, Wang W F, et al. Rapid and Selective 19F NMR-Based Sensors for Fingerprint Identification of Ribose. Anal Chem. 2022, 94 (33): 11564-11572.

[48] Xiao J, Sun X, Madhan B, et al. NMR studies demonstrate a unique AAB composition and chain register for a heterotrimeric type IV collagen model peptide containing a natural interruption site. J Biol Chem. 2015, 290 (40): 24201-9.

[49] Ye T, Mo H, Shanaiah N, et al. Chemoselective 15N tag for sensitive and high-resolution nuclear magnetic resonance profiling of the carboxyl-containing metabolome. Anal Chem. 2009, 81 (12): 4882-8.

[50] Jiang X M, Chen Y, Zheng C B, et al. Electrothermal Vaporization for Universal Liquid Sample Introduction to Dielectric Barrier Discharge Microplasma for Portable Atomic Emission Spectrometry, Anal. Chem. 2014, 86: 5220.

[51] Jamroz P, Greda K, Dzimitrowicz A, et al. Sensitive Determination of Cd in Small-Volume Samples by Miniaturized Liquid Drop Anode Atmospheric Pressure Glow Discharge Optical Emission Spectrometry, Anal. Chem. 2017, 89: 5729.

[52] 邓勃, 李玉珍, 刘明钟. 实用原子光谱分析 [M]. 北京: 化学工业出版社, 2013.

[53] Zhu Z L, Wu Q J, Liu Z F, et al. Dielectric Barrier Discharge for High Efficiency Plasma-Chemical Vapor Generation of Cadmium, Anal. Chem. 2013, 85: 4150.

[54] Fan S L, Qu F, Zhao L X, et al. Flow-injection analysis for the determination of total inorganic carbon and total organic carbon in water using the H_2O_2-luminol-uranine chemiluminescent reaction. Anal Bioanal Chem, 2006, 386: 2175-2182.

[55] 傅安辰, 毛彦佳, 王宏博, 等. 基于二氧杂环丁烷骨架的化学发光探针发展和应用研究. 化学进展, 2023, 35: 189-205.